珍 藏 版

Philosopher's Stone Series

哲人石丛书

立足当代科学前沿

彰显当代科技名家

绍介当代科学思潮

激扬科技创新精神

珍藏版策划

王世平　姚建国　匡志强

出版统筹

殷晓岚　王怡昀

数学大师
从芝诺到庞加莱

Men of Mathematics

The Lives and Achievements of
the Great Mathematicians
from Zeno to Poincaré

Eric Temple Bell

[美]埃里克·坦普尔·贝尔 —— 著

徐 源 —— 译

宋蜀碧 —— 校

上海科技教育出版社

出版前言

"哲人石",架设科学与人文之间的桥梁

"哲人石丛书"对于同时钟情于科学与人文的读者必不陌生。从1998年到2018年,这套丛书已经执着地出版了20年,坚持不懈地履行着"立足当代科学前沿,彰显当代科技名家,绍介当代科学思潮,激扬科技创新精神"的出版宗旨,勉力在科学与人文之间架设着桥梁。《辞海》对"哲人之石"的解释是:"中世纪欧洲炼金术士幻想通过炼制得到的一种奇石。据说能医病延年,提精养神,并用以制作长生不老之药。还可用来触发各种物质变化,点石成金,故又译'点金石'。"炼金术、炼丹术无论在中国还是西方,都有悠久传统,现代化学正是从这一传统中发展起来的。以"哲人石"冠名,既隐喻了科学是人类的一种终极追求,又赋予了这套丛书更多的人文内涵。

1997年对于"哲人石丛书"而言是关键性的一年。那一年,时任上海科技教育出版社社长兼总编辑的翁经义先生频频往返于京沪之间,同中国科学院北京天文台(今国家天文台)热衷于科普事业的天体物理学家卞毓麟先生和即将获得北京大学科学哲学博士学位的潘涛先生,一起紧锣密鼓地筹划"哲人石丛书"的大局,乃至共商"哲人石"的具体选题,前后不下十余次。1998年年底,《确定性的终结——时间、混沌与新自然法则》等"哲人石丛书"首批5种图书问世。因其选题新颖、译笔谨严、印制精美,迅即受到科普界和广大读者的关注。随后,丛书又推出诸多时代感

强、感染力深的科普精品,逐渐成为国内颇有影响的科普品牌。

"哲人石丛书"包含4个系列,分别为"当代科普名著系列"、"当代科技名家传记系列"、"当代科学思潮系列"和"科学史与科学文化系列",连续被列为国家"九五"、"十五"、"十一五"、"十二五"、"十三五"重点图书,目前已达128个品种。丛书出版20年来,在业界和社会上产生了巨大影响,受到读者和媒体的广泛关注,并频频获奖,如全国优秀科普作品奖、中国科普作协优秀科普作品奖金奖、全国十大科普好书、科学家推介的20世纪科普佳作、文津图书奖、吴大猷科学普及著作奖佳作奖、《Newton-科学世界》杯优秀科普作品奖、上海图书奖等。

对于不少读者而言,这20年是在"哲人石丛书"的陪伴下度过的。2000年,人类基因组工作草图亮相,人们通过《人之书——人类基因组计划透视》、《生物技术世纪——用基因重塑世界》来了解基因技术的来龙去脉和伟大前景;2002年,诺贝尔奖得主纳什的传记电影《美丽心灵》获奥斯卡最佳影片奖,人们通过《美丽心灵——纳什传》来全面了解这位数学奇才的传奇人生,而2015年纳什夫妇不幸遭遇车祸去世,这本传记再次吸引了公众的目光;2005年是狭义相对论发表100周年和世界物理年,人们通过《爱因斯坦奇迹年——改变物理学面貌的五篇论文》、《恋爱中的爱因斯坦——科学罗曼史》等来重温科学史上的革命性时刻和爱因斯坦的传奇故事;2009年,当甲型H1N1流感在世界各地传播着恐慌之际,《大流感——最致命瘟疫的史诗》成为人们获得流感的科学和历史知识的首选读物;2013年,《希格斯——"上帝粒子"的发明与发现》在8月刚刚揭秘希格斯粒子为何被称为"上帝粒子",两个月之后这一科学发现就勇夺诺贝尔物理学奖;2017年关于引力波的探测工作获得诺贝尔物理学奖,《传播,以思想的速度——爱因斯坦与引力波》为读者展示了物理学家为揭示相对论所预言的引力波而进行的历时70年的探索……"哲人石丛书"还精选了诸多顶级科学大师的传记,《迷人的科学风采——费恩曼传》《星云世界的水手——哈勃传》、《美丽心灵——纳什传》、《人生舞台——阿西莫夫自传》《知无涯者——拉马努金传》《逻辑人生——哥德尔传》《展演科学的艺术家——萨根传》《为世界而生——霍奇金传》《天才的拓荒者——冯·诺伊曼传》《量子、猫与罗曼史——薛定谔传》……细细追踪大师们的岁月足迹，科学的力量便会润物细无声地拂过每个读者的心田。

"哲人石丛书"经过20年的磨砺，如今已经成为科学文化图书领域的一个品牌，也成为上海科技教育出版社的一面旗帜。20年来，图书市场和出版社在不断变化，于是经常会有人问："那么，'哲人石丛书'还出下去吗？"而出版社的回答总是："不但要继续出下去，而且要出得更好，使精品变得更精！"

"哲人石丛书"的成长，离不开与之相关的每个人的努力，尤其是各位专家学者的支持与扶助，各位读者的厚爱与鼓励。在"哲人石丛书"出版20周年之际，我们特意推出这套"哲人石丛书珍藏版"，对已出版的品种优中选优，精心打磨，以全新的形式与读者见面。

阿西莫夫曾说过："对宏伟的科学世界有初步的了解会带来巨大的满足感，使年轻人受到鼓舞，实现求知的欲望，并对人类心智的惊人潜力和成就有更深的理解与欣赏。"但愿我们的丛书能助推各位读者朝向这个目标前行。我们衷心希望，喜欢"哲人石丛书"的朋友能一如既往地偏爱它，而原本不了解"哲人石丛书"的朋友能多多了解它从而爱上它。

上海科技教育出版社
2018年5月10日

学者对谈

"哲人石丛书":20年科学文化的不懈追求

◇ 江晓原(上海交通大学科学史与科学文化研究院教授)
◆ 刘兵(清华大学社会科学学院教授)

◇ 著名的"哲人石丛书"发端于1998年,迄今已经持续整整20年,先后出版的品种已达128种。丛书的策划人是潘涛、卞毓麟、翁经义。虽然他们都已经转任或退休,但"哲人石丛书"在他们的后任手中持续出版至今,这也是一幅相当感人的图景。

说起我和"哲人石丛书"的渊源,应该也算非常之早了。从一开始,我就打算将这套丛书收集全,迄今为止还是做到了的——这必须感谢出版社的慷慨。我还曾向丛书策划人潘涛提出,一次不要推出太多品种,因为想收全这套丛书的,应该大有人在。将心比心,如果出版社一次推出太多品种,读书人万一兴趣减弱或不愿一次掏钱太多,放弃了收全的打算,以后就不会再每种都购买了。这一点其实是所有开放式丛书都应该注意的。

"哲人石丛书"被一些人士称为"高级科普",但我觉得这个称呼实在是太贬低这套丛书了。基于半个世纪前中国公众受教育程度普遍低下的现实而形成的传统"科普"概念,是这样一幅图景:广大公众对科学技术极其景仰却又懂得很少,他们就像一群嗷嗷待哺的孩子,仰望着高踞云端的科学家们,而科学家则将科学知识"普及"(即"深入浅出地"单向灌输)给他们。到了今天,中国公众的受教育程度普遍提高,最基础的科学教育都已经在学校课程中完成,上面这幅图景早就时过境迁。传统"科普"概念既已过时,鄙意以为就不宜再将优秀的"哲人石丛书"放进"高级科普"的框架中了。

◆ 其实,这些年来,图书市场上科学文化类,或者说大致可以归为此类的丛书,还有若干套,但在这些丛书中,从规模上讲,"哲人石丛书"应该是做得最大了。这是非常不容易的。因为从经济效益上讲,在这些年的图书市场上,科学文化类的图书一般很少有可观的盈利。出版社出版这类图书,更多地是在尽一种社会责任。

但从另一方面看,这些图书的长久影响力又是非常之大的。你刚刚提到"高级科普"的概念,其实这个概念也还是相对模糊的。后期,"哲人石丛书"又分出了若干子系列。其中一些子系列,如"科学史与科学文化系列",里面的许多书实际上现在已经成为像科学史、科学哲学、科学传播等领域中经典的学术著作和必读书了。也就是说,不仅在普及的意义上,即使在学术的意义上,这套丛书的价值也是令人刮目相看的。

与你一样,很荣幸地,我也拥有了这套书中已出版的全部。虽然一百多部书所占空间非常之大,在帝都和魔都这样房价冲天之地,存放图书的空间成本早已远高于图书自身的定价成本,但我还是会把这套书放在书房随手可取的位置,因为经常会需要查阅其中一些书。这也恰恰说明了此套书的使用价值。

◇ "哲人石丛书"的特点是:一、多出自科学界名家、大家手笔;二、书中所谈,除了科学技术本身,更多的是与此有关的思想、哲学、历史、艺术,乃至对科学技术的反思。这种内涵更广、层次更高的作品,以"科学文化"称之,无疑是最合适的。在公众受教育程度普遍较高的西方发达社会,这样的作品正好与传统"科普"概念已被超越的现实相适应。所以"哲人石丛书"在中国又是相当超前的。

这让我想起一则八卦:前几年探索频道(Discovery Channel)的负责人访华,被中国媒体记者问到"你们如何制作这样优秀的科普节目"时,立即纠正道:"我们制作的是娱乐节目。"仿此,如果"哲人石丛书"的出版人被问到"你们如何出版这样优秀的科普书籍"时,我想他们也应该立即纠正道:"我们出版的是科学文化书籍。"

这些年来,虽然我经常鼓吹"传统科普已经过时"、"科普需要新理念"等等,这当然是因为我对科普做过一些反思,有自己的一些想法。但考察这些年持续出版的"哲人石丛书"的各个品种,却也和我的理念并无冲突。事实上,在我们两人已经持续了17年的对谈专栏"南腔北调"中,曾多次对谈过"哲人石丛书"中的品种。我想这一方面是因为丛书当初策划时的立意就足够高远、足够先进,另一方面应该也是继任者们在思想上不懈追求与时俱进的结果吧!

◆ 其实,究竟是叫"高级科普",还是叫"科学文化",在某种程度上也还是个形式问题。更重要的是,这套丛书在内容上体现出了对科学文化的传播。

随着国内出版业的发展,图书的装帧也越来越精美,"哲人石丛书"在某种程度上虽然也体现出了这种变化,但总体上讲,过去装帧得似乎还是过于朴素了一些,当然这也在同时具有了定价的优势。这次,在原来的丛书品种中再精选出版,我倒是希望能够印制装帧得更加精美一些,让读者除了阅读的收获之外,也增加一些收藏的吸引力。

由于篇幅的关系,我们在这里并没有打算系统地总结"哲人石丛书"更具体的内容上的价值,但读者的口碑是对此最好的评价,以往这套丛书也确实赢得了广泛的赞誉。一套丛书能够连续出到像"哲人石丛书"这样的时间跨度和规模,是一件非常不容易的事,但唯有这种坚持,也才是品牌确立的过程。

最后,我希望的是,"哲人石丛书"能够继续坚持以往的坚持,继续高质量地出下去,在选题上也更加突出对与科学相关的"文化"的注重,真正使它成为科学文化的经典丛书!

2018年6月1日

对本书的评价

◇

贝尔教授出色地完成了他的作品……任何学习数学的[人]都会通过阅读这本书而获益,因为他使得这一学科变得人性化,并有助于我们对数学历史环境的了解。

——伯特兰·罗素(Bertrand Russell)

◇

极度和谐一致……数学哲学的第一本教材……贝尔的风格非常赏心悦目。

——《纽约时报》

◇

贝尔教授写出了一本引人入胜的著作。大量传记细节和数学知识被压缩在600页的纸上,这的确令人惊叹……他吸引着读者;他吊起了胃口。

——《自然》杂志

内容提要

贝尔是美国重要的数学史家。他的这部《数学大师》是介绍数学史和数学艺术的经典著作。本书深入浅出地介绍了数学发展的历程,从古希腊的几何学,到牛顿的微积分学,再到概率论、符号逻辑等等,都有详略适宜的叙述。同时,本书又告诉我们,数学家并不是一群躲在象牙塔内冥思苦想、不食人间烟火的怪人,他们除了智力过人以外,也和我们一样,有着世俗的欲望和追求,经历着常人的喜悦和苦恼。全书以历史上30多位数学大师的生平为主线,分章讲述了他们的杰出贡献、性情喜好和生活轶事。

《数学大师》也是一部思想史,追述了从古代到20世纪数学思想的伟大发展。它以清晰的笔触、幽默的手法,对复杂的数学思想作了巧妙的分析和论述。无论是数学专业人士,还是一般读者,都可以从本书中获得许多有关数学和数学发展史的知识,对那些久闻其名的大数学家,也会有更真切的了解。

作者简介

埃里克·坦普尔·贝尔(Eric Temple Bell)1883年出生于苏格兰的阿伯丁。早年就学于英格兰。1902年到美国,进斯坦福大学学习,1904年取得文学士学位。1908年在华盛顿大学做研究生,兼事教学,1909年获该校文学硕士学位。1911年进哥伦比亚大学,1912年获该校哲学博士学位。此后回华盛顿大学任数学讲师,1921年成为教授。1924年夏至1928年夏任教于芝加哥大学,1926年上半年任教于哈佛大学,随之受聘为加州理工学院的数学教授。

贝尔是美国科学院院士,曾任美国数学协会(MAA)主席,美国数学学会(AMS)和美国科学促进会(AAAS)副主席,《美国数学学会会报》、《美国数学学报》和《科学哲学》编委。他曾获美国数学学会的博歇奖。其主要著作除本书外,还包括《紫色的蓝宝石》(1924)、《代数的算术》(1927)、《揭穿科学之谜》和《科学的皇后》(1931)、《命理学》(1933),以及《探索真理》(1934)等。

贝尔在其最后一部著作《最后的问题》出版之前,于1960年12月逝世。

001 —— 他们说,他们说什么,让他们说

007 —— 致谢

001 —— 第1章 导言

018 —— 第2章 古代躯体中的现代头脑　芝诺、欧多克斯和阿基米德

036 —— 第3章 绅士、军人和数学家　笛卡儿

059 —— 第4章 业余爱好者中的王子　费马

077 —— 第5章 "人的伟大与不幸"　帕斯卡

095 —— 第6章 在海边　牛顿

124 —— 第7章 样样皆通的大师　莱布尼茨

140 —— 第8章 先天还是后天？　伯努利家族

148 —— 第9章 分析的化身　欧拉

164 —— 第10章 一座高耸的金字塔　拉格朗日

185 —— 第11章 从农民到势利小人　拉普拉斯

198 —— 第12章 皇帝的朋友们　蒙日和傅里叶

223 —— 第13章 光荣的日子　彭赛列

236 —— 第14章 数学王子　高斯

290 —— 第15章 数学与风车　柯西

316 —— 第16章 几何学中的哥白尼　罗巴切夫斯基

330 —— 第17章 天才与贫困　阿贝尔

目 录

352 — 第18章 伟大的算学家　雅可比

365 — 第19章 一个爱尔兰人的悲剧　哈密顿

389 — 第20章 天才与愚蠢　伽罗瓦

407 — 第21章 不变量的孪生兄弟　凯莱和西尔维斯特

438 — 第22章 大师和学生　魏尔斯特拉斯和柯瓦列夫斯卡娅

467 — 第23章 完全独立　布尔

483 — 第24章 人，而不是方法　埃尔米特

503 — 第25章 怀疑者　克罗内克

522 — 第26章 真诚的心灵　黎曼

548 — 第27章 算术二世　库默尔和戴德金

564 — 第28章 最后一位通才　庞加莱

594 — 第29章 失乐园？　康托尔

他们说，他们说什么，让他们说

（阿伯丁的马里夏尔学院的铭言）

纯数学这门科学在其现代发展阶段，可以称作是人类精神之最具独创性的创造。

——A·N·怀特海（A. N. Whitehead，《科学与近代世界》，1925）

一个数学真理本身既不简单也不复杂，它就是它。

——埃米尔·勒穆瓦纳（Émile Lemoine）

一个没有几分诗人才气的数学家永远不会成为一个完全的数学家。

——卡尔·魏尔斯特拉斯（Karl Weierstrass）

我曾经听到过有人指责我是数学的反对者，是数学的敌人，但没有人能比我更尊重数学，因为它完成了我不曾达到其成就的业绩。

——歌德（Goethe）

数学家就像恋人……给予一个数学家最少的原理，他将从中得出一个你必须认可的结论，从这个结论中他又会得出另一个结论。

——丰特内勒（Fontenelle）

把圆变成方也比骗过一个数学家容易。

——奥古斯塔斯·德·摩根（Augustus de Morgan）

很遗憾,我必须在这一讲中给出如此大量的四维几何。我不道歉,因为我确实不为自然在其最本质的方面是四维的这一事实负责。事物的本来面目就是如此……

——A·N·怀特海(《自然的概念》,1920)

数统治着宇宙。

——毕达哥拉斯(Pythagoras)

数学,科学的皇后;算术,数学的皇后。

——G·F·高斯(G. F. Gauss)

这样,可以说是数统治着整个量的世界,而算术的四则运算可以被看作数学家的全部装备。

——詹姆斯·克拉克·麦克斯韦(James Clerk Maxwell)

算术的不同分支——野心、困惑、丑化、嘲弄。

——《艾丽斯漫游奇境记》

上帝创造了整数,其余所有的数都是人造的。

——利奥波德·克罗内克(Leopold Kronecker)

[算术]是人类知识最古老的,也许是最最古老的一个分支;然而它的一些最深奥的秘密与其最平凡的真理是密切相连的。

——H·J·S·史密斯(H. J. S. Smith)

柏拉图的著作不能使任何数学家相信,它们的作者强烈地痴迷于几何……我们知道他促进了数学……但是如果——没人相信这一点——泽特西的 $\mu\eta\delta\epsilon\iota s\ \dot{\alpha}\gamma\epsilon\omega\mu\dot{\epsilon}\tau\rho\eta\tau o s\ \epsilon\dot{\iota}\sigma\iota\tau\omega$ [不懂几何学者勿入] 写在了他的大门上，那就表示大门里面的几何和不要忘记带一包三明治的警告一样，这时都不能使人有吃一顿好饭的希望。

——奥古斯塔斯·德·摩根

几何无坦途。

——米内克穆斯（Menaechmus，致亚历山大大帝）

自担任议员以来，他学习并几乎掌握了欧几里得的6本书。

他开始了持续严格的头脑训练，试图增加他的能力，特别是他在逻辑和语言方面的能力。因此他热爱欧几里得的书，他在巡行时总是随身带着它们，直到他能轻松地证明出6本书中的全部推论；他经常在枕边点支蜡烛，学习到深夜，而他的律师同伴们，一间屋子里有半打，无休止地打着呼噜。

——亚伯拉罕·林肯（Abraham Lincoln，《简短的自传》，1860）

也许听起来奇怪，数学的力量在于它规避了一切不必要的思考和它惊人地节省了脑力活动。

——恩斯特·马赫（Ernst Mach）

仅只是一条曲线，以表示棉花价格的方式画出来的曲线，把耳朵可能听到的一切描述成最为复杂的音乐演奏的效果……我认为这是数学力量的一个极好的证明。

——开尔文勋爵（Lord Kelvin）

这位数学家，沉浸在他洪水般的符号中，明显地在处理纯形式的真理,仍然可以为我们对物质世界的描述得出无限重要的结果。

——卡尔·皮尔逊(Karl Pearson)

这些例子……可以无限制地增多,表明没有数学的帮助,实验者要解释他得出的结果常常是多么困难。

——瑞利勋爵(Lord Rayleigh)

但是数学享有盛誉还有另一个原因:正是数学给了各种精密自然科学一定程度的可靠性,没有数学,它们不可能获得这样的可靠性。

——阿尔伯特·爱因斯坦(Albert Einstein)

数学是特别适于处理任何种类的抽象概念的工具,在这个领域中它的力量是没有限度的。由于这个原因,一本关于新兴物理的书,只要不是纯粹描述实验的,实质上就必然是数学书。

——P·A·M·狄拉克(P. A. M. Dirac,《量子力学》,1930)

随着我着手对法拉第的研究,我发觉他设想出[电磁]现象的方法也是一种数学方法,虽然没有以数学符号传统的形式表示出来。我还发现这些方法能够表述成普通的数学形式,因而可与那些专业数学家的方法相媲美。

——詹姆斯·克拉克·麦克斯韦(《关于电和磁的论文》,1873)

问题64。……是否数学家们……没有他们难以理解的事物,更重要的是,没有他们的矛盾和冲突?

——贝克莱主教(Bishop Berkeley)

为了创造一种健康的哲学,你应该抛弃形而上学,但要成为一个好数学家。

　　　　　　　　　——伯特兰·罗素（Bertrand Russell，在一次讲演中，1935）

数学只是唯一的好形而上学。

　　　　　　　　　——开尔文勋爵

数学毕竟是人类思想独立于经验之外的产物，它怎么会如此美妙地适应于各种现实目的呢？

　　　　　　　　　——阿尔伯特·爱因斯坦（1920）

发现的每一个新的群体在形式上都是数学的，因为我们不可能有其他的指导。

　　　　　　　　　——C·G·达尔文（C. G. Darwin，1931）

无穷！再没有其他的问题如此深刻地打动过人类的心灵。

　　　　　　　　　——戴维·希尔伯特（David Hilbert，1921）

无穷这个概念是我们最伟大的朋友；它也是我们心灵平静的最大敌人……魏尔斯特拉斯教会我们相信，我们已最终完全驯服了这个难以驾驭的概念。但事实并非如此，它又挣脱了。希尔伯特和布劳威尔（Brouwer）已开始再次驯服它。但是要多长时间呢？我们拭目以待。

　　　　　　　　　——詹姆斯·皮尔庞特（James Pierpont，《美国数学学会会报》，1928）

在我看来，一个数学家，就他是一个数学家而言，无须专心于哲学——并且，许多哲学家也表示过这种意见。

　　　　　　　　　——亨利·勒贝格（Henri Lebesgue，1936）

上帝乃几何学家。

——柏拉图（Plato）

上帝乃算术学家。

——C·G·J·雅可比（C. G. J. Jacobi）

宇宙的伟大建筑师现在开始以纯数学家的面目出现了。

——J·H·金斯（J. H. Jeans，《神秘的宇宙》，1930）

数学是最精密的科学，它的全部结论都能绝对地证明。但所以会如此只是因为数学并不试图得出绝对的结论。所有的数学真理都是相对的、有条件的。

——查尔斯·普罗蒂厄斯·斯泰因梅茨（Charles Proteus Steinmetz，1923）

这是一个可靠的规律，当数学或哲学著作的作者以模糊深奥的话写作时，他是在胡说八道。

——A·N·怀特海（1911）

致　谢

不用大量的附注，就不可能在接下来的章节中为每一条关于历史事实的陈述引用权威典籍。但是所参考的材料极少能通过大型的大学图书馆以外的途径获得，而且其中的大部分是外文。对于某位大师生平中的重要日期和主要史实，我已经参考了（近现代人物的）讣闻；这些都可以在学术团体的活动记录中找到，其中涉及的人物正是这一学术团体的成员。另外一些重要的细节可在数学家之间的通信以及他们的文集中找到。除了现在引用的少数具体的资料来源之外，以下的参考书目和文献也非常有用。

1) *Jahrbuch über die Fortschritte der Mathematik* 数学史部分中的大量历史记录和论文提要。

2) 同样也摘自 *Bibliotheca Mathematica*。

只有三处资料来源足够"私密"，需要明确引证。伽罗瓦的生平基于P·迪皮伊（P. Dupuy）一篇经典论述，见 P. Dupuy, *Annales scientifiques de l'École normale supérieure*（3me série, tome 13, 1896），还有取自朱尔·塔内里（Jules Tannery）编撰的记录。魏尔斯特拉斯和柯瓦列夫斯卡娅之间的通信由米塔-列夫勒（Mittag-Leffler）在 *Acta Mathematica* 中发表（其中部分也见于 *Comptes rendus du 2me Congrès international des Mathématiciens*, Paris, 1902）。涉及高斯的许多细节取自 W·萨托里乌斯·冯·瓦尔特斯豪森（W. Sartorius von Waltershausen）的 *Gauss zum Gedächtniss*（Leipzig, 1856）。

如果说本书中所有名字的拼法和日期都正确无误，难免言之武断。引用日期的主要目的是为了让读者明了一位大师在做出他最初的创造性成果时的年龄。至于名字拼法，我承认当我面对那些不同的拼法，诸如一个瑞士小镇，用 Basle，Bâle 还是 Basel，或者当遇到采用 Utzendorff 还是 Uitzisdorf 时，会感到不知所措。它们每一个都作为公认的可靠的规范拼法被提出。当涉及取舍 James 与 Johann，或者 Wolfgang 与 Farkas 时，我选择了其他较简单的方式予以确定。

许多人物肖像复制于戴维·尤金·史密斯（David Eugene Smith）馆藏品。牛顿肖像取自 E·C·沃森（E. C. Watson）教授借出的牛顿最早的金属版肖像印刷品。这些画经过尤金·爱德华兹（Eugene Edwards）先生的精心设计。

像在我早先的一本著作《探索真理》中一样，我将十分乐于感谢埃德温·哈勃（Edwin Hubble）博士和他的妻子格雷斯（Grace），因为他们给了我无价的帮助。同时我将独自为本书中所有的陈述负责——虽然在我自己算不上是专家的领域中受到了两位专家的批评（尽管我并非总能从中获益）。这些批评对我大有帮助，我相信他们建设性的意见已经指出了我作品中原先的缺陷。摩根·沃德（Morgan Ward）博士也对某些章节提出了意见，而且就他擅长的事情做了很多有益的建议。托比（Tobby），一如既往地帮了很多忙；由于她所作的贡献，在此我谨以此书献给她——如果她愿意的话——这本书在很大程度上是属于她的，就像是属于我自己的一样。

最后，我希望能感谢各位图书馆的员工，他们借给我许多珍贵的书籍和文献资料，慷慨地帮助了我。我特别要感谢的是斯坦福大学、加利福尼亚大学、芝加哥大学、哈佛大学、布朗大学、普林斯顿大学、耶鲁大学、芝加哥约翰·克里勒（John Crerar）图书馆以及加州理工学院诸图书馆的馆员们。

E·T·贝尔

第 1 章

导　言

　　为读者方便。现代数学的起始。数学家是什么样的人?拙劣的模仿。数学进展的浩瀚领域。先驱者与斥候。走出迷宫的线索。连续与离散。非常珍贵的知识。栩栩如生的数学还是含混的神秘主义?数学的4个伟大时代。我们自己的黄金时代。

　　本章称为导言而非绪言(尽管它确是绪言),希望能借此吸引习惯跳过绪言的读者,使他们在认识一些伟大的数学家之前,为了自己的便利,至少读一读开头的部分。我愿首先着重说明,在任何意义下,本书无意写成数学的历史,或这样一个历史的任何部分。

　　这里所展示的数学家的生活是为普通读者,以及那些希望了解是哪一种人创造了现代数学的读者而写的。我们的目标最终是要谈到一些统治着当今数学的广泛领域的思想,我们是通过揭示提出这些思想的人们的生活,来达到这一目的的。

　　在选择本书所收入的人物时,依据了如下两个标准:他们的工作对现代数学的重要性,他们的生活及品质对人们的吸引力。有些人在两方面都有资格入选,如帕斯卡(Pascal)、阿贝尔(Abel)和伽罗瓦(Galois),其他人主要是由于第一个标准而当选,如高斯(Gauss)和凯莱(Cayley),虽然他们两人都有着吸引人的生活经历。当作出一项特殊进展的荣誉有几个待选者,而这两个标准发生冲突或仅有部分一致时,则优先考虑后者,因为我们此处首先关心的是作为人的数学家。

近年来，人们对于科学，特别是物理科学，以及它对我们关于宇宙的、迅速变化的哲学观点的影响，产生了莫大的兴趣。出现了许多尽可能用非技术语言写成的，描述当代科学进展的优秀著述，它们的出现缩小了专业科学工作者和不可能专门从事科学工作的人们之间的差距。在很多这类文章（特别是关于相对论和现代量子理论的文章）中，出现了无法期望普通读者会熟悉的名字，例如，高斯、凯莱、黎曼（Riemann）和埃尔米特（Hermite）。了解了这是些什么样的人，他们在为自1900年以来物理学的爆炸性进展进行的准备中所起的作用，并欣赏他们丰富的个性，我们就能对科学的伟大成就有一个更真切的看法，并能领会它们所具有的新的重大意义。

伟大的数学家在科学和哲学思想的演进中所起的作用，可以与哲学家和科学家本身所起的作用相媲美。下面各章的主要目的，在于通过数学大师们的生活勾勒出这种作用的主要特点，并以这些大师所处的时代中出现的一些主要问题为背景，来呈现这些特点。重点完全在现代数学，也就是说，在数学思想中那些对现存的、创造性的科学和数学仍然至关重要的伟大而平凡的指导思想。

决不能认为数学——"科学的婢女"——的唯一职责是为科学服务。数学也被称作"科学的皇后"。即使她偶尔向科学乞讨，她也是一个非常高傲的乞丐。她既不向她的更为富有的科学姊妹请求，也不接受她们的恩赐。她所得到的她必偿付。数学有它自己的见解和智慧，超越它对科学的任何可能的应用。对于任何瞥见了数学本身意义的聪明人，它都慷慨地予以奖励。这并非为艺术而艺术的陈旧教条，这是为人类的艺术。毕竟科学的全部目的不仅是为了技术——要知道我们已经有了足够的新发明；科学还探索这样一个领域的奥秘，对这个领域，人类无论怎样想象也永不会涉及，它也不会影响到我们的物质存在。所以我们也将注意那些由于其内在的美而被伟大的数学家认为值得热爱和理解的事物。

据说柏拉图(Plato)曾在他的学院入口处刻上"不懂几何学者勿入"。此处无需类似的警告,但是一句忠告可以使一些过于认真的读者免去不必要的烦恼。本书的要旨在于现代数学缔造者们的生活和品格,而不在于那些散诸各种教科书中的公式和图表。成千上万的劳动者据以编织出全部浩瀚而错综复杂的现代数学的那些基本概念,是简单而极其广泛的,任何智力正常的人都能很好地理解。拉格朗日(Lagrange,稍后我们将论及他)认为,一个数学家,只有当他能够走出去,对他在街上碰到的第一个人清楚地解释自己的工作时,他才完全理解了自己的工作。

这当然是一个理想,而且并不是总能实现的,但是人们可能会记起,就在拉格朗日说这番话的几年前,牛顿(Newton)的万有引力定律甚至对于受过高等教育的人也是一个难以理解的谜。而昨天,牛顿定律已为一切受过教育的人所接受,并被认为是简单而真实的普通事情;今天爱因斯坦(Einstein)的相对论引力理论正处在牛顿"定律"在18世纪早期所处的地位;明天或者后天,爱因斯坦的相对论将如牛顿"定律"之于昨天那样"自然"。随着时间的流逝,拉格朗日的理想并非永远不能实现。

另一位了解自己的困难不亚于他的读者的伟大的法国数学家,劝告认真的人不要在困难的地方过分纠缠,而是"读下去,自会有信心"。简言之,要是偶尔遇到某个过于专门的公式、图表或一段叙述,就跳过它,后面还大有天地。

学习数学的学生都熟悉"慢慢演变"或潜意识消化的现象:初次学习某种新知识时,各种细节似乎过于浩繁而毫无希望地混淆在一起,不能在头脑里留下一个连贯的整体印象。然而,过一段时间再回头看时,就会发现一切都处在适当的位置上——就像一幕生动的电影一样。大多数开始认真研究解析几何的人都有这种经历。另一方面,人们通常很快就掌握了微积分学,因为它的目标从一开始就很清楚。甚至专业数学工作者对于其他人的著述也经常是先进行浏览,以便对它有一个全面的理解,然后才专注于他们感兴趣的细节。尽管清教徒式的教师告诉我们当中的一些人,略读是一种恶习,但实际上它并非恶习,而是明显的优点。

至于了解本书的**全部**内容——有些人会明智地略去一些——所需要的数学知识,老实说,我相信高中的数学课程就够了。远远超出这些课程的内容会不断被提到,但是不管它们出现在何处,都会给出足够的说明,使具有高中数学知识的人能够理解。要了解所论及的与它们的创造者联系在一起的大多数重要的基本概念,例如群、多维空间、非欧几何和符号逻辑,较高中知识**略少**的数学知识就足够了,所需要的只是兴趣和冷静的头脑。人们将会发现,领略现代数学思想的这些令人鼓舞的概念,就像热天喝冰水那样使人清新,像一切艺术那样令人振奋。

为了方便阅读,重要的定义都在必要时予以重复,并不时地引证以前各章的内容以供参考。

读者无须按各章的顺序阅读。事实上,那些长于推理,具有哲学头脑的人可能愿意先读最后一章。除了为适合社会背景而作的一些微不足道的改变以外,各章均按编年史的顺序安排。

要陈述所论及的人物做过的**全部**工作是不可能的,即使对其中著述最少的人也是如此;在为普通读者写的书中试图这样做也不适宜;况且,甚至过去时代比较伟大的数学家的大量工作也已经包含在更一般的观点中,现在只有历史意义了。因此,本书只根据每个人所做过的工作在现代思想中的独创性和重要性,有选择地论述了一些引人注目的新内容。

在选出来陈述的论题中,我们可以提及下面一些可能会使普通读者感兴趣的部分:无穷的现代学说(第2章、第29章);数学概率论的起源(第5章);群的概念和重要性(第15章);不变量的意义(第21章);非欧几何(第16章和第14章的部分内容);广义相对论的数学起源(第26章的最后部分);普通整数的性质(第4章)及其现代推广(第25章);所谓虚数——

如 $\sqrt{-1}$ 的意义和用处(第14章,第19章);符号推理(第23章)。而任何人想要了解数学方法的力量,特别是应用于科学的力量,只要看看微积分是怎么回事就行了(第2章,第6章)。

现代数学始于两大进展:解析几何和微积分,前者明确形成于1637年,后者约1666年形成,但直到10年后才为公众所接受。虽然解析几何背后的想法简单而幼稚,它所用的方法却非常有力,就连普通17岁的大孩子都可以用这个方法证明出足以使最伟大的希腊几何学者——欧几里得(Euclid),阿基米德(Archimedes)和阿波罗尼乌斯(Apollonius)——感到困惑的结果。最后提炼出这个伟大方法的人笛卡儿(Descartes),度过了特别充实而吸引人的一生。

当说到解析几何的创立应归功于笛卡儿时,我们并不是说这个新方法全盘出自他一人。在他之前的许多人都曾为这个新方法的建立作出过重大贡献,但只是到了笛卡儿才完成了最后一步,确立了这一新方法,使之成为几何证明、发现与发明的有效工具。但即使是笛卡儿也必须与费马(Fermat)分享这一荣誉。

对于现代数学的大部分其他进展也可给出类似的评论。一个新概念可能对许多代人都是"在天上"的,直至某一个人——有时是两三个人一起——清楚地看到了他的前辈未曾发现的本质细节,这个概念才终于形成。例如,有时人们说,相对论是时间特地为闵可夫斯基(Minkowski)的天才保留的伟大发现,但事实上闵可夫斯基并没有创造相对论,创造相对论的是爱因斯坦。如果说,要是情况不是那样,某某人可能已经做了这件或那件事,这种说法是毫无意义的。要是我们和物质世界都与现在不同的话,我们中的任何一个无疑都能跳上月球,但事实却是我们并没有做这一跳。

不过,在其他例子中,一些伟大进展的荣誉并不总是公正地归于应得的人;首次以比创始人更有力的方式应用某个新方法的人,有时会得到超过他所应得的荣誉。例如，非常重要的微积分，其情形似乎就是如此。阿基米德就有了积分由之产生的无穷和的基本想法，他不仅有了这个想法，而且表明他能应用它。阿基米德在他的一个问题中也用了微分的方法。当我们接近17世纪牛顿和莱布尼茨（Leibniz）的时候，积分的历史就变得非常复杂了。在牛顿和莱布尼茨使这一新方法成为现实以前，它并非只"在天上"；费马实际上已经知道它了。费马也独立于笛卡儿发明的坐标几何方法。尽管有诸如此类不容置疑的事实，我们仍将按照传统，给每一个伟大的先驱者以大多数人认为应该归于他的荣誉，即使这样做会给他以超过他所应得的也在所不惜。优先权毕竟渐渐失去了它的令人不快的重要性，这是由于我们在时间上已经远离了那些人，在他们和他们的支持者活着的时候，优先权曾经是激烈争吵的起因。

当从未见过数学家的人碰到某位数学家时，他们可能会相当惊讶。因为普通读者对数学家这类人较之对其他任何脑力劳动者了解得更少。与其他的科学家相比，数学家极少在故事中担任角色，当他确实在小说或银幕上出现时，他只不过被人们当做完全没有常识的邋遢的梦想者——可笑的配角。他在现实生活中是哪一种人呢？只有详细了解了一些伟大的数学家是什么样的人，他们过着怎样的生活，我们才能知道传统的数学家的肖像是多么荒唐而不真实。

说起来似乎很奇怪，并非所有的伟大的数学家都是学院或大学的数学教授。相当一部分数学家是职业军人，其他人是从神学、法律和医学进入数学界的。有一位伟大的数学家甚至像不正派的外交官那样，为了他的本国利益而撒谎。有一些根本没有职业。更为奇怪的是，并非所有的数学教授都是数学家。但只要想想拿着丰厚薪金的一般诗学教授与在阁楼里冻馁濒死的诗人之间的鸿沟，我们就不会对此感到惊讶了。

数学家所过的生活至少表明，他们与任何普通人一样——有时令人痛苦地感到他们比普通人更普通，他们中的大多数在通常的社会交往中是正常的。当然，数学界也有行为古怪的人，但百分比并不高于商业界或其他行业。就整体而言，大数学家是一些具有多方面才能、精力充沛、机智敏捷、对数学以外的许多事情同样有着浓厚兴趣的人；在战斗中，他们是坚韧不拔的战士。一般说来，数学家是难不住的人；他们对所接受的通常都能给予优厚的回报。至于其他方面，他们是取得巨大成就的天才，与他们的有天分的同胞之间的区别仅在于具有想要研究数学的不可抑制的冲动。有时数学家也是（在法国，有些数学家仍然是）非常能干的行政官员。

大数学家的政治观点，从反动的保守主义直至激进的自由主义无所不包。作为一类人，他们的政治观点略微"左"倾，这样说或许是正确的。他们的宗教信仰包括从最狭隘的正教——有时落入最黑暗的偏执——直至完全怀疑论的所有派别。他们中的一些人对他们一无所知的事情固执己见、过分自信，但大多数人宁愿重复伟大的拉格朗日的话"我不知道"。

另一个要在这里提及的特点是大数学家的性生活，这是几位作家和艺术家（一些来自好莱坞）要求回答的问题。这些提问者特别希望知道有多少大数学家是堕落者——这或许是一个有些粗鄙的问题，但在关于这些论题已有了一些偏见时，有足够的理由给予一个严肃的回答。答案是：一个也没有。有些大数学家过着独身生活，这通常是由于经济拮据。但是大多数都幸福地结了婚，并以文明的、理智的方式养育自己的孩子。这里不妨顺便提一下，这些孩子通常天资过人。有几个过去世纪的大数学家也还曾有情妇，那是他们所处的时代的风气。这里所论及的唯一一位其生活可能会使一个弗洛伊德主义者感兴趣的数学家，是帕斯卡。

暂且回到数学家的银幕形象上来，我们注意到，不整洁的衣服并不是大数学家们一成不变的服装。在我们知之甚详的漫长的数学史中，数学家们注意自己的外貌恰如其他任何类型的人一样。他们中的一些人讲究服饰,另一些人邋里邋遢,而大多数人穿着得体,不引人注意。如果今天有人一本正经地向你担保他是一个数学家,而他喜欢奇装异服,蓄长发,戴黑色的墨西哥阔边帽或其他任何出风头的标志,那你可以满有把握地打赌,他是一个心理学家变成的命理学者。*

　　大数学家的心理特征是人们很感兴趣的另一论题。在稍后一章中,庞加莱会告诉我们一些有关数学创造方面的心理学。除非心理学家们要求休战,在他们之间统一看法,否则就这个一般性的问题是没有多少好说的。就整体而言,大数学家们的生活与那些陷于普通辛劳中的人们的生活相比,要更为丰富而有活力,这个丰富并不完全在于爱好智力上的探险。几位大数学家曾经历过不寻常的危险和激动,他们中的一些人是难以和解的冤家对头——或者争论专家,这其实一样。他们中的许多人在早年就热衷于争吵,这无疑应受严责,但仍然很近人情;由于知道了这一点,他们经历了优柔寡断的人永远体会不到的、正如虔诚的基督教徒威廉·布莱克(William Blake)在他的《地狱箴言》中所说的:"诅咒紧张,赞美松弛。"

　　这把我们引到了这样一个方面,初看上去(从这里所论及的几个人的行为)可能很像数学家的一个重要特点——他们的一触即发的坏脾气。从这几个人的生活中,我们得到了一个印象:大数学家较常人更容易想象别人正在剽窃或者诋毁他的工作,或者对他不够尊敬,因而就会为恢复想象中的权利而争吵。这些理应超越这种争吵的人,似乎特意为争夺发现权而争吵,指责他们的竞争者剽窃。我们将会看到足以使追求真理必然使人诚实这种说法黯然失色的不诚实的行为,但是我们不会找到数学会使人脾气变坏、喜欢争吵的明显证据。

　　另一个同一类型的"心理"状况更令人不安。嫉妒发展到了更高的程度,甚至在非人格化的纯数学中,狭隘民族主义和国际间的妒忌也严重地阻碍了发现和发明的历史,以致在一些重要事例中,几乎不可能查明事

---

* 命理学者指按出生年月日及其他数字测定命运的人。——译者。

实，或就某个独特的人的工作对现代数学思想的重要意义作出公正的评价。有些人试图不带偏见地记述非本民族或非本国的科学工作者的生活和工作，然而种族的狂热——特别是近年来——使他们的工作变得复杂而难以进行。

对西方数学家的无偏颇的记述，包括对于在错综复杂的发展中某个人和某个国家的贡献的公正评价，只能由中国史学家来写，只有他们具备必要的耐心和超脱名利的心态，去理清楚被离奇古怪地歪曲了的格局，从而发现隐藏在我们西方各种各样的自我标榜中的真实情况。

即使把我们的注意力局限于数学的现代阶段，我们也会面临着必须设法解决的选择问题。在指出所采取的解决办法之前，先估计一下一段详尽的数学史所需的工作量是有益的，其规模相当于政治史上任何一个重要的时期，比如说，法国大革命或美国南北战争。

当我们开始从数学史中理出一条特殊的线索时，我们很快就会产生一种沮丧的感觉：数学本身就像一个巨大的墓地，不断添进需要永久纪念的新死者。对这些新来者，如同对5000年前为永久纪念而安葬在里面的那些少数死者一样，必须这样展示，以使他们似乎仍保持着生前充沛的活力；事实上，必须造成这样的幻觉：他们的生命从来也没有终止。这种假象必须十分自然，甚至挖掘这一陵墓的最多疑的考古学家也会为之感动，而与活着的数学家们一起宣称：数学真理是不朽的、不可磨灭的；昨天如此，今天如此，永远如此；它们是形成永恒真理的真正材料，是人类在生、死和衰退的循环往复背后瞥见的永恒。事实可能确是如此；许多人，特别是老一代的数学家们，认为正是如此。

但是数学史的单纯旁观者不久就会被数量惊人的数学发现所压倒，这些数学发现对现代工作至今仍然保持着它们的生命力和重大价值。而在其他科学领域里，过去的发现经过几个或几十个世纪后，就不再保持这种生命力了。

包罗法国大革命或美国南北战争的全部重要事件的时间不过100年；其中，值得记载下来以资纪念的突出人物也不过500人。但是，当我们回顾历史时，就我们所知，那些对数学至少作过一项确定贡献的人，很快就会成为一大群；6000至8000个名字拥向前来，迫切要求我们以言辞使他们免于湮灭；而一旦认出了其中的主要人物，决定这喧嚷的人群中谁将被允许存留，谁将判定被遗忘，就主要是一个武断的、无意义的立法问题了。

在描述物理科学的发展时，这个问题极少出现。物理学的发展也可以追溯到远古，但对它们中的大多数，只需350年的时间就足以包括对现代思想有重要意义的一切了。但是如果有人试图给数学和数学家一个充分、全面的公正评价，他就得运用他可能具有的才能，对6000年的漫长历史中多达6000至8000名的一大群有权利提出要求的人，作出辨别和公正的评价。

当接近我们自己的时代时，这个问题变得更令人绝望了。这并非由于我们对上两个世纪的人更为亲近，而是由于全世界（在专业数学家中）都知道的事实：从19世纪延续到20世纪，过去是，现在仍然是世界所知道的数学上最伟大的时代。与光荣的希腊人对数学所作的贡献相比，19世纪的数学就像廉价蜡烛旁的熊熊篝火。

什么样的线索能指引我们走出众多数学发现的迷宫呢？主线已经指出：它从半被遗忘的过去一直通向那些至今仍统治着广阔的数学王国的主要概念——但这些概念本身可能明天就会被废弃，而让位给更为广泛的概念。沿着这条主线，我们将越过**发展者**而特别注意**创始人**。

对于任何科学的进步，发明者和完善者都是必要的。每一个探索者，除了他的"侦察兵"以外，还必须有追随者，由他们去告知世界他发现了些什么。但是对大多数人来说，公正与否无关紧要。首先指出新途径的探索者更引人注目，即便他本人只向前蹒跚地跨出了半步。因而我们将追随开创者而非发展者。幸而历史是公正的,数学上大多数开创者也是无可匹敌的发展者。

即使有了这样的限制,那些没有沿着从过去通到现在道路行进的人,仍会感到这条道路并非总是明确的,所以我们在这里扼要地说明贯穿整个数学史的主线究竟是什么。

从最早的时期开始,两个互相对立、有时又互相促进的趋势就统治着数学全部复杂的发展。粗略地说,这些就是**离散**和**连续**。

离散力图以孤立的、可分辨的、单独的元素来描述全部自然和全部数学,这些单独的元素就像墙上的砖块或数字1,2,3…。连续则试图按照赫拉克利特(Heraclitus)*的神秘的公式"万物皆流"来理解自然现象——行星的轨道,电流的运动,潮汐的涨落,以及许多诱使我们认为我们懂得自然的其他现象。今天(如在最后一章将会看到的)"流动"或与之相当的"连续"是如此含糊不清,以致几乎失去了意义。不过,我们暂时不考虑它。

在**直觉**上我们**感到**我们知道"连续运动"的意义——如一只鸟或一颗子弹之穿过空气,或者一个雨滴的下落。运动是**平滑**的;它**不是跳跃前进的**;它是**不间断的**。在**连续**的运动,或更一般地在连续本身这个概念中,**孤立的**数目1,2,3,…**不是**确切的数学形象。例如,一条直线段上**所有的**点就不具有数字序列1,2,3,…所具有的那种鲜明的孤立性。在数字序列中,**从一个成员到下一个成员的步长相同**(步长是1,如1+2=3,1+3=4,等等);因为在直线段上任意两点之间,不管这两个点挨得多么近,我们总能**找到**或至少**想象**出另一个点:**从一个点到下一个点没有"最短的"步长**。事实上,根本没有**下一个**点。

当后者——**连续**的概念,"无后继性"——以牛顿、莱布尼茨及他们的后继者的方式发展时,它就导致了**微积分学**的广阔领域,以及微积分对科

---

* 赫拉克利特(约公元前540—前480与前470之间),古希腊唯物主义哲学家,爱非斯学派的创始人。——译者

学技术和今天称之为**数学分析**的一切数不胜数的应用。另一个，基于1，2，3，…的离散模式，则是代数、数论和符号逻辑的领域。几何学兼有离散和连续两个方面。

今天数学的一个主要任务就是要把连续和离散熔于一炉，消除各自的含混之处，把它们包括在更为广泛的数学之中。

强调现代数学思想，而极少提及迈出了第一步、也许是最困难的一步的先驱者们，对我们的先辈可能是不公平的。但在17世纪以前数学界所完成的一切有用的东西，几乎都遭到了这样的两种命运：或者它被大大简化，以致现在成了每个正规中学课程的一部分，或者它早已被吸收为更普遍的工作中的细目。

为发明那些现在视为常识般简单的东西——例如，我们写数字的方式，它的值的"定位系统"，以及最终完善了定位系统的符号零的引进——人们花费了难以置信的劳动。甚至更简单的东西，包括最基本的数学思想——**抽象和概括**，人们一定也经过了几个世纪的斗争才设想出来；然而，它们的创始人已经湮没无闻，他们的生活和特点没有留下任何痕迹。比如，伯特兰·罗素（Bertrand Russell）曾经说过："一定经过了许多年代，人们才发现了一对野鸡和两天都是数字2的例子。"罗素自己的"2"或其他任何正整数的逻辑定义的形成，大约经过了25个世纪的**文明**洗礼（将在最后一章论及）。

还有，我们在开始学习几何时就（错误地）认为我们完全了解了的点的概念，它在人类作为一个艺术的、洞穴绘图动物的生涯中，一定出现得很晚。英国数理物理学家霍勒斯·兰姆（Horace Lamb）就曾想要"为那些把数学点做了最高类型抽象的无名数学发明者竖一座纪念碑，因为这种抽象从一开始就是科学工作的必要条件"。

那么，究竟是谁发明了数学点呢？在某种意义上是兰姆所说的被忘却了的人；在另一种意义上，是欧几里得及他的定义："一个点就是既无大小也无长度"；而在第三种意义上是笛卡儿及他的"点的坐标"的发明；直至最后，正如一些专家今天在几何学中所作的，神秘的"点"被一些更为有用的东西——**以确定次序写成的一系列数**——所替代。它们把被忘却了的人和他全部永久湮没了的神联系在一起。

最后论及的一点是抽象性和精确性的现代例子，数学不断向这两个方向努力，不过，当达到了抽象和精确时，为了清楚地理解就要求更高程度的抽象和更严格的精确了。我们自己的"点"的概念无疑会发展成为一种更为抽象的东西。事实上，今天用以描述点的那些"数"，约在20世纪初隐隐约约地化入纯逻辑的微光中，接着它又似乎消失在一些更罕见、甚至更不具体的概念中。

因此，如果说亦步亦趋地跟着我们的先辈，是了解他们或我们自己的数学概念的唯一途径，这种说法不一定确切，不过对导致我们现行观点的这条道路做这样的追溯，它本身无疑就饶有趣味，且从我们现在所站立的山顶上回顾走过的路程更为清晰。走错的步子，曲折的行踪，不通到任何地方的道路，都消失在远处，只看见条条宽广的大路笔直地通向过去，在那里，在不确定性和猜想的云雾中我们看不清它们。对于那些高大的身影在迷雾中隐约显现的人们，空间、数甚至时间之于他们都不像对我们那样重要。

公元前6世纪的某个毕达哥拉斯学派的人可能吟诵过："祝福我们吧，神圣的数，神和人皆由汝而生"；19世纪的一个康德学派的人可能自信地把"空间"作为"纯直觉"的一种形式；一个数学天文学家能在10年前宣称，宇宙的伟大的创造者是纯数学家。关于所有这些深奥的说法，最值得注意的是，那些并不比我们愚笨的人竟一度认为它们确有意义。

这些包罗万象的概括的说法，对现代数学家是毫无疑义的。然而排除数学是神和人的全能创造者的说法，数学也得到了更实在的东西，即对于它本身和它为人类创造价值的能力的信念。

我们的观点已经改变——并且仍在改变中。对笛卡儿的"给我空间和运动，我将予你世界"的说法，今天爱因斯坦可能会反驳说，要得太多了，事实上这个要求是毫无意义的：没有一个"世界"——物质——就既不会有"空间"也不会有"运动"。17世纪莱布尼茨关于神秘的 $\sqrt{-1}$ 说过，"神灵在分析的奇境中找到了一个卓越的出口，那是理念的预兆，其意义在存在与不存在之间，我们称之为负单位的虚[平方]根。"为了消除莱布尼茨这种狂烈的、混乱的神秘主义，哈密顿（Hamilton）在19世纪40年代构造了一个任何有天分的儿童都能理解和掌握的数偶，这个数偶之于数学和科学，做了被命错名的"虚数"曾做过的一切。17世纪莱布尼茨的这个"不存在"就如 ABC 那样简单地是一个"存在"。

这失去了什么吗？或者当一个现代数学家试图通过假想的方法追逐那种难以捉摸的"感觉"时，他失去了什么有价值的东西吗？无线电波的发明者海因里希·赫兹（Heinrich Hertz）把这种感觉描述为："人无法摆脱这样的感觉：这些数学公式是独立存在的，有它们自己的智能，它们比我们更聪明，甚至比它们的发现者还聪明，我们从它们中得到的超过了原来放进它们的。"

每一个称职的数学家都会了解赫兹的感觉，但他们也倾向于相信，鉴于发现了无线电波，也就发明了电动机和数学来做我们要它们做的事。我们仍可以梦想，但没有必要有意做噩梦。如果确如查理·达尔文（Charles Darwin）所说"数学似乎赋予人以新的感觉"，这个感觉就是升华了的常识，物理学家和工程师开尔文勋爵（Lord Kelvin）曾声称数学就是如此。

与其同柏拉图一起声称"上帝乃几何学家"，或与雅可比（Jacobi）一起声称"上帝乃算术学家"，不如暂时同意伽利略（Galileo）的说法："自然界的大书是以数学符号写的"，且仅此而已，这难道不更接近于我们自己的思维习惯吗？如果我们以现代科学的批判眼光仔细审视自然界的大书上的符号,我们很快就会发觉,正是我们自己写下了它们。我们之所以用特殊的字体,是因为我们创造了这种字体来适应我们自己的理解力。也许有一天,我们会发现一种较数学更富于表达的速记法,以描述我们对物质世界的感受——除非我们接受了科学神秘主义者的教条,认为一切都**是**数学的,而不仅仅是为了我们的便利才以数学语言**描述**的。如果像毕达哥拉斯(Pythagoras)所说"**数统治着宇宙**",**数**也只是我们王权的代表,因为我们统治着**数**。

当一个现代数学家暂时离开他的符号,而与其他人交流数学在他心中激起的感情时,他不会重复毕达哥拉斯和金斯(Jeans)的话,但他可能引用伯特兰·罗素在四分之一世纪前所说的:"正确的看法是,数学不仅拥有真,而且拥有非凡的美——一种像雕塑那样冷峻而朴素的美,一种无须我们柔弱的天性感知的美,一种不具有绘画和音乐那样富丽堂皇的装饰的美,然而又是极其纯净的美,是唯有最伟大的艺术才具有的严格完美的美。"

另外一个熟悉自罗素赞扬数学之美以来,我们关于数学之"真"的概念发生了什么情况的现代数学家,可能会提及一些人在试图了解数学的意义时所表现的"坚韧的耐力",而引用詹姆斯·汤姆逊(James Thomson)描述丢勒(Dürer)*的卷首插画的诗句(本书即以该诗结束)。如果某个献身者受到责难,因为在许多人看来,他似乎把生命耗费在对一种美的自私的追求上,而这种美在他的同胞们的生活中没有直接的反映,那么他可以重复庞加莱(Poincaré)的话:"为数学而数学,虽然人们为这句套话所震惊,但是它恰如为活着而活着一样,即使活着只是受难。"

为了估计现代数学比之古代已经取得了什么样的成就,我们可以先看看,与1800年前相比,1800年后所做的大量数学工作。最包罗万象的

---

* 丢勒(1471—1528),德国宗教改革运动时期的油画家、版画家、雕塑家、建筑家。——译者

数学史要算莫里茨·康托尔（Moritz Cantor）的印刷精美的3大卷《数学史》（第4卷与合作者一起写成，为前3卷的增补）。4卷共约3600页。康托尔所写的只是一个发展的概要；没有试图详细叙述所论及的各项贡献，也没有解释技术术语以使局外人能了解全书的内容；传记部分极其精练；该书系为受过技术训练的人而写。这部历史**写到1799年**——正是现代数学开始其自由发展之前。如果以同样规模撰写19世纪的数学史纲，按康托尔著作的篇幅，估计需要19至20卷，也就是说，大约17 000页。按这个比例，19世纪对数学知识所作的贡献约为以前全部历史所作的贡献的**5倍**。

1800年以前的没有起点的时期，清晰地分为两部分。这个分期大致发生于1700年，主要归功于牛顿（1642—1727）。牛顿在数学上的最大对手是莱布尼茨（1646—1716）。按照莱布尼茨的说法，到牛顿时代为止的全部数学中，较为重要的一半应归功于牛顿。这个估计是指牛顿的一般方法的成就而不是指他的大量工作。人们至今仍把《原理》视为由单独一个人对科学思想所作出的最大的贡献。

回溯到1700年以前的时代，我们发现第一个可以与之相提并论的是希腊的黄金时代——大约间隔了2000年。再回溯到公元前600年以前，我们很快进入了阴影中，直到古埃及时期才短暂地重见光明。最后我们来到了数学上的第一个伟大的时期，约公元前2000年，出现于幼发拉底河流域。

在巴比伦的苏美尔人的后裔，看来是数学上的首批"现代派"，他们对代数方程作出的努力，比之希腊人在他们的黄金时代所作的一切，确实更符合我们所知道的代数精神。较这些古代巴比伦人的注重技巧的代数更为重要的是，他们认识到了——正如他们的工作所表明的——数学上证明的必要性。而直到不久以前，人们还以为是希腊人首先认识到了数学命题需要证明。巴比伦人的这一认识是人类迈出的最重要的一步。不幸的是这一步走得太早了，以致对于人类的文明而言，它没有做出什么特别的成就——除非希腊人有意识地跟上来,而这点他们完全可以做到。希腊人对他们的先辈并不是特别慷慨的。

那么数学有4个伟大的时代:巴比伦时代,希腊时代,牛顿时代(给1700年前后这一时期取的名字)和始于1800年延续至今的最近的时代。称职的裁判者们把最后一个时期称为数学上的黄金时代。

今天,数学的发明(要是你愿意的话,也可以说发现)比以往更有力地不断地涌现着。显然,唯一能阻止它前进的,是我们乐于称之为文明的总崩溃。如果那一天来到,数学就会如它在巴比伦衰落后那样,一连许多个世纪潜入地下;但是若如人们所说,历史本身会再现,那么我们可以肯定,在我们和我们的一切愚钝早已被忘却以后,春天必将再度降临大地,比以往任何时候更为清新、洁净。

◆ 第 2 章

古代躯体中的现代头脑
芝诺、欧多克斯和阿基米德

现代的古代人和古代的现代人。毕达哥拉斯,伟大的神秘主义者,更伟大的数学家。证明还是直觉?现代分析的主根。一个乡下人搅乱了哲学家。芝诺的未解之谜。柏拉图贫穷的年轻朋友。无穷的穷举。有用的圆锥形。阿基米德,贵族,古代最伟大的科学家。关于他的生活和品格的传说。他的发现及对现代性的主张。一个坚强的罗马人。阿基米德的失败与罗马的胜利。

……光荣归于希腊,
……辉煌归于罗马。

——爱伦·坡(E. A. Poe)

为了评价我们自己的数学的黄金时代,记住那些很久以前就为我们铺平了道路的天才的一些伟大而平凡的指导思想是有益的。我们将浏览三个古希腊人的生活和工作,他们分别是:芝诺(Zeno,公元前495—前435)、欧多克斯(Eudoxus,公元前408—前355)和阿基米德(Archimedes,公元前287—前212)。欧几里得要到很晚才论及,那时他的最好的工作将得到它应得的荣誉。

芝诺和欧多克斯是至今仍然盛行的两大对立的数学思想学派的代表

人物。这两个学派是毁灭性的批判学派(Critical-destructive)和建设性的批判学派(Critical-constructive)。两者都具有如他们在19、20世纪的后继者所有的那种敏锐的批判头脑。这个说法当然可以倒过来:数学分析——无穷和连续的理论——的现代批评家,克罗内克(Kronecker, 1823—1891)和布劳威尔(Brouwer, 1881—   )*,犹如芝诺一样古老;连续和无穷的现代理论的创始人,魏尔斯特拉斯(Weierstrass, 1815—1897)、戴德金(Dedekind, 1831—1916)和康托尔(1845—1918),则可认为是欧多克斯在智力上的同代人。

阿基米德,不但是古代最伟大的智者,同时也是彻底的现代派,他和牛顿完全可以互相理解。要是阿基米德能活到现在,去听数学和物理的研究生课程,那么他很可能会比爱因斯坦、玻尔(Bohr)、海森伯(Heisenberg)和狄拉克(Dirac)等人更了解他们自己。今天的大数学家们依据25个世纪的艰苦努力赢来的成就,允许他们以自己无拘无束的自由思考来铺平他们的道路;而在所有的古代人中,唯有阿基米德习惯于这样的自由思考。因为在所有古希腊人中,只有阿基米德有足够的才干和力量,去跨过那些因听信了哲学家们的话而被吓慌了的几何学家扔在数学进步道路上的障碍。

全部历史上挑选任何三个"最伟大"的数学家的名单都将包括阿基米德的名字。通常与他相联系的另外两个名字是牛顿(1642—1727)和高斯(1777—1855)。要是考虑到在这些巨人各自生活的时代,数学和物理学的相对充足或贫瘠,并依据他们所处时代的背景来评价他们的成就,一些人会将阿基米德排在首位。要是古希腊的数学家和科学家追随阿基米德而不是追随欧几里得、柏拉图和亚里士多德(Aristotle),他们可能在两千年前就轻而易举地进入了由笛卡儿(1596—1650)和牛顿在17世纪肇始的现代数学时代,以及由伽利略(1564—1642)在同一世纪开辟的现代物理学时代。

---

* 布劳威尔于1966年逝世。——译者

在这三个现代先驱者的背后，都隐隐地显现了毕达哥拉斯（公元前569?—前500?）半神秘的身影，他是神秘主义者、数学家、竭尽了全力的大自然的研究者，"他十分之一是天才，十分之九是纯粹的呓语者"。他的生活已成为一个神话，充满了种种令人难以置信的传说；但是除了表达他用以推测宇宙的稀奇古怪的数字神秘主义（number-mysticism）之外，只有这些对数学发展有重要意义：他周游埃及，从祭司那里学到了许多，相信得更多；访问了巴比伦，重复了在埃及的经历，在意大利南部的克罗顿建立了秘密帮会，从事高度数学思辨和有关物质、精神、道德与伦理的荒谬臆测。由于这一切，他作出了可列入数学史上最伟大之林的两个贡献。根据某个传说，政治上和宗教上的执迷者们鼓动群众反对毕达哥拉斯试图对他们进行的说教，在他的学派中煽起骚动，毕达哥拉斯死于动乱中。*Sic transit gloria mundi*[世界的光荣就如此地消失了]。

在毕达哥拉斯之前，人们并未清楚地认识到**证明**必须由**假定**开始。毕达哥拉斯坚持在发展几何时须首先制定"**公理**"，或称"**公设**"，其后的全部发展将通过严密的、导向公理的演绎推理来进行。根据长期以来的传统看法，他是这样做的第一个欧洲人。按照现行的说法，我们以后将用"公设"来代替"公理"，因为"公理"与"不言自明的、必然成立的"有一种有害的历史联系，而"公设"没有这种联系；一个公设是由数学家本人而并非由全能的上帝规定的肯定的假设。

后来，毕达哥拉斯把**证明**引入数学，这是他最伟大的功绩。在他之前，几何学主要是凭经验得出的规律，而对于这些规律之间的相互联系，没有作任何明确的说明，也丝毫没有猜测到这些规律能从一些数量相对少的公设推出。证明，现在被普遍认为是理所当然的数学的真正精神，我们甚至很难想象必然先于数学推理的原始阶段是什么。

毕达哥拉斯的第二个突出的数学贡献，使我们了解了至今还存在的各种问题。这就是发现了普通的整数 $1, 2, 3, \cdots$，这个发现甚至对于构造他所知道的数学的初级阶段也是不够的,这使他遭到屈辱和失败。在作出这个重大发现之前,他曾经像一个富有灵感的先知那样宣称:整个自然界,实际上整个宇宙,物质的、形而上学的、精神的、道义的、数学的**一切**,都是建立在正整数1,2,3,…的离散模式之上的,只能按照上帝给予的这些砖块来说明它们。他确实宣称过,上帝就是"数"。这里的数,他指的是普通整数。这无疑是一个卓越的概念,简单而美妙,但它如同柏拉图等人的类似说法那样无用:柏拉图——"上帝乃几何学家";雅可比——"上帝乃算术学家";或金斯——"宇宙的建造者现在开始以数学家的形象出现"。这个顽固的数学矛盾毁坏了毕达哥拉斯的离散哲学、数学和形而上学。但与他的一些后继者不同,他在力图遏制败坏了他信念的发现而未获成功之后,最终接受了失败。

打垮了他的理论的是:不可能找到两个整数,使其中一个的平方等于另一个数的平方的两倍。任何学过几星期代数的人,甚至完全理解了初等算术的人,都能通过简单的推理*证明这件事。事实上毕达哥拉斯是在几何中栽跟头的:一个正方形的边与它的一条对角线之比,不能表示成任何两个整数之比。这相当于上述关于整数的平方的陈述。换一种形式,我们可以说2的平方根是**无理**的,那就是说,它不等于由一个整数除以另一个整数而得到的任何整数或十进分数,或整数与十进分数两者之和。因此,即便简单如正方形对角线这样的几何概念就打败了整数1,2,3,…,否定了早期毕达哥拉斯学派的哲学。我们能很容易地构造出**几何上的对角线,但我们不能用有限步去量度它**。这个不可能性尖锐而清楚地引出了无理数和无穷(无终止)的过程,它们似乎引起了数学家们的注意。因此,2的平方根可以通过中学所教的方法或其他更有力的方法计算

---

* 设 $a^2 = 2b^2$,此处不失一般性地,设 a,b 是没有大于1的公因子(这样一个因子能够从方程中约去)的整数。如果 a 是奇数,立刻导致矛盾,因为 $2b^2$ 是偶数。如果 a 是偶数,比如说是 $2c$,那么 $4c^2 = 2b^2$,或 $2c^2 = b^2$,所以 b 是偶数,因此 a,b 有公因子2,这又导致了矛盾。

到所要求的任何**有限**的十进位小数,但这些十进位小数永远不会"重复"(例如,像计算 $\frac{1}{7}$ 那样),也不会终止。由于这个发现,毕达哥拉斯找到了现代数学分析的主根。

由这个简单的问题引起的争端,至今尚未找到使所有数学家都满意的解决方式。这些问题涉及无穷(无尽的、不可数的)、极限和连续的数学概念,而这些概念是现代数学分析的基础。人们一再认为与这些显然不可缺少的概念一起羼入数学的悖论和巧辩已经最后消除了,但它们在相隔一两代后又再度出现,改头换面,但仍保持原先的内容。我们将在当代数学中遇见这些问题,它们较以往更为活跃。下面是这种情况的一个极其简单的、直觉上很明显的图形:

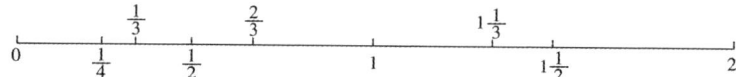

考虑一段2英寸(约5厘米)长的直线,想象一个"点"在它上面"连续""运动",引号中的词就是困难所在。不用分析它们我们就能很容易地使自己相信,我们画出了它们表示的意义。现在记直线的左端点为0,右端点为2。0和2中间的点自然标以1;0和1中间的点标以 $\frac{1}{2}$;0和 $\frac{1}{2}$ 中间的点标以 $\frac{1}{4}$,等等。这样做了以后,我们可以同样地标出 $\frac{1}{3}$、$\frac{2}{3}$、$1\frac{1}{3}$、$1\frac{2}{3}$,然后我们可以对所得到的每一个小线段做更小的等分。最后,"在想象中",我们能够设想这一过程已经做出了**所有的**普通分数和普通的大于0小于2的数;概念化的分点给出了**全部**0和2之间的**有理数**,它们是无穷的。可是它们完全"覆盖"了整条直线吗? 没有。2的平方根相应是哪一个点呢? 没有这样的点,因为这个平方根不能由任一整数除以另一整数得到。但是2的平方根明显是某种"数"*,表示它的点落在1.41和1.42之

---

* 这样一个假设的固有缺陷是很明显的。

间的某个地方,我们能尽可能近地限定它。为了盖满整条直线,我们不得不想象或发明出比有理数还要多无限多的"数"。那就是说,如果我们认为直线是**连续**的,并且**要求**直线上的每一个点都对应于一个,且仅有一个"实数"的话,同样的想象还可以推广到整个平面或者更多的方面,但暂时这已经足够了。

诸如此类的简单问题立即导致了非常严重的困难。鉴于有这些困难,希腊人(如同我们一样)分成了两个不可调和的派别;一个派别停滞在它的数学道路上,拒绝继续前进走向分析学——积分学,当我们以后论述到它时,再加以阐述;另一个派别试图克服困难,并且自认为它已经做到了这一点。那些停滞不前的人几乎没有再犯什么错误,但也同样没有发现多少真理;而那些继续前进的人却发现了大量的对数学和一般的合理思想都具有高度意义的东西,不过,正像在我们这一代中所发生的一样,其中的一些可能遭到毁灭性的批判。从最早期开始,我们就遇见了这样明显对立的两种类型:一类是自认为谨慎的人,他们由于脚下的大地震动而踌躇不前;另一类是勇敢的先驱者,他们跳过裂罅去寻宝,而在彼岸更为安全。我们首先来看看一个拒绝一跳的人。就其思想的深刻和敏锐来说,在我们进入20世纪遇到布劳威尔以前,我们不会碰到能与他相匹敌的人。

埃里亚城的芝诺(公元前495—前435)是数学家巴门尼德(Parmenides)的朋友,在与他的保护人一起访问雅典时,他提出了4个简单的悖论,把一些自鸣得意的哲学家弄得不知所措,他们无法以言辞来消除这些悖论。据说芝诺是一个自学成才的乡村孩子。我们并不想判定他提出这些悖论的目的——权威们对此有各种各样不同的看法——我们将仅仅叙述它们。从这些悖论中可以很清楚地看出,芝诺会反对我们刚才论及的2英寸长直线的"无限连续"的分割。这反映在他的前两个悖论中。这两个悖论是:两分法悖论和阿喀琉斯(Achilles)悖论。不过,后两个悖论表明，他会同样激烈地反对**相反的**假设，即直线**不是**"无限可分"的，而是由可以用1,2,3,…来数尽的**离散点**组成的。全部4个悖论构成了一堵铁墙，阻挡了一切进步的可能。

第一，**二分法悖论**。运动是不可能的，因为运动的物体在到达目的地之前必须到达路程的中间点，而在它到达中间点**之前**，它又必须到达路程的四分之一点，如此下去，**没有穷尽**。因此运动甚至永远不能开始。

第二，**阿喀琉斯悖论**。奔跑中的阿喀琉斯永远也不能超过在他前面慢慢爬行的乌龟，因为他必须首先到达乌龟的出发点，而当他到达那一点时，乌龟又向前爬了，所以仍在他前面。重复这个论点，我们很容易看出乌龟总是在前面。

现在看另一方面。

箭的悖论。飞矢在任何瞬间都是既非静止也非运动。如果瞬刻是不可分的，箭就不能运动，因为如果它动了，瞬刻就立即是可分的了。但是时间由瞬刻组成，如果箭在任一瞬刻都不动，它在任何时间内也不能动，因此它总是保持静止。

运动场悖论。"为了证明一半的时间可以等于两倍的时间，考虑三行物体，

其中的一行(A)静止，而其他两行(B)、(C)以等速向相反方向运动。当它们都在路程中的同一距离时，(B)通过(A)中的一个物体时就将通过(C)中的两个物体。因此它通过(A)的时间是它通过(C)的时间的两倍。但(B)和(C)到达(A)的位置所需的时间相同。因此两倍的时间等于一半的时间。"[伯内特(Burnet)的译文。]把(A)想象为圆柱形的栅栏有助于理解。

以非数学语言说出的这些问题，就是早期探索连续和无穷的人们所碰到的困难。在约20年前写成的书中，人们认为：就像欧多克斯、魏尔斯特拉斯和戴德金发明的"无理"数（诸如2的平方根）那样，由康托尔创立的"实在的无穷理论"已经一劳永逸地解决了所有这些困难。这样一种论述在今天无法为数学思想的各个学派所接受。所以，在详细讲述芝诺的同时，我们事实上也正在讨论我们自身。希望进一步了解他的人，可以参阅柏拉图的《巴门尼德篇》，我们要说的只是，芝诺最后由于叛国罪或诸如此类的事丢了脑袋。接下去，我们将论述那些没有由于他的论点丢了脑袋的人。那些仍然支持芝诺的人对数学的进展贡献甚微，但是他们的后继者们却做了许多撼动数学基础的事情。

尼多斯的欧多克斯（公元前408—前355）继承的仅只是芝诺留给世界的一片混乱。同不止一个在数学上留下了印迹的人一样，欧多克斯青年时代饱受极度贫穷之苦。欧多克斯在世时，柏拉图正当盛年，当欧多克斯去世时，亚里士多德年约30岁。柏拉图和亚里士多德这两位古代最主要的哲学家，对于芝诺注入数学推理中的疑义都很担心；而欧多克斯在他的比例理论（即"希腊数学的王冠"）中，试图解释这些疑义，他的解释一直到19世纪的最后25年仍在起作用。

欧多克斯年轻时从塔兰托移居雅典，在那里他就学于第一流的数学家、行政官员、军人阿基塔斯（Archytas，公元前428—前347）。到达雅典后，欧多克斯很快就遇见了柏拉图。由于他很穷，无法住在柏拉图的学园附近，他就每天从比雷埃夫斯往返跋涉。在比雷埃夫斯，鱼和橄榄油很便宜，住处也很容易找到。

虽然从技术意义上说，柏拉图不是数学家，但人们称他为"数学家的创造者"。无可否认的是，他确实刺激了许多比他高明得多的数学家去创造一些真实的数学。如我们将要看到的，他对数学发展的总的影响可能是有害的。但他确实看出了欧多克斯的才能，并成为他忠实的朋友，只是到了后来他开始对他这个才华横溢的受保护者产生了类似嫉妒的情感，才中断了友谊。据说柏拉图和欧多克斯曾一起去埃及旅行。如果确系如此，那么欧多克斯似乎不像他的前辈毕达哥拉斯那样轻信；然而柏拉图却吞下了大量东方数–神秘主义，并受了它的影响。欧多克斯发现自己在雅典不受欢迎，最后在基齐库斯*定居、教学，并在那里度过余生。他研究医学，除数学之外，还开业行医并担任议员。好像所有这些还不够他忙的，他又认真研究天文学，并作出了突出的贡献。他的科学观较他那些拘泥文字、卖弄大道理的同代人要领先几个世纪。像伽利略和牛顿一样，他轻视无法用观察和经验来验证的关于物理世界的推测。他曾经说过，要是能通过到达太阳去确定太阳的形状、大小和性质，他愿愉快地分享法厄同（Phaëthon）**的命运，但在此期间他不愿瞎猜。

我们可以从一个很简单的问题了解到欧多克斯都做了些什么。我们用长乘宽来算一个矩形的面积。这虽然听起来明白易懂，但除非这两条边都可以用**有理数**来度量，否则会很困难。略过这些特殊的困难，我们在如下一类最简明的问题中以更明显的形式看看它们。这类问题是：求一条**曲**线的长度，或一个**曲**面的面积，或者由**曲**面所围成的体积。

任何想要检验自己数学才能的年轻天才，可以试着去设想一种方法来解决这类问题。倘若他从来没有在中学里学过怎样做，他如何着手严格地证明已知半径的圆的周长公式呢？不论是谁，只要完全靠自己的力量做到了这件事，就有资格自称为第一流的数学家。一离开由**直线**或**平面**所界定的图形，我们立刻就闯入了连续的全部问题、无限的谜和无理数的混乱之中。欧多克斯设计了第一个逻辑上令人满意的处理这些问题的

---

* 小亚细亚北部地名。——译者

** 法厄同是希腊神话中太阳神赫利俄斯之子，曾驾驶其父之日轮马车，几将地球毁于大火，最后自己葬身火海。——译者

方法,而欧几里得在他的《原理》第五篇中,为处理这些问题又重新做出了这一方法。欧多克斯在他用于计算面积和体积的**穷竭法**中,表明我们无须假定"无穷小量"的"存在"。就数学目的而言,能够通过对一个给定量的连续分割得到我们想要的尽可能小的量就足够了。

在结束对欧多克斯的论述之前,我们要叙述他的关于等比例的划时代的定义,这个定义使数学家们可以像对有理数那样严密地处理无理数。这实际上是无理数的一个现代理论的起始点。

"如果在四个量中,取**第一个和第三个量的任意等倍数**[相同的倍数],并取**第二个和第四个量的任意其他等倍数**,若由**第三个量**的倍数大于、等于或小于**第四个量**的倍数,便有**第一个量**的倍数大于、等于或小于**第二个量**的倍数,那么就称这四个量中的第一个和第二个之比与第三个和第四个之比**相等**。"

在那些尚未提到的、其工作影响到1600年以后的数学的希腊人中,只有阿波罗尼乌斯有必要在这里提及。阿波罗尼乌斯(公元前260?—前200?)以欧几里得的方式——至今仍用来教不幸的初学者的方式——发展几何学,使它远远超过了欧几里得(公元前330?—前275?)留下的状态。阿波罗尼乌斯作为一个这一类型的几何学家——一个**综合**的"纯"几何学家——在19世纪的施泰纳(Steiner)以前是无人可与之匹敌的。

如果一个圆锥通过它的顶点向两方无限延伸,用平面去截该圆锥,那么平面在锥面上截出的曲线称为圆锥曲线。圆锥曲线有五种可能的类型:椭圆;双曲线,包括两个分支;抛物线,抛射体在空中的轨道;圆;以及两条相交的直线。根据柏拉图的公式,椭圆、双曲线和抛物线是"机械曲线";那就是说,不能只用直尺和圆规画出这些曲线,尽管这些工具可以画出这些曲线中任意一条上的任意数目的点。阿波罗尼乌斯及其后继者把圆锥曲线的几何推进到高度完美的境地,在17世纪和以后几个世纪的天体力学中,这被证明是最为重要的。确实,尽管开普勒(Kepler)以他关于

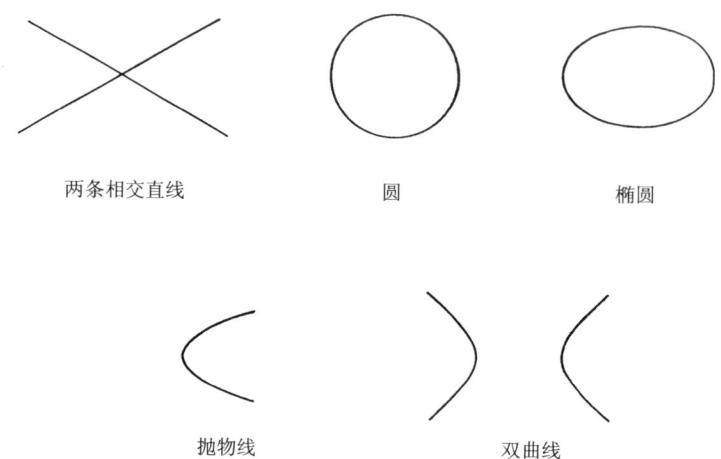

两条相交直线　　　圆　　　椭圆

抛物线　　　双曲线

行星轨道的费力而精确的计算,为万有引力定律的出现铺平了道路,但要是没有希腊的几何学家们走在开普勒之前,牛顿就不一定能发现他的万有引力定律。

在后期希腊人和中世纪的阿拉伯人中,阿基米德似乎获得了像17、18世纪的牛顿和19世纪的高斯在他们的同代人和追随者中所获得的同样的敬畏和尊崇。阿基米德是他们中间无可争辩的首领,是"长老"、"智者"、"大师"、**伟大的**几何学家"。他生活在公元前287—前212年。由于普卢塔克(Plutarch),我们对阿基米德的死比对他的生知道得更多。有代表性的历史传记家普卢塔克明显地认为这位数学之王在历史上还不如罗马军人马塞勒斯(Marcellus)重要,在他的《传记集》中,关于阿基米德的记述少得就像一大块三明治中的一片薄薄的火腿,这样做或许是不公平的。然而,阿基米德正是马塞勒斯今天仍为人们所记忆(和咒骂)的主要原因。在阿基米德的死中,我们将看到愚笨而实际的文明施加于它所毁灭的更为伟大的事物上的第一次影响——已经半摧毁了迦太基的罗马,由于胜利而得意忘形;由于勇猛而披上了帝王的紫袍,进犯希腊,毁坏了它那脆弱的美。

阿基米德在身心两方面都是一个贵族。他是天文学家菲迪亚斯

(Pheidias)的儿子,出生于西西里的叙拉古,据说他与叙拉古的专制统治者(或称国王)希隆二世(HieronⅡ)有亲缘关系。无论如何,他与希隆及其儿子格隆(Gelon)的关系密切,他们两人都对这位数学家之王有很高的赞誉。阿基米德本质上的贵族气质表现在他对今天称为应用科学的学科的态度上。虽然我们认为他即使不是历史上最伟大的机械学的天才,也是最伟大的机械学的天才之一,但作为贵族的阿基米德对自己的种种实用的发明却十分轻视。从某种观点看来,他这样做是有道理的。可以就阿基米德对应用机械学的贡献写出几本书;但从我们自己对机械学的有偏见的观点看来,这项工作尽管伟大,比之他对纯数学所作的贡献却相形见绌。我们首先来看看关于他的一些已知的事实和关于他的品格的传说。

根据传说,按照伟大的数学家应该是什么样子的流行观念,阿基米德是一个完美的范例。当他沉浸在数学中的时候,他像牛顿和哈密顿一样连吃饭也忘记了。在对待穿着不经意的方面,他甚至超过了牛顿。他在洗澡时,观察到自己浮起的身体,因而作出了他著名的发现:物体在液体中减轻的重量,等于它所排出的液体的重量,于是,他跳出了浴盆,一丝不挂地跑过叙拉古城的大街,高喊着"尤里卡,尤里卡!"(我发现了,我发现了!)他所发现的就是流体静力学第一定律。据说,有一个不忠实的金匠在给希隆做的金冠中掺了银,这位暴君怀疑到了这个欺诈行为,就请阿基米德设法鉴定。任何一个中学生都知道如何通过一个简单的实验和一些关于比重的简单计算来解决这个问题。对今天的(美国)海军学校的二年级学生和造船工程师来说,"阿基米德原理"和它大量的实际应用是很有用的,但是第一次看透了这些原理的人却有着非凡的洞察力。人们不确切知道金匠是否有罪;由于这个传说,通常认为他是有罪的。

阿基米德的另一个流传了许多世纪的感叹语是"给我一个支点,我将能移动地球"。(他用的是多里克地区的方言:$πᾶ\ βῶ\ καὶ\ κινῶ\ τὰν\ γᾶν$。)他这样夸口是因为他本人也为自己发现的杠杆原理而深深地感动了。这句话可以成为一个现代科学院的完美铭文;但奇怪的是它至今没有被采纳。在更准确的希腊语中有另一种译文,但意思是相同的。

阿基米德有一个怪癖,与另一个大数学家魏尔斯特拉斯相似。据魏尔斯特拉斯的姐姐说,当她弟弟是一个年轻的中学教师时,要是在他的视线之内有一平方英尺(约0.09平方米)干净的贴墙纸或者一个干净的袖头,就不能放心地把一支铅笔交给他。阿基米德打破了这个纪录。在他那个时候,一块铺满了沙的地板,或满是尘土的坚硬而光滑的地面,就是一块普通的"黑板"。阿基米德有他自己的办法。坐在炉火前,他会把炉灰拨平,在那上面画图。按照当时的习惯,出浴后他在身上涂抹橄榄油,但是这以后他会忘了穿衣服,而沉浸在用指甲在自己涂了油的皮肤上画图。

阿基米德是一只孤独的鹰。他年轻的时候在埃及的亚历山大城上过学,但时间不长,他在那里结交了两个终身的朋友。一个是有才华的数学家科农(Conon),阿基米德对他的人品和才智都很敬重。另一个是埃拉托色尼(Eratosthenes),也是一个优秀的数学家,但非常讲究穿戴。这两个人,特别是科农,似乎是阿基米德在同代人中觉得唯一可以分享他的思想的人,并且他确信他们会理解他。他通过信件把他最好的工作告诉科农。在科农死后,阿基米德就与科农的学生多西修斯(Dositheus)通信。

我们暂且不谈阿基米德对天文学和机械发明的贡献,而就他对纯数学和应用数学所作的贡献作一个简略的概括。

他发明了几个求曲线围成的平面图形的面积和求曲面围成的体积的方法,并将这些方法应用于许多特例,包括:圆、球面、抛物弓形、在螺线的相邻两圈和两条半径之间的面积,以及球缺和绕主轴旋转矩形(圆柱),三角形(锥),抛物线(抛物面),双曲线(双曲面)和椭圆(球体)所生成的曲面。他给出了计算π(圆的周长与直径之比)的方法,并确定π的值在$3\frac{1}{7}$和$3\frac{10}{71}$之间;他也给出了近似计算平方根的方法,这些方法显示出他预见到印度人关于连续循环小数的发现。在算术中,他发明了能够写出不论多么大的数的计数系统,这远远超出了希腊人用符号代表数字用以书写或描述大数的不科学的计数方法,那种方法实际上是行不通的。在数学中,他建立了几个基本原理,发现了杠杆原理,并把他的力学(杠杆)原理用于计算几种形状各不相同的平面和立体的面积和重心。他创立了整个流体静力学,并把它应用于确定几类浮体的静止位置和平衡位置。

阿基米德不是创作了一件杰作,而是创作了很多杰作。他是怎样做到这一切的呢?他的极其精练、符合逻辑的说明,没有提供丝毫线索以表明他是通过什么**方式**得出他的惊人的结果的。但是在1906年,希腊数学学者和史学家J·L·海伯格(J. L. Heiberg)在君士坦丁堡作出了重大发现,找到了阿基米德寄给他朋友埃拉托色尼的一篇直到当时一直被认为已"丢失"了的论文:《论力学定理和方法》。在这篇文章中,阿基米德解释了他怎样通过在想象中比较一个已知面积或体积的图形和立体,以及一个未知的图形和立体,从而得到了他要寻求的事实;而一旦知道了这个事实,在数学上证明它(对他来说)就比较容易了。简言之,他用了他的力学去推进他的数学。这是称他具有现代头脑的原因之一:**他用了可以当做武器的一切东西去攻击他的问题**。

对于一个现代人,在战争、爱情和数学中,一切都是公平的;而对于许多古代人,数学是按照具有哲学头脑的柏拉图强加于人的一些死板规则来做的愚弄人的游戏。按照柏拉图的说法,在几何中只允许用直尺和圆规作为画图的工具。这就难怪古典几何学家们要为"古代三问题"苦恼许多个世纪了。这三个问题是:三等分一个角;作一个立方体使其体积等于一个已知立方体的二倍;作正方形使其与给定的圆等面积。**这些问题都不可能只用尺规解决**,不过要证明第三个问题之不可能只用尺规解决十分困难,直到1882年这种不可能性才终于得到证明。所有用其他工具画

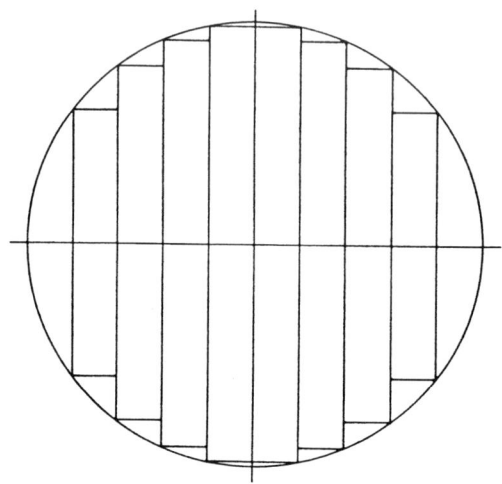

的图都被称为是"机械的",而这样的图,由于某种只有柏拉图和他的几何化的上帝才知道的神秘的原因,被认为是极其低劣的,在可敬的几何学中是严格禁止的。直到柏拉图离世1985年后笛卡儿发表了他的解析几何学时,几何才从柏拉图的束缚中解脱出来。当然,柏拉图在阿基米德出生前60年或更早就已去世,所以不能指责他没有重视灵活有力和运用自如的阿基米德方法。另一方面,阿基米德也没有拘泥于柏拉图的古板守旧的几何概念,这一点他应该得到后人的称赞。

对阿基米德现代性的第二个断定也是基于他的方法。他比牛顿和莱布尼茨领先两千多年发明了积分学,在他的一个问题中,领先于他们发明了微分学。这二者加在一起就构成了著名的微积分学,它被描述为迄今所发明的用数学探索物质世界的最有力的工具。举一个简单的例子,假设我们要求一个圆的面积,除其他方法以外,我们可以把圆分成许多等宽的平行的长条,切去这些长条弯曲的两端,使去掉的各个小块的总和达到最小的程度,然后把得出的所有矩形长条都加起来,这就给出了所求面积的一个近似值。通过无限增加长条的数目并取和的极限我们就得到了圆的面积。这种(粗略描述地)求和的极限值的过程就称为**积分法**;这种实现求和的方法称为**积分学**。在求抛物线的面积和其他问题中,阿基米德运用的正是这种微积分学。

他在其中运用到微分学的问题是,在他的螺线上任意给定点作出切线,如果切线与任意给定的直线之间的夹角为已知,切线很容易作出,因为要画出通过一个给定点与给定直线相平行的线的方法很简单。用几何语言描述,找出所提到的夹角(对于任意的曲线而不仅限于螺线)就是**微分**学的主要问题。阿基米德用他的螺线解决了这一问题。他的螺线是一个点在一条直线上匀速运动的轨迹,这条直线同时绕其上的一个定点以等角速度旋转。要是某个没有学过微积分学的人认为阿基米德的问题是容易的,不妨测定一下他自己解决这个问题要用多少时间。

要是阿基米德能够完成他所想到的一切,那么他的一生就像数学家应该度过的一生那样平静。他一生的全部冲突和悲剧集中在他生命的尽头。公元前212年,第二次布匿战争正在激烈进行。罗马与迦太基鏖战正酣,阿基米德所在的叙拉古城就诱人地坐落在罗马舰队的航线附近,为什么不围攻它呢?他们围攻了。

罗马军队的执政官马塞勒斯由于自负而趾高气扬,他相信他的卓越的"战备"而不相信他的谋士们,他期望着速战速胜。他满怀信心并引以为豪的东西,是拴在一起的8条大木船支撑着的竖琴状高台上的一门原始的大炮。如果是些比较胆怯的居民看到这闻名的混合舰队兵临城下,他们就会将城市的钥匙拱手送给马塞勒斯,但希隆不会那样做。他对战争也是有准备的,并且是以这种讲求实际的、马塞勒斯做梦也想不到的方式准备的。

看来阿基米德尽管藐视应用数学,但是在和平时期还是曾向希隆不断地作出让步,并让这位专制统治者满意地看到,数学有时能够成为非常实用的学问。为了使他的朋友相信,数学的能力不仅限于抽象的推理,阿基米德曾经应用他的杠杆和滑轮的原理,去操纵一艘满载的船,他只用一只手就亲自使船下水了。当战争的乌云开始不祥地逼近时,希隆记起了这件事,就请求阿基米德为马塞勒斯准备适当的迎击方式。阿基米德再次离开他的研究工作去满足他朋友的请求,他亲自组成了一个迎击委员会以挫败鲁莽的罗马人。当罗马人到达的时候,他那巧妙的魔法正可怖地等待着他们。

8艘五排桨大木船上的竖琴状龟背甲板,与马塞勒斯的名声一起毁灭了。由阿基米德的巨型投石机抛出的一连串每个重达四分之一吨的石块,砸毁了这些笨重而不实用的玩意。像起重机上的吊钩那样的钩子和铁爪,从城墙上伸向驶近的船只,抓住它们,把它们旋转着抛出去,使它们沉入海底或撞碎在峭壁上。陆上军队被阿基米德的大炮完全压制,情况也不妙。马塞勒斯向后退却,以便与他的谋士们商量对策,而官方的公报把他的溃败掩饰成后退到后方的预定地点。由于不能再集合起他陷入混乱的部队去对可怕的城墙进行强攻,这位著名的罗马执政官撤退了。

最后马塞勒斯总算还稍微有点军事常识,当天没有再次发布苦战的命令,放弃了一切正面进攻的打算;他在后方占领了迈加拉,最后从后面偷袭了叙拉古。这一次他走运了。愚蠢的叙拉古人正在举行宗教庆典,为向女神阿耳特弥斯(Artemis)*表示敬意而狂饮。战争和宗教总是造就一些令人厌恶的、没有教养而又冒充绅士的人,正在欢宴作乐的叙拉古人实际上是很虚弱的。他们一觉醒来,发现四周正在进行惨烈的大屠杀。阿基米德在屠杀中丧生。

当一个罗马士兵的影子落在了阿基米德画在炭灰地上的图形上时,他才知道城市已经被占领了。一种传说是,那个士兵踩在了图上,阿基米德气冲冲地向他厉声喝道:"别碰我的圆!"另一种说法是,阿基米德拒绝服从士兵要带他去见马塞勒斯的命令,他要首先解出他的问题。不管是哪

---

* 阿耳特弥斯是月亮和狩猎女神。——译者

一种情况,那个士兵勃然大怒,拔出了他那光荣的剑,刺死了这位手无寸铁的75岁高龄的几何学家。阿基米德就这样死了。

正如怀特海(Whitehead)*所说:"没有一个罗马人由于全神贯注对一个数学图形的冥想而丧生。"

---

* 怀特海(1861—1947),英国哲学家、数学家。——译者

第3章

绅士、军人和数学家
笛卡儿

过去的好时光。一个孩童哲学家而非冒充学者的孩子。躺在床上的难以估量的优越性。令人鼓舞的疑点。战争中的平静。噩梦带来的转变。解析几何的显现。更多的残杀。马戏团,同行的嫉妒,虚张声势,与人方便的女相好。厌恶地狱之火与崇敬教会。被一对红衣主教拯救。伤脑筋的罗马教皇。20年深居简出。《方法》。被名声出卖。宠爱伊丽莎白。笛卡儿实际怎样看她。自负的克里斯蒂娜。她对笛卡儿做了些什么。他的几何的创造性的简单。

[解析几何]远远超出了笛卡儿的任何形而上学的推测,它使笛卡儿的名字不朽,它是人类在精密科学的进步史上所曾迈出的最伟大的一步。
——约翰·斯图尔特·穆勒(John Stuart Mill)

"我只要求安宁和平静。"这句话是这样一个人说的,他要把数学领向新的途径,改变数学历史的进程。勒内·笛卡儿(René Descartes)在他活跃的一生中,经常不得不到军营里去寻找安宁,不得不避开好奇而苛求的朋友们,去寻找他渴望的、在孤独中冥思的平静。这个仅仅要求安宁和平静的人,1596年3月31日出生在法国靠近图尔的拉埃耶——于重建宗教和政治的阵痛中降生在陷于战火中的欧洲。

他所处的时代与我们的时代相同。旧秩序正在迅速地消亡；新秩序尚未建立起来。中世纪掠夺成性的贵族、国王和皇家子弟繁衍出大群的统治者，他们有着公开抢劫的盗贼的政治伦理，但大多数只有马厩小厮的智慧。只要我的臂膀强壮有力，能够把你的东西抢过来，那么即便共同正义也将认为你的东西也是我的。这大概就是欧洲历史上称为文艺复兴后期的那个辉煌时期的

笛卡儿

一幅准确的图景，它也与我们自己出自我们个人的经历对文明社会实际情况不断变化的判断相当一致。

  在笛卡儿的时代，掠夺性的战争之上还沉积着大量宗教的偏执和不容异端，这种偏执孵化出了更多的战争，并使公正的（不带偏狭的）科学研究变成非常危险的工作。而在这一切之上，还得加上对基本卫生常识的普遍无知。从卫生的角度看，富人的公馆就像穷人在肮脏和愚昧中挣扎的贫民窟一样污浊；一再发生的瘟疫完全不顾人口状况，帮助一次次的战争，把有生育能力的人口减少到了不能再少的限度。过去的好日子就写到这里。

  在非物质的、永恒的一面，情况要好得多。笛卡儿所处的时代确实是斑斑驳驳的文明史上最伟大的智力时期之一。这里只提出几个有生时期部分与笛卡儿交叠的杰出人物。我们回想起，费马和帕斯卡是他在数学上的同代人；莎士比亚（Shakespeare）辞世时笛卡儿20岁；笛卡儿比伽利略多活了8年，笛卡儿卒年牛顿8岁；密尔顿（Milton）出生时笛卡儿12岁，血液循环的发现人哈维（Harvey）比笛卡儿多活了7年，而当奠定了电磁学基

础的吉尔伯特(Gilbert)去世时,笛卡儿7岁。

勒内·笛卡儿出生在一个古老的贵族家庭。虽然勒内的父亲并不富有,但他手头还算宽裕。他的儿子注定要从事的是绅士的事业——*noblesse oblige*(履行贵族的义务)——为法国服务。勒内是他父亲和前妻让娜·布罗沙尔(Jeanne Brochard)生的第三个、也是最后一个孩子,母亲在他出生后几天就去世了。这位父亲看来是一个极有理智的人,做了力所能及的一切以弥补孩子们失去的母爱。一个极好的乳母代替了母亲的位置,再次结婚的父亲一直以关注而明智的眼光注视着他的"小哲学家",这个小哲学家总想知道阳光下万物的本原,以及乳母给他讲的天国的奥秘。笛卡儿并不真是一个早熟的孩子,他脆弱的健康状况迫使他把活力用在智力的探索上。

由于勒内体质脆弱,父亲对他的功课也就听其自然。不过这孩子能自己主动地学习,他的父亲也明智地由他自便。当笛卡儿8岁时,他的父亲认为正式教育不能再延迟了。经过多方明智的查询,他选择了在拉弗莱什的耶稣会学院作为他儿子的理想学校。院长沙莱神父(Father Charlet)立刻就喜欢上了这个面色苍白、信赖人的小男孩,特别考虑了他的情况。院长看出要教育这孩子的心智,必须先增强他的体质,并且还注意到笛卡儿似乎比同龄的孩子需要更多的休息,于是告诉他,他早晨想躺到多晚就可以躺到多晚。除非他想去教室和伙伴们在一起,他不必离开自己的房间。从此以后,除了临近他生命终点的那一段不幸的时期以外,笛卡儿终生保持着这个习惯,当他想要思考时,他就躺在床上度过他的早晨。他在中年时期回顾在拉弗莱什的学生生活时,曾经断言,那些在寂静的冥思中度过的漫长而安静的早晨,是他的哲学和数学思想的真正源泉。

他的功课很好,成了一名娴熟的古典学者。按当时的教育传统,他特别注重拉丁文、希腊文和修辞学。但这些只是笛卡儿学到的一部分知识。他的教师们自己就是出入上流社会的人,他们的工作就是把他们所负责的学生训练成为"绅士"(在这个降了格的字眼的最好的意义上)般的人物。当笛卡儿17岁,于1612年8月离开学校时,他已经与沙莱神父成了终生的朋友,并且几乎能在社会上站住脚了。沙莱只是笛卡儿在拉弗莱什结交的许多朋友中的一个;另一个,著名的业余科学家和数学家梅森(Mersenne,后来的神父),一直是他的老朋友,以后成了他的科学代理人和使他免于烦恼的主要保护者。

笛卡儿特殊的才能,在他离开学校很久以前就显露出来了。早在他14岁躺在床上冥思时,就开始怀疑,他正在学习的"人文学科"相对来说对人类并无重大意义,肯定不是那种能使人类控制自己的环境、指导自己的命运的学问。而要他盲目接受的那些哲学、伦理学和道德学的权威性教条,也开始显得只不过是些毫无根据的迷信罢了。笛卡儿坚持他幼年的习惯,决不因为是权威的东西就接受,他开始直截了当地对所谓的证明和诡辩逻辑提出疑问,而这些正是虔诚的耶稣会会士们要善于推理的他去相信的。由此他的思路很快转变到激励他毕生事业的基本疑点:我们如何**理解**事物?还有,也许更重要的是,要是我们不能确定我们知道什么,我们又如何发现我们可能有能力理解的那些事物?

离开了学校以后,笛卡儿比过去更长时间、更努力、更忘我地思考着。他冥思的第一个果实是他领悟了一个异端的真埋,即逻辑本身——中世纪烦琐哲学家们的伟大方法,至今仍在人文学教育中继续沿用着——对任何创造性的人类目标都贫乏而毫无用处。他的第二个结论与第一个密切相关:哲学、伦理学、道德学中的证明,与数学的证明相比,花哨而虚假。他之喜欢数学,就像一朝发现了自己的翅膀的鸟儿之喜欢天空。他问道,那么我们怎样去发现事物呢?答案是:通过科学的方法。不过笛卡儿并没有这样称呼它,他说的是:通过**控制下的实验**,并对实验的结果应用严格的数学推理。

人们可能要问,从他的理性怀疑主义中他得到了什么?只得到了一个事实,仅仅一个:"我存在。"如他所说,就是 Cogito ergo sum(我思故我在)。

18岁时,笛卡儿彻底厌恶了他已经花费了这么多辛勤劳动的、枯燥无味的研究。他决定去见见世面,从有血有肉的活生生的生活中学习,而不仅仅从纸张和油墨中学习。幸而他境况优裕,他想做的都能去做。由于在童年和少年时代阻止他正常生活的健康状况明显改善,他现在能尽情地享受适于他那种年龄和地位的年轻人的欢乐,并迫不及待地攫取这种欢乐。他抛开了父亲庄园里那种使人沮丧的有节制的生活,与其他几个渴望过荒唐生活的轻浮子弟一起,在巴黎住了下来。赌博是那个时代的绅士们的一种本事,笛卡儿也热情地去赌了——并且赢了不少。不管他干什么,他都全力以赴。

这种状况并未持续多久。笛卡儿厌倦了他那些淫秽下流的伙伴,他悄悄地离开了他们,在现在的圣-日耳曼郊区租了简朴而舒适的房间,在那里住了下来,连续两年埋头于数学研究。但是他的放荡行为最终暴露了他,他的那些浮躁的朋友突然喧闹着去拜访他。这个勤勉的年轻人抬起头来,认出了他的朋友们,也看出他们全都是令人无法容忍的讨厌鬼。为了得到安宁,笛卡儿决定去从军。

他第一阶段的军人生活就这样开始了。他首先去了荷兰的布雷达,在显赫的奥兰治亲王莫里斯(Prince Maurice)麾下学习这一行当。笛卡儿原本希望在亲王率领下参加战斗,失望之余,他厌恶地离开了军营的平静生活,因为那种生活正在变得像巴黎的喧闹那样难以忍受,于是他赶到德国去了。在他生涯的这一时刻,他首次显露出一个可爱的弱点,这个弱点他始终也没有丢掉。像小孩子一个村子、一个村子地跟踪马戏团一样,笛卡儿抓住每一个可能的机会去观看华丽的大场面。现在一个这样的场面就要在法兰克福出现了,斐迪南二世(Ferdinand Ⅱ)要在那里举行加冕礼。笛卡儿及时赶到,观看了全部洛可可式*的盛况。他大为高兴,再次寻求他的职业,加入了巴伐利亚选帝侯**的军队,当时这支军队正在对波希米亚作战。

军队驻守在多瑙河岸靠近诺伊堡的小村庄的冬营里。在那里,笛卡儿找到了他一直在寻找的东西:安宁和平静。他独处自省,他发现了自己。

笛卡儿的"转变"——如果可以这样说的话——的故事是非常奇特的。在1619年11月10日,圣马丁之夜,笛卡儿做了三个生动的梦。他说这些梦改变了他的全部生活进程。他的传记作者[巴耶(Baillet)]记述了在庆祝圣马丁节的盛宴上有过狂饮的事实,他认为笛卡儿离开时,还没有完全从酒气中恢复过来。笛卡儿自己则把他的梦归之于完全不同的原因,他特别强调在升华阶段以前,他有三个月没有碰过酒。没有理由怀疑他的话。这些梦是奇异地连在一起的,完全不像狂饮暴食之徒、特别是胃里灌满了酒精的人做的梦(根据专家的看法)。表面上看来,它们可以很容易地解释为:做梦人下意识地解决了他追求理性生活的热望与他对自己实际生活之无益的认识这二者之间的矛盾。无疑,弗洛伊德主义者已经分析过这些梦了。但是,看起来似乎任何维也纳方式的古典分析,也无法进一步阐明解析几何的发明,而这一点正是我们此处的主要兴趣所在。几个神秘的或宗教的解释,似乎也不大可能在这方面有所裨益。

在第一个梦中,笛卡儿被邪恶的风从他在教堂或学院的安全居所,吹到风力无法摇撼的第三个场所;在第二个梦中,他发现自己正用不带迷信的科学眼光,观察着凶猛的风暴,他注意到一旦看出风暴是怎么回事,它

---

* 洛可可式:欧洲17、18世纪建筑、艺术等的一种风格,其特点是纤巧、浮华、烦琐。——译者

** 选帝侯:德意志有权选举神圣罗马帝国皇帝的诸侯。——译者

就不能伤害他了；在第三个梦中，他在朗诵奥索尼厄斯（Ausonius）的诗句，首句为"*Quod vitae secatabor iter*？"（我将遵循什么样的生活道路？）

还有很多其他的东西。在这一切之中，笛卡儿总是说他充满"激情"（也许是指一种神秘的意义），并说，如在第二个梦中那样，梦境向他揭示了一把魔钥匙，这把钥匙能打开大自然的宝库，并使他掌握至少是所有科学的真正基础。

这把神奇的钥匙是什么呢？笛卡儿自己似乎没有明确地告诉任何人，但是人们通常认为，这正是代数之应用于几何，简言之，就是解析几何，更一般地说，就是运用数学来探索自然现象，今天的数理物理就是这方面最高度发展的例子。

那么1619年11月10日就是解析几何的公认的诞生日，因此也是现代数学的公认的诞生日了。到这个方法公之于世还需要18年，这期间笛卡儿继续他的军人生涯。数学应该代表他感谢战神，因为在布拉格的战斗中，没有半颗子弹打掉他的脑袋。将近3个世纪以后*，20来个有希望的年轻的数学家就没有这样幸运了，而这都归因于笛卡儿的梦境所激发的那门科学的进展。

这个22岁的年轻士兵现在认识到了他过去从未认识到的事情：如果他要发现真理，他就必须首先完全抛弃从别人那里得来的观念，而依靠他自己的头脑孜孜不倦地探索，给自己指明道路。他从权威那里接受的一切知识都必须抛在一边；他所继承的道德和智力观念的全部结构都必须毁掉，唯有人类理智中原始的、世俗的力量，才能把它们更永久地建造起来。为了抚慰他的良心，他祈求圣母玛利亚在他异端的计划中予以帮助。他一面期待着她的援助，许愿去洛雷特圣母院朝圣，一面立刻着手对宗教中人所共知的事实作了极其挖苦的、破坏性的批判。而且，一有机会

---

* 指1914年第一次世界大战时。——译者

他就会及时地履行他这方面承担的契约。

　　同时,他继续他的军人生涯,1620年春天在布拉格战役中体验到了真正的战斗。笛卡儿与其余的胜利者们一起,谢天谢地地进入了这座城市。在吓坏了的难民中,有年仅4岁的伊丽莎白公主(Princess Elisabeth)*,她后来成了笛卡儿最喜爱的弟子。

　　最后,在1621年的春天,笛卡儿餍足了战争。他与另外几个放荡的老爷兵一起,伴随着奥地利人进入了特兰西瓦尼亚,他寻找光荣,并找到了它——不过是在另一方面。但是,如果说他现在跟战争打交道已经够了,那么就哲学而言他还欠成熟。巴黎的瘟疫和对胡格教派的战争,使得法国比奥地利更缺少吸引力。北欧却是和平而干净的,笛卡儿决定去访问北欧。一切都进行得很顺利,笛卡儿辞去身边的人,只留下一个扈从,登上了驶往东弗里西亚的船。这对那些凶残的船员可真是天赐良机,他们决定袭击这个富有的乘客,劫掠他,把他的尸体扔去喂鱼。对他们的计划来说,不幸的是,笛卡儿懂他们的语言。他突然拔出他的剑,强迫他们把船划回岸边,解析几何再次逃脱了战斗、谋杀和突然的死亡等等灾难。

　　接下来的一年,笛卡儿访问了荷兰和他父亲的住处雷恩,过得相当平静。这一年年底他回到了巴黎,在那里,他那沉默寡言的态度和多少有些神秘的容貌,立刻使他被指责为罗希克鲁斯会员**。笛卡儿无视这些流言蜚语,他像哲学家一样动脑筋,玩弄权术,想为自己在军队中谋得一项任命。当他失败时,他也并不真的失望,因为他可以自由自在地去游览罗马,他在那里欣赏了他从未见过的最华丽的场面,由天主教教会主持的每25年一次的庆典。在两个方面,这次意大利之行对笛卡儿的智能发展有重要意义。他的哲学,迄今还不为普通人所理解,这是由于这位被弄得不

---

　　* 伊丽莎白公主是莱因地区的帕拉丁选帝侯、波希米亚国王腓特烈(Frederick)的女儿,英格兰国王詹姆斯一世(James I)的外孙女。

　　** 罗希克鲁斯会员(Rosicrucian):自称系17、18世纪流行的一种秘密结社的会员,此秘密团体有各种秘传之知识和力量,并宣扬宗教的神秘教义。——译者

知所措的哲学家，看够了从欧洲的各个角落聚集来接受罗马教皇祝福的无知的人群，总是对下等人抱有偏见。同样重要的是笛卡儿未能会见伽利略。要是这位数学家身上的哲学家成分更多一些，能够在这位现代科学之父的脚跟旁坐上一两个星期，那么他自己对物质世界的思索就不会那样异想天开了。笛卡儿从他的意大利之行中得到的只是对他这位举世无双的同代人的恶意嫉妒。

笛卡儿在罗马休假之后，立即与萨瓦公爵（Duke of Savoy）一起参加了另一场血腥的战斗，在这场战斗中他表现出众，因而被授予中将称号。但是足够的理智使他拒绝了这项任命。笛卡儿回到了红衣主教黎塞留（Richelieu）和爱闹事的达塔尼昂（D'Artagnan）*——后者近乎虚构，而前者还不如吹牛夸口可信——的巴黎，安顿下来，沉思了三年。尽管他有那些崇高的思想，他可不是一个穿着脏罩衫的老学究，而是一个衣冠楚楚、穿着讲究的上等人。他身着时髦的塔夫绸，佩戴一把与他绅士身份相称的剑。为了给他漂亮的外貌最后修饰一下，他给自己冠上了一顶硕大、宽边、插着鸵鸟毛的帽子。这样装扮起来，他就可以对付出没于教堂、公共场所和大街上的暴徒们了。有一次，一个喝醉了酒的乡巴佬侮辱笛卡儿带着的妓女，这个发怒的哲学家纯粹是以达塔尼昂的疾速的方式，追逐着这个鲁莽的傻瓜。笛卡儿打飞了醉鬼的剑，却饶了他的性命，并不是因为这个醉鬼是一个无用的剑客，而是因为他太肮脏了，没法在一个美丽的女人面前杀死他。

既然已经提到了笛卡儿的一位女相好，我们可以再提一提另外两个，其他的就不必说了。笛卡儿很喜欢女人，甚至与一位妇女生过一个女儿，但那个孩子的夭折深深地影响了笛卡儿。他始终没有结婚的原因，可能如他对一位期待着与他结婚的妇女说的那样，他宁可要真理而不要美

---

* 达塔尼昂为大仲马名著《三个火枪手》中的人物。该书描写黎塞留当政时期的法国。——译者

女。但似乎更可能的是,因为他太精明了,不会把他的安宁和平静抵押给某个胖胖的、富有的荷兰寡妇。笛卡儿的经济状况不过中等水平,但他很知足,为此他曾被说成是冷酷而自私的。但是这样说似乎更公正一些:他知道他要去干什么,他了解他的目标的重要性。他对自己的爱好是适当的、有节制的,可并不吝啬。他从来不强迫家里的人接受他偶尔为自己规定的、斯巴达式的养生之道。他的仆人非常爱他,他们离开他很长时间以后,他还关心他们的经济状况。在他临终前跟着他的小厮,为失去了他的主人悲伤了许久。所有这些听起来似乎都不能说笛卡儿是个自私的人。

笛卡儿还曾被人们指责为不信神,但这是很不真实的。尽管他在理性上是个怀疑主义者,他的宗教信仰却是不折不扣的。他确实把宗教比作他的乳母,他就是从乳母那里接受的宗教,并说他发现依靠宗教像依靠他的乳母那样可以得到安慰。一个有理性的头脑,有时是世界上合理性与不合理性的最莫名其妙的混合物。

还有一个怪癖影响着笛卡儿的全部行为,只是在军队的粗暴的训练下,他才渐渐摆脱了它。在他娇弱的童年时代那些必要的溺爱,使他总是怀疑自己有病,多年来,对死亡的难以忍受的恐惧使他意气沮丧。这无疑是他进行生物学研究的渊源。他到中年时,才能够衷心地说,大自然是最好的医师,而保持健康的秘密就在于丢开对死亡的恐惧。他不再焦急地去寻找延年益寿的方法了。

笛卡儿在巴黎平静冥思的3年,是他一生中最幸福的时期。伽利略用他粗糙的望远镜作出的辉煌的发现,使半数欧洲的自然哲学家都把时光打发在透镜上。笛卡儿也以这种方法自娱,但没有作出什么惊人的新发现。他的才智主要在数学和抽象思维。他在这个时期作出的一项发现,即力学中的有效速度原理,至今仍然有重要的科学意义。这确实是第一流的工作。他发现没有什么人理解或重视这项发现,就放弃了抽象的问题,转向他认为所有研究中最高深的对人的研究。但是,正像他冷淡地说的那样，他不久就发现，懂得人是什么的人的数量，与自认为懂得几何学的人的数量相比，是微不足道的。

直到此时，笛卡儿还什么也没有出版过。他那迅速增高的名声又招来了大群赶时髦的外行，笛卡儿再次到战场上去寻找安宁和平静，这次是跟着法国国王去围攻拉罗谢尔。在那里，他碰上了那个迷人的老流氓黎塞留红衣主教，给他留下深刻印象的不是红衣主教的狡诈多谋，而是他的神圣虔诚，此人后来倒为笛卡儿做了好事。战争胜利结束了，笛卡儿毫发无损地回到了巴黎，这次他要经受第二次转变的磨难，并永远抛弃无益的生活。

他现在（1628年）32岁了，只是他那不可思议的好运道保护了他，使他的躯体免遭毁灭，使他的思想免于泯灭。拉罗谢尔的一颗流弹就可能轻而易举地剥夺笛卡儿想为人们所记忆的全部要求，他终于认识到，如果他要达到目的，那么现在正是该上路的时候了。两个红衣主教，德贝律尔（De Bérulle）和德巴涅（De Bagné），把笛卡儿从他那消极淡漠、无所作为的状态中唤醒，诱导他公开了他的思想，为此，科学界应该永远感激这两个人，特别是第一个。

那个时代天主教的教士们从事并热爱科学，这与狂热的新教徒形成了令人欣慰的对照，那些新教徒的偏执使科学在德国销声匿迹。笛卡儿与德贝律尔和德巴涅结识后，在他们和蔼的鼓励下，就像玫瑰花一样怒放了。特别是在德巴涅的晚会上，笛卡儿对一位叫M·德尚多（M. de Chandoux）的人（他后来因为伪造罪被吊死，但愿这不是笛卡儿的那些关于诡辩的课程的结果）直率地讲了他的新哲学。为了解释区别真理与谬误的困难，笛卡儿着手提出了12个无可反驳的论据，说明任何不容置疑的真理的谬误性，反之，对任何公认的谬误的真理性，他也提出了同样无可反驳的论据。被弄得莫名其妙的听众问道，那么仅仅依靠人怎样把真理和谬误区分开呢？笛卡儿透露：为了作出所需要的区分，他有了（他认为他有了）一个不会出错的、从数学中得出的方法。他说，他希望并且计划表明他的方法是如何通过机械创造的手段，应用于科学和人类的福利。

德贝律尔被尘世间全部王国的幻影深深地打动了，笛卡儿就是用这个幻影从哲学思辨的高峰引诱他的。他明明白白地告诉笛卡儿，与世人分享他的发现是他对上帝应负的责任，他威胁笛卡儿，要是他不这样做，等待他的将是地狱之火——或者至少也要失去进天堂的机会。笛卡儿是一个虔诚的天主教徒，他无法拒绝这样一个恳请。他决定出版自己的著作。这是他的第二次转变，时年32岁。他立刻隐居到荷兰去实现他的决定，那里寒冷的气候对他更为适宜。

此后的20年，他在荷兰到处游荡，从来没有在一个地方待很久。他是一个在无名小镇、乡村旅店和大城市的偏僻角落隐居的沉默的隐士，他以一定的方式与欧洲的主要学者有过许多关于科学和哲学的通信，这些信件都通过他在拉弗莱什上中学时的可靠的朋友梅森神父代转，只有梅森在任何时候都知道笛卡儿的秘密地址。距离巴黎不远的小兄弟会修道院的会客室成了（通过梅森）交换观点、数学问题、科学和数学理论、异议和答案的场所。

笛卡儿在荷兰长期漂泊期间，除了他的哲学和数学之外，还进行了大量的其他研究。光学、物理学、解剖学、胚胎学、医学、天文观察和气象学，包括对彩虹的研究，都在他不停的活动中占有一席之地。在今天，任何一个把精力分散在这样多性质不同的学科上的人，只能算作一个无事穷忙的半瓶醋。但在笛卡儿的时代却不是这样，一个有才干的人仍然可以期望在几乎所有他感兴趣的科学分支中发现一些有趣的东西。笛卡儿对碰到的一切机会都能充分利用，去英国的一次短暂的旅行，他就通晓了磁针的秘密功效，于是磁学立刻就被包括在他那包罗万象的哲学中了。关于神学的种种推测也引起了他的注意。在他整个推理过程中，他的头脑一直被他早年所受教育的噩梦笼罩着，而即使他能摆脱它，他也不会那样做。

笛卡儿收集和想出的一切，都要写进一部宏伟的论著《论世界》中。1634年，笛卡儿38岁，这部论著已到了最后修改阶段，它将作为送给梅森神父的新年礼物。巴黎的学者都急于看到这部杰作。梅森已经得到了许多精选出来的部分，但是还没有看到这部匠心之作的全貌。可以这样描述《论世界》而没有什么不敬：如果《创世记》的作者知道的科学和哲学像笛卡儿知道的那样多，那么他可能也会写出这样一本书。笛卡儿试图用他的解释来弥补上帝创造世界这一说法的不足，也就是说，为之提供一个合理的原理，一些读者在《圣经》中6天创造世界的故事中已经感觉到了这种不足。从300年后的今天看来，在《创世记》与笛卡儿之间似乎没有什么好选择的。要我们理解何以像《论世界》这样一本书，竟会使一个主教或罗马教皇严厉而杀气腾腾地大发雷霆，是有些困难的。事实上谁也不理解；笛卡儿看到了这一点。

笛卡儿知道教会法官的判断力。他也知道伽利略的天文学研究和这个无所畏惧的人对哥白尼体系的支持。事实上，笛卡儿在最后完成他的著作以前，正焦急地等待伽利略最新著作的出版。然而他收到的不是一位朋友答应寄给他的这部著作，而是令人晕眩的消息：伽利略尽管已届70高龄，并与有势力的托斯卡纳公爵（Duke of Tuscany）交情甚厚，却被送上了宗教法庭，并被迫（1633年6月22日）下跪，发誓放弃哥白尼日心说这个异端。要是伽利略拒绝发誓放弃他的科学知识，他会发生什么意外，笛卡儿只能猜度了。不过布鲁诺（Bruno）、瓦尼尼（Vanini）和康帕内拉（Campanelle）的名字又浮现在他的脑海里。

笛卡儿吓坏了。在他自己的书中，他理所当然地阐述了哥白尼体系。在他这方面，他比哥白尼（Copernicus）和伽利略有机会做到的要更大胆，因为他对于使神学科学化感兴趣，而他们对此不感兴趣。他已经使自己满意地证明了既存的宇宙**秩序**，并且他认为他已经指出，不管上帝曾经创造了多少特殊的宇宙,这些宇宙在"自然规律"的作用下,必定或迟或早会符合宇宙**秩序**,并演变成为实际存在的这个宇宙。简言之,笛卡儿声称,由于他的科学知识,他所知道的大自然及上帝的意向,比之不论是《创世记》作者所知道的、还是神学家们所曾梦想的都要多得多。如果伽利略因为他那温和而保守的异端被迫下跪,那么笛卡儿还能指望些什么呢?

如果说笛卡儿没有出版《论世界》只是因为害怕,那就忽略了事实真相中更重要的部分。他不只是害怕——任何精神健全的人都会害怕:他是被深深地伤害了。他确信哥白尼体系的真实性,就像他确信自己的存在一样。但是他也确信罗马教皇之绝无谬误。然而现在教皇正因为反对哥白尼而使自己像头蠢驴,这是他首先想到的。他受过的诡辩的教育帮了他的忙。用某种办法,通过一些神秘的、不可思议的、超人的拼合,罗马教皇和哥白尼都会被证明是正确的。从这个尚未显示出来的毗斯迦山*,笛卡儿确实希望并且盼望着有一天能够在哲学的平静中俯视到明显的矛盾,并看着它消失在和解的光辉中。要他放弃罗马教皇或是哥白尼实在不可能。所以他不出版他的书,既保持他对教皇之绝无谬误的信仰,也保持他对哥白尼体系之真实性的信仰。为了抚慰他下意识的自尊心,他决定《论世界》应当在他死后出版:到那时也许教皇也死了,矛盾就自行消失了。

笛卡儿不出版《论世界》的决定也涉及他的全部著作,但在1637年,笛卡儿41岁时,他的朋友们说服了他,使他答应出版他的杰作,书名译为《关于科学中正确运用理性和追求真理的方法论的谈话。进而,关于这一方法的论文,屈光学、气象学、几何学》。这部著作被简称为《方法谈》,出版于1637年6月8日。那么这一天也就是解析几何诞生于世的日子了。在说明解析几何在哪些方面优于古希腊的综合几何之前,我们先随着它的

---

* 毗斯迦山,在约旦河以东,《圣经》中谓摩西曾从此山眺望上帝赐给亚伯拉罕的伽南地方。——译者

创作者走完他的人生道路。

在说明了笛卡儿推迟出版他的著作的原因之后,现在该是来谈谈这个故事的另一面,也是较光明一面的时候了。

笛卡儿一直害怕而实际上从未反对过他的教会,现在非常慷慨地来帮助他了。黎塞留红衣主教给了笛卡儿以出版的特权,他可以在法国或在国外出版任何他想写的东西。(不过,我们可以顺便问一下,黎塞留红衣主教,或者其他任何人,通过什么样的权利、神意或其他什么东西,竟能指挥一个哲学家、科学家什么应该出版,什么不应该出版呢?)但是在荷兰的乌得勒支,信奉新教的神学家们粗暴地指责笛卡儿的著作是无神论的,对那个称为"国家"的神秘的实体是危险的。开明的奥兰治王子则把他的权重置于笛卡儿这一边,尽全力支持了笛卡儿。

从1641年秋天起,笛卡儿一直住在荷兰境内靠近海牙的一个安静的小村子里。被放逐的伊丽莎白公主,当时是一个酷爱学习的年轻女子,也和她的母亲乡居于此。公主似乎确实是一个学习的天才,她在掌握了6门外语,并消化了许多文学著作之后,又转向数学和科学,希望能在其中找到更滋补的饮食。有一种说法,认为这个引人注目的年轻女子这种非同寻常的对知识的渴求,是由于对爱情的失望。不论是数学还是科学都没有能让她满意。后来她读到了笛卡儿的书,她知道她已经找到了她所需要的、用以填补她那痛苦的空虚之感的东西——笛卡儿。于是安排了与这位哲学家的会晤,笛卡儿多少有些不大情愿。

很难确切知道后来发生了什么事。笛卡儿是一位绅士,他有着在那个壮丽的、皇家支配的时代中,绅士对于哪怕最不重要的王子和公主的全部畏惧和尊敬。他的书信是谦恭谨慎的典范,但是不知怎样,听起来总不十分真实。一句偶然写下来的轻蔑的话,也许比他所有那些写给或是写到伊丽莎白公主的大量聪明灵巧的阿谀谄媚之辞,更能说明他对他这个热心的学生的智力的真实看法,这个学生一只眼睛盯着他的风采,一只眼睛盯着在他死后的出版权。

伊丽莎白坚持要笛卡儿给她上课。在公开场合,他宣称,"在我所有的学生中,只有她完全懂得我的著作。"无疑,他是以一种父亲般的、平等的方式真正喜欢她的,但是如果相信他所说的意味着对事实的科学陈述,可就轻信至极了,当然,除非这意味着对他自己哲学的一个苦涩的评注。伊丽莎白可能已经懂得太多了,因为似乎事实上只有哲学家才完全懂得自己的哲学,尽管任何一个傻瓜都会认为他懂得。不管怎样,他没有向她求婚,就目前所知道的,她也没有向他求婚。

在他详细地给她讲授的他的哲学中,包括解析几何的方法。初等几何中有一个确定的问题,可以用纯几何的方法相当简单地解决,这个问题看起来很容易,但是要按严格的笛卡儿坐标的形式,用解析几何去处理,它就是真正的魔鬼了。这就是作出一个与任意给出的3个圆相接触(相切)的圆,而那3个圆的中心不在一条直线上。这个问题有8种可能的解法。它是那种**不适于基本的笛卡儿坐标几何的粗糙暴力的一个实例。伊丽莎白用笛卡儿的方法解决了它**。他让她去做这件事是相当残忍的。当他看到她的解答时,他的评论使每一个数学家都知道那是怎么回事了。这可怜的姑娘,她对她的功绩还非常自豪。笛卡儿说,他不会试图用她的解答花一个月时间去实际构造出所求的相切圆。这件事清楚地说明了他对她的数学能力的估价。这是一个不仁慈的举动,特别是因为她搞错了,而他明明知道她会搞错。

伊丽莎白离开荷兰后,与笛卡儿保持通信差不多到他去世那天。他的信包含着许多美好和真诚的词句,但是我们宁愿他没有被王族的气息熏得如此颠三倒四。

1646年笛卡儿在荷兰的埃格蒙德过着愉快的隐居生活,他沉思,侍弄小花园,与欧洲的学者们大量通信。他的最伟大的数学工作已经做出来了,但他仍旧思考着数学,总是有洞察力、有创见地思考着。一个他考虑过的问题是芝诺的阿喀琉斯和乌龟。他对这个悖论的解答在今天不会被所有的人接受,但在那个时代却是天才的解答。他当时50岁,已是世界闻名了,事实上比他所曾希望的还要有名得多。可他仍然没有抓住他终生祈求的安宁和平静。他继续做着伟大的工作,但不会让他安安静静地做出他想到的一切了。瑞典的克里斯蒂娜女王(Queen Christine)已经知道他了。

这个多少有些男子气的年轻女子那时19岁,已经是一个有能力的统治者,被尊称为一个很好的古典学者(这要更晚些),一个有着撒旦那种身体耐力的、肌肉发达的运动员,一个无情的女猎人,一个老练的女骑手,她可以满不在乎地骑马10个小时而一次也不休息,最后才是一个倔强的、稍微有点妇女气质的女性,她就像瑞典的伐木工人那样不怕冷。除此之外,她对那些皮不这样厚的人的软弱,却特别迟钝。她自己吃得很节省,她的侍臣吃得也很节省,她能像一只冬眠的青蛙,在瑞典的隆冬一连几个小时坐在没有生火的图书馆里。她的随从们透过冷得打架的牙齿,请求她把所有的窗户打开,让令人愉快的雪花飘进来。她注意到她的内阁总是同意她的意见,而她并没有感到于心不安。她知道所有应该知道的事情,她的大臣们和导师告诉她要如此。由于她每天只睡5个小时,她使她的谄媚者经受一天19个小时的磨难。这个神圣的暴君在看到笛卡儿哲学的那一刻,就决定她一定要把这个可怜的瞌睡虫弄来,做她的私人教师。所有她到目前为止学到的东西,只是使她感到空虚和渴望学习更多的东西。她就像有学问的伊丽莎白一样,知道只有由哲学家本人灌注的丰富的哲学,才能缓解她对知识和智慧的强烈渴求。

要不是由于他性格中那种不幸的势利气质,笛卡儿可能会顶住克里斯蒂娜女王的奉承,一直到他90岁,没有了牙齿,没有了头发,没有了哲学,没有了一切的时候。笛卡儿一直没有答应,直到1649年春天,女王派海军上将弗莱明（Admiral Fleming）带船来接他，全班人马都慷慨地由这位不心甘情愿的哲学家自由支配。到10月份，笛卡儿妥协了。于是他依依不舍地最后环视了一次他的小花园，锁上门，就此永远离开了埃格蒙德。

他在斯德哥尔摩受到的欢迎庄严盛大，极其热烈。笛卡儿没有住进王宫，这大大拯救了他。然而，纠缠不休的好心的朋友沙尼特（Chanute）一家，粉碎了他想要保持一点儿清静的最后一线希望，他们坚持要他和他们住在一起。沙尼特是笛卡儿的同胞，实际上他是法国大使。本来一切都可能很如意，因为沙尼特一家确实很周到，可是感觉迟钝的克里斯蒂娜那僵死的头脑中，忽然冒出了这样一个念头，她认为对于像她这样一位繁忙、强壮的年轻妇女，凌晨五点是学习哲学的适当时间。笛卡儿宁愿用基督教国家的所有刚愎任性的女王来交换一个月在拉弗莱什的梦乡，以及开明的沙莱体贴地在旁边守着，不让他起得太早。不过，他还是很尽责地在那个邪恶的时间，在黑暗中从床上爬起来，爬进派来接他的马车，穿过斯德哥尔摩最萧瑟、最多风的广场赶往王宫，在那儿，克里斯蒂娜已经不耐烦地坐在冰冷的图书馆里，等着她的哲学课在早晨五点钟准时开始。

斯德哥尔摩最老的居民说，在他们的记忆中从来没有过像这样严酷的冬天。克里斯蒂娜看来既缺乏一个正常人的皮肤，又没有正常人的神经。她什么也没有注意到，只是要笛卡儿不畏缩地信守可怕的约定时间。他试图在下午躺下弥补他的休息，但不久就连这一点也给她剥夺了。瑞典皇家科学院正在她多产的活动下处于孕育之中，笛卡儿又被从床上拖起来替她助产。

朝臣们不久就明白了，笛卡儿和他们的女王在这些冗长的会晤中，谈到了许多超出哲学的事。疲倦的哲学家现在才了解到他已经双脚踏进了一个挤得满满的繁忙的马蜂窝。不管什么时候、什么地点，只要有机会，他们就蜇他。女王或许是太麻木不仁，没有注意到对她这位新来的宠臣正发生些什么事，或许她很聪明，正通过她的哲学家去蜇她的朝臣。不论是哪种情况,为了平息关于"外国影响"的恶意的流言蜚语,她决定使笛卡儿成为瑞典人,女王下令封给他一块地产。他为了摆脱这种困境而作的每一次绝望的努力,只是使他陷得更深。到1650年元月初,他已经陷到脖子了,只有令人惊奇的粗暴之力才能够实现他解救自己的渺茫的希望。但是由于他那种与生俱来的对王室的恭敬,他不能让自己说出能使他飞回荷兰的魔咒,虽然他在给他忠实的伊丽莎白的一封信中,谦恭而有礼貌地说了许多。笛卡儿偶尔中断了一门用希腊语讲的课程,他目瞪口呆地发现,自称为古典学者的克里斯蒂娜正在跟语法的儿戏拼命,而这种简单的语法,他说他在孩童时期就自己掌握了。从此以后,他对她的智力的评价看来虽然显得恭敬,实际上却很低了。这个评价没有因为她坚持要他为一次宫廷庆典排一出芭蕾舞剧来款待她的客人们而有所提高。笛卡儿坚决拒绝这样做,不愿意在他那个年龄去掌控瑞典舞蹈那种庄严的跳跃,把自己弄成一个江湖骗子。

不久,沙尼特患了非常严重的肺炎,笛卡儿照料他。沙尼特康复了,笛卡儿却染上了同样的病。女王惊慌了,派来了医生。笛卡儿命令他们都从房间里出去。他的情况越来越糟,他虚弱得分不清谁是朋友,谁是讨厌的家伙,最后他同意让一名最百折不挠的医生给他放血,这位医生也是他的一位朋友,一直在附近徘徊着,等着要他来试试。这几乎要了笛卡儿的命,但还差一点儿。

他的好朋友沙尼特,看到他病得很厉害,建议他接受最后的圣礼。他表示要见他的心灵上的慰藉者。笛卡儿把他的灵魂托付给上帝的仁慈,平静地对待着死亡,他说他正在自愿奉献出他的生命,这也许可以赎他的罪。直到最后,拉弗莱什还紧紧地抓住他。心灵的慰藉者要他表示是否愿意接受临终祝福,笛卡儿睁开了眼睛,又闭上了。给他作了临终祝福。他就这样,在1650年2月11日死去了,享年54岁,作了一个刚愎自用的女人过分虚荣心的牺牲品。

克里斯蒂娜伤心了。17年之后，这时她早已放弃了她的王冠和信仰，笛卡儿的遗骨回到了法国(除了右手骨被法国财政大臣保留起来，用以纪念他在管理财政事务方面的熟练技巧)，并在巴黎现在称为先贤祠的地方重新安葬。本来要举行公开的演讲，但国王匆匆下令禁止，因为笛卡儿的学说仍然被认为太激进，不能在公众面前宣讲。在评论笛卡儿的遗骨回归他的故土法国时，雅可比说："占有伟人们的骨灰，通常比在他们活着的时候占有他们本人更方便。"

笛卡儿死后不久，他的书就被列入教会的《禁书目录》，而教会在这些书的作者活着的时候，接受了红衣主教黎塞留的开明建议，曾经允许它们出版。"**言行一致，你真是无价之宝！**"但是虔诚的教徒并不为言行一致操心。"没脑子的怪物"——言行不一的死顽固害人精。

这里我们不考虑笛卡儿对哲学作出的不朽贡献。他在实验方法的发端中所具有的辉煌地位，也不能使我们留步。这些东西远远超出了纯数学的领域，而他最伟大的工作或许正是在纯数学之中。极少有人能刷新人类思想的一个完整的方面，而笛卡儿就是那极少数中的一个。为了不使他最伟大贡献的闪闪发光失色，我们将单独予以简短的叙述，而把他在代数，特别是代数记号和方程论中做过的很多优美的工作放在一边。这个贡献属于最杰出之列，在有史以来对数学作出的全部半打左右最伟大的贡献中，它以其感人的简单而引人注目。笛卡儿再造了几何学，并使现代几何成为可能。

就像数学中所有真正伟大的东西一样，基本概念简单到了近乎一目了然的程度。在平面上放置任意两条相交的直线。一般说来，我们可以假定这两条线互成直角。现在想象在美国的规划图上有一个城市，林荫道由南到北，大街从东向西，整个规划相对于被称为"轴"的**一条**林荫道和**一条**大街布置，这些轴相交于称作**原点**的地方，从原点出发，街道和林荫道的数字连续数下去。这样,没有图也很清楚西126大街1002号在什么地方,只要我们注意到,数字1002所包括的**10条林荫道**是向**西**度量的,也就是说,在地图上向原点的**左边**量度就行了。这是非常清楚的,我们立刻就可以想象出任何特定地址的位置。林荫道的数字和大街的数字以及必须补充的更小的数字(如上面所说"1002"中的"2"),使我们能够通过给出**一个数对**确切而唯一地确定任何**点**相对于**轴**的位置,这个数对表示了点落在轴的东还是西,南还是北,称之为点(相对于轴)的**坐标**。

现在假定一个点在图上移动,那么它在上面移动的这条曲线上的**所有点的坐标**(x,y)就与**一个方程**联系在一起(从来没有根据数据做过图的读者,应当把这看作理所当然的),这个方程称为**曲线的方程**。为简单起见,现在假定我们的曲线是一个圆。我们知道它的方程,用它来做什么呢?代替这个特殊的方程,我们可以写出同一类型的最一般的方程(例如,在这里是**二次方程**,没有交叉乘积项,坐标的最高次幂的系数相等),然后着手从代数上巧妙地处理这个方程。最后,我们把所有我们用代数处理的结果,还原到按图形上各个点的坐标得出的相等的结果,在这以前,我们故意不提及这些点的坐标。与希腊方式的初等几何中那些蜘蛛网般的线相比,代数更容易表达。我们所做的就是**用我们的代数去发现和研究关于圆的几何定理**。

对于直线和圆,这似乎很简单;我们以前就知道怎样用另一种方法,希腊人的方法,来做到这些事。现在让我们来看看这个方法的真正力量是什么。**我们从具有所需要的或所提出的任何复杂方程出发,从几何上说明它们的代数和解析性质**。这样我们就不仅不再以几何作为我们的舵手;而且在把它扔下船时,还给它的脖子上系了一袋砖块。**今后,代数和解析就是我们驶向未探明的"空间"及其"几何"之海的舵手**。我们已经做的一切,只消一步都能扩展到具有任何维数的空间;对于平面,我们需要2个坐标,对于通常的"立体"空间,需要3个坐标,对力学和相对论的几何,

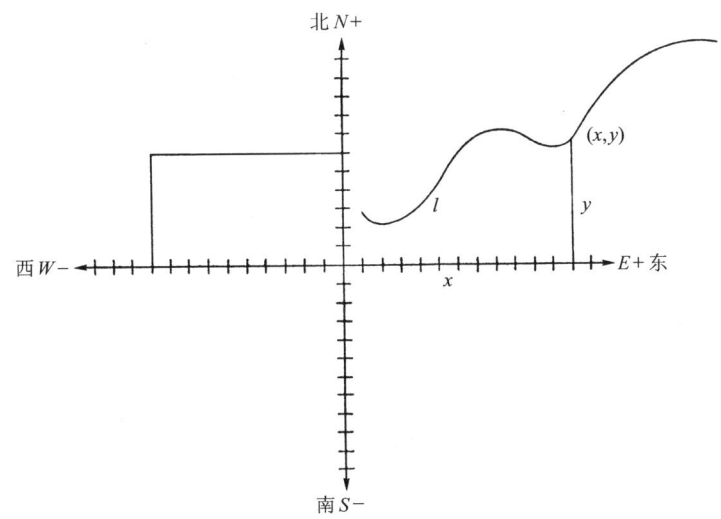

需要4个坐标,最后,对于数学家感兴趣的"空间",既可以有几个坐标,也可以有像**所有**的数字1,2,3,…那样任意多个的坐标,或是像直线上**所有的**点那样多的坐标。这胜过了阿喀琉斯同乌龟的赛跑。

笛卡儿并不是修正几何,他创造了几何。

由一位笛卡儿的同胞、健在的著名数学家来说结束语,看来是适宜的,所以我们要引用雅克·阿达玛(Jacques Hadamard)*的话。他第一个指出,单单坐标的发明不是笛卡儿的最伟大的功绩,因为坐标已经"被古代人"做出了——这种说法并不确切,除非我们把没有表明的意思解释为未完成的事业。地狱就是用"古人"烤得半熟的概念铺就的,但他们永远无法用他们自己的力量把那些概念完全烤熟。

"认识[如在坐标的应用中]一个一般的方法,和信守它表示的概念,完全是两码事。每一个真正的数学家都知道这个功绩的重要性,它确实是笛卡儿在几何中的非常卓越的功绩;正是由此,他被导向了……他在几

---

* 阿达玛(1865—1963),法国数学家,本书成书时尚健在。——译者

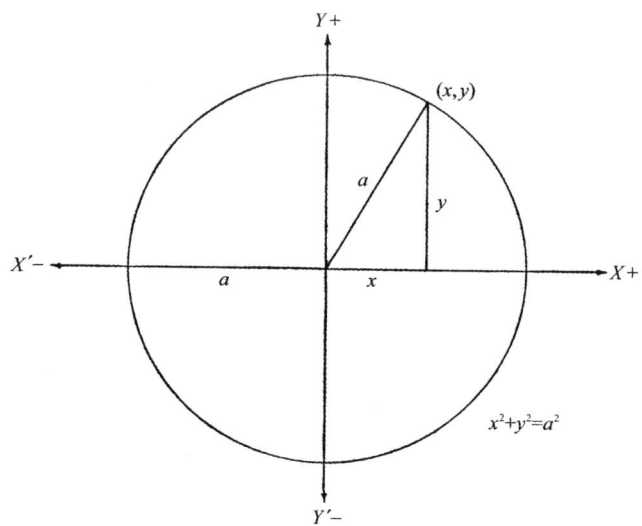

何中真正伟大的发现；即，坐标方法的应用不仅把几何上已经定义了的曲线转变成方程，而且，从完全相反的角度看，给越来越复杂的曲线**预先**下了定义，因此，越来越一般……

"数学科学的研究对象的全部概念，发生了彻底变革，直接促成这一变革的是笛卡儿本人，而后来，人们在下一个世纪，在相反的方向上又间接地促进了这一变革。笛卡儿确实完全知道他所作出的发明的重要性，他夸口说，就像西塞罗（Cicero）的修辞学超过了ABC一样，他到目前为止已经超过了在他以前的全部几何学，他这样说是正确的。"

◈ 第 4 章

业余爱好者中的王子
费马

17世纪最伟大的数学家。费马繁忙而实际的一生。数学是他的爱好。他对积分的触及。他的深奥的物理原理。又是解析几何。算术与逻辑。费马在算术中的霸权。关于素数的一个未解决的问题。为什么一些定理是"重要的"？一个智力测验。"无穷下降法"。费马对后代的仍未解决的挑战。

我已经发现大量极其美妙的定理。

——P·费马

鸭子并非都能成为天鹅；所以在把笛卡儿作为有史以来最伟大的数学家之一展现给读者之后，我们不得不为下面这个经常提到而且极少被反驳的断言辩护，这个断言就是，17世纪最伟大的数学家是笛卡儿的同代人皮埃尔·费马（Pierre Fermat, 1601？—1665）。这当然把牛顿（1642—1727）排除在我们的考虑之外了。但是人们可以争辩说，费马**作为一个纯数学家，至少**与牛顿相当，而且不管怎么说，牛顿一生将近三分之一的时间是在18世纪，而费马完全生活在17世纪。

牛顿似乎把他的数学主要当做科学探索的工具，并且把他的主要精

费马

力放在科学探索上。而费马则不然，他虽然在将数学应用于科学、特别是光学方面也做了值得注意的工作，但纯数学对他而言具有更强的吸引力。

随着笛卡儿在1637年公布了解析几何，数学开始进入它的现代阶段，而且在其后的很多年里仍然处在这样的初级阶段，一个有天赋的人当然有理由希望在这个纯数学和应用数学领域里都做出有益的工作。

发明微积分使牛顿作为一个纯数学家的声望达到顶点，莱布尼茨也独立作出了这一发明，稍后我们对此还要多说一些。而现在我们要说的是，费马在牛顿出生前13年，莱布尼茨出生前17年，就想出并应用了微分的主要概念，虽然他没有像莱布尼茨那样，把他的方法归结为一套甚至傻瓜都能用来解决问题的、单凭经验来做的方法。

至于笛卡儿和费马，他们各自完全独立地发明了解析几何，在这个问题上他们旗鼓相当，但这并不会影响到上述断言。笛卡儿的主要努力在于各种各样的科学研究，对他的哲学的苦心经营，以及他那荒谬的太阳系"漩涡理论"——很长时期，甚至在英国，它也是极其简单的、并不玄奥的牛顿万有引力理论的一个重要对手。费马似乎从来没有像笛卡儿和帕斯卡两人那样，为狡诈而富于诱惑力的关于上帝、人和作为整体的宇宙的哲学探讨所吸引；所以，在解决了微积分和解析几何中他感兴趣的部分，并过着平静的、一直为居家度日而努力工作的生活之后，费马仍能自由地把他的剩余精力奉献给他最喜爱的消遣——纯数学,并完成了他最伟大的工作,奠定了数论的基础,他那无可争辩而又不可分割的不朽的名声正是建立在这个工作之上的。

不久我们就会看到,费马与帕斯卡分享了概率的数学理论的创造,如果所有这些第一流的成就还不足以使费马在纯数学上居于他的同代人之首,那么我们要问,谁还做得更多?费马是天生的创造者。在最严格的意义上,就他的科学和数学而论,他还是个业余工作者。无疑地,他在科学史上即使不是第一个,也是最重要的一个业余爱好者。

费马的一生是安静、勤勉、过得很平静的,但是他得到了很多东西。他平静生涯中的重要事实很快就能讲完。数学家皮埃尔·费马是博蒙的第二领事、皮鞋商多米尼克·费马(Dominique Fermat)和一个议会法官家庭的女儿克莱尔·德隆(Claire de Long)的儿子,1601年8月(确切日子不清楚,受洗礼的日子是8月20日)出生在法国的博蒙-德洛马涅。他最早是在他出生的小城市接受家庭教育的;后来,为担任地方行政官员作准备的学习是在图卢兹进行的。由于他一生过着平稳和安静的生活,避开了无益的争执,也由于他没有一个像帕斯卡的吉尔贝特那样溺爱他的姐姐,把他少年时代的天才记录下来留给后人,因此他的学生时代几乎没有什么材料留下来。想来那一定是非常出众的,这从他成年后取得的成绩和成就就可以明显地看出来;在要求严格的学问方面没有坚实基础的人,不可能像费马那样成为古典学者和文学家。他关于数论和数学的出色著作,一般说来不能追溯到他所受的教育,因为他在其中做出他最伟大的工作的领域,在他作为学生的时候还没有打开,他学习的东西几乎不可能对他有所启发。

在他的实际生活中,唯一值得提及的那些事件是,他30岁(1631年5月14日)在图卢兹就职,任晋见接待官;同年6月1日他与他母亲的表妹路易丝·德隆(Louise de Long)结婚,他们生了三个儿子,其中克莱芒-萨米埃尔（Clément-Samuel）成了他父亲的科学执行人，还有两个女儿都当了修女；1648年他升任图卢兹地方议会的议员，他在这个职位上体面、正直、非常称职地干了17年——他从事工作的全部34年的时间里都勉力地为国家服务；最后，1665年1月12日，在处理完在卡特雷城的一件案子之后两天，他在该城去世，终年65岁。"故事吗？"他可能会这样说，"上帝保佑你，先生！我没有什么故事。"然而这个度过平静的一生，而且诚实、和气、谨慎、正直的人，有着数学史上最美好的故事之一。

他的故事就是他的工作——更确切地说，是他的消遣——他做这些工作纯粹是出于对它的爱好。这些工作的最好的部分是如此简单（只是说来如此，完成或仿效就不同了），甚至一个智力正常的小学生都能了解它的性质，并欣赏它的美。在过去3个世纪中，这个业余数学王子的工作，对所有文明国家的数学业余爱好者都有着无法抗拒的吸引力。这个称为数论的理论也许是这样一个数学领域，今天有天赋的业余爱好者可以希望从中找出一些有意思的东西。我们将首先看看他的其他贡献，不过先让我们顺便提一下很多人称之为人文学的领域中他的"独特的学识"。他对主要的欧洲语言和欧洲大陆的文学，有着广博而精湛的知识，希腊和拉丁哲学中的几个重要的订正都得益于他。用拉丁文、法文、西班牙文写诗是他那个时代绅士们的素养之一，他在这方面也表现出了熟练的技巧和卓越的鉴赏力。如果我们把他描绘成一个和蔼的人，不会因受到批评而发怒或生气（像牛顿晚年那样），不骄傲，但有些自负，我们就能了解他的平稳好学的一生了。他在各方面的对立面笛卡儿形容他的自负时说："费马先生是个加斯科涅人，我可不是。"这里提到的加斯科涅人，大概是指一些法国作家笔下的加斯科涅人［例如罗斯丹（Rostand）在《西哈诺·德·贝热拉克》第二幕，第七场中］所具有的一种可爱的吹牛习气。在费马的信中可能有一些这样的吹牛的话，但总是相当天真和不触犯人的。即使他的头脑已经膨胀得像气球那样大了，也从没有涉及他对自己的工作可能持有的公正看法。至于笛卡儿,我们应该记得,他确实不是一个公正的裁判者,我们马上就会指出,在他与这位"加斯科涅人"关于极其重要的切线问题的长期争论中,他自己那军人般的固执使他败在了对方手里。

一些人在考虑到费马公职的艰难费力的性质和他完成的大量第一流数学工作时,对于他怎么能找出时间来做这一切感到迷惑不解。一位法国评论家提出了一个可能的答案:费马担任议员的工作对他的智力活动有益而无害。议院评议员与其他人——例如在军队中的公职人员——不同,对他们的要求是避开他们的同乡,避开不必要的社交活动,以免他们在履行职责时因受贿或其他原因而腐化堕落。这样,费马就找到了大量的空闲时间。

我们现在扼要叙述一下费马在微积分的发展中所起的作用。如我们在关于阿基米德那一章中说过的,**微分学**中与几何学等价的一个基本问题是:画一条直线与一个给定的不打圈的连续曲线弧在任意给定的点上相切。此处对"连续"的意义的一个非常接近的描述是"光滑,不断开或没有突然的跳跃";给出一个确切的、数学的定义,需要写出长长几页的定义和极其细微的区别,这些定义和区别肯定会使微积分的发明者,包括牛顿和莱布尼茨困惑而吃惊。不难想象,如果那两位创造者知道了现代的学生要求知道的全部细微区别,那么可能就永远也不会发明微积分了。

包括费马在内的微积分的创造者们,都依赖几何和物理(多为运动学和动力学)的直观性取得了进展:对于一条"连续曲线"的图形,他们**注重的是**自己头脑中想象,在曲线上的点 P 处描绘出一条直线使它相切于曲线的过程,这个过程是,取另一个也是在曲线上的点 Q,画一条连接 P 和 Q 的直线 PQ,然后,在想象中让点 Q 沿着曲线弧滑向 P,直到 Q 与 P 重合,当**弦** PQ 在上面所描述的**极限位置**时,它就成了曲线在点 P 的**切线** PP——这就是他们所要寻找的东西。

下一步是把所有这些翻译成代数或分析的语言。他们在 Q 开始滑过去与 P 重合之前,先知道图上点 P 的坐标 x, y 和点 Q 的坐标,比如说是 $x + a, y + b$;然后他们审视着图,看出**弦** PQ 的**斜率**等于 b/a——显然这是该弦相对于 x 轴(在其上量度 x 方向上的距离的直线)的"倾斜度"的一种度量;这个"倾斜度"就是精确的斜率的意义所在。由此就很清楚了,**点 P 处所求切线的斜率**(在 Q 已经滑动到与 P 重合时)就应该是当 b 与 a 同时趋近于 0 时, **b/a 的极限值**;因为 Q 的坐标 $x + a, x + b$,最终成了 P 的坐标 x、y,这个极限值就是所要求的斜率。有了斜率和点 P,他们现在就能画出切线了。

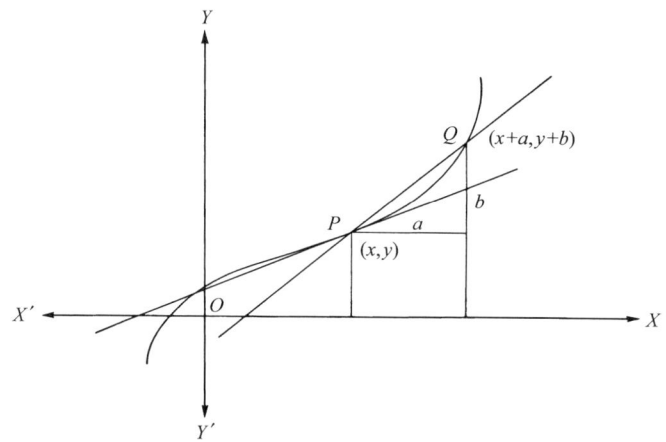

这并不一定就是费马画切线的过程,但是他的过程大体上与上面描述的过程相同。

为什么这一切值得一个有理智和注重实际的人认真考虑呢?这是一个很长的故事,此处只是略微提一下;当我们讨论到牛顿时,再详细论述。动力学的基本概念之一是一个移动的质点的**速度**。如果我们相对于单位时间,画出该质点所通过的距离单位数,我们就可得到一条线,无论是直线还是曲线,它一目了然地描述了该质点的"**运动**",而在这条线上任意给定点处的切线明显地就是该质点在该点处时的瞬时速度;质点运动得越快,**切线**的**斜率**越陡。事实上,这个斜率确实测量了质点在运动路径

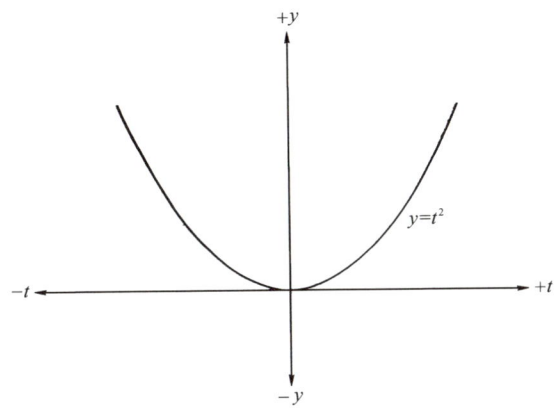

上任何点处的速度。当**运动**中的问题转换为**几何**问题时,确实就是一个在曲线上找出给定点的斜率的问题。也有与曲面的**切平面**(在力学和数理物理中也有重要的解释)对应的类似的问题。这些问题都要用微分学来着手解决——而微分学的基本问题,我们已经试图以它出现在费马和他的后继者面前的样子加以描述了。

这种微积分学的另一个用途也可以从上述讨论中看出。假定一个量 y 是另一个量 t 的"函数",写成 $y = f(t)$,意为当任意确定的一个数,比如说 10,用来代替 t 时,我们就得到 $f(10)$——"当 t 为 10 时函数 f 的值",这时我们就能够从假定已经给出的 f 的**代数表达式**,计算出 y 的**对应值**,此处 $y = f(10)$。为了更明确起见,假定 $f(t)$ 是在代数上用 t^2,或 $t \times t$ 表示的 t 的一个特定的函数。那么,当 $t = 10$ 时,我们得到 $y = f(10)$,因而**此处**对于 t 的**这个值**,$y = 10^2 = 100$;当 $t = 1/2$ 时,$y = 1/4$,如此等等;y 可对应于 t 的**任意值**。

凡是在近 30 年或 40 年来接受过初级中学教育的人,对所有这些都是熟悉的,但是一些人可能已经完全忘了他们孩童时期在算术中做过些什么,正像其他人不能拒绝拉丁文的圣饼以拯救他们的灵魂。但甚至最健忘的人也会看出,我们能够对任何 f 的特别形式,画出 $y = f(x)$ 的图形[当 $f(x)$ 是 t^2 时,图形是一个像翻转过来的拱那样的抛物线]。想象一下画出来的图形,如果在图形上面有**极大**(最高)或**极小**(最低)点——比**它们紧**

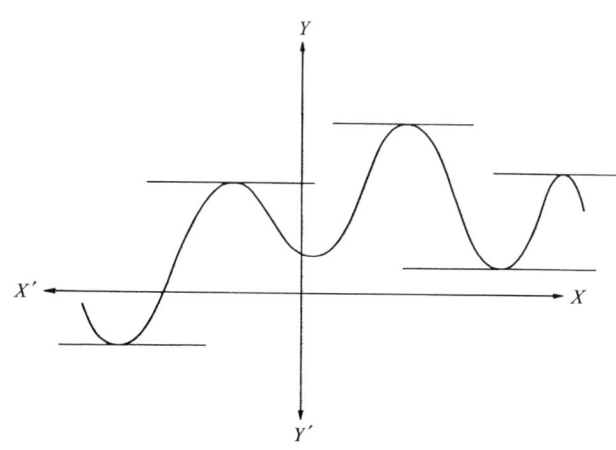

邻的那些点更高或更低的点——我们就会看到在每一个这样的**最大**和**最小**点处,其切线将平行于 t 轴。也就是说,在我们正在画的 $f(x)$ 的这样一个**极值**(极大或极小值)处,切线的**斜率**是**零**。这样,如果我们正在寻找一个给定函数 $f(t)$ 的**极值**,我们不得不再次为特别的曲线 $y=f(t)$ 解决斜率问题,在找到**一般**点 (t,y) 处的斜率后,让这个斜率的代数表达式等于零,就可找出该极值点的 t 的值。这大体上就是费马在他的极大极小方法中所做的,这个方法是他在1628—1629年发现的,但直到10年后才半公开,那时他通过梅森把这个方法的一份说明送给了笛卡儿。

这个简单的设想在科学上的应用——当然,为了考虑比上面描述的复杂得多的问题,需要经过充分而细心的构思——是多种多样并十分广泛的。例如在力学中,拉格朗日发现,在一个问题中有某个所考虑的物体的位置(坐标)和速度的"函数",当取极值函数时,它就会给我们提供所论系统的"运动方程",而这些方程反过来又可用来确定在每一给定时刻的运动,即完全地描述了这个运动。在物理学中有很多这类函数。在问题中的函数必须是一个极值函数的简单要求下,这些函数中的每一个都概括了数理物理学的一个广阔的分支;希尔伯特(Hilbert)在1916年为广义相对论发现了一个这样的函数。所以当费马在辛苦的法律事务之余,以研究极大和极小的问题作为消遣时，他并不是在浪费时间。他本人把他的原理应用于光学，做得既漂亮又令人惊奇。附带说一下，可以注意到的是，这个特殊的发现已经被证明是从1926年起人们精心构造的新的量子理论的萌芽——在它的数学方面，指"波动方程"。费马发现了通常所谓的"最小时间原理"，不过称它为"极值"（最小或最大）比称它为"最小"*或许要更准确些。

根据这个原理，如果一束光线从一个点 A 射向另一个点 B，途中经过各种各样的反射和折射（"折射"，也就是弯曲，就像光线从空气进入水中那样，或是光线通过不同密度的胶状物那样），那么它经过的路程——所有由于折射的扭转和转向，由于反射的难以捉摸的向前和退后——可以由从 A 到 B 所需的**时间**为极值这个**唯一**的要求计算出来（但注意前面的脚注）。

由这个原理，费马推出了熟知的折射和反射的规律：（在反射中）入射角等于反射角；（在折射中）从一个介质到另一个介质的入射角的正弦是反射角正弦的一个**常数**倍。

我们已经提到过解析几何；费马首先把它应用于三维空间，笛卡儿则满足于二维。今天所有的学生都熟悉这个**推广**，但它即便对一个有才能的人来说，这也不是从笛卡儿的发展中不证自明的。也许可以说，要把一种特殊的几何有意义地从二维推广到三维，通常比把它从三维推广到四维或五维……或 n 维困难得多。费马在一个基本论点上（曲线由它们的阶分类）修正了笛卡儿的理论。多少有些爱发怒的笛卡儿竟会与沉着冷静的"加斯科涅人"费马争吵起来，看来是很自然的，因为这个军人在关于费马的切线方法的争论中通常是急躁而易怒的；而这位心平气和的律师还

---

* 这个说法对目前的考虑是足够精确了。实际上，要求的是使问题中的函数**平稳**（粗略地说，既不增加也不减少）的变量（坐标和速度）的值。一个**极值**点是**平稳**点；但是一个**平稳**点未必是一个极值点。

是照样彬彬有礼。就像通常发生的那样,不发怒的人在争辩中占了上风。但费马是注定要胜利的,这不是因为他更会辩论,而是因为他是正确的。

顺便提一下,我们推测,牛顿应该听到过费马用过微积分,并且应该感谢过这个信息。但直到1934年以前,没有关于这个结论的明显证据公布出来,但就在这一年,L·T·莫尔(L. T. More)教授在他写的牛顿的传记中,记述了一封至今未被人们注意的信,在那封信里,牛顿清楚地说,他从费马画切线的方法中得到了微分法的启示。

我们现在转向费马最伟大的工作,所有的人,不论是数学家还是业余爱好者,都同样能了解这项工作。这就是所谓的"数论",或者叫"高等算术",或者最后,用一个不卖弄学问的名称,叫**算术**,这个名称对高斯来说就足够好了。

希腊人把我们在初级课本中收集在"算术"名下的杂类分成了两个单独的部分,即**逻辑学**和**算术**,其中的第一部分是关于计算在一般商业和日常生活中的实际应用,第二部分就是在费马和高斯意义下的算术,他们力图照这样去发现数的性质。

算术在它的最终的,也许是最困难的问题中研究一般整数 $1,2,3,4,5,\cdots$ 的相互关系,这些数我们差不多一学会讲话就能说。在为说明这些关系的努力中,数学家不得不去发明代数和分析中的那些微妙而深奥的定理,这些定理中森林般的术语遮蔽了最初的问题——那些关于 $1,2,3,\cdots$ 的问题,而它们的真正作用就是解答那些问题。同时,这些表面上看是无用的研究的副产品,丰厚地报答了从事这些研究的人,向他们提出了大量可应用到与物理世界有直接联系的其他数学领域的有力的方法。我们只举一个例子,代数的最新的阶段,今天由专业代数学家开垦并正在给代数方程理论指出全新的途径,它的起源就可直接追溯到解决形式简单的费马**最后定理**的努力(在给最后定理作好了准备后,就会陈述它)。

我们从费马关于素数的一个著名的陈述开始。一个正的素数,或简称为素数,是任何比1大、且除数(没有余数)只是1和它本身的数;例如2,3,5,7,13,17是素数,257和65 537也是素数。但是4 294 967 297不是一个素数,因为它可被641整除,18 446 744 073 709 551 617也不是素数,因为它可以被274 177整除;但641和274 177都是素数。当我们在算术中说一个数以另一个数为除数,或者说可以被另一个数除时,这就意味着**整除**,即**没有余项**。这样,14可以被7除,而15就不能。上面那两个大数是故意写出来的,原因马上就会清楚了。回忆起另一个定义,一个给定的数,比如说N,它的n次幂是n个N乘在一起,写成N^n;这样,$5^2 = 5 \times 5 = 25$,$8^4 = 8 \times 8 \times 8 \times 8 = 4096$。为一致起见,$N$本身可以写作$N^1$。再如,像一个塔形的$2^{3^5}$意味着我们首先要计算$3^5 (= 243)$,然后"提升"2到这个幂上,即$2^{243}$;答数有74位。

下一个论点在费马的一生中是非常重要的,在数学史上也是如此。考虑数3,5,17,257,65 537,它们都属于一个特殊类型的"序列",因为它们都是用同一个简单的过程(由1和2)生成的,这可以从

$$3 = 2 + 1, \quad 5 = 2^2 + 1, \quad 17 = 2^4 + 1,$$
$$257 = 2^8 + 1, \quad 65\ 537 = 2^{16} + 1$$

看出来,如果我们愿意检查计算过程,我们很容易看出上面写出过的那两个大数是$2^{32} + 1$和$2^{64} + 1$,它们也是这个序列中的数。这样,我们就有了属于这个序列的7个数,**这些数的前5个是素数,但后2个不是素数。**

观察一下这个序列是如何构成的,我们注意到"指数"(指出2取什么样的幂次的上角那些数),是1,2,4,8,16,32,64,并且我们观察到这些数是1(如果我们愿意的话,为一致起见,它可以像在代数中那样,写成2^0),$2^1, 2^2, 2^3, 2^4, 2^5, 2^6$。也就是说,我们的序列是$2^{2^n} + 1$,而$n$的范围是0,1,2,3,4,5,6。我们无须在$n = 6$停止;取$n = 7, 8, 9, \cdots$,我们可以无限地继续这个序列,得到越来越多的巨大的数。

假定我们现在希望找出这个序列中的一个数是不是素数。做这件事虽然有很多捷径，而且可以通过审视，剔除整类整类的试除数；虽然现代算术限制了需要尝试的试除数的类型——但是，我们问题的吃力程度仍然与用小于给定数的平方根的素数 2，3，5，7，…相继去除给定数的吃力程度相去不远。如果这些数都不能整除给定的数，则该数就是素数。不用说，甚至对于像 n 为 100 这样小的数，即使用已知的捷径，这样一个试验所需要的工作量也会大得无法完成。(读者可以试着解决 n = 8 的情形，以明确这一点。)

费马宣称，他相信**序列中所有的数都是素数**。如我们已经看到的，所列出的数(相应于 n = 5，6)与他的结论相矛盾。这是我们希望说明的有历史意义的一点：费马**猜错了，但是他并没有说已经证明了他的猜测**。若干年之后，他确实对他已经做的工作做了一番令人费解的陈述，一些批评家由之判断他弄错了。我们继续讲下去，这个事实的重要性就会出现。

出于心理上的好奇，可以提到美国的速算神童齐拉·科尔伯恩(Zerah Colburn)，当人们问他费马的第 6 个数(4 294 967 297)是不是素数时，经过一会儿心算，他回答不是，因为它有 641 作为除数，他不能解释他得出正确结论的过程。本书中科尔伯恩还会再次出现(与哈密顿联系在一起)。

在离开"费马数" $2^{2^n} + 1$ 之前，我们要向前看看 18 世纪的最后 10 年，在那 10 年中，发生了整个漫长的数学史上的两个或三个最重要的事件之一，这要部分地归因于这些神秘的数。有一个时期，一个 18 岁的年轻人一直踌躇着——按当时的传统——是把他极好的天赋奉献给数学还是奉献给语言学，他在这两方面都同样有才华。使他作出抉择的是一个美妙的发现，这个发现与每一个中学生都熟悉的初等几何中的一个简单问题有关。

一个**正** n 边形的所有 n 个边都相等，所有 n 个角也相等。古希腊人早就发现了如何只用直尺和圆规画 3，4，5，6，8，10，15 边的正多边形，用同样的工具由给定的正多边形画出边长两倍于它的正多边形也很容易做到。

那么下一步就是寻找7,9,11,13,…边的正多边形的尺规画法。很多人找过,但都没有找到,因为这样的画法是不可能的,只是他们不知道这是不可能罢了,在间隔了2200多年后,那个在数学和语言学之间踌躇的年轻人向前迈出了下一步——大大的一步。

正如已经指出的,只要考虑奇数边的多边形就足够了。这个年轻人证明了用直尺和圆规画奇数边的正多边形是可行的,不过只有当边数或者是一个费马素数(就是形式为 $2^{2^n}+1$ 的素数),或者是由不同的费马素数乘在一起组成的数时才有可能。这样,3、5或15边的正多边形就像希腊人知道的那样,画出来是可能的,但是7,9,11或13边的正多边形就不能画出来。对于17,257,65 537,或者在费马的数列3,5,17,257,65 537中的下一个可能的素数——如果存在的话,这到目前(1936年)还没有人知道——也是可能的;对于3×17,或5×257×65 537边,等等,也是可能的。正是这个在1796年6月1日宣布,但是在3月30日作出的发现,使这个年轻人选择了数学而不是语言学作为他的终生工作。他的名字叫高斯。

我们叙述著名的"费马定理"(不是他的"大定理")作为费马作出的另一类有关数的发现。如果 n 是任意整数,p 是任意素数,那么 $n^p - n$ 可以被 p 整除。例如取 $p=3$,$n=5$,我们得到 $5^3 - 5$,或 $125-5$,这就是120,也是 3×40;对于 $n=2$,$p=11$,我们得到 $2^{11}-2$,或 $2048-2$,这就是 $2046 = 11 \times 186$。

算术中有一些定理被认为是"重要的",而其他一些尽管同样难以证明,却被说成是微不足道的,但要说明这是为什么,即便不是不可能,也是很困难的。一个标准(虽然不必是结论性的)是这个定理应该能运用到数学的其他领域中去;另一个标准是,它应该启发算术或广义的数学中的研究;第三个是,它在某些方面应该是带有普遍性的。刚才叙述的费马定理满足所有这些多少有些武断的要求:它在数学的很多领域中的用处都是不可或缺的,这些领域包括群论(见第15章),而群论又是代数方程论的基础;它启发了很多研究,其中的原始根的整个主题,注重数学的读者可以把它当做重要的例子；最后，它在下述意义上带有普遍性：它描述了**所有**素数的一个性质——要找出这样如此普遍的陈述是极其困难的，已经知道的这类陈述非常少。

费马像通常那样，陈述了关于 $n^p - n$ 的定理而没有证明。第一个证明是莱布尼茨在一篇没有注明日期的手稿中给出的，但他似乎在1683年以前就知道了一个证明。读者可能愿意设想出一种证明来试试自己的能力。需要的是下面一些事实，它们可以被证明，也可以为了手头的目的而假定为已知：一个给定的整数只能以一种形式，即素数相乘的形式——重新安排因子顺序除外——表示出来；如果一个素数整除两个整数的积（相乘的结果），那它至少整除两个数中的一个。举例说明：$24 = 2 \times 2 \times 2 \times 3$，24不能由任何有本质不同的素数的相乘形式表示出来——我们认为 $2 \times 2 \times 2 \times 3, 2 \times 2 \times 3 \times 2, 2 \times 3 \times 2 \times 2$，同 $3 \times 2 \times 2 \times 2$ 都是一样的；7整除42，而 $42 = 2 \times 21 = 3 \times 14 = 6 \times 7$，在每一个分解式中7都整除相乘得到42的两个数中的至少一个；再有，98可以用7整除，$98 = 7 \times 14$，这里7整除7和14两个数，因此至少整除其中的一个。根据这两个事实，只需要不到半张纸就能把证明写出来，并且任何正常的14岁儿童都能够理解它。但是可以很有把握地打赌，在1 000 000个任何年龄段或一切年龄的正常智力的人当中，那些所知道的数学不超过小学算术程度的人，只有不到10个能在一个适当的时间——比如说一年内，成功地找出一个证明。

这里似乎是引用高斯的一些著名评论的适当地方，这些评论是关于费马和高斯本人最喜爱的领域的。译文出自爱尔兰数学家 H·J·S·史密斯（H. J. S. Smith, 1826—1883），译自高斯为1847年出版的艾森斯坦（Eisenstein）的数学论文集所写的序言。

"高等算术给我们提供了无穷无尽的有趣事实——也是真理，它们不是孤立的，而是有着密切内在联系的，随着我们知识的积累，我们不断地在二者之间发现新的，有时是完全出乎意料的联系。高等算术的定理的很大一部分就是从这样一个特性中得到了附加的魅力:有着简单特征的重要命题经常很容易由归纳法发现,然而这个特点却是如此深奥,我们只是在经过了许多徒劳的努力以后才能找出它们的证明;甚至当我们确实成功了,也通常是通过一些令人生厌的矫揉造作的过程证明的,而更简单的方法可能在长时间内无法找到。"

高斯提到的这些有趣的事实之一,有时被认为是费马发现的关于数的最美妙的(但不是最重要的)东西:每一个形式为 $4n+1$ 的素数是两个数的平方和,并且这种和的形式是唯一的。我们容易证明形式为 $4n-1$ 的任何数都不是两个数的平方和。由于很容易看出所有比2大的素数都是这些形式中的一种,所以没有什么好加的了。例如,37被4除有余数1,所以37一定是两个整数的平方和。通过试验(有更好的方法),我们发现确实 $37 = 1 + 36 = 1^2 + 6^2$,并且没有其他的数的平方 x^2 和 y^2 能使 $37 = x^2 + y^2$。对于素数101,我们有 $1^2 + 10^2$;对于41,我们有 $4^2 + 5^2$。另一方面,$19 = 4 \times 5 - 1$,它不是两个数的平方和。

正如几乎他所有的算术工作一样,费马也没有留下这个定理的证明。伟大的欧拉在1749年首次证明了这个定理,而为了给它找到一个证明,欧拉断断续续地奋斗了**7年**。但是费马确实描述了他发明的一个巧妙的方法,他用这个方法证明了这个定理和他的其他一些令人赞叹的结果。这个方法被称为"无穷递降法",完成它比以利亚(Elijah)*升天还要困难无数倍。他自己的记述既简单又清晰,所以我们从他1659年8月写给卡尔卡维(Carcavi)的信中,不拘泥于文字地翻译了一段。

"有很长时间,我不能把我的方法应用于肯定命题,因为用到肯定命题上的迂回曲折的办法要比我用在否定命题上的办法麻烦得多。这样,当我不得不去证明**每一个比4的倍数多1的素数是由两个数的平方构成**时,我发现自己非常苦恼。但最后,我从一个重复了许多次的思考中得到

---

* 以利亚,《圣经》中的人物,在耶稣诞生前为希伯来伟大先知。——译者

了我所缺少的线索,现在,借助于一些必然与肯定命题相联系的新原理的帮助,我的方法能够应用于肯定命题了。我在肯定命题中的推理过程是这样的:如果一个形式为$4n+1$的任意选定的素数不是两个数的平方和,[我证明了]会有同样性质的另一个数,比选定的那一个小,[因此]接着有第三个更小的数,等等。用这个方法做无穷递降,我们最后达到了数5,这一类[$4n+1$]的所有数中最小的一个。[通过所提到的证明和上述的论证]可以知道5不是两个数的平方和。但它是。因此我们可以从**反证法**推出,所有形式为$4n+1$的数都是两个数的平方和。"

将递降法应用到一个新问题的全部困难在于第一步,也就是去证明,**如果**假定或猜测的命题对于有关的数类中任意选出的一个数**成立**,**那么**它对于**同一类**中的一个**较小**的数也**成立**。解决这一步没有可以适用于所有问题的一般方法。要找到走出这个迷宫的道路,需要比拼命的忍耐力和大大夸张了的"忍受痛苦的无限能力"更罕见的东西。对那些认为天才只不过是有当一个好的簿记员的能力的人,可以劝他们把他们的无限的耐心用在费马**大定理**上。在叙述这个定理之前,我们再举出费马考虑过并解决了的那些简单得容易使人误解的问题中的一个例子。这就要介绍费马擅长的**丢番图分析**了。

任何玩数字游戏的人很可能会在$27 = 25 + 2$这个奇妙的事实面前停顿下来,这里有意思的是,27和25都是确切的数的幂,即$27 = 3^3$和$25 = 5^2$。这样我们就观察到,$y^3 = x^2 + 2$有一个**整数**x,y的解;这个解是$x = 5$,$y = 3$。作为一种对超人智力的测验,读者现在可以证明$y = 3, x = 5$是满足这个方程的**唯一整数**。这个测验并不容易。事实上,对付这件表面上幼稚的事,比掌握相对论需要更多的天赋智慧。

方程$y^3 = x^2 + 2$**在解**x, y都是整数的限制下是不确定的(因为未知量的个数x和y是两个,多于联系它们的方程的个数一个),它是一个**丢番图方程**。这个名称来自希腊人丢番图(Diophantus),他是首先强调方程的**整数**

解或者(不那么严格地)**有理**(分数)解的人之一。**没有**整数的限制,无论怎样描述解的无穷性都毫无困难:这样我们可以给 x 以我们想给的任意值,然后通过给这个 x^2 加2,并给所得的结果开立方根来决定 y。但是找出所有**整数**解的丢番图问题就完全是另一码事了。$y = 3, x = 5$ 这个解是"由检查"看出的;问题的困难在于证明**没有其他**的整数 y, x 能满足这个方程。费马证明了没有其他的解,但像通常那样没有发表他的证明。直到他死后好多年,才找到了一个证明。

这一次他不是猜测,问题是很难的,他宣称他有了一个证明;后来就找到了一个证明。他的其他明确的断言都是如此,只有他在他的**大定理**中作出的表面上很简单的一个断言例外,那个断言,数学家们奋斗了差不多300年,还是没有证出来:不管什么时候费马断言他已经**证明了**什么,那么除了已经提到过的这一例外,那个断言后来总是被证明了的。他的严谨忠实的性格和他作为一个算术学家的无比的洞察力,充分证实了一些人,但不是所有的人,对他作出的判断,这个判断就是:当他宣称他有了他的定理的一个证明时,他知道他在说什么。

费马有一个习惯,在读巴歇(Bachet)的《丢番图》时,他把思考的结果简略地记在书页的空白处。空白处不适宜写下证明。这样,费马在评论丢番图的算术的第2卷上第8个问题时,该问题要求方程 $x^2 + y^2 = a^2$ 的有理数(分数或整数)解,他写下了如下的话:

"反之,不可能把一个数的立方分解成两个数的立方和,把一个数的四次方分解成两个数的四次方的和,或者更一般地说,把大于2的任意次幂的数分解成两个同次幂数的和:我已经发现了[这个一般定理的]一个真正奇妙的证明,但是这个空白太窄了,写不下"(费马,《著作》Ⅲ,241页)。这就是他在大约1637年发现的他的著名的**大定理***。

---

* 费马大定理最终由英国数学家安德鲁·怀尔斯(Andrew Wiles)在1995年证明。他在1997年因此而荣获沃尔夫奖,奖金数额为75 000德国马克。——译者

把这段话用现代语言叙述出来就是:丢番图的问题是找出整数或分数x,y,a,使得$x^2+y^2=a^2$;费马宣称,**不存在这样的整数或分数**,足以使$x^3+y^3=a^3$或$x^4+y^4=a^4$,或一般地,如果n是大于2的整数,则不存在这样的整数或分数x,y,a,可使$x^n+y^n=a^n$。

丢番图的问题有无穷多个解;例子是$x=3,y=4,a=5;x=5,y=12,a=13$。费马本人用他的无穷下降法给出了$x^4+y^4=a^4$不可解的一个证明。从他那时起,$x^n+y^n=a^n$已经对很多的数$n$(直到小于$n=14\,000$的所有素数*,如果数$x,y,a$没有一个可以用$n$整除的话)证明有整数(或分数)解不可能,但这还不是所需要的。要求的是解决所有比2大的n的证明。费马说他有了一个"奇妙的"证明。

在说了这么多之后,他有没有弄错的可能呢?这个问题要留给读者了。一个伟大的数学家,高斯,投了费马的反对票。不过,吃不到葡萄的狐狸就说葡萄是酸的。其他人投了赞成他的票。费马是一个第一流的数学家,一个无可指摘的诚实的人,一个历史上无与伦比的算术学家。**

---

* 读者能够很容易地看到,只要就n是奇素数的情形证明就够了,因为在代数上,$u^{ab}=(u^a)^b$,其中u,a,b是任意的数。

** 1908年,已故的保罗·沃尔夫斯凯尔(Paul Volfskehl)教授(德国人)留下了100 000马克,以奖励第一个给出费马**大定理**的完全证明的人。世界大战后的通货膨胀把这笔奖金贬值到不到一分钱,这就是现在一个贪财的人证出这个定理所能得到的奖励。

第 5 章

"人的伟大与不幸"

帕斯卡

一个埋没了自身天才的神童。17岁的大几何学者。帕斯卡的美妙定理。极坏的身体和虔诚的酒徒。第一台计算机。帕斯卡在物理学上的辉煌成就。虔诚的妹妹雅克利娜,灵魂的拯救者。醇酒和女人?"你进修道院吧!"一次沉湎于狂欢的转变。堕入偏执的文学。几何学的海伦。一次绝妙的牙痛。死后揭示了什么?一个赌徒之于数学史。概率论的范畴。帕斯卡与费马一起创造了这个理论。与上帝或魔鬼赌博的愚蠢。

我们知道……概率论实际上只是成为计算的常识;它使我们精确地评价有理智的头脑出于某种直觉而感觉到的东西,往往无法说清其原因……值得注意的是,[这门]起源于靠碰运气取胜的游戏的科学,竟然成了人类知识最重要的一部分。

——P·S·拉普拉斯(P. S. Laplace)

布莱斯·帕斯卡(Blaise Pascal)1623年6月19日出生在法国奥弗涅的克莱蒙,比他伟大的同代人笛卡儿年轻27岁,卒年比笛卡儿晚12年。他的父亲艾蒂安·帕斯卡(Etienne Pascal)是克莱蒙审理间接税案件的最高法院的院长,是一个有文化的人,在那个时代多少算得上智力过人。他的母亲安托瓦妮特·贝贡(Antoinette Bégone)在他4岁时就去世了。帕斯

帕斯卡

有两个美丽而聪慧的姐妹,吉尔贝特(Gilberte)和雅克利娜(Jacqueline),吉尔贝特后来成了佩里耶(Périer)夫人,她们都在帕斯卡的生活中起了重要作用,特别是雅克利娜。

布莱斯·帕斯卡由于他的两部文学杰作而为普通读者熟知,这两部著作是《思想录》和《路易斯·德·蒙塔尔特致他的一位外省朋友的信》(通常称为《致外省人书》)。人们通常把他的数学生涯几笔带过,而着重展示他在宗教方面的奇才。这里我们的观点必然多少有些不同,我们主要把帕斯卡看作一个很有天赋的数学家,任由他那在自我折磨中作乐的癖性和对他那个时代的教派论战进行的无益思索,结果把自己降低为现在所说的笃信宗教的精神病患者。

在数学方面,帕斯卡也许是历史上本来会更出名的最伟大的人。他不幸先于牛顿仅仅几年,又是笛卡儿和费马的同代人,这两个人都比他意志坚定。他最好的工作,概率论数学理论的创立,是与费马分享的,而费马能够很容易地单独完成这一工作。在他以神童著称的几何方面,创造性的思想则是由另一个名气小得多的人——笛卡儿——提供的。

就他在实验科学方面的见地来说,帕斯卡对科学方法有比笛卡儿清楚得多的想象力——就现代观点而论。但是他缺少笛卡儿那种单一的目标,虽然他做了一些第一流的工作,却由于他对宗教奥秘的病态热情使自己偏离了本来可能做到的事情。

推测帕斯卡可能做出些什么是无用的。让他的一生来说明他实际上做了些什么吧。如果我们愿意,我们可以把他概括为一个数学家,因为我们可以说,他做了他能做到的,没有人能做得更多。他的一生是对《新约全书》中两个故事或比喻的不断评注,该书是他的忠实伙伴和可靠的安慰者。这两个比喻是:关于按才干领受责任的寓言和新酒胀破旧瓶子(或皮囊)*的说法。如果有过一个具有惊人天赋的人埋葬了自己的才能,那就是帕斯卡;如果有过一个中世纪的头脑由于企图盛下17世纪科学的新酒而精神分裂,那就是帕斯卡。他那伟大的天才是错予斯人了。

帕斯卡7岁时随他的父亲和姐妹一起从克莱蒙迁居到巴黎。大约在这个时期,父亲开始教育他的儿子。帕斯卡是个极其早熟的孩子,他和他的姐妹似乎都有超人的天赋。但是可怜的布莱斯与他聪明的头脑一起继承了(或得到了)一个极差的体格,他的两个姐妹中更有天赋的一个,雅克利娜,似乎与她的哥哥是同一类型的人,因为她也变成了病态的宗教狂热的牺牲品。

开始一切进行得还不错。老帕斯卡为儿子轻松自如地吸收当时的古典文学教育感到吃惊,试图让这孩子适当放慢进度,以免损害他的健康。根据年轻的天才可能会用脑太多而过于劳累的理论,数学是禁忌的。他的父亲是一个极好的教练,但又是一个蹩脚的心理学家。老帕斯卡对数学的禁令很自然地激起了这孩子的好奇心。在帕斯卡大约12岁时,有一天他要求知道几何是怎么回事,他的父亲给他作了一番清楚的描述。这使帕斯卡像一只兔子似的开始向他的真正天职起跑了。他受到了上帝的召唤,不要惹耶稣会会士们的麻烦,而要当一个伟大的数学家,这与他自己后期的主张是相反的。但是当时他的听觉有毛病,他把次序弄乱了。

帕斯卡开始学习几何学时发生的事情,成了数学上早熟的传说之一。附带说一下,数学上的神童并不都像人们有时认为的那样总是会垮

---

* 前一比喻见《新约全书》马太福音25:15—30,后一比喻见马太福音9:17。——译者

掉的。数学上的早熟经常是灿烂的成熟之果的最早的萌芽,虽然固执的迷信看法与此相反。帕斯卡的情形是,早期的数学天才并没有随着他的成长而泯灭,而是受到了其他兴趣抑制。如我们将要在摆线这件事情上看到的那样,在他过于短促的整个一生中,他始终保持着做第一流数学工作的能力。他让数学退位,相对来说早了一些,如果因此要责备什么的话,那也许应该责备他的欲望。他的第一个惊人的成就是完全依靠自己的创造力,没有从任何书本上得到提示,证明了一个三角形的内角和等于两个直角。这个成就鼓励他以极快的步伐向前迈进。

老帕斯卡认识到他养育了一个数学家,他高兴得流出了眼泪,给了儿子一本欧几里得的《几何原本》。帕斯卡很快就贪婪地读完了这本书,不是把它作为一个任务,而是作为一种娱乐。这孩子用研究几何代替了做游戏。关于帕斯卡迅速掌握了欧几里得几何学这件事,他的姐姐吉尔贝特情不自禁地撒了一个对他评价过高的小谎。帕斯卡确实是在看到欧几里得的书以前,就自己发现并证明了欧几里得的几个命题。但吉尔贝特虚构的关于她才气焕发的弟弟的故事,却比拿一个骰子一口气掷出10亿个1点还要不可能,因为这种事是绝对不可能出现的。吉尔贝特声称,她的弟弟已经独自重新发现了欧几里得的前32个命题,并且是以欧几里得排出的**同样次序**发现它们的。第32个命题确实是帕斯卡重新发现的三角形内角和的著名命题。现在,把一件事情做对可能只有一种方法,但把事情做错却很可能有无数种方法。今天我们知道,欧几里得的所谓严格的论证根本没有证明,甚至对他的前4个命题也是如此。说帕斯卡靠自己把欧几里得的全部遗误忠实地重新写了出来,这个故事讲起来容易,但却难以让人相信。不过,我们可以原谅吉尔贝特的夸大其词。她的弟弟值得这样夸大。他在14岁时,就被允许参加由梅森主持的星期科学讨论会,法国科学院就是由这个讨论会发展起来的。

在小帕斯卡迅速地使自己成为一个几何学家的同时,老帕斯卡却由于他的诚实和一贯正直而使自己成为权贵们非常讨厌的人物。特别是在一桩关于强行征税的小事上，他不同意黎塞留红衣主教的看法。红衣主教发怒了；帕斯卡一家躲藏了起来，直到这场风波过去才露面。据说美丽而聪明的雅克利娜隐姓埋名参加了为黎塞留演出的一出戏，而且演得很出色，因而拯救了全家，使她的父亲重新博得了红衣主教的好感。黎塞留被这个可爱的年轻女演员迷住了，他询问她的名字，当得知她是他那个微不足道的敌人的女儿时，黎塞留非常大方地宽恕了帕斯卡全家，给她的父亲在鲁昂安排了一个行政职务。从现在所知道的那个狡猾的老阴谋家黎塞留红衣主教的情况来看，这个令人愉快的故事大概是个愚蠢的传说。不管怎么说，帕斯卡一家再次找到了工作，在鲁昂安顿了下来。帕斯卡在鲁昂遇见了悲剧作家高乃依(Gorneille)，这孩子的天才给高乃依留下了很深的印象。当时帕斯卡完全是个数学家，所以也许高乃依没有料到，他这位年轻的朋友要成为法国散文的伟大创造者之一。

在这期间，帕斯卡一直在不间断地学习。他在 16 岁以前（大约 1639 年）*，已经证明了整个几何领域中最美妙的定理之一。所幸的是，这个定理可以用任何人都能理解的术语描述出来。我们将在后面论及的一位 19 世纪的数学家西尔维斯特(Sylvester)，称帕斯卡的伟大定理为一种"挑绷子"游戏。我们首先说明这个一般定理的一个特殊形式，它可以只用直尺画出来。

记两条相交的直线为 l 和 l'。在 l 上任取三个互不相同的点 A、B、C，在 l' 上也任取三个互不相同的点 A'、B'、C'。把这些点用交叉的直线连起来，连接方式如下：A 和 B'，A' 和 B；B 和 C'，B' 和 C；C 和 A'，C' 和 A 相连。这些点对中的每一组联成的两条线交于一点。这样，我们得到了三个点。我

---

* 关于帕斯卡做出这一工作的时间，权威们看法不同，估计在 15 岁到 17 岁之间。1819 年版的帕斯卡著作中有一篇关于一些圆锥曲线命题的简短概要，但这并不是莱布尼茨见过的完整论文。

们正在叙述的帕斯卡定理的特别情形是说,这三个点在同一条直线上。

在给出这个定理的一般形式之前,我们谈谈另一个与其类似的结果,这个结果是德萨格(Desargues,1593—1662)得出的。如果连接两个三角形 XYZ 和 xyz 的相应顶点的三条直线交于一点,那么这两个三角形的对应边的交点落在一条直线上,这样,如果连接 X 和 x,Y 和 y,Z 和 z 的三条直线交于一点,那么 XY 和 xy,YZ 和 yz,ZX 和 zx 的交点就落在一条直线上。

在第 2 章中我们说过圆锥曲线是怎么回事。想象任意一条圆锥曲线,为明确起见,比如说一个椭圆。在它上面标出任意六个点,A,B,C,D,E,F,并按这个次序把它们连接起来。这样我们就有了一个内接于圆锥曲线的六边形,其中 AB 和 DE,BC 和 EF,CD 和 FA 是相对的边。这三对边的每一对的两条直线交于一点;三个交点落在一条直线上(见第 13 章的图)。这就是帕斯卡的定理;它提供的图形就是帕斯卡所说的"神秘的六边

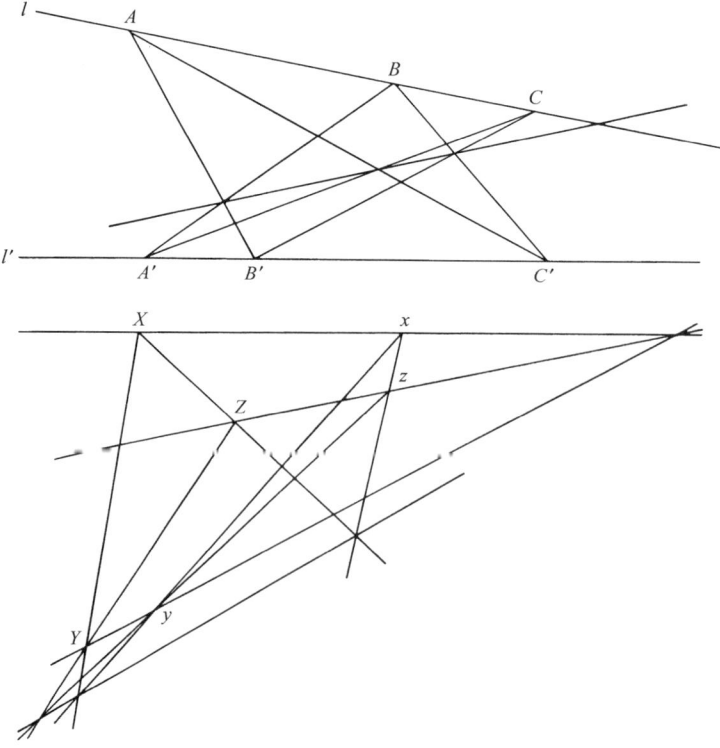

形"。他也许是先证明了这个定理对圆是成立的,然后通过投影证明对任意的圆锥曲线也成立。如果读者希望看到对于圆这个图形像个什么样子,只需要一把直尺和一个圆规就够了。

关于这个奇妙的命题,有几件令人吃惊的事,最重要的是,它是由一个16岁的孩子发现并证明的。再有,在这个有着非凡天赋的孩子基于他的伟大定理写的《关于圆锥曲线的短论》中,有不少于400个关于圆锥曲线的命题,包括阿波罗尼乌斯和其他一些人的工作,被系统地当做推论演绎了出来,方法是让6个点成对移动直到重合,使得弦成为切线,并采用了其他一些方法。完整的《短论》本身从未出版过,显然是无可挽回地丢失了,但是莱布尼茨看见并检查过它的一个抄本。此外,帕斯卡所做的**这种**工作从几何本质上说不同于希腊几何;它不是**度量的**几何,而是**画法几何**或**射影几何**。线段或角度的量值在定理的陈述中或证明中都无足轻重。这个定理本身就足以废除把数学作为"量"的科学的愚蠢定义,这个定义是从亚里士多德那里继承来的,并且有时仍在词典中出现。在帕斯卡的几何中没有"数量"。

为了了解定理中的**射影**意味着什么,想象从一个点发出的一个光锥,用一块平玻璃片从各个方向穿过这个光锥。玻璃片穿过光锥的图形的边界曲线就是一条**圆锥曲线**。如果就任意给定的位置把帕斯卡的"神秘的六边形"画在玻璃片上,并以另一块平的玻璃片穿过光锥,使得六边形的阴影落在它上面,那么**阴影就是另一个"神秘的六边形"**,它的对边交出的三个点在一条直线上,而该"三点线"的阴影就在原来的六边形上。那就是说,帕斯卡的定理在**圆锥投影下是恒定的**(不变的)。普通初等几何研究的图形的度量性质**不**在投影下不变;例如,直角的影子在第二片玻璃上的所有位置都不是直角。很明显,这类**射影**几何,或**画法**几何是自然适用于一些透视问题的几何之一。帕斯卡在证明他的定理时用到了射影的**方法**,但是德萨格在推导上面叙述过的关于"在透视位置的"两个三角形的结果时,已经用过这一方法。帕斯卡为这一伟大发明对德萨格大为赞赏。

所有这些辉煌的成就都是付出了很高代价后取得的。帕斯卡从17岁直到他39岁去世,几乎每天都在痛苦中度过。严重的消化不良在白天折磨着他,经常性的失眠使他在夜晚半睡半醒地做着噩梦。然而他仍不间断地工作。18岁时,他发明并制作了历史上第一台计算器——所有在我们自己这一代使成千上万的办事员失去工作的算术机器的祖先。我们将在后面看到这个巧妙的发明的归宿。5年以后,在1646年,帕斯卡经历了他的第一次"转变"。这个转变并不深刻,可能因为帕斯卡那时只有23岁,并且仍然沉浸在他的数学中。在这以前,这一家还是正派虔诚的;现在他们都好像有点精神失常了。

很难让一个现代人去重现那种强烈的宗教热情,这种热情曾使整个17世纪动荡不安,使家庭分裂,使各基督教国家和教派公开地互相攻击。在那个时代,所谓的宗教改革者中,有一个叫做科尼利厄斯·詹森(Cornelius Jansen, 1585—1638)的神气活现的荷兰人,当上了伊普尔的主教。他的教义的要点是必须"改宗",以此作为求得"赦免"的手段,这多少有点像今天某些仍然流行的教派的做法。不过,至少在不赞成的人看来,救世似乎只是詹森的抱负中次要的部分。他确信,上帝特别挑选了他在今世毁灭那些耶稣会会士们,使他们艰难困苦,死后永远沦入地狱。这就是他的号召,他的使命。他的信条既不是罗马天主教的,也不是新教的。虽然它比较倾向于后者。它的动人的精神首先是,最后是,并且始终是对那些反对其教义偏执性的人的狂热仇恨。现在(1646年),帕斯卡一家热烈地——尽管一开始并不是太热烈——信奉詹森教派的这个不可爱的信条了。这样一来,只有23岁的青年帕斯卡就开始从精神上慢慢死亡了。同一年,他的整个消化道变得更糟了,他受着时而出现的麻痹症的折磨。但他还没有在智力上死亡。

1648年，他在科学上的伟大在一个全新的方向再次闪现。帕斯卡继续进行托里拆利(Torricelli，1608—1647)关于大气压力的工作，他超过了托里拆利，并且证实他懂得托里拆利的老师伽利略向世界展示的科学方法。通过他提出的用气压计做实验，帕斯卡证明了现在每一个物理学的初学者都熟知的关于大气压力的事实。帕斯卡的姐姐吉尔贝特已经与佩里耶先生结婚。在帕斯卡的建议下，佩里耶把一个气压计带到奥弗涅的多姆山上，他注意到随着气压下降，水银柱下落了，从而完成了这一实验。稍后，当帕斯卡与他的妹妹雅克利娜迁到巴黎时，他自己重复了这一实验。

　　帕斯卡和雅克利娜回到巴黎不久，就与父亲重逢了，现在他们的父亲已重新得宠，担任了省评议员。不久，这一家接受了笛卡儿多少算是正式的拜访。笛卡儿与帕斯卡就很多东西进行了讨论，也包括气压计。这两个人之间几乎没有什么互相敬慕之心。举例来说，笛卡儿公开拒绝相信《关于圆锥曲线的短论》是一个16岁的孩子写的。另一件事是，笛卡儿怀疑帕斯卡从他那里窃去了气压计实验的想法，因为他曾在给梅森的信中讨论过该实验的可能性。而前面已经提到，帕斯卡从14岁起就一直在梅森神父那里参加星期讨论会。第三个双方互不喜欢的原因是他们的宗教信仰互不相容。笛卡儿终生从耶稣会会士们那里得到善意的对待，因而热爱他们；帕斯卡追随虔诚的詹森，仇恨耶稣会会士甚于魔鬼之仇恨圣水。最后，按照坦率的雅克利娜的说法，她的哥哥和笛卡儿两人彼此深深地互相嫉妒。这次拜访是很不成功的。

　　不过，好心的笛卡儿确实给了他的年轻朋友一些真正符合基督教精神的极好的忠告。他告诉帕斯卡学他的样子，每天在床上躺到11点；还给可怜的帕斯卡那可怜的胃指定了饮食：除去牛肉汁以外什么也不要吃。但是帕斯卡无视这个好意的忠告，也许因为它出自笛卡儿。在帕斯卡完全缺乏的其他东西中，有一样是幽默感。

雅克利娜现在开始对她哥哥的天才施加不好的影响——或好的影响，这全看怎么看了。1648年，雅克利娜在她23岁这个容易受影响的年龄，宣称她准备进巴黎附近的波尔瓦亚尔修道院去当修女，那里是詹森教派在法国的主要聚集处。她的父亲断然反对这个计划，她的努力受到阻挠。虔诚的雅克利娜便集中精力去影响她那走入歧途的哥哥。她怀疑他还没有彻底转变信仰，而他本来是应该能彻底转变的，显然她是对的。现在这一家又回到克莱蒙，在那儿住了两年。

在这两年过得很快的日子里，虽然妹妹雅克利娜焦急不安地劝告他，要把自己完全奉献给上帝，但是看来帕斯卡仅仅奉献了一半。就连他那难对付的胃也有好几个月遵守节制饮食。

据一些人说，帕斯卡在这个精神健全的阶段和其后的几年中，发现了酒和女人的注定的用途，另外一些人则坚决反对这种说法。他保持沉默。这些关于卑鄙的人类天性的谎言也许终究不过是一些谎言而已。因为帕斯卡死后，很快就成为基督教圣徒中的一员。任何试图发现他作为一个凡人的生活事实的努力，都被敌对的宗派镇静然而强硬地遏止了，这些宗派中的一个拼命要证明他是一个虔诚的狂热信徒，而另一个则要证明他是一个持怀疑态度的无神论者，但是双方都宣称帕斯卡是一个不属于尘世的圣人。

在这些危险的年月里，病态的、神圣的雅克利娜继续对她脆弱的哥哥施加影响。出自一种具有讽刺意义的美妙的怪念头，帕斯卡不久就转变了——这次是向好的方面转变——**他**注定要对他过分虔诚的妹妹转守为攻，把她赶进修道院，而她现在也许不那么想进修道院了。当然，这不是对所发生的事情的正统解释；但是除了这一派或另一派的——基督教的或无神论的——盲从分子以外，对任何人说来，这样记述帕斯卡和他未婚妹妹之间不健康的关系，要比传统认可的记述更为合理。

《思想录》的任何一个现代读者都一定会对一些这样或那样的东西感

到震惊,这些东西我们比较沉默寡言的祖先们或者完全没有注意到,或者他们更明智而宽容地忽略了。那些信件也揭露了大量应该郑重地埋藏起来的东西。帕斯卡在《思想录》中关于"欲望"的胡言乱语完全暴露了他,在看到他已婚的姐姐吉尔贝特自然地爱抚她的孩子们时,他极为激动,这个充分证明了的事实也完全暴露了他。

现代的心理学家们和有普通常识的古人一样,经常谈到性抑制与病态的宗教狂热之间高度的相互作用。帕斯卡受着这两方面的折磨,他的不朽的《思想录》是灿烂的,如果偶尔有一些语无伦次的话,那只是证明了他纯粹的生理上的怪癖。只要一个人能在他的全部天性告诉他去尽情作乐,而且有足够的人性让自己去作乐时,那他就可能随心所欲地去享受整个生活,而不会在一堆关于人的苦难与尊严的毫无意义的神秘主义和陈词滥调下扼杀他天性中较好的一半。

这个总是漂泊不定的家庭在1650年回到了巴黎。第二年父亲死了。帕斯卡抓住这个时机给吉尔贝特和她的丈夫写了一篇关于死亡的长长的说教。这封信大受称赞。我们没有必要在这里重述它的任何部分;希望自己评价此信的读者可以很容易地找到它。这封信对总该是敬爱的父亲的死亡,做了假装虔诚,实则却毫无心肝的说教,这种自命不凡的感情的迸发为什么还会激起人们对作者的赞美而不是对他的轻蔑,其原因就像这封信的一部分喋喋不休、令人作呕地谈论上帝的爱一样,是一个完全不可理解的谜。不过,关于文体没有什么可争论的,不管怎么说,那些喜欢像帕斯卡这封被人们广为引用的信这类东西的人,尽可以不受干扰地欣赏这一法国文学中自觉地自我暴露的杰作。

老帕斯卡之死的一个更实际的结果,是给帕斯卡提供了一个机会,做家产的管理人,回到与他的同胞的正常交往中。妹妹雅克利娜受到哥哥的鼓励,现在进了波尔瓦亚尔修道院,她的父亲再也不能反对她了。她对哥哥的灵魂的甜蜜关怀,现在又加进了在财产分配上的完全世俗的争吵这个佐料。

一年前(1650年)的一封信,揭露了帕斯卡虔诚性格的另一面,或许是出于他对笛卡儿的嫉妒。帕斯卡被瑞典的克里斯蒂娜的超群的光彩晃花了眼,他谦卑地请求把他的计算机器献在"世界上最伟大的女王"的脚下,他以浸透了蜂蜜和奶油的阿谀之词宣称这位女王在智力上犹如她在社会地位上一样出类拔萃,克里斯蒂娜怎么处置这台机器就不得而知了,她没有邀请帕斯卡去代替被她折腾死的笛卡儿。

最后,在1654年11月23日,帕斯卡真的转变了。根据一些记载,他过了3年放荡生活。最有权威的人士似乎一致认为这个传说没有什么道理,他的生活毕竟不是如此放荡的。他只是尽他可怜的力量去像正常人那样生活,从生活中得到一点比数学和宗教更多的东西。在他转变的那一天,他正驾驭着一辆4匹马拉的马车,马突然奔跑起来。领头的两匹马冲过了讷伊河桥边的栏杆,但是马车的挽绳断了,帕斯卡留在了路上。

对于像帕斯卡这样一个有着神秘气质的人,这次幸免于难是直接来自上天的警告,要他自己赶紧在道德的悬崖边勒马,而他这个病态的自我分析的牺牲品,想象自己正要掉下悬崖。他拿了一小张羊皮纸,在上面铭记了一些关于神秘的献身的模糊费解的感想。从此以后,他便贴胸带着它作为一个护身符,以保护他免受诱惑,并提醒他,是上帝的仁慈,把他这样一个不幸的罪人从地狱的入口处救了出来。从那以后,他只有一次失去了上帝的恩典(按照他自己的可怜又可笑的看法),虽然在他全部余生中,他始终无法摆脱他脚前的悬崖的幻觉。

雅克利娜来援助她的哥哥了,她现在准备进修道院当修女。部分由于他自己的原因,部分由于他妹妹的有说服力的恳求,帕斯卡避开尘世,住进了波尔瓦亚尔修道院,从此把他的天才完全埋葬在关于"人的伟大与不幸"的沉思之中。这时是1654年,帕斯卡31岁。不过,在永远摆脱肉体和灵魂之前,他已经完成了他对数学的最重要的贡献,这就是与费马一起,创造了概率的数学理论。为了不打断对他生平的叙述,我们将暂时推迟对这一理论的说明。

他在波尔瓦亚尔修道院的生活即便不像可能希望的那样精神健全,但至少是洁净的。安静而有规律的日常生活,对他时好时坏的健康很有好处。正是在波尔瓦亚尔期间,帕斯卡写出了著名的《致外省人书》,这部著作是帕斯卡为了帮助被指控为异端的詹森派著名人物阿尔诺(Arnauld)开释而写的。这些著名的信(共有18封,第一封在1656年1月23日发表)是辩论技巧的杰作,据说给了耶稣会会士以沉重的打击,该会再也没有从这个打击下完全恢复过来。不过,就像任何长眼睛的人都能客观地观察到的那样,耶稣会依然很活跃;所以人们可以不无道理地怀疑,《致外省人书》是否具有表示同情的批评家们所说的那种击中要害的效果。

尽管帕斯卡热忱地专注于有关他的得救和人的不幸的问题,他仍然能够做出极好的数学工作,虽然他认为一切科学研究都是应该避开的无益的事情,因为它们对灵魂有着有害的影响。不管怎样,他确实又一次失去了天恩,但是仅此一次。这次就是为了著名的摆线这件事。

这种美妙的均衡的曲线(它可以通过在一条平坦的车道上沿直线滚动的车轮圆周上一个固定点的运动描绘出来),似乎在1501年第一次出现在数学文献中,那时夏尔·布韦勒(Charles Bouvelles)在与化圆为方相关的问题中描述过它。伽利略和他的学生维维亚尼(Viviani)也研究过它,并解决了在任何点上作出该曲线的切线问题(当这个问题提交给费马时,他

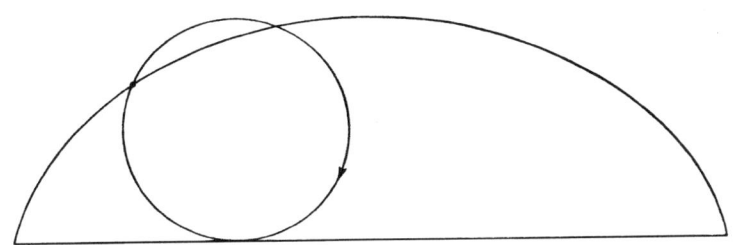

立刻就解决了它），伽利略提示它可以用于桥拱。自从钢筋混凝土广泛使用以来，经常可以在公路旱桥上看到摆线拱。由于力学原因（伽利略当时不知道），摆线拱在建筑上比其他方案优越。在研究过摆线的著名人物中有圣保罗大教堂的建筑师克里斯托弗·雷恩爵士（Sir Christopher Wren），他确定了曲线上任意弧的长度和它的重心，而惠更斯（Huygens, 1629—1695）出于机械方面的原因，把它引入摆钟的制造。在惠更斯的所有发现中，最美妙的发现之一就与摆线相关。他证明了摆线是**等时曲线**，就是说，放在朝下的摆线（翻转过来像一只碗那样）上**任何地方**的小珠子都会在重力的作用下，**在相等的时间内**向下滑到最低点。由于它美妙和精巧的奇特性质，以及它在好争吵的数学家中引起的无尽争论（这些数学家互相挑战，要解决与它相关的这个或那个问题），摆线被称为"几何学中的海伦"，这个说法来自希腊—特洛伊的美女海伦（Helen），据说只是她那美丽的容貌就使"一千艘战船下水"。

在折磨着可怜的帕斯卡的病痛中，还有顽固的失眠症和严重的牙病——在那个时代，牙科医术是由理发匠用坚硬的钳子和蛮力来实施的。在一个受着牙痛折磨，躺在床上不能入睡的夜晚（1658年），帕斯卡开始发疯地想着摆线，用这种办法来使自己忘却令人苦恼的疼痛。使他惊奇的是，他不久就注意到牙痛停止了。帕斯卡把这解释为上帝的暗示：他在想着摆线而不是他的灵魂时并不是在犯罪，于是他让自己继续想下去。一连8天，他全神贯注于摆线的几何学，并且成功地解决了与它相关的许多重要问题。他以阿莫斯·德东维尔（Amos Dettonville）的笔名发表了他的一些发现，作为对法国和英国数学家的挑战。帕斯卡对待他的对手们一向是严肃认真的，但在这个问题上不是那样。这是他数学能力的最后一次闪现，是他进波尔瓦亚尔修道院后对科学作出的唯一贡献。

同一年（1658年），他患了他整个痛苦的一生中最严重的病。像爆裂似的不断的头痛，现在剥夺了他的一切，他只能偶尔睡一小会儿。他忍受了4年的痛苦,过着更加清心寡欲的生活。1662年6月,他把他的房子让给了一家患天花的穷人,把这作为一种自我牺牲的举动,然后去和已婚的姐姐住在一起。1662年8月19日,他痛苦的一生在惊厥中结束,卒年39岁。

尸体解剖揭露了关于他的胃和要害器官的预料之中的结果;也暴露出大脑的严重损害。然而尽管有这一切,帕斯卡已经在数学和科学上做出了伟大的工作,并在文学史上留下了自己的名字,这个名字在将近3个世纪之后仍然受到尊敬。

也许除了"神秘的六边形"以外,帕斯卡在几何上做的美妙工作,要是他没有做的话,也都会有其他人做出来。这一点特别适用于关于摆线的研究。微积分发明之后,所有这些事情都变得无可比拟地简单了,并且很快就成了教科书中要求年轻学生们做的练习。但是在与费马一起创造的概率的数学理论中,帕斯卡开创了一个新的天地。看来很可能,帕斯卡在他作为作家的名声早已被人们遗忘以后,将会由于他的这个日益重要的伟大发现而为人们所铭记。《思想录》和《致外省人书》如果撇开其文学上的成就不谈,那么它们主要只是对迅速消失的那类头脑具有吸引力。反对或赞成一个特殊论点的那些论据,在一个现代人看来,不是微不足道的,就是缺乏说服力的,帕斯卡那样热情地专心研究的那些问题,现在似乎又奇怪又可笑。如果他讨论的关于人的伟大和不幸的问题,确实像那些热心家宣称的那样极其重要,而不仅仅是说得很玄妙而又不能解答的伪问题,那么看来陈腐的说教也不见得能解决它们。但是在他的概率理论中,帕斯卡说明并解决了一个真正的问题,就是把纯粹偶然事件的表面上的无规律性置于规律、秩序和规则的支配之下,今天这个巧妙的理论似乎是人类知识的根本,同样也是物理科学的基础,它的分支从量子理论直到认识论无所不在。

概率的数学理论的真正奠基人是帕斯卡和费马,他们在1654年间的一段极其有趣的通信中发展了这个学科的主要原理。这段通信现在可以很容易地在《费马著作集》[P·塔内里（P. Tannery）和C·昂利（C. Henry）编辑，第2卷，1904年]中找到。这些信表明帕斯卡和费马同等地参与了这个理论的创立。他们对问题的正确解答仅在细节上有所不同，在基本原理上则是一致的。在关于"点子"的某个问题中，帕斯卡对于单调冗长地枚举可能的情形感到厌烦，试图走捷径，结果犯了错误。费马指出了错误，帕斯卡承认了。这一系列通信中的第一封丢失了，但这次通信的原因已得到充分证实。

导致整个广阔理论的最初问题，是梅雷骑士（Chevalier de Méré）向帕斯卡提出的，这个人多少是个职业赌徒。所提出的问题就是"点子"的问题：两个赌徒（比如说，在掷骰子）中的每一个需要有一定数目的点子才能赢得一局；如果他们在一局结束以前离开赌场，他们应该如何分赌注呢？每一个赌徒的分数（点子的数目）是在离开的时候给出的，这个问题相当于决定每个赌徒在赌局的给定阶段赌赢的概率。假定赌徒们赢一个点子的机会均等，解答只需要有正确的常识；当我们寻找一个计算可能情形的方法而不用实际上计算它们的时候，概率的**数学**就登场了。例如，在一副普通的52张的牌中，一手拿到3张两点和不是两点的其他3张牌有多少种不同的可能性呢？或者，掷出10个骰子，有多少次能出现3个幺点，5个2点，2个6点呢？第3个同样无聊的问题是：把10粒珍珠、7粒红宝石、6粒绿宝石，以及8粒蓝宝石穿起来，如果每一类宝石都被当做是没有区别的，能够穿出多少种不同的手镯呢？

要找出做一件指定的事情有多少种方法，或找出能够发生一个完全指定的事件有多少种方法，这个办法属于人们称为**组合分析**的学科。它对概率论的应用是明显的。例如，假定我们要知道掷3个骰子，1次掷出2个幺点和1个2点的概率。如果我们知道3个骰子掷出方式的**全部**数目（$6 \times 6 \times 6$或216），也知道2个幺点和1个2点出现方式的数目（比如说n，

读者可以自己找出 n 是什么），那么所要求的概率是 $n/216$。（这里 n 是 3，所以概率是 $3/216$）。梅雷骑士安托万·贡博（Antoine Gombaud）挑起了这一切，帕斯卡认为他是一个很有头脑的人，但是没有数学头脑；而莱布尼茨似乎不喜欢放荡的舍瓦利耶，把他说成是一个具有洞察力的人，一个哲学家和赌徒——一种相当不寻常的组合。

与组合分析和概率论中的问题相联系，帕斯卡大量应用了算术三角形

$$
\begin{array}{c}
1 \\
1 \quad 1 \\
1 \quad 2 \quad 1 \\
1 \quad 3 \quad 3 \quad 1 \\
1 \quad 4 \quad 6 \quad 4 \quad 1 \\
1 \quad 5 \quad 10 \quad 10 \quad 5 \quad 1 \\
\cdots \quad \cdots \quad \cdots
\end{array}
$$

其中头两行以后的任一行中的数是由上面一行中的数得到的，即把上一行数中两端的1抄下来，再从左到右把相邻的数两两加在一起，就得到了下一行中的数；这样 $5=1+4$，$10=4+6$，$10=6+4$，$5=4+1$。第 n 行中 1 以后的数是从 n 个独立的东西中选出 1 个，2 个，3 个……的不同选择方法的数目。例如，10 是能够从 5 个不同的东西中选出不同的几对东西的数目。第 n 行中的数也就是 $(1+x)^n$ 按二项式定理展开的系数，这样，对于 $n=4$，$(1+x)^4=1+4x+6x^2+4x^3+x^4$ 就是如此。这个三角形还有许多其他有趣的性质。虽然在帕斯卡以前人们就知道它了，但是它通常用帕斯卡的名字命名*，因为他在概率论中独创性地应用了它。

这个起源于赌徒之争的理论，现在是许多事业的基础，我们认为这些事业比赌博重要得多，它们包括各种类型的保险业，数理统计及其对生物

---

* 在我国，这个三角形通常称为杨辉三角形，以我国南宋数学家杨辉的名字命名。——译者

和教育上的各种测量的应用,以及现代理论物理学中的许多分支。我们不再考虑在一个给定的瞬间电子所"在"的一个确定的位置,但是我们确实计算它在一个给定区域内的概率。稍加思索就会知道,甚至我们做出的最简单的测量(当我们试图精确地测量某样东西时),都是统计性质的。

这种极其有用的数学理论的卑微起源是很多理论的起源的典型例子:有些显然是微不足道的问题,最初的解答或许是出自无意的好奇心,结果导致了深奥的一般性原理。这些原理就像在量子理论中新的原子统计理论一样,可以使我们修正我们对物质世界的全部概念,或者就像把统计方法应用到智力测验和遗传学研究时所发生的那样,可以使我们修改我们关于"人的伟大与不幸"的传统信念。当然,不管是帕斯卡还是费马都没有预见到从他们这个不体面的婴儿中会得出什么结果。数学的整个结构是如此紧密地交织在一起,以致我们只要拆散和剔出任何一根碰巧不合乎我们个人爱好的线,就会冒毁坏整个图案的危险。

不过帕斯卡确实应用过一次概率(在《思想录》中),这个应用在他那个时代是非常实际的。这就是他著名的"赌注"。在赌博中的"期望"是奖金的价值乘以赢得奖金的概率。按照帕斯卡的看法,永恒幸福的价值是无限的。他论证说,即使通过虔诚的宗教生活来赢得永恒幸福的概率确实非常小,然而,由于希望是无限的(无限的**任何**有限的分解,仍然是无限的),仍旧值得人们去过这样的生活。不管怎么样,他自己服了这剂药,但是正像要表明他没有把瓶子也一起吞下去一样,他在《思想录》的另一个地方草草写下了这个彻底不可知论的疑问:"可能性是可能的吗?"就像他在另一个地方说的,"一味干这样的琐事是令人生厌的,但是有的时候就得做琐事。"帕斯卡的困难在于,他并不总是看得很清楚,什么时候(就像他在对上帝打赌中那样)他在做无意义的琐事,或者什么时候(就像在解决梅雷骑士的赌博难题那样)他正在做意义深远的事情。

第 6 章

在 海 边
牛顿

牛顿对自己的评价。一个未经证实的年轻天才。他那个时代的混乱。站在巨人的肩上。他的一次恋爱。在剑桥的日子。年轻的牛顿掌握了使愚人受苦的无用的事。大瘟疫,更大的福气。24岁(或不足)成为不朽。微积分。牛顿在纯数学上无与伦比,在自然哲学上至高无上。小虫子,大黄蜂和愤怒。《原理》。塞缪尔·佩皮斯和其他搬弄是非的人。历史上最无聊的虎头蛇尾。争吵,神学,年表,炼金术,政府职务,去世。

流数[微积分]方法是一把万能钥匙,现代数学家借助它揭开了几何学的秘密,因而也揭开了大自然的秘密。

——贝克莱主教(Bishop Berkeley)

我不作假设。

——艾萨克·牛顿

"我不知道世人怎样看我;可我自己认为,我好像只是一个在海边玩耍的孩子,不时为拾到比通常更光滑的石子或更美丽的贝壳而欢欣,而展现在我面前的是完全未被探明的真理之海。"

这些话是艾萨克·牛顿(Isaac Newton)在他长寿的一生行将结束时对

牛顿

自己的评价。然而,能够正确评价他的工作的后继者们几乎无一例外地指出,牛顿是人类有史以来最有才智的人——"他在智能上超过了全人类"。

牛顿出生于1642年圣诞节(按"旧历"计算),伽利略就死于这一年。他出自一个人口不多、家境中平的农场主家庭,居住在伍尔索普村的庄园里,距离英国林肯郡的格兰瑟姆大约8英里(约13千米)。他的父亲也叫艾萨克,37岁就去世了,死时他的儿子还没有出生。牛顿是一个早产儿。他出生时非常瘦小虚弱,以致两个到邻居那里为婴儿取"滋补品"的妇女,以为回来时会发现他已经死了。他母亲说他生下来的时候是那样瘦小,用一夸脱容量的杯子就能把他装下。

关于牛顿的祖先,没有什么足以使学遗传学的学生感兴趣的材料。他的父亲被邻居们描述成一个"任性、放肆而软弱的人";他的母亲汉娜·艾斯库(Hannah Ayscough)是一个节俭、勤劳而能干的女当家。在她丈夫死后,有人把她作为一个很不错的妻子介绍给一个老单身汉,说牛顿太太是一个"不寻常的好女人"。谨慎的单身汉是北威特姆附近教区的巴纳巴斯·史密斯(Barnabas Smith)牧师,由于这个推荐,他和这位寡妇结了婚。她成了史密斯太太,把3岁的儿子留给他的祖母照料。她第二次结婚生了3个孩子,这些孩子没有一个显示出突出的能力。牛顿从母亲第二次婚姻的财产和生父的遗产中,最终得到了大约每年80英镑的收入,这笔钱在17世纪当然比现在值钱得多。牛顿不是那些不得不安于贫困的大数学家中的一个。

牛顿幼年身体羸弱，被迫躲开同龄孩子们需要体力的游戏。他不能像普通孩子那样玩耍，就发明了自己的娱乐，在这些娱乐中，他的天才首次崭露出来。人们有时说，牛顿不是早慧的孩子。就数学而论这可能是对的，但是如果说在其他方面也对的话，那就得给早慧下一个新的定义了。牛顿作为对光的奥秘的探索者，显示出了无可比拟的实验才能，这种才能在他幼年时代独创性的娱乐活动中一定就已经很明显了。夜晚使轻信的村民受到惊吓的带着灯的风筝；完全由他自己做成的构造极好而且会工作的机械玩具——水车；把麦子磨成雪白的面粉的磨，这个磨有一张贪婪的嘴（几乎吞下了所有的利润），它既作为磨面机又作为动力；送给他许多小女伴的针线盒和玩具；图画；日晷；以及为他自己做的木头钟（可以走动）——这些就是这个"不早慧"的孩子制作的一些东西，他试图用这些东西把他的玩伴们的兴趣转向"更富于理性的"途径。除了这些过人才能的比较明显的证据以外，牛顿还博览群书，并且在笔记本上草草记下了各种各样神秘的方法和不同凡响的意见。如果把这样一个孩子看作仅仅是智力正常、身心健康的少年，就像他的乡村朋友们认为的那样，那就漏掉了上述明显的事实。

牛顿是在附近的免费乡村小学接受早期教育的。他的舅舅威廉·艾斯库（William Ayscough）牧师似乎是头一个看出他有些不寻常的人。艾斯库本人毕业于剑桥大学，在牛顿15岁时，艾斯库终于说服牛顿的母亲，把她的儿子送往剑桥大学读书，而不要把他留在身边。牛顿的母亲本来计划在丈夫死后回到伍尔索普时，让牛顿帮忙管理农庄。

不过，在这以前牛顿已经主动地采取了断然的行动。由于舅舅的劝告，他被送到格兰瑟姆的普通中学，上了二年级。在那里，他受到学校里一个小霸王的欺负。有一天，这个小霸王在牛顿的肚子上踢了一脚，使他身心极度痛苦。牛顿在一位男教师的鼓励下，向这个小霸王提出挑战，要公平地打一架，牛顿打败了他，并且为了最后表示羞辱对手，牛顿把这个懦夫的鼻子按在了教堂的墙上。直到这时候,年轻的牛顿对他的功课还不感兴趣,现在他开始证明他的头脑也像他的拳头一样好使了。他很快就上升为学校里最好的学生。校长和艾斯库舅舅认为他已经够资格去剑桥了,但是最后作出决定的一步是艾斯库发现他的外甥在篱笆下面读书,而他本应该在集市上帮助一位雇工做买卖。

牛顿在格兰瑟姆上中学和后来为进剑桥作准备的日子里,寄宿在乡村药剂师克拉克(Clarke)先生家里。牛顿在药剂师的顶楼上发现了一包旧书,他贪婪地读完了这些书。在这个家里,他常常看见克拉克前妻的女儿斯托里(Storey)小姐,牛顿爱上了她,并在1661年6月离开伍尔索普去剑桥以前与她订了婚,那时他19岁。虽然牛顿在他这第一个也是唯一的爱人活着的时候,始终对她怀着深厚的情意,但是离别和对工作的日渐专注,把这段爱情推到了幕后,牛顿终身未婚,斯托里小姐成了文森特(Vincent)太太。

在叙述牛顿在三一学院的学生生涯之前,我们先简短地回顾一下他那个时代的英国,以及这个年轻人继承下来的科学知识。那时,既顽固又偏执的苏格兰的斯图亚特家族(Stuarts),根据他们宣称上天赋予他们的神圣权力,已经统治了英格兰。其结果是显而易见的,人们憎恨对神圣权力的僭越;统治者极端的骄傲、愚蠢和无能引起了叛乱。牛顿在内战——政治和宗教的——气氛下长大成人,在这些战争中,清教徒和保皇党人同样靠大肆抢劫,使他们衣衫褴褛的军队保持战斗力。查理一世(Charles Ⅰ,生于1600年,1649年被处死)已经做了他力所能及的一切去压服国会,但是尽管他残忍地横征暴敛,尽管他的星法院通过高明地滥用法律和公理给他以有力支持,他也不是奥利弗·克伦威尔(Oliver Cromwell)率领下的坚忍不屈的清教徒们的对手,而接着又轮到克伦威尔向他的神圣事业的神圣正义发出呼吁,以支持他凌驾于国会之上的屠杀和凶残的进军。

所有这些野蛮的行径和可怕的虚伪,对年轻的牛顿的性格产生了一种极其有益的影响：他是怀着对暴政、狡诈和压迫的强烈仇恨成长起来的。当后来詹姆斯国王(King James)企图强行干涉大学事务时，这个数学家和自然哲学家无须学习就知道，对于自由受到威胁的人们来说，大无畏的勇气和团结一致的阵线乃是对无耻的政治家联盟最有效的防卫；他是通过观察和直觉认识到这一点的。

据说牛顿说过这样的话："如果我比其他人看得更远些，那是因为我站在巨人的肩上。"他确实是站在巨人的肩上。在这些巨人当中，最高大的有笛卡儿、开普勒和伽利略。从笛卡儿那里，牛顿继承了解析几何，他一开始曾发现解析几何很难懂；从开普勒那里，他继承了行星运动的三个基本定律，这些定律是经过22年大量的计算后由经验发现的；而从伽利略那里，他得到了成为他自己动力学奠基石的运动三定律中的头两个。但是砖头还不是大厦；牛顿是动力学和天体力学的建筑师。

由于开普勒的定律要在牛顿的万有引力定律的发展中起主导作用，我们先在这里叙述它们。

Ⅰ．**行星围绕太阳作椭圆运动，太阳位于这些椭圆的一个焦点上。**［如果S、S'是焦点，P是行星在轨道上的任意位置，那么$SP+S'P$总是等于椭圆的长轴AA'，见下图。］

Ⅱ．**连接太阳和行星的直线在相等的时间内扫过相等的面积。**

Ⅲ．**每个行星公转一周所需的时间的平方，与它到太阳的平均距离的立方成正比。**

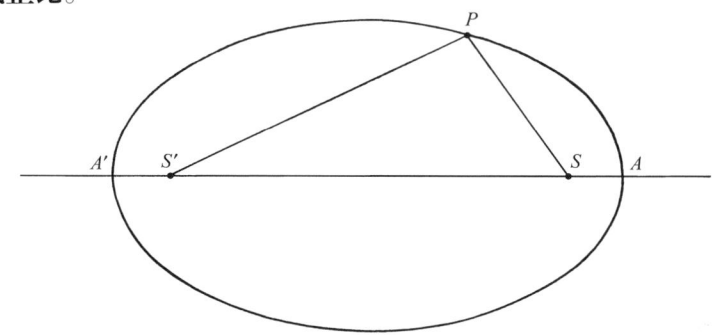

通过将微积分应用于牛顿的万有引力,这些定律用一到两页的篇幅即可证明。牛顿的万有引力定律是:

宇宙中任意两个质点互相吸引,引力与它们质量的乘积成正比,与它们距离的平方成反比。这样,如果 m、M 是两个质点的质量,d 是它们之间的距离(都以适当的单位度量),那么二者之间的引力就是 $\frac{k \times m \times M}{d^2}$,其中 k 是某个常数(通过适当选取质量和距离的单位,可以让 k 等于1,所以引力就简化为 $\frac{m \times M}{d^2}$)。

为完整起见,我们叙述牛顿的运动三定律。

Ⅰ. **每一个物体保持它原来的静止状态或匀速**[没有加速度]**直线运动状态不变,除非作用于它的力迫使它改变这种状态。**

Ⅱ. **动量**["质量乘以速度",质量和速度均以适当的单位度量]**的变化率与施加的力成正比,而且方向与力所作用的方向一致。**

Ⅲ. **作用力与反作用力**[如完全弹性的台球在无摩擦的桌子上的碰撞]**大小相等,方向相反**[一个球失去的动量被另一个球获得]。

所有这一切之中,对数学来说最重要的是说明第二运动定律的开头的那几个字:**变化率**。什么是"变化率",怎样衡量它呢?如前所述,动量是"质量乘以速度"。牛顿讨论的质量被假定为在运动中保持常量——不像现代物理中的电子和其他粒子,当它们的速度接近光速时,它们的质量将明显增加。这样,为了研究"动量的变化率",弄清楚**速度**就能满足牛顿的要求,而速度是位置的变化率。他对这个问题的解答——对研究以连续方式运动的质点的速度提供了切实可行的数学方法,不管这个质点的运动是多么不规律——使他掌握了揭开变化率及其度量的全部秘密的万能钥匙,这把钥匙就是**微分学**。

由变化率产生的一个类似的问题又使牛顿掌握了**积分学**。怎样计算一个速度每时每刻都在变化的运动的质点在给定的时间内跑过的全部距离呢？在回答这个问题或者其他一些类似的问题(有些是用几何术语描述的)时，牛顿发明了积分学。最后，牛顿把这两类问题联系起来考虑，作出了一个重大的发现：他看出微分学和积分学通过一个定理，密切而互反地联系在一起，这个定理今天称为"微积分学的基本定理"——我们将在适当的地方叙述它。

牛顿除了从前人那里继承的科学和数学知识以外，他还从他那个时代的精神中接受了另外两件礼物：对神学的热情和对炼金术奥秘的遏止不住的渴求。谁要是指责牛顿把他无比的智力用于这些现在看来根本不值得他认真对待的事情上，那就是在指责自己。因为在牛顿的时代，炼金术**就是**化学，人们还**没有**看出，在炼金术里实际上并没有多少东西——除了即将从它产生的东西，即现代化学；牛顿作为一个天生具有科学精神的人，恰恰是**通过实验**去探索炼金术士们的主张是怎么回事的。

至于神学，牛顿是无所不知的宇宙创造者的无可置疑的信徒，他也相信自己没有能力——像那个在海边的孩子一样——测量整个真理之海的全部深度。他因此相信不仅天上有、就是地上也有许多超出他的哲学以外的东西，于是他以亲自弄懂创世的传统说法为己任，而他那个时代大多数有知识的人都毫无争议地接受了这个传统说法(对他们来说，这个说法就像常识一样自然)。

因此，他把他认为真正严肃认真的努力，用于证明但以理(Daniel)*的预言和《启示录》的诗篇确有意义，用于旨在把《旧约圣经》的日期和历史上的日期协调一致的年代学的研究上。在牛顿的时代，神学仍然是科学的皇后，她有时用黄铜的权杖和铸铁的头脑统治着她那些难于驾驭的臣民。然而，牛顿确实允许他的理性科学影响他的信仰，以致他成为现在所

---

* 但以理，基督教《圣经》中希伯来的预言家。——译者

说的一神论者。

1661年6月，牛顿进了剑桥大学三一学院，他是一个半公费生——（在那个时代）通过做仆人的工作挣钱交学费的学生。牛顿在剑桥的那段时期，剑桥已经由于内战、1661年君主政体的复辟，以及大学方面对君主的庸庸碌碌的奉承，降低到了它作为教育机构的历史上的最低水平。然而，年轻的牛顿尽管开始很孤独，却很快发现了自己能胜任的工作，并专心致志于他的工作。

在数学上，牛顿的老师是艾萨克·巴罗博士（Dr. Isaac Barrow，1630—1677），他是一位神学家和数学家。关于巴罗有人这样说过，尽管他在数学上无疑是才华横溢、有独立创见，但他不幸只是预报牛顿这个太阳升起的晨星。巴罗很高兴地认识到比他更伟大的人已经出现了，在具有重要意义的时刻（1669年），他辞去了卢卡斯数学讲座的教授职位，让他这个无与伦比的学生接替他。巴罗的几何学讲座讲述的许多东西中，包括他自己的求面积和画曲线切线的方法——实质上分别是积分学和微分学的关键问题，毫无疑问这些讲座激励牛顿开始投入了他自己的工作。

关于牛顿大学生活的记录，贫乏得令人失望。他似乎没有给同学们留下很深的印象，他写回家的敷衍塞责的短信中，也没有什么让人感兴趣的东西。起初两年完全用在掌握初等数学上了。即便有牛顿作为发现者突然成熟起来的可靠记录，他的现代传记作者们似乎也没有谁找到过它。除去他在1664—1666年（21岁到23岁）这三年中奠定了他后来在科学和数学中全部工作的基础，以及不停地工作和熬夜使他病了一场以外，我们不知道任何确切的事情。牛顿对于他的发现守口如瓶的脾气，也是使得这个秘密埋藏得很深的一个原因。

在纯粹的人性方面，牛顿作为一个大学生是很正常的。偶尔他也轻松一下,在小饭馆的账本上记着他去吃过几次饭,他还打牌输了两次钱。1664年1月他获得了学士学位。

1664—1665年的黑死病(腹股沟淋巴结鼠疫),以及第二年黑死病程度较轻的再次流行,给牛顿提供了大好机会,虽然是强迫他接受的机会。大学关闭了,两年中的大部分时间,牛顿隐居在伍尔索普沉思。到那时为止,他还没有做出什么引人注目的事——只是由于过分刻苦地观察彗星和月晕而生了一场病——或者,如果他做了,那也是个秘密。在这两年中,他发明了流数(微积分)方法,发现了万有引力定律,通过实验证明了白光是由各种颜色的光合成的。所有这些都是他在25岁以前作出的。

一份注明日期为1665年5月20日的手稿表明,牛顿在23岁时已经充分发展了微积分的主要原理,能够用它找出任何连续曲线在任何给定点的切线和曲率。他称他的方法为"流数法"——出自"流动"或变量以及它们的"流率"或"增长率"。在这以前他发现了二项式定理,这是向完全发展微积分迈出的重要一步。

二项式定理推广了通过直接运算发现的如
$$(a+b)^2 = a^2 + 2ab + b^2,$$
$$(a+b)^3 = a^3 + 3a^2b + 3ab^2 + b^2,$$
等等的简单结果,即
$$(a+b)^n = a^n + \frac{n}{1}a^{n-1}b + \frac{n(n-1)}{1\times 2}a^{n-2}b^2$$
$$+ \frac{n(n-1)(n-2)}{1\times 2\times 3}a^{n-3}b^3 + \cdots,$$
其中的点表示级数按照已写出的项所示的规律不断地写下去;下一项是
$$\frac{n(n-1)(n-2)(n-3)}{1\times 2\times 3\times 4}a^{n-4}b^4.$$
如果n是正整数$1,2,3,\cdots$中的一个,级数恰恰在$n+1$项之后自动终止。

这是很容易用数学归纳法证明的（就像在中学代数中那样）。

但是如果 n 不是正整数，级数就不会终止，这个证明方法就不适用了。由于对 n 是分数或负数值（也对更一般的值）时二项式定理的证明，以及对 a、b 加以必要的限制的说明，在 19 世纪才出现，因此在这里我们只需要说明，牛顿在把这个定理推广到 n 的这些值时，对于他在工作中偶尔碰到的此类 a、b 的值，他满足于二项式定理是成立的。

如果全部现代的巧妙发挥都像 17 世纪那样被忽略了，那就很容易看出来，微积分最后是怎样被人们发明的。基本概念是**变量**、**函数和极限**，最后一个概念人们用了很长时间才澄清。

在数学研究的过程中能够取不同值的字母，比如说 S，就称为变量；例如，如果 S 表示落体到地面的高度，它就是一个变量。

函数这个词（或它的拉丁文同义词）似乎是莱布尼茨在 1694 年引入数学中的，这个概念现在统治着数学的大部分领域，而且在科学中是必不可少的了。自从莱布尼茨的时代以来，这个概念已经精确化了。如果 y 和 x 是这样联系在一起的两个变量，只要给 x 指定一个数值就决定了一个 y 的数值，那么 y 就称为 x 的（单值）函数，用符号表示，就写成 $y = f(x)$。

我们不想给**极限**下一个现代的定义，只满足于给出最简单的定义的例子，这个例子使得牛顿和莱布尼茨（特别是前者）的追随者们在讨论变化率时用了极限。对于微积分早期的发展者，变量和极限的概念是直观的；但对于我们，它们却是非常细致的概念，这个概念被关于数（既有有理数又有无理数）的性质的丛林般的、半玄学的神秘层层包围着。

设 y 是 x 的一个函数，比如说 $y = f(x)$。**y 相对于 x 的变化率**，或如人们说的，**y 相对于 x 的导数**，是如下定义的。给 x 一个增量，比如说 Δx（读做"x 的增量"），使 x 成为 $x + \Delta x$，而 $f(x)$，或 y，成为 $f(x + \Delta x)$。y 的相应增量 Δy，是 y 的**新值减去**原来的值；即 $\Delta y = f(x + \Delta x) - f(x)$。由于我们把变化率看作"平均"的直觉定义，我们可以取 y 的增量与 x 的增量相除的结果，也就

是 $\frac{\Delta y}{\Delta x}$，作为 y 相应于 x 的变化率的粗略近似。

但这显然是太粗糙了，由于 x 和 y 两者都变化，我们不能说这个平均值描述了对于 x 的**任何特定值**的变化率。因此，我们让增量 Δx **无限**减小，直到"在极限过程中"，Δx 趋近于零，并且在整个过程中注意"平均" $\frac{\Delta y}{\Delta x}$：$\Delta y$ 同样无限减小，最终趋近于零；但是 $\frac{\Delta y}{\Delta x}$ 不趋于零，因而不会给出无意义的记号 $\frac{0}{0}$，而是有一个确定的**极限值**，它就是所要求的 y 相应于 x 的变化率。

为了了解这个过程是怎样进行的，设 $f(x)$ 是特殊的一个函数 x^2，于是 $y = x^2$。按照上面的概述，我们先得到

$$\frac{\Delta y}{\Delta x} = \frac{(x + \Delta x)^2 - x^2}{\Delta x}$$

现在还没有取极限。做一些代数化简，我们得到

$$\frac{\Delta y}{\Delta x} = 2x + \Delta x$$

我们已经尽可能地做了代数化简，**现在**让 Δx 趋向于零，我们看到 $\frac{\Delta y}{\Delta x}$ 的极限值是 $2x$。更一般地，如果 $y = x^n$，用同样的方法，$\frac{\Delta y}{\Delta x}$ 的极限值是 $n x^{n-1}$，这可以借助于二项式定理来证明。

这样一个论述不会使今天的学生满意，但是对于微积分的创造者，比这还差的论证就足够好了，因此这样一个论述对我们来说也就足够了。如果 $y = f(x)$，那么 $\frac{\Delta y}{\Delta x}$ 的**极限值**（倘若这样一个值存在）称为 **y 对 x 的导数**，并用 $\frac{dy}{dx}$ 表示。用这个符号表示（主要）应归功于莱布尼茨，它是今天通用的符号；牛顿用了另一个不太方便的符号（$\dot{y}$）。

物理学中变化率的最简单的例子是速度与加速度，这是力学中的两

个基本概念。速度是**距离**("位置",或"空间")相对于**时间**的变化率,**加速度**是**速度**相对于**时间**的变化率。

如果 s 表示一个运动质点在时间 t 内通过的距离(假定距离是时间的函数),那么在时刻 t 的速度是 $\frac{\mathrm{d}s}{\mathrm{d}t}$,记这个速度为 v,我们就有相应的加速度 $\frac{\mathrm{d}v}{\mathrm{d}t}$。

这里引进了**变化率的变化率**的概念,或者二**阶导数**的概念,因为在加速运动中速度不是常量而是变量,因此它有变化率:加速度是距离的变化率的变化率(两个变化率都相对于时间);为了表示这个二**阶**变化率,或者"变化率的变化率",我们把加速度写成 $\frac{\mathrm{d}^2 s}{\mathrm{d}t^2}$。它本身又可以有一个相对于时间的变化率,这个三**阶**变化率写成 $\frac{\mathrm{d}^3 s}{\mathrm{d}t^3}$。对于四阶、五阶……变化率也是如此,即四阶、五阶……导数。微积分学应用于科学中,最重要的导数是一阶和二阶导数。

如果我们现在回头看看我们关于牛顿第二运动定律说过的话,并且与我们关于加速度说过的话相比较,我们就看出"力"与它产生的加速度成正比。有了这些概念,我们就能对一个绝不是无意义的问题"建立"**微分方程**——这个问题就是"有心力"的问题:一个质点被一个力吸向一个固定的点,力的方向总是通过该点。已知力为随距离 s 变化的某个函数,比如说 $F(s)$,此处 s 是质点在时间 t 距固定点 O 的距离,我们要求描述该质点的运动。稍加考虑就会得到

$$O \xleftarrow{\quad F(s) \quad} \quad\quad\quad\quad \overset{t}{\underset{s}{|}}$$

$$\frac{\mathrm{d}^2 s}{\mathrm{d}t^2} = -F(S),$$

取负号是因为引力减小了速度。这就是该问题的**微分方程**,所以这样称呼它是因为方程中包含了变化率(加速度),而变化率(或导数)是**微分**学研究的对象。

我们已经把这个问题转变成了微分方程,现在要求解这个方程,也就是说,找出 s 和 t 之间的关系,或者用数学的语言来说,找出 s 与 t 的函数关系。困难就从这里开始,把一个给定的物理状态,表示成没有哪一个数学家能解答的微分方程组,可能很容易。一般来说,物理中每一个重要的新问题,都导致需要创造新的数学分支来解决的微分方程类型。不过,如果像在牛顿的万有引力中那样,$F(s) = \dfrac{1}{s^2}$,那么上面那个特殊的方程就能够很容易地根据初等函数求出解答。我们不去为这个特殊的方程费脑筋,我们将考虑一个足以说明要点的简单得多的方程:
$$\frac{\mathrm{d}y}{\mathrm{d}x} = x。$$
我们有了 x 的一个函数 y,它的导数等于 x;要求的是把 y 作为 x 的函数表示出来。更一般地,我们以同样的方式考虑
$$\frac{\mathrm{d}y}{\mathrm{d}x} = f(x),$$
这要求的是,相对于 x 的导数(变化率)等于 $f(x)$ 的 (x 的) 函数 y 是什么?假定我们能找到所要的函数(或者假定这样一个函数存在),我们就称它为 $f(x)$ 的**反导数**,并将其记为 $\int f(x)\mathrm{d}x$ ——这样做的理由马上就会清楚。我们暂时只须注意到,$\int f(x)\mathrm{d}x$ 表示一个函数(如果它存在的话),**它的导数**等于 $f(x)$。

通过检验,我们知道上述第一个方程的解是 $\dfrac{1}{2}x^2 + c$,这里 c 是一个常数(不依赖于变量 x 的数);于是我们有 $\int x\mathrm{d}x = \dfrac{1}{2}x^2 + c$。

甚至这个简单的例子也可以说明,即便对看上去比较简单的函数 $f(x)$,计算 $\int f(x)\mathrm{d}x$ 的问题也可能超出了我们的能力。对于随意选择的 $f(x)$,并不总存在**用已知函数表示的"答案"**——出现这样一个机会的可能性,多半很小。当一个物理问题导致这样一种可怕情形时,人们便采用近

似的方法得到满足一定精确度的结果。

有了微积分中两个基本的概念，$\dfrac{dy}{dx}$ 和 $\int f(x)dx$，我们现在就能说明把它们联系在一起的**微积分学基本定理了**。为了简明起见，我们用图来说明，虽然在精确的叙述中，图是不必要的，也是不合乎要求的。

考虑一个连续的、不自相交的曲线，它在笛卡儿坐标中的方程是 $y = f(x)$。要求求出该曲线、x 轴和两条垂线 AA'，BB' 之间围成的面积，这两条垂直线从曲线上的两个点 A，B 画到 x 轴上，OA'，OB' 的距离分别是 a，b——即 A'，B' 的坐标是 $(a,0)$，$(b,0)$。我们按照阿基米德的做法进行，把所求的面积分成一些等宽的条，去掉这些条头上的小三角形（其中的一个在图中以阴影表示），把它们看作矩形，再把所有这些矩形的面积加起来，最后让矩形的数目无限增多，计算**这个和的极限**。这些都很好，但是我们怎样计算这个极限呢？答案肯定是数学家们所曾发现的最令人吃惊的结论之一。

首先求出 $\int f(x)dx$，比如说结果是 $F(x)$。把 a 和 b 代入 $F(x)$，得到 $F(a)$ 和 $F(b)$，然后从第二个中减去第一个，即 $F(b)-F(a)$。**这就是所求的面积**。

请注意，在给定曲线方程 $y = f(x)$ 后，曲线在点 (x,y) 的切线斜率（就像在费马那一章中看到的）$\dfrac{dy}{dx}$ 与相对于 x 的变化率等于 $f(x)$ 的函数 $\int f(x)dx$

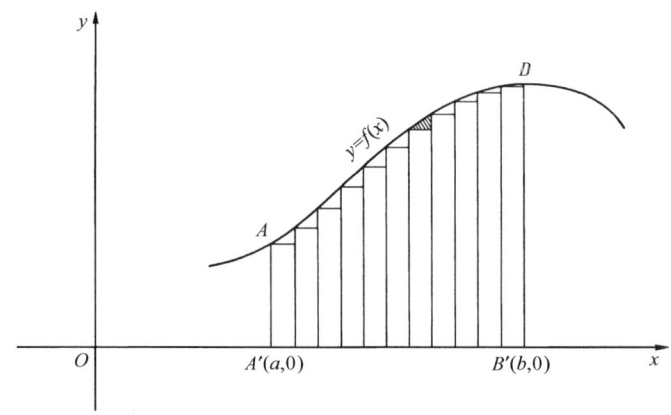

或 $F(x)$ 之间存在关系。我们刚刚说明所求的**面积**是由 $F(b)-F(a)$ 给出的,而这个面积是用阿基米德的方式描述的同种类型的**极限和**。这样我们已经把**斜率**(或者**导数**)与**极限和**(或者按照人们说的,**定积分**)联系在一起了。符号 $\int$ 是老式写法的 S,是 Summa[和]的第一个字母。

我们用符号把所有这些概括在一起,把问题中要求的面积写成 $\int_a^b f(x)\mathrm{d}x$;a 为和的**下限**,b 为**上限**;则

$$\int_a^b f(x)\mathrm{d}x = F(b) - F(a)$$

其中 $F(b)$、$F(a)$ 由计算"**不定积分**" $\int f(x)\mathrm{d}x$[即找出函数 $F(x)$,使其相对于 x 的导数 $\dfrac{\mathrm{d}F(x)}{\mathrm{d}x}$ 等于 $f(x)$]的值得出。这就是微积分学的基本定理,就是它(以几何形式)呈现在牛顿面前,也独立地呈现在莱布尼茨面前的形式。为谨慎起见,我们再次重复,我们没有考虑现代论述中所要求的众多精心设置的条件。

就像先驱者们认为的,可以用两个简单然而重要的问题结束微积分学主要概念的这段概述。到此为止,我们只考虑了一个变量的函数。但是自然界还向我们提出了有几个变量的函数,甚至还有无穷多个变量的函数。

举一个很简单的例子,气体的体积 V 是气体的温度 T 和施加在气体上的压力 P 的函数;比如说 $V = F(T,P)$——函数 F 的实际形式无须在这里给出。T、P 变化时,V 也变化。但是假定 T、P 中**只有一个**变化,而另一个保持不变;那么实质上就回到**一个**变量的函数,而 $F(T,P)$ 相对于这个变量的导数就能计算出来。如果 T 变化而让 P 保持不变,$F(T,P)$ 相对于 T 的导数就称为(相对于 T 的)偏导数,为了指出 P 保持不变,对这种偏导数采用不同的符号 ∂,$\dfrac{\partial F(T,P)}{\partial T}$。类似地,如果 P 变化而让 T 保持不变,我们得到 $\dfrac{\partial F(T,P)}{\partial P}$。完全像在通常的二阶、三阶……导数的情形那样,我们

也有对于偏导数的同样类比；这样，$\dfrac{\partial^2 F(T,P)}{\partial T^2}$表示$\dfrac{\partial F(T,P)}{\partial T}$相对于$T$的偏导数。

大多数重要的数理物理方程是**偏微分**方程。一个著名的例子是拉普拉斯方程，或者"连续性方程"，它出现在牛顿引力理论、电磁理论、流体运动理论和其他地方，这个方程是

$$\frac{\partial^2 u}{\partial x^2}+\frac{\partial^2 u}{\partial y^2}+\frac{\partial^2 u}{\partial z^2}=0。$$

在流体运动中，这是"理想"流体（无涡流流体）能量无损耗这一事实的数学表述。在这里导出这个方程是不适宜的，但是陈述一下它意味着什么，可以使它看上去不那么神秘。如果流体中没有涡流，那么流体中任何一个质点平行于x、y、z轴的三个速度分量，可以由**同一个**函数u的偏导数

$$-\frac{\partial u}{\partial x},\ -\frac{\partial u}{\partial y},\ -\frac{\partial u}{\partial z}$$

计算出来，u由运动的特殊类型决定。把上面的事实与下述显然的陈述结合起来，即如果流体是不可压缩且无黏性的，那么每秒钟流出任意小体积的流体就应该与流入它的流体一样多；并且注意到每秒钟流过任意小面积的流量等于流体的速率乘以面积；我们看出（把这些论点结合起来，并且计算总的流入量和总的流出量）拉普拉斯方程或多或少是老生常谈。

关于这个方程和其他一些数理物理方程，真正令人吃惊的是，物理的老生常谈在碰到数学推理时，就会提供意想不到的信息。这些信息绝对不是陈词滥调。后面几章中提到的某些"预见"的物理现象就是产生于这种经过数学处理的平凡事物中。

不过，在这类问题中产生了两个非常现实的困难。第一个与物理学家有关，他必须知道他的问题可以怎样简化而又不至于面目全非，从而使他能完全从数学上说明他的问题。第二个与数学家有关，这一点把我们

带到了一个非常重要的问题——我们在微积分学的这段概述中最后提到的问题,那所谓的**边值问题**。

科学并不是把像拉普拉斯方程那样的方程扔在数学家面前,要求他去寻找**一般的**解答。科学所要求的(通常)是更难得到的东西:一个特解,它不仅要满足方程,而且**还得满足**依赖于所要求解的特殊问题的**一些辅助条件**。

这一点可以用热传导中的一个问题来阐明。对于导体中热的"运动",有一个与流体运动的拉普拉斯方程类似的**一般**方程(傅里叶方程)。假定我们要求找出在一个圆柱形的杆中温度的最终分布,圆柱杆两端的温度保持为某一常数,而曲面上的温度为另一个常数;这里"最终"的意思是,杆的所有点处于"稳定状态"——温度不再进一步改变。这个解必须不仅满足**一般**方程,还得适合**曲面温度**,或者**边界条件**。

后一个要求是更难达到的。圆柱杆的问题与截面为方形的杆的相应问题全然不同。**边值问题**理论解决的问题是,使微分方程的解适合给定的边界条件。这个理论主要是在过去80年中创立的。在某种意义上,数理物理学是与边值问题的理论一起发展起来的。

牛顿的第二个伟大的灵感是他的万有引力定律(前面已经提到过),这是1666年他在伍尔索普发现的,那时他是一个二十二三岁的青年。在这一点上,我们不去重复苹果掉下来的故事。为了区别于千篇一律的传统解释,我们在讲到高斯时,将给出高斯对这个传说的看法。

大多数权威都一致认为,牛顿为了看看他的万有引力定律是否能解释开普勒定律,他在1666年(那时他23岁)确实做了一些粗略的计算。许多年以后(在1684年),当哈雷(Halley)问牛顿什么样的引力定律能够解释行星的椭圆轨道时,牛顿立刻回答是平方反比律。

"你怎么知道的呢?"哈雷问道——他是受到雷恩爵士和其他一些人

的敦促提出这个问题的,因为关于这个问题的一场大辩论已经在伦敦进行了一些时候。

"噢,我计算过它。"牛顿回答。在尝试重新演算(他找不到原稿了)时,牛顿犯了一个错误,因而认为自己弄错了,但这时他发现了自己的错误,核实了原来的计算。

牛顿的万有引力定律推迟了20年才发表,对于这个由于不精确的数据造成的不应有的延迟,有很多种说法。在3种解释中,我们在这里介绍一种不如另外两种富于浪漫色彩,然而却更有数学味的解释。

牛顿推迟发表的主要原因是,他无法解决积分中的一个特定问题,这个问题正如在牛顿定律中表示的那样,是整个万有引力理论的关键。在他能够解释苹果和月球的运动之前,牛顿不得不先求出均匀的实心球体对球外质点的吸引力。因为球上的**每一个**质点吸引球外质点的力与两个质点的质量乘积成正比,与它们之间距离的平方成反比。这些分离的吸引力(数目有无穷多个)是怎样结合成或加成一个合引力的呢?

这显然是一个积分问题。今天人们把它作为一个例子写进教科书,年轻学生们用20分钟或更少的时间就能解答它。然而,它困惑了牛顿20年。当然,他最后解决了它:引力与球的整个质量集中在它中心**那一点**上的情形相同。这样,这个问题就变成求位于给定距离的两个质点之间的吸引力了,牛顿定律提供了这个问题的直接解答。如果这就是延迟20年的正确解释,那么我们由此就可以多少了解到,从牛顿时代起,历代数学家们付出了多么巨大的劳动去发展并简化微积分,使它达到了每个16岁的普通孩子都能有效地使用它的程度。

虽然我们对牛顿的兴趣主要集中在他作为数学家的伟大上,但是我们不能在1666年就停下来,抛下他和他的未成熟的杰作。如果这样做,我们就无从认识他的伟大。所以下面我们将继续概述他的其他活动,但(由于篇幅所限)对任何一项都不详述。

牛顿回到剑桥后,在1667年当选为三一学院的研究员;在1669年,他26岁时,接替巴罗任卢卡斯数学讲座的教授。他最初的演讲是关于光学的,在这些演讲中,他详细地解释了自己的发现并且概述了他的光的微粒理论,根据这种理论,光是微粒的辐射,而不是像惠更斯和胡克(Hooke)断言的波动现象。虽然两种理论似乎是矛盾的,但是今天两者在有关光的现象方面都是有用的,并且在纯粹数学的意义上可以说,它们在现代量子理论中统一了起来。因此,现在就不能再像几年前那样说,牛顿在他的微粒理论中完全错了。

接下来的一年,1668年,牛顿自己动手制作了一台反射式望远镜,并且用它来观察木星的卫星。他的目的无疑是要通过观察木星的卫星来看看,万有引力是否真正是普遍规律。这一年也是微积分学历史上值得纪念的一年。墨卡托(Mercator)利用无穷级数计算了与双曲线有关的面积,这引起了牛顿的注意。墨卡托使用的方法实际上与牛顿的方法是相同的,那时牛顿还没有公开他的方法,因此,这时他就把它写了出来,交给了巴罗博士,并且允许在一些较好的数学家中传阅。

1672年牛顿被选入皇家学会,为此他提交了关于望远镜的工作和光的微粒学说。一个包括爱争吵的胡克在内的三人委员会,被指定就牛顿关于光学的工作提出报告。胡克滥用他作为推荐人的权威,抓住这个机会宣传波动理论和他自己,对牛顿的理论进行嘲笑。一开始,牛顿对于批评持冷静的科学态度,但是当数学家吕卡(Lucas)和物理学家利努斯(Linus)也加入了胡克的行列,添加进一些很快就从说理变成吹毛求疵甚至愚蠢的暗示和反对意见时,牛顿渐渐失去了耐心。

任何人读了牛顿在他这第一次恼人的争论中的通信,都会相信牛顿并非天性遮遮掩掩、小心翼翼地维护他的发现。他那些信件的语气是逐渐改变的,从热衷于澄清其他人发现的困难,变为对科学家竟然会把科学领域当做私人争吵的战场而感到困惑。他很快从这种不知所措,变得满腹怨气,觉得受到了伤害,他有点孩子气地下定决心,将来不再同他们打交道。他简直无法坦然忍受这些心怀恶意的傻瓜。

最后,在1676年11月18日的一封信中,他说:"我知道我已经把自己变成了哲学的奴隶,但是如果我能摆脱吕卡先生,那么除去我为了自己私人的兴趣或留待身后发表的东西,我将坚决地永远告别哲学;因为我看出,一个人必须要么下决心不再做出什么新东西,要么变成一个奴隶去保护它。"高斯关于非欧几何也发出过几乎同样的感慨。

牛顿受批评时的坏脾气和他对于无益的论战的恼怒,在《原理》出版后再次爆发。他在1688年6月20日写给哈雷的信中说:"哲学[科学]是一位如此傲慢的好诉讼的夫人,一个男人只要同她相处,就会被卷入诉讼。我早就发现了这一点,现在我不再靠近她了,但是她给我以警告。"数学、动力学和弹性力学事实上不是——我们也得承认——牛顿的主要兴趣所在。他的心思是在炼金术以及关于年代学和神学的研究上。

只是由于一种内在的力量在驱使他,他才把注意力转向数学的再创造。早在1679年,他37岁时(但也是他把他的主要发现和发明牢固地禁闭在他的头脑里或书桌上的时候),他写信给纠缠不休的胡克:"在过去的几年里,我一直竭力使自己从哲学转向其他研究,因此除了在闲暇时刻有时出于消遣以外,我已经长久不在那方面花费时间了。"有时他在这些"消遣"上所花的心思比花在他的正式工作上的还要多,他由于夜以继日地思考月球的运动而大病了一场,他说,月球运动的问题是唯一曾经使他头痛的问题。

牛顿脾气暴躁的另一面在1673年春天表现了出来,那时他写信给奥尔登伯格(Oldenberg),要放弃他在皇家学会的会员资格。对这个使性子的举动有各种各样的解释,牛顿以经济困难和他距离伦敦太远作为理由。奥尔登伯格按照这个怒气冲冲的数学家的字面意思理解他的话,告诉他，按照章程他可以保持他的会员资格而不必交费。这使牛顿恢复了理智，他撤回了辞呈，同时平息了怒气，不过牛顿仍然认为他会被人催逼。但是，他的经济状况不久就好转了，他感觉好一些了。这里不妨指出，在关于钱的问题上，牛顿可不是漫不经心的人，他非常精明，死的时候算是他那个时代的富翁了。但是尽管他精明而节俭，他用钱也很大方，并且随时准备尽可能不唐突地帮助有困难的朋友。他对年轻人特别慷慨。

1684—1686年的这几年标志着整个人类思想史上的一个伟大时代。在哈雷巧妙耐心的诱哄下，牛顿最终同意写出他在天文学和动力学方面的发现，以供发表。也许从来没有哪一个人像牛顿撰写他的《自然哲学的数学原理》（以下简称《原理》）时那样艰苦、那样执着地思考了。牛顿从来不注意他的身体健康，在他埋头构思他的杰作时，他似乎忘了他还有一个需要食物和睡眠的躯体。他忽略或忘记了吃饭，从小憩中醒来，他会穿了一半衣服在床边一坐几个小时，在他那数学的迷宫中遨游。1686年，《原理》被提交给皇家学会，1687年哈雷出资出版了它。

在这里叙述《原理》的内容是不可能的，但是我们可以简单地展示它所包含的无穷尽的宝藏中的很小一部分。赋予整部作品以生命力的是牛顿的动力学、他的万有引力定律，以及两者之应用于太阳系——"宇宙体系"。虽然微积分已经从综合的几何证明中消失，但是牛顿（在一封信里）说，他用了微积分去**发现**他的结果，并在这样做了之后，着手把微积分提供的证明再变成几何形式，从而使他的同代人可以更容易地抓住主要的论题——天体的动力和谐。

首先，牛顿从他自己的万有引力定律中推导出开普勒的经验定律，他指出怎样计算太阳的质量，以及怎样决定拥有一个卫星的行星的质量。其次，他首创了极其重要的**摄动**理论：例如，月球不仅被地球吸引，而且也被太阳吸引。因此，月球的轨道就会被太阳的引力摄动。用这种方法，牛顿详细解释了两个古代观测结果，这些结果是依巴谷（Hipparchus）和托勒玫（Ptolemy）得出的。我们自己这一代人已经看到了现在应用于电子轨道，特别是氦原子中的电子轨道时高度发展了的摄动理论。除了这些古代的观测结果，从万有引力定律中还推导出了由第谷·布拉赫（Tycho Brahe, 1546—1601）、弗拉姆斯蒂德（Flamsteed, 1646—1719）以及其他人观测到的关于月球运动的另外7种不规则性。

关于月球摄动理论就说这么多，同样的方法也适用于行星。牛顿开创了行星的摄动理论，这一理论在19世纪导致了海王星的发现，在20世纪导致了冥王星的发现。

"无规律"的彗星——迷信的人仍把它看作来自发怒天神的警告——也作为太阳系家族中无害的一员，被非常精确地置于万有引力定律的框架中，以致我们现在能算出并且迎接它们的缓慢回归（除非木星或其他外星球过分地扰动了它们），就像我们在1910年所做的那样，那时美丽的哈雷彗星在离开了74年*后，按照预计的时间准时回来了。

他通过（用他的动力学和万有引力定律）计算地球由于周日运动在极点变得平坦的程度，开始了行星演化的广泛而仍不完整的研究，他证明了行星的形状决定它的日长，所以如果我们准确地知道了金星在极点处的平坦程度，我们就能知道它绕着连接两极的轴完整地自转一周要多长时间。他计算了随纬度不同而异的重量的变化。他证明了两个同心球面所构成的均匀球壳，对它里面任何地方的小物体都不施加力。上述最后一点在静电学中非常重要——在小说领域中也很重要，在那里它被当做有趣的幻想主题。

月球和太阳对地球上赤道隆起的吸引力，使得我们这个行星像陀螺一样摇晃，这一点非常美妙地说明了岁差。神秘的潮汐也自然地归入这个壮丽的体系——月球和太阳引起的潮汐都被计算过了，从观察到的大

---

* 原文如此。哈雷彗星通常是每隔75—76年回归一次。——译者

潮和小潮的高度,推出了月球的质量。《原理》的第一卷奠定了动力学原理;第二卷包括在有阻尼的介质中物体的运动和流体运动;第三卷是著名的"世界体系"。

也许没有其他的自然定律像《原理》中的牛顿万有引力定律那样,把这样多的自然现象如此简单地统一了起来。牛顿的同代人是值得称赞的,他们至少模模糊糊地看出了牛顿做的这些事情的重要意义,虽然其中仅有少数几个人能够领会牛顿的推理,由于这些推理取得了统一的惊人的奇迹而使得《原理》的作者成为一个受人崇拜的人物。没过多少年,牛顿体系就在剑桥(1699年)和牛津(1704年)的课堂上讲授了。与此同时,法国却沉睡了半个世纪,仍然在笛卡儿神秘的漩涡中打转。但是不久,神秘主义就让位于理性,牛顿发现他最伟大的后继者不是在英国,而是在法国,在那里,拉普拉斯担负起了继续和完善《原理》的任务。

《原理》之后的其他事情就平淡无奇了。虽然月球理论继续使牛顿苦恼和"高兴",但他暂时厌倦了"哲学",期望有机会转向天文学当时这个内容少一点的领域。詹姆斯二世是个固执的苏格兰人和偏执的天主教徒,他决心要强迫大学不顾学术权威们的反对,授予一个本笃会教派的教徒以硕士学位。牛顿是1687年去伦敦出席高级法院大学诉讼案的代表之一,高级法院的首席法官是那个高高在上却粗鄙下流的法学家、大法官乔治·杰弗里斯(George Jeffreys)——他在历史上以"无耻的杰弗里斯"著称。杰弗里斯以其惯用的方式辱骂了代表们的领袖,命令其余代表离开,不要再犯罪。牛顿明显地不动声色。像杰弗里斯这样待在狗窝里的人,回答他的问题没有什么用。但是当其他人要在不光彩的妥协方案上签名时,正是牛顿使他们坚强了起来,他阻止他们签名。他胜利了;什么有价值的东西也没有失去——连荣誉也没有失去。他后来写道:"有法律在我们这一边,在这些事情上,真正的勇气能护卫一切。"

剑桥大学显然很欣赏牛顿的勇气，因此在1689年1月，他被推选代表大学当上了非常国会的议员，那时詹姆斯二世已经逃离英国，奥兰治的威廉(William of Orange)和他的玛丽(Mary)上台，忠实于詹姆斯二世的杰弗里斯则躲进下贱的地方，以逃脱暴民对他的公正惩罚。牛顿一直待在国会里，直到1690年2月国会解散为止。值得赞扬的是他从来没有在那里发过言，但是他忠于职守，他并不反对政治活动；他的外交手腕在使骚动的剑桥大学忠于不错的国王和王后方面起了很大作用。

牛顿对伦敦的"现实生活"的趣味，表明他在科学方面的没落。包括著名的《人类理解论》的作者、哲学家约翰·洛克(John Locke)在内有影响的和爱管闲事的朋友们使牛顿相信，他没有得到应得的荣誉。盎格鲁－撒克逊种族最愚蠢的一点，就是盲目相信政府的办公室或管理位置是给有才智的人的最高荣誉。英国人最后(1699年)让牛顿当上了造币局局长，以改革和监督王国的币制。《原理》的作者的这次"升迁"实在是乏味至极，只有戴维·布鲁斯特爵士(Sir David Brewster)感到的喜悦超过了这次升迁，戴维·布鲁斯特爵士在他的《牛顿传》(1860年出版)中，描写了牛顿的天才由于这次升迁得到了英国人民的"很有价值的赏识"。当然，如果牛顿真的想要这类东西，那没有什么可说的；他已经千百倍地获得了做他想做的任何事情的权力。但是他那些爱管闲事的朋友没有必要怂恿他去孜孜以求。

事情并不是一下子就发生的。三一学院的研究员、牛顿的朋友查尔斯·蒙塔古(Charles Montagu)[后来的哈利法克斯伯爵(Earl of Halifax)]，开始为给牛顿谋求一些"相称"的赏识牵线。他是受到永远在奔忙和搬弄是非的、臭名昭著的日记作家塞缪尔·佩皮斯(Samuel Pepys)的支持和怂恿，以及洛克和牛顿本人的鼓动才这样做的。

协商显然并不总是进行得很顺利，牛顿有些多疑的性格使他认为他的一些朋友正在要弄他——他们可能是在这样干。他在写作《原理》的那

18个月中缺乏的睡眠和食不甘味开始报复他了。1692年秋天(他差不多50岁,应该是在他最好的时光),牛顿生了一场重病。他厌恶所有的饮食,差不多完全不能睡眠,不时发作的癫狂使他的情况更加严重,他处在非常接近于精神全面崩溃的状态。1693年9月16日,他康复后写给洛克的一封哀伤的信,表明他曾经病得多么厉害。

先生:

由于认为你力图使我卷入女人的纠纷并用其他方法使我陷于纷扰之中*,我深受影响,以致当一个人告诉我你病了,活不长了时,我回答说,你死了更好。我请求你宽恕我这样无情。因为我现在满意地知道你所做的都是公正的,我请求你原谅,我不该为此把你想得那么坏,不该说你冲击道德的根基,这个根基原是你在你充满智慧的书中陈述的,并打算在另一本书中继续发挥的原则。我不该把你说成是霍布斯理论的追随者。我也为说过或想过有一个要骗我接受一项职务、或使我卷入纠纷的阴谋,而请你原谅。

你最谦卑最不幸的仆人

艾萨克·牛顿

牛顿生病的消息传到了欧洲大陆,在那里,这个消息自然被大大地夸大了。他的朋友们,其中包括一个要成为他最厉害的对手的朋友,为他的康复而十分高兴。莱布尼茨写信给一个熟人,表示他为牛顿恢复正常而感到满意。但是就在牛顿康复的这一年(1693年),他第一次听说微积分在欧洲大陆广为传播,并且人们普遍把它归功于莱布尼茨。

在《原理》出版以后的10年里,牛顿差不多平均地把时间用在炼金术、神学以及对于多多少少不自觉的和令人头痛的探索月球理论的焦虑上。

---

* 曾经有过流言蜚语,说牛顿喜爱的侄女用她的魅力去促进牛顿的升迁。

这时，牛顿和莱布尼茨仍然很要好。他们各自的"朋友们"对于全部数学，特别是微积分学，就像卡菲尔人*一样无知，还没有打算唆使两个人去为互相指责对方剽窃微积分的发明、甚至更恶劣的不诚实的行为而争吵，这场争吵是数学史上关于优先权的最可耻的纠纷。牛顿承认莱布尼茨的功绩，莱布尼茨也承认牛顿的功绩，在他们交往的这个和平的阶段，两个人都从未怀疑过对方会从自己这里偷去关于微积分的哪怕一丁点儿的想法。

后来，在1712年，甚至大街上的行人——一点儿不知道事实真相的热心的爱国者——都模模糊糊地了解到牛顿作出了一些惊人的数学发现（也许，就像莱布尼茨说的，比他以前的全部历史上曾经作出过的还要多），这时谁发明了微积分学的问题就成了一件引起尖锐的民族妒忌的事情，所有受过教育的英国人都在他们的多少有些手足无措的得胜者背后团结了起来，狂叫着他的竞争者是个贼和撒谎的家伙。

开始不怪牛顿，也不怪莱布尼茨。但是不久，当英国人争功好胜的天性开始表现出来的时候，牛顿默许了这种可耻的攻击，他本人也提出或者同意了极不正当的、令人生疑的策划，不惜任何代价——甚至不惜牺牲国家荣誉——去赢得国际冠军称号。莱布尼茨和他的支持者们也同样这样干。这件事情的全部结果是，顽固的英国人在牛顿死后的整整一个世纪中，实际上在数学上衰败了，更进步的瑞士人和法国人则追随莱布尼茨，并发展了他那书写微积分的绝妙方式，他们完善了微积分，使它成为简单而容易应用的研究工具，而牛顿的直接后继者们本来是应该能得到这一荣誉的。

1696年，牛顿54岁时，当了造币局的副局长。他的工作是改革币制。由于完成了这项工作，他在1699年被提升为造币局局长。数学家们从长期以来最有才能的人的这次降格中得到的唯一的满足是，它驳斥了

---

* 卡菲尔人是南非讲班图语的部分民族。——译者

数学家缺乏实际头脑的愚蠢迷信,牛顿是造币局曾经有过的最好的局长。他很认真地对待他的工作。

在1701—1702年,牛顿再次代表剑桥大学出席国会,1703年他当选为皇家学会的主席,他后来一再当选这一可敬的职位,直到1727年逝世。1705年他被好心的安妮女王(Queen Anne)封为爵士,这项荣誉也许是为了褒奖他作为兑换商的功劳,而不是表彰他在智慧殿堂中的卓越功绩。事情就像应该的那样:如果对一个变节的政治家的奖赏是"在他的外衣上别一条绶带",那么当一个有才华的、正直的人的名字出现在国王生日那天受褒奖的名单上时,他为什么要感到受恭维呢? 可以慷慨地把恺撒的东西还给恺撒,但是当一个科学人物,**作为**一个科学人物,而从皇家的餐桌上捡点儿残汤剩饭时,他就与在财主的筵席上舔乞丐的烂疮的饥饿的癞皮狗为伍了*。人们希望牛顿正是由于为货币兑换商效劳,而不是因为他的科学成就被封为爵士的。

牛顿的数学天才熄灭了吗? 绝对没有。他仍然能与阿基米德匹敌。然而,那位更明智的希腊老人,尽管出身贵族——幸好他从不注意一直拥有的地位的荣誉,但直到他漫长一生的最后时刻,他的数学能力仍像他年轻时那样强大。要是没有不可预防的疫病和贫穷这些意外,数学家们是智力上长寿的人;他们的创造力比诗人、画家,甚至一般科学家的创造力长数十年。牛顿在智力上仍像他过去那样强健有力。要是他那些好管闲事的朋友不打扰他的话,他可能会很容易地创造出作为物理和数学探索工具的,仅次于微积分的变分法,而不会把它留给伯努利家族(Bernoullis)、欧拉(Euler)和拉格朗日去开创。牛顿在《原理》中已经给了一点关于变分法的暗示,那时他确定了以最小阻力穿越流体的旋转曲面的形状。他有能力制定出整个方法的大纲。帕斯卡在为了更模糊但更令人满意的天国而抛弃这个世界时仍然是一个数学家,同样,当牛顿离开他在剑桥的研究

---

* 见《圣经》路加福音16:19—21。——译者

工作,走进更给人以深刻印象的造币局密室时,他仍然是一个数学家。

1696年,约翰·伯努利(Johann Bernoulli)和莱布尼茨两人之间提出了对欧洲数学家的两个严重的挑战。第一个到目前仍然是重要的;第二个与第一个就不是同一级别的了。假定在一个竖直的平面上有两个任意固定的点,一个质点在重力作用下用**最少时间**从上面的点(无摩擦地)滑落到下面的点,它所经过的曲线是什么形状呢?这就是 brachistochrone(="最短时间")问题。这个问题困扰了欧洲数学家6个月之后,又被重新提出,牛顿在1696年1月29日第一次听说这个问题,那是他的一个朋友告诉他的。那天他在造币局工作了一整天,刚刚筋疲力尽地回到家里。晚饭以后,他就解决了这个问题(也解决了第二个问题)。第二天他把解答匿名寄给了皇家学会。但是,尽管他非常谨慎,他也无法隐瞒自己的身份——他在造币局期间,数学家和科学家们一直努力引诱他进入有科学意义的讨论,牛顿对此很生气。当伯努利看到这个解答时,他立刻喊道:"噢!我从他的利爪认出了这头狮子。"(这不是伯努利的拉丁语原话的精确翻译。)他们看到牛顿的解答时都认出了他,即使他头上有个钱袋,也没有说出他的名字。

牛顿的活力的第二个证明是在1716年他74岁时出现的。莱布尼茨鲁莽地提出一个在他看来是困难的问题*,作为对欧洲数学家,特别是针对牛顿的挑战。牛顿在一天下午的5点钟接到了这个挑战,那时他也是刚刚筋疲力尽地从该死的造币局回来。当天晚上他又解决了这个问题。这一次莱布尼茨多少有些乐观,本以为他已经使这头狮子落入了陷坑。牛顿能够在顷刻之间把全部智力集中在困难的问题上,这种能力,在整个数学史上没有人能超过他(也许与他对等的人也没有)。

一个人在他的一生中得到了大量荣誉的故事,对他的后继者来说没

---

* 这个问题(用现代术语讲),是要求找出单参数曲线族的正交轨线。

有什么好读的。牛顿得到了值得一个人在世时得到的一切。总的说来，牛顿的一生就像任何伟人曾经有过的那样幸运。他的健康状况直到他生命的最后几年一直非常好；他从来不戴眼镜，一生只掉过一颗牙齿。他的头发在30岁时就花白了，但直到他死时仍然又厚又软。

  关于他最后日子的记载，更富于人性，更令人感动。甚至牛顿也不能逃脱痛苦，在他一生的最后两三年里，他经受了几乎是不间断的痛苦，他对待痛苦的勇气和忍耐力，给他作为人的冠冕上增加了另一顶桂冠。他毫不畏缩地忍受着结石病的痛苦，尽管汗如雨下，仍然对那些服侍他的人说着同情的话。感谢上苍，终于他被"一阵不停的咳嗽"弄得异常虚弱，最后，在减轻了痛苦几天以后，他在1727年3月20日凌晨1点到2点之间，在睡梦中安然长逝，卒年85岁。他被安葬在威斯敏斯特教堂。

第 7 章

样样皆通的大师

莱布尼茨

两项极大的贡献,一个政治家的后代。15岁的天才。被法律引诱。"普适符号"。符号推理。出卖给野心。一个老练的外交家。外交就是外交,这位大师的外交业绩留待史学家去评述。狡猾的人成为史学家,政治家成为数学家。实用伦理观。上帝的存在。乐观主义。毫无意义的40年。像块破布似的被抛弃。

我有如此多的想法,以至于如果有一天,比我更有洞察力的人深入地研究这些想法,并把他们卓越的才智与我的劳动结合起来,那么它们也许迟早会有些用处。

——G·W·莱布尼茨

"样样皆通,样样稀松。"这句谚语就像其他的民俗谚语一样,也有它引人注目的例外。戈特弗里德·威廉·莱布尼茨(Gottfried Wilhelm Leibniz,1646—1716)就是这样的一例。

数学只是莱布尼茨显示他炫目的天才的众多领域之一,法律、宗教、政治、历史、文学、逻辑、玄学和思辨哲学都得益于他的贡献,这些领域中的任何一个都享有他的盛名,都保持着对他的怀念。"通才"毫不夸张地适用于莱布尼茨,却不适用于他在数学方面的竞争者、在自然哲学上无可比拟的优胜者牛顿。

甚至在数学上,把数学推理应用到物理世界的现象上时,莱布尼茨的普适性也与牛顿的不偏不倚形成了截然相反的对照:牛顿认为在数学上只有一个东西是绝对重要的,莱布尼茨则认为有两个。其中,第一个是微积分学,第二个是组合分析。微积分学是**连续**的自然语言,而组合分析对于**离散**(见第1章)就像微积分对于连续。在组合分析中,我们碰到的是单个东西的集合,它们中的每一个都有自己的特性,而且要求我们在最一般的情况下,叙述在这些完全互异的个体之间存在的关系(如果有关系的话)。这里我们不是着眼于被消除了相似性的数学总体,而是着眼于个体之间,**作为个体**,可能有的不管什么样的共同之处——显然不会很多。事实上,看来我们能够**组合地**去说的一切,最终似乎都归结为:用不同的方式去数这些个体,并通过比较得出结果。这个显然是抽象的、似乎没什么意义的过程,竟然会导致重要结果的出现。这简直像个奇迹,但它是事实。莱布尼茨是这个领域中的先驱,他是首先认识到逻辑——"思维的规律"——的结构就是组合分析的学者之一。在我们自己的时代,这整个论题正在被算术化。

莱布尼茨

在牛顿看来,他那个时代的数学精神有确定的形式和内容。在经过卡瓦利(Cavalieri,1598—1647)、费马(1601—1665)、沃利斯(Wallis,1616—1703)、巴罗(1630—1677)和其他人的工作之后,微积分学不久就会不可避免地成为一门独立的学科。犹如一个结晶体在临界瞬间被扔进饱和溶液一样,牛顿凝结了他那个时代的悬而未决的思想,微积分成型了。任何第一流的头脑都很可能同样起到结晶体的作用。莱布尼茨是那个时代的另一个具有第一流头脑的人,他同样使微积分成型。但他不只是一个表述他那个时代精神的代理人——在数学上,牛顿也不只是一位代理人。莱布尼茨在"普适符号"的理想中,超越他的时代两个多世纪,这当然是仅就数学和逻辑学而言的。就目前的历史研究所表明的来看,莱布尼茨第二个伟大的数学理想乃是独一无二的。

莱布尼茨集数学思想的两个宽广的、对立的领域(分析和组合,或连续和离散)中的最高能力于一身,这是前无古人后无来者的。他是数学史上唯一一个在思维的这两个方面都具有最高能力的人。他的组合方面反映在他的德国后继者们的工作中,这些工作当时大多数并不足道,只是到了20世纪,当怀特海和罗素继19世纪布尔(Boole)之后的工作,部分实现了莱布尼茨的普适符号推理的理想时,对于一切数学和科学思想最重要的数学的组合方面,才成为像莱布尼茨预先肯定的那样重要。今天,随着莱布尼茨的组合方法在符号逻辑及其外延中的发展,它对于由莱布尼茨和牛顿肇始并发展到具有目前复杂度的分析,就像分析本身一样重要;因为就目前所能看到的,符号方法提供了澄清数学分析中自芝诺以来就侵扰着其基础的悖论和矛盾的唯一希望。

在提到费马和帕斯卡关于概率的数学理论的工作时,就已经提到过组合分析了。不过,这只是莱布尼茨想到并向它(如将要出现的)迈出第一大步的"普适符号"中的一个细节。但是微积分的发展和应用,对18世纪的数学家们有着不可抗拒的吸引力,而莱布尼茨的规划直到19世纪40年代才受到认真的对待。此后,除了几个没有跟着流行数学走的人之外,它又再次被人们忽略了。直到1910年另一部《原理》,即怀特海和罗素的《数学原理》发起符号推理的现代运动之后,它才又得到认真的对待。

自1910年以来,这个规划已经成为现代数学的主要兴趣之一。从狭义上讲，组合分析（如帕斯卡、费马和他们的后继者们应用的那样）首先出现在概率论中；不久以前，概率论又以一种奇怪的"无穷反复"出现在莱布尼茨对概率的基本概念作出重大修正的规划中，部分来自新的量子力学的经验表明，对概率论的这种修正是必要的；今天，概率论正在成为符号逻辑——莱布尼茨的广义的"组合论"——领域中的一部分。

前一章已经提到过莱布尼茨在微积分学的创造中所起的作用，也提到了这个作用引起的灾难性的争论。在牛顿和莱布尼茨逝世并入土（牛顿被安葬在威斯敏斯特教堂，那是受到整个讲英语民族尊敬的圣地；莱布尼茨被葬在一个无名墓地，只有挥动铁锹的工人和他自己的秘书听到泥土落在棺木上的声音，他被自己的人民冷冷地抛在了一边）之后的很长时间内，牛顿获得了所有的荣誉——或耻辱，至少在讲英语的地方是如此。

莱布尼茨本人没有仔细推敲他的使一切严格推理都归于符号技术的伟大规划。这件事现在也没有做到。但是他确实全都想到了，他确实做了一个重要的开端。然而为了赚得毫无价值的荣誉和超出他所需要的金钱，而把自己囚禁于那个时代的王公贵族们身边，他那多方面的才能，以及他生命的最后几年中与人筋疲力尽的争吵，所有这一切都妨碍他完整地创造出像牛顿的《原理》那样的杰作。简单总结一下莱布尼茨取得的成绩，以及他的各种各样的活动和他无休止的好奇心，我们就会看到我们熟悉的悲剧：不止一个第一流的数学天才因此被挫败，过早地枯萎。在这些天才中，牛顿追求完全不值得他垂青的公众追捧；高斯因为需要得到智力不如他的人的注意而被引诱离开了更伟大的工作。在所有伟大的数学家中，只有阿基米德从来没有动摇过。只有他出生在其他人极力想跻身其中的社会阶层；牛顿想跻身于上层社会的努力是粗鲁而直接的；高斯是间接地、无疑是下意识地寻求已经获得名声和公认的社会地位的人们的认可，尽管他自己是最单纯不过的人。所以最终可以就贵族地位说点什么了：由于与生俱来的或由于其他的社会差别而拥有的贵族地位，正是这样一个东西,它把自身的无价值传授给它幸运的所有者。

莱布尼茨的情况是,他贪图从贵族雇主那里得到钱财,因而虚掷了他的才智;他总是在想理清半皇家私生子的家系(他们的后代付给他慷慨的酬劳),用他的无可比拟的法律知识,来证实他们对贵族权益的合法要求,那是他们的粗心的祖先们忘了私下留给他们的。但是比他对金钱的渴望更不幸的是他无所不能的天才,要是他能活1000年而不是短短的70年的话,这种天才是什么都能做到的。这种天才毁了他。正如高斯指责他的那样,莱布尼茨把他研究数学的伟大天才,浪费在各种各样的学科中了,没有人能指望在所有这些学科中都是最杰出的,而按照高斯的看法,莱布尼茨只是在数学上拥有最高的才智。但是为什么要责备他呢?他就是他那个样子,不管愿意不愿意,他不得不认命。正是他那才华横溢的天赋,使他能够做阿基米德、牛顿和高斯做不出的梦——"普适符号"。其他人可能实现这个梦想,而莱布尼茨的作用在于他梦想到了它的可能性。

可以说莱布尼茨不止活了一生,而是活了好几世。他作为一个外交官、历史学家、哲学家和数学家,在每一个领域中都完成了足够一个普通人干一辈子的事情。他大约比牛顿年轻4岁,1646年7月1日出生在莱比锡,与牛顿85岁的一生相比,他只活了70岁,1716年11月14日在汉诺威辞世。他的父亲是一位伦理学教授,出自一个三代为萨克森政府服务的名门世家。这样,年轻的莱布尼茨就在一个充满政治气氛的学术环境中度过了他的幼年。

他6岁失去了父亲,但在这以前他已经从父亲那里传承了对历史的爱好。虽然莱布尼茨在莱比锡上学,但他主要是靠不断地阅读父亲的藏书自学。8岁时他开始学习拉丁文,12岁时就掌握了它,能够准确地用拉丁文写诗。学了拉丁文,他又继续学习希腊文,这种语言他主要也是靠自己的努力去学习的。

在这个阶段,他的智力发展与笛卡儿的智力发展相似:对古典语文的学习已不再能满足他,他转向了逻辑学。那时他只是一个不足15岁的孩子,却尝试着改革由古典学者、经院哲学家和基督教神父们提出的逻辑学,从他这种努力中发展出了他的**普适符号语言**(Characteristica Universalis)或**普适数学**的最初萌芽,正如库蒂拉(Couturat)、罗素和其他一些人指出的,这是通向他的思辨哲学的线索。由布尔在1847—1854年发明的符号逻辑(将在后面的一章中讨论)只是莱布尼茨称为**推理算法**的**符号语言**的一部分。后面我们要引用他自己对普适符号语言的描述。

莱布尼茨15岁时进了莱比锡大学学习法律,不过法律并没有占去他的全部时间。在头两年,他广泛阅读哲学著作,第一次知道了现代哲学家们,或者"自然"哲学家们,如开普勒、伽利略和笛卡儿所发现的新世界。莱布尼茨了解到,只有熟悉数学的人,才能懂得这个比较新的哲学。于是他便在耶拿大学度过1663年的夏天,在那里听了埃哈德·魏格尔(Erhard Weigel)的数学讲座,魏格尔是一个在当地颇有名望的人,但很难算得上是一个数学家。

莱布尼茨回到莱比锡以后,把精力集中在法律上。到1666年20岁时,他已经为取得法律博士学位作了充分准备。我们回想起来,正是在这一年,牛顿开始在伍尔索普乡居,这使他创立了微积分学和万有引力定律。莱比锡大学的教师们由于嫉妒而恼怒,拒绝授予莱布尼茨博士学位,公开的理由是他太年轻,实际原因是他知道的法律知识比他们这些迟钝的家伙所知道的加在一起还要多。

在这以前的1663年,当他17岁时,就以极其优秀的论文取得了学士学位,这篇论文预示了他成熟的哲学的一个基本原则。我们不占用篇幅来讨论它,但是需要提及的是,莱布尼茨论文的一个可能的说明是"作为整体的机体"的原则。一个进步的生物学家学派和另一个进步的心理学家学派,发现这个原则在我们自己的时代是非常有吸引力的。

莱布尼茨厌恶莱比锡的教师们的偏狭,于是永远地离开了家乡,前往纽伦堡。1666年11月5日,在纽伦堡的阿尔特多夫大学分校,由于他关于讲授法律的新方法(历史方法)的论文,他不仅立刻被授予博士学位,而且被请求接受该大学的法学教授职位。但是,就像笛卡儿因为知道他这一生要干些什么,拒绝了陆军中将的头衔一样,莱布尼茨也拒绝了这个职位。他说自己有全然不同的抱负,但他没有透露这些抱负是什么。看来它们不大可能就是给公子哥儿们当高级讼棍,可是命运不久就把他踢进了这一行当。莱布尼茨的悲剧在于,他在遇到科学家之前先遇到了律师。

他的关于讲授法律和打算重新编辑法典的论文,是在从莱比锡到纽伦堡的旅途中写出来的。这说明了贯穿莱布尼茨一生的一个特点:他具有在任何时候、任何地点、任何条件下工作的能力。他不停地读着、写着、思考着。他的大部分数学著作,更不用说其他关于今生来世的一切事物的令人惊奇的作品,都是在既颠簸又四处透风的破马车里写出来的。当他在他的雇主反复无常地吩咐下东奔西跑时,就是这样的破马车载着他在17世纪欧洲的崎岖小路上奔波。所有这些不停的活动的收获,是像一个小小的干草堆那样大的一堆用各种尺寸、各种质量的纸张写出来的手稿,这些手稿从来没有被彻底整理过,更不用说出版了。今天,它们的绝大部分成捆地躺在皇家汉诺威图书馆里,等待一支学者大军以耐心的劳动去筛选出有价值的东西。

如果说一个人的脑子能够容得下莱布尼茨写到纸上的全部思想(不管是发表的还是未发表的),这似乎是难以置信的。作为颅相学家和解剖学家感兴趣的一个项目,据说(我不知道是否可靠),有人把莱布尼茨的颅骨挖出来,测量之后发现它明显地比正常成人的颅骨小。这可能有些什么道理,因为我们很多人都见过一些十足的白痴,在他们像汤罐那样大的脑袋上凸出着显贵的前额。

1666年对牛顿来说是创造奇迹的一年,对莱布尼茨也是伟大的一年。在他称之为"中学生随笔"的《论组合的技巧》中,这个20岁的年轻人立志要创造出"一个一般的方法,在这个方法中所有推理的法则都要简化为一种计算。同时,这会成为一种普适的语言或文字,且与迄今为止设想出来的那些全然不同;因为它里面的符号甚至词汇要指导推理;而错误,除去那些事实上的错误,只会是计算上的错误。形成或者发明这种语言或者符号会是非常困难的,但是不借助任何词典,也能很容易懂得它"。在后来的一次描述中,他满怀信心地(也是乐观地)估计了实行他的计划所需要的时间:"我想经过挑选的几个人能够在**五年内**完成这件事。"直到晚年,莱布尼茨还在后悔别的事情过多地分散了他的精力,使他没有实现他的想法。他说,要是他自己更年轻一些,或者有几个称职的助手,他仍然能够实现它——一个在势利、贪婪和阴谋诡计中虚掷了光阴的天才惯用的托辞。

稍稍预测一下,就可以说莱布尼茨的梦想在他同时代的数学和科学人士看来,只不过是一个梦,只能作为一个在其他方面心智健全、具有广泛天赋的天才固执的念头,被有礼貌地忽视了。在1679年9月8日的一封信中,莱布尼茨(专门讲到几何,但也讲到一般的推理)告诉惠更斯,有一种"完全不同于代数的新符号语言,它对于把依赖于想象的一切,精确而自然地在脑子里再现(不用图形)有很大好处"。

这样一种直接的、用符号处理几何的方法,是赫尔曼·格拉斯曼(Hermann Grassmann,他推广了哈密顿有关代数的工作)在19世纪发明的。莱布尼茨继续讨论这个规划中固有的困难,不久就强调,他认为它比笛卡儿的解析几何优越:

> 但是它的主要效用在于能够通过记号[符号]的运算完成结论和推理,这些记号不经过非常精细的推敲或使用大量的点和线,就无法用图形(甚至用模型)表示出来,而过多数目的点和线会把它们混淆起来,因而又不得不做无穷多个无用的试验;与此

相反，这个方法会确切而简单地导向[所需要的结果]。我相信力学差不多可以像几何学一样用这种方法去处理。

莱布尼茨的普适符号的这一部分现在称为符号逻辑，他做出的这部分确切的东西中，我们可以举出逻辑加法、逻辑乘法、否定、等式、零类以及类的包含之类东西的主要性质的公式表示。至于一些术语的意义以及对逻辑代数的公设之解释，我们可以参考后面关于布尔那一章的内容。所有这些都半途而废了。要是当莱布尼茨把它们四处乱抛的时候，就有能干的人把它们拾起来，而不用推迟到19世纪40年代，那么数学史可能就与现在完全不同了。不过变得太快还不如不变。

莱布尼茨在20岁做完他的普适符号语言之梦，不久他转向了更为实际的事务，成了一家公司的法律顾问和为美因茨选帝侯服务的受到称赞的推销员。莱布尼茨在深深陷进多少有些污浊的政治之前，在梦想的世界中最后沉浸了一下，他和出没于纽伦堡的罗希克鲁斯会员们一起，在炼金术上花了几个月的时间。

正是他关于讲授法律的新方法的论文毁了他。这篇论文受到了选帝侯的一个心腹的注意，他怂恿莱布尼茨把它印出来，以便呈交一份给威严的选帝侯。莱布尼茨照做了，在一次面晤以后，他被指定去修订法典。不久，他被委以各种各样微妙而暧昧的重任。他成了一个第一流的外交官，他总是为人和气，光明正大，但是从来都不会谨小慎微，甚至在梦中也是如此。那个叫做"力量均势"的不稳定的方案，至少部分是出自他的天才。莱布尼茨关于为征服和开化埃及而进行一场圣战的伟大梦想，尽管纯粹是一种玩世不恭的杰作，但甚至在今天也是难以超越的。当拿破仑（Napoleon）发现莱布尼茨这个宏伟的梦想抢在了他的行动之前时，他感到非常懊恼。

一直到1672年，莱布尼茨对他那个时代的现代数学几乎还是一无所知。当时他26岁,在惠更斯指导下开始了真正的数学教育。他是在两个外交阴谋之间的空余中,在巴黎碰到惠更斯的。虽然惠更斯(1629—1695)主要是个物理学家,他的一些最好的工作是关于钟表学和光的波动学说的,但他也是一个很有才能的数学家。惠更斯送给莱布尼茨一份自己关于钟摆的数学著作。莱布尼茨被数学方法在行家手里产生的力量迷住了,他请求惠更斯给他上课。惠更斯看出莱布尼茨具有第一流的头脑,高兴地答应了。那时莱布尼茨已经用他自己的方法——普适符号的各种形态——作出了一系列的发明。其中有一个是远比帕斯卡的机器优越的计算机器,帕斯卡的计算机器只能做加法和减法;莱布尼茨的计算机器除加减法外,还能做乘法、除法和开方。在惠更斯这位专家的指导下,莱布尼茨很快进入了角色。他是一个天生的数学家。

课程在1673年1月到3月之间中断了,那一段时间莱布尼茨作为选帝侯的随员去了伦敦。在伦敦期间,莱布尼茨见到了英国数学家,给他们看了一些他自己的著作,得知它们已为人所知。他的英国朋友们告诉他墨卡托的求双曲线面积的方法——引导牛顿发明微积分学的线索之一。这使莱布尼茨知道了无穷级数的方法,他接着研究了无穷级数。可以在这里给出他的一个发现[有时候被归功于苏格兰数学家詹姆斯·格雷果里(James Gregory,1638—1675)]:如果π是圆的周长与直径之比,那么级数

$$\frac{\pi}{4} = 1 - \frac{1}{3} + \frac{1}{5} - \frac{1}{7} + \frac{1}{9} - \frac{1}{11} + \cdots$$

以同样的规律无穷继续。这不是一个计算π的数值(3.1415926⋯)的实用方法,但是π和**所有**奇数之间的这种简单的联系颇引人注目。

莱布尼茨在伦敦期间,参加了皇家学会的会议,他在那儿展出了他的计算机器。另外加上其他工作,他在1673年3月回到巴黎之前,被选为皇家学会的外籍会员。后来(1700年)他和牛顿成为法兰西科学院的第一批外籍院士。

惠更斯对莱布尼茨离开巴黎期间做出的工作非常高兴，他鼓励莱布尼茨继续做下去。莱布尼茨把他所有的空暇时间都用在数学上，在1676年离开巴黎去汉诺威为不伦瑞克-吕讷堡公爵（Duke of Brunswick-Lüneburg）服务之前，已经发现了一些微积分学的基本公式，并且发现了"微积分学的基本定理"（见前一章）——那就是说，如果我们接受他自己说的日期1675年的话。直到1677年7月11日，在牛顿未公布他自己的发现11年之后，莱布尼茨的这个发现才发表，而牛顿也在此后公布了他的发现。当莱布尼茨在《教师学报》上写了一篇评论，严厉批评牛顿的工作时，立场坚定的争论就开始了。莱布尼茨使用外交手腕，是把自己隐藏在无所不知的编辑名义下，匿名写了这篇评论，而《教师学报》是莱布尼茨本人于1682年创办并自任主编的杂志。在1677年到1704年期间，莱布尼茨的微积分学已经在欧洲大陆发展成了一个显示真正力量并很容易应用的工具，这主要是由于瑞士的伯努利兄弟［雅各布（Jacob）和他的弟弟约翰（John）］的努力，而在英国，由于牛顿不愿意爽快地与莱布尼茨分享他的数学发明，微积分仍然是一个相对来说未经试用的新奇事物。

在那些现在对于微积分学的初学者是很容易的，但却使莱布尼茨（或许也使牛顿）在发现正确途径之前苦思良久、反复试探的东西中，有一个例子可以用来说明数学自1675年以来已经走了多么远。我们用前一章讨论过的变化率来代替莱布尼茨的无穷小。如果 u 和 v 分别是 x 的函数，那么怎样把 uv 相应于 x 的变化率表示成 u 和 v 分别相应于 x 的变化率呢？用符号来说就是，$\dfrac{\mathrm{d}(uv)}{\mathrm{d}x}$ 与 $\dfrac{\mathrm{d}u}{\mathrm{d}x}$ 和 $\dfrac{\mathrm{d}v}{\mathrm{d}x}$ 之间的关系是什么？莱布尼茨一度认为应该是 $\dfrac{\mathrm{d}u}{\mathrm{d}x} \times \dfrac{\mathrm{d}v}{\mathrm{d}x}$，但这与正确的形式

$$\frac{\mathrm{d}(uv)}{\mathrm{d}x} = u\,\frac{\mathrm{d}v}{\mathrm{d}x} + v\,\frac{\mathrm{d}u}{\mathrm{d}x}$$

毫无关系。

1673年选帝侯死了，莱布尼茨在巴黎的最后的日子多少是自由的。

莱布尼茨在1676年离开巴黎，取道伦敦和阿姆斯特丹前往汉诺威，为不伦瑞克-吕讷堡的约翰·弗雷德里克公爵（Duke John Frederick）效劳。正是在阿姆斯特丹，他策划了在他作为一个达观的外交官的漫长生涯中最阴暗的交易之一。莱布尼茨与"沉迷上帝的犹太人"本尼狄克特·德·斯宾诺莎（Benedict de Spinoza，1632—1677）的交易史可能是不完全的，但是从现有的记载看，似乎这一次莱布尼茨偏偏就在一件关于伦理学的事情上毫无道德可言。莱布尼茨好像主张把他的伦理学应用于实际目的。他从斯宾诺莎的未发表的杰作《伦理学》（依几何学方式证明）中窃取了大量精华，该书是以欧几里得几何的方式详细阐述的关于伦理学的专著。第二年斯宾诺莎去世，莱布尼茨好像发现这是抛出他阿姆斯特丹之行的纪念品的适当时机了。这个领域的学者们似乎一致认为：凡是莱布尼茨自己的哲学中涉及伦理学的地方，都是不表谢意地盗自斯宾诺莎的。

怀疑莱布尼茨有罪，或者认为他本人关于伦理学的思想没有受斯宾诺莎思想的影响，对于任何在伦理学领域不是专家的人来说都未免太鲁莽了。不过在数学上至少有两个相同的例子（椭圆函数、非欧几何），在某个时期所有的证据都证明有几个不诚实的人比莱布尼茨的行为还要恶劣。但是当所有受到指责的人都死去许多年后，无可怀疑的日记和通信公开了出来，人们才知道所有这些人都是完全无辜的。在掌握全部证据以前，有时候相信人们最好的方面而不是最坏的方面也许是有好处的——而对于一个死后受审的人，掌握全部证据是绝不可能的。

莱布尼茨一生余下的40年是在为不伦瑞克家族的毫无价值的服务中度过的。他作为这个家族的图书管理人、历史学家和家族的总智囊，总共为三任主人服务过。对于这样一个家族，有一部与所有像它一样得天独厚的家族的精确的联系史乃是极其重要的事情。莱布尼茨作为家族图书管理人的职责，不仅是作为书籍的编目人，同时也是家系学专家和发霉的档案的搜集者。他的职责是确证他的雇主对欧洲半数王位的权利要求,如果不能确证,就通过审慎的篡改来炮制证据。他的历史研究使他在1687—1690年跑遍了整个德意志,然后又去了奥地利和意大利。

在意大利逗留期间,莱布尼茨访问了罗马,教皇极力要他接受梵蒂冈图书馆馆长的职位。但是由于获得这一职位的先决条件是莱布尼茨必须成为一个天主教徒,他拒绝了——就这一次他是小心谨慎的。然而他是小心谨慎的吗?他不情愿为了另一个职位而辞去一个好职位,这可能使他开始了对他的"普适符号"的下一个应用,这是他所有广博的梦想中最异想天开、最野心勃勃的一个。要是他完成了这件事,他就可以搬进梵蒂冈,不在外面抛头露面了。

他的宏大计划就是把新教和天主教重新合并在一起。当时新教从天主教中分裂出来还不太久,所以把它们重新合并在一起的这个计划在当时并不像现在听起来那么荒谬。莱布尼茨盲目乐观,他忽视了一个对人类天性就像热力学第二定律对于物理世界一样的基本规律——事实上它们属于同一类:所有的教义都有一分为二,二分为四,如此继续下去的倾向,直到有限次数的分裂后(次数能很容易地由对数计算出来),在任何特定的领域内,不管这领域多么大,人数都比教义的数目要少;而在第一个教义中体现的原始信条的进一步减少,把第一个教义稀释成显而易见的空话,它们太难以捉摸,无法维系任何人的信仰,无论这信仰多么微小。

1683年在汉诺威举行的一次相当有希望的会议,没有能实现和解的目的,因为没有哪一方能够决定谁应该被对方吞并,因此双方都欢迎天主教徒和新教徒1688年在英国进行的血腥斗争,把它作为无限期休会的合法理由。

莱布尼茨从这场闹剧中什么也没有得到,他随后又组织了另一场闹剧。他试图只把他那个时代的两个新教派别联合起来,可结果只是使很多杰出人物比以前更加固执己见,彼此更加怨恨。新教会议在互相指责和诅咒中散场了。

大约正是在这个时候,莱布尼茨转向了哲学,把它作为他的主要慰藉。在一次援助帕斯卡的詹森教派老朋友阿尔诺的努力中,莱布尼茨写了一篇关于玄学的半诡辩的论文,这篇论文注定对詹森教徒和这样一些人有些用处,他们需要比耶稣会会士们的过于难捉摸的逻辑更加难以捉摸的东西。莱布尼茨的哲学占据了他的余生约达四分之一世纪之久(当他没有为他的雇主忙于没完没了的不伦瑞克家族史时)。像莱布尼茨这样的头脑,在25年的时间里形成了一大片哲学迷雾,这几乎没有必要去说。每一个读者无疑已经听到过一些关于单子——宇宙的微型拷贝,作为一种一寓于万物、万物归一的东西,**天地万物**都由它们构成——的巧妙理论,莱布尼茨用它来解释今生和来世的一切(除单子以外的)事物。

莱布尼茨的方法应用到哲学上产生的力量是不能否认的。作为莱布尼茨用他的哲学**证明**的那些命题的一个例子,可以提到关于上帝存在的命题。他企图证明乐观主义的基本命题——"在这个所有可能的世界中最好的世界里,一切都会得到最好的结果",可他没有成功,只是到了1759年,莱布尼茨默默无闻地死去和被遗忘了43年之后,伏尔泰(Voltaire)在他的划时代的著作《天真汉》中才发表了一个结论性的说明。还可以提到另一个独立的结果。那些熟悉了广义相对论的人会想到"空的空间"——完全没有物质的空间——已经不再值得推崇了,莱布尼茨认为完全没有物质的空间是毫无意义的。

莱布尼茨兴趣的一览表还远没有完备。经济学,语言学,国际法(他在这个领域是一个先驱者),以及作为一种有利可图的工业而在德国的某些地方建立的采矿业,神学,创立科学院,对勃兰登堡年轻的选帝侯夫人索菲(Sophie,笛卡儿的伊丽莎白的一个亲戚)的教育,这些都吸引了他的注意力,在每一个方面他都做了一些值得重视的事情。也许他最不成功的尝试是在力学和物理科学中,他在那些领域中有时犯下的大错,与伽利略、牛顿、惠更斯乃至笛卡儿这些人的沉着、坚定的见解相比,形成了鲜明的对照。

在这个一览表中,只有一项需要在这里进一步注意。莱布尼茨在1700年被召回柏林,担任年轻的选帝侯夫人的家庭教师期间,挤出时间组织了柏林科学院,他担任了首任院长。直到纳粹"清洗"这个科学院以前,它一直是世界上居于领先地位的三四个学术机构之一。他在德累斯顿、维也纳和圣彼得堡创办科学院的同样计划,在他有生之年毫无结果。但是他为彼得大帝拟订的成立圣彼得堡科学院的计划,在他死后实现了。当莱布尼茨在1714年最后一次访问奥地利时,他建立一个维也纳科学院的企图被耶稣会会士们挫败了。在莱布尼茨为阿尔诺做了那些事之后,耶稣会会士们的反对是预料之中的事。他们在一桩学术政治的小事上挫败了这位杰出的外交家,这件事表明莱布尼茨在68岁时已经开始多么糟糕地走下坡路了。他不再是往日的他了,的确,他的最后几年只不过是他往日光荣的一个模糊影子。

在一辈子为王公贵族们效劳以后,他现在收到了这种效劳的通常的报酬:疾病,迅速地衰老,被争吵搞得筋疲力尽,最后他被踢了出去。

莱布尼茨在1714年9月回到了不伦瑞克,得悉他的雇主乔治·路易选帝侯(Elector George Louis)——在英国历史上以"诚实的傻瓜"闻名——已经打点行装前往伦敦,去当英国历史上的第一位德意志国王。再没有比跟随乔治去伦敦更让莱布尼茨高兴的了,尽管他与牛顿的争执,使他当时已在英国皇家学会和其他地方树敌颇多,而且他们十分刻毒。但是像乡巴佬似的乔治,现在成了善于交际的绅士,不再需要莱布尼茨的外交了,他轻率无礼地打发这个帮助他进入文明社会的人待在汉诺威的图书馆里,继续摆弄显赫的不伦瑞克家族冗长的历史。

两年后莱布尼茨去世时(1716年),他凭外交手腕篡改过的这部家族史仍不完整。尽管莱布尼茨努力工作,也没有能把这部家史追溯到1005

年以前,已经完成的部分包括的时间也不到300年。这个家族极为错综复杂地纠缠在它的战争冒险中,就连莱布尼茨这位通才也不能给他们全都挂上清白无瑕的姓名牌子。不伦瑞克家族对这项巨大劳动的评价,就是把它忘得一干二净,直到它在1843年出版时,他们才重视它。但是这部家史究竟是完整的还是经过删改的,只有在仔细检查过莱布尼茨的其余手稿之后才能知道了。

在莱布尼茨身后300多年的今天,他作为一个数学家的名声,要比他的秘书跟着他的灵柩走向墓地之后的许多年高得多,并且还在继续上升。

作为一个外交家和政治家,莱布尼茨在任何时候、任何地点都是最好之中的精粹,他比他们加在一起还要聪明得多。世界上只有一种职业比他的职业历史长久,在外交成为受人尊敬的职业以前,任何人选择它作为谋生之道看来都是为时过早。

第 8 章

先天还是后天？
伯努利家族

3代人中的8个数学家。不偏不倚的遗传证据。变分法。

这些人一定取得了许多成就，并且出色地达到了他们为自己制定的目标。

——约翰·伯努利

自从大萧条*开始冲击西方文明以来，优生学家、实验遗传学家、心理学家、政治家和独裁者——出于不同的原因——对于仍然悬而未决的遗传与环境的关系的争论，产生了新的兴趣。在一个极端，百分之百的无产阶级认为：只要给以机会，任何人都能成为天才；而在另一个极端，同样过分自信的保守党人断言，天才是天生的，甚至在伦敦的贫民窟中也能出现天才。在这两个极端之间有着各种各样的意见。一般的观点认为，天才出现的决定因素是先天，而不是后天，但要是没有有意的或偶然的帮助，天才就会枯萎。数学史为研究这个有趣的问题提供了非常丰富的材料。不偏袒任何一方——当今要那样做还为时过早，我们可以说数学家们的生活史提供的证据，似乎赞同一般的观点。

---

* 指1929年开始的世界经济危机，通称大萧条。——译者

也许最令人吃惊的家族史是伯努利家族的历史,这个家族在3代人中产生了8位数学家,其中有几个很突出,而他们又留下了一大群后裔,其中约有半数天资过人,并且时至今日,他们几乎还都是优秀人物。人们曾经按照家系查询过数学上的伯努利家族的不下120位后代,这群庞大的后裔中的大多数在法律、古典学识、科学、文学、有学问的职业*、管理和艺术上取得了成功——有时还是卓有成就的。没有人失败。就这个家族的第二代、第三代从事数学研究的大多数成员来看,最值得注意的事情是他们并不是有意选择数学作为职业,而是像酒鬼离不开酒那样不由自主地陷入了数学。

由于伯努利家族在17世纪和18世纪微积分学及其应用的发展中占有领先地位,所以在有关现代数学发展的甚至最简单的记述中,也不能只是把他们一笔带过。许多人完善了微积分学,使得非常普通的人也能用微积分学去发现连最伟大的古希腊人也不能发现的结果,而伯努利们和欧拉事实上是所有这些人的领袖。但是在像本书这样的记述中,仅伯努利家族的工作就多得无法加以详细描述了,所以我们只能把他们放在一起作简略的介绍。

伯努利一家是信奉新教的很多家族中的一个,在对胡格诺教派**的长期迫害中,他们于1583年逃离安特卫普,以逃避天主教徒的大屠杀(如像在圣巴托罗缪日前夜进行的屠杀)。这一家先是在法兰克福避难,不久迁往瑞士,在巴塞尔安顿了下来。伯努利家族的奠基人与巴塞尔一个最古老的家族联姻,成了一个大商人。家系表上的头一个人,老尼古拉同他的祖父和曾祖父一样,也是一个大商人。他们都娶了商人的女儿,除去一个例外——已经提到过的曾祖父——他们聚集了大量财富。这个例外的成员选择了医学作为职业,是离开家族经商传统的第一人。数学天才也

---

* 指神学、法学、医学三大职业。——译者
** 16—17世纪的法国新教徒。——译者

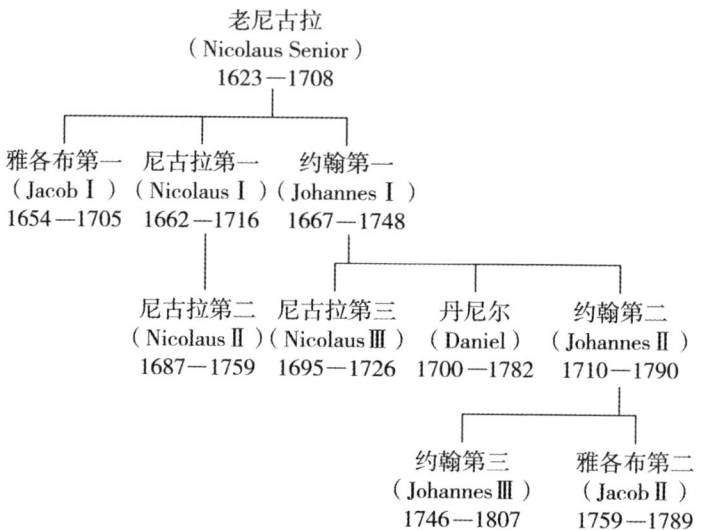

许在这个精明的商人家族中潜伏了许多代，但它的真正出现是像爆炸一样极其突然的。

现在参看家系表，在继续遗传学问题之前，我们先要对老尼古拉的后代中8位数学家的主要科学活动作一简述。

雅各布第一自学掌握了莱布尼茨形式的微积分学。从1687年直到逝世，他都在巴塞尔任数学教授。雅各布是首先对微积分学的发展作出重大贡献的人之一，这些人使微积分学超出了牛顿和莱布尼茨留下的状态，并把它应用到困难而重要的新问题上。他对解析几何、概率论和变分法的贡献具有极大的重要性。由于将经常涉及变分法（在欧拉、拉格朗日和哈密顿的工作中），我们先来描述一下雅各布第一在这个学科中考虑过的一些问题的性质。在费马的最小时间原理中，我们已经看到过用变分法处理的一类问题。

变分法的起源非常古老。根据一个传说*，在建立迦太基城的时候，一个人在一天内犁出的沟能圈起多大的面积，这个城就可以建多大。假

---

* 实际上我在这里把**两个**传说合在一起了。狄多女王（Queen Dido）得到了一张水牛皮，要用它"圈出"最大的面积。她把它切成了一根皮条，围出了一个半圆。

定一个人在一天内能犁出一条一定长度的沟,这条沟以什么形状为最好呢？从数学上说就是,对于同样周长的各种形状的面积,哪一种形状的面积最大？这是一个**等周**问题,这里的答案是圆。这似乎是明显的,但绝不是容易证明的。(在中学几何中给出的初步证明有时纯系谬误。)这个问题的数学就是使某个确定的积分在满足一个限制条件下取最大值。雅各布第一解答了这个问题,并且推广了它*。

最速落径是摆线,这个发现已经在前面几章中提到过了。摆线是最速下降曲线这一事实,是1697年雅各布第一和约翰第一两兄弟发现的。另外几个人也几乎同时发现了它。但是摆线也是等时曲线,这使约翰第一觉得它是某种奇异而美妙的东西:"我们可以公正地称赞惠更斯,因为他首先发现了一个有质量的质点不论起点在摆线的什么地方,下落的时间总是相同的。但是当我说,这与惠更斯的等时线是同一条曲线,也正是我们在寻找的最速落径线,那你可能就会惊呆了。"[引文见布利斯(Bliss)的《变分法》第54页。]所以雅各布也热心了起来。这些也是变分法解决那类问题的例子。为避免看轻它们,我们再次强调,数理物理学的整个领域中有许多问题常常可归结为简单的**变分原理**——如费马在光学中的最小时间原理或哈密顿在动力学中的原理。

雅各布去世后,他的关于概率论的伟大著作《猜度术》在1713年出版。这部论著包含的许多东西,在概率论、保险、统计学,以及遗传学的研究和应用中至今仍然非常有用。

雅各布的另一项研究表明了他曾把微积分学发展到了何等地步:雅各布继莱布尼茨之后,详尽地研究了悬链线——一根均匀的链子悬挂在两点之间形成的曲线,或悬挂着的重链形成的曲线。这不只是出于好奇。今天,雅各布第一在这方面发展起来的数学已经用于悬桥和高压输

---

* 关于变分法的这个问题和其他一些问题,历史记录可以在 G.A.Bliss, *Calculus of Variations*, Chicago (1925) 一书中找到。雅各布第一的英文名字是詹姆斯(James)。

电线上。虽然今天它只是微积分学或力学的初等课程中的一道练习题，但在雅各布当时把所有这些都做出来的时候，它却是新颖而困难的。

雅各布第一和他的弟弟约翰第一并不总是相处得很好，约翰似乎是两兄弟中更爱争吵的一个。他在关于等周问题这件事情上，对待他哥哥的态度几乎是不诚实的，这是确定无疑的。伯努利家族的人对待数学极其认真，但他们关于数学的一些通信却充满了激烈的言辞，这种语言通常是盗马贼使用的。在约翰第一这方面，他不仅企图偷窃他哥哥的想法，而且因为他的儿子赢得了他本人也在竞争的法国科学院的一个奖项而把儿子赶出了家门。不过，如果有理智的人会在玩牌上激动起来，为什么他们不能为了令人激动得无以复加的数学而勃然大怒呢？

雅各布第一有一种难以理解的秉性，这对研究伯努利家族的遗传因素是有重要意义的。在他生命行将结束时，它一度以一种有趣的方式突然出现。有一种螺线（对数螺线或等角螺线），经过多种几何变换中的任一种变换后，都会再度出现相似的螺线。雅各布被这种螺线的再现和他发现的关于它的几个性质迷住了，于是吩咐在他的墓碑上刻上一条螺线，他的墓碑的铭文是 *Eadem mutata resurgo*（纵使变化，依然故我）。

雅各布的座右铭是 *Invito patre sidera verso*（我违父意，研究群星）——这是对他父亲徒劳地反对他把智力用于数学和天文学的讽刺性的纪念。这个细节对天才的"先天"论比对"后天"论有利。要是他的父亲占了优势，雅各布可能就是一个神学家了。

雅各布第一的弟弟约翰第一开始并不是数学家，而是一名医生，我们已经提到过他与慷慨地教他数学的哥哥争吵的事。约翰是一个有强烈爱憎的人：莱布尼茨和欧拉是他的神，牛顿是他断然憎恨和大大贬低的人，牛顿作为莱布尼茨的心地狭窄的竞争者，几乎是注定要受到嫉妒乃至憎恨的。固执的父亲试图强迫他的儿子从事家族的业务，但是约翰第一步哥哥的后尘反叛了，从事了医学和人文科学，他不知道他这样做是在与他的遗传因素作对。他18岁取得了硕士学位。不久,他知道他选择医学是错了,就回到了数学。他的第一项学术职务是1695年在格罗宁根任数学教授;1705年雅各布第一去世,约翰第一继他之后任巴塞尔的教授职务。

约翰第一在数学上比他的哥哥还要多产,他为在欧洲传播微积分学做了大量工作。除数学外,他的研究范围还包括物理、化学和天文学。在应用方面,约翰第一对光学作出了很大贡献,写了关于潮汐理论和船只航行的数学理论的文章;解释了力学中的虚位移原理。约翰第一是具有非凡体力和智力的人,直到他在80岁高龄去世时的前几天依然很有活力。

雅各布第一和约翰第一的兄弟尼古拉第一,在数学上也很有天赋。像他的兄弟们一样,他开始也选错了职业。他16岁时在巴塞尔大学取得哲学博士学位,20岁时取得了法学的最高学位。他先在伯尔尼任法学教授,而后才在圣彼得堡科学院从事数学工作。到他去世时,他受到极高的评价,因而叶卡捷琳娜女皇(Empress Catherine)为他举行了由国家承担的公开葬礼。

遗传因素还在第二代奇怪地出现。约翰第一试图强迫他的第二个儿子丹尼尔经商。但是丹尼尔认为他更愿意行医,于是在不由自主地投身数学之前先做了医生。丹尼尔11岁时从只比他大5岁的哥哥尼古拉第三那里学习数学。丹尼尔和伟大的欧拉是密友,有时也是友好的竞争对手。丹尼尔·伯努利像欧拉一样,也有10次赢得法国科学院奖金的辉煌记录(有几次与其他成功的竞争者分享)。丹尼尔的一些最杰出的工作是关于流体动力学的,这是他从后来称为能量守恒的一条原理发展出来的。今天所有研究理论流体运动或应用流体运动的人都知道丹尼尔·伯努利的名字。

丹尼尔在1725年(25岁时)成了圣彼得堡的数学教授。他非常讨厌圣彼得堡的相对粗野的生活,一有机会(8年后)就回到巴塞尔,在那里担任解剖学和植物学教授,最后任物理学教授。他的数学工作包括微积分学、微分方程、概率、弦振动理论、气体动理学理论的一次尝试,以及应用数学中的许多其他问题。丹尼尔·伯努利被称为数理物理学的奠基人。

从遗传的观点看,指出丹尼尔的天性中有思辨哲学的显著气质是有意义的,他这种气质也许是他祖先的胡格诺教派信仰的理想化。同样的气质也出现在受宗教迫害的著名流亡者们的众多后代身上。

第二代中的第三个数学家,尼古拉第三和丹尼尔的弟弟,即约翰第二,开始也走错了路,后又被他的遗传因素拉回到数学上——可能是被他的哥哥们拉回来的。他开始于法律,在承袭他父亲的数学交椅之前,任巴塞尔的修辞学教授。他的工作主要是在物理学方面,由于成绩卓著,他曾三次获得巴黎大奖(通常一次就足以使一个好的数学家满足——倘若他够好的话)。

约翰第二的儿子约翰第三,重复了这个家族一开始选错职业的传统,像他的父亲一样从法律开始。他13岁取得哲学博士学位,到19岁找到了他的真正天职,在柏林被任命为皇家天文学家。他的兴趣包括天文学、地理学和数学。

约翰第二的另一个儿子雅各布第二,继续家族的错误,也从法律开始,只是到了21岁才转向实验物理学。他也转向了数学,成了圣彼得堡科学院数学和物理分部的成员。由于一次意外,他溺水早卒(30岁),一个很有希望的前程突然终止了,我们难以洞察雅各布第二的真正才干。他娶了欧拉的一个孙女。

显示出数学天才的伯努利家族的一览表还没有穷尽,不过其余的成员就没有那么突出了。人们有时断言,岁月使血统淡薄了,但实际情况似乎恰恰相反。当数学是需要出类拔萃的天才去耕耘的最有希望的领域时,有如在微积分学刚被发现以后的一段时期,有天赋的伯努利家族就去耕耘数学。但是数学和科学只是人类活动的无数个领域中的两个,对于有天赋的人来说,在这两个领域都挤满了很有能力的人时还要往其中某一个方面里挤,那就缺乏实际观念了。伯努利家族的天才没有虚掷;它只是在数学这个领域开始拥挤得像大赛日的埃普瑟姆赛马场一样时,才投身到与数学同等重要——也许更为重要——的社会学领域。

那些对遗传的变幻莫测感兴趣的人,可以在达尔文和高尔顿的家史中找到大量材料。弗朗西斯·高尔顿(Francis Galton,查理·达尔文的表兄弟)的情况特别有意思,因为对遗传的数学研究是由他奠基的。达尔文的后代中有些人不是在生物学方面,而是在数学或数理物理学方面有卓越成就,如果为此责备他们,那未免有点愚蠢。天才依然是天才,没有必要说它的一种表现比另一种表现"更好"或"更高"——除非我们是那种偏执者,他们坚持一切都应该是数学,或者是生物学,或者是社会学,或者是桥牌和高尔夫球。也许伯努利家族不再把数学作为家族传统正是他们的天才的又一个例证。

围绕着著名的伯努利家族出现了许多传说和奇闻,这对于像伯努利家族那样富有天才、有时言辞又那样激烈的家族来说,是很自然的现象。这些陈词滥调中的一个可以在这里转述,因为它是那种至少与古埃及一样古老的传闻中比较早的一个有根据的例子,是我们每天都看到的强加在自爱因斯坦以来的各种杰出人物身上的那种传说的变种。丹尼尔年轻的时候,一次在旅行中与一个有趣的陌生人聊天,他客气地自我介绍:"我是丹尼尔·伯努利。""我吗,"那个人讽刺地说,"艾萨克·牛顿。"丹尼尔终身都为此高兴,把这作为他所受到的最真实的称颂。

第 9 章

分析的化身

欧拉

历史上著作最多的数学家。侥幸逃脱神学。统治者负担费用。不实际的实际。天体力学与海战。一个由机会和命运注定的数学家。在圣彼得堡陷于困境。沉默的好处。在壮年时期半失明。逃往开明的普鲁士。腓特烈大帝的慷慨与粗鲁。回到好客的俄国。叶卡捷琳娜二世的慷慨与仁慈。在全盛时期完全失明。一个世纪来大师们的老师和鼓舞者。

历史表明,那些鼓励数学——一切精确科学的共同源泉——研究的帝王也是治世最英明、光荣最持久的帝王。

——米歇尔·夏斯莱(Michel Chasles)

"欧拉计算毫不费力,就像人呼吸或者鹰在风中保持平衡一样"[阿拉戈(Arago)*语],这并不是对欧拉无与伦比的数学才能的夸大。莱昂纳尔·欧拉(Léonard Euler,1707—1783)是历史上著作最多的数学家,被他的同代人称为"分析的化身"。欧拉写作他的伟大的研究论文,就像下笔流畅的作家给密友写信一样容易。甚至在他生命最后的17年中完全失明,

---

* 阿拉戈(1786—1853),法国著名天文学家、物理学家和科学家传记作者。——译者

也没有妨碍他的无与伦比的多产；事实上，如果失去视力有什么影响的话，那就是使欧拉对他想象中的内部世界的洞察力更加敏锐。

甚至直到1936年，人们仍然不确切知道欧拉著作的数量，只是估计要出版他的全部著作需要大4开本60至80卷。1909年，瑞士的自然科学协会着手收集和出版欧拉散失的论文，得到了世界各地许多个人和数学团体的经济资助——这正说明欧拉不仅属于瑞士，也属于整个文明世界。可是在圣彼得堡（列宁格勒）发现的一大堆无可置疑的欧拉手稿，把经过仔细估算的费用（按1909年的钱算，约8万美元）彻底搅乱了。

欧拉

欧拉的数学事业开始于牛顿去世的那一年，对于像欧拉那样的天才，似乎不能选择比这更好的时代了。那时解析几何（1637年发表）已经应用了90年，微积分大约50年，物理天文学的钥匙、牛顿的万有引力定律也已呈现在数学界面前40年了。在这些领域的每一个中，大量孤立的问题都得到了解决，在统一方面也零零星星有了一些引人注目的尝试；但是还没有对整个数学，那时存在的纯数学和应用数学，开展系统的研究。特别是，笛卡儿、牛顿和莱布尼茨的有力的分析方法，还没有被开发到它们当时所能达到的极限，在力学和几何学中尤其如此。

在较低的水平上，代数和三角学那时处在需要系统化和扩展的状态；特别是三角学已接近完成。在费马的丢番图分析和普通整数的性质这个领域，这样的"一时完备"是不可能的（甚至现在也不可能）；但是甚至在这样的领域中，欧拉也证明了他自己是个大师。事实上，欧拉在数学的两大主流,即连续和离散这两方面都同样有力,这是他的多方面天才最显著的特点之一。

欧拉作为一个算法学家从来没有人超过他,甚至也许从来没有人能与他匹敌,或许雅可比应该除外。算法学家就是为解决特殊类型的问题设计"算法"的数学家。举一个很简单的例子,我们假设(或证明)每一个正实数都有一个真正的平方根,怎样计算这个根呢?有许多已知的方法,算法学家则设计实际可行的方法。或者再举一个例子,在丢番图分析或积分学中,一个问题的解答可能不是现成的,要用其他变量的函数做一些巧妙的(通常是简单的)代换;一个算法学家就是能自然地想到这种代换的数学家。想出代换过程没有统一的方法——算法学家就像机敏的打油诗人一样,是天生的,而不是造就的。

看不起"纯算法学家"在今天是很流行的;然而,当一个像印度的拉马努金(Ramanujan)那样的真正的数学家,从不知道什么地方突然冒出来的时候,就连分析专家们也都把他作为自天而降的天才向他欢呼:对于表面上无关的各种公式,他那几乎超自然的洞察力会揭示出从一个领域通向另一个领域的隐秘线索,这就为分析学者们提供了弄清这个线索的新任务。一个算法学家是一个"形式主义者",他因这些公式的美丽而热爱这些美丽的公式。

在讲到欧拉平静但是有趣的一生之前,我们必须提一下他那个时代的两个事实,它们促进了他的令人惊叹的活动,为他的活动提供了一个方向。

在18世纪,大学不是欧洲的主要研究中心。要不是由于注重古典文学的传统和这种传统对科学的可以理解的敌意,大学本来可以比实际上更快地成为主要研究中心。数学与古典传统的距离较近,因而受到尊敬,但更近代的物理学则受到怀疑。而且,对当时大学的数学教授的要求,是把主要精力放在初等数学上;他们的研究,如果有的话,只是一种得不到好处的奢侈,恰如今天美国一般高等院校的情形一样。英国大学的研究员们要是愿意的话，可以做得非常好。不过，很少有人想做些什么，他们完成的(或未能完成的)工作都不能影响他们的生计。在这样隐约或者公开的敌意下，要大学在科学方面起主导作用是没有什么充分理由的，它们也确实没有起到这个作用。

起主导作用的是由慷慨的或者目光远大的统治者们支持的各种各样的皇家科学院。对于普鲁士的腓特烈大帝(Frederick the Great)、俄国的叶卡捷琳娜二世(Catherine the Great)的开明和慷慨，数学应该感恩戴德。在科学史上这是一个最活跃的时期，他们使数学得到整整一个世纪的发展。就欧拉来说，柏林和圣彼得堡对他的数学创造提供了很大的支持。创造活动的这两个中心，都受到莱布尼茨的无休止的野心的鼓舞，由莱布尼茨提出规划的科学院给欧拉提供了机会，使他成为从古到今最多产的数学家；所以，在某种意义上，欧拉是莱布尼茨的后代。

柏林科学院由于不动脑筋而日渐衰落已有40年之久，欧拉在腓特烈大帝的鼓励下使它重新恢复了活力；彼得大帝(Peter the Great)未能在有生之年按照莱布尼茨的规划组建起圣彼得堡科学院，但他的后继者们坚定地把它创建了起来。

这些科学院与我们今天的一些科学院不同，今天的一些科学院的主要职责是奖掖从事有益工作而取得成绩的成员。那时的科学院是研究机构，**付钱**给它们的主要成员**从事科学研究**工作。而且薪俸和奖金足够一个人和他的全家过着相当舒适的生活。欧拉一家一度不下18个人，然而他得到的钱足够使这一大家都过得不错。作为对18世纪一个院士生活的诱人之处的最后一笔，他的孩子们只要有任何一点才能，就可以保证在世界上有一个良好的开端。

这使我们说到了对欧拉写出大量数学文章的第二个有支配力的影响。这些付了钱的统治者，除了抽象的文化以外，自然还想得到其他东西。但是必须强调指出，一旦这些统治者从他们的投资中得到了适当的回报,他们并不坚持要他们的受雇者把剩余时间也用在"生产性的"劳动上;欧拉、拉格朗日和其他一些院士都能按照自己的意愿自由地工作。这些统治者也没有施加任何明显的压力,以挤出一点儿国家能直接应用的实际结果。18世纪的那一代统治者,比今天指导许多研究机构的人更聪明,他们只是偶尔提出他们急需些什么,让科学按自己的道路发展。他们似乎本能地感觉到,如果时而给出适当的暗示,所谓的"纯粹"研究就会作为副产品抛出他们想要的实用的东西。

对这个一般的说法有一个重要的例外,它既没有证明也没有否定这种规律。事情就是这样凑巧,在欧拉那时候,数学研究的突出问题,恰好也与那个时代最实际的问题一致,这个问题就是对海洋的控制。航海技术超过所有对手的国家,不可避免地要统治海洋。但是航海,说到底,只不过是在离岸数百千米的大海中,精确地确定自己所在的位置,并且要做得比对手们都好,能够比他们更快地航行到海战的战场(令人不快的是,仅仅为了这个目的)。就像大家都知道的,英国控制着大海。它能做到这一点,在很大程度上是由于它的航海家们在18世纪能够实际应用天体力学中的纯数学研究。

这样的应用与欧拉有直接关系——如果我们可以稍稍预计一下的话。现代航海的奠基者当然是牛顿,虽然他本人从来没为这个问题伤过脑筋,并且(就目前所知似乎)从来没有踏上过一条船的甲板。在海上的位置是靠观察天体(在真正富于想象的航海中,有时包括木星的卫星)来确定的;牛顿的万有引力意味着,如果需要的话,只要有足够的耐心,行星的位置和月相能够提前一个世纪计算出来。在那以后,那些希望统治海洋的人就让他们的计算者们埋头于航海天文年历,啃出未来位置图表。

在这样的实际计划中,关于月球提出了一个特别可憎的问题,即根据牛顿定律互相吸引的三体问题。当我们进入20世纪时,这个问题还要多次出现,而欧拉则是为月球问题形成一个**可计算**解("月球理论")的第一人。所谓三体,是指月球、地球和太阳。关于这个问题,在这里能说的不多,我们将留待后几章再说,但可以指出的是,这个问题是整个数学领域中最困难的问题之一。欧拉没有解决它,但是他的近似计算方法(今天已被更好的方法代替)是足够实际的,因而一个英国的计算者能够用他的方法为英国海军部计算出关于月相的图表。为此,这个计算者得到了5000英镑(在那时是一笔相当大的数目),欧拉则因为这个方法得到了300英镑的奖金。

莱昂纳尔·欧拉是保罗·欧拉(Paul Euler)和他的妻子玛格丽特·布吕克(Marguerite Brucker)的儿子,也许是瑞士产生的最伟大的科学家。他于1707年4月15日出生在巴塞尔,第二年父母带着他迁往雷恩附近的村子,他的父亲在那里成为加尔文教派的牧师。保罗·欧拉曾经是雅各布·伯努利的学生,他本人就是一个颇有造诣的数学家。这位父亲想让莱昂纳尔步他的后尘,接替他在乡村教堂的职位,但是幸而他犯了一个错误,教这孩子学了数学。

年轻的欧拉很早就知道他要干些什么,然而他恭敬地顺从了他的父亲,进了巴塞尔大学学习神学和希伯来语。他在数学上取得的明显进步引起了约翰·伯努利的注意。约翰·伯努利慷慨地每周给这个年轻人单独授课一次。欧拉为了尽可能少带问题去见老师,把一周的其余时间都用在准备下一次课上。不久,丹尼尔·伯努利和尼古拉·伯努利也注意到了他的勤奋和突出的才能,他们成了欧拉的好朋友。

莱昂纳尔在1724年17岁时取得了硕士学位,在这以前他被允许自由发展,可在这时他的父亲坚持要他放弃数学,把全部时间用在神学上。但是当伯努利们告诉他,他的儿子注定是一个伟大的数学家,而不是雷恩的牧师时,这位父亲让步了。虽然这个预言实现了,但是欧拉的早期宗教教育影响了他的一生,他从来没有放弃一丁点儿他的加尔文教派的信仰。

确实，当他上了年纪时，他兜了一个大圈子又回到了他父亲的召唤，他带领全家作家庭祈祷，通常在结束时作一番讲道。

欧拉在19岁时独立做出了他的第一项工作。据说这第一次努力的成果，显露了欧拉后来大部分工作的特长和弱点。巴黎科学院提出在船上装桅杆的问题作为1727年的授奖立项；欧拉的论文没有获奖，但是得到了荣誉提名。他后来12次赢得这个奖项，弥补了这次损失。这项工作的特长在于它所包含的分析——技术性的数学；它的弱点是距实际太远，如果它还与实际有关的话。当我们记起关于子虚乌有的瑞士海军的传统笑话时，这个弱点就不足为奇了。欧拉可能曾在瑞士的湖上看到过一两只小船，但他从来没有见过一艘大船。他因为让数学带走了他的实际意识而受到过批评，这些批评有时是公正的。对欧拉来说，物质世界只是数学的一种特殊情况，它本身几乎没有什么意义；要是这世界不符合他的分析，那是世界出了毛病。

欧拉知道自己是个天生的数学家，便申请巴塞尔的教授职位。他没有得到这个职位，便继续学习，在圣彼得堡与丹尼尔·伯努利以及尼古拉·伯努利会合的希望，使他振作了起来。他们热心地提议在圣彼得堡给欧拉谋一个职位，并且一直与他保持经常通信。

欧拉在他事业的这个阶段，似乎对他自己应该做些什么莫名其妙地无所谓，只要是与科学有关就行。当伯努利们的信上说，在圣彼得堡科学院的医学部可能有一个空位子，欧拉在巴塞尔就一头扎进生理学，并听了医学讲座。但是甚至在这个领域，他也不能摆脱数学：耳朵的生理学使他联想到对声音的数学研究，这又扩展到对波的传播的另一项数学研究，等等。这项早期的研究，在欧拉一生中就像一棵树在噩梦中疯长那样不断地扩大范围。

伯努利们是动作很快的人。欧拉在1727年收到了去圣彼得堡的邀请，名义上是作为科学院医学部的成员。这个科学院有一项聪明的规定，责成每一个外来成员带两个学生——实际上是需要训练的初学者。可怜的欧拉的喜悦很快就破灭了，就在他踏上俄国土地的那一天，开明的叶卡捷琳娜一世去世了。

叶卡捷琳娜一世在成为彼得大帝的妻子之前是他的情妇，她似乎是一个在许多方面都很开明的女人，正是她，在她仅仅两年的在位期间，实现了彼得建立科学院的愿望。叶卡捷琳娜去世后，在年幼的沙皇尚未成年期间，权力旁落到一个异常残忍的小集团手里（年幼的沙皇在开始自己的统治前就死了，也许这对他本人倒是件幸运的事）。俄国的新统治者们把科学院看作可有可无的奢侈品，在令人焦急的几个月中，他们考虑取消它，遣返所有的外国成员。这就是欧拉到达圣彼得堡时的局面。在混乱中，对他要担任的医学位置没人管了，欧拉在绝望中几乎要接受一个海军上尉的职务，后来他溜进了数学部。

在这以后情况变好了，欧拉也就安定下来专心工作。他埋头工作达6年之久，这不全是因为他完全沉浸在数学中，部分原因是到处都有奸诈的告密者，他不敢过正常的社交生活。

1733年，丹尼尔·伯努利厌倦了令人生畏的俄国，回到自由的瑞士去了。而欧拉，在26岁时获得了科学院的主要数学位置。欧拉觉得他终身都得待在圣彼得堡了，他决定结婚，定居下来，随遇而安。他的夫人叫凯瑟琳娜（Catharina），是彼得大帝带回俄国的画师格塞尔（Gsell）的女儿。政治形势变得更恶劣了，欧拉比以往更强烈地渴望逃跑。但是随着一个又一个孩子的迅速到来，欧拉感到他被拴得比以前更紧了，于是在不停的工作中寻求慰藉。一些传记作者把欧拉的无与匹敌的多产归之于他在俄国的这第一次居留；应有的谨慎迫使他养成了一种牢不可破的勤奋的习惯。

欧拉是能在任何地方、任何条件下工作的几个大数学家之一。他非常喜欢孩子（他自己有13个孩子，除了5个以外，其余的都在幼年时夭折），他常常怀抱着一个婴儿写作他的论文，同时稍大一点的孩子们在他周围嬉戏着。他写作最困难的数学论文时那种轻松自如真是令人难以置信。

关于他的不断涌出的思想,有许多传说流传至今,有些无疑是夸大其词。据说在家人两次叫他吃饭的半小时左右的间隔中,他就能草就一篇数学文章。只要文章一完,就把它放在不断增长的一堆文章的最上面,等着印刷工来取走。当科学院的学报需要材料时,印刷工就从这一堆文章的最上面拿走一摞。于是就出现了这样的情形,出版日期的先后经常与写作日期的先后相反。欧拉有一个习惯,为了阐明或扩展他已经做过的工作,他多次回到同一个题目上来。这种习惯更加剧了这种古怪的情形,以至于有时候,关于某一个论题的一系列文章的出版顺序与写作顺序是颠倒的。

年幼的沙皇死后,安娜·伊万诺夫娜(Anna Ivanovna,彼得的侄女)在1730年成为女皇,就科学院而言,情形大大变好了。但是在安娜的情夫比隆(Ernest John de Biron)的间接统治下,俄国遭受了它历史上的一段最血腥的恐怖统治。欧拉不声不响地专心致志于他的工作,这样持续了10年之久。在这中间他遭到了他的第一次大不幸。他决心赢得一项关于某个天文学问题的巴黎大奖,几个主要的数学家要求给他们几个月的时间来解答这个问题。(由于同一个问题在与高斯有关的章节部分还会出现,我们不在这里叙述它。)欧拉用了3天时间就解决了。但是持续的努力导致了一场疾病,他因此失去了右眼的视力。

应该提到的是,现代考证已经表明,这个天文学问题无论如何都对欧拉的眼睛失明没有责任。这种考证在使数学史上所有的奇闻轶事遭到怀疑方面起了很大作用。但是学究气的批评家们(或任何其他人)怎样会知道这么多关于所谓的因果律的东西呢?这个秘密得要大卫·休谟(David Hume,欧拉的同代人)的在天之灵去解决了。尽管有这个告诫,我们还是要再来讲一讲欧拉与法国的无神论(或者也许只是泛神论的)哲学家德尼·狄德罗(Denis Diderot,1713—1784)的著名故事。这里我们稍稍偏离了编年史顺序,因为这件事发生在欧拉第二次居留俄国期间。

叶卡捷琳娜二世邀请狄德罗访问她的宫廷,狄德罗试图通过使朝臣们改信无神论来表明他是值得被邀请的。叶卡捷琳娜厌烦了,她命令欧拉去让这个只会空谈的哲学家闭嘴。这倒容易,因为狄德罗对数学一无所知。德摩根(De Morgan)叙述了事情的经过(见他的经典著作《悖论汇编》,1872):"狄德罗被告知,一个有学问的数学家用代数证明了上帝的存在,要是他想听的话,这位数学家将当着所有朝臣的面给出这个证明。狄德罗高兴地同意了……欧拉朝狄德罗走去,用一种非常肯定的语调一本正经地说:

"先生,$\frac{a+b^n}{n}=x$,因此上帝存在;回答!"

这好像对狄德罗起作用了。他困惑得不知道说什么好,周围的人报以纵声大笑,这个可怜的人觉得受了羞辱,他请求叶卡捷琳娜允许他立即返回法国。她神态自若地同意了。

欧拉不甘于这件杰作,他极为认真又极为热忱地用严肃的证明去画蛇添足,一本正经地去证明上帝存在和灵魂并非物质实体。据传,这两个证明编进了他那个时代关于神学的专论。这些也许是他的天才在数学上不切实际一面的最精彩的例子。

在欧拉留居俄国期间,仅仅数学还不足以占据他的全部精力。无论什么地方要求他把他的数学天才用到与纯数学相去不太远的方面,他总是给政府以值得他们付出代价的东西。欧拉为俄国学校编写了初等数学教科书,监督政府的地质部门,帮助改革度量衡,设计检验税率的有效方法;这些只是他的一部分活动。不论欧拉做了多少额外的工作,他都能不断地倾吐出数学成果。

他在这个时期的一部最重要的著作,是1736年关于力学的论文。注意,发表的日期只差一年就是笛卡儿发表解析几何整整一个世纪。欧拉的论文对于力学就像笛卡儿的论著对于几何学——把力学从假设论证的羁绊中解放了出来,并把它解析化。阿基米德有可能写出牛顿的《原理》;但是任何希腊人也不可能写出欧拉的力学。微积分学的全部力量第一次支配了力学,这门基础科学的现代纪元开始了。欧拉的朋友拉格朗日将要在这个方面超过他,但是迈出决定性一步的荣誉应归于欧拉。

1740年安娜去世,俄国政府变得较为开明,但是欧拉已经厌倦了,他很高兴地接受了腓特烈大帝请他做柏林科学院院士的邀请。皇太后很喜欢欧拉,试着要逗引他谈话。但是她得到的只是冷淡的"是"或者"不是"。

"为什么你不愿意跟我说话呢?"她问。

"夫人,"欧拉回答,"我是从那样一个国家来的,在那里要是你说话,你就会被吊死。"

他一生接下来的24年是在柏林度过的,但过得并不很愉快,因为腓特烈大帝不喜欢单纯的欧拉,宁愿要一个拍马屁的朝臣。虽然腓特烈感到促进数学的发展是他的责任,可他厌恶这门学科,因为他自己的数学很蹩脚。但是他很欣赏欧拉的才干,足以用它们来解决实际问题——造币,修水渠,开掘运河,制定年金制度,以及其他。

俄国从来没有完全放弃欧拉,甚至当他在柏林期间,也付给他部分薪俸。尽管欧拉要负担一大家人,但他是富有的,除了在柏林的住宅以外,他还拥有在夏洛滕堡的一个农场。在1760年俄国人入侵进犯勃兰登堡边境期间,欧拉的农庄遭到抢劫,但俄国将军声称他"不是对科学作战",所以给予了欧拉大大多于实际损失的赔偿。当伊丽莎白女王听说了欧拉的损失时,她除了丰厚地赔偿了他的损失外,又加上一笔数目可观的款项。

欧拉在腓特烈的朝廷里不受欢迎的原因之一是,他没有能力避开关于他一无所知的哲学问题的辩论。伏尔泰花了大量时间拍腓特烈的马屁,他和其他一些围着腓特烈转的善于咬文嚼字的家伙,以用玄学的圈套缚住可怜的欧拉取乐。欧拉好脾气地忍耐了这一切,同其他人一起大声取笑着他自己的荒谬的错误。但是腓特烈渐渐生气了,他要物色一个更老于世故的哲学家来领导他的科学院,取悦他的朝廷。

达朗贝尔(D'Alembert,后面会谈到他)应邀来到柏林,审察这个局面。他和欧拉由于数学上的争论有过一点儿芥蒂,但达朗贝尔不是一个让个人意气影响自己判断的人,他耿直地告诉腓特烈,把任何其他数学家置于欧拉之上都是一种不当的行为。可这只是使腓特烈比以前更顽固、更生气,情况变得使欧拉难以忍受。他感到他的儿子在普鲁士不会有出路。59岁那一年(1766年),他在叶卡捷琳娜二世的热情邀请下,再次打点行装,迁回圣彼得堡。

叶卡捷琳娜以皇室的规格接待了这个数学家,拨给他和他的18个家人一栋家具齐全的房子,并派她自己的一个厨子去管膳食。

正是在这个时期,欧拉(由于白内障)开始失去他剩下的那只眼睛的视力,不久他就完全失明了。他的视力不断恶化,使得拉格朗日、达朗贝尔和那时的其他主要数学家在通信中表现出了担忧和同情。欧拉本人却对迫近失明处之泰然。毫无疑问,他强烈的宗教信仰帮助他面对将要到来的一切。但是他并没有让自己"顺从"沉默和黑暗,他立即着手弥补这个不可弥补的损失。在完全失明以前,他已经使自己习惯于用粉笔把公式写在一块很大的石板上,然后,他的儿子[主要是阿尔贝(Albert)]把它们抄下来,他再口述一些对公式的说明。他的数学生产率没有降低,反而提高了。

欧拉一生幸而具有非凡的记忆力。他能背诵维吉尔(Virgil)的《埃涅阿斯纪》*,而且尽管他成年后很少看这本书,他还是能够随时说出那本书上任何一页的第一行和最后一行。他既靠视觉记忆又靠听觉记忆。他还有惊人的心算本领,不仅心算算术类型的问题,也心算高等代数和微积分

---

* 《埃涅阿斯纪》,古罗马诗人维吉尔的著名史诗,共12卷,约12 000行。叙述特洛伊失陷后,王子埃涅阿斯的冒险事迹。——译者

学中更困难的问题。他那个时代整个数学领域中的全部主要公式,都精确地贮藏在他的记忆中。

作为他记忆力的一个例子,孔多塞(Condorcet)讲述了欧拉的两个学生怎样把一个复杂的收敛级数的和(对于变量的特殊值)计算到第17项,只是在结果的第50位数上有一个数不一致。为了确定哪一个结果是对的,欧拉用**心算**作出了全部运算;他的答案被证明是正确的。所有这些现在都在帮助他,失明对他并不是太大的问题。即便如此,在他17年失明期间,有一项功绩也几乎是令人难以置信的。月球理论——月球的运动,唯一曾使牛顿头痛的问题——在欧拉手里第一次被彻底征服了。全部复杂的分析都是他在心里作出来的。

欧拉回到圣彼得堡5年以后,另一次灾难降临到他的头上。在1771年的大火中,他的房子连同它里面的全部陈设都烧光了,只是靠了他的瑞士仆人[彼得·格里姆(Peter Grimm)或格里蒙(Grimmon)]的勇敢举止,欧拉才得以逃生。格里姆冒着生命危险把他的又瞎又病的主人从大火中带到了安全地带。图书馆也烧了,但是幸亏奥尔洛夫伯爵(Count Orloff)出力,欧拉的全部手稿都抢救了出来。叶卡捷琳娜女皇马上补偿了全部损失,欧拉很快又开始了工作。

1776年(当他69岁时)欧拉蒙受了更大的损失,他的妻子死了。第二年他又结了婚。他的第二任妻子萨洛梅·阿比盖尔·格塞尔(Salome Abigail Gsell,是他前妻的同父异母的姊妹。他的最大的悲剧在于恢复左眼——唯一有点儿希望的眼睛——视力的手术失败了(也许是由于外科医师的粗心大意)。手术是"成功的",欧拉高兴得无以复加。但是不久伤口感染了,在他形容为可怕的长期痛苦之后,他又陷入了黑暗。

回顾欧拉的巨大的工作量,我们可能在初看时会倾向于认为,任何有才能的人差不多都能像欧拉那样轻松地做出其中的一大部分。但是仔细检查一下今天存在的数学,很快就会纠正我们的错误想法。因为当我们考虑到现在我们掌握的各种方法的力量,数学及其丛林般的理论的目前状况并不比欧拉面对的状况更复杂。数学渴望着第二个欧拉。在他那个时代,他系统化并统一了乱堆着不完全的结果和孤立的定理的广阔领域,用他那分析方法挥洒自如的力量清理了基础,把有价值的东西收集在一起。甚至今天在大学数学课程中学习的许多东西,实际上也是欧拉留下的——例如,从一般二次方程的统一观点,讨论在三维空间中的圆锥截面和二次曲面,就是欧拉的。再有,年金问题及由它产生的一切(保险、养老金等等,也是由欧拉整理成现在学习"投资的数学理论"的学生们所熟悉的内容的。

欧拉作为一个通过他的著作与学生见面的教师,取得了伟大而直接的成功。正如阿拉戈指出的,他成功的原因之一是他绝不妄自尊大。如果需要一些相对来说价值较低的一般读物,来澄清较早的理论,并给人以更深刻的印象,欧拉就毫不犹豫地会去做。他不怕降低自己的名声。

甚至在创造方面,欧拉也把教授与发现结合在一起。他在1748年、1755年和1768—1770年所著关于微积分学的伟大论著(《无穷小分析引论》、《微分学原理》、《积分学原理》),立即就成了经典著作,并且在四分之三个世纪中,不断地鼓舞着想成为大数学家的年轻人。但是,正是在其关于变分法的著作(《寻求具有某种极大或极小性质的曲线的技巧》,1744年)中,欧拉第一次显示出他自己是第一流的数学家。这个题目的重要性已经在前面几章中指出。

当欧拉把力学分析化时,他向前迈出的伟大一步已如前述;我们只引证这个进展中的一个细节,即学习刚体力学的学生们都熟悉的欧拉对转动的分析。分析力学是纯数学的一个分支,因而欧拉在此处并不像他在其他一些偏于实际的工作中那样,一有机会就想要越出常轨,跑出纯计算的无垠的领域。欧拉的同代人对他的工作最严厉的批评是,他抑制不住仅仅为了分析的优美而去进行计算的冲动。他有时可能对他试图转化成计算问题的物理问题缺乏充分的了解，不知道它们是怎么回事。不过，今天用在流体力学中的流体运动的基本方程是欧拉建立的。当实际问题值得他费神时，他是能够很实际的。

欧拉分析的一个特点，必须在这里顺便提一下，因为19世纪数学的一个主要趋势与它有很大关系。这就是他认识到，除非一个无穷级数是**收敛的**，否则使用它是不可靠的。例如，通过长除法我们发现

$$\frac{1}{x-1} = \frac{1}{x} + \frac{1}{x^2} + \frac{1}{x^3} + \frac{1}{x^4} + \cdots$$

级数无限地继续下去。这里让 $x = \frac{1}{2}$，那么：

$$-2 = 2 + 2^2 + 2^3 + 2^4 + \cdots$$
$$= 2 + 4 + 8 + 16 + \cdots 。$$

对收敛的研究（将在高斯那一章中讨论）给我们揭示了如何避免像这样的荒唐事情。[也见柯西（Cauchy）那一章。]奇怪的是，尽管欧拉了解处理**无穷**过程必须慎重行事，他在他自己的许多工作中却没有遵守这条规则。他对分析的信心是如此之大，以至于他有时候会找出一个荒谬的"解释"，来使一件显然荒唐的事情站得住脚。

但是这一切都说过以后，我们还必须补充，就欧拉做出的具有头等重要意义的正确而新奇的大多数工作而言，很少有人能与他匹敌或接近他的成就。那些喜欢算术——也许不是一个很"重要"的科目——的人会提议在丢番图分析中，给欧拉一枚与费马和丢番图本人佩戴的同样大小、同等鲜艳的荣誉勋章。欧拉是数学通才中的第一个，也许是最伟大的一个。

他不仅仅是一个数学家，在文学和科学的各个方面，包括生物学方面，他的知识至少也是渊博的。而且即使在他欣赏《埃涅阿斯纪》的时候，他也禁不住会看出一个要他的数学天才去解决的问题。"锚抛下去，飞驰的船停住了。"这句诗使他着手研究船在这种情况下的运动。他的无所不

在的好奇心甚至一度吞下了占星术，但是他的行为表明，他并没有消化占星术。在1740年当他被命令用占星术给伊万王子(Prince Ivan)算命时，他有礼貌地拒绝了，指出算命属于宫廷天文学家的职权范围。可怜的天文学家不得不去做这件事。

欧拉在柏林期间的一项工作表明，他也是一个文笔优雅（虽然多少有点过于虔诚）的作家，这就是脍炙人口的《致一位德国公主的信》，这是为了给腓特烈的侄女安哈尔特-德索公主(Princess of Anhalt-Dessau)讲授关于力学、物理光学、天文学、声学等课程而写的。这些著名的信极受欢迎，汇集成书后以7种文字广为流传。公众对科学的兴趣并不像我们有时喜欢想象的那样，是最近才发展起来的。

欧拉直到临终的那一刻仍然神志清醒、思维敏捷，他享年77岁，于1783年9月18日去世。那天下午他以计算气球上升的规律消遣——像往常一样，在他的石板上计算，然后他和莱克塞尔(Lexell)及家人一起吃晚饭。"赫歇尔(Hershel)*的行星"（天王星）是新近发现的，欧拉略述了对它的轨道的计算。过了一会儿，他让人把他的孙子带进来。在与孩子玩和喝茶的时候，欧拉突然脑卒中，烟斗从他的手里掉了下来，他说了一句"我死了"，"欧拉终止了生命和计算"**。

---

* 赫歇尔(1738—1822)，英国天文学家，天王星的发现者。——译者
** 引文出自孔多塞的《赞美辞》。

第 10 章

一座高耸的金字塔

拉格朗日

18世纪最伟大、最谦虚的数学家。财产被毁给了他机会。19岁时设想出他的巨著。欧拉的高尚行为。从都灵,到巴黎,到柏林:一个感恩的私生子帮助了一个天才。在天体力学中的成就。腓特烈大帝屈尊俯就。心不在焉的婚姻。工作成为一种坏习惯。算术中的杰出大师。《分析力学》,一部不朽的巨著。方程论中的一个里程碑。在巴黎受到玛丽·安托瓦妮特的欢迎。中年时期的精神衰竭、忧郁和厌倦一切。被法国革命和一个年轻女子重新唤醒。拉格朗日怎样看法国革命。米制度量衡。革命者怎样看拉格朗日。一个哲学家怎样死亡。

我不知道。

——J·L·拉格朗日

"拉格朗日是数学科学高耸的金字塔。"这是拿破仑·波拿巴(Napoleon Bonaparte)对18世纪最伟大、最谦虚的数学家约瑟夫-路易·拉格朗日(Joseph-Louis Lagrange,1736—1813)经过斟酌的评价,拿破仑让拉格朗日当上了参议员、帝国伯爵,并授予他荣誉军团二级勋章。撒丁岛的国王和腓特烈大帝也给过拉格朗日荣誉,但是不如称帝的拿破仑那样慷慨。

拉格朗日身上混合着法国和意大利的血统,法国血统居多。他的祖父是一个法国骑兵队的队长,曾经为撒丁岛的国王查理·伊曼努尔二世(Charles Emmanuel Ⅱ)服务,他在都灵定居下来以后,与著名的孔蒂(Conti)家族联姻。拉格朗日的父亲一度任撒丁岛的陆军部司库,他与坎比亚诺一个富有的医生的独生女玛丽-泰雷斯·格罗斯(Marie-Thérèse Gros)结婚,并和她生了11个孩子。在这许多子女中,只有最小的约瑟夫-路易,出生于1736年

拉格朗日

1月25日,没有在襁褓中夭折。这位父亲是富有的,这是靠了他自己和妻子双方的继承权。但是他也是一个不可救药的投机者,到他的儿子准备继承家产的时候,已经没有什么好继承的了。拉格朗日后来把这个灾难看作在他身上发生的最幸运的事:"要是我继承了一笔财产,我也许就不会与数学共命运了。"

拉格朗日上学以后,最初的兴趣是在古典文学上,他对数学产生热情多少有点出自偶然。与他学习古典文学一致,他最早熟悉的是欧几里得和阿基米德的几何著作,这些似乎并没有给他留下多少印象。后来,哈雷(牛顿的朋友)写的一篇称赞微积分学比希腊人的综合几何方法更优越的文章,落到了年轻的拉格朗日手里,他被迷住了,改变了。在短得令人难以置信的时间内,他就完全靠自学掌握了他那时的现代分析。16岁时[根据德朗布尔(Delambre)的看法,时间可能不太准确],拉格朗日成了在都灵的皇家炮兵学院的数学教授,然后开始了数学史上最光辉的经历之一。

拉格朗日从一开始就是一个分析学者,他从来也不是几何学者。在

他身上，我们看到了在数学研究中专门化几乎要成为某种必然的第一个突出例子。拉格朗日对分析学的偏爱在他的杰作《分析力学》中强烈地表现出来，这部杰作是他作为一个19岁的少年在都灵设想出来的，但只是到了1788年他52岁时才在巴黎出版。他在前言中说："这本书中找不到图。"但是对于几何学的神明，他以些许幽默的口吻称，力学科学可以被看成四维空间的几何——三个笛卡儿直角坐标以及一个时间坐标，就足以确定一个运动的质点在空间和时间中的位置。看待力学的这种方式，自从1915年爱因斯坦把它用于他的广义相对论以来，已经非常流行了。

拉格朗日用分析解决力学问题，标志着与希腊传统的第一次彻底决裂。牛顿及其同代人和他的直接后继者们，发现图形对他们研究力学问题很有帮助；拉格朗日表明，如果从一开始就采用一般的分析方法，那就可以达到更大的灵活性和更是大得无法比拟的力量。

这个孩子气的教授在都灵给年纪都比他大的学生上课。不久他把比较有能力的人组织起来，成立一个研究学会，这个学会后来发展成为都灵科学院。科学院的第一卷论文集于1759年出版，当时拉格朗日23岁。人们通常认为，朴实而谦虚的拉格朗日，承担了由其他人发表的这些早期著作中大部分优秀的数学论文。丰塞纳（Foncenex）的一篇文章非常出色，以至于撒丁岛的国王让这个被认为是作者的人主管海军部。数学史学家们有时候感到奇怪，为什么丰塞纳再也没有达到他第一次在数学上取得成功的水平。

拉格朗日本人也提交了一篇关于极大和极小（在第4章和第8章中叙述过的变分法）的论文，他在这篇论文中允诺要在一项工作中讨论这样一个题目，他要从中推出包括固体力学和流体力学在内的全部力学。因此，拉格朗日在23岁时——实际上还要早些——就设想了他的杰作《分析力学》，它对于一般力学的作用就像牛顿的万有引力定律对于天体力学那样。在10年后写给法国数学家达朗贝尔（1717—1783）的信中，拉格朗日说他认为他自己的早期工作，他在19岁时想出来的变分法，是他的杰作。正是利用这个变分法，拉格朗日统一了力学，而且如哈密顿所说，把它处理成"一种科学的诗"。

一旦理解了拉格朗日的方法，它几乎就是平淡无奇的。正如一些人说过的那样，统治着力学的拉格朗日方程，是所有科学中从无价值的东西中得出有价值东西这种技巧的最好的例子。但是如果细想一下，我们就会明白，任何一个科学原理若普遍到能将整个巨大的现象世界统一起来，那么它**必定**是简单的：只有某个至为简单的原理，才能统治五花八门的大量问题，这些问题仔细看来似乎是彼此孤立的且各具特征的。

在同一卷都灵论文集中，拉格朗日向前迈出了另外一大步：他把微分学应用到概率论。但看来这些对这个23岁的年轻巨人还不够，他又在声音的数学理论方面彻底超过了牛顿，他认为，在沿着直线逐点传递的冲击作用下，所有空气粒子的行为是沿直线运动的，从而把这一理论归纳在弹性力学的系统（而不是流体力学）下。在同一个大方向上，他还解决了一个在主要数学家之间争吵了多年的莫衷一是的问题，这场争论是关于振动弦的数学公式的正确表示——整个振动理论中的一个极为重要的问题。拉格朗日在23岁时就被公认为与那个时代最伟大的数学家——欧拉和伯努利们——并驾齐驱。

欧拉总是非常宽厚地欣赏他人的工作。他对待他的年轻的竞争者拉格朗日的态度，是科学史上无私的一个最美好的例子。拉格朗日19岁时把自己的一些著作送给欧拉，这位著名的数学家立刻看出了它们的价值，他鼓励这个才气焕发的年轻的初学者继续做下去。当4年后，拉格朗日写信把解决等周问题的真正方法（变分法，在伯努利家族那一章中描述过）告诉欧拉时，欧拉写信给这个年轻人，说新方法解决了他的困难，因为在这以前，欧拉使用他的半几何的方法，困惑了多年却未能解决这个问题。欧拉没有立刻发表他寻求已久的解答，一直等到拉格朗日能够先发表他的解答,"这是为了不剥夺应该归于你的光荣。"

不管在私人信件上怎样奉承,对拉格朗日也不能有什么帮助。欧拉认识到这一点,在发表他的著作(在拉格朗日的著作发表之后)时,就故意说他是怎样被困难挡住了,在拉格朗日指出克服困难的途径之前,它们是难以逾越的障碍。最后,欧拉使拉格朗日在23岁这个不寻常的年轻年龄,就当选为柏林科学院的外籍院士(1759年10月2日),拉格朗日的地位也得以确定。国外的这一正式承认,给拉格朗日在国内以很大帮助。欧拉和达朗贝尔计划要拉格朗日到柏林去,这部分是出于他们个人的缘故,他们很想看到他们这位才华出众的年轻朋友作为宫廷数学家在柏林就职。经过长时间的磋商,他们成功了,腓特烈大帝在这件事情的整个谈判中稍微上了点当,不过他仍旧像孩子般(但是无可非议地)高兴。

必须顺便提一下达朗贝尔,他是拉格朗日的忠实朋友和慷慨的钦佩者。即便只是为了他性格的一个方面,即与势利的拉普拉斯(我们将在后面谈到他)的令人愉快的对比,也该提一提他。

让·勒隆德·达朗贝尔(Jean le Rond d'Alembert)得名于紧靠巴黎圣母院的圣让·勒隆德小教堂。达朗贝尔是谢瓦利埃·德图什(Chevalier Destouches)的私生子,被他的母亲遗弃在圣让·勒隆德教堂的台阶上。教区负责人把这个弃儿交给了一个贫穷的装玻璃工人的妻子,她把这孩子当做自己的孩子抚养。根据法律,谢瓦利埃被迫出钱供他的私生子受教育。达朗贝尔的亲生母亲知道他在那里,当这孩子开始显露出天才的迹象时,她派人去找他,希望能说服他回到自己身边。

"你只是我的继母(在英语中这是一句很好的双关语*,但在法语中不是),"这孩子告诉她,"装玻璃工人的妻子才是我真正的母亲。"他就这样抛弃了他自己的生母,就像她曾经抛弃了她的亲骨肉一样。

当达朗贝尔在法国科学界出了名,成了大人物时,他报答了装玻璃工

---

* 英语stepmother一词,除"继母"外还有"不疼爱孩子的母亲"之意。——译者

和他的妻子,使他们不至于生活困难(他们愿意继续住在他们简陋的寓所里),他总是很骄傲地说他们是他的双亲。虽然我们没有篇幅把他和拉格朗日分开考虑,可是必须提到,达朗贝尔是第一个给悬而未决的岁差问题以完整解答的人。他最重要的纯数学工作是在偏微分方程方面,特别是与弦振动有关的偏微分方程。

达朗贝尔鼓励他谦虚而年轻的通信者去解决困难而重要的问题。他站出来让拉格朗日适当注意自己的健康——他自己身体不好。事实上,拉格朗日在16岁到26岁期间的过度用功已影响了他的消化系统,他在这以后终生迫使自己严格遵守纪律,特别是在过度工作方面。达朗贝尔在他的一封信中,训斥这个年轻人用茶和咖啡提神;在另一封信中,他悲伤地让拉格朗日注意一本新出版的关于学者的疾病的书。对所有这些来信,拉格朗日总是不在意地答复他,仍然自我感觉很好,仍然像疯子一样工作。最后他为此付出了代价。

拉格朗日的经历在一个方面与牛顿有奇特的相似之处。到中年时期,持续专注于头等重要的问题使拉格朗日的热情锐减,虽然他的头脑仍像以前一样强有力,但他开始对数学冷淡起来。他在刚刚40岁时,便写信给达朗贝尔:"我开始感到我的惰性在一点一点地增加,我怀疑能否从现在起我还能再干10年数学。而且我还觉得,这个矿井已经太深了,除非发现新矿脉,否则就不得不抛弃它了。"

当拉格朗日写这封信时,他生着病,而且很忧郁。然而就他来说,这封信表达了真实的情况。达朗贝尔的最后一封信(1783年9月)是在他去世前一个月写的,他在信中把早年的忠告颠倒了过来,劝告拉格朗日以工作作为对他心理上的疾病的唯一治疗:"看在上帝的面上,不要放弃工作,工作对于你是一切消遣中最有效的消遣。再见吧,也许这是最后一次了。多少记住这个在世界上最爱护你,最尊敬你的人吧。"

对数学来说幸运的是,自从达朗贝尔和欧拉设法把拉格朗日弄到柏林来之后，经过了辉煌的20年，拉格朗日才出现最糟糕的沮丧以及由此产生的不可避免的推论：没有哪一种知识是人类值得为之奋斗的。拉格朗日在去柏林以前考虑和解决的大问题中，有月球的天平动问题。为什么月球总以同一面向着地球——在一些能够说明原因的微小不规则的范围内？需要从牛顿万有引力定律推导出这一事实。这个问题是著名的"三体问题"之一——这里是地球、太阳和月球，这三个天体根据与重心之间距离平方成反比的定律互相吸引。[当我们讲到庞加莱（Poincaré）时，还要再谈到这个问题。]

由于对天平动问题的解答，拉格朗日获得了1764年法国科学院的大奖——那时他只有28岁。

在这个辉煌胜利的鼓舞下，科学院又提出了一个更困难的问题，拉格朗日解决了它，在1766年再次获得大奖。在拉格朗日那个时代，只发现了木星的四颗卫星。这样，木星体系（它本身、太阳和它的卫星）构成了一个六体问题。要找到一个适宜于实际计算的**完整的**数学解答，甚至在今天（1936年）也不是我们力所能及的。但是通过应用近似方法，拉格朗日在解释所观察到的运动的不均等方面取得了显著的进展。

牛顿理论的这类应用是拉格朗日整个活跃的一生的主要兴趣之一。1772年，他由于三体问题的论文再次获得巴黎大奖，1774年和1778年，他就月球运动和彗星摄动也取得了同样的成就。

这些惊人成就中较早的一项成就，促使撒丁岛的国王负担起了1766年拉格朗日去巴黎和伦敦的旅费，拉格朗日这时30岁。按照计划，他应该陪同撒丁岛驻英国公使卡拉乔利（Caraccioli）去英国，但是到达巴黎后，拉格朗日病得很严重——这是用丰富的意大利菜肴欢迎他的过于丰盛的宴会的结果，他被迫留在了巴黎。在巴黎期间，他和知识界所有知名人士见了面，其中也包括后来被证明是极有价值的朋友马里神父（Abbe Marie）。这个宴会打消了拉格朗日想住在巴黎的念头，他一能旅行，就急切地返回都灵。

最后，在1766年11月6日，拉格朗日30岁时，腓特烈这位"欧洲最伟大的国王"——他就这样谦逊地称呼自己——欢迎他去柏林，腓特烈会因为在他的宫廷中有"最伟大的数学家"而感到荣幸。至少最后一点是事实，拉格朗日成了柏林科学院物理学—数学部主任，以后的20年里，科学院的学报中充满了他的一篇接着一篇的伟大论文。他没有被要求授课。

一开始，这位年轻的主任发现他自己处于一种多少有些微妙的地位。德国人对于把外国人置于他们之上很自然地感到愤慨，他们有意以近乎冷冰冰的礼貌对待腓特烈引进的这位外国人。事实上他们常常是十分无礼的。但是拉格朗日不仅是一个第一流的数学家，他还是一个善于体谅人的、有礼貌的人，具有知道什么时候应该保持缄默的罕见才能。在写给可以信赖的朋友的信中，他可以非常坦率，甚至在谈到耶稣会会士时也是如此，他和达朗贝尔似乎都不喜欢耶稣会会士。在写给各学术协会的关于其他人的研究工作的正式报告中，他也是相当直率的。但是在他的社交接触中，他留心自己的言行举止，避免冒犯他人，甚至在有正当理由的情况下也不冒犯别人。在他的同事们习惯了他的存在以前，他一直不介入他们的事情。

拉格朗日不喜欢争论的天性，对他在柏林期间很有帮助。欧拉冒失地从一个宗教的或哲学的争论闯进另一个争论；拉格朗日在受到紧逼和压力时，总是以他诚恳的惯用的话"我不知道"开始他的回答。但是当他自己坚信的东西受到攻击时，他知道怎样进行有力而合理的防御。

欧拉对他一无所知的哲学问题的饶舌，有时惹恼了腓特烈，拉格朗日大体上是倾向于同情腓特烈的。他写信给达朗贝尔说："我们的朋友欧拉是一个伟大的数学家，但却是一个很糟糕的哲学家。"另外一次，他在说到欧拉在著名的《致一位德国公主的信》中流露出虔诚的道德说教时，给这些信起了个绰号，叫做正统的"欧拉对《启示录》的注释"——附带着间接暗示牛顿在对自然哲学失去兴趣时让自己流于轻率。"这是难以置信的，"拉格朗日谈到欧拉时说，"他在形而上学方面竟会这样平庸幼稚。"他又说到自己，"我对争论极其反感。"当他确实在他的信中进行哲理探讨时，那是用一种在他发表的著作中完全没有的、出人意料的讥诮语气，正如他说，"我总是注意到，人们对自己的估价与他们的价值恰恰成反比；这是伦理学的公理之一"。在宗教问题上，如果说拉格朗日还有什么信仰的话，那么他是个不可知论者。

腓特烈对于拉格朗日得奖感到很高兴，和他一起友好地度过了不少时光，并且详细说明有规律生活的好处。拉格朗日与欧拉的对比，使腓特烈感到特别高兴，这位国王已经被欧拉过于明显的恭顺和缺乏宫廷世故惹恼了。他甚至到了称可怜的欧拉为"一个丑陋的独眼数学家"的地步，因为欧拉那时只有一只眼睛失明。腓特烈用散文和诗句抒发他对达朗贝尔的感谢之情。"全靠你的费心和你的推荐，"他写道，"我得以在我的科学院中由一个有两只眼睛的数学家代替了一个只有一只眼睛的数学家；这对于解剖学部是特别令人高兴的。"尽管说了这样的俏皮话，腓特烈却不是一个坏人。

拉格朗日在柏林安顿下来不久，就派人去都灵把他的一个年轻的女亲戚接来，并同她结了婚。关于这件事是怎样发生的，有两种说法。一种说法是，拉格朗日曾和这个姑娘以及她的双亲住在同一栋房子里，他对她买东西产生了兴趣。拉格朗日谨慎的天性中有一种节俭的倾向，他认为这姑娘奢侈，而又为自己的这种想法感到生气，就亲自为她买了缎带。从那以后，他就不得不与她结了婚。

另一种说法可以从拉格朗日的一封信中推测出来——这封信肯定是一个被认为痴情的年轻丈夫所表露出的最奇怪的冷漠自白。达朗贝尔开他朋友的玩笑说："我明白你已经采取了我们哲学家所说的决定命运的断然行动……一个大数学家首先应该知道怎样计算他的幸福，所以我不怀疑,在完成了这个计算之后,你的解答是结婚。"

拉格朗日要么是把这看得极为认真,要么是以他自己的玩笑来对付达朗贝尔——并且成功了。达朗贝尔对于拉格朗日在信中没有提到他的结婚表示吃惊。

"我不知道我是计算错了还是对了,"拉格朗日回答说,"或者说得更确切些,我根本不认为我曾经计算过;因为我本来可以像莱布尼茨那样做,他虽然不得不仔细考虑,可从来没有下过决心。我向你承认,我从来不喜欢结婚……但是环境决定我得找一个年轻的女亲戚照顾我和我的全部事务。如果说我忘记了通知你,那是因为在我看来这整个事情本身就没有什么意思,不值得费事通知你。"

当妻子因为疾病缠身而衰弱下去时,事实证明这桩婚姻原来对双方都很幸福。拉格朗日放弃睡眠,亲自照顾她,她死时他悲痛欲绝。

他在工作中寻找安慰。"我的事情减少到只是在安静和沉默中从事数学工作。"然后他告诉达朗贝尔使得所有的工作圆满的秘诀,这是他急躁的后继者们望尘莫及的。"由于我不是被迫的,我工作更多是为了消遣,而不是出于责任,我就像那些盖房子的大贵族:我盖了拆,拆了盖,直到我对自己的结果还算满意为止,而这是极少发生的。"另外一次,在抱怨过度工作引起生病之后,他说休息对他来说是不可能的:"我有一个坏习惯,总要重写几次我的论文,直到我感到满意为止,这个习惯也使我不可能停下来休息。"

拉格朗日在柏林的20年期间,他的主要努力并不都是在从事天体力学和推敲他的杰作。有一个枝节问题——涉及费马的领域——特别有趣,因为它可以指出算术中一些看来简单的事情所固有的困难。我们看到,即使是伟大的拉格朗日,也为了他的算术研究煞费苦心,花去了意想不到的力气。

在1768年8月15日,他写信给达朗贝尔,"最近几天我一直在用一些算术问题来使我的研究有点变化,我向你保证,我发现的困难比我预期的多得多。例如,这就是我费了很大力气才得出解答的一个问题。已知任一不是平方数的正整数n,试求一个整数的平方x^2,使nx^2+1也是一个平方数。这个问题在方幂理论[今天的**二次型**,将在高斯那一章叙述]中很重要,而[方幂]在丢番图分析中是主要的研究对象。另外,我这一次发现了一些美妙的算术定理,如果你想知道,我下次写信告诉你。"

拉格朗日论述的问题有一个可以追溯到阿基米德和印度人的漫长历史。拉格朗日使nx^2+1成为一个方幂的第一流的论文,是数论中的一个里程碑。他也是首先证出了费马和约翰·威尔逊(John Wilson,1741—1793)的一些定理的人,威尔逊曾经说过,如果p是任意的素数,那么把1,2,…直到$p-1$这些数都乘起来,再给积数加1,得数可以被p整除。如果p不是素数,则上述定理不成立。例如,如果$p=5$,$1×2×3×4+1=25$。这可以用初等推理证明,是高级算术智力测验题之一*。

达朗贝尔在回信中说,他相信丢番图分析可以被用在积分学中,但是他没有详细说明。非常令人惊奇的是,在19世纪70年代,俄国数学家G·佐洛塔廖夫(G. Zolotareff)实现了这一预言。

拉普拉斯也有一段时间对算术感兴趣,他告诉拉格朗日,费马那些未证明的定理的存在,既是法国数学界的一项最大的光荣,也是它最明显的污点,抹去这个污点是法国数学家的责任。但是他预见到了要碰到极大的困难。在他看来,麻烦的根源在于,还没找到能够解决**离散**问题(那些最终处理1,2,3,…的问题)的一般工具,就像对于连续问题的微积分学那样的工具。达朗贝尔也谈到了算术,说他发现它"比初看上去要困难些"。像拉格朗日和他的朋友们这样的数学家的这些经验,可能暗示着算

---

* 这里引证一位西班牙绅士的可笑的"证明"是非常有趣的。$1×2×\cdots×n$的习惯的缩写记号是$n!$。现在$p-1+1=p$可以被p整除,加上感叹号:$(p-1)!+1!=p!$。右边又可以被p整除;因此$(p-1)!+1$可以被p整除。不幸的是,即便p不是一个素数,这个证明也同样成立。

术真是很困难的。

拉格朗日的另一封信(1769年2月28日)记述了这件事的结果。"我谈到过的问题让我花了比我预想的要多得多的时间；但是最后我很高兴地结束了，我相信我实际上已经完全解决了两个未知数的二元二次不定方程的问题。"他在这里是太乐观了；高斯还没有发言——他的父母还要7年时间才能相遇。在高斯出生前两年(1777年)，拉格朗日以一种悲观的语气回顾他的工作："算术研究是让我最费脑筋的，也许是最没有价值的研究。"

当拉格朗日心情好的时候，他极少错误地估价他工作的"重要性"。他在1777年写信给拉普拉斯，"我总是把数学看作消遣的对象，而不是野心的对象，我向你保证，我欣赏他人的工作更甚于我自己的工作，我总是不满意自己的工作。由此你就会看到，要是你由于你的成功而免除了嫉妒，我由于自己的性格也是如此。"这是对拉普拉斯的一个有几分傲慢的声明的答复，拉普拉斯宣称，他从事数学工作只是为了要满足他自己超群的好奇心，丝毫不在乎"民众"的称赞——就他而言，这种称赞在一定程度上不过是胡言乱语。

1782年9月15日写给拉普拉斯的一封信，具有很大的历史意义，因为它宣告了《分析力学》的完成："我差不多已经完成了一部分析力学论，它完全以一篇附带论文的第一节中的原理和公式为基础写成；但是因为我不知道我什么时候或在什么地方能把它印出来，所以我不急于完成最后的润色。"

勒让德(Legendre)承担了这部著作出版前的编辑工作，拉格朗日的老朋友马里神父最后说服了一个巴黎出版商以名誉来冒一次风险。只是在这位神父同意在某一预定日期之后买下所有未卖出的存书时，这个精明的家伙才同意出版这本书。直到1788年，拉格朗日已经离开柏林以后，该书才得以出版。书送到他手里时，他已经变得对一切科学和一切数学都很淡漠了，他甚至没有劳神去打开这本书。就算告诉他印刷商可能已经出版了它的中译本，他也不会在乎。

拉格朗日在柏林期间的一项研究，对于现代代数的发展具有最高度的重要性，这就是1767年的论文《关于数值方程的解》以及附带关于方程的代数可解性的一般问题的讨论。也许拉格朗日在方程的理论和解答方面的研究所具有的最重要的意义在于，它们对19世纪初主要代数学家们的启迪。我们会多次看到，最终解决了那个使代数学家们困惑了3个世纪或更长时间的问题的人们，回到拉格朗日的工作中去寻求想法和灵感。拉格朗日本人并没有解决主要困难——为一个已知方程的代数可解性确定充分必要条件，但是在他的工作中能够找到解答的萌芽。

由于这个问题是整个代数中能够简明叙述的那些主要事物之一，我们不妨顺便提一提它。它将在19世纪的一些大数学家——柯西、阿贝尔、伽罗瓦、埃尔米特、克罗内克以及其他一些人——的工作中多次再现。

首先应该强调指出，解数字系数的方程不存在任何困难。如果方程是高次的，比如说

$$3x^{101} - 17.3x^{70} + x - 11 = 0$$

那么工作量可能非常大，但有许多已知的简单方法，可求出这一**数值**方程的根，且可达到任何指定的精确度。这样的方法有些是中学代数课程的一部分。但在拉格朗日时代，提出解数值方程达到指定精确度的统一方法，却非易事——如果有的话。拉格朗日提出了一个这样的方法。它在理论上符合要求，但很不实用。今天碰到数值方程的任何一个工程师，都不会想到去用拉格朗日的方法。

当我们寻找一个有着**字母**系数（比如说 $ax^2 + bx + c = 0$，或 $ax^3 + bx^2 + cx + d = 0$，等等）的、高于三次的方程的**代数**解时，真正重要的问题就出现了。所要求的是用**已知**的 $a, b, c, \cdots$ 表达**未知数** x 的一组公式，使得当把这些 x

的表达式中的任意一个代入方程的左边时,将化为零。对于一个 n 次方程,未知量 x 恰好有 n 个值。这样,对于上边的二次方程,就有两个值:

$$\frac{1}{2a}(-b+\sqrt{b^2-4ac}),\ \frac{1}{2a}(-b-\sqrt{b^2-4ac})$$

用它们代替 x 就能使 ax^2+bx+c 化为零。**在任何情形,所需要的 x 的值都只经过有限次的加、减、乘、除和开方就可以用 $a,b,c,\cdots$ 表示出来**。这就是问题。它可解吗? 可解的答案在拉格朗日死后约 20 年才得出,但其思路可以很容易地在拉格朗日的工作中找到。

作为通向一个广泛理论的第一步,拉格朗日详尽地研究了他的前辈们就四次以下的一般性方程给出的所有解答,并且成功地表明,得出那些解答的所有技巧都可以用一种统一的程序来代替。这个一般方法的一个细节就包含了所提到的思路。假定我们有一个包括字母 $a,b,c,\cdots$ 的代数表达式:如果在它里面的字母以所有可能的方式进行交换,那么我们从这个假定的表示中能够得出多少种**不同的**表示呢? 例如,在 $ab+cd$ 中交换 b 和 d,我们得到了 $ad+cb$。这个问题隐含着另一个与它密切相关的问题,也是拉格朗日正在寻找的部分线索。怎样交换字母可以保持给定的代数式的值**不变**(不改动)呢? 这样,交换 a 和 b,$ab+cd$ 就变成了 $ba+cd$,由于 $ab=ba$,它们是一致的。**有限群论**就从这些问题中产生了出来,人们发现它是打开代数可解性问题的钥匙。当我们讲到柯西和伽罗瓦时,它还会再现。

在拉格朗日的研究中还出现了另一个重要事实。在解二、三、四次一般代数方程时,方程的解依赖于另一个比所讨论的方程**次数低**的方程的解。此解法对于二、三、四次方程是很美妙而且统一的,但是当试图把同一方法用到五次方程

$$ax^5+bx^4+cx^3+dx^2+ex+f=0$$

时,**预解方程**不是**低于五次**,而变成六次的了。这样,一个更难解的方程代替了已知的方程。**对二次、三次、四次运用的方法对五次就不适用了**,

道路被堵死了,除非有某种方法绕过棘手的六次。事实上,我们会看到没有任何避开困难的方法。这就好像试图用欧几里得的方法化圆为方,或者三等分一个角。

腓特烈大帝去世(1786年8月17日)后,对非普鲁士人的憎恨和对科学的冷淡,使得拉格朗日和他在科学院中的外国同事无法在柏林待下去了,他请求辞职。他得到了许可,条件是他在若干年内继续把他的论文寄给科学院的学报,拉格朗日同意了这个条件。他很高兴地接受了路易十六(Louis XVI)的邀请,作为法国科学院的成员在巴黎继续他的数学工作。当他在1787年到达巴黎时,他受到了王室和科学院最尊敬的接待。在卢浮宫给他安排了舒适的寓所,他在那里一直住到大革命时期,他成了玛丽·安托瓦内特(Marie Antoinette)——那时离她上断头台*还有6年——特别宠信的人。玛丽大约比拉格朗日年轻19岁,但她似乎理解他,尽她所能地减轻压倒他的消沉。

拉格朗日在51岁时感到他已经完结了。这是长时期连续过度工作造成的神经衰弱的明显症状。巴黎人发现他在谈话中温和而有礼貌,而且从不争先。他说得很少,显得心不在焉,非常忧郁。在拉瓦锡(Lavoisier)邀请的科学人士的聚会上,拉格朗日会站在那儿茫然若失地凝视着窗外,他的背影对那些前来向他表示敬意的客人们,是一幅黯淡而冷漠的画。他自己说他的热情消失了,他对数学不再感兴趣了。如果他被告知某个数学家在从事一项重要的研究,他会说:"那就更好了;我开始了它,我没有必要完成它。"《分析力学》放在他的书桌上,没有打开达两年之久。

拉格朗日厌倦了与数学有关的一切,他现在转向他认为他真正感兴趣的东西——就像牛顿在《原理》之后的作为:玄学、人类思想的发展、宗教史、语言的一般理论、医学、植物学。在这些杂七杂八的东西上,他以渊

---

* 玛丽·安托瓦内特(1755—1793)为法国王后,路易十六之妻,法国大革命中她与丈夫一道被捕,并先后被暴动的民众处死。——译者

博的知识和他对数学以外的东西的深刻洞察力使他的朋友感到吃惊。那时化学正在迅速成为一门科学——它之所以与先前的炼金术截然不同，主要是因为拉格朗日的密友拉瓦锡（1743—1794）的努力。在某种任何学习初等化学的学生都能理解的意义上，拉格朗日宣称，拉瓦锡已经把化学变得"像代数一样容易了"。

至于数学，拉格朗日认为它已经结束了，或者至少进入了一个衰落的时期。他预见化学、物理学和一般的科学将成为对第一流的头脑最有吸引力的领域。他甚至预言，数学在科学院和大学中的位置，不久就会跌落到像阿拉伯语那样平凡的水平。在某种意义上他是对的。要是没有高斯、阿贝尔、伽罗瓦、柯西，以及其他一些人给数学注入新的思想，牛顿推动的浪潮到1850年就会消失。幸运的是，拉格朗日活得够长，能在有生之年看到高斯令人满意地开始了他的伟大的事业，并且认识到自己的预言是没有根据的。当我们今天想到1800年以前的最光辉的时代只不过是现代数学的黎明，我们现在正处在晨曦初露的时刻，还不知道正午是什么情景——如果会有这么一个中午的话，我们可以对拉格朗日的悲观付诸一笑；我们可以从他的事例中学会避免预言。

大革命打破了拉格朗日的冷漠，激励他对数学的兴趣再次活跃起来。为了便于查考，我们可以记住1789年7月14日，即攻陷巴士底狱这个日子。

当法国的贵族和科学界人士终于认识到他们必定会遭遇到什么时，他们极力劝告拉格朗日返回柏林，那里等着欢迎他。没有人会反对他的离去。但是他拒绝离开巴黎，说他宁愿留下来，把这场"试验"看完。他和他的朋友们都没有预见到恐怖时代，当它到来的时候，拉格朗日痛悔不该留下来，但要逃走却为时已晚。他并不为自己的生命担惊受怕。首先，作为半个外国人，他是相当安全的；其次，他并不十分看重自己的生命。但是令人厌恶的残忍行为使他作呕，几乎摧毁了他剩下的那一点儿对人类天性和常情的信念。当一个接着一个的暴行使他震惊地认识到,他不该留在这里目击一场革命的不可避免的恐怖,他一直提醒着自己,"*Tu l'as voulu*"("这是你自找的")。

革命党人要更新人类和改造人性的庞大计划使他寒心。当拉瓦锡走上断头台——要是仅仅作为一个社会正义的问题,他无疑该受这样的惩罚——时,拉格朗日表示了他对这个愚蠢的死刑的愤慨:"他们只要一刹那就可以使这颗头颅落地,而要产生出和他同样的头脑或许100年也不够。"但是当有人力主以这个大化学家对科学的贡献作为饶他一命的合情合理的理由时,充满义愤的、受压迫的市民们肯定地对税款包收人拉瓦锡说:"人民不需要科学。"他们也许是对的。可是没有化学,连肥皂也不可能有。

尽管拉格朗日的整个工作生涯实际上一直是在皇室保护下度过的,但他并不同情保皇党人,也不同情革命党人。这两方面都无情地侵犯了文明,他公正而明确地站在文明的中间地带。他能够同情受着超出人类忍耐力的压迫的人民,希望他们在争取体面的生活条件的斗争中取胜。但是他太实际了,人民的领袖们提出的改变人类不幸的空想计划,不能打动他,他拒绝相信制造出这样的计划是人类头脑之伟大的不容置疑的证据,就像把人送上断头台的狂热的刽子手宣称的那样。"如果你想看看人类头脑的真正伟大,"他说,"去牛顿的书房,看看正在分解白光或者揭示世界体系的牛顿吧。"

他们对待他异常宽容,颁布了一道特别法令,给他以"生活津贴"。当滥发纸币造成的通货膨胀把津贴贬到一文不值时,他们委派他在发明委员会供职,以弥补他用度的不足,还委派他在造币委员会供职。当巴黎师范学校在1795年创办起来(第一次只存在了很短的时间)时,拉格朗日被任命为数学教授。师范学校关闭后,在1797年成立伟大的巴黎综合工科学校时,拉格朗日规划出数学课程,任第一位教授。他被找来给程度很差的学生上课，而在这以前他从未教过课。拉格朗日适应了他的未经训练的学生，带领他的学生们经过算术、代数到达分析，他似乎更像学生中的一员，而不像他们的教师。那个时代最伟大的数学家，成了一个伟大的数学教师——为拿破仑的那一群凶猛的年轻军事工程师们在征服欧洲中发挥作用进行了准备。什么都知道的人不能教书的神圣迷信被打破了。拉格朗日远远超出了教学大纲，在他的学生们眼前发展起了新数学，不久，学生们自己也参加了这个发展。

这样产生的两本著作，对19世纪前30年的分析学产生了很大影响。拉格朗日的学生们发现无穷小和无穷大的概念很难掌握，而传统形式的微积分学充满了这些概念。为了克服这些困难，拉格朗日试图不用莱布尼茨的"无穷小"和牛顿的极限的特殊概念发展出微积分学。他自己的理论发表在《解析函数论》（1797年）和《函数的微积分学教程》（1801年）这两部著作中。这些著作的重要性不在数学上，而在于它们推动了柯西和其他一些人去创立一种令人满意的微积分学。而拉格朗日自己却完全失败了，但是在这样说的时候，我们必须想到，甚至在我们自己的时代，拉格朗日未能成功解决的困难也还没有被完全克服。他的著作是值得人们注意的尝试，在那个时代是令人满意的。如果我们自己的著作的生命力有他的著作那样长久，我们就干得很好了。

拉格朗日在大革命时期最重要的工作，是他在完善米制度量衡中所起的主导作用。正是由于拉格朗日的冷嘲和见地，才没有选择12，而是选择了10作为基数。12的"优点"是显然的，直到今天还出现在极热心的宣传者们给人以深刻印象的论文中，他们距离异想天开只有毫厘之差。把基数12加在我们十进制的数系上，就像在一个五边形孔中放进一个六角形的木钉。为了说明12的不合理性，甚至使想法古怪的人也能信服，拉格朗日提出11也许更好——**任何素数**都有使数系中的所有分数都具有相同公分母的优点。缺点是非常多的，对任何懂得短除法的人都很明显。委员会了解了要点，坚持以10为基数。

拉普拉斯和拉瓦锡在委员会刚组建时也是其成员，但是三个月后，他们与其他人一起被"清除"了出去。拉格朗日仍然担任主席。"我不知道他们为什么留下了我"，他说，他不太明白他沉默的天赋不只是保住了他的职位，也救了他的命。

尽管拉格朗日做了许多有意义的工作，他仍然是孤独的，近乎消沉。在他56岁的时候，一个几乎比他小40岁的年轻姑娘把他从这种介乎生死之间的衰退状态中挽救了出来，她是他的朋友天文学家勒莫尼耶（Lemonnier）的女儿。她被拉格朗日的不幸触动了，坚持要同他结婚。拉格朗日让步了，与所有掌管男女常情的规律相反，这场婚姻的结果很理想。这位年轻的妻子不仅是忠实的，而且也是称职的。她把让丈夫说出心里话和重新唤起他对生活的希望，作为自己生活的目的。在拉格朗日这方面，他也很高兴地作了许多让步，陪着他的妻子去参加舞会，那是他自己从来想不到要去的地方。不久，只要她不在他视野内的时间长一点，他就受不了，在她短暂外出——买东西——的时间，他是很可怜的。

拉格朗日即使在他新的幸福中，也仍然保持着对生活极为客观的态度，保持着对他自己的愿望的绝对诚实。"我的第一次婚姻没有孩子，"他说，"我不知道是否我的第二次婚姻会有孩子，我几乎不指望了。"他坦白而真挚地说，在他所取得的全部成功中，他最珍视的是找到了他年轻的妻子这样温柔和忠实的伴侣。

法国人给了他大量的荣誉。这个曾经是玛丽·安托瓦内特非常宠信的人，现在成了那些把她处死的人们的偶像。1796年，法国吞并了皮埃蒙特，塔列朗（Talleyrand）奉命郑重其事地去拜访仍然住在都灵的拉格朗日的父亲，告诉他："你的儿子，由于他的天才，给全人类带来了荣誉，皮埃蒙特为产生了他感到骄傲，法国为拥有他感到骄傲。"当拿破仑在他的两次战役之间转到内政上时，他经常与拉格朗日谈论近代的哲学问题和数学在现代国家中的作用,他对这个谈吐柔和的人极为尊敬,这个人总是想好了才说,从来也不固执己见。

在他平静谨慎的外表下,拉格朗日隐藏着一种有时出人意料地闪现一下的讽刺的机智。有时他的讽刺是那么微妙,以至于比较粗俗的人——拉普拉斯就是一个——在这种讽刺是针对他们的时候竟然听不懂。一次在为实验和观测辩护,以防止胡思乱想和含糊的推理时,拉格朗日说:"这些天文学家是很奇怪的;他们不相信一种理论,除非这种理论与他们的观测相吻合。"有人注意到他在一次音乐会上着迷得忘了一切,问他为什么喜欢音乐。他回答说:"我听了头三个小节;在第四小节我就什么也辨别不出来了;我完全沉浸在自己的思想中;没有什么东西能妨碍我。正是这样,我解决了不止一个困难的问题。"甚至他对牛顿的真诚敬意,也带有一点儿同样温和的讽刺味道。"牛顿,"他说,"无疑是**特别有**天赋的人,但是我们必须承认,他也是最幸运的人:找到建立世界体系的机会只有一次。"他又说:"牛顿是多么幸运啊,在他那个时候,世界的体系仍然有待发现呢!"

拉格朗日在科学方面的最后努力,是为《分析力学》出第二版而作的修正和增补。虽然他已年逾70,他过去的全部力量又回到了他身上。他恢复了以前的习惯,连续不停地工作,可很快发现他的躯体不再顺从大脑的指挥了。不久他开始出现一阵阵的昏厥,特别是在早上起床的时候。一天,他的妻子发现他躺在地上不省人事,摔倒时头部碰在了桌子边上,伤得很厉害。在那以后,他放慢了速度,但仍然继续工作。他知道他的病是严重的,但这没有打乱他的安详;拉格朗日终生像哲学家希望的那样,听天由命地生活。

拉格朗日去世的前两天,蒙日(Monge)和其他一些朋友得知他快死了,所以希望告诉他们一些有关他的生平的事情,就去拜访他。他们发现他暂时情况不错,只是失去了记忆力,这使他忘记了想要告诉他们的事情。

"我昨天病得厉害,我的朋友们,"他说,"我感到我要死了,我的身体在一点一点地虚弱下去,我的智力和体力正在慢慢死亡,我注意到我的力气逐渐减小的进程,我已接近死亡,既没有悲伤也没有遗憾,这只是非常温和的衰竭。噢,死亡并不可怕,当它没有痛苦地到来时,它是最后一个且并非令人不快的功能。"

他相信生命的位置在所有的器官中,在机体的整体中,而在他的情况下,这个机体所有的零件都同样衰竭了。

"再过一会儿,哪儿也不会有机能了,死亡无所不在;死亡只是躯体的完全安眠。"

"我希望死,是的,我希望死,我在死亡中发现了一种愉悦。但是我的妻子不希望我死。在这样的时刻,我竟宁愿有一个不是这样好的、不是这样热切地想恢复我的活力的妻子,那样的妻子会让我平静地死去。我过完了我的一生;我在数学方面得到了一些名声。我从不恨任何人,我没做过什么坏事,这样死去会是很好的;但是我的妻子不希望我死。"

他的愿望很快就实现了。他的朋友们离去以后不久,他昏了过去,再没有醒过来。1813年4月10日凌晨他去世了,终年76岁。

第 11 章

从农民到势利小人

拉普拉斯

像林肯一样谦逊,像晨星一样骄傲。冷淡的接待和热烈的欢迎。拉普拉斯雄心勃勃地解决太阳系的问题。《天体力学》。他对自己的估计。别人对他的看法。物理学中的"位势"基本原理。拉普拉斯在法国大革命中。与拿破仑的亲密关系。拉普拉斯的政治现实主义胜过拿破仑的政治现实主义。

自然的一切结果都只是数目不多的一些不变规律的数学结论。

——P·S·拉普拉斯

皮埃尔-西蒙·德·拉普拉斯侯爵(Marquis Pierre-Simon de Laplace,1749—1827)出生时不是农夫,死时也不是势利小人。然而就二阶小量的范围而言,他辉煌的一生包含在所指出的这一极限内,正是从这个近似的观点出发,他作为人性的一个例子是极为有趣的。

作为一个数学天文学家,拉普拉斯被公正地称为法国的牛顿;作为一个数学家,他可以被看作概率论现代形式的奠基人。在人性方面,他也许是对高贵的追求必然使人的品格高贵这种教育学迷信进行最明显驳斥的人。然而,尽管有各种各样引人发笑的缺点——他对头衔的贪婪,在政治上的随风倒,以及渴望得到公众的尊重,成为不断变化的注意的中心而出

拉普拉斯

风头——拉普拉斯的性格中也有真正伟大的因素。我们可以不相信所有他说过的为真理而献身的话,他煞费苦心,吟咏他简洁的遗言"我们知道的不多,我们不知道的无限",我们可以对这番苦心付之一笑——他试图把牛顿关于在海边玩耍的孩子的话套入一个简短的警句,但是我们不能否认拉普拉斯对不知名的初学者的慷慨,他对他们绝不是一个狡猾的、讨厌的政客。为了帮助一个年轻人,拉普拉斯有一次还欺骗了他自己。

对于拉普拉斯的早年生活我们知道得很少。他的父母是住在法国卡尔瓦多斯省的博蒙昂诺日的农民,1749年3月23日皮埃尔-西蒙就出生在那里。拉普拉斯在青少年时代默默无闻,是由于他自己的势利:他一直为他卑微的父母感到羞耻,并竭尽全力隐瞒他的农民出身。

拉普拉斯在乡村学校时就已显示出非凡的才能,大概正是这个缘故,他通过富有的邻居们善意的关心交了好运。据说他的首次成功是在神学辩论上。如果真是如此,那就是对他成年后多少有些咄咄逼人的无神论的一个有趣的前奏。他很早就喜欢数学。在博蒙有一所军事学院,拉普拉斯作为一名走读生进了这所学校,据说他在那里教过一个时期的数学。一个不大可靠的传说是这个年轻人非凡的记忆力比他的数学才能更引起人们的注意,一些有影响的人士就是因为他的记忆力,才热心地给他写了推荐信,他在18岁时带着这些推荐信前往巴黎,从他的靴子上永远地擦掉了博蒙的泥土，出发去寻找他的运气。他对自己力量的估计是很高的，但并不过分。年轻的拉普拉斯怀着有充分理由的自信，闯入巴黎，去征服数学世界。

拉普拉斯一到巴黎就去拜访达朗贝尔，送上了他的推荐信。他没有被接纳。达朗贝尔对于只带着大人物推荐信的年轻人不感兴趣。拉普拉斯以他这样的年轻人难得的洞察力，感觉到了问题出在什么地方。他回到住处，给达朗贝尔写了一封关于力学的一般原理的精彩的信。这封信果然起了作用。达朗贝尔回信邀请拉普拉斯去见他，他在信中写道："先生，你看，我几乎没有注意你那些推荐信；你不需要什么推荐。你已经更好地介绍了自己。对我来说这就够了，你应该得到我的支持。"几天以后，由于达朗贝尔的缘故，拉普拉斯被任命为巴黎军事学院的数学教授。

拉普拉斯现在积极投身于他毕生的事业——把牛顿的万有引力定律详细地应用于整个太阳系。要是他别的什么也不做，他就会比他实际上更加伟大。拉普拉斯在1777年写给达朗贝尔的一封信中，描述了他想成为什么样的人。那时他27岁，拉普拉斯对他自己的描述，是在自我分析方面一个人所曾说过的现实与想象的最奇怪的混合。

"我从事数学研究，一向出于爱好，而非追求虚名，"他宣称，"我最大的乐趣是研究发明者的进展情况，看看他们的天才怎样千方百计地对付他们碰到的障碍，以及怎样克服这些障碍。然后我把自己放在他们的位置上，问自己，我会怎样去克服这些障碍。虽然在大多数情况下这样替换只是使我的自负蒙受耻辱，然而为他们的成功而感到的欢欣，丰厚地补偿了我这点微不足道的屈辱。如果我有幸能给他们的工作添加一些东西，我会把全部功绩都归于他们最初的努力，并确信他们在我的位置上会比我做得更好……"

他的第一句话也许是对的。但是这篇也许可以由一个自命不凡的10岁孩子交给轻信的主日学校教师的、沾沾自喜的小品文的其余部分会是怎样的呢？特别要注意他把自己"谦虚"的成功慷慨地归因于前辈们最初的工作这句话，再没有比这个表示感谢的坦率的声明更不真实的了。实事求是地说，不管在哪里，只要拉普拉斯得到他用得着的同代人和前辈们的任何著作，他都无法无天地到处剽窃。例如，从拉格朗日那里，他窃取了位势（下面就描述）的重要概念；从勒让德那里，他掠来他需要的分析方面的东西；最后，在他的杰作《天体力学》中，他故意不提写进这部著作中的他人的工作，目的在使后人认为是他独自一人创立了天体的数学理论。当然，他不可避免反复地提到了牛顿，拉普拉斯没有必要如此心胸狭窄。他自己对太阳系动力学的巨大贡献，很容易使他所无视的其他人的工作相形见绌。

任何人只要从来没有看见过与拉普拉斯为解决问题所付出的类似的努力，都无法了解他解决的问题的复杂和困难程度。在论及拉格朗日时，我们提到过三体问题。拉普拉斯考虑的是类似的问题，但是范围更大。他必须用牛顿定律算出太阳系所有行星相互之间的及它们与太阳之间的综合的摄动——互相拉曳和推斥——效果。土星除了它明显的较稳定的平均运动外，是会飘逸到太空，还是继续作为太阳系的成员？或者木星和月球的加速度最终会造成一个落进太阳，另一个撞碎在地球上吗？这些摄动的效应是累加的还是减小的呢？或者它们是周期性的还是永远有的呢？这些以及类似的谜是一个大问题的细节，这个大问题就是：太阳系是稳定的还是不稳定的？依据是，牛顿的万有引力定律确实普遍适用，而且是唯一控制行星运动的定律。

拉普拉斯在1773年向这个大问题迈出了重要的第一步，那时他24岁，他证明行星到太阳的距离除了存在一些微小的周期性变化之外是不变的。

当拉普拉斯着手解决稳定性问题时，专家们的意见最多是不置可否。牛顿本人相信，要使太阳系保持秩序，防止它毁灭和瓦解，神的干预有时可能是必要的。其他对月球理论（月球运动）的困难留下了深刻印象的人，如欧拉，则怀疑行星及其卫星的运动是否能由牛顿假说来解释。其中所包含的力太多，它们的相互作用也太复杂，不可能作出任何合理的公正的猜测。直到拉普拉斯**证明**了太阳系的稳定性为止，人们都认为不可能做到这一点。

这里，为了解决读者无疑已经提出的一个反对意见，可以声明，拉普拉斯对稳定性的解答只适用于牛顿和他本人所想象的高度理想化的太阳系。潮汐摩擦（在周日旋转中起着闸一般的作用）及其他一些东西都忽略不计了。自从《天体力学》出版以来，我们对于太阳系及拉普拉斯略去的其中的一切，已经知道了许多。如果说实际太阳系——相对于拉普拉斯的理想太阳系——的稳定性问题仍未解决，也许并不算过分。不过，天体力学的专家们可能会不同意，而只有他们有资格作出判断。

由于气质不同，一些人发现拉普拉斯的构想——一个永远不断地重复着复杂循环运动的永远稳定的太阳系——就像一个没有尽头的噩梦一样令人沮丧。对于这些人，最近出现了一个安慰：太阳也许有一天会像一颗新星那样爆发。那样的话，稳定性问题就不再使我们烦恼了，因为我们自身都会突然间完全变成气体。

作为对这一辉煌开端的奖励，拉普拉斯在他刚刚24岁时得到了他一生中第一个真正的荣誉，成为科学院副院士。傅里叶（Fourier）概述了他此后的科学生涯："拉普拉斯把他的全部工作用在一个固定的方面，他从来没有偏离过它；冷静沉着地观察一直是他的天才的主要特点。他已经[当他开始着手解决太阳系问题时]处于数学分析的顶峰，知道这个理论中最精巧的一切，没有人比他更适于扩展它的领域。他已经解决了天文学中的一个重大问题[在1773年寄给了科学院]，他决定把他的全部才智贡献给数学天文学，这是他注定要加以完善的领域。他深入地考虑了他的伟大计划，以科学史上无可匹敌的坚忍不拔的精神，毕生致力于这项计划的完成。这个课题的宏大,给他的天才带来应得的荣誉。他承担了撰写他那个时代的《天文学大成》*,即《天体力学》的重任;他的不朽著作,使他远远超过了托勒玫的著作,正如现代的分析科学[数学分析]超过了欧几里得的《几何原本》。"

这是再恰当不过的了。不论拉普拉斯在数学上做什么,都是为了给那个大问题的解答以帮助。拉普拉斯是把全部力量集中于值得一个人为之竭尽全力的、唯一中心目标的那种智慧——对于一个天才来说——的伟大范例。有时候拉普拉斯也被诱向其他东西,但时间都不长。他一度对数论很感兴趣,但是一认识到它的难题可能需要他花费比他能从太阳系的问题中抽出来的更多的时间,便很快放弃了它。甚至他在概率论方面的划时代的工作,尽管乍看上去偏离了他的主要兴趣,实际上也是受到他在数学天文学方面的需要的启迪。一旦深入了这个理论,他就看出,它对于一切精密科学都是不可缺少的,感到尽他的力量去发展它是有道理的。

《天体力学》把拉普拉斯的天文学工作总结成一个有条理的整体,它是在26年的时间内分卷出版的。1799年出版了两卷,论述行星的运动、它们的形状(作为旋转体),以及潮汐;1802年和1805年出版的另外两卷继续这方面的研究,这些研究最后在1823—1825年的第五卷中完成。数学解释是极其简略的,偶尔是粗糙的。拉普拉斯感兴趣的是结果,而不在于他怎样得出这些结果。为了避免把复杂的数学论证压缩成简短明了的形式带来的麻烦,他常常删去一切论证,只留下结论和一句乐观的评语"显而易见"。他自己常常会花费几个小时——有时几天——的艰苦劳动,才能把他据以"看出"这些容易的事情的推理再现出来。甚至聪明的读者也很快就染上了只要那句著名的短句一出现就叹息的习惯,知道十有八九他们又得白费力气地干上一个星期。

---

* 公元2世纪时古希腊天文学家托勒玫的天文学名著。——译者

对《天体力学》的主要结果,有一个比较易读的说明,它出现于1796年,这就是经典著作《宇宙体系论》,它被描述为拉普拉斯的杰作,其中全部数学内容都省略了。在这部著作中,就像在论概率的专著(1820年,第三版)中那篇长长的非数学导言(4开,共153页)一样,拉普拉斯显示出他作为一个作家,几乎与他作为一个数学家同样伟大。任何希望瞥见概率论的魅力和范围,而不被只有数学家才能理解的术语所阻挡的人,阅读拉普拉斯的导言是最好不过的了。自从拉普拉斯写了这篇导言以来,人们又做了许多工作,特别是近年来尤其是在概率论基础方面做了许多工作,但是他的解释仍然是经典的,至少对整个学科的一个基本原理是完美的表述。这个理论还不完全,这是几乎无须说的。事实上它正开始显得好像它还没有开始似的——下一代人可能不得不把它从头做过。

可以顺便提一下拉普拉斯的天文学工作的一个有趣的细节,即关于太阳系起源的著名的星云假说。拉普拉斯显然不知道康德比他领先,他(只是半认真地)在一个注释中提出了这个假说。要系统地解决这个问题,他的数学还不够用,一直到20世纪金斯重新开始讨论这个假说,它才有了科学意义。

拉格朗日和拉普拉斯,这两个18世纪最主要的法国科学家,呈现出一个有趣的对照,以及一个典型的、将随着数学的扩展而日益尖锐的差别。拉普拉斯属于数理物理学分支,拉格朗日属于纯数学分支。泊松(Poisson)本人是个数理物理学家,他似乎倾向于认为拉普拉斯是更合乎需要的类型:

"拉格朗日和拉普拉斯在他们的一切工作上,不论是研究数还是研究月球的天平动,都有着深刻的差别。看来拉格朗日往往在他探讨的问题中只看到数学,把它作为问题的根源——因此他高度评价优美与普遍性。拉普拉斯则主要是把数学看作一个工具,当每一个特殊的问题出现时,他就巧妙地修改这个工具,使它适合于该问题。一个是伟大的数学家,另一个是伟大的哲学家,试图通过使高等数学为自然服务来了解自然。"

拉格朗日和拉普拉斯之间的根本差别也给傅里叶(我们将在后面介绍他)留下了深刻的印象。傅里叶本人的数学观点是相当严密而"实际"的,因此他能够(有一个时期)判断拉格朗日的真正价值:

"拉格朗日既是一个大数学家,也是一个哲学家。他欲望淡泊,用他的一生,用他高尚、质朴的举止,以及他崇高的品格,最后用他精确而深刻的科学著作,证明了他对人类的普遍利益始终怀着深厚的感情。"

傅里叶的这番话是值得注意的。它可能带有一点我们通常在法国式的悼词中听到的韵律工整的华丽辞藻,然而它是正确的,至少在今天看来是正确的。拉格朗日对现代数学的伟大影响,是由于"他的科学著作的深度和精确性",这些特点是拉普拉斯的杰作中有时缺少的。

对于他的大多数同代人和最直接的追随者来说,拉普拉斯的地位在拉格朗日之上。这部分是由于拉普拉斯解决的问题的重要性——证明太阳系是一个巨大的永动机这一雄心勃勃的计划。这个计划本身是宏伟的,这是无疑的,但是它本质上是虚幻的:在拉普拉斯的时代——甚至在我们的时代,人们关于实际的物质宇宙所知道的,还不足以使这个问题有任何真正的重要意义。也许还要经过许多年,数学才能发展到足以处理我们现在所有的大量的复杂数据。数学天文学家们无疑会继续摆弄"宇宙",乃至更不能给人留下什么印象的太阳系的理想模型,并继续用关于人类命运的、令人鼓舞或使人沮丧的报告淹没我们;但是到最后,他们的研究工作的副产品——他们设想出来的纯数学工具的完善——(跟猜测性的宣传相反)将成为他们对科学发展的永久的贡献,恰如拉普拉斯所做的那样。

如果上面讲的显得太深奥,不妨看看发生在《天体力学》的事情。除了专业数学家之外,难道今天有人真正相信拉普拉斯对太阳系的稳定性的结论,是他用一个理想化的梦想代替了极为复杂的情形的可靠定论吗?也许很多人会相信,但是确实没有哪一个数理物理学工作者会怀疑拉普拉斯为着手解决他的理想而发展起来的数学方法的力量和用途。

只举一个例子,位势论今天比拉普拉斯所曾梦想到的更为重要。要是没有这个数学理论,我们想要理解电磁学的尝试几乎举步维艰。从这个理论中产生了数学的一个强有力的分支——边值问题,今天这个分支对于物理科学具有比整个牛顿万有引力定律更加重要的意义。位势的概念是第一流的数学灵感——它使我们有可能着手解决一些没有它就将无法接近的物理问题。

位势只不过是我们在牛顿那一章中描述的、与流体运动和拉普拉斯方程有关的函数 u。函数 u 在那里是"速度势";如果是关于牛顿万有引力的吸引力问题,u 是"引力势"。把位势引进流体运动理论、引力理论、电磁理论和其他一些领域,是数理物理学中一个最大的进步。它有着用一个未知量方程替代两个或三个未知量的偏微分方程的作用。

1785 年,拉普拉斯在他 36 岁时晋升为科学院院士。这一荣誉在一个科学家的生涯中十分重要,而这一年在拉普拉斯作为一个公职人员的生涯中,也是一个更重要的里程碑。因为在这一年,拉普拉斯在军事学院获得对一个 16 岁的唯一考生进行考试的独特荣誉,这个青年注定要打乱拉普拉斯的计划,使他从献身数学转入肮脏的政治。这个年轻人的名字是拿破仑·波拿巴(1769—1821)。

可以说拉普拉斯是骑在马背上度过大革命的,而且是相当安全地目睹了一切。但是有着像他这样的声望和难于满足野心的人,没有一个能够完全逃脱危险。不知德·帕斯托雷(De Pastoret)*是否明白他在他的铭

---

* 德·帕斯托雷侯爵(1791—1857),法国先贤祠入口处的铭文"为祖国所感恩的伟大人物"是他提议的。——译者

文中说的是什么,拉格朗日和拉普拉斯逃脱了断头台,仅仅因为他们被征召去为大炮计算弹道,并帮助指导制造用于火药的硝石。他们既没有像一些不这么被需要的专家学者那样被迫去吃草,也没有像他们不幸的朋友孔多塞那样,由于点了一份贵族吃的煎蛋卷而粗心地暴露了他自己。孔多塞不知道一份普通的煎蛋卷需用多少个鸡蛋,他要了一打。那位正直的厨师问孔多塞是干什么的。"木匠。"——"让我看看你的手。你不是木匠。"那就是拉普拉斯的好朋友孔多塞的结局。他们不是在监狱里毒死了他,就是让他自杀了。

大革命以后,拉普拉斯积极投身于政治,或许是想要打破牛顿的纪录。法国人客气地提到拉普拉斯作为一个政治家的"多才多艺"。这未免太谦虚了。拉普拉斯作为一个政治家的所谓的缺点,就是他的真正伟大之处在于耍滑头的诡计方面。人们批评他在每逢改朝换代时,通过改变政治观点来保住他的官职。一个人机灵到能够使敌对双方在不论哪一方上台掌权时,都相信他是一个忠诚的支持者,看起来他并不是一个平庸的政客。像业余爱好者那样玩游戏的不是拉普拉斯,而是他的庇护人。要是一个共和党的邮政大臣把所有最肥的差事都给了不应该得到这些差事的民主党人,我们会怎么想呢?或者如果反过来,我们又会怎么想呢?每次政府垮台,拉普拉斯就得到一个更好的差事。他不付任何代价,一夜之间从狂热的共和主义者变成热忱的保皇党。

拿破仑把一切都塞给拉普拉斯,包括内政大臣的位置。拿破仑时代的一切勋章都佩戴在他的胸前——包括法国荣誉军团大十字勋章和留尼汪勋章,他还被封为帝国伯爵。然而当拿破仑倒台时他做了什么呢?签署流放他的恩人的法令。

王政复辟以后,拉普拉斯毫无困难地效忠路易十八(Louis XVIII),特别是因为他这时已成为拉普拉斯侯爵而坐在贵族院里了。路易赏识他的支持者的功绩,并于1816年任命拉普拉斯为改组综合工科学校的委员会的主席。

也许最足以表现拉普拉斯的政治天才的东西,可以在他的科学著作中找到。要根据不断变动的政治主张来修改科学且不留痕迹,需要真正的天才。题献给五百人议会的《宇宙体系论》第一版,是以这些崇高的字句结束的:"天文科学的最大好处,在于消除了由于对我们与自然的真正关系的无知而产生的种种错误,由于社会秩序只能建立在这些关系上,这些错误便更具有毁灭性。**真理**和**正义**是社会秩序的永远不变的基础。我们决不需要这种危险的准则:为了更好地保证人们的幸福,有时欺骗或奴役他们是有用的!世世代代的不幸的经验已经证明,违反了这些神圣的法则是决不会不受惩罚的。"1824年,这种说法已被禁止,拉普拉斯代之以:"让我们小心保存并增加这种丰富的进步知识,它是有思想的人们的欢乐。它对航海和地理学作出了重要的贡献;但是它最大的好处在于消除了由于天体的各种现象而产生的畏惧,消灭了由于对我们与自然的真正关系的无知而产生的种种错误,如果科学的火炬熄灭了,这些错误不久又会再现。"就思想感情而言,在这两个卓越的极限之间是没有什么好选择的。

在分类账的借方一边,这已经足够了,最后的引文确实使人想起拉普拉斯高出所有的谄媚者的一个特点——在他的真正信念受到怀疑时他所表现出的精神上的勇气。关于拉普拉斯与拿破仑在《天体力学》上交手的传说,说明了这位数学家的本来面目。拉普拉斯送了拿破仑一部《天体力学》。拿破仑想惹恼拉普拉斯,责备他犯了一个明显的疏忽。"你写了这本关于世界体系的大书,却一次也没有提到宇宙的创造者。"拉普拉斯反驳说,"陛下,我不需要那个**假设**。"当拿破仑向拉格朗日复述这句话时,拉格朗日说,"啊,但是那是一个很好的假设,它**说明了许多东西**。"

要顶得住拿破仑,并对他说真话,是需要勇气的。有一次,在学院的一次会上,正赶上拿破仑脾气最坏的时候,他故意粗暴无礼,把可怜的老拉马克(Lamarck)搞得哭了起来。

在贷方一边，拉普拉斯对于初学者是真诚慷慨的。比奥（Biot）讲过他年轻时在科学院宣读一篇论文，当时拉普拉斯在场，后来拉普拉斯把他拉到一边，给他看了一份他自己还没有发表的发黄的旧手稿，是关于完全相同的发现的。拉普拉斯告诫比奥保守秘密，干下去，发表著作。这只不过是他做过的好几件类似的事情中的一件。拉普拉斯喜欢说研究数学的初学者是他的继子，他对待他们就像对待自己的儿子那样好。

我们将引用拿破仑对拉普拉斯的著名的评价，据说拿破仑自称他是在圣赫勒拿岛作囚犯时讲这番话的，人们常常引用它来作为数学家不切实际的一个例子。

"一个第一流的数学家，拉普拉斯很快就暴露出他仅仅是一个平庸的行政官员。我们从他做的第一件工作就看出我们受骗了。拉普拉斯看问题缺乏正确的观点；他到处找细微的差别，只有一些似是而非的意见。最后把无穷小的精神带进了行政工作中。"

这个挖苦的鉴定是根据拉普拉斯担任内政大臣的短短任期——仅仅6个星期——而作出的。但是，由于当时吕西安·波拿巴（Lucien Bonaparte）需要一个差事，接替了拉普拉斯，拿破仑可能是想借此文饰他那有名的喜欢任用亲戚的倾向。拉普拉斯对拿破仑的鉴定没有保存下来，它大致会如下所述。

"一个第一流的军人，拿破仑很快就暴露出他只不过是一个平庸的政治家，我们从他的最初的功绩就看出他是受骗了。拿破仑从明显的观点看待一切问题；他到处怀疑背叛行为，恰恰在发生背叛行为的地方不怀疑，对他的支持者只有一种孩子般天真的信任，最后把无限慷慨的精神带进了一个贼窝。"

究竟谁是更实际的行政官员呢？是那个不能紧紧握住他所得到的东西，成为其敌人的囚犯死去的人呢，还是另一个继续聚敛财富和荣誉，一直到他去世那一天的人呢？

拉普拉斯在其距离巴黎不远的阿格伊的乡间庄园中,舒舒服服地度过他最后的日子。在短期患病后,他于1827年3月5日去世,享年78岁。他最后的话已经提到过了。

第 12 章

皇帝的朋友们
蒙日和傅里叶

一个磨刀人的儿子和一个裁缝的儿子帮助拿破仑打乱了贵族的计划。在埃及的喜歌剧。蒙日的画法几何与机器时代。傅里叶的分析与现代物理。信任帝王与信任无产阶级的愚蠢。令人厌烦得要死与厌烦得要死。

我不能告诉你为了对画法几何的图形有所理解,我付出了多大的努力,我讨厌画法几何。

——夏尔·埃尔米特

傅里叶定理不仅是现代分析学最美妙的结果之一,也可以说它为解决现代物理学中几乎每一个难解的问题提供了一种不可缺少的工具。

——威廉·汤姆森(William Thomson)和 P·G·泰特(P. G. Tait)

加斯帕尔·蒙日(Gaspard Monge, 1746—1818)和约瑟夫·傅里叶(Joseph Fourier, 1768—1830)的生涯是如此奇怪地相似,因而可以把他们放在一起考虑。在数学方面,他们每个人都作出了一项重要的贡献:蒙日发明了画法几何(不要与德萨格、帕斯卡和其他一些人的射影几何相混淆);傅里叶对热传导理论的经典性研究,开创了数理物理学的现代阶段。

没有蒙日的几何学——最初是为了用于军事工程而发明的——19世纪机器的大规模生产也许是不可能的。画法几何是使机械工程成为现实的一切机械制图和图解方法的根源。

由傅里叶在他关于热传导的工作中开创的方法,在边值问题——数理物理学的中枢神经——中具有同等的重要性。

因此,我们自己的文明的相当大一部分,要归功于蒙日和傅里叶两人——蒙日在实用和工业方面,傅里叶在纯科学方面。但是甚至在实用方面,傅里叶的方法在今天也是不可缺少的;它们实际上在所有电气和声学工程(包括无线电)方面,都超出了单凭经验估计和凭手册办事的程度,而成为一种常识。

蒙日

在这里必须与这些数学家一起提及的第三个人——不过我们不占用篇幅去讲述他的生平,是化学家克洛德-路易·贝托莱伯爵(Count Claude-Louis Berthollet, 1748—1822)。他是蒙日、拉普拉斯、拉瓦锡和拿破仑的密友。贝托莱和拉瓦锡一起,被认为是现代化学的奠基人。他和蒙日交情甚笃,以至于他们的敬慕者们不再试着在他们的非科学活动中把两人区分开来,而干脆叫他们蒙日—贝托莱。

加斯帕尔·蒙日1746年5月10日出生在法国的博纳,是雅克·蒙日(Jacques Monge)的儿子。雅克是个小贩和磨刀匠,他非常尊重教育,把他的3个儿子都送进了地方学院受教育。3个儿子在事业上都获得了成功;加斯帕尔更是这一家的天才。在(由一个宗教团体创办的)学院里,加斯帕尔总是在每件事情上都获得头奖,并获得在其名字后面印上纯金赞语的殊荣。

蒙日14岁的时候,在设计一辆消防车中显示出他各方面的特殊才能。惊讶的市民们问他："既没有资料,又没有模型,你怎么能成功地完成这样一项任务呢?"蒙日的回答是他一生的数学部分和大多数其他部分的总结:"我有两个不会出错的成功的工具,一个是坚持到底,一个是以几何的精确性体现我的思想的手指。"事实上他是一个天生的几何学家和工程师,有着使复杂的空间关系形象化的无比天赋。

16岁时,他单枪匹马,画了一幅出色的博纳地图,为此他还制作了自己的测量工具。这幅地图使他交上了第一次好运。

蒙日的教师们被他显著的天赋深深打动了,推荐他在里昂由他们的教团办的学院里担任物理学教授。蒙日在16岁时得到任命。他和蔼,有耐心,一点也不装模作样,再加上他知识丰富,使他成了一名优秀的教师。教团要求他发誓,和他们终身共事。蒙日与他的父亲商量,但精明的磨刀匠劝他要慎重。

过了一些日子,蒙日在一次探家途中,遇见了一位搞工程的官员,他看到过那张有名的地图。这位官员请求雅克把他的儿子送到梅济耶尔的军事学校去。这位官员没有说由于蒙日出身低微,他永远不可能得到军官委任状,这对蒙日未来的生涯也许是幸运的。蒙日不知道这一点,他急切地接受了这位官员的建议,前往梅济耶尔。

蒙日很快就知道了他在梅济耶尔的地位。这所学校里只有20名学生,其中每年有10名学生将作为从事工程的陆军中尉毕业,其余的学生则注定要去做"实际"工作——下等职业。蒙日没有抱怨。他过得很快活,因为测量和制图的日常工作,给他留下了大量的时间去研究数学。常规课程中很重要的一部分是筑城术,要求把防御工事设计成没有任何一部分直接暴露在敌方的火力之下。通常的计算要求无穷无尽的算术运算。一天,蒙日呈交上他对这类问题的解答,它被送给一位高级官员审查。

那位官员对当时能有人解决这个问题颇为怀疑,他拒绝审查这个解答。"我为什么要给自己找麻烦,不厌其烦地去验证一个假定的解答呢?

作者甚至没有花时间去安排他的图形。我可以相信计算的大大简化,但不相信奇迹!"蒙日坚持,说他没有用算术。他的坚持胜利了;他的解答经过审查,被发现是正确的。

这就是画法几何的开始。蒙日立刻得到一个小小的教学职位,把这个新方法教给未来的军事工程师们。以前像噩梦一样讨厌的问题——有时只能把已经建成的工事拆毁,再从头开始,才能解决问题——现在就像ABC一样简单了。蒙日宣誓不泄露他的方法,把它作为一个军事秘密小心翼翼地保守达15年之久。直到1794年,他才得到允许,可以在巴黎的师范学校公开讲授这种方法,拉格朗日坐在听众当中。他对画法几何的反应,和茹尔丹(M. Jourdain)发现他终身都在谈着平淡无奇的东西时的反应一样。拉格朗日听了一次演讲后说:"在听蒙日的演讲以前,我不晓得我是知道画法几何的。"

画法几何背后的思想,现在对我们来说,就像它对拉格朗日一样简单得可笑。画法几何通常就是在一个平面上描画三维空间中的立体和其他图形的方法。首先想象两个成直角相交的平面,就像把一本薄薄的书的两页打开成90度角;一个平面是水平的,另一个是垂直的。要描画的图形由垂直于平面的射线分别投影到这两个平面上,这样就有了图形的**两个**投影:在水平平面上的投影叫做图形的**平面图**,在垂直平面上的投影叫做**正视图**。现在把垂直平面翻下来,直到它和水平平面落在**同一个**平面(水平平面所在的平面)上——就像现在把书打开平摊在桌上。

空间的立体或其他图形现在由两个投影描画在同一个平面(画图板的平面)上。例如,一个平面是由它的**交线**——在垂直平面翻下以前,该垂直平面和水平平面相交成的直线——表示的;一个立体,比如说一个立方体,是由它的各条边和顶点的投影表示的。曲面与垂直平面和水平平面相交出曲线;这些曲线,或该曲面的**交线**,在一个平面上表示该曲面。

当这些说明和其他一些同样简单的说明发展起来后,我们就有了一种**画法**,它把我们通常在三维空间中看到的东西画在一张铺平的纸上。经过短期训练,制图员就能像别人辨认出拍得好的照片那样容易地辨认出这些图形——并从它们中得到更多的东西。正是这个简单的发明革新了军事工程学和机械设计。和应用数学中许多第一流的东西一样,它最明显的特点是简单明了。有许多种可以发展和修改画法几何的方法,但是它们都得追溯到蒙日。这个学科现在已经建立得很完整,以致专业数学家们对它已没有什么兴趣了。

在继续讲述蒙日的生平以前,我们先讲完他对数学的贡献,为此,我们回想起,他的名字与曲面几何联系在一起,这是今天每一个学习过微积分学的中等课程的学生都熟悉的。蒙日向前迈出的这一大步,是系统地(也是卓越地)用微积分学研究曲面曲率。在他的曲率的一般理论中,蒙日为高斯铺平了道路,高斯又启发了黎曼,而黎曼发展了在相对论中以他的名字命名的几何学。

像蒙日这样天生的几何学家竟会贪图埃及的奢侈生活,似乎是相当令人惋惜的,但他确实是这样。他在微分方程中的工作,与他在几何学中的工作密切相关,也表明了他所想到的事情。在离开梅济耶尔(这些伟大的工作就是在那里做出来的)许多年以后,蒙日在综合工科学校向他的同事们讲述他的发明。拉格朗日又在听众之列。演讲结束后,他对蒙日说:"我亲爱的同事,您刚才解释了一些非常优美的东西;我很愿意是我来做这些工作。"在另一个场合他又说:"凭着把分析学应用到几何上,这个精力绝伦的人将使他自己不朽。"他确实是不朽的;而且有趣的是,虽然对他的才能的许多迫切的召唤分散了他对数学的注意力,但他从来也没有失去他的才能,和所有伟大的数学家一样,蒙日至死都是一个数学家。

1768年,蒙日22岁时在梅济耶尔晋升为数学教授,3年以后,在物理学教授去世时,他又担任了物理学教授的职务。双重工作丝毫不能为难他。蒙日体格强壮,身心健康,一向能够承担三四个人的工作,实际上他也经常如此。

他的婚姻带有一点18世纪浪漫主义的色彩。在一次宴会上,蒙日听见一个鲁莽的贵族诽谤一位年轻的寡妇,这个贵族是因为遭到寡妇的拒绝而对她进行报复。蒙日用肩膀在喧闹的人群中挤过去,要弄清楚他有没有听错。"关你什么事?"蒙日对着他的下颚给了一拳。没有发生决斗。几个月以后,在另一次宴会上,蒙日被一位迷人的少妇深深地吸引住了。经介绍,他认识了她——奥尔邦夫人(Madame Horbon)——就是那位他曾经打算为她决斗的不知名的女士。这位年仅20岁的寡妇,在她已故的丈夫的事务料理完以前,并不想结婚。蒙日向她保证说:"一切都不用担心,我一生中解决了许多更困难的问题。"蒙日和她在1777年结婚。她比蒙日活得长,在他死后竭尽可能地永久纪念他——不知道她丈夫在遇见她以前很久就已经建立了他自己的不朽业绩。蒙日的妻子是在一切事情上都始终不渝地忠于他的唯一的人——甚至当拿破仑在最后的时刻因他年事已高而冷落他时也是如此。

大约在这时,蒙日开始与达朗贝尔和孔多塞通信,这两个人在1780年曾经劝说政府在卢浮宫创办一所水利学院。蒙日被召到巴黎去负责这项工作,条件是他一半时间仍留在梅济耶尔。他当时34岁。3年以后,他被免除了在梅济耶尔的职务,被任命为海军军官候补生资格的主考人,他担任了这个职务,直到1789年大革命爆发为止。

回顾大革命时期的所有这些数学家的经历,我们不能不注意到,对于在我们今天看来是显而易见的事情,他们和所有其他的人处理起来竟是那么盲目。他们当中没有一个人怀疑自己是坐在地雷上,而且导火线已经在发出劈劈啪啪的响声。也许我们的后人在2036年也会这样说我们。

蒙日在海军任职的6年时间内,证明他是一个廉洁的公仆。当他毫不留情地取消一些不称职的贵族子弟的军官资格时,心怀不满的贵族威胁他没有好下场,要给他严厉的惩罚,但是蒙日决不让步。"要是你们不喜欢我的办事方法,就另请高明吧。"结果海军在1789年很管用。

蒙日的出身和他与那些追求不应得的恩宠的势利小人打交道的感受,使他成为一个地道的革命者。他从切身体会中知道旧秩序的腐败和民众在经济上的困境,他认为实行新政的时候已经到来。但是和早期的自由主义者一样,蒙日不懂得,暴动的民众一旦尝到流血的滋味,那么不把血流尽他们是不会满足的。早期的革命党人对蒙日的信任,超过了他对自己的信任。他们反对他更为明智的判断,于1792年8月10日强迫他担任海军和殖民地大臣。他赴任了,但是在1792年的巴黎,担任政府官员却不是一件有益于健康的事。

暴动的民众已经无法控制;蒙日被安置在临时执行委员会,去制订控制措施。他本人是平民的儿子,他感到自己比他的一些朋友更了解他们,比如他的朋友孔多塞,那个曾明智地拒绝了在海军工作以求保住脑袋的人。

但是有各种各样的平民,所有的平民一起组成了"人民"。到1793年2月,蒙日发现他本人受到不够激进的怀疑,他在2月13日辞职,但在18日又被选任一项工作,不过由于愚蠢的政治干涉,由于水手们当中的"自由、平等、博爱",以及政府行将破产,这项工作不可能进行。在这段困难时期,蒙日每天都有可能上断头台。但是他决不屈从于无知和无能,他当着批评者的面告诉他们,他知道事情是怎么回事,但是他们一无所知。他唯一担心的是,国内的意见分歧会使法国遭到外来的进攻,那就会使革命的果实丧失殆尽。

最后,蒙日在1793年4月10日获准辞职,以便担任更紧迫的工作。他所担心的进攻,现在已经清晰可见了。

国民公会开始召集一支90万人的军队进行防御,而武器库里几乎空无所有。只有所需军火的十分之一,而且没有希望进口必需的材料——

制造铜炮的铜和锡，制造火药的硝石，以及制造火器的钢。蒙日对国民公会说："从土里给我们找来硝石，三天之内我们将给大炮装上弹药。"他们回答说：一切都没问题，但是到哪儿去找硝石呢？蒙日和贝托莱指点了他们。

全国都动员了起来，在蒙日的指导下，向法国的每一个城镇、农庄和乡村发出了公告，告诉人们应该做些什么。贝托莱领导化学家们发明了提炼原料和简化制造黑色火药的更好的新方法。整个法国变成了一座巨大的火药厂。化学家们还告诉人们到什么地方去找锡和铜——从时钟的金属零件和教堂的大钟去找。蒙日是这一切的灵魂。他以惊人的工作能力，白天在铸造厂和兵工厂监督工作，晚上写指导工人的公告，干得卓有成效，他的关于《大炮制造工艺》的公告成了工厂的手册。

随着革命形势的不断恶化，蒙日并非没有敌人。一天，蒙日的妻子听说贝托莱和她的丈夫都将被检举。她怕得要命，跑到杜伊勒利宫去打听消息。她发现贝托莱安静地坐在栗树下，不错，他也听到了谣言，但是认为一个星期内不会发生什么事。"然后，"他以他惯常的镇静补充说，"我们肯定会被逮捕、审判、定罪和处决。"

那天晚上蒙日回家时，他的妻子把贝托莱的预言告诉了他。蒙日惊呼："真没想到！我一点也不知道。我知道的是我的大炮厂干得好极了！"

在这以后不久，公民蒙日被其住所的看门人检举了。这人过分了，即使蒙日也受不了。他机警地离开了巴黎，等这阵风暴过去了再回来。

1796年拿破仑的一封信开始了蒙日生涯的第三个阶段。他们两人在1792年已经见过面，但是蒙日不知道这件事。当时蒙日50岁，拿破仑比他年轻23岁。

拿破仑写道："请允许我，一个不得宠的年轻炮兵军官，因在1792年从海军大臣那里受到了热诚的欢迎而向你致谢；他珍藏着这次记忆。你将在[进军]意大利的这支军队的将军身上看到这位军官；他很乐意向你伸出感激和友谊之手。"

蒙日和拿破仑之间长期亲密的关系就这样开始了。阿拉戈在评论这个独特的联盟时,引用了拿破仑的话,"蒙日爱我,就像一个人爱着一位情人。"另一方面,蒙日似乎是拿破仑对之怀有慷慨无私和持久友谊的唯一的人。拿破仑当然知道蒙日帮助他取得了他在事业上的成功,但那不是他喜欢这位老人的根本原因。

拿破仑信上所说的"感激",是指任命蒙日和贝托莱为特使,前往意大利选择绘画、雕塑和其他艺术品,这是意大利人[在被榨干钱财后]作为他们对拿破仑的战争赔偿费的部分贡献而"捐献"的。蒙日在挑选这些战利品时,培养起对艺术的敏锐的鉴赏力,而且成为一名不错的行家。

但是,实际卷入这种掠夺,使他于心不安。当比布置卢浮宫所需的多出6倍的艺术品被装船运往巴黎时,蒙日劝告要适可而止。他说,治理一个民族,不管是为了他们自己的利益,还是为了征服者的利益,使他们贫穷得一无所有都是不行的。他的建议受到重视,母鹅又继续生它的金蛋了。

在意大利的冒险之后,蒙日在乌迪内附近拿破仑的大庄园里与他相遇,这两个人成了知己。拿破仑非常欣赏蒙日的谈吐和无穷无尽的丰富有趣的见闻,蒙日则从这位总司令亲切的幽默中得到乐趣。在公开宴会上,拿破仑总是命令乐队高奏《马赛曲》——"蒙日喜爱它!"他确实喜爱它,在坐下来就餐之前,他用最高的嗓音喊着:

前进前进祖国的儿郎,

那光荣的时刻已来临!

看见凯旋日同拿破仑时代的另一位伟大的数学家彭赛列(Poncelet)一起到来,将是我们特殊的荣幸。

1797年12月,蒙日第二次前往意大利,这次是作为一个委员会的成员,去调查迪福将军(General Duphot)被刺的"严重罪行"。这位将军是在罗马,站在吕西安·波拿巴身边时被枪击的。委员会有点愚蠢地建议(由这位殉难的将军的一位军人兄弟粗鲁地提前采取行动),给顽固对抗的意大利人一个法国模式的共和政体。正如一位谈判者在出现进一步敲诈勒索的问题时所说的,"这一切必须结束,甚至征服得来的种种权利也必须结束"。

这位精明的外交官究竟正确到什么程度,8个月后便见分晓,那时意大利人废除了他们的共和政体,这使拿破仑十分难堪;然后在开罗也抛弃了共和政体,使正好和他在一起的蒙日和傅里叶更加难堪。

拿破仑在1798年向十几个人透露过他进军、征服和开化埃及的计划,蒙日就是其中之一。既然已经提到傅里叶,我们自然要回过来谈谈他。

让·巴蒂斯特·约瑟夫·傅里叶(Jean-Baptiste-Joseph Fourier)1768年3月21日生于法国的欧塞尔。他是一个裁缝的儿子。8岁时成为孤儿,一位慈善的太太被这个男孩子的礼貌和大方的举止深深吸引住了——她做梦也没有想到他会成为什么样的人,把他推荐给了欧塞尔的主教。主教把傅里叶送进了当地本笃会教派办的军事学校,在那里,这个孩子不久就证明了他的天赋。到12岁时,他已经在为巴黎的主要教会人士撰写优美动人的布道稿,让他们拿去当自己的东西骗人。他在13岁时是一个问题儿童,性格倔强,脾气暴躁,总之,充满精力。然后,当他第一次与数学接触时,他像着了魔似的,一下子转变了。他知道了原来是什么使他苦恼,现在又是什么治愈了他。为了给他的数学学习照明,他在别人以为他入睡以后,去厨房里收集蜡烛头,也在学校里凡是能找得到蜡烛头的地方收集,他秘密的书房是在一张屏风后面的火炉边。

好心的本笃会教士们说服这个年轻的天才选择教士的职务作为他的职业,于是他进了圣伯努瓦修道院,成为一名见习修士。但是傅里叶还没有来得及宣誓,1789年就来到了。他过去一直想当一名军人,但仅仅因为是裁缝的儿子,得不到军官委任状,才选择了教士的职务。大革命使他自

傅里叶

由了。在他欧塞尔的老朋友们的宽宏大量中,足可看出傅里叶决不会成为一名修士,他们把他领回去,让他当了数学教授。这是实现他的抱负的第一步——一大步。每当同事们生病时,傅里叶就替他们代课,从物理学到古典文学,什么都教,而且通常都比他们教得好。通过代课,傅里叶证明了他的多才多艺。

1789年12月,傅里叶(时年21岁)前往巴黎,把他关于数值方程解的研究论文送交科学院。这项工作超过了拉格朗日,至今仍然很有价值。但是由于傅里叶在数理物理学方面的方法已超过了它,我们就不再进一步讨论它了;它可以在方程论的初级教材中找到。这是他毕生感兴趣的题目之一。

傅里叶回到欧塞尔以后,加入到人民一边,用他天生的口才——这使他还是一个小孩子时就能写出动人的布道辞——煽动民众脱离那些十足的说教者(还有其他人)。

傅里叶从一开始就是一个热心的革命者——直到革命失去控制为止。在恐怖时期,他不顾自身安危,抗议不必要的暴行。如果生活在今天,傅里叶可能会属于这样的知识分子:他们幸运地完全不了解当真正的革命开始时,这种人是要首先被消灭的。他把全身心奉献给了群众,以及知识分子以为他们预见到的科学和文化的复兴。傅里叶没有看到他所预言的对科学的慷慨鼓励,相反,他不久就看到了科学家们进了死刑犯押送车,或逃亡国外,科学本身也在迅速高涨的野蛮暴行的潮水中挣扎。

拿破仑第一个冷静地看出了无知本身将成事不足败事有余,这是他不朽的功绩。他自己的补救办法最后也不见得就好多少,但他确实认识到了文明这种东西是可能的。为了制止更多的流血,拿破仑下令或鼓励开办学校。但是没有教师。凡是本来可以强迫来立即服务的人,早就掉脑袋了。必须训练一支1500人的教师队伍,为了这个目的,1794年创办了高等师范学校。傅里叶被聘为数学教授,借以奖励他在欧塞尔招募教师的努力。

这项任命,开创了法国数学教学的新纪元。记得已故的教授们年复一年死记硬背、照本宣科的那些死气沉沉的演讲,国民公会聘请数学的**创造者**担任**教学**,而且全然禁止他们按照笔记讲课。要求站着讲课(而不是半醒半睡地坐在书桌后面讲课),并且要在教授与全班学生之间自由交换问题和解答。演讲者有责任防止上课时间流于无益的辩论。

这个计划的成功甚至超过了人们的预期,并且导致了法国数学和科学史上最光辉的时期之一的来临。在为期不长的师范学校和长期存在的综合工科学校中,傅里叶都表现出他的教学天赋。在综合工科学校,他以罕见的引证历史的方法(他第一个追溯到许多问题的起源),使数学课活跃了起来,他还巧妙地用一些有趣的实际应用,来说明抽象的问题。

1798年,当傅里叶还在综合工科学校培训工程师和数学家时,拿破仑决定把他作为"文化军团"的一员,带他一起去开化埃及——"向不幸的人们伸出一只援助的手,把他们从残酷无情的枷锁下解放出来,他们已在这枷锁下痛苦呻吟了长达几个世纪之久,最后,毫不迟延地把欧洲文明的一切好处赋予他们"。

看起来可能难以置信,上面引用的话不是出自西格诺尔·墨索里尼(Signor Mussolini)1935年为侵略埃塞俄比亚所作的辩解,而是出自1833年阿拉戈对拿破仑进攻埃及的崇高而人道的目标的阐述。看看顽固不化的埃及居民怎样接受蒙日、贝托莱和傅里叶几位先生竭力硬塞给他们的

"欧洲文明的一切好处",再看看欧洲文明的那3位火枪手本人从他们无私的传教工作中得到些什么,将是很有趣的。

1798年6月9日,500艘船只组成的法国舰队到达马耳他,3天以后占领了该地。作为开化东方的第一步,蒙日办了15所初等学校和一所按照综合工科学校创办的中学。一个星期以后,这支舰队重新启航,蒙日登上拿破仑的旗舰"东方号"。每天早上,拿破仑提出一个题目供晚饭后讨论,不用说,蒙日是这些社交晚会上的明星。在这些一本正经地讨论的题目中,有地球的年龄、世界毁于大火或洪水的可能性,以及"行星上是否可居住"。最后一个题目使人想到,其至在拿破仑生涯相当早的阶段,拿破仑的野心已超过了亚历山大大帝(Alexander the Great)。

1798年7月1日,这支舰队到达亚历山大。蒙日是最先跳上岸的人之一,拿破仑运用了他作为总司令的权威,才制止了这位唱着《马赛曲》的几何学家参加对城市的进攻。决不能让"文化军团"在开始做开化工作以前,就在最初的战斗中被消灭,因此拿破仑派小船把蒙日和其余的人从尼罗河上游送往开罗。

当蒙日及其同伴像克娄巴特拉(Cleopatra)*及其朝臣一样,在他们的遮阳伞下打瞌睡时,拿破仑正坚定地沿着尼罗河岸进军,用枪弹和火药去开化未受教育的(而且装备很差的)土著居民。不久,这位勇猛的将军听见从河那个方向传来一声该死的炮声。他猜到出了最糟糕的事,于是抛开他当时正在进行的战斗,疾驰前去援救。该死的小船在沙堤上搁浅了,是蒙日像一个老兵似的开了炮。拿破仑来得正是时候,正好赶走岸上的攻击者。由于蒙日显著的勇敢,他获得了应得的奖章。蒙日终于成功了,嗅到了火药味。拿破仑因为救了他的朋友而非常高兴,并不因为拯救蒙日使他失去了一次决定性的胜利而后悔。

---

* 克娄巴特拉,公元前51—前30年在位的埃及女王。——译者

1798年7月20日在金字塔一役中取得胜利以后,得胜的军队呐喊着涌进开罗。除了有一点小小的失败,一切都像伟大的理想主义者拿破仑所梦想的一样进行得热烈欢乐,如同放焰火一般。迟钝的埃及人对蒙日、傅里叶和贝托莱三位先生在埃及学院(拙劣地模仿法兰西学院,创办于1798年8月27日)摆在他们面前的文化盛宴无动于衷,只是像木乃伊似的坐在那里,听任这位大化学家耍弄他的科学花招,热心的蒙日搞他的演奏会,学者派头的傅里叶就他们自己的干瘪文化的光荣,发表历史性的学术演讲;焦躁不安的学者们抛开了他们的沉着镇静,诅咒他们预期要开导的人像一群不能辨味的牲口,不能享受为了滋补他们的精神而贡献给他们的法国学问这顿丰盛的杂烩。一个狡猾的"不懂世故的"本地人,再次狠狠地愚弄了坚决要提高他的这些人,他闭口不说话,等着一场狂风把蝗灾吹跑。为了保持他的尊严,直到微风吹拂时,这个不文明的埃及人才用他的征服者们能听懂的一种语言,批评他的征服者们的优越的文明。拿破仑的300个最勇敢的人,在一次大街上的争吵中被一阵猛烈的攻击杀死了。蒙日仅仅由于表现了一种英雄行为才保全了自己及其被困的同伴的气管,这种英雄行为对于今天讲英语的国家中的任何一个童子军来说都足以得到一枚奖章。

顽固不化的埃及人的这种忘恩负义,使拿破仑大为伤心。他猜想抛弃他的战友们是他道义上的责任,来自巴黎的令人不安的消息,加深了他的猜疑。在他离开巴黎期间,欧洲大陆上的事态发展急剧恶化,为了维护法国的荣誉和为了他自己的安全,他现在必须赶回去。蒙日深得这位将军的信任,不如他受宠的傅里叶则没有得到信任。但是,傅里叶也感到满意,知道他在他的司令官专横的眼里还相当重要,所以他被留在开罗去教育埃及人或被杀,而拿破仑这时却由殷勤讨好的蒙日陪伴着,秘密取道回法国去了,甚至没有向在沙漠中为他吃尽苦头的部队道声再见。傅里叶不是总司令,没有资格在危险面前逃之夭夭。他不得已地留下了。只是到了1801年，在特拉法尔加战役以后，法国人终于承认去教化埃及人的应该是英国人，而不是他们，这时忠心耿耿——但是失去了幻想——的傅里叶才回到了法国。

蒙日和拿破仑回国的旅程，对他们两人来说都不如出航时那么有趣了。拿破仑不再预测世界的结局，而是花了大量心思，担心如果英国海员抓住他，他自己可能会有什么结局。他回想起对于在战场上开小差的人的惩罚，就是由行刑队秘密将其处死。英国人会不会像对待逃兵那样对待他呢？假如他必须死，他要戏剧性地死去。

有一天，他说："蒙日，如果我们遭到英国人的进攻，必须在他们靠拢我们的那一时刻，把我们的船炸掉。我责令你执行这项任务。"

就在第二天，一艘船出现在地平线上，全体船员都坚守岗位，准备打退进攻，但那却是一艘法国船。

"蒙日在哪里？"当一切骚乱都过去以后，有人问。

他们在火药库里找到了他，他手上拿着一盏点燃的灯。只要那是一艘英国船的话……它们总是能在15分钟之内爆炸，要不就得等15年，那就太迟了。

贝托莱和蒙日回到家时，看上去活像一对流浪汉。蒙日自从离家后就没有换过衣服，好不容易才混过了他妻子的看门人。

他和拿破仑继续保持着良好的友谊。在拿破仑最趾高气扬的日子里，蒙日可能是法国唯一敢于顶撞他、对他讲真话的人。当拿破仑为自己加冕称帝时，综合工科学校的学生群起反抗。他们是蒙日的骄傲。

一天，拿破仑说："好啊，蒙日，你的学生几乎全都反抗我；他们明确地声称是我的敌人。"

"陛下，"蒙日回答道，"我们费了好大的劲才把他们变成拥护共和政体的人；要他们变成帝制的拥护者，得给他们时间。另外，请允许我直言，您转变得也太突然了！"

像这种小小的争吵,在老相好之间算不得什么。1804年,拿破仑为了表彰蒙日的功绩,封他为佩吕斯伯爵。蒙日感激不尽地接受了这一荣誉,而且穿上了通常是贵族用的全部服饰,忘记了他曾经投票主张废除一切贵族称号。

事情就这样在一片令人眼花缭乱的显赫气氛中进行下去,直到1812年。这一年本应该迎来拿破仑的全盛时期,但相反地却迎来了从莫斯科的大溃退。蒙日太老了(他这时66岁),因而不能伴随拿破仑进入俄国,他留在法国,在他的庄园里,通过官方公告,热心地注视着大军的进展。当蒙日读到宣布法军遭到灾难的不幸的"第29号公告"时,他突然脑卒中了。他在恢复以后说:"方才不知道的事情,我现在知道了;我知道我将怎样死去。"

蒙日不需要拉下最后一幕;傅里叶会帮助他把幕降下。傅里叶从埃及回来后,被任命(1802年1月2日)为伊泽尔省督,总部设在格勒诺布尔。这个地区当时正处在政治骚乱中;傅里叶的第一项任务就是恢复秩序。他遇到一场奇怪的反抗,并用一种荒谬可笑的方式把它平息了下去。傅里叶在埃及时曾经负责学院的考古研究。善良的格勒诺布尔市民们被学院一些考古发现的宗教含义弄得心烦意乱,特别是对一些古迹所确定的年代,他们认为与《圣经》上的年代相矛盾。但是,当他们在家乡附近进行进步的考古研究,挖出一个他自己家族的圣徒、神圣的皮埃尔·傅里叶(Pierre Fourier)时,他们相当满意,并把傅里叶视为他们的密友;这位圣徒是傅里叶的叔祖父,他之所以被作为圣徒来纪念,是因为他曾经创立过一个宗教教派。傅里叶的威信建立起来了,接着他就完成了大量有益的工作,排干沼泽地的水,扑灭疟疾,如此等等,使他的管区脱离了中世纪的状态。

正是在格勒诺布尔,傅里叶构思出不朽的《热的解析理论》,这是数理物理学的一个里程碑。他在1807年提交了第一篇关于热传导的论文。这篇论文很有发展前途，以至于科学院把对热学的数学理论的贡献设为它在1812年的大奖问题，以此鼓励傅里叶继续研究。傅里叶赢得了大奖，但并不是没有批评意见，他对这些意见感到很不愉快，但还是很好地接受了。

拉普拉斯、拉格朗日和勒让德是评阅人。他们在承认傅里叶的工作的创新性和重要性的同时，指出其在数学处理上还有缺点，在严格性方面还有许多有待改进之处。拉格朗日本人曾经发现过傅里叶主要定理的一些特殊情形，但是由于他现在指出的困难，使他没能进行到一般结果。这些难以捉摸的困难具有那样一种性质，在当时要克服它们几乎是不可能的。经过一个多世纪之后，人们才满意地解决了它们。

顺便提一下，注意到这个争执代表着纯数学家和数理物理学家之间的一个基本区别，是很有意思的。纯数学家所能用的唯一武器，是精确、严格的证明。除非所引证的定理能够经得起它的时代所能提出的最严格的批评，否则纯数学家们几乎是不会用到它的。

另一方面，应用数学家和数理物理学家们很少那么乐观，会设想无限复杂的物质世界能用简单到人类能够理解的任何数学理论完全地描述。他们对下述情形并不感到过分惋惜，即艾里（Airy）*把宇宙作为某种极其冗繁的自行解决的微分方程组的美妙（或荒唐）图画，实际上只是由数学的偏执和牛顿的决定论产生的某种幻想；在他们自己的后门有某个更真实的东西——物质世界本身——吸引着他们的注意。他们能够**试验**并检验他们的故意不完善的数学推论，并与经验判断相对照——这种判断是纯数学家靠数学自身的性质办不到的。如果他们的数学预见被实验所否定，他们并不像数学家可能做的那样，置物理证据于不顾，而是抛开他们的数学工具，去寻找更好的工具。

科学家们为了科学本身而对数学采取的这种冷淡态度，激怒了一类**纯**数学家，就像遗漏一个可疑的小小的下标而激怒了另一类迂腐的学究

---

* 艾里（1801—1892），英国数学家、天文学家。——译者

一样。结果是只有很少几个**纯**数学家对科学作出过重要贡献——当然，他们发明了科学家们发现很有用的（也许是不可缺少的）许多工具除外。这一切当中奇怪的是，正是反对科学家的、富于想象力的、勇敢工作的那些纯正癖者，对广泛认可的看法持相反意见，他们认为数学并不是一桩一味追根究底、力求精确的事情，而是创造性地富于想象力的事情，就像伟大的诗歌或音乐那样，有时是不十分精确的。在这方面，有时候物理学家们会在数学家们的领域中打败他们：开尔文勋爵无视傅里叶关于热学分析的杰作中明显缺乏严格性，而称它为"一首伟大的数学诗"。

正如已经说过的，傅里叶的主要研究方向，是边值问题（在牛顿那一章中阐述过）——微分方程的解适合指定的初始条件，这也许是数理物理学的中心问题。自从傅里叶把这个方法应用到热传导的数学理论中来，人才济济的一个世纪中，极有天赋的人们已经比他曾经梦想过的走得更远了，但是他那一步是决定性的。在他做的事情中，有一两件非常简单，可以在这里加以叙述。

在代数中，我们要学习画出简单的代数方程的图形，并且会很快注意到，我们所得到的曲线，如果延续到充分远的话，不会突然中断并永远终止。什么样的方程会导致像下图中的这种乏味的无限重复的**线段**（长度有限，在两头都终止）的图形呢？这样的由不相连的直线段或曲线段构成的图形，在物理学，例如热学、声学和流体运动的理论中反复出现。可以证明，不可能用有限的、精确的数学表达式把它们表示出来。但"傅里叶

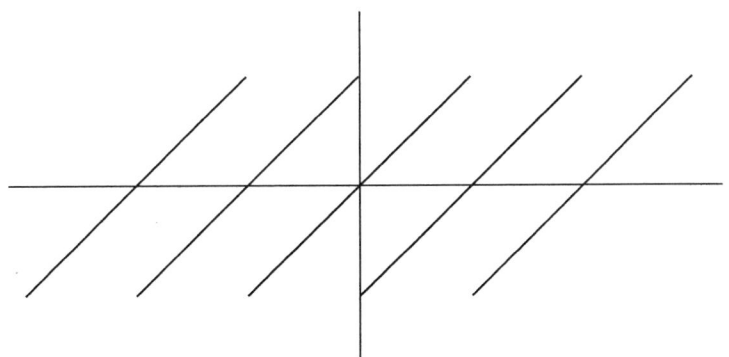

定理"提供了一种从数学上表达和研究这种图形的方法：在某个区间内连续，或者在该区间内只有有限数目的不连续点，且在该区间内只有有限数目的转向点的给定的函数，可表示成（在某些限制内）正弦或余弦函数的无穷和，或正弦和余弦函数两者的无穷和。（这只是一个粗略的描述。）

既然提到了正弦和余弦，我们就回想一下它们最重要的性质，即**周期性**。设下图中圆的半径是1个单位长度，通过圆心 O 画互成直角的轴，如在笛卡儿几何中那样，标出 AB 等于 2π 单位长度；这样，AB 在长度上等于圆的周长（因为半径是1）。设点 P 从 A 开始，沿箭头所示的方向描出圆的轨迹。画 PN 垂直于 OA。那么，对于任何位置的 P，NP 的长度称为角 AOP 的**正弦**，ON 称为角 AOP 的**余弦**；NP 和 ON 像在笛卡儿几何中那样取它们的符号（NP 在 OA 上方取正号，在 OA 下方取负号；ON 在 OC 的右边是正的，在 OC 左边是负的）。

不论 P 在任何位置，角 AOP 是4个直角（360°）的一部分，相应于弧 AP 在整个圆周上所占的部分。所以我们可以沿着 AB 标出弧 AP 在 2π 中所占的相应比例，以表示这些角 AOP。这样，当 P 在 C 处时，经过了整个圆周的 $1/4$；因此，相应于角 AOC，我们在距离 A 点长度为 $\frac{1}{4}AB$ 处有点 K。

在 AB 上的每一个点，我们画长度等于相应角度正弦的垂直线段，根据正弦是正或负，决定垂直线段在 AB 的上方或下方。这些垂直线段的不在 AB 上的那一端落在图中所示的连续曲线，即**正弦曲线**上。当 P 回到 A 点，开始重新沿着圆转时，曲线在 B 以后重复，如此以至无穷。如果 P 向相反方向旋转，曲线就向左重复。曲线在一个 2π 区间后重复：角（这里是

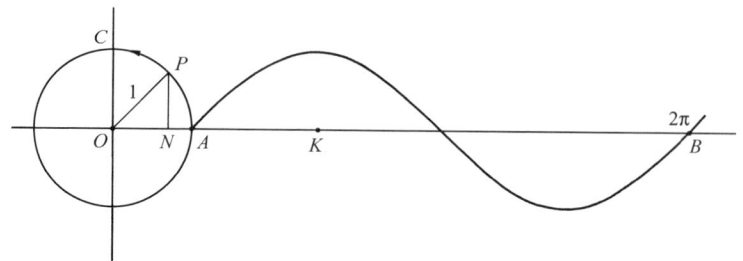

AOP)的正弦是一个**周期函数**,**周期**是2π。把"sine"(正弦)这个词缩写成"sin";如果x是任意一个角,方程

$$\sin(x+2\pi)=\sin x$$

表示$\sin x$是x的函数,周期为2π。

很容易看出,如果图中的整条曲线向左移动长度为AK的距离,那么它现在就是AOP的余弦的图形了。同前面一样,

$$\cos(x+2\pi)=\cos x,$$

"cos"是"cosine"(余弦)的缩写。

审查图形表明,$\sin 2x$通过一个完整周期比$\sin x$"快一倍",因此它的一个完整周期的图形是$\sin x$的一半那么长。同样,$\sin 3x$的完整的周期是$2\pi/3$等等。这对于$\cos x,\cos 2x,\cos 3x,\cdots$也同样成立。

现在能够大致描述傅里叶的主要数学结果了。在已经提到的与"间断"的图形有关的限制内,任何具有明确确定的某个图形的函数,都能用下面这种类型的方程表示:

$$y=a_0+a_1\cos x+a_2\cos 2x+a_3\cos 3x+\cdots$$
$$+b_1\sin x+b_2\sin 2x+b_3\sin 3x+\cdots$$

其中省略号表示两个系列按照指出的规则无限地继续下去,当任何x的已知函数y是已知时,系数$a_0,a_1,a_2,\cdots,b_1,b_2,b_3,\cdots$是可以确定的。换言之,任何$x$的已知函数,比如说$f(x)$,能够展开成上述类型的级数,即**三角**级数或**傅里叶**级数。重申一下,所有这些都只在某些限制条件下才成立,这些限制幸而在数理物理学中不很重要;例外的情形是一些很少有或没有物理意义的、多少有些畸形的情形。再重申一次,傅里叶级数这项工作是边值问题的第一个伟大的成就。在牛顿那一章中给出的这种问题的例子是用傅里叶的方法解决的。在任何给定的问题中,都要求找出系数$a_0,a_1,\cdots,b_0,b_1,\cdots$的适于计算的形式。傅里叶的分析提供了这个形式。

上面所描述的周期(**简单**周期)的概念,对于自然现象具有明显的重

要性,潮汐、月相、季节以及人们熟知的许多其他事情,本质上都是周期性的。有时候一个周期现象,诸如太阳黑子的反复出现,能够用一定数目的简单周期性图形相叠加而很好地逼近。因此这些现象就能化简为一些独立的、简单的周期现象,而原来的周期现象是由它们组合而成的。

这个过程与把乐音分析成它的基音和相继的泛音在数学上是一样的。作为对音"质"的第一步粗略的逼近,只考虑基音;随后,通常只要几个泛音的叠加就足以产生一个与理想的音响(其中有无穷个泛音)难以区分的声音了。同样的情形对于由"和声"或傅里叶分析考虑的现象也成立。人们甚至已经作了一些尝试,在反复出现的地震和年降雨量中去发现长周期(基本周期)。简单周期性的概念,在纯数学中和在应用数学中同样重要。我们将会看到它被推广到**多重**周期(与椭圆函数和其他一些函数有关),它又反作用于应用数学。

傅里叶完全知道他已经做出了头等重要的工作,他对批评他的人不屑一顾。他们是对的,他错了,但是他按照自己的方法做的工作,足以使他有资格独立不羁。

当他在1822年完成1807年开始的工作,并收集在关于热传导的专著中时,人们发现固执的傅里叶对他原先提交的论文一个字也没有改动。他就这样例证了弗朗西斯·高尔顿对所有作者的忠告的后半句:"永勿怨恨批评,永勿回答它。"傅里叶的不满是有道理的,他攻击纯数学家们只专心于自己特定的专业而不敢在数理物理学中冒险。

一般说来,在拿破仑逃离厄尔巴岛,于1815年3月1日在法国海岸登陆时,傅里叶和法国的一切都进行得很顺利。所有的老兵刚刚轻松自如地摆脱了使他们头痛的事,而这时造成头痛的原因又突然出现了,使得他们更加头痛。这时傅里叶在格勒诺布尔。他害怕民众会欢迎拿破仑归来,而再次发生无节制的狂热行动,于是他赶往里昂,去告诉波旁王室即将发生什么事情。这些人一向愚蠢,不肯相信他。傅里叶在返回途中得知格勒诺布尔已经投降。傅里叶本人在布古万被俘,并被带到拿破仑面前。他现在面对的是他在埃及时十分了解,并学会用他的脑子而不是用他的心去怀疑的同一位老指挥官。拿破仑正俯身在一幅地图上,手里拿着一个圆规。他抬起头来。

"喂,省督先生!你也向我宣战啦?"

"陛下,"傅里叶结结巴巴地说,"我的宣誓使我有责任这样做。"

"你说责任?你没有看见全国没有一个人同意你的主张?别自以为你的作战计划会吓倒我。我难受的只是看见在我的对手当中有一个**埃及人**,一个曾经跟我一起风餐露宿的人,一个老朋友!还有,傅里叶先生,你怎么能忘记你之所以有今天,全靠我的栽培?"

傅里叶那家伙,记得拿破仑无情地把他丢在埃及,但竟然还能够听信这样的废话,而且喜欢它,他说了一大堆赞扬拿破仑的好心和他那强健的胃的话,但是极少提到他的头脑健全。

几天以后,拿破仑问这位现在效忠于他的傅里叶:

"你认为我的计划怎样?"

"陛下,我认为您会失败。您要是在路上遇到一个狂热分子,那就一切都完了。"

"呸!没有人拥护波旁王朝——就连狂热分子也不会拥护,至于失败嘛,你已经从报纸上看到,他们把我定为不合法的了。我本人要更加宽容:我满足于把他们赶出杜伊勒利宫!"

本性难移与拿破仑的自负应该结合为一体,而不应该把它们当做两回事。

第二次王政复辟以后,人们发现傅里叶在巴黎典当他的财物,以维持生计,但是不等他饿死,老朋友们可怜他,为他谋到了塞纳省统计局长的差事。1816年,科学院打算选举他为科学院院士,但是波旁政府下令,对他们以前的对手的朋友,不能以任何方式给予荣誉。科学院坚持自己的意见,于次年选举傅里叶为院士。波旁王朝反对傅里叶的这种作为,看来未免气量太小,但比起他们对可怜的老蒙日的做法,那就很大度了。**是贵族就得行为高尚!**

傅里叶的最后几年,在夸夸其谈中荒废了。作为科学院的终身秘书,他总是能找到听众的。要说他吹嘘他在拿破仑手下取得的成就,那实在是说得太婉转了。他变成了一个令人难以忍受的大喊大叫的讨厌的家伙。他没有继续做科学研究工作,而是向他的听众吹嘘他**打算**做什么。然而,他对科学的发展已做了比他分内更多的工作,而如果有任何人类的工作堪称不朽的话,傅里叶的工作就是。他不需要自吹自擂或虚张声势。

傅里叶在埃及的经历,使他养成了一种奇怪的习惯,这个习惯可能加速了他的死亡。他认为,沙漠的炎热是对健康最理想的条件。他不仅把自己像木乃伊似的裹起来,还住在那样的房子里,他那些没有被烤熟的朋友们说,屋里比地狱和撒哈拉沙漠加在一起还要热。1830年5月16日,他因心脏病(有人说是动脉瘤)去世,享年63岁。傅里叶属于杰出的数学家,他们的工作是那么重要,他们的名字已成为各种文明语言中的形容词。

蒙日的衰亡要慢一些,也更悲惨些。在第一次王政复辟以后,拿破仑对他一手扶植的势利集团感到愤怒和仇恨,他的权力刚一消失,这个势利集团就很自然地拆他的台。再次掌权后,拿破仑打算狠狠地整治一下这些忘恩负义的人。蒙日这个善良的老平民,劝他发慈悲和明白事理:拿破仑可能会有一天(在一次地震切断了所有的逃路以后)发现自己陷于绝境,应该对这些忘恩负义的人的支持表示感激。拿破仑平静了下来,明智地恩威并施。这样宽宏大量的处理,完全是蒙日的缘故。

在拿破仑从滑铁卢逃跑,留下他的部队自己想办法逃出困境之后,蒙日回到了巴黎。这时傅里叶的忠诚已经冷了下来;蒙日的忠诚却达到了沸点。

学校的历史课程常常讲到拿破仑最后的梦想——征服美洲。蒙日的说法不同,并且是在一种更高——事实上是高得难以置信——的程度上。在被敌人包围,一想到不能在欧洲实施进一步的征服,而被迫闲下来无所事事就心惊胆战的情况下,拿破仑把他敏锐的目光转向西方,匆匆一瞥,从阿拉斯加到合恩角,扫视了美洲。但是,像一个不健康的魔鬼一般,波拿巴渴望成为一个修士。他宣称,只有科学能够使他满意;他要成为第二个而且伟大得无以复加的亚历山大·冯·洪堡(Alexander von Humboldt)。

他向蒙日承认:"我希望在这个新的事业中,留下与我相称的著作和发明。"

究竟什么是能够与拿破仑相称的工作呢?接着,这只掉下来了的"鹰"概述了他的梦想。

"我需要一个同伴,"他承认说,"首先让我跟上科学的现状。然后你[蒙日]和我将从加拿大到合恩角,漫游整个美洲大陆;在这漫长的旅途中,我们将研究科学界还没有作出定论的、地球物理学的全部奇异的现象。"妄想狂?

"陛下,"蒙日惊呼道——他将近67岁了,"您的合作者已经找到了;我跟您一起去!"

又同他过去一模一样了,拿破仑粗暴地说出了他的想法!这个心甘情愿的老兵会妨碍他从巴芬湾到巴塔戈尼亚的闪电般的进军。

"你太老了,蒙日,我需要一个比较年轻的人。"

蒙日蹒跚地走开,去寻找"一个比较年轻的人"。他找到暴躁的阿拉戈,作为他那精力充沛的主子的理想旅伴。但是尽管他口若悬河,把这件事说得无上光荣,阿拉戈还是吸取了他的教训。阿拉戈指出,一个像拿破仑在滑铁卢那样抛弃他的队伍的将军,是不能被当做领袖,让人随便跟他到什么地方去的,即便去舒适的美洲也不行。

进一步的协商被英国人粗暴地中止了。到10月中旬,拿破仑已在考察圣赫勒拿岛了。留着征服美洲用的大量金钱落入了别人的口袋,而没有到科学家们手中,密西西比河畔或亚马孙河畔也就没有建立起"美洲学院",来与它俯瞰尼罗河的庞大的孪生学院相媲美。

享受了帝制时期面包的蒙日,现在尝到了盐的滋味。作为一个革命者和那个自命不凡的科西嘉人的心腹,他的脑袋成为波旁王室极想得到的东西,而蒙日为了保住他的脑袋,便从一个贫民窟躲到另一个贫民窟。就算完全出自气量狭小,装得神圣不可侵犯的波旁王室给予蒙日的待遇也该受到谴责。他们竟狭隘到了剥夺这个老人最后的荣誉——这项荣誉与慷慨的拿破仑毫无关系。1816年,他们命令把蒙日从科学院开除出去。这时像兔子一般驯服的院士们顺从了。

波旁王室最后一点卑劣的做法,给蒙日的葬礼增加了光彩。正如他曾经预见到的那样,他在一次脑卒中之后,经过长时间的昏迷不醒之后去世了。综合工科学校的年轻人是蒙日的骄傲,而他是他们的偶像。他曾经在拿破仑飞扬跋扈的干涉下保护过他们。1818年7月28日蒙日逝世时,综合工科学校的学生们要求准许他们参加葬礼,但国王拒绝了他们的请求。

综合工科学校的学生是很守纪律的,他们遵守了这道禁令,但是他们比胆小的科学院院士机智勇敢。国王的命令仅限于葬礼,次日他们全体前往墓地,在他们的老师和朋友、加斯帕尔·蒙日的坟墓上献上一个花圈。

第 13 章

光荣的日子

彭赛列

从拿破仑的屠宰场中复活。通向监狱的光荣道路。1812年在俄国过冬。天才在监狱里做什么。几何在地狱中的两年。天才的奖赏:愚蠢的日常工作。彭赛列的射影几何。连续原理和对偶原理。

> 射影几何以最大的简便为我们打开了科学中的新领域,它恰如其分地被称为通往其独特知识领域的最佳道路。
>
> ——费利克斯·克莱因(Felix Klein)

在第一次世界大战中,有好几次,当法国军队被紧紧追赶而又没有增援部队的时候,最高司令官把一个女歌手从她的闺房中拉出来,火速送往前线,给她从头到脚披上三色旗,命令她对精疲力竭的士兵唱《马赛曲》,以此来挽救当天的败局。女歌手唱完歌就坐上车溜回巴黎;振奋起来的军队向前挺进,第二天早晨,不无讽刺地,被检查过的报纸又一次一致向容易受骗的民众保证,"光荣的日子来到了"——对伤亡人数缄口不提。

在1812年,光荣的日子还在路上。女歌手们没有伴随着拿破仑·波拿巴的50万大军向俄国胜利进军。当俄国人在战无不胜的大军面前退却时,法国士兵自己唱着歌,无垠的平原上回荡着激动人心的歌声,这歌声把暴君们从他们的宝座上赶下来,把拿破仑提升到他们的位置上。

一切都进行得像最热情的歌手能够希望的那样光荣:在拿破仑越过涅曼河的6天前,他那杰出的外交策略间接地激怒了麦迪逊(Madison)总统,使他将美国甩进了一场对英国的疯狂战争之中;俄国人比以往更快地朝莫斯科败退,大军勇敢地尽全力赶上不愿打仗的敌人。在博罗季诺,俄国人掉过头来,战斗了,又败退了。拿破仑没有碰到反抗——除了来自反复无常的天气的阻挡——继续进军莫斯科,从那里,他通知沙皇,他愿意考虑全体俄国部队的无条件投降。莫斯科能干的居民们在市长的率领下,自己来处理这些问题,他们坚壁清野,放火烧了他们的城市,把它烧成平地,大火熏得拿破仑和他的全体士兵无处存身。拿破仑非常懊恼,但他仍然控制着局势,他无视这个明显的暗示——到此为止对他在军事上的一意孤行的第二个或第三个暗示——"以剑杀人者必死于剑下",不久就命令他的车夫快马加鞭,越过这时已上冻的平原火速回驰,去安排他与布吕歇尔(Blücher)在莱比锡会合,而让大军步行回国或者冻死,这就随它的便了。

在被抛弃的法国军队中,有一个年轻的工程军官,让-维克托·彭赛列(Jean-Victor Poncelet,1788年7月1日—1867年12月23日),他曾在巴黎综合工科学校学习,后来在梅斯的军事学院学习,曾经受到蒙日(1746—1818)的新画法几何和较年长的卡诺的《位置几何学》(1803年出版)的启发。拉扎尔-尼古拉-玛格丽特·卡诺(Lazare-Nicolas-Marguerite Carnot,1753年5月13日—1823年8月2日)的革命的、虽然多少有点儿反动的大纲,是为了"把几何从分析的难解的符号中解放出来"而制定的。

彭赛列在他的经典著作《分析学和几何学的应用》(1862年第二版,1822年首次出版)的序言中,详细记述了他在从莫斯科撤退中的那次灾难性经历。1812年12月18日,内伊元帅(Marshal Ney)率领下的精疲力竭的法军残部,在克拉斯诺伊吃了败仗。在那些留在冰冻的战场上等死的人中,有年轻的彭赛列,他那身工程军官的制服救了他的命,一个搜索队发现他还活着,就把他带到俄军本部审问。

作为一个战俘,这个年轻的军官被迫穿着他破烂的制服步行了近5个月,越过冰封的平原,只靠一点儿配给的黑面包维持生命。在冷得连温度计上的水银柱都经常冻住的严寒中,彭赛列的很多伙伴都悲惨地死在路上,但是他强健的体格使他走完了全程。在1813年3月,他进了伏尔加河畔萨拉托夫的监狱。一开始他疲惫得不能

彭赛列

进行思考,但是当"4月的灿烂阳光"恢复了他的活力时,他记起他曾经受过很好的数学教育,为了使艰难的流放生活稍微好过一点,他决定尽可能多地把他学过的东西重写出来。正是这样,他创立了射影几何学。

一开始,他没有书,只有很少一点点书写用具。从算术到高等几何和微积分,他回忆了所知道的全部数学知识。彭赛列还辅导跟他一起的军官们为考试作准备,因为要是他们还能再回到法国,他们是必须参加这些考试的。这些工作,使他快活了起来。有一种传说认为,一开始彭赛列只有从使他不至于冻死的可怜的小火盆中捡出几小块木炭,用它们来把他的图形画在牢房的墙上。他发现了一件有趣的事,实际上他学过的数学中的所有细节和复杂的展开,都已经被忘得精光了,而一般的、基本的原理,在他的记忆中仍然像过去一样清晰。对于物理和力学也是这样。

1814年9月,彭赛列回到了法国,随身带着"在萨拉托夫的俄国监狱

里(1813—1814)写的7本笔记本的手稿,以及若干其他文字材料,旧的和新的都有",在这些材料中,他这个24岁的年轻人,给了射影几何自从德萨格和帕斯卡在17世纪开创这门学科以来最强有力的推动力。他的杰作的第一版(已经提到过)是1822年出版的,书中没有上面已说到的"为他的生命辩解"的内情,但是它掀起了19世纪的一个巨大浪潮,向前推动了射影几何、现代综合几何,以及代数运算中出现的"虚数"的几何解释,即从几何学上把这种"虚数"解释为空间的"理想"元素。它也提出了强有力的、(一时)争论不休的"连续性原理",我们过一会儿就叙述这个原理,它把显然没有关系的图形性质统一成为一个一致的、自包容的完全整体,从而大大简化了对几何结构的研究。在彭赛列的广阔的思路中,例外和棘手的特例只不过是已经熟知的事物的不同方面。这部经典论著也充分利用了有创造性的"对偶原理",介绍了彭赛列本人设想出来的"互反"方法。简言之,这个年轻的军事工程师给几何学添加了整整一大批新武器,而他曾经被丢在克拉斯诺伊的战场上等死,要不是他的军官制服使他看上去像一个俄军本部可能要询问的对象,他确实会在天亮前死去。

  这以后的10年(1815—1825)间,彭赛列作为军事工程师的职责,使他极少有时间实现他的真正抱负——在几何学中开拓他的新方法。许多年之后他才得到解脱。彭赛列高度的责任感和他决定命运的办事效率,使他容易成为目光短浅的上司们的牺牲品。有些要他承担的任务,只有具有他这样才干的人才能完成,例如,在梅斯创立一所实用机械学的学校,在综合工科学校改革数学教育。但是关于防御工事的报告,他在国防委员会的工作,以及他在伦敦和巴黎的国际博览会机械部的主管职务(1851—1858)——这儿提到的只是他的无数日常工作中的几项——这些都能够由才干较低的人去完成。不过,他的重要的科学功绩并没有被忽视,科学院选举他(1831)作拉普拉斯的继任者。但出于政治上的原因,彭赛列在3年之后才接受了这项荣誉。

彭赛列成年后的整个生活是他自身两个方面的长期内心冲突的过程，一个方面是生就去做永恒的工作，另一个方面是接受目光短浅的政治家和愚钝的军事专家们硬塞给他的一切琐碎或肮脏的工作。彭赛列自己渴望逃脱，但是在拿破仑的军队中训练得深入骨髓的错误的责任感，迫使他舍本逐末，只务虚名，而不求实效。他没有过早地、长期地患精神分裂，是他体格健壮的明显证据。而他差不多到79岁去世时还一直保持着他的创造能力，则是他遏制不住的天才的闪光明证。当他们想不出更好的事情让这个极有天赋的人打发他的时间时，他们就派他在法国各地漫无目的地跋涉，检查纱厂、丝厂和亚麻布工厂。他们并不需要一个彭赛列去做那种事情，他也知道这一点。要是他的独特的才能在这些事情上是必不可少的，那么在法国他是决不会反对去做这些事的人，因为他绝不是那种假装正经的知识分子，认为每一次科学与工业一握手，就会失去她长期保持的纯贞。但他并不是唯一能找来做这种工作的人，因为无论如何巴斯德（Pasteur）就在从事着解决啤酒变质、蚕和人类疾病这些同等重要的事情。

我们现在来看看，彭赛列为了征服射影几何，设计或改造的一两件武器。首先是他的"连续性原理"，它涉及当一个图形部分遮住了（由投影或其他方法）另一个图形时，几何性质的不变性。这无疑是相当含糊的，而彭赛列自己对这个原理的陈述，也从来不是很精确的，并且事实上，他也卷入了与更加保守的几何学家的无休止的争论之中，他有礼貌地称这些几何学家为老古板——当然，这高贵的措辞总是适合一个官员和绅士身份的。要注意，原理具有很大的启发价值，但是它本身并不总能为其提示的定理提供证明，我们可以从几个简单的例子中看出它的精神。

想象两个相交的圆。设它们相交在点 A 和点 B。用直线把 A 和 B 连接起来。图形明显地标出了两个**实点** A、B 和两个圆的公共弦 AB。现在想象两个圆被渐渐拉开，公共弦很快就成了两个圆在它们的接触点处的公切

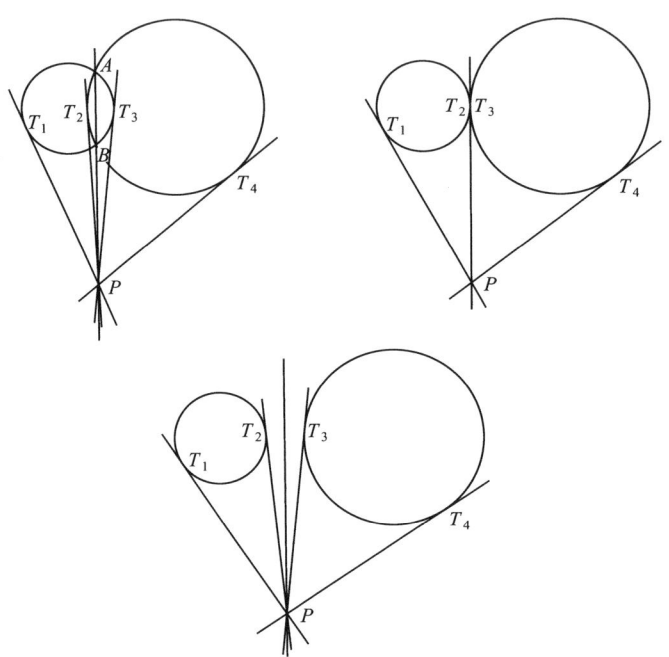

线。在目前的任何阶段,下面的定理(通常是中学几何中的一个练习)成立:如果在公共弦上**任**取一个点 P,可以从它向两个圆做**四条**切线,如果这些切线与圆接触的点是 T_1, T_2, T_3, T_4,那么线段 PT_1, PT_2, PT_3, PT_4 长度相等。反过来,如果问**所有的**点 P 应该在什么地方,才能使两个圆的四条切线线段相等,答案是**在公共弦上**。用通常的语言简单叙述所有这一切,我们说,移动点 P 使得从它到两个**相交**圆的切线线段相等,那么点 P 的**轨迹**(只意味着**位置**)是两个圆的公共弦*。所有这些都是熟知的和直截了当的;没有神秘和不可理解的成分。但下面要说的"连续性原理",有些人就会觉得费解了。

把这两个圆完全分开。它们的两个交点(或者在最后的一瞬间,它们相接触的一点)在纸上不再看得见了,"公共弦"被留下来悬在两个圆之间,显然和两个圆都不相交。但是我们知道,仍然有一个切线线段相等的

---

* 重要的是,如果点 P 落在圆的**外面**,切线是**实的**(可见的);如果点 P 在圆的**内部**,切线是"**虚的**"。

轨迹，而且很容易证明这个轨迹是一条垂直于连接两个圆心的直线，就像原来的轨迹（公共弦）那样。仅仅作为一种表达方式，如果我们反对"虚构"，我们就继续**说**两个圆相交在平面的无穷远处的两个点，即使两个圆已经被分开了，我们也**说**新的直线轨迹仍然是圆的公共弦：交点是"虚的"或"理想的"，但是连接它们的直线（新的"公共弦"）是"实的"——我们确实把它画在了纸上。

如果我们以笛卡儿的方式写出圆和直线的代数方程，那么我们在代数中为求交点而解这些方程所做的一切，在扩展了的几何中都有它独特的对应，而如果我们不首先扩充几何——或者至少增加它的词汇，以记录"理想的"元素——那么许多在代数上有意义的东西在几何上就是无意义的。

所有这些当然都要求在逻辑上讲得通，在凡是需要的地方也都讲得通，那就是说，包括在几何上有用的"连续性原理"的应用是讲得通的。

平行线提供了这个原理的一个更重要的例子。在说明这个例子之前，我们不妨重复一位可敬的著名法官的话，这是几天前他在有人对他讲起这件事情时说的。这位法官不舒服；一个业余数学家想使这位老人高兴起来，就给他讲了些关于几何学的无穷概念。那时他们正在法官的花园中散步。当法官听到"平行线相交于无穷远处"时，他停了下来，一动不动。"布兰克先生，"他特别着重地说，"任何说平行线相交于无穷远处或其他任何地方的人，绝对没有正确的判断力。"为了防止争论，我们可以像以前那样说，这只是一种表达方式，用来避免恼人的例外和个案成为令人不悦的特殊情形。但是一旦对这种说法的意见一致了，逻辑上的一致性就要求它贯穿始终，而无须拘泥于逻辑语法和句法的规则，这就是我们要做的。

为了了解这种说法的合理性，想象一条固定的直线 l 和一个不在 l 上的固定点 P。通过 P 任作一条直线 l' 与 l 相交于 P'，再想象 l' 绕 P 旋转，使得 P' 沿着 l 向远处滑动。P' 什么时候停止滑动呢？我们说它停止滑动，是在 l 和 l' 成为平行时，或者，如果我们愿意的话，也可以说是在交点 P' 在无

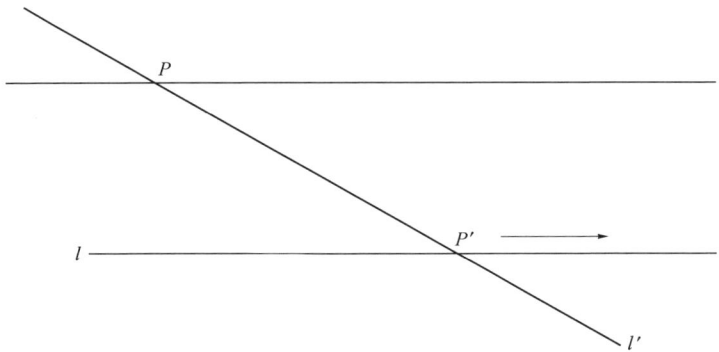

穷远处时。由于已经指出过的原因,这种说法是方便而且可取的——不是像法官可能认为的那样,是疯人院的产物,而是在几何中可以做的有趣的、有时是非常实用的事。

以同样的方式,**在无穷远处**添加"理想"的点、线、平面,或者"区域",就可以丰富直线、平面和三维空间(以及多维空间)的可见的、**有限的**部分。要是法官碰巧看到了这一点,他可能会欣赏下面这个关于无穷在几何中的作用的令人吃惊的例子:**平面上的任何两个圆相交于四个点,其中的两个点是虚的,在无穷远处**。如果这两个圆是同心的,那么它们在落在无穷远的直线上的两个点上互相接触。还有,平面上**所有**的圆都通过在无穷远处的**同样**两个点——它们通常用I和J表示,有时被不大恭敬的学生称作艾萨克[Isaac]和雅各布[Jacob]。

在帕斯卡那一章,我们叙述了几何中射影性质与度量性质的不同含义。在此我们可以回头看一看阿达玛(Hadamard)对笛卡儿的解析几何的看法。阿达玛在其他的事情中观察到,现代的综合几何学通过向代数学和分析学提供重要研究课题,为一般的几何还清了代数的债。这个现代的综合几何就是彭赛列研究的对象。虽然这一切当时看上去可能相当费解,我们可以从19世纪40年代取一节链环来闭合这条链子,因为这不仅对纯数学史,就是对最近的数理物理学也确实是重要的。

从19世纪40年代取来的这个环,是由布尔、凯莱、西尔维斯特以及其他人开创的代数的不变量理论,它(如后面的章节所述)对当前的理论物理具有根本的重要意义。彭赛列和他的学派的射影几何在不变量理论的发展中起了重要作用:几何学家们发现了许多在射影下**不变的**图形的性质;19世纪40年代的代数学家们,特别是凯莱,把几何的**射影作用**转换成分析学的语言,并把这个转换应用到笛卡儿表达几何关系的**代数**方式上,这样他们就能在代数不变量理论的构思中取得惊人的快速进步。要是德萨格这位 17 世纪的勇敢先驱者,能够预知其巧妙的射影方法会导致什么结果,很可能也会大吃一惊的。他知道自己作出了一些很好的东西,但是他也许根本不知道它究竟有多好。

德萨格去世时,牛顿还是一个 20 岁的年轻人。没有证据表明牛顿曾经听说过德萨格的名字。如果他听到过,并且要是他预先知道,由他这个年长的同代人锻造的不起眼的一环,会形成一条有力的链子的一部分,这条链子在 20 世纪会把他的万有引力定律从被认为不朽的根基上拉下来,那他也会吃惊的。因为如果没有从凯莱和西尔维斯特的代数工作中自然发展起来的张量分析这个数学工具,爱因斯坦或任何其他人就不可能挪动牛顿的万有引力定律。

射影几何中的一个有用的概念是**交比**。通过一个点 O,任意画四条直线 l, m, n, p。再画与这四条直线相交的任意一条直线 x,x 与四条直线的交点分别为 L, M, N, P。这样我们就有了 x 上的线段 LM, MN, LP, PN。由此形成比例 $\frac{LM}{MN}$ 和 $\frac{LP}{PN}$。最后我们取这两个比例的比,就得到了**交比** $\frac{LM \times PN}{MN \times LP}$。关于这个交比的最令人吃惊的事情是,对于直线 x 的**所有**位置,它都有同样的数值。

后面我们要谈到克莱因把欧几里得几何和普通的非欧几何统一成一种综合几何。这个统一之所以可能,是因为凯莱修改了**度量**几何据以成

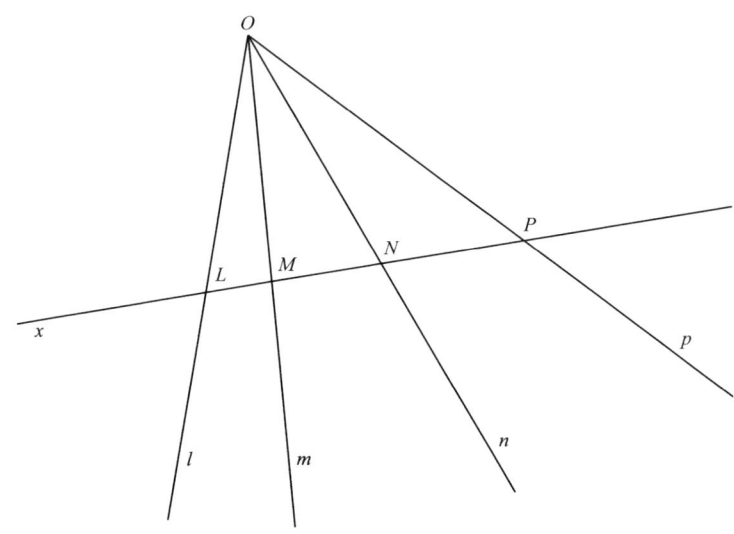

立的**距离**和**角度**的通常概念。在这个修改中,交比起了主要作用,凯莱通过交比,并利用他自己设想的"理想"元素,终于使**度量**几何成为**射影**几何的一部分。

为了结束对彭赛列用过的这种工具的不完全的描述,我们要提一下硕果累累的"对偶原理"。为简单起见,我们只考虑这个原理在平面几何中起的作用。

首先注意到,可以用两种方法考虑连续曲线:或者把它看成由动点生成的,或者把它看成由直线转动扫出来的。为了了解后一种方法,想象在曲线的每一点上画出的切线。这样**点**与**线**就相对于该曲线密切地互相联系在一起了:**通过**该曲线上的每一个**点**,有一条该曲线的**直线**;**在**该曲线的每一条直线上,有一个该曲线的点。在前面这个句子中,用"在"代替"通过",那么在"冒号"之后用"分号"分开的两个论断,只要把"点"和"线"的位置互换,就是相同的了。

作为一个术语,如果一条线(直线或曲线)通过一个点,我们说这条线**在**这个点上,并且我们注意到,如果一条直线**在**一个点上,那么这个点必**在**这条直线上,反之亦然。为了使这个对应具有普遍性,我们采用适合欧

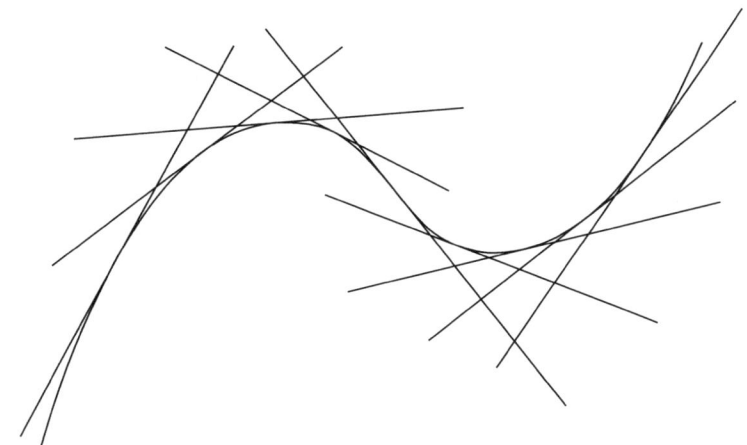

几里得几何（普通的中学几何）的通常的平面，即所谓的**度量平面**，"贴上"已经描述过的那种"理想"元素。这样添加的结果就是"**射影平面**"：一个射影平面包含着一个度量平面的所有普通的点和直线，此外，还包含着一组理想的点，这些理想点都被假定为落在一条理想的直线上，以致每一条普通的直线上都有一个这样的理想点。*

用欧几里得的语言，我们说两条平行线有同样的方向；用射影的术语，这就成了"两条平行线有同一个理想点"。再者，在旧的几何中，如果两条或更多条直线有同样的方向，它们是平行的；在新的几何中，如果两条或更多条直线有同一个理想点，它们是平行的。在射影平面上的每一条直线，被设想为在它上面有**一个理想点**（"在无穷远处"）；**所有的**理想点被认为构成**一条理想线**，"在无穷远处的直线"。

这些概念的目的，是要避免欧几里得几何中那些例外的陈述。这些陈述之所以必要是因为假设平行线存在。这点在关于彭赛列对连续性原理的阐述中已经讨论过了。

有了这些准备，现在可以叙述平面几何中的**对偶原理**了：平面射影几

---

* 这个定义和很快要给出的具有同样性质的其他定义，都取自已故的约翰·韦斯利·扬（John Wesley Young）所著的《射影几何》（芝加哥，1930年）。任何学过普通几何的一般中学课程的人，都可以理解这本小书。

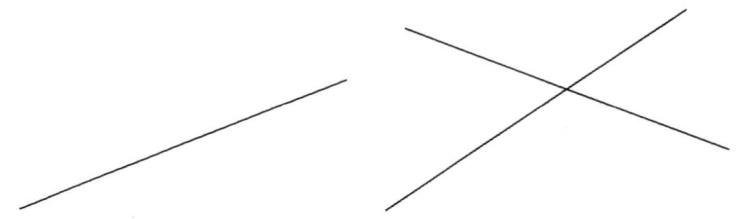

两个相异的点在且仅在一条直线上　　两条相异的直线在且仅在一个点上

何中的所有命题都是成对出现的,因而只要交换"**点**"和"**线**"这两个字,立刻就能从特定的命题对中的一个命题推出另一个命题。

彭赛列在他的射影几何中把这个原理利用到了极点。随便翻开任何一本关于射影几何的书,我们注意到许多页的命题都是印成两栏的,这是彭赛列采用的一种方法。在两栏中对应的命题是互成对偶的;如果证明了其中的一个,就没有必要证明另一个了,因为对偶原理就包含了后一个的证明。这样,不用付出附加的劳动,几何的内容一下子就翻番了。作为对偶原理的一个例子,我们给出下面一对。读者可能会认为这并不怎么令人兴奋,费力大收效小。它能做得更好吗?

下页左图下的命题是我们已知的帕斯卡的神秘六边形,右图下是布利安生(Brianchon,1785—1864)利用对偶原理发现的定理。布利安生在综合工科学校上学的时候,发现了这个定理;它于1806年发表在该校的《校刊》上。两个命题的图形看上去毫不相干。这可以表明彭赛列使用的方法的力量。

布利安生的发现是一个把对偶原理置于几何图形上的发现。这个原理的力量的更加惊人的例子,可以在任何一本关于射影几何的教科书中找到,特别是在这个原理向通常的三维空间的推广中找到。在这种推广中,**点**和**面**这两个字所起的作用可以互换;**直线**则保持原样。

射影几何引人注目的美及其证明的优美,使它成为19世纪的几何学家特别钟爱的研究课题。有能力的人们蜂拥进入这个新的金矿,很快就夺走了它容易接近的宝藏。今天，大多数专家似乎一直认为，就专业数学家感兴趣的范围来说，这个学科已经被发掘尽了。不过，可以相信，在它里面仍然有一些像对偶原理一样明显的东西被忽略了。无论如何，对于在其事业某一阶段的业余爱好者和专业工作者，它是一个容易学到的、具有迷人优点的学科。射影几何与其他一些数学领域不同，它有幸拥有很多极好的教科书和专论，其中的一些出自几何学大师之手，包括彭赛列本人。

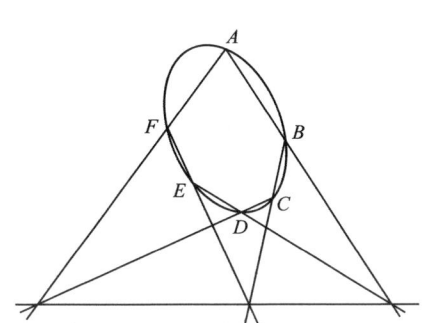

如果 A、B、C、D、E、F 是一个圆锥截线上的任意点，那么诸直线对 AB 和 DE，BC 和 EF，CD 和 FA 的交点在一条直线上；反之亦然。

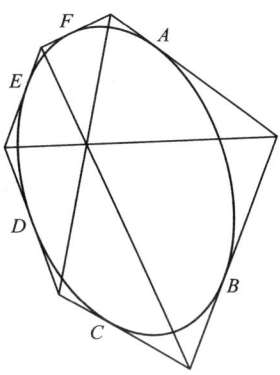

如果 A、B、C、D、E、F 是一个圆锥截线上的切线，那么连接 A 和 B 以及 D 和 E，B 和 C 以及 E 和 F，C 和 D 以及 F 和 A 的交点对的诸直线交于一点；反之亦然。

第 14 章

数学王子

高斯

在数学上与阿基米德和牛顿同等地位的高斯。卑微的出身。父亲的粗鲁。无与伦比的早慧。他在10岁时交了好运。12岁时梦想革命性的发现,18岁时得以实现。《算术研究》。其他划时代的工作的概述。谷神星灾难。拿破仑,间接掠夺高斯,败于对手。归功于高斯的数学所有分支中的重大进展多得不胜枚举:见所列清单。杰出的贤者。不受欢迎的死亡。

> 系统的算术之进一步精练和发展,就如本世纪[19世纪]的数学以创新的科学思想产生的几乎其他每一件东西那样,都是与高斯密切结合在一起的。
> ——利奥波德·克罗内克

阿基米德、牛顿和高斯这三个人,在大数学家中自成一个等级,试图按照功绩排列他们的位置,不是普通人做得到的。这三个人都在纯数学和应用数学方面掀起了浪潮:阿基米德评价他的纯数学高于它的应用;牛顿把他的数学发明应用于科学,似乎为这样做找到了完全正当的理由;而高斯宣称,干纯数学还是应用数学,对他都一样。然而,高斯还是把高等算术,他那个时代最不实用的数学研究,推崇为全部数学的皇后。

数学王子高斯的门第绝不是王族。他是一个贫穷人家的子弟,1777

高斯

年4月30日出生在德意志不伦瑞克一个简陋的村舍里。他的祖父是一个贫穷的农民。1740年,这位祖父在不伦瑞克定居,当园丁,生活贫困。他有三个儿子,第二个儿子格哈德·迪德里希(Gerhard Diederich)于1744年出生,他就是高斯的父亲。除了这唯一的荣誉以外,格哈德作为园丁、水渠管理人和砌砖工人艰苦劳动的一生,没有什么值得注意的地方。

关于高斯的父亲,我们得到的印象是,他是一个正直的、极为诚实的、粗鲁的人,他对儿子们的严厉有时近乎粗暴。他言语粗俗,举止笨拙。诚实和坚持不懈的努力渐渐使他能过得稍微舒适一些,但是他的境况从来没有宽裕过。这样一个人会竭尽全力去阻挠他的小儿子,不让他得到适合他的能力的教育,这是不足为奇的。要是父亲成功了,这个有天赋的孩子就得从事这家族的一个行当,只是由于一连串幸运的偶然事件,高斯才免于成为一个园丁或砌砖工人。孩提时代的高斯是恭敬而顺从的,虽然他后期从没有指责过他可怜的父亲,但也坦率地表示他从来没有真正爱过他。格哈德在1806年去世。到那个时候,他曾尽一切力量加以阻挠的儿子,已经完成了不朽的工作。

在他母亲那一方面,高斯是真正幸运的。多罗特娅·本茨(Dorothea Benz)的父亲是一个石匠,他30岁就死于肺结核病,这是他那一行有损健康的工作条件造成的后果,他留下了两个孩子,多罗特娅和她的弟弟弗里德里希(Friederich)。

这里高斯的天才的遗传血统是明显的。弗里德里希由于经济困难而不得不当了一名纺织工人,但他是一个非常聪明而有天分的人,他那敏锐的、不肯安静的头脑,在与他的远非只当做生计的领域中发挥自己的才干。弗里德里希作为一个织工,在他那一行里很快赢得了声誉,他能织出最好的锦缎,这是他完全靠自己掌握的一门艺术。弗里德里希发现他姐姐的孩子具有类似的头脑,这位聪明的舅舅就在这个年轻天才的身上倾注自己的才智,通过他自己特殊的观察和有点嘲讽的人生哲学,尽力唤起这孩子的敏捷的逻辑思维。

弗里德里希知道他正在做什么;高斯当时也许并不知道。但是他有一种照相似的记忆力,终生清晰地保持着他对幼儿和孩提时代的各种印象。长大成人后,回顾弗里德里希为他做的一切,回忆起那个被早逝剥夺了取得成就机会的、富于创造力的、有才智的人,高斯悲叹:"天生的才华在他身上浪费了。"

多罗特娅在1769年移居不伦瑞克。34岁时(1776年)她和高斯的父亲结婚。第二年她的儿子出世了。他受洗礼的全名是约翰·弗里德里希·卡尔·高斯(Johann Friederich Carl Gauss)。后来他在他的杰作上简单地签名为卡尔·弗里德里希·高斯。如果说一个伟大的天才在弗里德里希·本茨身上浪费了,其名字却在他那感恩的外甥的名字中保存了下来。

高斯的母亲是一个性格坚强、非常聪明、富于幽默感且坦率的妇女。从她的儿子出生那天,直到她本人97岁逝世,儿子一直是她的骄傲。这个两岁的"神童",以他惊人的智慧给所有注意到他非凡成长的人留下了深刻的印象;当他进入少年时期仍然保持并超过了他幼年的智慧时,多罗特娅·高斯站在她的儿子一边,挫败了她固执的丈夫要让孩子像他一样无知的企图。

多罗特娅希望并期待着她的儿子做出伟大的事情。她有时也可能怀疑过她的梦想是否能成为现实,这从她吞吞吐吐地询问那些能够判断她儿子的能力的人就可以看出。由此,在高斯19岁时,她问他的数学家朋友沃尔夫冈·鲍耶(Wolfgang Bolyai),高斯是否能成为什么人物。当鲍耶喊出"欧洲最伟大的数学家"时,她激动得哭了。

她一生的最后22年是在她儿子家里度过的,最后4年她完全失明了。要说呢,高斯本人对名气几乎从不在意;他的成功就是他母亲的生活支柱。*他们之间总是有着最全面的理解,高斯报答了她对他早年时的勇敢保护,使她度过了一个安宁的晚年。在她失明后,除了他自己,他不让任何人服侍她,在她最后长期患病期间,他亲自照料她。她于1839年8月19日去世。

有许多可能会失去与阿基米德和牛顿的数学地位相匹敌的这个人的意外事件,高斯本人也记得在他最早的童年时期的一件事。有一次春天发大水,从他家的农舍旁边流过的小渠泛滥了,高斯正在水边玩,被冲进水里,差一点淹死。要不是幸好有一个工人碰巧在附近,他的生命可能就在该时该地结束了。

在整个数学史中,从没有过像高斯那样早熟的人。人们不知道阿基米德何时显露出天才的迹象。牛顿最早表现出他极高的数学才能时,可能也没有被注意到。虽然有些难以置信,但是高斯在3岁以前就显示出了他的才能。

某个星期六的一天,格哈德·高斯正在计算他管辖的工人一周的工钱,他不知道他年幼的儿子正非常专心地跟着他计算。格哈德快要结束他长长的计算时,吃惊地听到这个小孩儿尖声地说,"爸爸,算错了,应该是……"核对账单的结果,表明高斯说的数是对的。

在这以前,这孩子就从他的父母和他们的朋友那里学着字母的发音,并且自己学会了读书。虽然据推测,他在知道字母时也知道了数字1,2,

---

* 关于高斯与他父母的关系的传说,仍然有待证实。虽然,如在后面要看到的,**母亲**站在儿子一边,**父亲**是反对他的;但是,由于**当时**的(通常也是现在的)习惯,在一个德国家庭中,是**父亲**起决定作用——我后面要提到一些从认识高斯一家的成员、特别是知道高斯怎样对待他的儿子们的人那里听来的传说,这些传说是第一手的证据;但是我不担保它们是否可靠,因为那些人都很老了。

3，⋯的意义，可是没有人告诉过他任何有关算术的事。晚年他喜欢开玩笑，说他在会说话以前就知道怎样数数了。他终生保持着作复杂心算的非凡能力。

高斯刚过7岁就进了他的第一所学校，这所学校是中世纪的可怜的残余，由一个叫比特纳（Büttner）的强壮的匹夫管理，他对于他管束下的100来个孩子的教学方法，就是把他们鞭打到这样一种愚蠢的地步，他们害怕得连自己的名字都忘记了。这是感伤的反动分子们留恋的往日。正是在这个地狱般的地方，高斯交了好运。

头两年没有发生什么特别的事情。后来，高斯10岁时开始上算术课。因为这是一门新课，孩子们都没有听说过累加是怎么回事。英雄比特纳要出一道他用几秒钟就能由公式找到答案的长长的加法问题，在那时是很容易的。这个问题如下面的类型：81 297 + 81 495 + 81 693 + ⋯ + 100 899，其中从一个数到下一个数的增加值始终相同（这里是198），要把给定数目的项（这里是100项）加在一起。

该校的习惯是，先算出答案的孩子把他的石板放在桌子上；第二个孩子把他的石板放在第一个的上面，等等。比特纳刚刚把这道题念完，高斯就把他的石板搁在了桌上，他说："它放在那儿了"——用他的农民的土话说是"*Ligget se'*"。然后，在剩下的时间里，其他孩子都在辛辛苦苦地算题，他却叉着手坐在那里，比特纳不时讽刺地瞥他一眼，心想，班上这个年纪最小的孩子准又是一个笨蛋。时间到了，比特纳检查了石板。高斯的石板上只有一个数字。高斯一直到晚年都很喜欢讲述他写下的那个数字怎样是正确的，其他人的却怎样都是错误的。没有人教过高斯怎样快速做这类题的诀窍。一旦知道了方法，它就是很平常的了。但是一个10岁的孩子一下就自己发现了它，这就不那么平常了。

这打开了高斯通向不朽的大门。比特纳对这个10岁的孩子未经指导就做出来的事情感到非常惊讶，他很快就补救了自己的过错，至少对他的这个学生而言,成了一名仁慈的教师。他自己花钱买了能够找到的最好的算术课本,把它送给高斯。这孩子很快就读完了这本书。比特纳说:"他超过我了,我没有办法教给他更多的东西了。"

比特纳靠他自己的力量,也许不能为这个年轻的天才帮多少忙。但是出于幸运的机会,这位教师有一个助手,叫约翰·马丁·巴特尔斯(Johann Martin Bartels,1769—1836),是一个非常喜欢数学的年轻人,他的职责是帮助初学者学写字,给他们削鹅毛笔。在这个17岁的助手同这个10岁的孩子之间,产生了热忱的友谊,它一直持续到巴特尔斯逝世。他们一起学习,在困难的问题上互相帮助,并详细阐述在代数和分析入门这些普通教科书上的证明。

在这段早期的工作中,高斯发展了一生中的一个主要兴趣。他很快掌握了二项式定理,

$$(1+x)^n = 1 + \frac{n}{1}x + \frac{n(n-1)}{1\times 2}x^2 + \frac{n(n-1)(n-2)}{1\times 2\times 3}x^3 + \cdots,$$

其中 n 没有必要是正整数,它可以是任何数。如果 n 不是正整数,右边的级数是无穷的(不终止的),为了说明这个级数何时真正等于 $(1+x)^n$,必须研究对 x 和 n 需要加什么限制,才能使无穷级数**收敛到一个确定的有限的极限**。因为,如果 $x=-2$, $n=-1$,我们就得出荒唐的结论 $(1-2)^{-1}$,就是 $(-1)^{-1}$,或者 $1/(-1)$,也就是 -1,等于 $1+2+2^2+2^3+\cdots$,以至**无穷**;那就是说,-1 等于"无穷数" $1+2+4+8+\cdots$,这是胡扯。

在年轻的高斯向自己提出无穷级数是否**收敛**,是否真能使我们计算出用它们表示的数学表达式(函数)以前,较早的分析学家们并未费脑筋去解释由于不加鉴别地使用无穷过程而引起的神秘(和胡扯)。高斯与二项式定理早期的相遇,鼓舞他做出一些最伟大的工作,他成了第一个"严

格主义者"。当 n 不是一个大于零的整数时,二项式定理的**证明**甚至在今天也超出了初级教科书的范围。高斯不满意他和巴特尔斯在他们的书里找到的证明,高斯又作了一个证明,这使他开始进入数学分析。分析学的真正精髓在于正确使用无穷过程。

就这样很好地开始的工作,将要改变数学的整个面貌。牛顿、莱布尼茨、欧拉、拉格朗日、拉普拉斯——都是他们各自时代的大数学家——实际上对于现在可以接受的、涉及无穷过程的证明毫无概念。是高斯第一个清楚地看到,可能会导致像"-1等于无穷大"这样荒唐的结论的"证明",根本就不是证明。即使在**某些**情形下,一个公式提供了没有矛盾的结果,它在数学中也是没有地位的,除非确定了严格的条件,它在这些条件下能不断地产生没有矛盾的结果。

高斯赋予分析学的严格性,在他自己的习惯和他的那些同代人——阿贝尔、柯西,以及后继者——魏尔斯特拉斯、戴德金——的习惯的影响下,渐渐使数学的其他领域相形见绌,高斯以后的数学成了与牛顿、欧拉和拉格朗日的数学完全不同的东西。

从积极的意义上说,高斯是一个革命者。在他受完学校教育以前,使他不满足于二项式定理的同样的批判精神,又使他向初等几何的证明提出疑问。12岁时他已经用怀疑的眼光看欧几里得几何基础了;到16岁,他已经第一次瞥见了不同于欧几里得几何的一种几何。一年以后,他开始探索性地批判数论中他的前辈们感到满意的那些证明,并从事于填补空白、**完成**只做了一半的工作这些异常艰难的任务。算术是他最早获得成功的领域,现在成了他所喜爱的研究领域和他发表巨著的阵地。高斯对于什么是证明的本质,具有确信无疑的感知,同时又具有无人超越的、丰富的数学创造能力。这二者的结合是无坚不摧的。

巴特尔斯不仅引导他进入代数的奥秘,还为他做了更多的事。这位年轻的教师认识不伦瑞克的一些有影响的人物。他现在做的事就是让这些人对他的发现感兴趣。他们也对高斯非凡的天才留下了很好的印象,又使他引起了不伦瑞克公爵卡尔·威廉·斐迪南(Carl Wilhelm Ferdinand)的注意。

公爵在1791年第一次接见了高斯。高斯那时14岁。这孩子的朴实和局促不安的羞怯,赢得了慷慨的公爵的欢心。高斯离开时,得到了他将继续受教育的保证。第二年(1792年2月)高斯进了不伦瑞克的卡罗林学院,公爵付了学费,并且继续负担费用,直到高斯完成学业。

高斯在15岁进卡罗林学院以前,已经通过自学和年龄较大的朋友们的帮助,在古典语言方面取得了很大的进步,这样就促使他一生中的一个危机提早出现了。在他愚钝而讲求实际的父亲看来,学习古典语言真是蠢透了。多罗特娅·高斯为她的儿子力争,她胜利了,公爵给他在大学预科的两年学习提供了津贴。高斯在大学预科学校闪电般地精通了古典语言,使教师们和学生们都感到惊讶。

高斯本人受到哲学研究的强烈吸引,不过他不久就在数学中找到了更迷人的吸引力,这对科学是幸运的。高斯在进大学时已熟练掌握了拉丁文,他的许多最伟大的著作都是用拉丁文写的。在法国大革命和拿破仑垮台以后,那阵横扫欧洲的、顽固的民族主义的浪潮,就连高斯这样的榜样也无力抵挡,这真是令人遗憾的灾难。代替足以使欧拉和高斯满意的、任何一个学生都能在几星期内掌握的容易的拉丁文,科学工作者们现在必须在自己的语言之外,再具备两种到三种语言的阅读能力。高斯尽可能地抵制,但是当他在德国的天文学界的朋友们催促他用德文写他的天文学著作时,他也不得不让步了。

高斯在卡罗林学院学习了三年,在这期间他掌握了欧拉、拉格朗日较为重要的著作,而最重要的是牛顿的《原理》。一个伟大人物所能得到的最高赞扬,是从与他同一等级的另一个伟大人物那里得到的赞扬。高斯作为一个17岁的少年,从来没有低估牛顿的功绩。其他人——欧拉、拉普拉斯、拉格朗日、勒让德——出现在高斯流畅的拉丁文中的称赞是"辉煌的"无上;而牛顿则是"最高的"。

还在卡罗林学院时,高斯就开始了他对高等算术的研究,这些研究后来使他流芳百世。他那非凡的计算能力现在起作用了。他直接探究数本身,用它们做实验,利用归纳法发现了一些深奥的一般定理,这些定理,甚至他也要费一番气力才能证出来。用这种方法,他重新发现了"算术的瑰宝","**黄金定理**",欧拉也曾用归纳法发现过它,人们把它叫做二次互反律,高斯是第一个证明它的人。(勒让德曾试图证明它,但他的证明忽略了一个难点。)

整个研究起源于一个许多算术初学者都会向自己提出的简单问题:在循环小数的每一周期中有多少数字?高斯为了找到说明这个问题的线索,对 n 从1到1000计算了所有的分数 $1/n$ 的小数表示。他没有找到他在寻找的宝藏,但是他发现了伟大得无与伦比的东西——二次互反律。因为陈述很简单,我们将描述它,同时介绍高斯发明的、在算术的术语和记号中的一个革命性改进,**同余**。下面涉及的所有的数都是整数(普通整数)。

如果两个数 a,b 之**差**$(a-b$ 或 $b-a)$ 可以用数 m 整除,我们就说 a,b 相对于模 m **同余**,或者简称为**同余于模** m,我们用 $a \equiv b \pmod{m}$ 的符号表示它。这样,$100 \equiv 2 \pmod 7$,$35 \equiv 2 \pmod{11}$。

这个方案的优点在于,它使我们想起了我们写代数方程的方法。用一种简洁的记号表示算术可除性的有些无从捉摸的记号,提醒我们试着把在代数中导致有趣结果的某些方法,引进算术(它比代数困难得多)中。例如,我们能够把一些方程相"加",我们发现倘若模都是相同的,同余式也能"加"起来,得到另外一些同余式。

设 x 表示一个未知数,r 和 m 表示给定的数,r 不能被 m 整除。是否有

一个 x 使得

$$x^2 \equiv r \pmod{m}?$$

如果有，r 就称作一个 m 的**二次剩余**，如果没有，r 就称作一个 m 的**二次非剩余**。

如果 r 是 m 的二次剩余，那么必定能够找到至少一个 x，其平方被 m 除余 r；如果 r 是 m 的二次非剩余，那么就没有其平方被 m 除余 r 的 x。这些就是上面定义的直接结论。

举例说明：13 是 17 的二次剩余吗？如果是，必须能够找到**同余**。

$$x^2 \equiv 13 \pmod{17}$$

用 $1, 2, 3, \cdots$ 去试，我们发现 $x = 8, 25, 42, 59, \cdots$ 都是解（$8^2 = 64 = 3 \times 17 + 13, 25^2 = 625 = 36 \times 17 + 13$, 等等），所以 13 是 17 的一个二次剩余。但是 $x^2 \equiv 5 \pmod{17}$ 没有解，所以 5 是 17 的一个二次非剩余。

现在自然要问，一个给定的 m 的二次剩余和二次非剩余是些什么呢？也就是说，在 $x^2 \equiv r \pmod{m}$ 中给定 m，当 x 取所有的数 $1, 2, 3, \cdots$ 时，什么样的数 r 能够出现，什么样的数 r 不能出现呢？

不用费太大力气就能表明，要回答这个问题，限定 r 和 m 都是素数就足够了。所以我们重新说明这个问题：如果 p 是一个**给定的**素数，什么样的素数 q 能使同余 $x^2 \equiv q \pmod{p}$ 可解呢？在算术的目前状态下，这要求得太多了。不过，这种情形并不是毫无希望的。

在下面**这对**同余式中存在着美妙的"互反"，

$$x^2 \equiv q \pmod{p}, x^2 \equiv p \pmod{q},$$

其中 p 和 q 都是**素数：除非** p, q **两者**被 4 除时都余 3，否则这**两个同余式就都可解，或都不可解**；若 p, q **两者**被 4 除时都余 3，则这两个同余式中有一**个是**可解的，**另一个则不可解**。两个同余都**可解**，或两个都**不可解**；除非 p, q 被 4 除时**都余** 3，在那种情形下，一个同余**是**可解的，**另一个同余是不**可解的。这就是二次互反律。

它是不容易证明的,事实上,它曾使欧拉和勒让德困惑过,高斯则在19岁时给出了第一个证明。由于这个互反律在高等算术以及代数的许多高深部分中非常重要,高斯试图找到它的根源。他反复考虑了许多年,直到他一共给出了6种不同的证明,其中有一种取决于正多边形的尺规作图。

用一个数字举例说明,能够阐明这个定律。首先,取 $p = 5, q = 13$。由于5和13被4除时都余1,所以 $x^2 \equiv 13 \pmod 5$, $x^2 \equiv 5 \pmod{13}$ 一定**都可解**或**都不可解**。这一对的情形是都不可解。对于 $p = 13, q = 17$,二者被4除都余1,我们得到 $x^2 \equiv 17 \pmod{13}$, $x^2 \equiv 13 \pmod{17}$,又是一定**都可解**或**都不可解**。这一对的情形是都可解:第一个同余有解, $x = 2, 15, 28, \cdots$;第二个有解: $x = 8, 25, 42, \cdots$。还要试验的只是当 p, q 都被4除余3的情形。取 $p = 11, q = 19$。那么根据这条定律, $x^2 \equiv 19 \pmod{11}$ 和 $x^2 \equiv 11 \pmod{19}$ **恰好有一个**一定可解。第一个同余没有解;第二个有解: $7, 26, 45, \cdots$。

仅仅这样一个定律的发现,就是一项值得注意的成就。由于它是由一个19岁的青年首次证明的,这就会使每一个试着要证明它的人相信,高斯在数学上是出类拔萃的。

高斯在1795年10月他18岁时,离开卡罗林学院,进了格丁根大学,那时他仍然没有决定是以数学还是以哲学作为他毕生的事业。他已经发现了(在他18岁时)"最小二乘"法,这个方法今天在大地测量学、在观测的简化、在实际上要从大量测量结果推导出最可能值的所有工作中,都是不可或缺的。(最可能值是由使"残差"——粗略地说,与假定的精确度的偏差——的平方和最小得到的。)高斯与勒让德共享这一荣誉,勒让德在1806年独立发表了这个方法。这项工作是高斯对观测误差理论感兴趣的开始。误差正态分布的高斯规律,以及和它一起的钟形曲线,是今天所有使用统计学的人,从品格高尚的智力测验者直到不择手段的市场操纵者都熟悉的。

1796年3月30日标志着高斯一生的一个转折点，在那一天，距他20岁生日正好一个月，高斯明确地决定了从事数学。学习语言仍然是他终生保持的一项爱好，但是哲学在3月的这个难忘的一天，永远失去了高斯。

正如已经在费马那一章里讲过的，17边的正多边形就是那颗骰子，它幸运地掷下，使高斯跨过了他的鲁比肯河*。同一天高斯开始记他的科学日记，这些日记是数学史上最宝贵的文件之一。第一篇记录了他的伟大发现。

只是到了1898年，高斯去世后43年，这本日记才在科学界传播，当时格丁根皇家科学院从高斯的一个孙子手里借来这本日记，进行鉴定研究。它由19张小8开纸组成，包括146个发现或计算结果的极简短的说明，最后一个说明的日期是1814年7月9日。1917年，复制件发表在高斯著作集的第十卷（第一编）中，和它一起发表的还有几位担任编辑的专家对它的内容所作的详尽分析。无论如何，高斯在1796年至1814年这段多产期间的所有发现并没有被全部记录下来。但是许多匆匆忙忙记下来的点滴，足以确立高斯在这样一些领域——例如椭圆函数——中的优先权，而他的一些同代人拒不相信他在这些领域走在他们前面。（回想一下高斯出生在1777年。）

要是在这本日记中埋藏了几年或几十年的东西，当时立刻就发表的话，它们可能会给他赢来半打伟大的声誉。一些内容在高斯生前从来没有发表过，当其他人赶上他的时候，他在自己写的任何著作中都从未说过他比他们领先。但是记录在那里，他确实比一些怀疑他的朋友们所说的人要领先。这些领先的东西并不是微不足道的，它们中的一些成了19世纪数学的主要领域。

---

* 鲁比肯河为意大利中部的一条河。公元前49年恺撒喊着"骰子已经掷下了"，领兵渡过此河，他一渡过河必然和罗马执政庞培一战。后常用跨过这条河来比喻下重大决心。——译者

有几则日记表明,日记完全是它的作者的私事。如1796年7月10日的日记上,记着

$$\text{EYPHKA!} \quad num = \Delta + \Delta + \Delta。$$

翻译过来,这是模仿阿基米德欢呼"Eureka(找到了)!"它说明每一个正整数都是三个三角形数的和,一个三角形数是数列 $0, 1, 3, 6, 10, 15, \cdots$ 中的一个,其中(0以后的)每一个都具有 $1/2n(n+1)$ 这个形式,n 是任意正整数。另一种说法是,每一个形式为 $8n+3$ 的数都是三个奇数平方的和: $3 = 1^2 + 1^2 + 1^2$; $11 = 1 + 1 + 3^2$; $19 = 1^2 + 3^2 + 3^2$,等等。要想轻而易举地证明它是不容易的。

更难理解的是1796年10月11日的日记中神秘的一则,"Vicimus GEGAN"。这次高斯缚住了什么样的怪龙呢?再有,1799年4月8日,他用整齐的方框圈起REV. GALEN时,他征服了什么样的巨人呢?虽然这些东西的意义已经永远失去了,但是留下来的那144个,大多数是够清楚的。特别是有一个具有头等的重要性,等我们讲到阿贝尔和雅可比时就会看出了: 1797年3月19日的日记表明,高斯已经发现一些椭圆函数的双周期性。他那时还不到20岁。再有,一则较晚的日记表明,高斯已经看出了一般情形的双周期性。要是他发表这个结果,它本身就足以使他名声显赫。但是他从来没有发表它。

为什么高斯没有披露他的伟大发现呢?这比他的天才要容易解释——如果我们接受他本人的简单说明的话。我们一会儿将介绍这个说明。一个更为离奇的说法是W·W·R·鲍尔(W. W. R. Ball)在他著名的数学史中讲述的故事。按照这种说法,高斯把他的第一篇杰作《算术研究》交给了法国科学院,但它只是被轻蔑地拒绝了。这个不应有的耻辱深深地刺伤了高斯,致使他决定从此以后只发表任何人都会承认的、在内容和形式上都无可指摘的东西。这个诽谤性的传说完全不可信,且于1935年它被彻底否定了。当时法国科学院的官员们详细地研究了档案,查明《算

术研究》从未交给科学院，更不用说被拒绝了。

高斯为自己辩护，说他从事科学著作，只是出于他天性的最深层的激励，至于这些著作是否要为其他人而出版，对他来说，完全是次要的事情。高斯有一次对一位朋友说的另一番话，解释了他的日记和他迟迟不发表的原因。他说，在他26岁以前，有那样一堆势不可挡的新思想在他脑海中翻腾，以致他几乎无法控制它们，他的时间只来得及记录下来一小部分。这本日记只包含一些曾经使他煞费苦心地思考了好几个星期的研究成果的最后的简短说明。作为一个年轻人，高斯仔细考虑了假想的证明之紧闭的、断不开的锁链，阿基米德和牛顿就是用这样的锁链缚住了他们的灵感；他决定按照他们的伟大榜样，在自己身后只留下完美的艺术品，要极其完美，达到增一分则多，减一分则少的地步。工作本身必须突出、完整、简明和有说服力，达到它的辛劳必须不留痕迹。他说，一座大教堂在最后的脚手架拆除和挪走之前，还算不上是一座大教堂。高斯抱着这样的理想工作，他宁肯三番五次地琢磨修饰一篇杰作，也不愿发表他很容易就能写出来的许多杰作的概要。他的印章是一棵只有很少几个果实的树，上面刻着座右铭 *Pauca sed matura*（少些，但是要成熟）。

这些努力完善后的果实确实是成熟的，但并不总是容易消化的。达到目标的所有的足迹都被抹去了，高斯的追随者们要重新发现他走过的道路是不容易的。结果，他的一些著作必须等待很有天赋的解释者作出解释后，一般的数学家才能够理解它们，看出它们对尚未解决的问题的重要意义，并向前迈进。他的同代人请求他放宽他那僵硬无情的完美，以便数学可以前进得更快些。但是高斯从没有放宽。直到他去世以后很久，人们才知道，有多少19世纪的数学，高斯在1800年以前就已经预见并领先了。要是他公布了他知道的结论，那么，很可能目前的数学要比现在的状况前进了半个世纪或者更多。阿贝尔和雅可比就能够在高斯停下来的地方开始，而不必把他们大部分最好的精力用在重新发现高斯早在他们出生以前就知道的东西上了，非欧几何的创造者们就能够把他们的天才转到其他事情上了。

谈到他自己，高斯说他"只是一个数学家"，这对他是不公正的，除非我们记起在他那个时代的"数学家"也包括现在所说的数理物理学家。实际上，他的第二个座右铭*

大自然，你是我的女神，

我愿意在你的定律面前俯首听命……**

真正概括了他献身于他那个时代的数学和物理科学的一生。他的"只是数学家"的一面，只能在下面的意义上去理解：他没有像他指责莱布尼兹做的那样，把他卓越的天资广泛地撒播在一切他可能获得丰收的领域里，而是把他最伟大的才能发展到完美的境地。

在格丁根大学的3年（1795年10月—1798年9月）是高斯一生中著述最多的时期。由于斐迪南公爵的慷慨，这个年轻人无须为经济担心。他在工作中入了迷，只交了很少几个朋友。这些朋友中的一个是沃尔夫冈·鲍耶，高斯把他说成是"我所知道的最了不起的人物"，他要成为高斯终生的朋友。这个友谊和它在非欧几何的历史上的重要意义，长得无法在这里讲述；沃尔夫冈的儿子约翰（Johann），实际上走了高斯在非欧几何的创造中走过的同样的道路，一点儿不知道他父亲的老朋友占了他的先。从高斯17岁起就使他不知所措的那些思想，现在——部分地——清楚了，并归纳得有条有理。他从1795年起就一直在构思一部关于数论的伟大著作。现在这部著作成型了，到1798年，这部《算术研究》实际上完成了。

高斯为了熟悉在高等算术中已有的工作，确信他给了前辈们以他们应得的荣誉，在1798年前往黑尔姆施泰特大学，因为该校有一所很好的数

---

* 见莎士比亚的《李尔王》第一幕，第二场，1—2行，高斯作了重要改变，把单数的法律（law）改成了复数的定律（laws）。

** 译文见《莎士比亚全集》第九集，人民文学出版社，1978年。——译者

学图书馆。他在那里发现,他的名声已先他而至。他受到了图书馆馆长、数学教授约翰·弗里德里希·普法夫(Johann Friedrich Pfaff, 1765—1825)的热烈欢迎,他就住在普法夫家里。高斯和普法夫成了好朋友,虽然普法夫一家看不起他们的客人。普法夫显然认为让他的刻苦工作的年轻朋友作一些锻炼是他的责任,为此他和高斯一起在傍晚散步,讨论数学。由于高斯对自己的工作不仅是谦虚的,而且沉默寡言,普法夫学到的也许没有他本来可能学到的那样多。高斯极其钦佩这位教授(他当时是德国最著名的数学家),这不只是因为他有很深的数学造诣,还因为他单纯、坦率的性格。高斯在他一生中,只对一种人感到反感和蔑视,这就是明知自己错了又不承认错误的、佯装有学问的人。

高斯在不伦瑞克,偶尔也在黑尔姆施泰特,度过了1798年的秋天(他那时21岁),最后润色他的《算术研究》。他希望能尽早出版,但是由于莱比锡的出版商碰到了困难,这部书直到1801年9月才印行。高斯为了对斐迪南为他所做的一切表示感谢,便把这部书题献给这位公爵——"*Serenissimo Principi ac Domino Carolo Guilielmo Ferdinando.*"

如果有过一个慷慨的保护人值得他这位被保护人尊敬的话,那么斐迪南就应该受到高斯的尊敬。当这个年轻的天才为了他在离开格丁根以后的前途焦虑不安时——他试着找一些学生来教,但没有成功——公爵解救了他,出资印刷了他的博士论文(黑尔姆施泰特大学,1799年),并给予他一笔适当的津贴,使他可以继续他的科学工作,而不至于受贫穷的妨碍。高斯在他的献词中说:"您的仁慈,使我摆脱了一切其他事务,使我能够专心写作本书。"

在叙述《算术研究》之前,我们要看一下高斯的博士论文,1799年黑尔姆施泰特大学根据这篇论文,在高斯**缺席**的情况下授予他博士学位,论文为:《每一个单变量的有理整函数都能分解成一阶或二阶实因子的一个新证明》。

代数中的这个里程碑只有一处不对头。题目中的最后几个字似乎隐含着，高斯只是给其他已经知道的结论加了一个**新**的证明。他应该删去"新"字。他的证明是**第一个**证明。(这个论断将在后面证实。)在他以前的一些人发表过他们以为是这个定理——通常称为代数基本定理——的证明，但是没有人得出过一个真正的证明。高斯对逻辑上和数学上的严格决不让步，坚持要有一个**证明**，并给出了第一个证明。这个定理的另一个等同的陈述是，每一个单个未知的代数方程都有一个根，这个论断是初学者经常认为当然成立而对其意义一无所知的。

如果一个疯子乱涂了一堆数学符号，不能仅仅因为在外行看来这些符号与高等数学如出一辙，就认为他涂写的东西有什么意义。人们也会怀疑，说代数方程有一个根，是否就该认为这个论断有什么意义，除非我们能说出方程有**哪一种根**。我们模模糊糊地感觉到有一个**数**可以"满足"一个方程，但是半磅黄油不行。

高斯使这种感觉明确了，他证明了任何代数方程的所有的根都是形式为 $a+bi$ 的数，其中 a,b 是实数(相应于在一条给定的直线上，如在笛卡儿几何中的 x 轴上，从定点 O 量度的正的、零或负的距离)，i 是 -1 的平方根。这种新类型的"数" $a+bi$ 叫复数。

顺便提一句，高斯最早对复数作了一个条理清楚的说明，并把它们解释为一个在平面上标出的点，就像今天初等代数教科书中做的那样。

点 P 的笛卡儿直角坐标是 (a,b)；点 P 也可被表示为 $a+bi$。这样，平面上的每一个点恰好与一个复数相对应，与在 XOX' 上的点相对应的数是"实数"，与在 YOY' 上的点对应的数是"纯虚数"(它们都具有形式 ic，c 是一个实数)。

"虚数"这个词是代数最大的灾难，但是由于它早已得到公认，数学家们无法取消它。其实根本就不该用它。各种关于初等代数的书籍用旋转

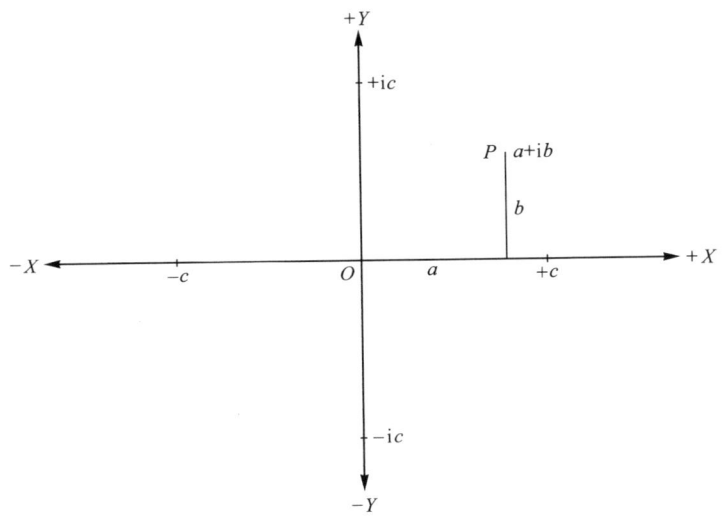

给虚数作了一个简单的解释。这样,如果我们把乘积 i×c(c是实数)解释成线段 Oc 绕 O 点旋转一个直角,Oc 就旋转到 OY 上;再用 i 去乘一次,即 i×i×c,把 Oc 再旋转一个直角,这样总的效果就是把 Oc 旋转了两个直角,致使 +Oc 成了 -Oc。作为一种运算,用 i×i 去乘的乘积与用 -1 去乘的乘积有同样的效果,用 i 去乘的乘积与旋转一个直角有同样的效果,这些解释(如我们刚刚看到的)是一致的。如果我们愿意,我们现在在运算中可以写 i×i = -1,或者 $i^2 = -1$;从而旋转一个直角的运算用符号表示即为 $\sqrt{-1}$。

所有这些当然什么也没有证明,它也不意味着要证明什么。**没有什么要证明的**;我们给代数中的符号和运算**指定任何**能够导致一致性的**意义**。虽然利用旋转的**解释**什么也没有**证明**,可是它表明,对于显然命名错了的"虚数",谁也没有理由使自己陷入一种神秘的惊奇状态。对于进一步的细节,我们可以参考几乎任何一本中学的初等代数课本。

高斯认为,在刚刚解释过的意义上,每一个代数方程有一个根的定理非常重要,因而他给出了 4 种明确的证明,最后一个证明是在他 70 岁时给出的。今天,一些人会把这个定理从代数(它把自身限制于能够在有限步完成的过程)转移到分析。甚至高斯也**假定**多项式的图形是连续曲线,而且如果多项式是奇次的,图形一定至少与坐标轴相交一次。对于任何一个初学代数的人,这都是显然的。但是在今天,没有证明它就**不是**显然的,而要试图证明它,又一次出现了与连续和无穷有关的那些困难。就像 $x^2 - 2 = 0$ 这样简单的方程的根,也不能在任何有限步内精确地计算出来。当我们讲到克罗内克时,还要更多地说到这一点。现在我们讲述《算术研究》。

《算术研究》是高斯的第一部杰作,一些人认为是他最伟大的杰作。在这之后,他就不再把数学作为唯一的兴趣了。当该著作在1801年(高斯那时是24岁)出版之后,他把他的活动范围扩大到天文学、大地测量学、电磁学等领域中的数学和实用两个方面。但是算术是他最喜爱的学科,他在后期感到后悔的是一直没有抽出时间来写出他年轻时计划写的第二卷。这本书有7"节"。本来还有第8节,但是为了缩减印刷费用而删去了。

前言的第一句描述了这本书涉及的大致范围。"这本著作中包含的研究结果,是属于涉及整数和分数的那部分数学,根式[无理数]除外。"

前3节论述同余式理论,特别详尽地讨论了二项**同余式** $x^n \equiv A \pmod{p}$,其中给定的整数 n 和 A 是任意的,p 是素数,未知整数是 x。这个精彩的**算术**理论,与相应的二项**方程** $x^n = A$ 的**代数**理论有许多相似之处,但是它独特的算术部分,比之与算术毫无相似之处的代数,更是无与伦比地丰富和困难。

在第4节,高斯发展了二次剩余的理论。在这里可以找到二次互反律的第一个发表了的**证明**。证明是令人惊奇地用数学归纳法得出的,是在任何地方都能找到的那种巧妙的逻辑的一个极好的例证。

第5节一开始从算术的观点讨论**二元二次形式**,接着又伴随着讨论了**三元二次形式**,并发现它对完成二元理论是必不可少的。二次互反律在这些困难的计划中起了十分重要的作用。对于所说的第一种形式,一般的问题是要讨论不定方程

$$ax^2 + 2bxy + cy^2 = m$$

的关于x,y的整数解，其中a,b,c,m是任意给定的整数；对第二种形式，研究的主题是方程

$$ax^2 + 2bxy + cy^2 + 2dxz + 2eyz + fz^2 = m$$

的整数解x,y,z，其中a,b,c,d,e,f,m是给定的整数。这个领域中的一个看起来容易、实际上困难的问题，是要给a,c,f,m施加能够保证不定方程

$$ax^2 + cy^2 + fz^2 = m$$

的整数解x,y,z存在的充分必要的限制。

第6节把前面的理论应用到各种各样的特殊情形，例如$mx^2 + ny^2 = A$的整数解x,y，其中m,n,A是任给的整数。

在很多人认为是这部著作的顶峰的第7节，也是最后一节中，高斯应用前面的发展，特别是二次同余理论，精彩地讨论了代数方程$x^n + 1$，其中n是任意给定的整数，从而把算术、代数和几何一起编织成了一幅完美的图案。方程$x^n = 1$是画正n边形，或者n等分圆周的几何问题的**代数**公式（查看代数学或三角学的任何一本中级课本）；**算术的同余**$x^m \equiv 1 \pmod{p}$，其中m,p是给定的整数，p为素数，是贯穿代数和几何，并给这个图案以简单意义的线索。任何学过普通中学代数课程的学生，都能理解这个无瑕的艺术品，但是我们不向初学者推荐《算术研究》（后来的一些作者把高斯著作扼要的表述，改写成了更容易理解的形式）。

以前有些人——费马、欧拉、拉格朗日、勒让德和其他一些人——用其他方法做过所有这一切中的许多部分，但是高斯完全从他个人的观点进行讨论，添加了许多他自己的东西，并从他对有关问题的一般公式和解答，推出了他的前辈们得出的许多孤立的结果。例如，费马用他的"无穷下降"的艰难方法，证明了每一个形为$4n + 1$的素数是两个数的平方和，并且表示成这种和的方式只有一种；他的这个美妙的结论，是高斯对二元二次形式的一般论述的自然结果。

高斯晚年时说，"《算术研究》已经成为历史"。他是对的。《算术研究》的出版给高等算术提出了一个新方向，这样，在17世纪和18世纪是一堆五花八门、互不相干的特殊结果的数论，现采用了统一的形式，上升到在数学科学中与代数、分析和几何同等的显赫地位。

这部著作本身被称作"七个封印的书"。它是很难读的，甚至对专家们也是如此，但是它所包含的和部分隐藏在它简明的、综合的证明中的宝藏，现在想分享它们的人都可以得到，这多半是高斯的朋友和弟子彼得·古斯塔夫·勒热纳·狄利克雷（Peter Gustav Lejeune Dirichlet，1805—1859）努力的结果，他首先打开了七个封印。

有能力的鉴定家应该立刻就看出这部杰作的价值。勒让德*一开始可能会认为高斯对他有点不够公正。但是在他自己那部大部分被高斯的《算术研究》所替代的数论专著的第二版（1808年）序言中，他是热情的。拉格朗日也慷慨地予以赞扬。他在1804年写给高斯的信中说，"你的《算术研究》使你立刻上升到第一流数学家的行列，我认为最后一节包含着很久以来所曾作出的最美好的分析发现……请相信，先生，没有人比我更真挚地为你的成功喝彩。"

《算术研究》受其经典的完美风格的限制，不大容易理解，当有天赋的年轻人终于开始深入研究这部著作时，由于一个书商破产，他们无法买到这本书。甚至高斯最喜爱的弟子艾森斯坦也从未拥有一部。狄利克雷要幸运得多。他那册书在他所有的旅途中伴随着他，他睡觉时把书放在枕头下面。睡觉以前他总要努力阅读一些难懂的段落，希望——而且经常实现——在夜里醒来重读一遍后，发觉这些段落就清楚了。

在讲到费马时提到的一个令人惊奇的定理，是属于狄利克雷的，即每一个算数级数

---

* 阿德里安-马里·勒让德（Adien-Marie Legendre, 1752—1833）。由于篇幅所限，不能叙述他的生平。年轻的数学家们吸收或超过了他的许多最好的工作。

$$a, a+b, a+2b, a+3b, a+4b, \cdots$$

包含着无穷多个素数,其中 a,b 是没有比1大的公因子的整数。这是由分析证明的,这一点本身就是一个奇迹,因为定理考虑整数,而分析论述连续的非整数。

狄利克雷在数学上做了比他详述《算术研究》多得多的工作,但是我们没有篇幅来叙述他的生平。不幸,我们也没有篇幅留给艾森斯坦,他是19世纪初期那些过早去世的、才气焕发的年轻人中的一个,而且令人难以理解的是,像高斯这样一个人,据说曾经说过,"只有3个划时代的数学家,那就是阿基米德、牛顿和艾森斯坦"。要是高斯确实说过这话(这是无法查证的),那么仅仅由于是他说的,就值得注意,因为高斯是不轻率说话的人。

在离开高斯的活动领域之前,我们可能要问,为什么他从来没有去解决费马大定理。他自己作了回答。巴黎科学院在1816年提出,以证明这个定理成立(或证明其不成立)作为它在1816—1818年的获奖问题。奥伯斯(Olbers)在1816年3月7日从不来梅写信给高斯,试图怂恿他参加竞争:"亲爱的高斯,对我来说,你着手这项工作是理所当然的。"

但是"亲爱的高斯"不受引诱。两星期后他回信,说明了他对费马大定理的看法。"我非常感激你告诉我巴黎大奖赛的消息。但是我对作为一个孤立命题的费马定理,实在没有什么兴趣,因为我可以很轻易地提出一大堆这样的既不能证明其成立,又不能证明其不成立的命题。"

高斯接着说,这个问题使他回想起了他对高等算术进行伟大扩展的一些原有想法。这无疑是指库默尔、戴德金和克罗内克后来将要各自独立发展起来的代数数的理论(在后面几章论述的)。但是高斯宣称,他心目中的理论是那样一些东西中的一个,对于这个理论中只是透过黑暗模模糊糊看到的目标,是无法预见能够取得什么样的进展的。为了在这样一个困难的探索中取得成功,必须吉星高照,而在高斯那个时候,由于大量工作分散了他的注意力,他不能埋头于这样的冥思苦想,就像他"在幸运的年代1796—1798年"那样,"那时我想出了《算术研究》的主要论点。我仍然确信,如果我像我敢于希望的那样幸运,如果我在那个理论中迈出了主要的几步,那么费马的定理就会只是最乏味的推论中的一个。"

也许今天所有的数学家都会惋惜,高斯偏离了他通过黑暗的进军,由于"我们称之为行星的一堆毫无价值的土块"——高斯本人的话——意外地在夜空中闪烁,把他引入了歧途。不如高斯伟大的数学家——例如拉普拉斯——也许就能够作出高斯在计算谷神星和智神星的轨道时所做过的一切,即使这个问题是属于牛顿说的数学天文学中最困难的那类问题。但是高斯在这些问题上取得的辉煌的成功,使他立刻在欧洲被公认为最好的数学家,并因此给他挣来了一个舒适的职位,使他能够在相对的平静中工作;所以,也许那些毫无价值的土块倒真是他的吉星呢。

高斯一生的第二个伟大的阶段开始于19世纪的第一天,这一天也是哲学史和天文学史上用红字标明的一天。自从1781年威廉·赫歇尔爵士(Sir William Herschel,1738—1822)发现了天王星,因而把那时已知的行星数目增加到哲学上令人满意的7个以来,天文学家们一直孜孜不倦地搜索太空,寻找太阳家族的其他一些成员。按照波得(Bode)定则,它们应该存在于火星和木星的轨道之间。搜索一直毫无结果,直到巴勒莫的朱塞佩·皮亚齐(Giuseppe Piazzi,1746—1826)在19世纪的第一天,观察到他一开始误认为是一个正接近太阳的小彗星的天体,但是它不久就被认出是一颗新的行星——后来命名为谷神星,今天所知道的一大群很小的行星中的第一颗。

根据长久以来作为对事实与推测的长期争论可以作出的最令人啼笑皆非的判断之一,谷神星的发现和著名哲学家格奥尔格·威廉·弗里德里希·黑格尔(Georg Wilhelm Friedrich Hegel,1770—1831)发表对胆敢寻找第八颗行星的天文学家的讽刺性攻击,正好在同一时候。黑格尔断言,要是他们稍稍注意一下哲学,立刻就会明白,只能有七颗行星,不多也不少。因此他们的搜寻是愚蠢的浪费时间。毫无疑问,黑格尔的这个小小的失误,已经由他的追随者们作了满意的解释,但是他们还没有谈到突破他那威风凛凛的禁令的几百颗小行星。

这里援引高斯对那些忙于他们并不懂得的科学问题的哲学家们的看法,是很有意思的。这种看法特别适用于那些没有首先在一些艰难的数学问题上磨尖他们的笨嘴壳,却想掘起数学的基础的哲学家。相反地,它使人联想到,为什么我们自己时代的伯特兰·A·W·罗素(Bertrand A. W. Russell, 1872—1970)、阿弗雷德·诺思·怀特海(Alfred North Whitehead, 1861—1947)和戴维·希尔伯特(David Hilbert, 1862—1943)会对数学和哲学作出卓越的贡献:这些人是数学家。

1844年11月1日高斯写信给他的朋友舒马赫(Schumacher)说:"你在当代哲学家谢林(Schelling)、黑格尔、内斯·冯·埃森贝克(Nees von Essenbeck)和他们的追随者身上看到同样的东西[数学上的无能];他们的那些定义难道不使你毛骨悚然吗?读读古代哲学史中当时的大人物——柏拉图和其他人(我把亚里士多德除外)——在解释方面所用的方法。但是甚至就康德(Kant)本人来说,常常也好不了多少。我认为他对分析命题与综合命题所作的区分,要么是平凡不足道的,要么是错误的。"高斯在写这封信时已经充分掌握了非欧几何,非欧几何本身就足以驳倒康德关于"空间"和几何的说法,他也许是过于傲慢了。

决不能因为有关纯数学的术语的这个孤立的例子,就认为高斯不了解哲学。他了解。一切哲学上的进展对他都有着极大的魅力,尽管他常常不赞成取得这些进展所使用的方法。他曾经说过,"有些问题,例如令人感动的伦理学,或我们与上帝的关系,或关于我们的命运和我们的未来的问题,我对这些问题的解答,比对数学问题的解答重视得多;但是这些问题完全不是我们能够解答的,也完全不是科学范围内的事。"

谷神星对于数学是一个灾难。要了解高斯为什么要那样极严肃认真地对待它,我们必须记住,在1801年,牛顿的庞大形象(已去世70多年)仍然给数学蒙着阴影。当代的"大"数学家们,是那些孜孜不倦地完成牛顿的天体力学大厦的人,如拉普拉斯。数学依然被当做数理物理学——像当时那样——和数理天文学。阿基米德在公元前3世纪所看出的数学作为一门独立学科的幻象,已经在牛顿的光辉照耀下消失了。直到年轻的高斯再次抓住这个幻象,数学才被承认是一门其首要职责是为它自身工作的科学。正当他满可以在那些将要成为数学王国的未经耕耘的荒野上,开始紧张地工作的时候,那个微不足道的泥块,小行星谷神星,在他24岁时吸引了他无与伦比的智慧。

不能只怪谷神星。非凡的心算天才——它用于实验性的发现已经给数学以《算术研究》的成果——也在这出悲剧中起了决定性的作用。他的朋友们,还有他的父亲,看见公爵已经供他受了教育,而年轻的高斯还没有找到一个能赚钱的职位,他们感到着急,他们对于使这个年轻人成为一个沉默的隐士的工作性质完全不了解,以为他疯了。就在这时,在新世纪的黎明,高斯所缺少的机会向他扑来了。

一颗新的行星,在它极难观测到的位置被发现了。要从能够得到的少得可怜的数据,计算出行星的轨道,这项工作就是拉普拉斯本人也会感到困难。牛顿曾经宣称,这种问题属于数理天文学中最困难的问题。需要确立一条轨道,其精确度要足以保证谷神星在环绕太阳旋转时能用望远镜观察到,光是确立这条轨道所需要的算术,就很可能难倒今天的电动计算机;但是对于这个年轻人,当他感到时间紧迫或是懒得伸手去拿对数表时,他那非凡的记忆力能够使他不用对数表,而所有这些没有止境的算术——是对数,不是算数——就像是一个幼儿的游戏一样。

为什么不纵容他那可爱的癖好呢?为什么不像他以前从来没有过的

那样去计算，算出这条困难的轨道，让数学名流的独裁者们真正又惊又喜，从而有可能在一年以后，让耐心的天文学家们，在牛顿的引力定律判定**必然**会找到谷神星的地方——**假如**这条定律确实是一条自然定律的话——重新发现谷神星呢？为什么不做这一切，抛开阿基米德的不实际的幻象，忘掉他日记里那些等着展开的、他自己的卓绝发现呢？一句话，为什么不成名呢？公爵的慷慨一向是由衷的，然而在这年轻人的内心最隐秘的地方，伤害了他的自尊心；荣誉、受重视、合于当时的时尚被承认为"伟大的"数学家，或许还有继之而来的经济上的独立——所有这一切现在都是他唾手可得的。高斯，这位空前的数学之神，伸出他的手，摘下了在他自己年轻一代中的廉价名声这个死海的果实。

将近20年的时间，孩子气的高斯怀着抑制不住的喜悦，在他的日记里描述的那些隐约闪现的、难以捉摸的东西，躺在那里无人理睬，几乎被忘记了。谷神星被重新发现了，恰恰是在年轻的高斯经过极其巧妙和详细的计算，预计一定会找到它的地方发现的。小小谷神星的微不足道的姊妹行星智神星、灶神星和婚神星，很快也被认为是公然蔑视黑格尔的、到处窥探的望远镜观测到了，它们的轨道也被发现完全符合高斯的富于灵感的计算。欧拉需要三天时间才能完成的计算——据说正是这种计算使他双目失明——现在只是耗费几小时的简单练习了。高斯规定了**方法**和程序。将近20年间，他自己的大部分时间都花在天文学计算上了。

但是甚至这样使人变得迟钝而乏味的工作，也不能磨灭高斯的创造天才。1809年他发表了他的第二部杰作《天体沿圆锥截线绕日运动的理论》，这部著作根据观测得到的数据，包括困难的摄动分析，对确定行星和彗星轨道作了详尽的讨论，制定了在以后许多年中支配计算天文学和实用天文学的规律。这是一项伟大的工作，但是如果高斯展开躺在他的日记里被忽略了的那些线索，就能够很容易地做出比这更伟大的工作。《天体运动理论》实质上没有给**数学**增加新的发现。

谷神星被重新发现以后,赞赏以惊人的速度到来。拉普拉斯立即欢呼这位年轻的数学家和他地位相当,不久又欢呼他超过了自己。过了一段时间,亚历山大·冯·洪堡男爵(1769—1859)这位著名的旅行家和业余科学爱好者,问拉普拉斯,谁是德国最伟大的数学家,拉普拉斯回答:"普法夫。"冯·洪堡当时正支持高斯担任格丁根天文台台长,他惊讶地问道:"那么高斯怎么样?"拉普拉斯说:"哦,高斯是世界上最伟大的数学家。"

谷神星插曲以后的10年,对高斯来说,幸福多,悲哀也多。甚至在他事业的那个早期阶段,也不是没有中伤他的人。留心上流人士动向的一些杰出人物,嘲笑这个24岁的年轻人,把他的时间浪费在计算小行星的轨道这种毫无用处的消遣上。谷神星可能是田野的女神,但是任何神志清醒的人都很清楚,这个新的行星上长出的谷物找不到途径进入星期六下午的不伦瑞克市场。无疑他们是对的,但是30年以后,当他奠定电磁学的数学理论基础和发明电报的时候,他们也用同样的方式嘲笑他。高斯让他们去享受他们的俏皮话,他从来没有公开答复,但是他在私下表示惋惜,这些正人君子,科学的卫道士,竟会由于气量狭小而显得那么愚蠢。与此同时,他继续他的工作,感谢欧洲知识界倾注在他身上的荣誉,但是决不特意去恳求它们。

不伦瑞克公爵给这个年轻人增加了津贴,使他能够在28岁时结婚(1805年10月9日)。女方是不伦瑞克的约翰妮·奥斯特霍夫(Johanne Osthof)。订婚三天以后,高斯给他在大学时的老朋友沃尔夫冈·鲍耶写信,表达他的难以相信的幸福。"生活在我面前伫滞了,像一个有着新的鲜明色彩的永恒的春天。"

这次婚姻,生了三个孩子:约瑟夫(Joseph)、米娜(Minna)和路易(Louis),据说老大继承了他父亲心算的天赋。约翰妮在1809年10月11日生下路易以后,撇下她年轻的丈夫去世了。他的永恒的春天变成了冬天。虽然为了幼小的孩子的缘故,第二年(1810年8月4日)他再次结婚,但是有很长时间高斯谈起他的前妻就十分悲痛。第二个妻子米娜·瓦尔德克（Minna Waldeck）是他前妻的密友，她生了两个儿子和一个女儿。

有些流言蜚语，说高斯和他的几个儿子关系不好，可能有天赋的约瑟夫除外，他从来没有给他父亲惹什么麻烦。据说两个儿子离家出走，跑到美国去了。据说其中一个留下了许多后代，至今仍然居住在美国，这里就不可能再多说什么了；只知道在美国的子孙中有一个在内河航运的全盛时期，在圣路易斯成了一个富裕的商人；最早去的两个儿子都是密苏里的农场主。高斯和他的女儿们一起始终是很幸福的。一种关于几个儿子的恰恰相反的传说（是40年前一些老人证实的，他们对高斯一家的记忆可以认为是可靠的），断定高斯对他的儿子是非常仁慈的，不过有几个儿子相当粗野，使他们的父亲操心不尽。人们认为高斯对他父亲的记忆，会使他对儿子们抱有同情态度。

1808年高斯失去了他的父亲。两年前他的恩人在悲惨中死去，使他遭受到甚至更严重的损失。

斐迪南公爵不仅是开明的学术庇护人，一位仁慈的统治者，而且也是一个第一流的军人，由于他在七年战争（1756—1763）中作战英勇、功勋赫赫，他曾博得腓特烈大帝的热烈赞扬。

斐迪南在70岁时奉命指挥普鲁士军队，试图拼死抵挡拿破仑率领下的法军，这时，这位公爵前往圣彼得堡请求俄国援助德意志的使命已经失败。奥斯特利茨战役（1805年12月2日）已成为历史，普鲁士发现它在压倒优势的力量面前被抛弃了。斐迪南在法军向奥尔施泰特的萨勒河和耶拿进军途中，与法军遭遇，遭到惨败，他本人身负重伤，往家乡撤退。

这时拿破仑权势达到顶峰，大腹便便地亲自登场。斐迪南战败时，拿破仑驻扎在哈雷。来自不伦瑞克的一个代表团，等待着这位胜利的所有法国人的皇帝，向他恳求宽恕被他打败的这位勇敢的老人。这位伟大的皇帝会不会对军规破例作出让步，让他衰弱的敌人在自己的炉边安静地死去呢？他们向他保证，公爵已不再是危险的了，他快死了。

但是时间不对头，正碰上拿破仑脾气的一次周期性的发作。他不仅拒绝了，而且拒绝得那么粗鄙，那么不必要地粗暴。为了显示他自己作为一个大人物的真正身份，拿破仑在拒绝之外，还不必要地中伤了他这位可敬的对手，歇斯底里地嘲笑这个垂死的人作为一个军人的能力。受到侮辱的代表团没有别的办法，只能努力使他们好心的统治者免除死在监狱里的耻辱。同样是这些德意志人，大约9年以后，在滑铁卢战斗得像有组织的魔鬼一般，帮着把这位法国皇帝打入绝境，这看来是不足为怪的。

这时高斯住在不伦瑞克，他的住宅就在大路边。晚秋的一个早上，他看到一辆医院里的篷车正匆匆地驶过，里面躺着正逃往阿尔托纳途中的垂死的公爵。高斯怀着难以用言语表达的深情，看到这位待他胜过他亲生父亲的人，像一个被追赶的罪犯，急急忙忙地离去，去躲藏的地方死掉。当时他什么也没有说，后来也没有说什么，但是他的朋友们注意到他更加沉默了，他一向严肃的天性变得更加严肃了。就像笛卡儿早年一样，高斯也害怕死亡，一位密友的去世，使他终生怀着一种隐约而沉重的恐惧因而心情沮丧。但高斯充满了活力，他还不会去死或经历死亡。1806年11月10日，公爵在阿尔托纳他父亲的住宅中去世。

慷慨的保护人去世了，高斯必须寻找一个可靠的生计来养活他的一家人。这是不成问题的，因为这位年轻的数学家的名声现在已传遍欧洲。圣彼得堡早就图谋让他成为欧拉的当然继承人，因为在欧拉1783年去世后，始终没有找到配得上他的人来替代他。1807年圣彼得堡向高斯提出了明确的、令人满意的建议。亚历山大·冯·洪堡和其他有影响的朋友们，不愿看到德意志失去这位世界上最伟大的数学家，经过他们的努力，高斯被任命为格丁根天文台台长，并享有给大学学生讲授数学的特权——必要时也是义务。

高斯无疑可以得到一个数学教授的职位，但是他宁愿在天文台任职，因为这个职务为他不受干扰地进行研究工作提供了较好的前景。虽然说高斯憎恨教书可能太过分了，但是给普通大学生讲课确实没有给他带来什么乐趣，只有当一个真正的数学家找到他时，高斯才会和他的学生们坐在桌子旁，情不自禁地透露出在他充分准备好的讲课中的秘密方法。遗憾的是促使他这样做的机会太少了。占用了高斯宝贵时间的大部分学生，最好是去做别的事情而不要学数学。1810年高斯在写给他的好朋友、天文学家弗里德里希·威廉·贝塞尔（Friedrich Wilhelm Bessel，1784—1846）的信中说："这个冬季我给3个学生开两门课。这3个学生当中，一个只是中等水平，另一个不到中等水平，第3个既没有水平又缺乏才能。这就是干数学这一行的负担。"

格丁根天文台在当时——法国人正在为它给予德意志人的好政府的利益而尽情地掠夺德国——能够付给高斯的薪俸不多，但是足够满足高斯和他家庭的简单需要。奢侈的生活从来没有吸引过这个早在十几岁时就把一生献给科学的数学王子。如同他的朋友冯·瓦尔特肖森（von Waltershausen）所写的："正如他年轻的时候一样，在他整个老年时代，直到他辞世的那天，始终保持为一个简朴的高斯。一间小书房，一张铺着绿色台布的小小的工作台，一张漆成白色的必备的书桌，一张单人沙发，在他70岁以后，又有一把扶手椅，一个带灯罩的灯，一间没有生火的卧室，简单的饮食，一件晨衣和一顶天鹅绒的便帽，这些就足以满足他的全部需要了。"

如果说高斯是节俭、朴素的，1807年侵入德意志的法国人就更节俭、更朴素了。按照他们的看法，要统治德意志，奥尔施泰特和耶拿的胜利者就应该超出现有赔偿能力范围地对战败者处以罚金。这些敲诈勒索者认为高斯既然是格丁根的教授和天文学家，就应该强迫他给拿破仑的战争基金贡献2000法郎。这笔大数目高斯完全无力支付。

不久，高斯收到他的朋友、天文学家奥伯斯的一封信，信里附来了这笔罚款，还为这样微小的款项都要向一位学者勒索而表示愤慨。高斯对慷慨的朋友的同情表示感谢，但是拒绝接受这笔钱，立即把它退给了捐赠者。

并不是所有的法国人都像拿破仑那样贪婪。高斯退回奥伯斯的钱不久，收到拉普拉斯一张友好的短笺，告诉他，这位著名的法国数学家已为世界上最伟大的数学家付了2000法郎的罚金，并且认为能够从他朋友肩上卸下这个不应有的负担是一种荣幸。由于拉普拉斯是在巴黎付这笔罚金的，高斯无法把钱还给他。然而他拒绝接受拉普拉斯的帮助。不久，一笔意想不到的（而且是主动提供的）钱财，使他能够按照当时市场的利率，连本带息把钱还给了拉普拉斯。外面一定流传着高斯蔑视施舍的说法，但接下来一次帮助他的尝试成功了。法兰克福的一个敬慕者匿名寄来了1000盾。高斯因为找不到寄钱的人，不得不接受了这笔馈赠。

他的朋友斐迪南的死，德意志在法国人劫掠下的悲惨境况，经济状况的窘迫，以及他第一个妻子的去世，都损害了高斯的健康，使他在30岁出头时生活就陷于不幸。对于因长期工作过度而加剧的忧郁症，采取了保健措施也无济于事。他从不向他的朋友们吐露他的不幸，对他们来说，他永远是一个安详的通信者，但是在一件私人的数学手稿上他吐露了——仅仅一次。高斯在1807年被任命为格丁根天文台的台长以后的三年时间里，有时他会回到日记中所述的某件重要工作上去。在一篇关于椭圆函数的手稿上，纯科学的问题突然被一行清晰的铅笔字打断了："对我来说，死亡比这样的生活更可爱。"他的工作成了他的麻醉剂。

1811—1812年（1811年高斯34岁）情况有了好转。又有了一个妻子来照顾他幼小的孩子们，高斯开始得到一些安宁。这时，几乎恰好在他第二次结婚一年以后，1811年那颗大彗星——高斯在8月22日黄昏第一次观测到它，突然之间亮了起来。这是一个试验高斯为征服小行星而发明的武器的劲敌。

他的武器证明是适用的。欧洲各国迷信的人们敬畏地注视着这耀眼的景象,当彗星接近太阳,它那燃烧着的小弯刀变得柔软时,他们从那火一般的刀刃上看出了上天发出的严厉警告:上帝对拿破仑震怒了,对这个残忍的暴君厌烦了;而这时高斯满意地看见彗星沿着他很快计算出来的、精确到最后一位小数的轨道行进。随后的一年,迷信的人们还看见了他们自己的预言,这个预言在莫斯科的大火中,以及拿破仑的大军在俄国冰雪覆盖的原野上的覆灭中,得到了证实。

这是那些罕见的例子中的一个:群众的解释与事实相符合,并导致比科学更重要的结果。拿破仑本人有一个低劣的轻信的头脑——他相信"预感",真诚地相信有一种慈善的、不可测知的天意,而他的大屠杀是符合天意的,他认为自己是一个知天命的人。一颗无害的彗星高高扬起它那巨大的尾巴划过天空,这个天上的景象,很可能会在拿破仑这样的人的下意识中留下印象,并且搅乱他的判断。这样一个人对数学和数学家近乎迷信的崇敬,对双方都不是什么很大的光荣,尽管人们常常引用这种崇敬,作为双方彼此增光的一个主要的证明。

数学在军事上的用途,就连傻瓜都很清楚,拿破仑除了对于数学在这方面的价值有些肤浅的鉴赏力以外,对于他的同代人如拉格朗日、拉普拉斯和高斯这些大师们所从事的数学一无所知。他在中学学习粗浅的初等数学时,是一个灵敏的学生,但是太早就转到别的事情上去了,就数学来说,不能证明他有出息,他从来也没有成长起来。像拿破仑这样被证实有能力的人,竟能如此严重地低估他所不了解的问题的困难,乃至对拉普拉斯摆出一副屈尊俯就的样子,尽管这似乎不大可信,但却是事实,他竟然荒谬可笑地放肆到对这位《天体力学》的作者保证说,他一旦能找到一个月空闲的时间,就要读这部书。牛顿和高斯可能胜任这项任务,至于拿破仑,无疑可以在他那一个月里一页页地翻翻这本书,而不会太累着自己。

记录下面这件事是令人高兴的:高斯十分高傲,不会把数学出卖给拿破仑一世，不会像他的一些朋友错误地极力主张他去做的那样，去求助于这位皇帝的虚荣心，凭借他那臭名昭著的、对一切与数学有关的事情的尊重，请求他免除那2000法郎的罚金。拿破仑倒是可能因为受到奉承而发发慈悲，但是高斯忘不了斐迪南的死，他认为，他本人和他所崇拜的数学，最好是不要有一个拿破仑式的人物来屈尊关心。

在这位数学家与这位军事天才之间，再也找不出比他们各自对一位失败的敌人的态度更尖锐的对比了，我们已经看到拿破仑是怎样对待斐迪南的。当拿破仑垮台时，高斯没有欣喜若狂。他以一种超然的兴趣，平静地阅读他所能找到的有关拿破仑生平的一切著作，并且尽可能地去了解一个像拿破仑那样的头脑的活动方式，这种努力甚至给了他相当多的乐趣。高斯具有强烈的幽默感，他从他勤勉的农民祖先那里继承来的直率的现实主义态度，也使他容易对夸大的言辞一笑置之。

如果高斯公开了他向贝塞尔吐露的一项发现，那么1811年可能就是可以与1801年——《算术研究》出版的那一年——相比的数学上的里程碑了。高斯已经完全弄懂了复数和它们作为解析几何平面上的点的几何表示，他向自己提出了研究这种数的、今天称为**解析函数**的问题。

复数 $x+iy$（i表示 $\sqrt{-1}$），表示点 (x,y)。为简单起见，可以用一个字母 z 来表示 $x+iy$。当 x,y 以任何指定的连续方式各自取实值时，点 z 就在平面上移动，显然不是随意移动，而是以由 x,y 取值的方式所决定的方式移动。当给 z 指定一个值时，取任何一个包含 z 的**单值**表达式，诸如 z^2 或 $1/z$ 等等，称为 z 的一个**单值函数**。我们用 $f(z)$ 表示这样一个函数。于是，如果 $f(z)$ 是特定的函数 z^2，使得 $f(z)=(x+iy)^2=x^2+2ixy+i^2y^2=x^2-y^2+2ixy$（因为 $i^2=-1$），那么显然当给 z（即 $x+iy$）指定任何值，例如 $x=2,y=3$，从而 $z=2+3i$ 时，这个 $f(z)$ 就因此确切地决定了一个值；这里，对于 $z=2+3i$，我们得到 $z^2=-5+12i$。

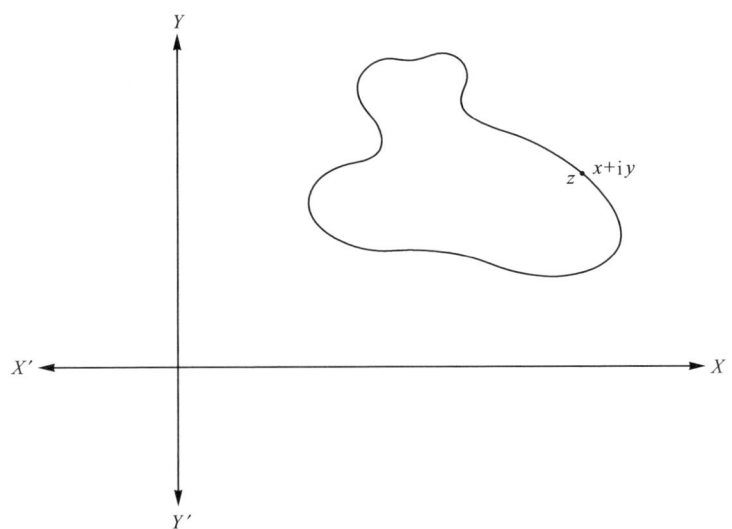

并不是所有的单值函数$f(z)$都要在单复变量函数的理论中进行研究；只是**单演函数**被挑选出来进行详尽的讨论。在我们描述"单演"意味着什么以后，再来说明这样做的原因。

让z移动到另一个位置z'。函数$f(z)$取另一个值$f(z')$，由z'代替z得到。现在用变量的新值和旧值之差去除函数的新值和旧值之差$f(z')-f(z)$，这样就有$[f(z')-f(z)]/(z'-z)$，正像在计算一个图形的斜率以找出图形所表示的函数的导数时做过的那样，这里我们让z'无限接近z，从而$f(z')$同时接近$f(z)$。但是此处出现了一个值得注意的新现象。

z'怎样移动到与z重合，在这里没有一条统一的途径，因为z'在与z重合之前，可以经由无限多个不同的路径，在复数平面上移动。我们无法指望当z'与z重合时，$[f(z')-f(z)]/(z'-z)$对**所有**这些路径的极限值都**一样**，一般说来是**不**一样的。但是如果$f(z)$使得刚刚描述过的极限值，对z'移动到与z重合时所经过的**所有**路径都**是**一样的，那么就说$f(z)$在z(或者在代表z的点)是单演的。**一致性**(以前描述过)和**单演性**是单复变量**解析**函数的特殊的特征。

流体运动(以及数学电学和保角的地图的数学表示)理论的广阔领

域，很自然地是由单变量**解析**函数处理的，由这个事实能够推断出解析函数的一些重要意义。假定这样一个函数 $f(z)$ 被分成"实"部（不含"虚单位" i 的部分）和"虚"部，比如说 $f(z) = U + iV$。对于特殊的解析函数 z^2，我们有 $U = x^2 - y^2, V = 2xy$。想象一个在平面上流动的流体层。如果流体的运动没有涡流，运动的流线就可以通过画出曲线 $U = a$，其中 a 是任意的实数，由**某个**解析函数 $f(z)$ 得到，同样可以由 $V = b$ 得到等位线。让 a, b 变动，我们就得到一个完整的运动图形，其区域我们想要多大就有多大。对于一个给定的情形，比如说围绕着一个障碍物流动的流体的情形，问题的困难部分在于选择什么样的解析函数。这样整个事情就倒了过来：研究一些简单的函数，寻找它们适合的物理问题。非常奇怪的是，这些人为准备的问题，有许多被证明在空气动力学和流体运动理论的其他实际应用中是最有用的。

单复变量解析函数的理论，是19世纪数学取得成功的最伟大的领域之一。高斯在给贝塞尔的信中，说明了这个广阔的理论中的基本定理有多么重要，但是他没有公开它，而留待柯西和后来的魏尔斯特拉斯去重新发现。由于这是数学分析史上的一个里程碑，我们要简单地描述它，但略去严格的公式所要求的所有细微的区别。

想象单复变量 z 在一个没有打圈或扭结的有限长的闭曲线上移动。我们直观地懂得这条曲线上的一段"长度"的意义是什么。在曲线上标出 n 个点 $P_1, P_2, \cdots, P_n$，使得 $P_1P_2, P_2P_3, P_3P_4, \cdots, P_nP_1$ 的每一段都不超过**某个**预先指定的有限长度 l。在每一个这样的线段上，选一个不在线段的两端的点；对相应于该点的 z 的值，形成 $f(z)$ 的值；把这个值与点所在的线段的长度相乘。对于**所有**的段都同样这样做，再把结果加起来。最后当段的数目无限增加时，取这个和的极限值。这给出了 $f(z)$ 对于曲线的"线积分"。

这个线积分何时为零呢？为了使线积分为零，充分的条件是 $f(z)$ 是在

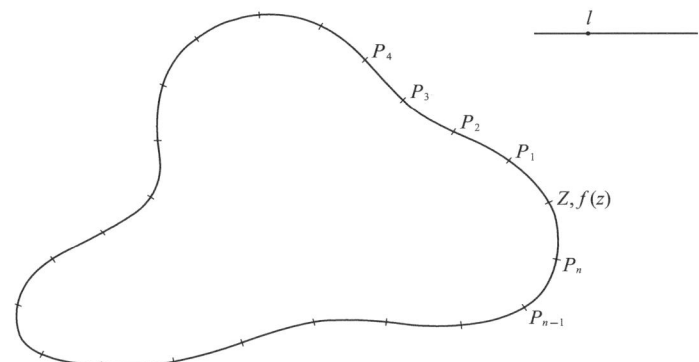

曲线上和曲线内的每一点 z 都解析(一致和单演)。

这就是高斯在1811年告诉贝塞尔的伟大定理,它和同一类型的另一个定理,在独立地重新发现它的柯西手里,将以推论的形式产生分析学中的许多重要结果。

天文学并没有占据高斯三十五六岁时的全部惊人的精力。1812年,拿破仑的大军拼命地挣扎着进行穿越冰冻平原的后卫战斗,也正是在这一年,高斯发表了另一项伟大的工作,这是关于**超越几何级数**

$$1 + \frac{ab}{c}x + \frac{a(a+1)b(b+1)x^2}{c(c+1)1\times 2} + \cdots$$

的工作,其中虚点表示级数按照所示的规律无限继续下去,下一项是

$$\frac{a(a+1)(a+2)b(b+1)(b+2)x^3}{c(c+1)(c+2)1\times 2\times 3}。$$

这个研究报告是另一个里程碑。正如已经指出的,高斯是现代第一个严格主义者。在这项工作中,他决定为了使这个级数收敛(在本章早些时候解释过的意义上),必须给 a,b,c,x 加以一些限制。这个级数本身不只是教科书中为了训练分析运算的技巧而研究它,然后就把它忘掉的练习。它作为特殊情形——由给 a,b,c,x 的一个或更多个指定特殊值得到,包括了分析中的许多重要的级数,例如,用于在牛顿天文学和数理物理学中反复出现的对数、三角函数和其他一些函数的计算和造表中的级数;广

义的二项式定理也是一个特例。通过研究这个级数的一般形式,高斯一举解决了许多问题。从这项工作中,发展出了对19世纪物理学中的微分方程的许多应用。

选择这样一个课题来认真研究,是高斯的特点。他从不发表浅薄的东西。当他发表什么东西时,它不仅本身是完成了的,而且还充满了许多想法,足以使他的后继者们,能够把高斯发现的东西应用到新的问题上。虽然由于篇幅所限,无法讨论高斯对纯数学所作贡献的这一基本特征的许多例子,但是甚至在最简单的概述中,有一个例子也是不容忽视的,这就是关于双二次互反律这项工作。它的重要性在于,它给高等算术提供了一个完全出人意料的新方向。

既然已经解决了**二次**互反的问题,高斯考虑任何次数的二项同余式的一般问题就是很自然的了。设 m 是一个给定的、不能用素数 p 整除的整数,且设 n 是一个已知的正整数,如果还能找到一个整数 x,使得 $x^n \equiv m \pmod{p}$,那么就称 m 为 p 的一个 **n 次剩余**;当 $n=4$ 时,m 就是 p 的一个**双二次剩余**。

二次二项同余($n=2$)的情形,对 n 超过 2 时几乎没有什么提示。高斯要包括在他的《算术研究》被抛弃了的第八节[或者如他告诉索菲·热尔曼(Sophie Germain)的,也许包含在计划了但是没有实现的第二卷]中的一个内容是,讨论这些高次同余,研究相应的互反律,即 $x^n \equiv p \pmod{q}$,$x^n \equiv q \pmod{p}$——其中 p,q 是有理数——之间(关于可解或不可解)的相互关系。特别是 $n=3$,$n=4$ 的情形是要研究的。

1825年的论文,以伟大的先驱者们的全部勇气开辟了新天地。在经过多次导致了无法忍受的复杂的错误开端之后,高斯发现了进入他的问题中心的"自然"途径。**有理**整数,1,2,3,…**不适**宜于**双二次**互反律的论述,因为它们是适于二次的;必须发明一类全新的**整数**。这些被称为**高斯**

复数,是所有那些形式为 $a+bi$ 的复数,其中 a,b 是**有理数**,i 表示 $\sqrt{-1}$。

为了说明双二次互反律,必须对这些**复整数**的算术可除性规律作详尽的初步讨论。高斯作了这样的讨论,因而开始了代数数的理论——也许这就是他作出对费马大定理的评价时脑子里所想到的。对于**三次互反**($n=3$),他也用同样的方式发现了正确的途径。他关于这个问题的工作,可以在他死后发表的文章中找到。

当我们讲到库默尔和戴德金的经历时,这个伟大进展的重要性就更清楚了。暂时只须说高斯最喜爱的弟子艾森斯坦解决了三次互反问题就够了。他还发现了双二次互反律和椭圆函数理论的某些部分之间令人惊奇的联系,高斯在这方面作过深入的研究,但是没有透露他发现了什么。

高斯复**整数**当然是**所有**复数的一个子类,人们可能会认为,**所有**这些数的**代数**理论,作为一个平凡的细节,会产生被包含的**整数**的**算术**理论,但实际情况绝不是这样的。与算术理论相比,代数理论是幼稚而容易的。也许**有理数**(形式为 a/b 的数,其中 a,b 是有理整数)能够解释为什么会是如此的原因。我们**总是**能够用一个有理数去除另一个有理数,得到**另外一个**有理数:a/b 用 c/d 除,产生有理数 ad/cb。但是一个有理**整数**由另一个有理整数去除,并不总是得到另一个有理整数:7 被 8 除是 7/8。因此,如果我们必须把我们限制在**整数**这种数论最有兴趣的情形,我们就在起步之前缚住了我们的双手,拴住了我们的双脚。这就是高等算术比代数(高等或初等)困难的一个原因。

高斯还在几何和数学对大地测量学、牛顿引力理论和电磁学的应用方面,取得了同等重要的进展。一个人怎么可能完成这样大量的最高水平的工作呢?高斯以他特有的谦虚宣称,"如果其他人也像我这样思考数学真理,也像我这样深入,这样持久,那么,他们也能作出我所作出的这些发现。"也许是这样。高斯的解释使人想起牛顿的解释,当有人问牛顿,他是怎样在天文学中作出超过所有他的前辈的发现时,他回答:"总是想着它们。"对牛顿来说,这也许是平淡无奇的,对平常人就不是这样了。

高斯**不由自主**地专注于数学思想——这本身当然也需要解释——回答了围绕着他的一部分谜。高斯年轻的时候会被数学"抓住"。他在和朋友们谈话的时候,会突然沉默下来,沉浸在他无法控制的思想中,一动不动地站在那里,茫然地凝视着周围的一切。过后他控制住了自己的思想——或者它们失去了对他的控制,有意识地把他的全部力量用于解决一个困难问题,直到成功为止。他一旦抓住一个问题,在征服它之前是不会放手的,尽管他可能会同时专注于几个问题。

他在一个这样的例子中(见《算术研究》第636页),讲述了他怎样在长达4年之久的时间里,几乎没有一个星期不花一些时间去试着解决一个确定的符号是正还是负,最后解答突然自己出现了。但是如果以为它会像一颗新星那样自己冒出来,而不需要那些"浪费了"的时间,那就完全没有抓住要点。高斯经常在花费了几天或几个星期毫无结果地从事某项研究之后,在经过了一个不眠之夜继续工作时,发现障碍消失了,全部解答清楚地闪现在他的脑海中。紧张而持久地集中精力的能力,是他的秘密的一部分。

这种在自己思考的世界中忘掉自己的能力,高斯与阿基米德、牛顿是相似的。在另外两个方面,他也和他们不相上下:他具有精密观察的天赋和科学独创能力。这些才干,使他能够设计出他的科学研究所必需的仪器。大地测量学中的回照器就归功于高斯,这是一个巧妙的装置,信号可以利用反射光即刻实地传播出去。回照器在当时是一大进步。在高斯手里,他所用的天文仪器也得到了显著的改进。为了用于他对电磁学的重要研究,高斯发明了双线磁强计。作为他在机械方面的独创才能的最后一个例子,我们可以回想他在1833年发明了电报,并和与他一起工作的威廉·韦伯(Wilhelm Weber, 1804—1891)把它用来传送消息。数学天才与第一流的实验才能的结合,是全部科学中一种极为罕见的情形。

高斯本人极少关心他的发明可能有的实际用途。他像阿基米德一样,宁要数学,不要地上的全部王国;别人可以采集他的劳动的实际成果。但是,他在电磁学研究中的合作者韦伯,清楚地看到了格丁根的这个小小的电报对文明意味着什么。我们记得铁路在19世纪30年代初刚刚出现,韦伯在1835年就预言,"当全球都覆盖上一张铁路和电报的网时,这张网所提供的服务,就可以与人体神经系统的作用相当了,部分作为运输的方法,部分作为以闪电的速度传播思想和大事件的方法。"

我们已经提到过高斯对牛顿十分钦佩。高斯知道他自己的一些杰作使他付出了多么巨大的努力,因此他由衷地欣赏牛顿花在他最伟大的工作上的长期准备和不间断的思考。牛顿和苹果落下来的故事使高斯非常愤慨。"愚蠢!"他喊道,"如果你愿意,就相信这个故事好了。但是事情的真相是这样的:一个愚蠢的、爱管闲事的人问牛顿,他是怎样发现万有引力定律的。牛顿看出他是在和一个只有儿童的智力水平的人打交道,想要避开这个讨厌的家伙,就回答说一个苹果掉了下来,打在他的鼻子上。那个人完全明白了,非常满意地走开了。"

苹果的故事在我们自己的时代也有过反映。当有人追问爱因斯坦,是什么使他得出了他的引力场理论时,爱因斯坦回答,他问过一个从房子上掉下来,落在一堆干草上没有受伤的工人,他在下落的途中是否注意到了重力的"力"在拉他。当被告知没有力拉过他时,爱因斯坦立刻看出,在时空的一个充分小的范围内,"引力作用"能够由观察者(下落的工人)的参照系的某个加速度来代替。这个故事,如果是真的,也可能全是胡说。使爱因斯坦产生他的想法的,是为了掌握两个意大利数学家里奇(Ricci)和莱维奇维塔(Levi-Civita)的张量计算,而花费了几年的艰苦劳动。这两位数学家本人是黎曼和克里斯托费尔(Christoffel)的弟子,而这两人又受到了高斯在几何学上工作的启迪。

高斯也对阿基米德无限钦佩。他在谈到阿基米德时说,我不能理解阿基米德怎么会没有发明计数法的十进制或与它等价的东西(有与10不同的基数)。阿基米德设计了一种远远超出希腊符号体系的方法,用来书写和处理数字,他的这项完全非希腊式的工作,按照高斯的说法,已经把十进制连同其最重要的位值原理($325 = 3 \times 10^2 + 2 \times 10 + 5$)掌握在手里了。高斯把这个疏忽看成是科学史上最大的灾难。"要是阿基米德作出了那个发明,现在的科学就会上升到什么样的高度啊!"他惊呼,想到他自己的那一大堆算术和天文学计算,要是没有十进制计数法的话,甚至对他而言这些计划也是不可能的。高斯充分重视改进的计算方法对全部科学的重要意义,他在自己的计算上拼命工作,直到把好多页的数字化简为几乎一眼就能扫过去的几行为止。他自己的许多计算工作是用心算的;改进计算方法是想给那些没有他那么天赋高的人的。

尽管高斯对有关统计学、保险学和"政治算术"科学的一切问题,都有浓厚的兴趣和洞察力,使他足以成为一名优秀的财政大臣,但是他与牛顿晚年不同,担任公职的奖赏从来没有吸引过他。一直到他最后患病,他始终满足于他的科学和他简单的消遣。广泛阅读欧洲文学和古代经典著作,对世界政治的带批判性的关心,掌握外国语言和新的科学(包括植物学和采矿学)——这些就是他的业余爱好。

虽然像莎士比亚悲剧中的那些比较阴暗的方面,使这位对一切形式的苦难都异常敏感的伟大数学家受不了,但英国文学还是特别吸引他。他小心翼翼地挑选欢快些的名著。沃尔特·司各特爵士(Sir Walter Scott,他是高斯的同代人)的小说一出版,他就热心地阅读,但是《凯尼尔沃思》的不幸结局使高斯难过了好几天,他后悔读了这本小说。司各特的一处失误,"月亮在西北方明朗地升起",把他逗得大笑起来,一连好几天,他忙着在他能找到的所有的本子上改正这个错误。他尤其喜欢用英文写的历史著作,特别是吉本(Gibbon)的《罗马帝国的衰亡》和麦考莱(Macaulay)的《英国史》。

对于他的流星般逝去的年轻的同代人拜伦勋爵(Lord Byron),高斯几乎是抱有反感的。拜伦的装腔作势,他那喋喋不休的悲观厌世,他那矫揉造作的愤世嫉俗,以及他那浪漫派的漂亮面孔,完全迷住了多愁善感的德意志人,甚至超过了他对感觉迟钝的英国人的吸引力,这些英国人——至少年龄较长的男人——认为拜伦有点像头蠢驴。高斯看透了拜伦的装模作样,并且讨厌他。没有一个像拜伦那样沉湎于醇酒与美女的人,能够像这位眼睛发亮、手发颤的下流诗人那样自称厌倦了这个世界。

就一位有知识的德国人来说,高斯对他本国文学的趣味是有些不平常的。耶安·保罗(Jean Paul)是他喜爱的德国诗人;对歌德(Goethe)和席勒(Schiller)——他们的一生部分与他自己相重叠——他评价不是很高,他说,歌德是不令人满意的。由于同席勒的哲学原则完全不一致,高斯不喜欢他的诗。他把《顺从》称为一部亵渎神明的腐化堕落的诗,在他那一册的页边上写着"靡菲斯特(Mephistopheles)!"*

高斯终身保持着他青年时代掌握语言的能力。语言对于他不仅是一种爱好。在他年事日高的时候,为了检验他脑子的灵活程度,他会有意地去学习一种新的语言。他认为这种练习有助于使他的脑子保持年轻。他在62岁时开始认真学习俄文,没有任何人的帮助,两年不到他就能流畅阅读用俄文写的散文和诗体著作,并且完全用俄文和他在圣彼得堡的科学界朋友们通信。在格丁根访问过他的俄国人,认为他讲俄语也很流畅。他像喜欢英国文学那样喜欢俄国文学。他也试过梵文,但不喜欢它。

他的第三个爱好是世界政治,每天都要花费他一小时左右的时间。他定期去文献博物馆,通过阅读博物馆订阅的全部报纸,从伦敦的《泰晤士报》到格丁根的地方报,他随时了解发生的事件。

---

* 靡菲斯特是欧洲中世纪关于浮士德的传说中的魔鬼。——译者

在政治方面,知识上的贵族高斯是彻底的保守派,但是决不反动。他所处的时代,国内外都动荡不安。暴民统治和形形色色的政治暴行使他产生了——如他的朋友冯·沃尔特豪森(Von Waltershausen)所说——"一种难以形容的恐惧"。1848年的巴黎起义使他极为沮丧。

高斯本人出身寒微,从孩童时期就熟悉"人民群众"的智力和道德,他记得的他所看见的,他认为"人民"的智力、道德和政治敏感——总的看来,正像蛊惑民心的政客所发现和认为的那样——都是极端低下的。

当卢梭(Rousseau)的"自然人"聚集成为暴民,或者当人们在内阁、议会、国会和参议院中协商时,这种对于人所固有的道德、正直和智慧的怀疑,无疑部分是起因于高斯作为一个科学家,熟知在法国大革命最初的日子里,"自然人"是怎样对待法国科学家的。也许真如革命者们宣称的,"人民不需要科学",但是对于一个具有高斯的性格的人,这样的声明是一个挑战。为了接受这个挑战,高斯这次也表示了他对一切为了自己的利益而把人民引上骚乱的"人民的领袖们"的尖刻蔑视。当他年老时,他认为不论在哪个国家,和平和简单的满足是唯一的好事。他说,如果德意志发生内战,他宁愿立即死掉。他把伟大的拿破仑式的国外征服,视为不可理解的疯狂。

这些保守的情绪,并不是一个号召全世界蔑视天体力学规律,自身停留在一个僵死的、一成不变的昔日天堂中的反动分子的怀旧。高斯相信改革——只要它们是明智的。如果脑子不能去判断什么时候改革是明智的,什么时候不是明智的,那么人体还有什么器官能去判断呢?高斯有足够的头脑,看出他自己那改革的一代人中,一些大政治家的野心在把欧洲引向何处。表面现象并不能取得他的信任。

高斯的比较进步的朋友们,把高斯的保守主义归咎于他把自己紧紧局限于他的工作。这或许有些关系。高斯一生的最后27年,只有一次是在天文台以外度过的,那时他为了让亚历山大·冯·洪堡高兴,而去柏林参加了一次科学会议，洪堡是想要在那里炫耀他。但是一个人并不是总得飞遍各地去看在发生些什么事。阅读报纸（即使在它们说谎的时候）和政府报告（特别是在它们说谎的时候）的能力及智慧，有时比大量的观光访问和旅馆休息室里的闲扯都更好些。高斯待在家里，读报，读的东西几乎都不相信，思考，从而得出真理。

高斯的另一个力量来源，是他在科学上的安详从容以及完全没有个人野心。他的全部野心就是促进数学的发展。当对手们怀疑他断言他早已预见到它们时——不是吹牛，而是与他手上处理的问题有关的事实——高斯没有拿出他的日记来证实他的优先权，而是让他的陈述立足于它自身的价值。

勒让德是这些怀疑者中最直言不讳的。有一次经历使他成为高斯终身的敌人。高斯在他的《天体运动理论》中曾经提到他很早发现的最小二乘法。勒让德在高斯之前，于1806年发表了这个方法。他怀着极大的愤怒写信给高斯，实际上是指责他不诚实，并抱怨说高斯有那么丰富的发现，原可以顾及体面，不必盗用最小二乘法——勒让德视之为他自己最珍爱的东西。拉普拉斯加入了这场争吵。他没有说他是否相信高斯所肯定的确实比勒让德领先10年或者更早，但是他保持他一向温文尔雅的态度。高斯显然不屑于就这件事再争论下去。但是他在给一个朋友的信中指出了证据，要是高斯不是那么"傲慢而不屑于争吵"，这个证据当时就可以结束这场争论。他说："我在1802年就把这整个问题告诉奥伯斯了。"而如果勒让德对此有所怀疑，他本可以问问奥伯斯，奥伯斯手上有手稿。

这次争论对数学后来的发展是非常不利的，因为勒让德把他没有根据的怀疑告诉了雅可比，这样就阻止了那位椭圆函数理论的才华横溢的青年开发者，与高斯建立起亲密的关系。在这场误会中尤其令人遗憾的是，勒让德是一个品德高尚的人，他本人是极为公正的。他命中注定要在一些领域里被比他富于想象力的数学家超过，他漫长而勤劳的一生，大部分都花费在这些领域中,而他的辛劳被年轻人——高斯、阿贝尔和雅可比——证明是多余的。高斯每一步都走在勒让德前面。然而当勒让德指责高斯做事不公正时,高斯感到他本人陷入了困境。他写信给舒马赫(1806年7月30日),埋怨说,"看来我是命中注定,几乎在我所有的理论工作中都与勒让德撞车。在高等算术中,在与椭圆求长法[寻找曲线的弧长过程]有关的超越函数的研究中,在几何基础中,都是这样,而现在,这儿[在最小二乘法中,它]……也用在勒让德的工作中,而且确实用得很漂亮。"

随着高斯死后发表的著作和前些年的大量通信的详尽出版,所有这些老的争论都彻底解决了,结果对高斯有利。还剩下另一方面他是受到批评的,这就是对于别人的伟大工作,特别是比较年轻的人的工作,他缺乏欢迎的热诚。当柯西开始发表他在单复变量函数理论中的光辉发现时,高斯对它们置若罔闻,这位数学王子没有对这个年轻的法国人说一句赞扬或鼓励的话。是呀,为什么要说呢?高斯本人(如我们所知)在柯西开始这项工作以前很多年,就已达到了这个问题的核心。关于这一理论的回顾将成为高斯的一篇名著。还有,当哈密顿关于四元数的著作(下一章将要论述)在1852年,也就是高斯去世前三年引起他的注意时,他什么也没有说。他为什么要说呢?这个问题的关键早已记在他30多年前的笔记中了。他保持沉默,没有提出他的优先权。正如对他在单复变量函数理论、椭圆函数和非欧几何中的领先地位一样,高斯满足于做了这些工作。

四元数的要旨在于这样一种代数,它之于三维空间中的旋转,就像复数的代数之于平面的旋转。但是在四元数(高斯称它们为变异)中,代数的一个基本规则被打破了:$a \times b = b \times a$不再成立,而且不可能作出保持这个规则的三维旋转的代数。19世纪的一个伟大数学天才哈密顿,以爱尔兰人的充沛精力,记录了他是怎样为发明一个能够满足要求的、无矛盾的代数奋斗了15年,一直到一个幸福的灵感使他想到,在他寻找的代数中$a \times b$不等于$b \times a$。高斯没有说他用了多长时间达到这个目的;他只是用了几页纸记录了他在代数中的成功,没有给数学留下更多想象的余地。

如果说高斯在他发表的表示感谢的言辞中有点冷漠,那么他对那些竭力找他交往,以求得无私探讨的人,都有足够热忱的通信和密切的科学联系。他在科学上的友谊之一,不仅是出于数学上的兴趣,它还表明了高斯对妇女科学工作者的开明观点。他在这方面的博大胸襟,对他那一代的任何人来说都是很突出的;对一个德意志人来说更是没有先例。

这里论及的这位女士是索菲·热尔曼小姐(1776—1831)——她正好比高斯大一岁。她和高斯从未见过面。格丁根大学根据高斯的推荐,授予她名誉博士学位,但她在此之前已在巴黎去世。由于一种奇怪的巧合,我们将看到19世纪最杰出的女数学家,另一位索菲,在柏林大学因为性别关系被拒绝授予学位的许多年以后,从这同一所开明的大学获得了她的学位。对于妇女,索菲似乎是一个幸运的名字——只要她们与宽宏大度的教师交往。我们这个时代的主要女数学家埃米·诺特(Emmy Noether, 1882—1935)也是来自格丁根。*

索菲·热尔曼在科学方面的兴趣包括声学、弹性的数学理论,以及高等算术,她在所有这些领域中都做了出色的工作。特别是对研究费马大定理作出了一项贡献,这项贡献在1908年导致美国数学家伦纳德·尤金·迪克森(Leonard Eugene Dickson,1874—1954)在这方面取得很大的进展。

索菲被《算术研究》深深吸引,写信把她自己在算术方面的一些意见告诉了高斯。她担心高斯会对女数学家怀有偏见,便用了一个男人的名字。高斯对这位有天赋的通信者评价很高,用极好的法语称呼她为"勒布朗(Leblanc)先生"。

法军入侵汉诺威时,索菲做了一件对高斯有利的事,这时勒布朗不得

---

* 说"来自"是对的。当嗅觉灵敏的纳粹因为诺特小姐是犹太人而将她从德国驱逐出境时,宾夕法尼亚大学的布赖恩·莫尔学院接纳了她。她是世界上最富于创造力的抽象代数学家。新日耳曼启蒙运动开始不到一星期,格丁根便失去了高斯所珍爱的、并奋斗终生力求维护的开明与公正。

不脱下她的——或他的——伪装,向高斯泄露了她的真实姓名。1807年4月30日,高斯写信给他的通信者,对她为了他的缘故而与法国将军佩尔内蒂(Pernety)进行交涉表示感谢,并对这场战争深表遗憾。接着,他高度赞扬了她,并表示了他本人对数论的热爱。由于后面一点是特别有趣的,我们从这封信中摘录一段,它表明了高斯富于人情味的亲切的一面。

"但是看见我尊敬的勒布朗先生把他自己变成了这位杰出的人物[索菲·热尔曼]时,怎么向你描述我的钦佩和惊讶呢!这位杰出人物作出了如此光辉的榜样,对于我真是难以置信。对一般抽象科学,特别是对数的奥秘发生兴趣,是极为罕见的:我们不会如此感到惊讶;这门卓越的科学,只向那些有勇气深入探索它的人,展现它迷人的魅力。按照我们的习惯和偏见,女性要熟悉这些棘手的研究工作,必定会遇到比男性多得多的困难,但是当一个女性成功地越过了这些障碍,深入到其中最难解的部分时,那就毫无疑问,她必定具有最崇高的勇气、非凡的才能和超人一等的天才。确实,没有什么东西能以如此令人高兴而明确的方式向我证明,这门以如此多的欢乐丰富了我的生活的科学的吸引力,不是幻想中的,就像**你**喜欢用来为它增辉而说的那样。"他接下去和她讨论数学。这封信结束时的日期令人高兴:"Bronsvic ce 30 Avril 1807 jour de ma naissance——不伦瑞克,1807年的这个4月30日,我的生日。"

高斯1807年7月21日写给他的朋友奥伯斯的一封信表明,他不仅仅是出于对一个年轻的女敬慕者的礼貌。"……拉格朗日对天文学和高等算术很感兴趣;我前不久也曾写信告诉他两个试验定理(对于什么样的素数,2是三次剩余或双二次剩余),他认为是'属于最美妙而且最难证明之列的'。但是索菲·热尔曼把这些定理的证明寄给了我;我还没有来得及把它们看完,但是我相信它们是对的,至少她是从正确的方向着手解决这个问题的,只不过稍微啰嗦了一些……"高斯所说的那些定理是,对于什么样的奇素数p,同余式$x^3 \equiv 2 \pmod{p}$,$x^4 \equiv 2 \pmod{p}$是可解的。

要阐述高斯对数学、纯数学和应用数学的全部突出的贡献，需要写一本很厚的书（也许比写牛顿所需要的篇幅还要长）。这里我们只能考虑一些还没有提到的、比较重要的工作，我们将选择那些给数学增添了新方法，或者圆满解决了突出问题的工作。从粗略然而方便的时间表（由高斯著作的编辑们编排的）中，我们概括了高斯在1800年以后感兴趣的主要领域如下：1800—1820年，天文学；1820—1830年，测地学、曲面理论、保角映射；1830—1840年，数理物理学，特别是电磁学、地磁学，以及基于牛顿定律的引力理论；1841—1855年，拓扑学、与单复变量函数相联系的几何。

1821—1848年，高斯是汉诺威（格丁根当时在汉诺威政府管辖之下）和丹麦政府大规模测地勘测的科学顾问。高斯积极投身于这项工作。他的最小二乘法和他在设计处理大量数值数据的格式方面的技巧，有了充分发挥的机会，但更重要的是，在精确测量一部分大地曲面中出现的问题，无疑提出了与所有曲面有关的更深刻、更一般的问题。这些研究将引出相对论的数学。这个课题并不是新的，高斯的几位前辈，特别是欧拉、拉格朗日和蒙日，已经研究过关于某些类型的曲面几何，但是它仍然有待于高斯去解决全部一般性的问题，从他的研究中产生了**微分几何**的第一个伟大的时期。

微分几何可以被粗略地描述为在一个点的邻近处（近到使距离的高于二次的幂可被省略）对曲线、曲面等等性质的研究。黎曼受到这项工作的启发，在1854年写出了构成几何基础的假设的经典论文，接着开始了微分几何的第二个伟大时期，今天它被应用于数理物理学，特别是广义相对论中。

高斯在他的关于曲面的著作中考虑了三个问题，提出了对数学和科学具有重要意义的理论，这三个问题是**曲率**的测量、**保角表示**（即映射）和曲面的**可贴性**。

"弯曲的"时空，是对一个用四个坐标而不是用两个坐标描述的"空间"中通常可见的曲率的纯数学的扩展，这种并不神秘的推广是高斯关于曲面的工作的自然发展。他的一个定义说明了这一切的合理性。问题是要设想一些精确的方法，来描述曲面的"曲率"怎样从曲面的一个点变到另一个点；这种描述必须符合我们对于"弯曲得多"和"弯曲得不多"的直观感觉。

由一个没有扭结的闭合曲线 C 围成的曲面，其任何部分的全曲率是如下定义的。曲面在给定点的**法线**是通过该点的直线，它垂直于在给定点与曲面相切的平面。C 的每一个点处有一根曲面的法线。想象所有这些画出来的法线。现在，想象一个球，其半径为单位长度，从该球（相对于所考虑的曲面可处于任何位置）的中心，画出所有平行于 C 的法线的射线。这些射线将在单位半径的球上交出一条曲线，比如说 C'。球面上由 C' 所围的那一部分的**面积**，就定义为给定曲面上由 C 围出的那一部分的**全曲率**。稍微想象一下就会看出，这个定义与所要求的普通概念是一致的。

高斯在曲面研究中开拓的另一个基本概念是**参数表示**。

表示平面上的一个特殊点，要求两个坐标。在球面或像地球那样的球体上也一样：在这种情形下坐标可以被想象为经度和纬度。这说明了**二维流形**意味着什么。一般说来，如果要具体表示一类东西（点、声音、颜色、线）中的每一个特殊成员（使其个性化），**恰好** n 个数是充分且必要的，那么就说这个类是一个 n **维流形**。在这样的表示中，人们同意，只给该类成员的某些特征指定数。例如，如果我们只考虑声音的音高，我们就有一个一维流形，因为一个数，即声音的振动频率，就足以决定音高；如果我们加上音量——在某种适当的标度上测定——声音现在就是一个二维流形了，等等。如果我们现在把曲面看成是由**点**构成的，我们就看出它是一个（点的）**二维流形**。我们发现，用几何的语言把**任何**二维流形说成"曲面"，并把几何推理用于流形——希望发现一些有趣的东西——是很方便的。

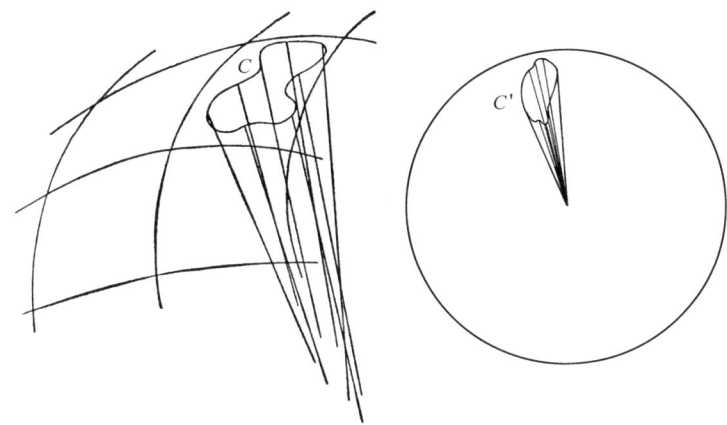

上述考虑导致了曲面的参数表示。在笛卡儿的几何中，三个坐标之间的一个方程表示一个曲面。设（笛卡儿）坐标是 x,y,z。我们现在用三个方程代替 x,y,z 的单独一个方程来表示曲面：

$$x = f(u,v), \quad y = g(u,v), \quad z = h(u,v),$$

其中 $f(u,v), g(u,v), h(u,v)$ 是新变量 u,v 的函数，当这些变量被消去（除去——字面的意思是"扔出门外"）时，就得到 x,y,z 的曲面方程。这种消去是有可能的，因为用**两个**方程可以解出**两个**未知量 u,v；然后把结果代入第三个方程。例如，如果

$$x = u+v, \quad y = u-v, \quad z = uv,$$

我们从前面两个方程得到 $u = \frac{1}{2}(x+y), v = \frac{1}{2}(x-y)$，因此从第三个方程得到 $4z = x^2 - y^2$。现在，当变量 u,v 独立地跑遍任何指定的数集时，函数 f, g, h 给出的 x,y,z 的数值就在上述三个方程表示的曲面上移动。变量 u,v 称为曲面的**参数**，三个方程 $x=f(u,v), y=g(u,v), z=h(u,v)$ 称为曲面的参数方程。这种表示曲面的方法当用于研究点与点之间变化很快的曲面的曲率和其他性质时，要比笛卡儿方法优越得多。

注意，参数表示是**内蕴的**；它的坐标参照曲面本身，而不是像笛卡儿

方法那样,参照一组外在的或外来的,与曲面无关的轴。还应该注意到两个参数u,v直接表明曲面的二维性质。地球上的经度与纬度是这些内在的、"自然"坐标的例子;按照三条穿过地球中心画出的互相垂直的轴航海,就像按照笛卡儿方法航行一样,是非常累赘的。

这个方法的另一个优点是,它很容易推广到任意维数的空间。只要增加参数的数目,像前面那样做就足够了。当我们谈到黎曼时,我们会看到这些简单的想法怎样导致了毕达哥拉斯和欧几里得的度量几何的推广。这个推广的基础是由高斯奠定的,但是它们对于数学和物理科学的重要意义,直到我们这个世纪才受到充分重视。

大地测量学的研究还向高斯提示了几何学中另一个有力的方法,即保角映射方法的发展。在画一幅地图,比如说格陵兰地图之前,有必要先决定一下要保留些什么。距离要像在墨卡托的投影中那样畸变,致使格陵兰与北美洲相比,夸大了其重要性了吗?抑或距离应该保持不变,从而使地图上的1英寸(约2.54厘米),不管是沿什么地方的参照线(比如说经度和纬度)量度的,都应当对应于在地球表面上测得的同样的距离?如果是这样,就需要一种映射,这种映射应该不保持除我们希望保持的特点以外的特点;例如,如果地球上的两条道路以某个角度相交,那么在地图上表示这些道路的线将以不同的角度相交。那种保持角度的映射称为保角映射。在这样的映射中,早些时候描述过的单复变量解析函数理论,是最有用的工具。

保角映射的整个课题经常用于数理物理学及其应用,例如静电学、流体力学和它的分支空气动力学,在最后这个学科中,它在机翼理论中起了重要作用。

高斯一向仔细耕耘并取得成功的另一个几何学领域,是曲面的可贴性,它要求决定什么样的曲面能够不拉伸、不撕裂、弯曲地贴到另一个给定的曲面上。在这里,高斯发明的方法又是具有普遍性的,并具有广泛的用途。

高斯还对科学的其他领域进行了重要研究,例如对电磁学(包括地磁学),毛细现象,引力规律中椭球体(行星是特殊类型的椭球体)之间的吸引力,以及屈光学,特别是关于透镜组的屈光学等的数学理论,都作出了重要的研究。最后这个部门给他提供了一个应用他的纯抽象方法(连分式)的机会,这个方法是他在年轻时为了满足对数论的好奇心而发展起来的。

高斯不仅把所有这些东西极端地数学化了,他还善于用他的双手和双眼将数学应用于其他学科,所以他也是一个极其准确的观察者。他发现的许多特殊的定理,特别是他在电磁学和引力理论的研究中发现的定理,成了所有在物理科学方面严肃工作的人们必不可少的工具。高斯在他的朋友韦伯的帮助下,为所有的电磁现象寻找一个满意的理论达许多年之久。由于没有找到他认为满意的理论,他放弃了这项尝试。如果他发现了电磁领域中的克拉克·麦克斯韦(Clerk Maxwell, 1831—1879)方程,他可能就满意了。

这些伟大的工作为高斯博得了无可争议的数学王子的头衔,为了结束这个已经很长但仍远未完全的一览表,我们必须提及这样一个学科,关于这个学科他除了在1799年他的论文中顺便提了一下以外,什么也没有发表,但是他预言它将成为数学中一个备受关注的主要课题——**拓扑学**。不可能在这里给出它意味着什么的专门的定义(这需要**连续群**的概念),但是可以从一个简单的例子中得到这个学科讨论的问题类型的一些线索。在一根线上打上任意一种结,然后把线的两端系在一起。用肉眼把一个"简单的"结和一个"复杂的"结分开是很容易的。但是我们怎么能对两个结的差异作出精确的**数学**描述呢?虽然高斯关于这个问题什么也没有说,但是他开了头,就像我们在他死后发表的论文中看到的那样。这个学科中的另一类问题是,决定在一个给定的曲面上,能使我们把这个曲面展平到平面上的剖线的最小数目。对于一个锥面,一道剖线就够了;对于一个环面,需要两道剖线;对于一个球面,如果不允许伸展的话,有限数目的剖线是不够的。

这些例子可能使人想到,整个这一课题是微不足道的,但若果真如此,高斯就不会赋予它特殊的重要性了。他对它的重要特性的预见,已在我们这一代实现了。今天一个活跃的学派[包括很多美国人——J·W·亚历山大(J. W. Alexander),S·莱夫谢茨(S. Lefchetz),O·凡勃伦(O. Veblen),以及其他一些人]正在发现拓扑学(或者如人们有时所称的"位置的几何学")在几何学和分析学中具有广泛的分支。现在看来,高斯没有能从他对谷神星的研究中挤出一两年时间,把他关于这个广阔理论的思想条理化是非常可惜的,因为这个理论会成为他晚年的梦想和我们自己青年时代的现实。

高斯的最后几年荣誉满身,但是他并没有得到他有权享受的幸福。在他去世前几个月,当那致命的疾病显露出最初的症状时,高斯仍然像他过去那样思维敏捷活跃,有着丰富的创造力,他并不急于休息。

他幸免于一次暴死,这使他更加沉默寡言,他实在不能谈起一个朋友的突然死亡。20多年来,他在1854年6月16日第一次离开格丁根,去看他的城市和卡塞勒之间正在建设中的铁路。高斯一直对铁路的建造和运营抱有强烈的兴趣,现在他要看见一条建造中的铁路了。马忽然脱缰奔跑,把他从马车上抛了下来,他没有受伤,但是被吓坏了。他康复了,当铁路在1854年7月31日建到格丁根时,他高兴地目睹了通车典礼。这是他最后一天舒适的日子。

随着新年到来,他开始因为心脏扩张和气短感到非常痛苦,水肿病的症状出现了。然而他只要能工作就工作,尽管他的手痉挛,他那优美清晰的书写最后难于辨认了。他写的最后一封信是给戴维·布鲁斯特爵士的,谈到电报的发明。

他几乎一直到最后都是清醒的,经过一番要活下去的努力挣扎以后,他在1855年2月23日凌晨安详地去世,享年78岁。他活在数学的每一个地方。

第 15 章

数学与风车

柯西

19世纪数学性质的改变。法国大革命中的童年时代。柯西的早期教育。拉格朗日的预言。年轻的基督徒工程师。马吕齐预言的准确。群论。27岁时居于前列。费马的一个定理得到证明。温顺的河马。被查理这只山羊闯进来了。关于天文学和数理物理学的论文。温和与不屈不挠的顽强。法国政府愚弄了自己。柯西在数学上的地位。一个无可指责的性格的弱点。

一个人可能连他的主祷文也念颠倒了。

——西班牙谚语

在19世纪的前30年,数学突然间成了与它在18世纪史诗般的牛顿后时代大不相同的东西。这种改变,是从空前的普遍性和自由的发明创造趋向于更为严格的证明。今天同类的情况又清晰可见,但敢于去预测此后的四分之三个世纪中数学会是什么样子的人,不过是鲁莽的预言家。

19世纪初,只有高斯对不久就要发生的情况略知一二,但是他的牛顿式的谨慎,使他没有把预见到的情况告诉拉格朗日、拉普拉斯和勒让德。虽然这些伟大的法国数学家一直活到了19世纪的前三分之一,但他们的许多工作现在看来似乎只是预备性的。拉格朗日在方程理论上为阿贝尔和伽罗瓦铺平了道路;拉普拉斯以他在牛顿天文学——包括引力理论——的微分方程方面的工作,暗示了19世纪数理物理学的惊人发展;而勒让德在积分学方面的研究,给阿贝尔和雅可比提示了分析学所曾得到的一个最为丰富的研究领域。拉格朗日的分析力学仍然是现代的,但是尽管如此,它也要接受在哈密顿和雅可比,以及后来的庞加莱手里增加的许多东西。拉格朗日在变分法方面的工作也仍然是经典的和有用的,但是魏尔斯特拉斯的工作也在19世纪后半叶严格的、独创性的精神下,给它提供了新的方向,而这个方向在我们自己的时代又得到了扩展和革新(美国和意大利的数学家在这次发展中起了主要作用)。

奥古斯坦-路易·柯西(Augustin-Louis Cauchy),是思想明确的属于现代的第一个伟大的法国数学家,他于1789年8月21日——巴士底狱陷落后不到6个星期——出生在巴黎。作为一个大革命的孩子,他为自由和平等付出了代价,带着营养不良的躯体长大成人。只是由于他父亲的外交手腕和机智,柯西才终于在半饥饿中幸存了下来。他活过了恐怖时期,从综合工科学校毕业,为拿破仑服务。在拿破仑的秩序垮台后,柯西从革命和反革命两方面都遭到了重大的损失。他的工作在一定程度上受到他那个时代的社会动荡的影响。如果说革命或类似的事情确实影响过一个科学家的工作,柯西应该是证明这个事实的

柯西

第一流的研究样品。他在数学发明方面有特别丰富的多产能力,只被超过两次——被欧拉和凯莱超过。他的工作就像他的时代,是革命性的。

现代数学中两个很令人感兴趣的主要问题应归功于柯西,这两个问题中的每一个都标志着与18世纪数学的断然决裂。第一个是把严格性引进了数学分析。要给这个进展的重要性找到一个适当的比喻是困难的,也许下面的比喻可以说明问题。假定整个民族多少世纪以来一直是向谬误的神明顶礼膜拜,而突然间有人向他们揭示了他们的错误。在引进严格性之前,数学分析就是整整一座谬误之神的万神殿。在这方面,柯西与高斯、阿贝尔一起,是伟大的先驱者。高斯本可以在柯西进入这个领域之前很久就领先了,但是他没有。正是柯西尽快发表论文的习惯和他对实际教学工作的天赋,使人们接受了数学分析中的严格性。

柯西给数学增添的第二个具有根本重要性的东西,是在相反的方面——组合方面。柯西抓住了拉格朗日在方程理论上的方法的核心,把它抽象化,开始了群论的系统创建。这项工作的性质留待后面详述;暂时我们只注意柯西观点的现代性。

柯西没有打听他发明的东西是否有用,甚至对数学的其他分支是否适用,他根据它作为一个抽象体系的自身价值而发展了它。除了既愿意写关于数的难题的论文,也愿意写关于水力学或"宇宙体系"的论文的通才欧拉之外,他的前辈们发现他们的灵感来自数学的应用。这种说法当然有许多例外,特别是在算术中,但是在柯西以前,很少有人(如果有的话)在纯粹代数运算方面找到有价值的发现。柯西看得更深一些,他在代数公式的对称性方面,看出了**运算**和它们的**组合**规律,把它们独立出来,由此导致了群论。今天,这个初级然而复杂的理论,在纯数学和应用数学的许多领域,从代数方程到几何和原子结构的理论,具有根本的重要性。只须提到它的一项应用,它是晶体几何学的起因。它后来的发展(在分析学方面)远远地深入到高等力学和微分方程的现代理论之中。

柯西的生活和性格，像可怜的堂吉诃德那样影响着我们——有时我们不知道应该笑还是应该哭，只好用咒骂来折衷一下。他的父亲路易-弗朗索瓦（Louis-François）在德行和虔诚方面都堪称典范，但是往往过了头。只有老天爷知道老柯西是怎样逃脱上断头台的，因为他是一个议会律师，一位有文化的绅士，一位很有造诣的古典学者和圣经学者，一位顽固迷信的天主教徒，而且是巴士底狱陷落时的巴黎警察中尉。法国大革命爆发前两年，他和玛丽-马德莱娜·德塞斯特（Marie-Madeleine Desestre）结婚，她是一位出色的、不十分聪明的妇女，和他本人一样，也是一位顽固迷信的天主教徒。

奥古斯坦是6个孩子（2个儿子、4个女儿）中最大的一个。柯西从父母那里继承了许多可贵的品质，这些品质使他们的传记读起来，像那些为16岁以下的法国女学生编的爱情故事一样，其中的男女主角都像上帝的圣洁的天使那样纯洁，那样缺乏性感，读起来像煮黄瓜那样枯燥乏味。既然他的父母是那样的，当教会在19世纪30年代和40年代采取守势时，柯西成长为一个天主教的顽固的堂吉诃德，或许是很自然的事情。他为他的宗教信仰痛苦，为此他是值得尊敬的（即使他是同事们所指责的自命不凡的伪君子，或许也值得人尊敬），但是他也不止一次完全应该受痛苦。他关于圣洁之美的没完没了的说教，把人们激怒了，引起对他虔诚的计划的反对，而这些计划，并不总是应该受到反对的。阿贝尔本人是一位大臣的儿子，也是一个一本正经的基督教徒，他在写回家的信中，表达了柯西的一些古怪行为所引起的普遍厌恶，"柯西是一个偏执的天主教徒——这对一个科学家是一件奇怪的事情。"这句话着重的自然是"偏执"，而不是它所形容的天主教徒。我们将要遇到的两个最优秀的人，也是两个最伟大的数学家，魏尔斯特拉斯和埃尔米特，都是天主教徒。他们是虔诚的，但是并不偏执。

柯西的童年时代是法国大革命最残酷的血腥时期。那时学校都关闭了，既不需要科学也不需要文化。公社对有文化的人和科学家们，或者任其饿死，或者把他们装上车送到断头台去。老柯西为了逃避这场明显的灾难，举家迁往阿格伊村他乡下的住处去了。他在那里一直度过了恐怖时期，他本人过着半饥饿的生活，主要靠他能够种植的少量水果和蔬菜，养活他的妻子和还在婴儿期的儿子，结果柯西长得很瘦小，发育不全。他将近20岁时才开始从他早期的营养不良中恢复过来，而且一生都得当心他的健康。

这种隐居的生活，持续了将近11年，渐渐变得不那么严格了，在这11年期间，老柯西担负起对孩子们的教育。他自己编写教科书，有几本是用他擅长的流畅的诗体写成的。他认为诗歌使得青少年不会对语法、历史，特别是伦理学那么反感。这样，年轻的柯西也能自由流畅地写他自己的法文诗和拉丁诗，这是他一生都为之着迷的。他的诗充满了崇高的感情，极好地反映了他那虔诚的、无可指责的，但另一方面也是平凡的生活。课程大部分是狭隘的宗教教育，他母亲在这方面帮了很大的忙。

在阿尔克伊，拉普拉斯侯爵的庄园和克劳德-路易·贝托莱(Claude-Louis Berthollet，1748—1822)伯爵的庄园毗邻，贝托莱是著名的古怪的化学家，他因为精通火药，在恐怖时期保住了脑袋。这两个人是好朋友，他们两家的花园被一道共同的墙隔开，墙上开了一扇门，各家都有一把钥匙。尽管数学家和化学家都不虔诚，老柯西却硬要跟他那些著名的、吃得很好的邻居交朋友。

贝托莱从不到任何地方去。拉普拉斯比较喜欢交际，不久就开始走访他朋友的小屋，他在那里看见年轻的柯西，不禁大吃一惊，柯西是那么瘦弱，不能像正常发育的孩子那样跑来跑去，他只是像一个忏悔的修士，全神贯注地读他的书，看起来好像读得津津有味。没有多久，拉普拉斯就发现这孩子有着非凡的数学才能，于是劝告他，一定要节省他的力气。不出几年,拉普拉斯就要忧心忡忡地听柯西关于无穷级数的演讲,担心这个年轻人在收敛方面的发现会摧毁他自己的天体力学这整座大厦。"宇宙体系论"在那一次几乎以一发之差被粉碎;几乎使圆形的地球轨道稍微大一点的椭率,以及拉普拉斯据以作出他的计算的无穷级数,都要转向了。幸而他的天文学直觉挽救了他,使他免遭大难,用柯西的方法长时间试验他所有的级数的收敛性之后,他站起来无限宽慰地舒了一口气。

老柯西一直谨慎地与巴黎保持着联系,1800年1月1日,他被选为上院秘书,他的办公室在卢森堡宫。年轻的柯西也同他合用这间办公室,用一个角落作为书房。这样一来,他就常常会看到拉格朗日——当时拉格朗日在综合工科学校任教授,常常顺便进来同秘书柯西讨论事务。不久,拉格朗日就对这孩子产生了兴趣,像拉普拉斯一样,被他的数学才能深深打动了。一次,当拉普拉斯和其他几个知名人士在场时,拉格朗日指着在角落里的年轻的柯西说,"你们看见那个瘦小的年轻人吗?嘿!就我们作为数学家而言,他将取代我们大家。"

拉格朗日给了老柯西一点忠告,他认为这个瘦弱的孩子可能会累坏:"在他17岁以前,不要让他摸数学书。"拉格朗日指的是高等数学。另外一次他说:"如果你不赶快给奥古斯坦一点可靠的文学教育,他的趣味就会使他冲昏头脑;他将成为一名伟大的数学家,但是他不会知道怎样用他自己的文字写作。"父亲牢记了这位当代最伟大的数学家的劝告,在放手让他的儿子从事高等数学之前,给了他充分的文学教育。在父亲为他做了力所能及的一切以后,柯西在大约13岁时进了庞特昂的中心学校,拿破仑在这所学校设立了几个奖学金,还有一种全法国所有学校同一年级的大奖赛。柯西从一开始就是学校里的明星,获得希腊文、拉丁文作文和拉丁诗的头奖。他在1804年离校时,赢得全国大奖赛和一项古典文学特别奖。同年,柯西第一次领圣餐,这在任何天主教徒的一生中都是一个庄严美好的时刻。对于柯西更是如此。

随后的10个月,他在一位很好的导师指导下对数学作深入细致的研究。1805年,他16岁时以第二名的成绩考入了综合工科学校。在这里,他在喜欢开下流玩笑的、年轻的无神论者当中的经历,并不是完全愉快的,他们因为他公开奉行宗教仪式而无情地嘲弄他。但是柯西耐着性子,甚至想使一些嘲弄他的人皈依宗教。

1807年柯西从综合工科学校转到土木工程学校。虽然他只有18岁,但很快就超过了已经入学两年的20岁的年轻人,而且很早就被校方注明是要担任特殊职务的。1810年3月柯西完成了学业,立即被委派了一项重要的职务。他的能力和他勇于创新的精神,使他作为这样一种人被挑选出来:为了他,官僚作风应该被消除,甚至在这过程中要砍掉某个老人的头也在所不惜。不管对拿破仑还可以作什么评论,但是他在哪里发现了人才,就在哪里予以重用。

1810年3月,柯西离开巴黎,"行李不多,但满怀希望",前往瑟堡第一次赴任。这时距离滑铁卢之战(1815年6月18日)还有5年的时间,拿破仑仍然信心十足地期待着从海上占领英国,在它自己芬芳的土地上,狠狠地提醒它别忘记它所犯的错误。要发动侵略,必须有一支庞大的舰队,而舰队还有待建立起来呢。在这个富于魅力的梦想中,首先需要解决的是必须建造港口和防御工具,以保卫船坞不受英国远洋航轮的侵犯。所有这些庞大的工程,将加速法国人自从攻陷巴士底狱以来一直在叫嚷的"光荣的日子"的到来,而瑟堡有许多理由作为开始这些工作的合乎逻辑的地点。因此,这位有才华的年轻的柯西就被派往瑟堡,去成为一名伟大的军事工程师。

在柯西不多的行李中,只带了4本书,拉普拉斯的《天体力学》、拉格朗日的《解析函数理论》、坎普滕的托马斯(Thomas à Kempis)的《效法基督》、和一册维吉尔的作品——这对一个雄心勃勃的青年军事工程师真是一种不寻常的搭配。拉格朗日的论文集,正是使它的作者的预言——"这个年轻人将取代我们大家"——首先实现的书,因为它促使柯西去寻找一种摆脱了拉格朗日函数理论的明显缺点的函数理论。

书单上的第三本书不得不使柯西感到苦恼,因为这本书和他的过分虔诚,使得他的注重实践的同事们心烦,他们急着要干他们的杀人勾当。但是柯西泰然容忍了,不久就向他们表明,他无论如何都读了这本书。他们让他放心,"你很快就会把那一切都忘掉的。"柯西的回应是,亲切地请他们指出他的行为有什么不对,他会很乐意改正。这引出了什么回答,没有保留下来。

关于她心爱的儿子很快就变成了一个不信仰宗教的人或者比这更坏的谣言,传到了他焦急的母亲耳朵里。柯西给她写了一封充满了虔诚情感的长信,这封信足以使所有曾经把她们的儿子送上前线或前线附近的母亲们平静下来,柯西使她消除了疑虑,她再次快乐了。这封信的结尾表明,神圣的柯西完全能够顶住那些使他痛苦的人,他们暗示他有点疯了。

"因此,如果以为宗教能够使谁的头脑发热,这是可笑的,如果所有的疯子都被送进了疯人院,那里的哲学家就会比基督徒还多。"这是柯西这方面的失误呢,还是他真的认为基督徒并不是哲学家?他不再写下去了,脑子里掠过另一个念头,"够了,别说这些了——不如写写数学论文,对我还有用些。"的确是这样,但是每当他看见一个风车以天空为背景,挥动它那巨大的臂膀时,他又猛地停下了。

柯西在瑟堡逗留了大约3年。在他繁重的本职工作以外,他的时间都安排得很得当。在1811年7月3日的一封信中,他描述了他紧张繁忙的生活。"我早上4点钟起床,从早忙到晚。我这个月的日常工作因为西班牙俘虏的到来而增加了。我们只是在8天前才接到通知,在这8天当中,我们必须建造营房,准备供1200人用的行军床……最后,自从最后两天以来,我们的俘虏都有了住处和盖被。他们有行军床、稻草、食物,而且认为他们自己非常幸运……工作并没有把我累着;相反地,它使我坚强,我非常健康。"

除了所有这些为了美好的法兰西的光荣而做的有用工作以外,柯西还找出时间从事研究工作。早在1810年12月,他就开始"把数学的各个分支从头到尾再温习一遍,从算术开始,到天文学为止,把模糊的地方弄清楚,应用[我自己的方法]去简化证明和发现新的定理"。除了这些以外,这个令人惊异的年轻人还找出时间来教别人。那些人请求他给他们上课,以便在专业上能够晋升,他甚至用指导学校的考试来帮助瑟堡市民,就这样,他学会了教书,还有时间搞搞业余爱好。

1812年在莫斯科的惨败,对普鲁士和奥地利的战争,以及1813年10月莱比锡战役的彻底失败,这一切都分散了拿破仑的注意力,使他不能专心于侵略英国的梦想,在瑟堡的工作也就进行不下去了。1813年柯西回到巴黎,因为工作过度而精疲力竭。他当时只有24岁,但是已经以他光辉的研究工作,特别是关于多面体的论文和关于对称函数的论文,吸引了法国主要数学家们的注意。由于多面体和对称函数的性质都很容易理解,而且各自都对今天的数学提供了极为重要的启示,我们将简单地叙述它们。

第一篇论文本身并没有多大意义。今天之所以认为它重要,是因为艾蒂安-路易·马吕(Étienne-Louis Malus)针对它所作的极其尖锐的批评。真是一种奇怪的历史巧合,马吕在反对柯西的推理时,以丝毫不差的方式恰好比他的时代提早了100年的时间。科学院提出以"在几个基本点上完善多面体理论"作为它的获奖问题,拉格朗日提议由年轻的柯西承担这项有希望的研究。1811年2月,柯西提交了他的第一篇关于多面体的论文。这篇论文对普安索(Poinsot,1777—1859)提出的问题"除了那些有4、6、8、12、20面的正多面体,还有可能存在其他正多面体吗?"作了否定的回答。在这篇论文的第二部分,柯西扩展了欧拉的公式,把多面体的边数

(E)、面数(F)和顶点(V)联系在一起,$E + 2 = F + V$,这个公式可以在中学立体几何教科书中找到。

这篇论文印出来了。勒让德对它评价很高,鼓励柯西继续做下去,柯西又写了第二篇论文(1812年1月)。勒让德和马吕(1775—1812)是评阅人。勒让德很热心,预言这位年轻作者将做出伟大的工作。但是马吕比较冷淡。

马吕不是专业数学家,而是拿破仑在德国和埃及战役中的前任工兵军官,他通过折射偶然发现了光的偏振,因而成了著名人物。所以,也许他的反对意见使年轻的柯西觉得,那是只有顽固的物理学家才作得出的那种吹毛求疵的批评。柯西在证明他的一些最重要的定理时,用了凡是几何学初学者都熟悉的"间接法"。而马吕反对的正是这种证明方法。

在用间接法证明一个命题时,是从假定命题不成立推出一个矛盾;因此根据亚里士多德的逻辑,就得知命题成立。柯西无法用直接方法达到目的,马吕让步了——但仍然不能使他信服柯西证明了什么。当我们讲到整个故事的结论(在最后一章)时,我们会看到,在其他方面,直观主义者也提出了同样的反对意见。如果说马吕没有能在1812年使柯西了解这个要点,布劳威尔在1912年及那以后为马吕做到了,布劳威尔成功地使柯西在数学分析方面的一些后继者们,至少看出了确实有一个需要明了的要点。正如马吕试图告诉柯西的,亚里士多德的逻辑在数学推理中并不总是一个可靠的方法。

我们顺便提一下**置换理论**。这是由柯西系统地开始,又由他于19世纪40年代在一系列文章中详尽阐述的理论,后来发展成**有限群论**。下面我们就用一个简单的例子来说明它的基本概念。不过先要非正式地说说运算群的主要性质。

运算用大写字母$A,B,C,D,\cdots$表示,两个运算**连续**进行,比如说A**先**B**后**,就用并列表示,即AB。注意,按照刚刚说过的,BA意味着先完成B,后

完成 A；所以 AB 和 BA 并不一定是同样的运算。例如，如果 A 是运算"给定的数加 10"，B 是运算"给定的数除以 10"，那么 AB 应用到 x 产生 $\frac{x+10}{10}$，而 BA 产生 $\frac{x}{10}+10$，或 $\frac{x+100}{10}$，得到的分数是不等的；因此 AB 和 BA 不同。

如果两个运算 X 和 Y 的效果是一样的，就说 X 和 Y 相等（或是等同），用 $X = Y$ 表示。

下一个基本概念是**结合性**。如果对一个集合中的每三个运算，比如说 U, V, W，是任意三个运算，$(UV)W = U(VW)$，就说这个集合满足**结合律**。$(UV)W$ 意味着先完成 UV，然后按得到的结果完成 W；$U(VW)$ 意味着先完成 U，然后按得出的结果完成 VW。

最后一个基本概念是**恒等运算**，或者**恒等式**：不管实施到什么上都不产生改变的运算 I，称为**恒等式**。

有了这些概念，我们就能说明定义一个运算群的简单公设。

如果一个运算的集合 $I, A, B, C, \cdots, X, Y \cdots$ 满足公设(1)—(4)，就说它形成一个**群**。

(1) 存在一个组合规则，可应用到集合中的**任何**一对运算*X, Y，使得按该组合规则结合 X, Y 的结果（按此次序记为 XY），是该集合中一个唯一确定的运算。

(2) 对于集合中的任意三**个**运算 X, Y, Z，(1)中的规则是可结合的，即 $(XY)Z = X(YZ)$。

(3) 集合中有一个唯一的恒等式 I，使得对集合中的每一个运算 X，$IX = XI = X$。

(4) 如果 X 是集合中的**任一**运算，集合中有唯一的一个运算，比如说 X'，使得 $XX' = I$（能够很容易地证明 $X'X = I$ 也成立）。

这些公设包含了可以从(1)—(4)中的其他陈述推断出来的冗余的东

---

* 一对中的运算可以是相同的，比如 X, X。

西，但是在给出的形式下，这些公设更容易掌握。为了说明一个群，我们采用一个与字母**排列**(安排)有关的非常简单的例子。这个例子看上去可能没有什么意思，但是人们发现这样的**排列**或**置换**群，是长期寻找的方程的代数可解性的线索。

a, b, c 三个字母可以准确地用 6 种次序写出来，即 $abc, acb, bca, bac, cab, cba$。取其中的任何一个，比如说第一个 abc，作为初始次序。通过什么样的字母置换，我们能从这个次序过渡到其余 5 种排列呢？从 abc 到 acb，只要置换 b 和 c 就够了。表明交换 b 和 c 的**运算**，我们写为 (bc)，读作"b 到 c, c 到 b"。我们通过 a 到 b, b 到 c，以及 c 到 b，从 abc 过渡到 bca，这记为 (abc)。abc 本身的次序是从 abc **不**经过任何改变得到的，即 a 到 a, b 到 b, c 到 c，它是**恒等**置换，记为 I。对 6 个次序

$$abc, acb, bca, bac, cab, cba,$$

同样地继续进行下去，我们得到了相应的置换，

$$I, (bc), (abc), (ab), (acb), (ac)。$$

在这里，公设中的"组合规则"如下。任取两个置换，比如说 (bc) 和 (acb)，考虑这些按所说的顺序依次应用的结果，即先 (bc) 后 (acb)：(bc) 把 b 变到 c，然后 (acb) 把 c 变到 b。这样 b 仍在原来的位置。取 (bc) 中的第二个字母 c：由 (bc)，c 被变到 b，由 (acb)，b 被变到 a；这样 c 被变到 a。继续下去，我们看到 a 现在变成：(bc) 使 a 仍在原处，但是 (acb) 把 a 变成 c。那么最后 (bc) 跟着是 (acb) 的结果，就是 (ca)，我们用 $(bc)(acb) = (ca) = (ac)$ 表示。

用同样的方法很容易证明

$$(acb)(abc) = (abc)(acb) = I;$$
$$(abc)(ac) = (ab); (bc)(ac) = (acb),$$

等等，直到所有可能的每一对为止。这样，公设(1)对所有这 6 个置换是满足的，可以验证(2)、(3)、(4)也满足。

所有这些都汇总在群的"乘法表"中,我们用下面一行字母表示置换(以节省篇幅),来写出这个表,

$$I, (bc), (abc), (ab), (acb), (ac)$$
$$I, \quad A, \quad B, \quad C, \quad D, \quad E.$$

	I	A	B	C	D	E
I	I	A	B	C	D	E
A	A	I	C	B	E	D
B	B	E	D	A	I	C
C	C	D	E	I	A	B
D	D	C	I	E	B	A
E	E	B	A	D	C	I

在读这张表时,从左边的**列**任取一个字母,比如说C,从顶上面的行任取一个字母,比如说D,那么对应的**行**和**列**的交点处的表值就是CD的结果,这里是A。这样,$CD = A$, $DC = E$, $EA = B$,等等。

举一个例子,我们可以就$(AB)C$和$A(BC)$证明结合律,它们应当相等。首先,$AB = C$,因此$(AB)C = CC = I$。再有$BC = A$;因此$A(BC) = AA = I$。同样的方法可以证明$A(DB) = AI = A$;$(AD)B = EB = A$;这样$(AD)B = A(DB)$。

一个群中互异运算的总数叫做它的**阶**。这里群的阶是6。通过检查这张表,我们可以挑出几个子群,例如,它们各自的阶是1,2,3。这解释了柯西证明的一个基本定理:**任何子群的阶都是该群的阶的因子**。

	I
I	I

	I	A
I	I	A
A	A	I

	I	B	D
I	I	B	D
B	B	D	I
D	D	I	B

读者会发现，试着构造阶不是6的群是很有趣的。对于任意给定的阶，互不相同的群（有不同的乘法表）的数目是有限的，对于**任意**给定的阶（**一般**的阶n），这个数可能是什么还不知道——在我们的一生中也不大可能知道。*所以在一个表面上像多米诺理论那么简单的理论的一开始，我们就碰上了未解决的问题。

我们已经构造了群的"乘法表"，现在忘掉它是从置换中导出的（如果那碰巧是做出表的方法的话），而把这个表看作定义了一个**抽象群**。那就是说，不给$I,A,B,\cdots$除在$CD=A,DC=E$等组合规则中所隐含的意义以外的解释。这种抽象的观点是现在流行的观点。它不是柯西的，但是由柯西在1854年采用的。直到20世纪的最初10年为止，也没有提出一组完全令人满意的群的公设。

当一个群中的运算被解释为置换，或刚体的旋转，或在群可以应用的任何其他数学领域中时，这种解释就被称作由乘法表定义的**抽象**群的一个**实现**。一个给定的抽象群可以有很多种不同的实现。这是群在现代数学中具有**根本**重要性的原因之一：同一个群的一个抽象的、**基本的结构**（概括在乘法表中），是几个表面上无关的理论的本质，由于对抽象群性质的深入研究，对这些理论和它们的相互关系的认识，就由一次研究而不是几次研究得到了。

我们只举一个例子，也就是一个正二十面体（二十面的规则立体）绕其对称轴自转，使得任意一次旋转后，该立体的体积与以前占有同样的空间，这样的全体旋转的集合形成一个群，当抽象地表示这样一个旋转群时，与我们试图解一般的五次方程时在根的置换下出现的群是同样的。而且同一个群也在椭圆函数的理论中出现（稍微预测一下）。这暗示着虽

---

* 从20世纪50年代开始，经过100多位数学家的共同努力，有限单群的分类在20世纪80年代宣布完成。这是一项前所未有的巨大工程，有关文献仍在继续整理出版。——译者

然不可能从代数上解一般五次方程,但是按照所提到的函数,方程可能是——实际上确实是——可解的。最后,所有这些都能通过描述已经提到过的二十面体,在几何上画出来。这个美妙的统一是费利克斯·克莱因(1849—1925)的工作,出现在他关于二十面体的书中(1884年)。

柯西是置换群理论的一位伟大的先驱者。自从他那时以来,在这个课题上已经做出了大量的工作,这个理论本身已经大大发展了,其后是**无限群**——有能用$1,2,3,\cdots$来数的无穷多个运算的群,再进一步发展到**连续群**。在连续群中,运算通过**无穷小**(任意小的)位移把一个物体移到另一个位置——与上面描述过的二十面体群不同,那时自转把整个物体转动一个有限量。这只是无限群中的一类(这里的术语是不确切的,但足以说明重要的一点——**离散**群和**连续**群之间的区别)。正如有限离散群理论是代数方程理论的基本结构一样,无限连续群在微分方程——数理物理学中极为重要的方程——理论中也有很大作用。所以柯西在摆弄群时,并不是在虚度时光。

为了结束对群的这段描述,我们可以指出柯西讨论的置换群是怎样进入原子结构的现代理论的。一个在其符号中恰好包含两个字母的置换,比如说(xy),称为一个**对换**。任何置换都是对换的组合,这是容易证明的。例如:

$$(abcdef) = (ab)(ac)(ad)(ae)(af),$$

由这个例子,以对换的形式写出任何置换的规则就很显然了。

现在,假定一个原子中的电子都是相同的,也就是说,一个电子与另一个电子是无区别的;这是完全合理的假设。因此,如果交换一个原子中的两个电子,原子保持不变。为简单起见,设原子恰好包含三个电子,比如说a,b,c,使原子保持**不变**——保持原样——的电子的所有交换,对应于在a,b,c上的**置换群**(我们给了乘法表的那一个群)。从这里到由原子构成的受激气体发出的光谱线,似乎还有很大一步距离,但是这一步已经迈出了。一些量子力学专家在置换群理论中给光谱(以及与原子结构有关的其他现象)的阐明找到了令人满意的基础。柯西当然没有预见到他因为其本身的魅力而发展起来的理论会有这样的应用,他也没有预见到它会应用到代数方程的未解之谜上。那个功绩得留待一个十几岁的孩子去完成,我们将在后面谈到他。

柯西到27岁(1816年)时已经使自己上升到当时的数学家的最前列。他唯一的重要竞争对手是沉默的高斯,比他年长12岁。柯西1814年的关于复数极限的定积分的论文,开始了他作为单复变量函数理论的独立创造者和无与伦比的发展者的伟大事业。关于专业术语,我们得参考高斯那一章——高斯在1811年已经得出了基本定理,比柯西早3年。柯西关于这个题目的极为详尽的论文直到1827年才发表。推迟的原因可能是由于文章太长——大约180页。柯西从来没有考虑过,这些投到科学院或综合工科学校的长达80页至300页的大块文章,是要从它们有限的经费中出资印刷的。

第二年(1815年),柯西由于证明了费马留给困惑的后代的一个伟大定理而引起了轰动,这个定理是:每一个正整数都是3个"三角形数"、4个"四边形数"、5个"五边形数"、6个"六边形数"等等的和。在每一种情形,零都算在所说的那一类数中。一个"三角形数"是数字0,1,3,6,10,15,21,…中的一个,这些数是由用点建立的正(等边)三角形组成的:

等等;

"正方形数"也有类似的构成:

等等;

其中，借以从前一个正方形得到的正方形的"边界"是明显的。同样，"五边形数"是由点建立的正五边形；"六边形数"及其他的数亦与此类似。这是不容易证明的。事实上，欧拉、拉格朗日和勒让德都没有证明它。高斯早先证明了"三角形数"。

柯西似乎要表明他没有局限于纯数学的第一流工作，他接着赢得了科学院1816年提供的大奖，题目是"不定深度的重流体表面的波的传播理论"——就数学处理而言，海浪与这种类型很相近。这篇论文最后（在印出时）长达300多页。柯西27岁时发现自己被强有力地"推向"科学院院士的席位——一个对于如此年轻的人最不寻常的荣誉。他得到私下保证，数学部一有空缺就让他递补。就名声来说，这是柯西一生的顶点。

这时，1816年，柯西入选科学院的时机已经成熟，但是没有空缺。不过有两个席位有指望很快就空出来，因为持有这两个席位的人年事已高：蒙日70岁，卡诺63岁。我们已经谈过蒙日了，卡诺是彭赛列的前任。卡诺在科学院拥有席位是因为他恢复并发展了帕斯卡和德萨格的综合几何的研究，以及他要把微积分学放在一个坚固的逻辑基础上的勇敢尝试。在数学之外，卡诺在法国历史上为自己赢得了一个值得羡慕的名声，他是在1793年组织起14支军队，打败了欧洲反民主的反动分子们联合起来扑向法国的50万大军的天才。当拿破仑在1796年为他自己攫取了权力时，卡诺反对这个暴君，说"我是所有国王的势不两立的敌人"，他因此遭到放逐。在1812年俄国战役之后，卡诺表示要作为一个军人去服役，但是有一个条件，他愿为法国而战，不愿为拿破仑的法兰西帝国而战。

在拿破仑从厄尔巴岛逃出来，经过光荣的"百日王朝"之后的政治动乱中，科学院重新组建，卡诺和蒙日都被开除了。卡诺的继任者就任时没有什么好说的，但是当年轻的柯西若无其事地坐上蒙日的位子时，风暴发生了。驱逐蒙日是十足的政治上的卑鄙行为。任何因此而获得好处的人至少显得他缺乏良好的感情。柯西当然有权利而且问心无愧。

据那些吃过烧得很好的河马肉的人说,河马的心很嫩,所以厚脸皮不一定是说明一个人的内心的可靠依据。柯西崇拜波旁王室,相信波旁王室是上帝派来统治法国的直接代表——甚至当上帝派来一个像查理十世(Charles X)那样不称职的小丑时,他也这样认为,所以当柯西溜上蒙日的位子时,他只不过是在向上帝和法国尽忠。他是真诚的,不是仅仅为了追求私利,这一点在他后来对被奉若神明的查理的忠诚中就可看出。

现在,这位法国最伟大的数学家——仍然不到30岁——又多又快地得到了荣誉和职位。自从1815年(他26岁)起,柯西一直在巴黎综合工科学校讲授分析学。现在他成了教授,不久又被法兰西学院和索邦大学任命为教授。一切好事都开始落到他身上了。他的数学活动是令人难以置信的;有时候在一周内,科学院会收到他两篇很长的文章。除了他自己的研究工作以外,他还起草了难以数计的关于其他人投给科学院的论文的报告,并挤出时间来写了关于数学(纯数学和应用数学的)所有分支的几乎是源源不断的短文。对于欧洲数学家,他变得比高斯还要著名。学者们和学生们都来听他对他正在发展的新理论,特别是分析学和数理物理学中的新理论的美妙清晰的讲解。他的听众中有来自柏林、马德里和圣彼得堡的著名数学家。

在所有这些工作之余,柯西挤出时间求爱。他的意中人阿洛伊斯·德比雷(Aloise de Bure)是一个有教养的老式家庭的女儿,和他一样,是一个热心的天主教徒。柯西在1818年同她结婚,共同生活了将近40年。他们有两个女儿,她们都以柯西那样的方式被培养成人。

这个时期有一项伟大的工作值得注意。在拉格朗日和其他一些人的鼓励下,柯西在1821年详细写出了他在综合工科学校讲过的分析学教程以供出版。这部著作提出了长期的严格性的标准,甚至在今天,柯西这本教程中给极限和连续下的定义,以及他写的关于无穷级数收敛性的许多内容，仍然可以在任何一本精心写成的微积分学书中找到。从前言中摘出的一段，可以说明他所想到的和他所完成的：

"我竭力赋予这些[分析的]方法以几何中所要求的全部严格性，做到决不涉及从代数的一般原则中抽出的推理。[就像今天所说的，代数的**形式主义**。]这一类推理，虽然广为承认，但主要是在从收敛级数到发散级数，从实量到虚量的过程中得来；在我看来，不能认为它是什么超出归纳法的东西，它有时暗示着真理，但是它与数学引以为豪的严格性没有什么一致的地方。我们也必须注意到，它们倾向于造成一种据认为是代数公式所有的、模糊的有效性*。而实际上，这些公式大多数只在某些条件下对它们包含的量的某些值有效。通过决定这些条件和值，通过精确确定我所用的记号的意义，我将消除一切不确定性。"

柯西的创作能力是如此之大，以至于他不得不创办一个他自己的杂志《数学练习》(1826—1830)，第二辑继续以《分析数学与物理练习》为名，发表他在纯数学和应用数学方面的评论性和独创性的著作。这些著作销路很好，被人们仔细阅读，对1800年以前的数学风格作了很大的改革。

有一个例子说明柯西的惊人的活动力。1835年科学院开始出版它的周刊。这对柯西来说是一个未开垦的倾销园地，他开始以短论和长篇专题报告塞满这个新的出版物——有时候一周不止一篇。科学院对迅速堆积的付印单感到震惊，于是通过一项规定（今天已经无效），禁止刊登超过10页的长文章。这束缚了柯西的华丽文体，他那些较长的论文，包括一篇长达300页的关于数论的伟大论文，是在其他地方发表的。

柯西的婚姻很幸福，研究工作像多产的大马哈鱼那样硕果累累，就在他成为弄臣的时机成熟时，1830年的革命把他心爱的查理赶下了台。命

---

* 例如，如果 x 是大于或等于1的正整数，那么由 $1-x$ 除1得到的 $\dfrac{1}{1-x} = 1 + x + x^2 + x^3 + \cdots$ 直至无穷是毫无意义的。

运之神从来没有笑得这么开心过,他示意柯西从科学院里蒙日的位子上站起来,跟他的救世主去流放。柯西不能够拒绝,他曾经庄严宣誓效忠查理,而对于柯西,发了誓就得遵守,即便是对一头蠢驴发誓也得遵守。值得称赞的是,柯西在40岁的时候,放弃了他的所有职务,自愿去流放。

离乡背井,他并不感到遗憾。巴黎血污的街道使他恶心。他坚决认为这血淋淋的混乱局面不应由好心的国王查理负责。

柯西把家人留在巴黎,但并未辞去在科学院的职位,他先去瑞士,在那里,从科学会议和研究工作中寻求慰藉。他从不向查理请求哪怕是最小的恩惠,甚至不晓得被放逐的国王是否知道他是为了一个原则问题而自愿作出牺牲的。不久,一个比较开明的查理,即撒丁国王查理·阿尔贝特(Charles Albert),听说了有名的柯西没有工作,就为他安排了一个工作,在都灵任数理物理学教授。柯西非常高兴。他很快学会了意大利语,并且用这种语言讲课。

不久,他因为工作过度和过于兴奋而病倒,他感到非常遗憾(正如他写给妻子的信中所说),他不得不在一段时间里放弃晚上工作。在意大利度假,附带去拜访教皇,使他得以完全康复。他回到都灵,急切地盼着长期献身于教学和科研。但是不久,愚钝的查理十世像一只没有头脑的山羊似的,闯入了这位退隐中的数学家的生活,为了奖励他忠实的追随者,而给他带来了极大的危害。1833年,柯西受托负责查理的继承人、13岁的波尔多公爵(Duke of Bordeaux)的教育。男保姆和初级教师的工作,是柯西最不愿意做的。然而他毕恭毕敬地去布拉格向查理报到,背负起效忠的十字架。第二年,他的家人和他会合了。

事实证明,对波旁王室的继承人的教育,绝不是挂名的事。除了吃饭的时间以外,从清晨直到晚上,柯西都为这个王室的小家伙所烦扰。不仅普通学校的初级课程,必须想方设法硬灌给这个娇生惯养的孩子,柯西还被派去照看他在公园里玩耍时不至于跌倒而碰破膝盖皮。不用说,柯西对他的教育的主要部分，是进行他自己醉心的特殊牌子的道德哲学方面的亲切谈话；所以或许法兰西最后决定不把波旁王室请回来还是有理由的，就让他们和他们的数不清的后裔留在国际婚姻介绍所，作为百万富翁的女儿们抽彩的奖品。

尽管几乎不断地照料着他的学生，柯西还是设法进行他的数学研究，不时地冲进他的私人住处，匆匆忙忙地写下一个公式，或者很潦草地胡乱涂上一段。这个时期给人印象最深刻的工作，是关于光的色散的长篇论文。柯西试图在这篇论文中，根据光由一个弹性固体颤动而产生的这一假设，阐明色散现象（由于构成白色的各种颜色的光各具不同的可折射性，从而将白色的光分成各种颜色）。这项工作在物理学的历史上是饶有趣味的，因为它举例说明了19世纪试图以机械模型来说明物理现象，而不是仅仅创立一种抽象的数学理论来把各种观察联系起来的倾向。这种倾向背离了牛顿及其后继者流行的做法——虽然有过从机械上"解释"万有引力的尝试。

今天这个倾向则是在纯粹数学的相互关系以及完全抛弃以太、弹性固体或其他机械"解释"的相反方面，这些解释比所说明的事物更难领会。现在的物理学家们似乎注意到了拜伦的质问，"那么谁来说明这个解释？"弹性固体理论有着悠久而辉煌的成功，甚至今天，柯西从他谬误的假设中导出的一些公式还在被应用。但是当精确的实验技术和无可怀疑的现象（这里是反常色散）与这个理论的预言不相符合时（这种情况时有发生），理论本身就被抛弃了。

1838年柯西（他当时将近50岁）摆脱了他的学生，巴黎的朋友们早就催促他回去。柯西利用他父母的金婚纪念作为借口，辞别了查理和他的全体随从，由于特许研究院（科学院过去和现在都是它的一部分）成员不须宣誓效忠政府，因而柯西恢复了他的席位。现在他的数学活动比以往更加广泛。在他一生中的最后十几年间，他对数学的所有分支，包括机械、物理和天文,写出了500多篇论文。这些著作中许多是长篇专著。

他的麻烦还没有过去。当法兰西学院出现空缺时,柯西被一致同意担任这个职位,但是这里不实行豁免,柯西必须先宣誓效忠才能就职。他认为政府篡夺了他的主子的神圣权利,挺着脖子固执地拒绝宣誓。于是他再度失去了工作。不过计量局可以任用具有他这样的才能的数学家,他再次一致通过当选。

这时开始了一场有趣的拔河赛,绳子的一端是柯西男爵和计量局,另一端是不正当的政府。一旦认识到这是在愚弄自己,政府就松手了,柯西则不经宣誓就一下子往后栽入了计量局。违抗政府完全是非法的,更不用说叛逆了,但是柯西坚守他的位置。他在计量局里的同事们则有礼貌地无视政府关于合法地选举某人的要求来使政府为难。柯西顽固地与政府对立达4年之久,同时继续进行他的研究工作。

柯西对数理天文学的某些最重要的贡献就属于这一时期。勒威耶(Leverrier)以他1840年关于小行星智神星的论文,无意间把柯西发动了起来。这是一部篇幅很长的著作,充满了无数的计算,任何一个审稿人首先要花很长时间去核实这些计算,核实的时间和作者用来完成演算的时间几乎相等。当论文呈交科学院时,官员们开始物色一位愿意承担核实计算是否正确的这个非凡工作的人选,柯西自告奋勇。他没有步勒威耶的后尘,而是很快就找到捷径,并且发明了新的方法,使他得以在相当短的时间内核实并推广了这项工作。

1843年柯西54岁时,同政府的争执达到了紧要关头。大臣不愿再被当做公开的笑柄,要求计量局举行选举,以补上柯西拒绝腾出的位置。柯西在朋友们的建议下,写了一封公开信,把他的情形诉诸公众,这封信是柯西一生中写得最精彩的东西。

除了声名狼藉的反动分子以外,大家都知道,柯西为之进行堂吉诃德式的支持的事业已经永远失败,但是无论我们对他的这种行为有什么想法,我们都不得不敬佩柯西既庄严又冷静地陈述他自己的情形,以及为自己的信仰自由而战斗时的大无畏精神。那是在当时人们尚不熟悉而现在已十分普通的某种伪装下,为自由思想进行的战斗。

在伽利略的时代,柯西要维护他的信仰自由无疑会受火刑,在路易·菲利普(Louis Philippe)统治下,他拒绝承认任何政府有权强迫他作违背良心的效忠宣誓,他为他的勇气吃了苦头。他的立场,使他甚至博得了他的敌人的尊敬,使政府甚至在它的支持者眼里也遭到了蔑视。不久,发生了巷战、暴动、罢工、内战和一道要政府滚开的无可辩驳的命令,这些能使政府明白的方式,让政府清楚地认识到镇压的愚蠢。1848年路易·菲利普和他的全体同伙被驱逐。临时政府颁布的第一批法令之一就是废除效忠宣誓。政治家们以罕见的机智认识到,这样的宣誓既不必要也无价值。

1852年,拿破仑三世(Napoleon Ⅲ)掌权时恢复了效忠宣誓。但是这时柯西已打了胜仗。他被私下告知,他可以继续进行他的演讲而毋须宣誓。双方都心照不宣,无须大惊小怪。政府不因为它的宽宏大量而要求感谢,柯西也丝毫没有变得温顺些,而是继续他的讲课,好像什么事也没有发生。从这时直到他的生命结束,他一直是索邦大学的主要光荣。

在官方的不稳定性和非官方的稳定性之间的空歇期间,柯西抽出时间去为耶稣会会士辩护,纠纷还是原来的——政府教育当局坚持认为耶稣会的培养方法造成效忠的分裂,而耶稣会会士则辩护说宗教教育是一切教育的唯一合理的基础。这场斗争很合柯西的胃口,于是他兴致勃勃地参加了进去。他为他的朋友们所作的辩护是动人的、真诚的,但缺乏说服力。不论什么时候,柯西一离开数学,就以感情代替理智。

克里米亚战争给柯西提供了使其固执的同事们讨厌他的最后机会。他成了名为"东方学派工作"的一项非凡事业的热心宣传家。"工作"在这里是指一种特殊的"善行。"

按照1855年这项工作的发起人的说法,"需要纠正过去的混乱,同时对莫斯科人的野心和穆斯林的狂热进行双重检查：首先是为那些被古兰经变得野蛮的人民的新生作准备"。一句话，克里米亚战争是为基督教开辟道路的惯用的刺刀。柯西感到必须用一种"更人道"的东西来代替古兰经，他投身于这项计划之中，"去完成并巩固由法国武力如此崇高地开始的解放工作"。

耶稣会会议感激柯西给予的老练的帮助，在许多琐事（包括征集捐款）上给予他充分的信任，他们认为这些工作将完成"受古兰经法典奴役的各族人民在道德上的新生，福音书在耶稣基督的摇篮和墓地周围的胜利"，这些就是信奉基督教的法国人、英国人、俄国人、撒丁岛人和穆斯林土耳其人在克里米亚战争中流淌的"滔滔鲜血的唯一可接受的补偿"。

正是这种性质的善行，使柯西的一些朋友们出于对当时正教的虔诚精神的同情，称他为自命不凡的伪君子。这个称号完全是不应当的。柯西是有史以来最真诚的信仰虔诚的人中的一个。

这项工作的最后结果是1860年5月发生的特别令人震惊的大屠杀。柯西没有在有生之年看见他的劳动圆满完成。

大数学家的声誉和其他大人物一样，受到同样的盛衰荣辱的支配。因为柯西在他去世很久以后——甚至今天——都由于生产过多和写作过快而受到严厉的批评。他的全部作品是789篇论文（其中许多是十分详尽的著作），共14开本24卷。如果一个人除了一些质量不高的作品以外，写出了大量第一流的著作，这类批评看来当然是不恰当的，而且这类批评通常是那些自己写得比较少，而这少量作品也没有什么创新的人提出的。柯西对现代数学所起的作用，是在离舞台中心不远的地方。这点现在已经几乎得到普遍承认，虽然在某些方面还有点勉强。自从他去世以来，特别是近几十年来，柯西作为一个数学家的声誉已经稳定地上升。他所引进的方法，他的开创现代严格性第一时期的整个计划，还有他那几乎无与伦比的创造力，都在数学上留下了印记。而这种印记，就我们现在所能明白的，是在今后许多年注定都会看得见的。

在柯西作出的大量新东西中，可以提出一个显然并不重要的细节，以说明他的远见卓识。柯西不用"想象的"$i(=\sqrt{-1})$，而提出用模i^2+1的同余，来完成数学中的所有复数的运算。这是在1847年作出的。这篇论文——一篇短文——没有引起什么注意。然而它却是行将变革某些数学基本概念的某种东西——克罗内克计划——的萌芽。这个问题在后面几章中还要多次出现，所以这里只是提一下。

在社交接触方面，柯西虽不能说圆滑，也是极其殷勤有礼貌的，比如当他为了他的一次竞争征求赞助时就是这样。他的习惯是温和而有节制，除了数学和宗教以外，他对一切事情都是有节制的。在宗教上，他缺乏普通常识。他想让任何接近他的人都改变信仰。当威廉·汤姆森（William Thomson，即开尔文勋爵）还是一个21岁的年轻人，去拜访柯西，同他讨论数学时，柯西抓住这个时机，想让他的来访者——当时是一个坚定的苏格兰自由教会信徒——皈依天主教。

柯西也为优先权的问题争吵，为此他的敌人指责他贪婪和不够光明磊落。他的最后一年就被一次这样的争吵弄糟了，在这件事情上，他看来是无话可辩的。但是一旦涉及原则问题，他就以其一贯的固执，敢于顶住别人的叫喊，极其固执地坚持自己的观点。

还有一个特点，使柯西在科学界同事中更加不得人心。在科学院和科学团体中，人们应该仅仅根据候选人科学上的功绩来投票，任何其他做法都被认为是不道德的。不管正确与否，柯西被指责为根据他的宗教观和政治观来投选票。他一生的最后几年中，由于他认为在这件事和类似的弱点方面得不到同事们的谅解而感到痛苦。双方都不能接受对方的观点。

1857年5月23日,柯西68岁时出乎意料地去世了。他去乡间休养,原指望这会对他的支气管病会有好处,不料他却发烧了,事实证明这是致命的。他去世前几小时,还在热心地和巴黎大主教就他考虑到的慈善工作进行热烈的谈话——慈善事业是柯西毕生关心的事业之一。他最后的话是对大主教说的:"人们走了,但他们的功绩留下了。"

第 16 章

几何学中的哥白尼

罗巴切夫斯基

寡妇的孩子。喀山。被任命为教授和间谍。多方面的才能。罗巴切夫斯基担任校长。理智和焚香与霍乱进行斗争。俄国式的感激。盛年蒙受侮辱。像弥尔顿一样失明了,罗巴切夫斯基口述他的杰作。他的进展超过了欧几里得。非欧几何。一个有才智的哥白尼。

罗巴切夫斯基的理论是他的同代人无法理解的,因为它看来与一种仅仅被几千年来视若神明的偏见认为必要的公理相矛盾。

——罗巴切夫斯基著作的编者

假定人们通常接受的对哥白尼所做之事的重要性评价是正确的,我们就不得不承认,称另一个人是什么什么的"哥白尼",要么是对人能作出的最高称赞,要么就是最严厉的指责。当我们知道了罗巴切夫斯基在非欧几何的创造中所做的一切,考虑到它对全部人类思想——数学在其中即使重要也只是一小部分——的重要性时,我们也许就会同意克利福德(Clifford,1845—1879)的评价,他称罗巴切夫斯基为"几何学中的哥白尼"。这并不过分,克利福德本人就是一个伟大的几何学家,远不"只是一个数学家"。

尼古拉斯·伊万诺维奇·罗巴切夫斯基（Nikolas Ivanovitch Lobatchewsky）是一个小官吏的第二个儿子，1793年11月2日出生在俄国的诺夫哥罗德辖区的马卡里耶夫地区。尼古拉斯的父亲在他7岁时就去世了，留下了他的寡妻普拉斯科维亚·伊万诺夫娜（Praskovia Ivanovna）照料3个幼小的孩子。由于父亲活着的时候，他的工资就只能勉强维持一家人的生活，这位寡妻发现她处在极度

罗巴切夫斯基

贫穷之中。于是她搬到了喀山，尽她所能地为孩子们作好入学前的准备，并且满意地看到他们一个接着一个得到中学的奖学金，免费上了学。尼古拉斯在1802年，8岁时入学。他在数学和古典文学两方面的进步是非常迅速的。14岁时，他就为上大学作好了准备。1807年他进了喀山大学（创办于1805年）。此后，他作为学生、副教授、教授，最后作为校长，在该校度过了他一生中的40年时间。

学校当局希望喀山大学最终能够与欧洲任何大学相匹敌。他们从德国请来了几位杰出的教授，其中有天文学家利特罗（Littrow），他后来成为维也纳天文台的台长。阿贝尔说他能看到"南方"的一些东西，利特罗就是一个原因。德国教授们很快看出了罗巴切夫斯基的天才，并且给了他充分的鼓励。

1811年，罗巴切夫斯基18岁时，在与权威们（他的青春活力引起他们的怒火）短时间争执之后，获得了硕士学位。教师中他的德国朋友们支持

他，他以优秀的成绩取得了学位。这时他的哥哥阿列克西斯（Alexis）负责给下级官员们讲授初等数学课程，不久，当阿列克西斯请病假时，尼古拉斯代替他担任这一职位。两年后，罗巴切夫斯基21岁时，接受了一项任命，担任见习"编外教授"，按照美国的叫法，就是助理教授。

1816年，罗巴切夫斯基在23岁这个不寻常的青年时期，晋升为普通教授。他担负的责任很重，除数学工作以外，他还负责天文学和物理课程。教天文学是替一位请假的同事代课。他镇静自如地担起了繁重的任务，按照能者多劳的理论，他成了一名引人注目的能承担更多工作的人选。不久，罗巴切夫斯基已成为大学图书馆的馆长和混乱不堪的大学博物馆的馆长。

学生们常常是一批难以驾驭的家伙，但是生活会使他们懂得，在谋生这件残酷无情的事情上，过分地意气用事是要吃亏的。从1819年至1825年沙皇亚历山大去世的这段时期，罗巴切夫斯基的数不清的职务当中，有一项是担任喀山所有学生的监督人，从小学到在大学读研究生课程的成年人都包括在内。所谓监督，主要是监督他的学生们的政治思想。这种吃力不讨好的工作，其困难是可想而知的。罗巴切夫斯基日复一日、年复一年地设法把报告呈送给多疑的上司，从来没有因为在间谍活动中玩忽职守而受到申斥，也从来没有丧失全体学生对他的真诚的尊敬和爱戴。这比一个爽快的政府大量给予他的、他在正式场合也乐意佩戴的那些华而不实的勋章奖牌，更能说明他的行政能力。

大学博物馆中的收藏品，显然是毫无计划地硬塞进去的。同样的混乱状况，使得庞大的图书馆实际上无法使用，罗巴切夫斯基奉命去清理这些乱七八糟的东西。当局认识到他所作出的巨大贡献，把他提升为数学和物理系的系主任，但是没有拨出任何经费去雇用一名助手来清理图书馆和博物馆。罗巴切夫斯基亲自动手做这项工作，编目录、掸灰尘、装箱，必要时还要拖地板。

随着1825年亚历山大的逝世,事情有了好转。蓄意为难喀山大学的某个官员,由于过于腐败,不宜担任公职而被撤职,他的继任者任命了一名专职的馆长,使罗巴切夫斯基摆脱了给图书分类编目、为矿物标本掸去灰尘、给剥制的鸟类标本清除害虫等没完没了的工作。新来的馆长需要为他在大学里的工作取得政治上和道义上的支持,为个人利益玩弄权术,促使罗巴切夫斯基在1827年被任命为校长。现在这位数学家是大学的首脑了,且这个新的职位并不是挂名的闲职。他的指导颇有成效,对整个教师队伍进行了整顿,学校聘请了一些更好的人;在教学方面,不顾官方的阻碍,变得自由化了;图书馆的建立达到了更能满足科学需要的高标准;建立了一个机械车间,以便制造教学和研究所需的科学仪器;建立并装备了天文台——这是精力充沛的校长心爱的工程;代表全俄罗斯的大量矿物收藏品也整理就绪,而且不断地丰富。

甚至担任校长的显赫职位,也不能阻碍罗巴切夫斯基在感到需要他的帮助时,去图书馆和博物馆从事体力劳动。大学是他的生命,他爱它。为了一点小事,他就会取下他的硬领、脱下外衣去干活。有一次,一位著名的外宾把这个没有穿外衣的校长当做看门人或工人了,要求带他参观图书馆和博物馆的收藏品。罗巴切夫斯基给他看了最宝贵的珍品,并作了讲解,因为是他陈列的。这个令人感激的俄国工人的卓越智慧和彬彬有礼,给客人留下了很深的印象。在分别的时候,客人给他的向导一笔优厚的小费。罗巴切夫斯基一下子变得非常冷淡,愤怒地拒绝了给他的钱。来访者感到莫名其妙,以为这只不过是这位品德高尚的俄国看门人的古怪行为,便鞠一个躬把钱放进了口袋。当天晚上,他和罗巴切夫斯基在省长的餐桌上会面了,于是一方道歉,另一方也接受了他的歉意。

罗巴切夫斯基坚信这样一个宗旨:为了使一件事做得令你自己满意,你必须要么亲自去做,要么对它的实施有足够的了解,能够对另一个人的工作提出明智的和建设性的批评意见。前面已经说过，大学是他的生命。当政府决定使学校的建筑现代化并增加新的建筑时，罗巴切夫斯基把这件事当做他自己的事情，要做到既把工作做好，又不浪费一分钱。为了使自己能胜任这个任务，他学习了建筑学。他精通了这门学科，而且非常注重实际，因而这些建筑物不仅美观、实用，而且造价低于所拨给的经费，这在官方建筑史上可算是独一无二的。若干年后(1842年)，一场灾难性的大火毁了半个喀山，也毁了罗巴切夫斯基那些最优美的建筑，包括刚刚建成的天文台——他引以自豪的得意之作。不过由于他头脑冷静，仪器和图书馆得以保存下来。火灾之后，他立即着手重建。两年后，这场灾难已不留丝毫痕迹。

我们记得，1842年，即发生火灾的这一年，也是在高斯的斡旋下，罗巴切夫斯基以他对非欧几何的创造，被选为格丁根皇家学会外国通信院士的一年。虽然令人难以置信的是，任何一个像罗巴切夫斯基这样担负着过分繁重的教学和行政工作的人竟然还能找出时间，做一件即便是普通的科学工作，但罗巴切夫斯基确实设法利用这个机会，创造了全部数学中最伟大的杰作之一与人类思想的一个里程碑。这项工作他断断续续地干了20年或者更长一些。他在这个题目上的第一次公开通信是在1826年寄给喀山物理—数学协会的。对于他所得到的反响，却仿佛是在撒哈拉大沙漠当中演讲。高斯直到1840年左右才听到这项工作。

罗巴切夫斯基繁忙的一生中，还有另一件事，表明他不只是在数学上走在时代的前面。1830年的俄国或许并不比一个世纪以后更讲卫生，这种不讲究个人卫生的情况，在第一次世界大战中，使得德国士兵对他们不幸的俄国俘虏充满了一种惊人的厌恶，在今天使得工业无产者把莫斯科的公园和游乐场所当做随意大小便的厕所。可以设想，在罗巴切夫斯基的时代，当霍乱流行时，正是这种不注意个人卫生的情况，使得这种传染病得以在不幸的喀山居民中长时间肆虐。在1830年，人们对于引起疾病的细菌理论还一无所知,尽管进步人士早已怀疑到,不注意清洁的习惯与瘟疫的灾难之间的关系比上帝的愤怒跟瘟疫的关系更密切。

霍乱袭击喀山的时候,神父们能够为他们遭到灾难的人民做的,就是把他们赶进教堂,以便一起哀求祈祷;给垂死的人赦罪,并埋葬死者;但是从来没有想过铲子除了用来挖掘坟墓以外,还能有另外的用途。罗巴切夫斯基看出城里的情况已经没有希望,就劝说全体教职员把他们的家人带到学校里来,并说服——实际上是强迫——一些学生和他一起投入一场合理的、人与霍乱的斗争。把窗户关闭起来,强制实行严格的卫生规定,只有在最需要的情况下,才允许补充食物供应。这样受到谨慎保护的660名男人、妇女和儿童中,只有16人死亡,死亡率低于2.5%。与这个城市在传统的治疗方法下受到的损失相比,这个数字是微乎其微的。

原可以想象,在他对国家作了这一切出色的贡献,以及他作为一个数学家得到欧洲的承认以后,罗巴切夫斯基一定会从他的政府那里得到极大的荣誉。但是梦想这一类的事情,不仅是极端天真的,而且也违反了圣经上的戒律"不可相信帝王"。作为对他作出的牺牲和他对俄国无限忠诚的报酬,1846年罗巴切夫斯基被粗暴地撤销了他的教授职务和大学校长的职务。对这种异乎寻常的双重的侮辱,没有人作出任何解释。罗巴切夫斯基这时54岁,身心健康犹如以往,比过去任何时候都更渴望继续他的数学研究。他的同事们不顾自身安危,一致抗议这种暴行,但只得到草率的通知,说他们只不过是些教授,本质上不可能了解高度奥秘的管理学。

这种不加掩饰的侮辱使罗巴切夫斯基垮了下来,不过他仍然得到允许,可以留在大学里继续他的研究。但是当他的继任者,政府挑选来惩戒心怀不满的全体教师的人于1847年到来,担负起他那不光彩的任务时,罗巴切夫斯基抛弃了再度成为大学一员的全部希望;而这所大学在智能方面之所以享有盛名,几乎完全是由于他的努力。从此以后,他只是在考试时偶尔去帮帮忙。虽然他的视力在迅速减退,但他仍然能从事紧张的数学思考。

他依旧热爱这所大学。当他的儿子死亡时,他的健康垮了,但是他慢慢地挨着时日,希望仍然能有些用处。1855年,大学举行50周年庆典。为了表示敬意,罗巴切夫斯基前往参加典礼,并送了一部他的《泛几何学》,这是他科学生涯的全部著作。这部著作(用俄文和法文出版)不是罗巴切夫斯基亲手写的,而是由他口述的,因为这时他已失明。几个月以后,他于1856年2月24日逝世,享年62岁。

要了解罗巴切夫斯基所做的工作,我们必须首先看看欧几里得的突出成就。欧几里得的名字,直到相当近的时期仍然是中学几何的同义词。关于他本人,除了他的生卒年(公元前330—前275),我们所知甚少。他的《几何原本》除了系统记述了初等几何以外,还包含所有他那个时代已知的数论知识。几何教育受欧几里得控制超过了2200年。他在《几何原本》中所做的工作,似乎主要是协调并在逻辑上安排他的前辈和同代人所得出的分散的结果,他的目的是要对初等几何作一番连贯的有条理的说明,使得这整本厚厚的书中的每一个陈述都能追溯到一些公设。欧几里得没有达到这个理想,甚至连远远地接近这个理想的地步也没有达到,尽管许多世纪以来人们一直认为他达到了。

欧几里得的不朽是建立在与一些有时仍然错误地归于他的、假定的逻辑成就完全不同的东西上的。这就是他承认,他的第五公设(他的公理 XI)是一个纯粹的假设。第五公设可以用许多等价的形式来陈述,每一种形式都能利用欧几里得几何的其余公设,由其他形式推断出来。也许这些等价的陈述中最简单的一个是这样的:已知任意直线 l 和不在 l 上的一个点 P,那么在由 l 和 P 决定的平面上,可以画出**恰好一条**经过 P 点的直线 l',使得不管 l' 和 l(朝任何一个方向)延长到多远,它们都不会相交。仅仅作为一个名称定义,我们说在一个平面上的两条永不相交的直线是**平行**

的。这样，欧几里得的第五公设断言，过P点恰好有一条直线平行于l。欧几里得对几何性质透彻的洞察力使他相信，在他那个时代，这个公设没有从其他公设中推断出来，尽管有过很多**证明**这个公设的尝试。由于欧几里得本人无法从他的其他公设中推出这个公设，又希望在他的许多定理的证明中用它，于是他就老老实实地把它和他的其他公设放在一起了。

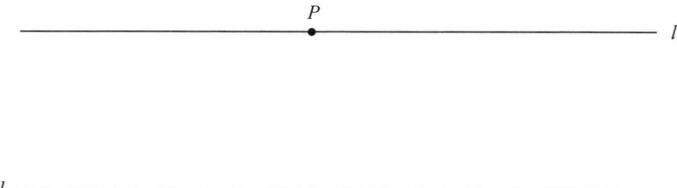

我们讲述罗巴切夫斯基在发展几何学中哥白尼似的地位以前，首先要解决一两个简单的问题。我们已经提到平行公设的那些"等价"的说法。其中的一个，称为"直角假设"，暗示着两种可能性，而这两种可能性都不能与欧几里得的假设等同，一种是引进罗巴切夫斯基几何，另一种是引进黎曼几何。

考虑一个"看上去像"矩形的图形$AXYB$，它包含4条直线AX,XY,YB,BA，其中BA（或AB）是底，AX和YB（或BY）画成等长且垂直于AB，并在AB的同一边处。关于这个图形，应记住的要点是，角XAB、角YBA（在底边上）都是直角，边AX、BY的长度相等。**不用平行公设**，能够证明角AXY、角BYX **相等**，但是，**不用这个公设，不可能证明**角AXY和角BYX **是直角**，虽然它们看上去像直角。如果我们假定**平行公设**，我们就能**证明**角AXY和角BYX 是**直角**，反过来，如果我们假定角AXY和BYX是**直角**，我们就能**证明**平行公设。因此，**角AXY和BYX是直角**这个假定等价于**平行公设**。这个假定今天称为"直角假设"[由于两个角都是直角，所以用单数的角(angle)代替了复数的角(angles)]。

我们知道，直角假设导致无矛盾的、实用的几何，事实上应该说，导致

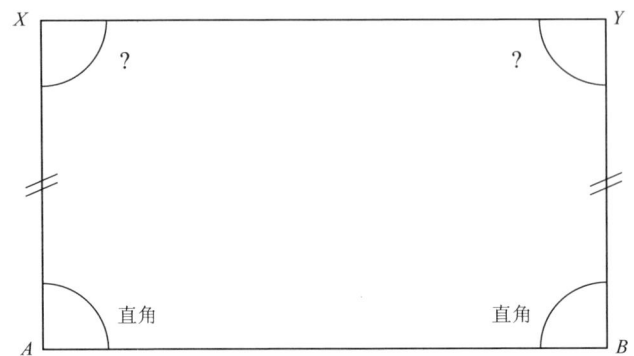

了经过革新以满足逻辑严格性的现代标准的欧几里得几何。但是这个图形提供了另外两种可能性：相等的角 AXY、BYX 都**小于**直角——**锐角假设**；相等的角 AXY、BYX 都大于直角——**钝角假设**。由于任何一个角都满足**等于**、**小于**或**大于**直角的三种要求之一，而且只满足其中之一，所以这三个假设——分别为直角假设、锐角假设、钝角假设——穷尽了一切可能。

共同的经验使我们首先倾向于第一个假设。为了看出其他的假设可能并不像初看上去那样不合理，我们要考虑一些与欧几里得想象中的，把图形画成高度理想化的"平面"相比，更接近于人类实际经验的东西。但是我们首先注意到，锐角假设和钝角假设都不能使我们证明欧几里得的平行公设，因为正如上面说过的，欧几里得的公设与**直角**假设是等价的（在相互推断的意义上，直角假设对于平行公设的推断既是必要的又是充分的）。因此，即使我们成功地在两个新假设之一上构造出了几何，我们也不会在这些几何中发现欧几里得意义上的平行。

为了使其他的假设不像它们初看上去那样不合理，假定地球是一个完美的球体（没有由于山峰造成的凹凸不平等等）。画一个平面穿过这个理想地球的中心，它与地球表面交出一个大圆。假定我们希望在地球表面上从一个点 A 到达另一个点 B 的过程中总是**在**球面上，并进一步假定我们希望走可能的最短路径。这是一个"大圆航海"的问题。想象一个平面通过 A、B 和地球的中心（有且仅有一个这样的平面），这个平面与地球表面交出一个大圆。为了走最短路径,我们沿着连结 A、B 的这一大圆的两条弧中较短的一条从 A 到 B。如果 A、B 碰巧在一条直径的两端,我们可以沿着任一条弧走。

上述例子引进了一个重要的定义,即**曲面上的测地线**的定义,我们现在就来解释它。我们刚刚看到,连结地球上两点的**最短**距离,它本身是**在球面上**度量的距离,是连结它们的大圆的**一段弧**。我们也看到,连结两个点的**最长**距离是同一个大圆上的**另一段弧**,除非这两点是直径的两端,那时最短距离与最长距离相等。在费马那一章中,"最大"和"最小"包含在同一个名词"极端值"或"极值"之中。我们现在回想在平面上连结两点的直线段的定义——"两点之间的**最短距离**",把这个定义应用到球面上,我们说**球面上**的**大圆**相当于**平面**上的**直线**。由于希腊文的地球是测地线(geodesic)的第一个音节 ge($\widehat{\gamma\eta}$),我们称**在任意曲面上连结任意两点的一切极限为曲面的测地线**。这样,在平面上,测地线是欧几里得的直线;在球面上,测地线是大圆。一条测地线可以看成是一根线在曲面上的两点之间尽可能绷紧时的位置。

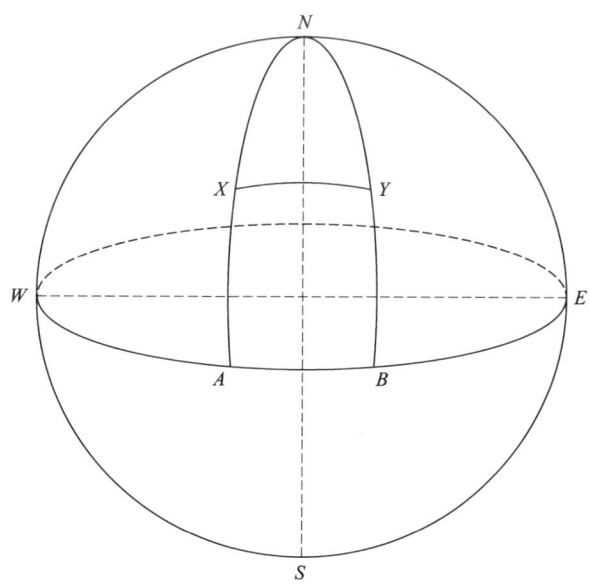

现在，至少在航海中，甚至在考虑中等距离时，就不能把海洋看成是一个平面（欧几里得平面）；而要把它看作是与之非常近似的东西，即一个球面的一部分，大圆航海法的几何不是欧几里得几何，因此欧几里得几何不是人类实用的唯一的几何。在平面上，两条测地线恰好相交于**一个**点，**除非**它们是平行的，那时它们就不相交（在欧几里得几何中）；但是在球面上，**任意**两条测地线总是恰好相交于**两个**点。再有，在平面上，任何两条测地线都不能围出一个空间——就像欧几里得为他的几何假定的一个公设那样；在球面上，任意两条测地线总是围成一个空间。

现在想象球面上的赤道和两条经过北极垂直于赤道的测地线。在北半球，这产生了一个曲边三角形，有两条边是相等的。这个三角形的每一边是一段测地线的弧。任意作与两条等长的边相交的另一条测地线，使得赤道和这条交线之间截下的两个部分相等。现在我们在球面上有了相应于我们刚才在平面上有的四边形 $AXYB$。这个图形的底边的两个角，像以前一样，是直角，并且对应的两边相等。但是在 X、Y 处的两个相等的角现在**都大于直角**。所以，在高度实用的大圆航海法的几何中（它比初等几何所得到的理想化的图形更接近于真实的人类经验），真实的不是欧几里得的公设——或它的直角假设的等价形式——而是由钝角假设得到的几何。

以同样的方式，检查一个较不熟悉的曲面，我们能使锐角假设成为合理的。这个曲面看上去像大的一端焊在一起的两个无限长的喇叭。为了更精确地描述它，我们必须介绍称为曳物线的平面曲线，它是这样生成的：在一个水平的平面上画两条直线 XOX'，YOY'，在 O 点处相交成直角，就像在笛卡儿几何中那样。想象沿着 YOY' 有一根不可拉长的纤维，在它的一端绑着一个很重的小球；纤维的另一端在 O 点。沿着直线 OX 将这一端往外拉。由于小球跟着运动，它就画出了曳物线的一半；另一半由沿着 OX' 拉动纤维的这一端画出来，当然它只是前一半在 OY 上的反射或镜

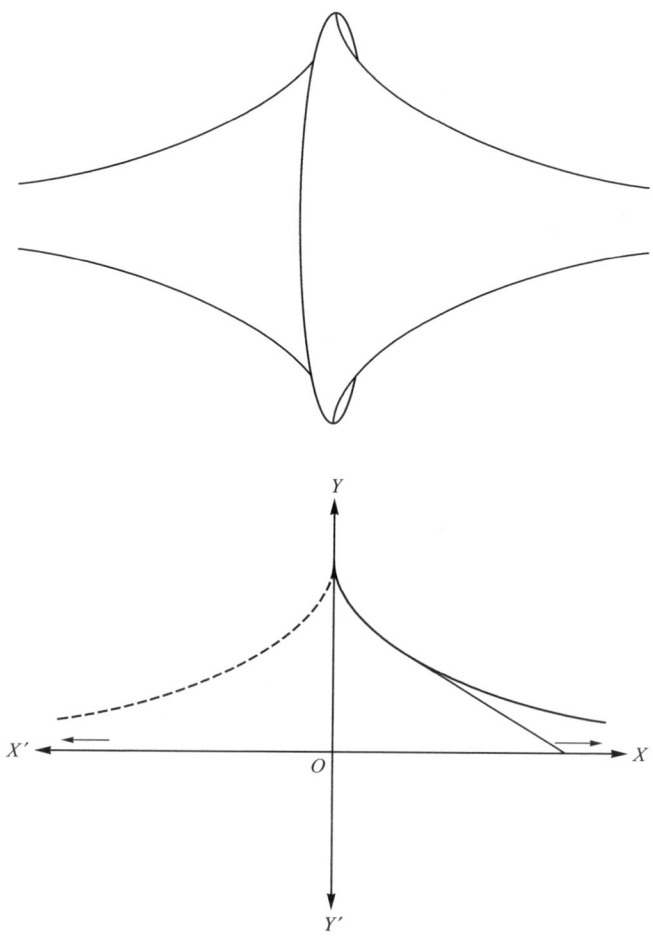

像。假定在每一种情形拉开的过程都无限地进行下去——"直至无穷"。现在想象曳物线绕直线 XOX' 旋转。双喇叭曲面就生成了；出于我们无须去探究的原因（它有常数负曲率），它被称为**伪球面**。如果我们在这个曲面上，像以前一样，用测地线画出两条边相等、有两个直角的四边形，我们发现锐角假设是成立的。

　　这样，直角、钝角和锐角的假设分别对欧几里得平面、球面和伪球面是成立的，而且在所有的情形下"直线"都是**测地线**或**极值**。欧几里得几何是球面几何的极端或退化的情形，当球的半径为无穷大时，就得到了欧几里得几何。

欧几里得没有构造一个适合像人类现在所知道的地球的几何，他明显地诉诸地球是扁平的假定。如果欧几里得没有依据这个假定，那就是他的前辈们依据了这个假定。到他掌握了"空间"或几何理论的时候，他在其公设中体现出来的毫不掩饰的**假定**，已经呈现出古老的、不可改变的必然真理的样子，它是某种更高的智慧作为所有物质事物的真正本性揭示给人类的。人们用了2000多年的时间，在几何学中淘汰了这个永久的真理，罗巴切夫斯基做到了这件事。

用爱因斯坦的话说，罗巴切夫斯基是**向一个公理挑战**。任何人向一个2000多年以来为大多数神志清醒的人视为不容否定的和合理的"公认的真理"挑战，如果不是拿他的生命冒险，也是拿他的科学声誉冒险。爱因斯坦本人向两个事件可以在**同一时间**发生在**不同地点**这一公理提出挑战，通过分析这个古老的假定，导致了狭义相对论的发现。罗巴切夫斯基向之挑战的公理是：对一个相容的几何而言，欧几里得的平行公设，或与之等价的直角假设乃是必要的。他用创造一个建立在锐角假设基础上的几何系统，来支持他的挑战，在这个几何系统中，通过一个定点与给定直线平行的直线**不是**一条，而是**两条**。罗巴切夫斯基的两条平行线都不跟它们与之平行的直线相交，通过该定点且落在这两条平行线形成的角度之内的任何直线，也都不与之相交。这个显然很奇怪的情形，是由伪球面上的测地线"实现"的。

对于任何日常的目的（测量距离等）而言，欧几里得几何同罗巴切夫斯基几何之间的差异小得不值一提，但这不是要点之所在：两种几何都是

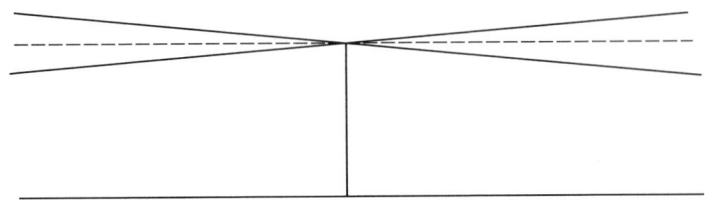

自洽的，都符合人类的经验。罗巴切夫斯基抛弃了欧几里得几何的**不容否定的**"真理"。他的几何只是由他的后继者们构造出来的几种几何中的第一个。这些替代欧几里得的几何中，有一些——例如广义相对论的黎曼几何——今天在物理科学的仍然活跃和发展着的部分中，至少像欧几里得几何过去和现在在相对静止的和经典的部分中那样重要。对于一些目的，欧几里得几何是最好的，至少是够用的，而对另外一些目的，它就不适用了，于是就需要非欧几何了。

2200年以来，人们在某种意义上相信，欧几里得在他的几何体系中发现了人类知觉的一个绝对真理或必然模式。罗巴切夫斯基的创造实际上证明了这种看法的错误。他的大胆挑战，以及挑战的结果，鼓舞着广大数学家和科学家向其他的"公理"或公认的"真理"挑战，例如对因果律挑战。许多世纪以来，因果律对于有条理的思维，似乎就像欧几里得的公设在罗巴切夫斯基抛弃它之前那样必然。

也许我们还没有体会到罗巴切夫斯基向公理挑战的方法的全部影响。称罗巴切夫斯基为几何学中的哥白尼并不是夸大其词，因为几何只是他更广阔的革新领域的一部分，要是把他称作所有思想中的一位哥白尼，可能也是公正的。

第 17 章

天才与贫困

阿贝尔

1802年的挪威。被神职人员们窒息了。阿贝尔的觉醒。一位教师的慷慨。大师们的学生。幸好他犯了一个错误。阿贝尔与五次方程。政府援救了他。阿贝尔去数学的欧洲的伟大旅行并不伟大。法国人的礼貌与德国人的热诚。克列尔和他的杂志。柯西的不可原谅的罪过。"阿贝尔定理"。够数学家们忙上500年的东西。死后的荣誉。

> 我已经完成了一座比青铜更耐久,比国王们建立的金字塔更高大的纪念碑,不断侵蚀的霪雨和不受管束的北风都不能把它损毁,岁月无尽的延绵和年代的飞逝也不能使它倾颓。我将不会死亡;我的大部分会逃脱死神,我将永生,仍然活在后代的赞美声中。
>
> ——贺拉斯(Horace),《歌集》,3,XXX

1801年,一个天文学家应该能在夜空中观察到,一群出色的数学天才之星即将大放异彩,开创数学史上最伟大的世纪。在那一群光彩夺目的天才新星中,没有比尼尔斯·亨里克·阿贝尔(Niels Henrik Abel)更明亮的了。埃尔米特在谈到阿贝尔时说,"他给数学家们留下了够他们忙上500年的东西。"

阿贝尔的父亲是挪威克里斯蒂安桑主教管区的小村庄芬德的牧师,

1802年8月5日,他的第二个儿子尼尔斯·亨里克就出生在那里。在父系方面,几位祖先都是杰出的神职人员,连同阿贝尔的父亲在内,都是有文化的人。阿贝尔的母亲安妮·玛丽·西蒙森(Anne Marie Simonsen)的引人注目之处,主要在她极为美貌,喜欢享乐,有点轻浮——对于一个牧师的配偶来说,这是一个相当有趣的结合。阿贝尔从她那里继承了惊人的漂亮容貌,和一种想从生活中得到比无尽的艰苦工作更多东西的、很富于人性的愿望,这是一个他几乎不可能满足的愿望。

阿贝尔

这位牧师一共有7个子女,由于与英国和瑞典的战争,再加上两次战争之间发生的一场饥荒,那时挪威极为贫穷。然而这一家是幸福的。尽管穷得要命,有时饿着肚子,他们始终没有灰心丧气。有一幅关于阿贝尔的动人图景:在他的数学天才支配了他以后,他坐在火炉边,其余的人在房间里聊天,嬉笑,他一只眼睛盯着他的弟弟和妹妹,一只眼睛盯着他的数学进行研究。吵闹声从来不会分散他的注意力,他一面写作一面开开玩笑。

同其他几个第一流的数学家一样,阿贝尔很早就发现了自己的才能。一个粗暴的学校教师使阿贝尔交上了好运。19世纪头10年的教育是很严厉的,至少在挪威是这样。体罚是使学生性格刚强和满足专横的教师们的虐待狂倾向的最简单的方法,对于每一点小小的过失都普遍实行体罚。但阿贝尔不是通过自己的皮肉之苦被唤醒的(而据说牛顿是被一个玩伴重重地踢了一脚以后才清醒的),而是被一个同学的死唤醒的。

这个学生受到残酷的鞭打,因而死去。甚至严厉的地方教育委员会也认为这件事有点过分了,他们把那个教师开除了。一个称职的,但绝不是很有才气的数学家伯恩特·米夏埃尔·霍尔姆伯(Bernt Michael Holmboë,1795—1850)填补了空缺,他后来在1839年编辑了阿贝尔著作集的第一版。

这时阿贝尔大约15岁。在这以前,他除了有些幽默感以外,没有在任何事情上显示出明显的才能。在霍尔姆伯亲切、开明的教导下,阿贝尔忽然发现了自己是怎样一个人。16岁时,他开始私下阅读,并很快就透彻地领会了他的前辈们,包括牛顿、欧拉和拉格朗日的伟大著作。从那以后,真正的数学就不仅是他的严肃工作,而且是使他入迷的爱好。若干年后,有人问起他怎样设法这样迅速地进入了第一流的行列中,他回答:"靠学习大师们,而不是学习他们的学生。"——一些通俗教科书的作者们最好在他们的前言中提到这个办法,作为对他们有害无益的、平庸的教学法的解毒剂。

霍尔姆伯和阿贝尔很快成了密友。虽然这位教师本人不是有创造力的数学家,可是他知道并且能鉴赏数学杰作。在他的热心指点下,阿贝尔很快掌握了经典著作中最难懂的部分,包括高斯的《算术研究》。

今天人们都知道,老一辈大师们认为他们已经证明了的很多东西,实际上根本没有被真正证明。特别是欧拉关于无穷级数和拉格朗日关于分析学的一些工作更是如此。阿贝尔敏锐的头脑,使他首先探知他的前辈们推理中的缺陷,他决心把他毕生事业的相当大一部分致力于弥补这些不足,使得推理无懈可击。他在这方面的杰作之一,是首次**证明**了**一般二项式定理**,牛顿和欧拉对这个定理的一些特例作过说明,但是要给这个定理的一般情形作出可靠的证明却不容易。所以,人们发现尚未证实的证明仍然出现在中学课本中,好像从未有过阿贝尔这个人似的,这种情形是并不令人感到吃惊的。不过,这个证明只是阿贝尔澄清无穷级数的理论和应用的更庞大计划中的一个细节。

阿贝尔的父亲在1820年48岁时就过早地去世了。那时阿贝尔18岁，照顾母亲和6个兄弟姐妹的担子落在了他的肩上。他对自己很有信心，心甘情愿地负起了这个突然而至的责任。阿贝尔是一个温和乐观的人。他不过是很公正地预见到自己会在大学里当一个受人尊重的、不错的数学教授，那时他就能为全家的生活提供适当的保障了，同时他也给私人授课，尽他所能去做一切。顺便提一下，阿贝尔可以说是一个很成功的教师，要是他能自由行动，贫穷决不会使他伤脑筋，任何时候他都能想办法为他自己简朴的生活挣到足够的钱，但是背上压着7个人的担子，他就毫无希望了。他从不抱怨，而是把这一切看作可以轻而易举地克服的日常生活中的一部分，并继续利用每一点空闲时间进行他的数学研究。

霍尔姆伯相信自己遇上了一个空前伟大的数学家，于是尽他所能地为这个年轻人寻求补助金，慷慨地搜寻着他自己的几乎空无所有的口袋。但是整个国家贫穷到了挨饿的程度，也就几乎没有什么办法可想了。在那些艰难穷困和不断工作的年代里，阿贝尔使自己不朽，也为自己播下了在只完成了他的一半工作之前就致他于死地的疾病的种子。

阿贝尔的第一个抱负不凡的冒险，是试图解决一般五次方程。他在代数方面的所有伟大的前辈们，都曾竭尽全力想要得出一个解答而没有成功。我们很容易想象到，当阿贝尔误认为他取得了成功时的那种狂喜的心情。这个想象的解答经霍尔姆伯之手，送到了当时丹麦最有学问的数学家手里。对阿贝尔说来，幸运的是这位数学家要求进一步的详细说明，而没有就解答是否正确提出自己的意见。阿贝尔在这同时发现了他推理中的缺陷，这个想象的解答显然根本不是解答。这次失败给了他一个非常有益的打击，把他推上了正确的途径，使他怀疑代数解究竟是否可能。他**证明了这种不可能性**。那时他大约19岁，但是在整个构想中他已经被人领先了，至少是部分领先。

由于这个一般五次的问题在代数中所起的作用，类似于决定一个完整的科学理论命运的关键性实验，所以值得加以注意。我们后面要引用阿贝尔自己说的一些话。

这个问题的性质是很容易描述的。在中学代数的开始，我们学过解未知量 x 的**一次**或**二次**的**一般**方程，比如说

$$ax + b = 0, \; ax^2 + bx + c = 0,$$

稍后一点又学了解三次和四次方程，比如说

$$ax^3 + bx^2 + cx + d = 0, \; ax^4 + bx^3 + cx^2 + dx + e = 0。$$

那就是说，对前四次的**一般**方程，我们作出了**有限**（封闭的）公式，用已知的系数 a, b, c, d, e 来表示未知数 x。这四个方程中任意一个的解都能够只用**有限数目的加、减、乘、除、开平方**来得到，并且所有这些运算都能用已知的系数实现。这样的解就称为**代数解**。在**代数解**的这个定义中，一个重要的条件是"有限"；描述**任何**代数方程的根不包含开根的解毫无困难，但是这样的解确实包含着所说的其他运算的**无限性**。

在成功地解出了前四次代数方程之后，代数学家们奋斗了差不多三个世纪，想要作出一般五次方程

$$ax^5 + bx^4 + cx^3 + dx^2 + ex + f = 0$$

的一个类似的**代数**解。他们失败了。阿贝尔就从这里开始。

给出下面的摘录，部分是要显示一个有独创能力的大数学家是如何思考的，部分是由于它们本身具有的趣味性。这些内容摘自阿贝尔的论文《论方程的代数解》。

"代数中最有趣的问题之一是求方程的代数解。因而我们发现几乎所有卓越的数学家都曾讨论过这个问题。我们能够很容易得出前四次方程的根的一般表达式。发现了解这些方程的统一的方法，人们相信它也能应用到任意次的方程上；但是，尽管拉格朗日和其他杰出的数学家尽了一切努力，预期的目的仍没有达到。这导致了一般方程不可能代数求解

的推测；但是这又是无法确定的，因为所沿用的方法，只是在方程可解的情况才能导致确切的结论。实际上，他们提出了求解方程，但不知道它是否可解。用这种方法确实可能得出一个解，虽然那决不肯定是有解的；但是假如运气不好，方程不可解，那就可能导致永远的寻找，可是找不到它。因此，为了在这个问题上得出一些确实可靠的东西，我们必须采取其他途径。我们可以给这个问题这样一种形式，使得解答它总是可能的，就像我们对任何问题总能做到的那样。*我们不是要找出一个不知其是否存在的关系，而是必须问一问这样一个关系是否的确有可能存在……当一个问题是以这种方式提出时，这个说法本身就包含着解答的萌芽，指出了必须采取的途径；我相信，我们不能得出多少有些重要性的命题的情况是极少的，甚至当计算的复杂程度阻碍了对问题的完全解答时，也是如此。"

他继续说，这个要采用的真正的科学方法，由于它需要的(代数)计算极其复杂，因而极少被采用；"但是，"他又说，"在很多情形下，这种复杂性只是表面上的，一开始计算后就消失了。"他继续说：

"我已经用这种方式探讨过分析学的几个分支，虽然我给自己提出的问题经常超出我的能力，我还是得出了大量的一般结果，这些结果有力地说明了量的性质，而阐明这些量的性质，正是数学的目的。我将在另外一个地方给出我在这些研究中得到的结果，以及我用以得到它们的方法。在这篇论文中，我将讨论最一般的方程的代数求解问题。"

这时，他说明了他建议讨论的两个相关的一般问题：

"1. 找出所有任意给定次数的代数可解方程。

2. 决定一个已知的方程是否代数可解。"

---

* 阿贝尔说的是"... ce qu'on peut toujours faire d'un problème quelconque"（就某个问题人们始终能做到）。这似乎有点太乐观了；至少对于一般人是太乐观了。怎样将这个方法用于费马大定理呢？

他说，实际上这两个问题是同样的，虽然他没有宣称有了一个**完整**的解，他的确**指出**了完全解决它们的确实可靠的方法。

阿贝尔还没有来得及回到这些问题上，他那抑制不住的创造力就催促他去考虑更广泛的问题了；而这些问题的完整的解答——代数方程能够代数求解的充分必要条件的明确说明——应留待伽罗瓦去回答。当阿贝尔的这篇论文在1828年发表时，伽罗瓦还是一个16岁的孩子，但已经很好地开始了他的重要发现的经历。伽罗瓦后来知道了并且钦佩阿贝尔的工作；阿贝尔从来没有听说过伽罗瓦的名字，虽然当阿贝尔访问巴黎时，他和他这位杰出的后继者只相隔几千米的距离。要不是由于伽罗瓦的教师的愚蠢和阿贝尔的一些数学"前辈"的高傲，伽罗瓦和阿贝尔很可能就见面了。

尽管阿贝尔在代数上的工作是划时代的，但较之他创造了分析学的一个新的分支则黯然失色。正如勒让德所说，这项工作是阿贝尔的"永世长存的纪念碑"。如果他一生的经历没有给他的辉煌成就添加什么光彩，它至少暗示当他去世时世界将失去什么。这是一个有点令人沮丧的故事。阿贝尔在贫穷的压力下，在缺乏当代数学名家鼓励的情况下，只有他那抑制不住的愉快和顽强的勇气，才能使这个故事稍微轻松一些。不过除了霍尔姆伯以外，他确实找到了一个慷慨的朋友。

1822年6月阿贝尔19岁时，在克里斯蒂安尼亚大学做完了必需的工作。霍尔姆伯已经尽了一切努力使这个年轻人摆脱贫困，他说服他的同事们，他们也应该慷慨解囊，使阿贝尔有可能继续他的数学研究。他们为他感到无比骄傲，但是他们自己也很穷。阿贝尔成长很快，已不囿于斯堪的纳维亚。他渴望去法国看看，那时法国是世界的数学皇后，在那里可以遇见他的伟大的同事们（他的等级，远比他们当中的一些人要高，但是他不知道）。他也希望访问德国，拜会高斯，所有那些人中无可争辩的数学家之王。

阿贝尔的数学界和天文学界的朋友们,说服了大学去请求挪威政府资助这个年轻人,作一次宏大的欧洲数学巡讲。阿贝尔为了使权威们对他的价值有所注意,交上了一篇很长的论文,从这篇论文的题目看,它也许与他最负盛名的领域有关。他本人对它估价甚高,相信大学出版它会给挪威带来荣誉。阿贝尔对自己工作的看法从来并不过分,也许与其他人的看法同样公正。不幸的是,大学正在它本身严重的财政困难中挣扎,论文最后被遗失了。经过极为夸张的慎重考虑之后,政府妥协了——哪个政府不这样做呢?——但并没有做唯一通情达理的事,即立刻派阿贝尔去法国和德国,而是给了他一笔奖学金,让他在克里斯蒂安尼亚继续他的大学学习,以便他能复习法语和德语。这恰恰是从任何以好心和有见识闻名的官员们那里,他所能指望得到的那种决定。然而指挥一个天才可不是有见识的事。

阿贝尔在克里斯蒂安尼亚延误了一年半,他没有浪费时间,而是很尽职地履行他这方面的义务,钻研(不很成功)德语,法语开了个好头,不间断地从事数学研究。以他改不了的乐观精神,他还和一个年轻姑娘,即克雷利·肯普(Crelly Kemp)订了婚。最后,在1825年8月27日,阿贝尔23岁时,他的朋友们战胜了政府的最后一次阻挠,皇家下令给予他足够在法国和德国旅行和学习一年的经费。他们并没有给他很多,但是在国家窘迫的财政条件下,他们毕竟给了他,这个事实比整整一部艺术和贸易的百科全书更能说明1825年挪威的文明程度。阿贝尔很感激。他在动身以前用了大约一个月的时间,安顿依靠他生活的家人。但是在这以前13个月,他天真地以为所有的数学家都像他一样心胸开阔,他在起步之前就断了自己的一条退路。

阿贝尔自己出钱——只有天知道是怎么想出办法的——出版了他的论文,他在这篇论文中证明了用代数方法不可能解一般五次方程。这篇论文印得很蹩脚，但已经是当时落后的挪威所能提供的最好的印刷了。阿贝尔天真地相信这就是他通向欧洲大陆的数学家们那里的科学护照。他特别希望高斯会看出这项工作的显著价值，而不只是在形式上和他见上一面。他不可能知道，这位"数学王子"有时候对竭力想得到承认的年轻数学家，一点也没有表现出王子般的大度。

高斯如期收到了这篇论文。阿贝尔从完全可靠的目击者那里听说了高斯是怎样欢迎这个礼物的，他没有屈尊读一读就把它抛在一边，并且厌恶地喊道，"这又是一个那种怪物"。阿贝尔决定不去拜访高斯。从那以后，他很讨厌高斯，一有机会就诋毁他。他说高斯写的东西晦涩难懂，暗示德国人把他捧得太高了一点。由于这种完全可以理解的厌恶，到底是高斯还是阿贝尔失去的更多，乃是一个没有解决的问题。

高斯常常为了他在这件事情上的"傲慢的轻视"而受到指责，但是那难以成为描绘他的行为的恰当词汇。那时一般五次方程的问题已经声名狼藉，想法古怪的以及有名望的数学家都曾钻研过它。如果今天一个数学家收到化圆为方的所谓解答，他不一定会给作者写一张表示感谢的礼节性的便条，但是他几乎肯定会把作者的手稿扔到废纸篓里去。因为他知道林德曼（Lindemann）在1882年证明了不可能只用尺规化圆为方——想法古怪的人限制自己只使用这些工具，正如欧几里得做过的那样。他也知道林德曼的证明是任何人都能够接受的。在1824年，一般五次方程的问题几乎与化圆为方的问题相当，因此高斯不耐烦了。但是这个问题还不是那样糟，还没有证明不可解，阿贝尔的文章提供了证明，高斯要是耐着性子的话，本来是可以读到一些使他很感兴趣的东西的，但他没有这样做，真是一个悲剧。只要他的一句话，阿贝尔可能就会成名，甚至阿贝尔的生命也可能延长。当我们看到了他的全部经历时，我们是会承认这一点的。

阿贝尔在1825年9月离家以后，首先访问了挪威和丹麦的著名数学家和天文学家。然后,他没有像他原来打算的那样立即赶往格丁根去见高斯,而是去了柏林。他在柏林运气非常好,碰到了一个叫奥古斯特·利奥波德·克列尔(August Leopold Crelle,1780—1856)的人,这个人将成为他在科学方面的霍尔姆伯,他在数学界的影响也比好心的霍尔姆伯要大得多。如果说是克列尔帮助阿贝尔成了名,那么阿贝尔也通过使克列尔成名,大大报答了他的帮助。今天不管人们在什么地方耕耘数学,克列尔的名字都是常用词,事实上还不止此;因为"克列尔"已经成了象征他创办的杂志的专用名称,该杂志的前三卷包括了阿贝尔的22篇论文。这份杂志使阿贝尔成名,或者至少使他为欧洲大陆的广大数学家们所知晓,而若没有这份杂志,这是怎么也办不到的。阿贝尔的伟大工作使这份杂志在整个数学界旗开得胜;最后该杂志又使克列尔成了名。对于这位谦逊的业余数学工作者,是值得多花些笔墨的。他办事的能力和他挑选真正通晓数学的合作者的可靠本能,对于19世纪数学的发展,比半打学术机构的贡献还要大。

克列尔本人是一个自学的数学爱好者,而不是一个有创造力的数学家。他的职业是建筑工程师。他很早就在工作中出人头地,建造了德国第一条铁路,挣得了一笔够他过舒适生活的奖金。在空闲的时间,他认真研究数学,而不仅仅把它作为一种业余爱好。他在1826年创办的《纯粹数学与应用数学杂志》给德国数学以很大的促进,在这前后他本人也对数学研究作出了贡献。这份杂志的创办,是克列尔对数学发展的最大贡献。

这份杂志是世界上第一份专门刊登数学**研究**成果的定期刊物。它不欢迎对过时工作的解释。任何人的文章(除了克列尔自己的一些文章以外)都接受,只要内容是新的、正确的,有足够的"重要性"——一个模糊的要求——就值得发表。从1826年直到现在,《克列尔》每三个月出版一期,刊登新的数学文章。在第一次世界大战以后的混乱年代,《克列尔》濒于停刊,但是来自世界各地的订户支撑了它,订阅者不愿看到一个比我们自己的文明更平静的、文明的这一伟大纪念碑就此湮没。今天,有几百种杂志全部或相当大一部分参与纯粹数学和应用数学的发展进程。但是在我们下一次的传染性疯狂爆发以后,有多少能够幸存下来就不得而知了。

当阿贝尔在1825年到达柏林时,克列尔刚刚下定决心用他自己的资金开始他的伟大冒险,而阿贝尔对最后促使他作出决定起了作用。对阿贝尔和克列尔的初次见面有两种说法,都很有趣。克列尔那时在政府中任职,是柏林职业学校的主考人,他对这项工作既不胜任,也不喜欢。克列尔对这次转了三道手[从克列尔到魏尔斯特拉斯到米塔列夫勒(Mittag-Leffler)]的历史性会见是这样记述的:

"在一个晴朗的日子,一个有一张很年轻、很聪明脸孔的漂亮年轻人,局促不安地走进了我的房间。我以为我又得和一个准备参加职业学校入学考试的人打交道,就对他解释,需要分别进行几项考试。最后这个年轻人开口了,解释说[用很蹩脚的德语],'不是考试,只是数学。'"

克列尔看出阿贝尔是个外国人,就试着用法语和他交谈,阿贝尔讲法语也有困难,但能让对方明白他的意思。然后克列尔问他在数学上做过些什么。阿贝尔很有外交手腕地说,除其他东西以外,他还读过当时刚发表不久的、克列尔本人1823年关于"解析技能"(现在在英语中叫"阶乘")的文章。他说,他发现那篇文章非常有意思,但是——此后就不是那样用外交辞令了,他开始告诉克列尔,文章中有些部分完全错了。克列尔正是在这里表现出了他的伟大。他没有因为这个年轻人在他面前的大胆无礼,而对他冷淡或大发雷霆,而是竖起耳朵,询问细节,他非常注意地听了阿贝尔的说明。他们谈了很长时间的数学,克列尔只理解其中的一部分。但是不管他是否懂得阿贝尔对他说的一切,他清楚地看出了阿贝尔是个什么样的人。克列尔所懂得的确实没有阿贝尔的十分之一,但是他对数学天才的可靠的直觉告诉他,阿贝尔是一个第一流的数学家,于是他竭尽所能使这位年轻的被保护人得到承认。在会晤结束之前,克列尔就决定了阿贝尔必须成为筹办中的《杂志》的第一位撰稿人。

阿贝尔的记述是不同的,但差别不大。我们从字里行间可以看到,差别是由于阿贝尔的谦虚。一开始,阿贝尔担心他想让克列尔感兴趣的计划会碰壁。克列尔不会知道这个年轻人想要什么,他是谁,或者关于他的任何事情。但是在克列尔询问阿贝尔读过数学方面的哪些东西时,情况大大好转了。当阿贝尔提到他读过的大师们的著作时,克列尔变得机敏起来。他们就几个突出的、没有解答的问题谈了很长时间,阿贝尔大着胆子向出乎意料的克列尔提出了他的不可能用代数方法解一般五次方程的证明。克列尔连听都不愿听;任何这样的证明都一定有问题。但是他接受了这篇论文,草草翻了一遍,承认阿贝尔的推理在他之上——最后在他的《杂志》上发表了阿贝尔的详尽的证明。虽然克列尔只是一个水平有限的数学家,算不上科学上的伟人,但他是一个气量大度的人,事实上是一个伟大的人。

克列尔到哪里都带着阿贝尔,把他作为数学上最了不起的空前发现四处炫耀。自学成才的瑞士人施泰纳——"阿波罗尼乌斯以来最伟大的几何学家"——有时也陪着克列尔、阿贝尔到处转。当克列尔的朋友们看见他身后跟着他的两位天才走来时,他们就喊道:"亚当(Adam)老爹又带着该隐(Cain)和亚伯(Abel)一起来了。"*

柏林丰富的社交活动开始使阿贝尔不能专心工作,他躲到弗赖堡去了,在那里他可以集中精力工作。正是在弗赖堡,他把他最伟大的工作锻造成型了,创造了现在所称的阿贝尔定理。但是他还得赶赴巴黎,去会见当时第一流的法国数学家——勒让德、柯西和其他一些人。

可以不假思索地说,阿贝尔在法国数学家那里所受到的接待,就像一个人在一个很文明的时代,从很文明的人的杰出代表那里所能指望的一

---

* 亚当为《圣经》中人类的始祖;该隐为亚当和夏娃之长子,亚伯为亚当和夏娃之次子。——译者

样文明。他们对他都很有礼貌——该死的礼貌,事实上那就是阿贝尔从他如此热切地期望的访问中得到的一切。当然他们不知道他是谁,他是干什么的。他们也不想知道。如果阿贝尔开口——当他来到能和他们谈话的距离之内时——谈到他自己的工作,他们立刻讲述他们自己是如何伟大。那位年高德劭的勒让德,要不是由于他的冷淡,本可以知道一些关于他终生热爱的东西(椭圆积分),这些东西会使他感到莫大的兴趣。但是当阿贝尔拜访他时,他正踏上马车,只来得及说一声很有礼貌的日安。后来他很慷慨地道了歉。

1826年7月下旬,阿贝尔在巴黎寄寓于一个贫穷但贪婪的家庭,他们给他每天两顿很差的伙食和一间极坏的房间,却要了一笔简直无法无天的房租。在巴黎住了4个月以后,阿贝尔写信给霍尔姆伯,谈了他的感想:

巴黎,1826年10月24日

实话告诉你,大陆上这个最嘈杂的首都,目前给我一种沙漠的印象。我实际上谁也不认识;这是一个可爱的季节,人人都去了乡间。……到现在为止,我结识了**勒让德**先生、**柯西**先生和**阿歇特**(Hachette)先生,以及一些名气稍小一点但很能干的数学家:《科学学报》的编辑**赛热**(Saige)先生,还有狄利克雷先生,他是一个普鲁士人,有一天他来看我,认为我是他的同胞。他是一个极有洞察力的数学家。他和**勒让德**先生一起证明了$x^5+y^5=z^5$不可能有整数解,以及其他一些很不错的结论。**勒让德**极有礼貌,但是不幸他很老了。**柯西**是疯了……他做的工作极好,但是很混乱。一开始我实际上对它一无所知,现在我比较清楚地了解它的某些部分了……**柯西**是唯一从事纯数学研究的人。**泊松**、**傅里叶**、**安培**(Ampere)等人埋头于电磁学和其他物理学科。我相信**拉普拉斯**先生现在什么都不写了,他最后的著作是对他的概率论的增补。我常常在学院看见他,他是一个非常有趣的小矮人。**泊松**也是一个小矮子;他知道怎样做到举止非常高贵;**傅里叶**先生也一样。**拉克鲁瓦**(Lacroix)相当老了。**阿歇特**先生要把我引荐给这些人中的几位。

法国人对待陌生人比德国人对陌生人冷淡得多,跟他们亲近极其困难,我不敢说我能和他们达到亲密的程度;最后,每一个新手要在这里受到注意都有很多困难。我刚刚完成一篇关于某一类超越函数的详尽的论文[他的杰作],准备呈交给学院[科学院],下星期一我就交上去。我把它拿给柯西先生看,但是他只屈尊看了一眼。我敢说,一点不夸口,它是一篇很好的作品。我急于听到学院对它的评价。我一定与你同享它……

然后他讲了他正在干什么,接下去是对他的前途的相当令人不安的预测。"我后悔不该预定旅行两年,一年半就足够了。"

他已经得到了从欧洲大陆能够得到的一切,急于想把时间用在他的发现上。"有这样多的事情等着我去做,但是只要我在国外,一切都进行得很糟糕,要是我像基尔豪(Kielhau)先生那样,有个教授职位就好了!我的位置还没有确定,这是事实。但是我并不为此担心,如果命运在这一方面抛弃了我,也许她会在另一个方面对我微笑。"

我们从一封日期较早的、写给天文学家汉斯廷(Hansteen)的信中摘录了两段,第一段与阿贝尔要在一个坚实的基础上重建他那个时代的数学分析的伟大计划有关,第二段显示出他为人的某些方面。(两段都是随手译出的。)

在高等分析中,很少有几个命题是被极其严格地证明了的。我们到处发现从特殊到一般这个不幸的推理方法,而在这样处置之后,我们只在极少的情形下发现称作悖论的东西,这是个奇迹。找出造成这种情形的原因确实是非常有趣的。在我看来,原因就在于这样的事实:迄今在分析学中出现的函数,大多数都能够表示为幂函数……当我们采用某种一般方法时,[避免陷阱]并不太难;但是我必须非常谨慎,因为没有严格证明(即根本没有证明)的命题已经在我们的心里生了根,以致我们常常冒着不做进一步检查就采用它们的危险。这些琐碎的东西将出现在克列尔先生出版的杂志中。

紧接着这段文字,他表达了对他在柏林受到的待遇的感激之情。"确实只有很少几个人对我感兴趣,但是这很少的几个人对于我无比宝贵,因为他们向我表示了这样多的友情。也许我能以某种方式回报他们对我的希望,因为一个保护人看到他白白操了心一定是很难受的。"

然后他谈到克列尔怎样请求他在柏林永久定居。克列尔已经在用他的全部人事管理才干,把这个挪威人阿贝尔推荐到柏林大学的教授席位。这就是1826年的德国。阿贝尔当然已经是伟大的了,他那可靠的才能表明他是高斯的最有希望的继承者。尽管他是外国人也没有关系;1826年的柏林需要最好的数学人才。一个世纪以后,最好的数理物理学人才也不够好了,柏林强行驱逐了爱因斯坦。我们就是这样进步的。但是,还是回到乐观的阿贝尔吧。

起先我指望从柏林直接去巴黎,因为可能有克列尔先生陪我去而感到高兴。但是克列尔先生有事不能去了,我不得不独自旅行。现在,我已不是那种能忍受孤独的人了。单独一个人,精神不振,脾气也变坏了,我几乎不想工作,所以我对自己说,和**伯克**(Boeck)先生一起去维也纳会好得多。我觉得这趟旅行是有正当理由的,因为在维也纳有**利特罗**、**布尔格**(Burg)和其他一些人,都是些优秀的数学家;除此以外,我一生中只作这一次旅行。我这个想看看南方生活的愿望难道不是很合理的吗？在旅途中我能勤勉地工作。一旦到了维也纳，从那里去巴黎，顺便经过瑞士就几乎是条捷径了。我为什么不应该也看它们一眼呢？天啊！我，甚至我，也像别人一样，有种对自然美的爱好。整个旅行会使我晚两个月到达巴黎，就是这些。我能很快地补上失去的时间。你不认为这样一趟旅行会对我有好处吗？

所以阿贝尔去了南方，把他的杰作留给柯西转呈科学院。多产的柯西忙着孵他自己的蛋，咯咯地叫着，顾不上谦虚的阿贝尔放在他窝里的确实是大鹏的蛋。阿歇特是个只配给数学家洗碗碟的人，他在1826年10月10日把阿贝尔的《论非常广泛的一类超越函数的一般性质》呈交给巴黎科学院。这就是勒让德后来用贺拉斯的话描述为"*monumentum aere perennius*"[永恒的纪念碑]的工作，也是埃尔米特说的阿贝尔留给未来多少代数学家的500年的工作。它是现代数学的一项登峰造极的成就。

它到底怎么样了呢？勒让德和柯西被任命为评阅人。那时勒让德74岁，柯西39岁。老手正在失去他的锐气，但巨匠的名声正在他自我中心的顶峰。勒让德抱怨（1829年4月8日给雅可比的信）说："我们发觉这篇论文很难辨认；它是用淡得几乎是白色的墨水写的，字写得很糟，我们两人认为应该要求作者送一份写得整齐易读的来。"这是什么样的托辞啊！柯西把论文带回家，不知放在什么地方，完全把它给忘了。

要同这种惊人的健忘本领相比，我们得想象一个研究埃及学的学者把罗塞塔碑*丢失了。只是由于某种奇迹，这篇论文在阿贝尔死后被发掘出来了。雅可比从勒让德那里听说过它，阿贝尔回到挪威后曾经和雅可比通过信，在1829年3月14日写给勒让德的信中，雅可比惊呼，"阿贝尔先

---

* 罗塞塔碑为1797年在尼罗河口的罗塞塔城郊发现的埃及古碑，上刻埃及象形文、俗体文和希腊文三种文字。该碑的发现为译解古埃及象形文字提供了钥匙。——译者

生的这个发现是什么样的发现啊!……有谁看见过同样的东西吗？这个发现,也许是我们这个世纪最伟大的发现,在两年前就交给你们科学院了,可你的同事们怎么会没有注意到它呢?"这一质问传到了挪威。长话短说,挪威驻巴黎的领事就这份遗失的手稿提出了外交抗议,柯西在1830年把它翻了出来。最后它发表在《法兰西科学院著名科学家论文集》第7卷176页至264页,但那时已经是1841年了。在对待这篇史诗般的著作方面,极端无能的顶点就是编辑,或者印刷工,或者他们一起,相继在阅读清样以前把手稿丢失了。*科学院(在1830年)补偿阿贝尔,让他和雅可比一起获得了数学大奖,然而,阿贝尔已经去世了。

论文的开始几段表明了它的范围。

> 迄今数学家研究过的超越函数,数目非常之少。实际上,超越函数的整个理论简化成了对数函数、三角函数和指数函数,实质上只是简单的一类函数。只是到了最近,才开始考虑其他一些函数。在后来考虑的函数中,椭圆超越函数占据首位,它们的显著而精致的性质是勒让德先生发展起来的。作者[阿贝尔]在他荣幸地呈交给科学院的论文中,研究了很广泛的一类函数,即所有那些导数可以由系数为单变量有理函数的代数方程来表示的函数,他已经证明了这些函数的一些与对数函数和椭圆函数类似的性质……而且得到了下面的定理:

> 如果我们有几个函数,它们的导数可以是**同一个代数方程**的根,该方程所有的系数均为单变量**有理函数**,只要我们在所讨论的函数的变量之间建立一定数目的**代数**关系,我们就永远能

---

* 利布里(Libri)是一个**自封**的数学家,这篇论文的整个印刷过程他都在场,他"在科学院的许可下",给论文加上了一个自命不凡的脚注,承认已故的阿贝尔的天才。这是最后一根稻草:科学院可以公布全部事实,或者保持沉默。但是无论如何,必须维护一个妄自尊大的庸人的荣誉和尊严。最后,我们可以回想起,当利布里在那里转来转去的时候,宝贵的手稿和书都莫名其妙地不见了。

用一个**代数**函数和**对数**函数来表示任意数目的这种函数的和。

这些关系的数目完全不依赖于函数的数目，而只依赖于所考虑的特定函数的性质……

阿贝尔这样简单地描述的定理，今天通称为阿贝尔定理。他对它的证明被人们描述为只不过是"积分学中的一个了不起的练习"。就像在他的代数中一样，阿贝尔在他的分析中也最简练不过地得到了他的证明。可以毫不夸张地说，这个证明是任何学完了微积分学**初等**课程的17岁的孩子都能理解的。阿贝尔本人的证明极为简明，毫无夸张虚饰。对于19世纪这一原始证明的某些推广和几何上的重建，就不能这样说了。阿贝尔的证明就像一尊菲狄亚斯(Phidias)的雕像；其他人的证明则像一座包在爱尔兰花边、意大利糖果和法国精细点心里的哥特式大教堂。

在阿贝尔的开场白中，可能有会被人误解的地方。阿贝尔无疑只是在对一位老人表示善意的谦恭，这位老人在他们初次相识时屈尊俯就过他——在坏的意义上，但是，他尽管把他漫长一生的大部分工作时间都用在研究一个重要的问题上，却没有弄清楚它到底是怎么回事。勒让德并没有像阿贝尔的话暗示的那样讨论过椭圆**函数**；勒让德花费了他一生中大部分时间研究的问题，是椭圆**积分**，它与椭圆**函数**的差别，就像马与它拉的车的差别一样，这恰恰是阿贝尔对数学的一项最伟大贡献的要点和根源之所在。对任何学过中学三角学课程的人，这个问题都是很简单的；为了避免对初等数学作冗长乏味的解释，在不久要讲到的内容中，假定它们是已知的。

不过，对于那些完全忘记了三角学的人来说，阿贝尔的划时代进展的本质和他的**方法论**就可以这样作比喻。我们提到过车和马。把车放在马前面这个陈腐的谚语，描述了勒让德做的事；阿贝尔看出，如果要车向前走，马必须走在车的前面。再举一个例子，高尔顿在他对贫穷和长期酗酒的关系的统计研究中，他那颗公平的心使他重新考虑了愤怒的道德学家和经济改革运动家,借以别有用心地评价这些社会现象的、自以为是的陈词滥调。高尔顿不是假定人们堕落是**由于他们酗酒**,而是把这个假设**反了过来**,暂时假定人们酗酒是**由于**他们没有从祖先那里继承到道德精神,简言之,是**由于**他们堕落。高尔顿无视改革家们的一切空洞说教,他紧紧抓住了一个**科学的**、客观的、**可采用的**假说,他能够把公正的数学方法应用在这个假说上。他的工作还没有得到社会承认。暂时,我们只须注意,高尔顿像阿贝尔一样,把他的问题**反**过来了——把它上下、里外、前后,来来回回地颠倒了。就像海华沙(Hiawatha)*和那传说的无指手套一样,高尔顿把带皮的一面翻到里面,把里子翻到外面了。

这一切绝不是明显的或不值一提的。它是数学发现(或发明)所曾设计出来的最有力的方法之一,阿贝尔是第一个有意识地把它用作研究方法的人。"你必须经常颠倒过来考虑",正如雅可比在有人问他数学发现的秘密时回答的,他回顾了他和阿贝尔做过的事情。如果一个问题的解答陷入毫无希望的状况时,试着把这个问题颠倒过来,把问题作为论据,把论据作为问题。这样,如果我们发现,当我们把卡尔丹(Cardan)**看作他父亲的**一个**儿子时,无法理解他的性格,那么就转移重点,把它**颠倒过来**,看看当我们把卡尔丹的父亲作为他儿子的造就者和赋予者来分析时,我们得到些什么。不是研究"遗传",而是集中研究"赋予"。现在回到那些还记得一点三角学的人。

假定数学家们盲目得看不出,$\sin x$、$\cos x$ 和其他的**正**三角函数在加法公式和其他地方,比反三角函数 $\sin^{-1}x$、$\cos^{-1}x$ 用起来更方便,那么回想一下用正弦和余弦展开的公式 $\sin(x+y)$,把它与用 x、y 表示的公式 $\sin^{-1}(x+y)$

---

* 海华沙为英国著名诗人朗费罗(Henry Wadsorth Longfellow,1807—1882)的长诗《海华沙之歌》中的印第安英雄。——译者

** 卡尔丹(1501—1576),意大利数学家,文艺复兴时期的学者,著述甚多,性格古怪,品行不端。参见M·克莱因(M. Kline,1908—1992)著《古今数学思想》中译本,第1卷,254—256页(上海科学技术出版社)。——译者

相比较，前者不是比后者无可比拟地更简单、更优美、更"自然"吗？现在，在积分学中，**反**三角函数自然地以简单代数无理式（二次）的定积分的形式呈现出来；当我们试图利用积分学求一个圆的弧长时，这样的积分就出现了。假定一开始**反**三角函数就以这种方式出现，那么考虑以这些函数的**反**函数，也就是熟悉的三角函数本身，作为要去研究和分析的**已知**函数，不是"更自然"吗？这是毫无疑问的；但是在许多更高深的问题中，最简单的问题是用积分求一个椭圆的弧长，**首先**出现的是棘手的**反**"椭圆"（不像一个圆的弧那样，它不是"圆的"）函数。这就使阿贝尔看出了应该把**这些**函数"反过来"，加以研究，正如在$\sin x$、$\cos x$的情形，而不是在$\sin^{-1}x$和$\cos^{-1}x$的情形一样。很简单，不是吗？然而勒让德这位伟大的数学家，在他的"椭圆积分"（他棘手的"反函数"问题）上花了40多年的时间，却一次也没有怀疑到他应该**反过来**考虑。*这个看待貌似简单、实际上深奥难解的问题的极其简单平常的方式，是19世纪最伟大的数学进展之一。

但是，所有这一切，只不过是阿贝尔在他了不起的定理和他对椭圆函数的工作中所做的一切的开端而已，尽管是一个非常惊人的开端——就像吉卜林（Kipling）描述的"惊雷般出现的黎明"一般。**三角函数或椭圆函数有一个单一的实周期，使得$\sin(x+2\pi)=\sin x$，等等。阿贝尔发现他的由椭圆积分的反函数提供的新函数，确实有**两个**周期，它们的比是虚数。在这以后，阿贝尔在这方面的追随者们——雅可比、罗森海因（Rosenhain）、魏尔斯特拉斯、黎曼，还有许多人——深入地钻研了阿贝尔的伟大的定理，他们通过继续发展和扩充他的思想，发现了一些有$2n$个周期的n

---

* 在把优先权归于阿贝尔，而不是归于阿贝尔和雅可比"共同发现"这个问题上，我采用了米塔列夫勒的说法。从我对于所有已经发表的证据的全面了解，我确信阿贝尔的权利是无可争议的，虽然雅可比的同胞们持相反的看法。

** 吉卜林（1865—1936），英国作家，诗人。引文出自其诗《曼德勒》（Mandalay，缅甸城市），原文为：An' the dawn comes up like thunder outer / China' crost Bay!——译者

个变量的函数。阿贝尔本人也更深入地探索了他的发现。他的后继者们把整个这项工作应用到几何学、力学、数理物理学的一些部分和数学的其他分支中,解决了一些重要问题,没有阿贝尔开始的这项研究,这些问题是无法解决的。

在巴黎期间,阿贝尔找几位很高明的医生看过病,他原以为那只不过是经常性的感冒,但他被告知患了肺结核。他不相信,从他的靴子上擦去了巴黎的泥土,又回到柏林作短期访问。他只剩下很少的钱;大概只有7元钱。他写了一封急信,延误了一些时间,从霍尔姆伯那里借来了一笔钱。决不能认为阿贝尔是一个长期借钱又没有希望还钱的人。他有充分理由相信,他回国后会有一个挣钱的工作,而且,也还有应该付给他的钱。阿贝尔从1827年3月到5月,靠霍尔姆伯的大约60元借款生活并从事研究。然后,他所有的来源都枯竭了,他掉头回国了,到达克里斯蒂安尼亚时身无分文。

但是,他希望一切都会很快好起来,大学的工作现在一定会很快到来,他的才能已开始得到承认。有了一个空位置,但阿贝尔没有得到它。霍尔姆伯原想让阿贝尔担任这个位置,但是学校当局威胁说,要是他不接受,就找一个外国人来担任,这样他才勉强接受了下来。决不能责怪霍尔姆伯,尽管阿贝尔已经充分证明了他教书的能力,校方却认为霍尔姆伯是个比阿贝尔更好的教师。凡是熟悉美国流行的教育学理论的人,都完全能懂得这种情形,因为这种教育学理论是由专门的教育学院提出来的,认为对他所教的东西知道得越少的人,教得越好。

然而情况确实好转了,大学付给阿贝尔欠他的旅费差额,霍尔姆伯也把学生送到他这里来。天文学教授有事离开,建议雇用阿贝尔承担他的部分工作。有钱的谢尔德鲁普夫妇(Schjeldrups)接纳了他,像对自己的儿子那样对待他。但是即便有这一切,他还是无法摆脱靠他养活的家人的负担。他们直到最后一直缠着他,实际上弄得他自己一无所有,可是直到最后他也从没有说过一句不耐烦的话。

1829年1月中旬,阿贝尔知道自己活不长了,溢血的迹象是无法否认的。他在昏迷中喊道,"我要为我的生命奋斗!"但是在更多的安静时刻,在他筋疲力尽,试着要工作的时候,他意气消沉了,"像一只看着太阳的病鹰",知道自己只有几个星期好活了。

阿贝尔在弗罗兰的一个英国人家里度过了他最后的日子,他的未婚妻(克雷利·肯普)在那家当女管家。他最后的思想是考虑她的未来。他写信给他的朋友基尔豪,"她并不美丽;她有红色的头发和雀斑,但她是一个出色的女子。"阿贝尔希望克雷利和基尔豪能在他死后结为夫妻,虽然这两个人从未见过面,他们仍像阿贝尔半开玩笑地提议的那样结婚了。直到最后,克雷利始终坚持不要别人帮忙,自己照顾阿贝尔,"单独享有这些最后的时刻"。1829年4月6日凌晨,他去世了,只活了26年8个月。

阿贝尔死后两天,克列尔来信说,他的谈判终于成功了,阿贝尔将被任命为柏林大学的数学教授。

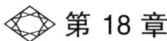

第 18 章

伟大的算学家

雅可比

电镀术与数学。出身富裕。雅可比的哲学才能。献身数学。早期工作。一无所有了。狐群中的一只鹅。艰难时期。椭圆函数。它们在一般发展中的地位。颠倒过来。在算术、力学、代数和阿贝尔函数中的工作,傅里叶的武断意见。雅可比的反击。

现代分析代替计算思想是日益显著的倾向;然而还是有一些数学分支,在其中计算保持着它的权利。

——P·G·勒热纳·狄利克雷

雅可比这个名字经常在科学中出现,但并不总是意味着同一个人。在19世纪40年代,一个十足声名狼藉的雅可比——M·H·雅可比(M. H. Jacobi)——有一个相对来说默默无闻的兄弟C·G·J·雅可比,那时后者的名气只及M·H·雅可比名气的十分之一。今天这种情形反过来了:C·G·J·雅可比是不朽的——或者几乎是不朽的:而M·H·雅可比很快就默默无闻了。M·H·雅可比是作为流行的电镀法骗术的创始人而闻名的;C·G·J·雅可比狭窄得多、但也大得多的名气是建立在数学上的。在这位数学家生前,人们总是把他误认为他的更出名的兄弟——或者更糟,因为他与真正行骗的骗子有这种偶然的亲戚关系而向他祝贺。最后,C·G·J·雅可比再也不能忍受了。"对不起,美丽的夫人,"他反驳一个为了他有如此出众的兄弟而恭维他的,M·H·雅可比的热情赞美者,"但是**我**就是**我**的兄弟。"在其他场合,C·G·J·雅可比会脱口而出,"我不是**他**的兄弟,他是**我的**兄弟。"那就是如今名气留给亲属的地方。

雅可比

卡尔·古斯塔夫·雅可布·雅可比(Carl Gustav Jacob Jacobi)1804年12月10日出生在德意志普鲁士的波茨坦,他是富有的银行家西蒙·雅可比(Simon Jacobi)及其妻子[娘家姓勒曼(Lehmann)]的第二个儿子。这一家共有4个孩子,3个男孩分别叫莫里茨(Moritz)、卡尔(Carl)和爱德华(Eduard),一个女孩叫特雷泽(Therese)。卡尔的第一位老师是他的一位舅舅,他教给这孩子古典文学和数学,为他在1816年12岁时进入波茨坦中学作准备。从一开始,雅可比就显示出"多才多艺的头脑",在他离开该校时,中学校长就曾宣称他有这样一个头脑。他在1821年离开中学,进了柏林大学。雅可比像高斯一样,要不是数学更有力地吸引了他,他可以很容易地在哲学上博得很高的名声。他的教师海因里希·鲍尔(Heinrich Bauer)看出这孩子很有数学天赋,在长时间争论之后,让他自己学习,因为雅可比反对靠死记硬背和规则条例学习数学。

青年雅可比在数学方面的发展,在某些方面很奇怪地与他的更著名的对手阿贝尔相同。雅可比也学习大师们的著作;欧拉和拉格朗日的著作教给他代数和分析,并把数论介绍给他。这段最早的自我教育,必然给雅可比第一项杰出的工作——关于椭圆函数——以明确的方向,因为足智多谋的大师欧拉发现雅可比是他最好的继承人。就代数中复杂的纯粹运算能力而言，除了我们这个世纪的印度数学天才拉马努金（Srinivasa Ramanujan）以外，没有人能与欧拉和雅可比相匹敌。阿贝尔愿意的时候也能像大师一样掌握公式，但是他的天才和雅可比相比，哲学的成分较多，形式的成分较少。阿贝尔在坚持严格性这一点上，天生比雅可比更接近于高斯——不是雅可比的工作缺乏严格性，它并不缺乏，而是它的灵感看来是形式主义的，而不是严格性的。

阿贝尔比雅可比大两岁。雅可比不知道阿贝尔在1820年解决了一般五次方程问题，他在同一年试图得出一个解答，把一般五次方程简化为 $x^5 - 10q^2x = p$ 的形式，并且指出这个方程的解可以由某个十次方程的解推出来。虽然这个尝试失败了，但是雅可比从中学到了许多代数知识，他认为这是他的数学教育中相当重要的一步。但是他似乎没有像阿贝尔那样想到，一般五次方程可能是不能用代数方法解的。这种失察，或者说缺乏想象力，或者，不管我们愿意叫它什么，是雅可比与阿贝尔之间的典型差别。雅可比具有非常客观的头脑，在他宽宏大量的天性中，一点猜疑或嫉妒都没有。他本人在谈到阿贝尔的一篇杰作时说："它高于我的赞扬，就像它高于我自己的工作。"

从1821年4月到1825年5月，是雅可比在柏林上大学的时期。在头两年中，他把时间平均地用在哲学、语言学和数学上。在语言学的研究班上，雅可比引起了P·A·伯克（P. A. Boeckh）的注意和称赞，伯克是一位有名望的古典文学学者，他出版了（除其他著作以外）品达（Pindar）*的著作的一个很好的版本。对于数学说来，幸运的是伯克没有使他这个最有希望的学生转变到以古典文学作为他毕生的兴趣。在数学方面，大学不能为一个雄心勃勃的学生提供很多东西，雅可比继续自学大师们的著作。他把大学的数学讲座简单而恰如其分地说成是废话。雅可比通常是直率和切中要害的，尽管在试图把某个有资格的数学界朋友捧到合适的位置

---

*品达（公元前522？—前433？），古希腊抒情诗人。——译者

上时,他知道怎样像任何奉承者那样去奉承。

当雅可比正在勤勉地使自己成为数学家的时候,阿贝尔已经在将使雅可比成名的同一条路上开了个好头。阿贝尔在1823年8月4日写信给霍尔姆伯,说他正忙于研究椭圆函数,"这项小小的工作,你会想起来,是涉及椭圆超越函数的反函数的,我证明了一点[似乎是]不可能的东西;我请求德根(Degen)尽快把它从头到尾浏览一遍,但是他找不出错误的结论,也不知道错在哪里;天知道我怎样才能让自己解脱。"一个奇怪的巧合是,雅可比最后下决心要全力从事数学的时候,几乎就是阿贝尔写这封信的时候。20来岁的年轻人(阿贝尔21岁,雅可比19岁),年龄上2年的差距抵得上成年人20年的差距。阿贝尔开了一个极好的头,但是雅可比很快就赶了上来,他并不知道他在这方面有一个竞争者。雅可比第一项伟大的工作是在阿贝尔的椭圆函数的领域内。在注意这项工作以前,我们先概述他繁忙的一生。

雅可比既已决定把他的全部精力投入数学,就写信给他的舅舅勒曼,讲述他估计要承担的工作量。"如果要深入洞察由欧拉、拉格朗日和拉普拉斯的工作所堆成的大山的本质,而不仅仅是在它的表面搜索一番,那就要求最惊人的力量和最艰苦的思考。要制服这个庞然大物而不怕被它撞毁,要求极度紧张,既不允许休息,也不得安宁,直到你站在它的顶端,俯瞰全部工作。只有当你理解了它的精神,这时才有可能正确而平静地完成它的全部细节。"

雅可比这样宣布了甘心服苦役以后,立刻成了数学史上的一个最拼命的工作者。在写给一个抱怨科学研究既艰苦而又可能损害健康的胆怯的朋友的信中,雅可比驳斥说:

当然是这样!有时候过度的工作确实危及了我的健康,但那又怎么样呢?只有卷心菜没有神经,没有焦虑。可它们从它们完美的健康中得到了什么呢?

1825年8月,雅可比以关于部分分式及类似题材的论文,获得了他的哲学博士学位。没有必要解释这篇论文的性质——它没有多大意思,现在只是代数或积分学的中等课程中的一个细节。虽然雅可比论述了他的问题的一般情形,在运用公式方面独出心裁,但是不能说这篇论文展示了任何明显的独创性,或者对作者非凡的天赋有任何明确的提示。雅可比在通过博士学位考试的同时,完成了他担任教师的职业训练。

取得学位以后,雅可比在柏林大学讲授微积分学对曲面和空间曲线(简单说来,就是几个曲面相交出来的曲线)的应用。最初几讲就明显地表明雅可比是一个天生的教师。后来,当他开始以惊人的速度发展自己的思想时,他成了当时最鼓舞人心的数学教师。

雅可比似乎是第一个这样做的数学教师:他讲授自己的最新发现,让学生们看到新学科在他们面前创造出来,以此来训练学生做研究工作。他认为把年轻学生们扔进冰水里,由他们自己去学会游泳或者淹死是正确的。很多学生一直要到掌握了其他人做过的、与他们的问题有关的一切,才肯试着独立工作,结果只有极少数人养成了独立工作的习惯。雅可比反对这种拖拉的治学方法。为了对一个总是要等到再学些东西才肯做工作的、虽有天赋但无自信心的学生讲清道理,雅可比打了下面这个比喻。"要是你的父亲坚持要先认识世界上所有的姑娘,然后再跟一个姑娘结婚,那他就永远不会结婚,你现在也就不会在这里了。"

雅可比整个一生,除了下面要讲到的一个可怕的插曲,以及他有时去参加英国和欧洲大陆举行的科学会议,或者在过分紧张的工作之后不得不为恢复健康而休假以外,都用在教书和研究工作上了。他一生的年表不是特别吸引人的——一个专业科学家的年表,除了对他自己,很难使人感兴趣。

雅可比作为教师的才能,使他在获得柏林大学讲师职位仅仅半年以后,又于1826年获得柯尼斯堡大学讲师的职位。一年以后,雅可比发表的一些关于数论的研究成果,博得了高斯的称赞。由于高斯不是一个容易被惊动的人,教育部立即注意到了这件事,并把雅可比提升到他的许多同事之上,晋升为副教授——对一个23岁的年轻人来说,已相当可观了。那些被他超过的人,自然对这种提升感到不快;但是两年以后(1829年),当雅可比发表了他的第一篇杰作《椭圆函数理论的新基础》时,首先说提升他是最公正不过的,并向这位才气焕发的年轻同事祝贺的也正是这些人。

1832年,雅可比的父亲去世了。直到这时为止,他无须为生计而工作。他的好光景又继续了大约8年。1840年家庭破产了,雅可比在36岁时一无所有了,并且还必须供养他的母亲,因为她也破产了。

高斯一直在注视着雅可比惊人的活动,不仅是出于单纯科学上的兴趣,而且因为雅可比的许多发现与他自己年轻时的部分发现是一致的,那些发现他从来没有发表过。据说他还亲自会见过这个年轻人:雅可比于1839年9月在马里安温泉度假后,返回柯尼斯堡途中拜访过高斯(关于这次访问没有记载保存下来)。看来高斯似乎担心雅可比的经济崩溃会对他的数学产生灾难性的影响,但是贝塞尔使他安心了:"幸运的是,这样一个天才是不会被摧毁的,不过我很希望他有金钱保证的安全感。"

失去财产,对雅可比的数学没有一点影响。他从来没有提过他的不幸,而是像以往一样,继续勤勉地工作。1842年雅可比和贝塞尔参加了在曼彻斯特举行的英国协会的会议,在那里,德国的雅可比同爱尔兰的哈密顿会晤了。然后,雅可比继续哈密顿关于动力学的工作,并且在某种意义上完成这个爱尔兰人因为喜爱神怪(当我们讲到它的时候就知道它是什么了)而抛弃了的事业,这将是雅可比的一项最大的光荣。

在他职业生涯的这个时刻,雅可比突然想要变成一个比仅仅是数学家更有光彩的人物。为了在讲到他的科学生涯时不至于中断,我们在这里介绍一下这个优秀数学家在政治上唯一一次不成功的冒险。

在1842年旅行后回来的第二年,雅可比由于工作过度而彻底垮了。19世纪40年代,德意志的科学发展处于一些小邦仁慈的君主和国王的掌握之中,这些小邦后来联合成德意志帝国。雅可比的守护神是普鲁士国王腓特烈二世,他似乎很重视雅可比的研究给王国带来的荣誉。因此,当雅可比病倒时,仁慈的国王便催促他去气候暖和的意大利度假,愿意休息多长时间就休息多长时间。雅可比在罗马和那不勒斯跟博查特(Borchardt,我们将在后面讲到魏尔斯特拉斯时一起讲他)、狄利克雷一起度过了5个月以后,于1844年6月回到柏林。他现在得到允许,可以在柏林住到他的健康完全恢复,但是由于一些人的妒忌,他没有在大学得到教授职位,虽然作为一名科学院院士他可以讲授他选择的任何课程。此外,国王实际上是自己出钱,赠给雅可比一笔很大的津贴。

在领受国王所有这些慷慨之举以后,人们原以为雅可比会继续坚持他的数学研究,但是由于他的医生极为愚蠢的劝告,他开始介入政治,认为"这对他的神经系统有好处"。还从来没有哪个医生给他无法诊断出疾病的病人开出过比这更愚蠢的处方呢!雅可比吞下了这剂药。当1848年争取民主的大动荡开始爆发时,雅可比从政的时机成熟了。在一个朋友的劝告下——顺便提一下,他碰巧是大约20年前提升雅可比时被超过的那些人之一——这位没有经验的数学家步入了政界,恰如一个天真无知而又有着诱人的肥胖的传教士踏上一个食人岛一样,他们抓住了他。

雅可比的那位花言巧语的朋友,介绍他加入一个温和自由派的俱乐部,他们选举他作为参加1848年5月大选的候选人,尽管他从不了解议会的内部情况。他在俱乐部的口才使比较聪明的会员们相信,雅可比不适合做他们的候选人。看来完全有道理,他们指出,雅可比这个领取国王津贴的人,有可能是他现在自称的自由派,但更可能是一个两面讨好的人,是个叛徒,是保皇党人的密探。雅可比发表了一篇动人的讲话,驳斥这些卑劣的、含沙射影的攻击,这篇讲话充满了无可反驳的逻辑——却忘记了一个原则:对一个讲求实际的政治家来说,逻辑是世界上最无用的东西。他们让他吊在了自己的圈套上了。他没有当选,对他的候选人资格的叫嚣也没有使他的神经系统得到好处。这种喧嚣从柏林的啤酒店一直震到了地窖。

更糟糕的还在后面,谁能因为教育大臣在接着的5月询问雅可比的健康是否已经恢复、要他能够平安地回到柯尼斯堡而指责这位教育大臣呢?或者谁会因为他从国王那里得到的津贴在几天后被停止而感到奇怪呢?说到底,当碰到恩将仇报时,即便是国王也是可以发发脾气的。然而雅可比绝望的困境足以激起任何人的同情。他已经成家,实际上一文不名,他得养活妻子和7个小孩子。在戈塔的一位朋友收容了他的妻子和孩子,雅可比则隐居在旅店一间肮脏的房间里面,继续他的研究工作。

他现在(1849年)43岁,除高斯以外,他是欧洲最伟大的数学家。维也纳大学听说了他的困境,开始设法把他搞过去。在这件事情上,值得一提的是,阿贝尔在威尼斯的朋友利特罗在商谈中起了主要作用。最后,在提出明确而慷慨的条件时,亚历山大·冯·洪堡说服了怒气冲冲的国王:津贴恢复了,德意志得以留住了它的第二个伟大人物雅可比。他留在柏林,再次得宠,但肯定地从政治上抽身了。

雅可比做出他第一项伟大的工作是椭圆函数,但它已经有了适合这个课题自身地位的篇幅。因为它在今天毕竟大致只是单复变量函数更为广泛的理论的一个细节,而单复变量函数的理论作为一个令人感兴趣的事物,正在逐渐退出不断变化的舞台。由于椭圆函数的理论在下面几章中还要多次提到,我们将对它显然不适当的突出地位作些简单的说明。

单复变量函数理论是19世纪数学的一个主要领域,对此没有任何数学家会提出异议。这个理论之所以具有如此重要性的原因之一,可以在这里重复一下。高斯曾经指出,**复数**对于给每一个代数方程提供一个根既是必要的又是充分的。可能还有任何更一般类型的数吗?这样的数是怎样产生的呢？

代数把**复**数看作首先出现在解某些简单方程，如 $x^2+1=0$ 的尝试中，我们也可以在另一个初等代数问题中看看它的起源，这个问题就是**因式分解**。为了把 x^2-y^2 分解成**一次**因式，我们不需要比正负整数 $(x^2-y^2)=(x+y)(x-y)$ 更神秘的东西。但是对于 x^2+y^2 的同样的问题，则要求"**虚数**"：$x^2+y^2=(x+y\sqrt{-1})(x-y\sqrt{-1})$。在许多可能而未决的方向中的某个方向上再走一步，我们可以试着把 $x^2+y^2+z^2$ 分解成两个一次因式。这样，正数、负数和虚数就够了吗？或者，为了解决这个问题需要发明某种新的"数"吗？后一条是对的。人们发现，为了得到必需的新"数"，普通代数规则因为一个重要的细则而被瓦解："数"**乘**在一起的**次序**无足轻重这一规则不再成立；也就是说，对于新数，$a \times b$ 等于 $b \times a$ 不再成立。当我们讲到哈密顿时，关于这一点还要多说一些。我们暂时只指明，初等代数的因式分解问题，很快把我们引到了复数不适用的领域。

如果我们坚持**全部**普通代数定律对这些数都成立，我们能走多远？什么是**可能的最一般**的数？在19世纪后半叶，人们证明了复数 $x+iy$（其中 x,y 是实数，$i=\sqrt{-1}$）是使普通代数成立的最一般的数。我们回想起，实数相当于沿着一条固定的直线在任一方向（正向、负向），到一个定点测量的距离。在笛卡儿几何中函数 $f(x)$ 的图形，按照 $y=f(x)$ 画出来，给我们提供了**实**变量 x 的函数 y 的图形。17、18世纪的数学家认为，他们的函数就是这一类型的。但是如果他们将应用于这些函数的普通代数及推广的微积分学，同样应用于复数（实数是其极端退化的情形），那么，早期的分析学家们发现的许多东西中一大半就会出现问题了，特别是积分学提供了许多令人费解的不合规则的情况，这些情况只是到了运算领域被扩大到最大可能的程度，当**复**变量函数被高斯和柯西采用了的时候，才得以消除。

不能过高估计椭圆函数在整个广阔而根本的发展中的重要性。在椭圆函数理论中，不可避免地要出现复数，高斯、阿贝尔和雅可比通过他们对这一理论的广泛和详尽的阐述,为发现和改进单复变量函数理论的一般定理,提供了一个实验园地。这两个理论似乎注定要互相补充和完善——这是有原因的,椭圆函数与二次形式的高斯定理的深刻联系,也是有原因的。不过对空间的考虑迫使我们放弃了二次形式的理论。在椭圆函数中出现的那些范围更广的定理的特例,为一般理论提供了数不清的线索,要是没有这些线索,单复变量函数的理论就会比实际发展慢得多——学数学的读者可以回想一下刘维尔(Liouville)定理、多重周期性的整个学科,以及它对代数函数及其积分的影响。如果19世纪数学的这些伟大的纪念碑中,有一些已经退隐到昔日的迷雾之中,我们只须提醒我们自己,皮卡尔关于本质奇点邻域内的例外值定理,是首先用椭圆函数理论中产生出来的方法证明的。这个定理是流行的分析学中最有参考价值的一个。有了对椭圆函数在19世纪数学中之所以重要的原因的这个不完整的小结,我们就可以论述雅可比在这一理论的发展中所起的主要作用了。

椭圆函数的历史相当复杂,虽然在专家们看来它很有趣,但不大可能引起普通读者的兴趣。因此,我们将略去下面简要概述的证据(高斯、阿贝尔、雅可比、勒让德,以及其他一些人的通信)。

首先,确有实据的是,高斯早在27年前就预见到了阿贝尔和雅可比的一些最惊人的工作。高斯确实说过,"阿贝尔走的正是我在1798年走过的同一条道路。"任何研究过高斯死后才发表的证据的人,都会承认这个断言是公正的。其次,人们似乎一致同意,阿贝尔在一些重要的细节上走在雅可比前面,但是雅可比在完全不知道他的竞争者的工作的情况下,做出了他的伟大开端。

椭圆函数的一个重要性质是它们的**双周期性**(阿贝尔在1825年发现的):如果$E(x)$是一个椭圆函数,那么有两个特殊的数,比如说p_1, p_2,使得

$$E(x+p_1) = E(x), E(x+p_2) = E(x)$$

对于变量 x 的一切值成立。

最后，在历史方面，勒让德所起的作用多少有些悲剧性质。他在椭圆**积分**（而不是椭圆**函数**）上拼命工作了40年，却没有注意到阿贝尔和雅可比两人几乎立刻就看到的东西，那就是只要把他的观点**逆转**过来，整个问题就变得无比简单了。椭圆积分首先出现在求椭圆的一段弧长这个问题中，对于我们在谈到阿贝尔时所说的关于反演的话，可以加上下述用符号作出的说明。这将更清楚地说明勒让德错过的要点。

设 $R(t)$ 表示 t 的一个多项式，如果 $R(t)$ 是三次或四次的，形为

$$\int_0^x \frac{1}{\sqrt{R(t)}}\, dt$$

的积分，就称为椭圆积分；如果 $R(t)$ 的次数高于四次，这个积分称为**阿贝尔**积分（以阿贝尔的名字命名，缘由他的一些最伟大的工作与这样的积分有关）。如果 $R(t)$ 只有二次，该积分可以很容易地用初等函数计算出来。特别有

$$\int_0^x \frac{1}{\sqrt{1-t^2}}\, dt = \sin^{-1} x,$$

（$\sin^{-1} x$ 读作"正弦为 x 的角"），那就是说，如果

$$y = \int_0^x \frac{1}{\sqrt{1-t^2}}\, dt$$

我们就把积分的**上限** x 考虑成积分本身（即 y）的一个函数。该问题的这种**反演**，去除了勒让德与之搏斗了40年的大部分困难。去掉了这个障碍之后，这些重要积分的真正理论几乎就自行冒了出来——就像把一根巨木拖出来以后，受阻的浮木就顺流而下。

当勒让德领悟了阿贝尔和雅可比所做的事情时，他最真心诚意地鼓励了他们，虽然他知道，他们的更简单的方法（反演的方法），使本应成为他自己40年劳动的杰作毫无价值了。对于阿贝尔，哎，勒让德的赞扬来得太晚了，但是对于雅可比，这是一个使他超越自我的鼓舞。在整个科学文

献中的一段最美好的通信中,这个20岁出头的年轻人和70多岁的老手,极力要在衷心的赞扬和感激方面互相胜过对方。唯一不和谐的调子是勒让德对高斯直言不讳的轻视和雅可比为他有力的辩护。由于高斯从来没有放下架子发表他的研究结果——当阿贝尔和雅可比占先发表的时候,他已经计划要写一部关于椭圆函数的第一流的著作,所以勒让德几乎不应因为持一种完全错误的看法而受责。因为篇幅所限,我们不得不省略了从这段美好的通信中摘出的部分(这些书信全文登载在雅可比的法文版《著作集》第一卷中)。

与阿贝尔共创椭圆函数理论,只是雅可比巨大的工作量中的一小部分,但却是非常重要的一部分。只是因为如果再要列举他不足25年的短短工作生涯中取得成就的那些领域,所需的篇幅就会超过像本书这样讲述一个人的篇幅,所以我们只能简单地提一下他所做过的其他几项伟大工作。

雅可比是把椭圆函数理论用于数论的第一人,该理论将成为一些追随雅可比的最伟大的数学家最喜爱的消遣。它是一个奇妙而深奥的课题,复杂难懂的巧妙的代数,在其中将意想不到地揭示普通整数之间迄今未曾料想到的关系。雅可比正是用这种方法证明了费马的著名断言:每一个整数1,2,3,…都是4个整数的平方和(零也算作整数),而且,他的精彩分析,使他知道任何已知的整数能以**多少种方式**表示成这样的和。*

对于那些比较着重实际的人,我们可以引证雅可比在动力学方面的工作。在这个学科中,雅可比作出了在应用科学和数理物理学两方面都具有根本重要性的、超越拉格朗日和哈密顿的第一次重大进展。熟悉量子力学的读者会想起,哈密顿—雅可比方程在那个革命性理论的一些陈述中所起到的重要作用。他在微分方程中的工作开创了一个新时代。

在代数中,只须提及许多事情中的一件,那就是雅可比把行列式理论

---

* 如果 n 是奇数,表示方式的数目是8乘以 n 的所有因子(包括1和 n 在内)的和;如果 n 是偶数,表示方式的数目是24乘以 n 的所有奇因子的和。

简化成了现在每一个学习中学代数课程的学生都熟悉的简单形式。

对于牛顿—拉普拉斯—拉格朗日的引力理论,雅可比出色地研究了该理论中反复出现的函数,并把椭圆函数和阿贝尔函数应用到椭球间的引力上,从而对引力理论作出了重大的贡献。

他在阿贝尔函数中的伟大发现,具有更高程度的独创性。这样的函数产生于一个阿贝尔积分的反演中,正如椭圆函数产生于椭圆积分的反演。(这些专门术语已在本章中注释过了。)这里他无路可循,有好长时间他在毫无线索的迷宫中迷失了方向。在最简单的情形下,适当的反函数是有**四个**周期的**两个**变量的函数,在一般情形下,这些函数有 n 个变量和 $2n$ 个周期;椭圆函数相当于 $n = 1$。这个发现之于19世纪的分析学,恰如哥伦布发现美洲之于15世纪的地理学。

雅可比没有像他那些懒惰的朋友们预计的那样,由于工作过度而早逝,他是在47岁时死于天花(1851年2月18日)。在离开这个宽宏大量的人时,我们可以引用他反驳伟大的法国数理物理学家傅里叶的话。傅里叶指责阿贝尔和雅可比两人把时间浪费在椭圆函数上,而没有在热传导中解决一些有待解决的问题。

雅可比说:"傅里叶先生确实有过这样的看法,认为数学的主要目的是公众的需要和对自然现象的解释;但是一个像他这样的哲学家应当知道,科学的唯一目的是人类思想的荣耀,而且应该知道,在这个观点之下,数的问题与关于宇宙体系的问题具有同等价值。"

如果傅里叶能够重返人间,他可能会对他原本为了"有益公众和解释自然现象"而发明的分析学的遭遇感到厌恶。今天就数理物理学而言,傅里叶的分析只是广阔得多的边值理论问题中的一个细目,傅里叶所发明的分析方法,正是在纯数学中最纯粹的部分找到了它的重要意义和它的正当理由。这些现代的研究者是否给"人类的思想"增加了荣耀,可能要留待专家们去考察了——倘若行为主义者们还留下什么东西给人类的思想增光的话。

第 19 章

一个爱尔兰人的悲剧
哈密顿

爱尔兰最伟大的人。认真而不恰当的教育。17岁时的发现。独特的大学生涯。失恋。哈密顿与诗人。派往敦辛克。光线系统。《光学专论》。锥形折射的预测。结婚与酒精。域。复数。否定交换律。四元数。堆积如山的文稿。

在数学上他是更伟大的,
超过了第谷·布拉赫或埃拉·佩特(Erra Pater);
因为他能用几何尺度
把啤酒瓶的尺寸量出。

——塞缪尔·勃特勒(Samuel Butler)

毫无疑问,威廉·罗恩·哈密顿(Willam Rowan Hamilton)是爱尔兰历史上最伟大的科学家。强调他的国籍,是因为在支持哈密顿那持续不断的活动的众多推动力中,有一个就是他公开宣称的,渴望能把超人的天才用来为他的祖国增光。有人说他的祖先是苏格兰人。哈密顿本人坚持他是爱尔兰人,而要一个苏格兰人在爱尔兰最伟大、最善于辞令的数学家身上找出苏格兰的痕迹,肯定是很困难的。

哈密顿

哈密顿的父亲是爱尔兰都柏林的一个律师。1805年8月3日*，哈密顿就出生在那里，他有两个哥哥和一个姐姐。父亲是一个一流的商人，有着"情感激越的雄辩口才"，一个狂热的宗教信徒，但不幸的是，他也是一个很喜欢吃喝交际的人，所有这些特点，他都传给他那很有天赋的儿子了。哈密顿智力上非凡的才华，可能是从他母亲萨拉·赫顿(Sarah Hutton)那里继承来的，她出自一个以智力著称的家族。

在父亲方面，无论这个快活的酒徒摇摇晃晃地光临哪里，他卷起的滔滔不绝的雄辩之云，"不管是口头的还是笔头的"，都使他成为那里的中心。但是这种雄辩之云，在威廉的叔父詹姆斯·哈密顿牧师(Reverend James Hamilton)身上，却变成了一种更为凝缩的东西了。詹姆斯叔叔是离都柏林大约20英里(32千米)的特里姆村的牧师，他实际上是一个很有造诣的语言学家——对于希腊语、拉丁语、希伯来语、梵语、闪族语、巴利语**，以及天知道是什么的外国方言，都像欧洲大陆和爱尔兰的比较开化的语言那样，能够脱口而出。在不幸的，但渴望学习的威廉早期所受的极端错误的教育中，这个通晓多种语言的人起了绝非无足轻重的作用，因为威廉在3岁时已经显示出天才的迹象，这时他从溺爱他的母亲的爱抚中

---

* 他墓碑上的日期是1805年8月4日。实际上他是半夜出生的，因此造成出生日期的混乱。哈密顿在这些小事上十分讲求准确性，他把生日定为8月3日，晚年出于感情上的原因，他把生日改为8月4日。

** 古印度的一种语言，现已成为佛教的宗教语言。——译者

解脱出来,被他那有点愚蠢的父亲打发到詹姆斯叔叔那里去,在他的专门教导下学习语言了。

哈密顿的父母对他的抚育成长没有什么关系;母亲在他12岁时去世,两年后父亲也去世了。把年轻的威廉的才智浪费在毫无用处的语言上,又在他13岁时把他变成一个历史上最令人震惊的语言学怪物之一,这都归功于詹姆斯叔叔。哈密顿没有在他误入歧途的牧师叔叔的教导下,变成一个令人不能忍受的道学先生,这证明他的爱尔兰辨别力基本上是健康的。他所忍受的教育,很可能会把一个甚至富于幽默感的孩子也变成一头蠢驴,而哈密顿没有幽默感。

关于哈密顿早期才能的传说,读起来像一个拙劣的虚构故事,但它是真实的:他3岁时英语已读得非常好,算术方面也有相当进展;4岁时是一个不错的地理学者,5岁时他能阅读和翻译拉丁语、希腊语和希伯来语,并喜欢朗诵德赖顿(Dryden)、柯林斯(Collins)、弥尔顿(Milton)和荷马(Homer)的大量作品,荷马的作品是用希腊语朗诵的;8岁时他又掌握了意大利语和法语,把这两种语言收入囊中;他还能用拉丁语即兴创作。当英语散文体过于平庸,不足以表现他昂扬的情感时,他就用拉丁语的六韵步诗体,来表现他对爱尔兰美丽风光的由衷喜悦。最后,他在不到10岁时开始学习阿拉伯语和梵语,为他在东方语言方面非凡的学术成就打下了坚实的基础。

哈密顿的语言账还没有记完。在威廉差3个月10岁时,他的叔叔报告说:"他对东方语言的渴求是没有止境的。现在他掌握了除较小的和相对偏狭的地方方言以外的大部分语种,事实上是全部语种。因对梵语精湛而卓越的熟悉,他的希伯来语、波斯语和阿拉伯语也将得到巩固,他已经是一个梵语专家了。他正在接受迦勒底语和古叙利亚语的基本训练,同时还在学习兴都斯坦语、马来语、马拉塔语、孟加拉语和其他语种。他即将开始学汉语,但是太难搞到书。我得花一大笔钱从伦敦给他买书,但我希望钱花得得当。"对这番报告我们只能高举双手大喊,天啊!这一切有什么意思呢?

威廉13岁时,能够夸口说他生活的每一年都会掌握一种语言。14岁时他用波斯语写了一篇词藻华丽的欢迎辞,欢迎当时访问都柏林的波斯大使,并将它呈送给这位大为惊讶的有权势的人。年轻的哈密顿想乘胜追击,以给大使造成强烈的印象,便前往拜会大使,但是那个狡猾的东方人,事先要他忠实的秘书推托说,"很遗憾,由于剧烈的头痛,他不能亲自接见我[哈密顿]。"也许这位大使还没有从官方的宴会中清醒过来,否则他会读到那封信的。翻译过来,至少它是很糟糕的——正是一个自己非常认真,又知道波斯诗人所有最困难、最夸大其词的章节的14岁孩子所能想象的那种东西,那种一个老于世故的东方人在一场狂热的爱尔兰式宴会之后,第二天早上会喜欢的提神剂。如果年轻的哈密顿真的想会见大使,他应该送一条腌鲱鱼,而不是一首波斯语的诗。

除了他惊人的能力,老成的谈吐,以及对大自然种种形态的诗意的热爱以外,哈密顿同其他健康的孩子一样,没什么差别。他喜欢游泳,如果说多少有点令人不快的苍白,却全然没有书呆子的趣味。他性情和蔼,一贯安静,这对于一个强健的爱尔兰少年说来倒是不寻常的。但是在后来的生活中,哈密顿表现出了他的爱尔兰气质,他向一个诽谤者——这个人把他叫做撒谎者——提出挑战,要进行生死决斗,不过这件事由哈密顿的助手和解了,因而威廉爵士不能算作一个大数学家决斗者。在其他方面,年轻的哈密顿不是一个寻常的孩子,他不能忍受加在动物身上或人身上的痛苦。哈密顿终生喜爱动物,难得的是(这种难得少得令人遗憾)他尊重它们,对它们平等相待。

哈密顿12岁时开始对无意义地献身无用的语言的行为进行补救,并在他14岁以前完成。上天选择来使哈密顿离开错误道路的卑微工具,是搞计算的美国孩子科尔伯恩(1804—1839),他当时在伦敦的威斯敏斯特学校上学。科尔伯恩和哈密顿被带到一起，人们期望这个爱尔兰的天才能够识破那个美国孩子的方法的秘密，这些方法科尔伯恩本人也不完全了解（在费马一章中可见）。科尔伯恩非常坦率地向哈密顿透露他的窍门，哈密顿则对给他看的办法作出改进。关于科尔伯恩的方法，没有什么深奥或值得注意的地方。他的功绩主要是个记忆问题。哈密顿在他17岁（1822年8月）时写给他表兄阿瑟（Arthur）的一封信中，表达了对科尔伯恩的影响的谢意。

哈密顿在17岁时，通过积分学掌握了数学，并获得充分的数理天文学知识，使他能够计算日月食。他攻读了牛顿和拉格朗日的著作。所有这些都是他的消遣；古典文学依然是他认真研究的学科，虽然那只是他的第二爱好。更重要的是，如他给他的姐姐伊丽莎（Eliza）的信中所说，他已经作出了"一些奇特的**发现**"。

哈密顿提到的发现，可能是他的第一项伟大工作的发端，这项工作是研究光学中的光线系统。这样，哈密顿在他生活的第17个年头，已经开始了他重大发现的生涯。在这以前，他曾经发现拉普拉斯试图证明力的平行四边形法则中的一处失误，因而引起了都柏林大学的天文学教授布林克利博士（Dr. Brinkley）的注意。

哈密顿进大学以前从未上过学，他所有的初级训练都得自于他的叔父和依靠自学。他在准备都柏林大学三一学院的入学考试时，被迫专心攻读古典文学，这并没有占据他的全部时间，因为他在1823年5月31日写信给他的表兄阿瑟说，"在光学中，我作出了一项非常奇特的发现——至少我是那样认为的……"

如果正如人们料想的，这是指"特征函数"（哈密顿不久就会给我们描述），那么，这个发现标志着它的作者堪与历史上任何真正早熟的数学家匹敌。1823年7月7日，年轻的哈密顿在100名报考者中轻而易举地取得第一名，进入了三一学院。他的名声先他而至，他很快就成为著名人士，这是意料之中的事。事实上，在他还是一个大学生时，他在古典文学和数学方面的杰出才能就已在英格兰、苏格兰和爱尔兰的学术圈子中激起人们的好奇心。有人甚至宣称，第二个牛顿已经出现。关于他在大学肄业时获得成功的传说，是可以想象的——他实际上夺走了所有可以得到的奖励，而且在古典文学和数学这两方面都获得了最高荣誉。但是比所有这一切成就更重要的是，他完成了他的关于光线系统的划时代论文的第一部分的初稿。当哈密顿把他的论文提交爱尔兰皇家科学院时，布林克利博士评论说："这个年轻人，我不说他**将要**成为他那一代的第一数学家，而是说他**就是**他那一代的第一数学家。"

他为保持他光辉的学术记录进行了吃力而单调乏味的工作，在研究上花费了更多的有用时间，这些都没能耗尽年轻的哈密顿那过分充沛的精力。19岁时，他经历了他的三次严肃的恋爱中的第一次。威廉意识到他自己的"不配"——特别是涉及物质的前景上——于是只能满足于给那位年轻的小姐写写诗，结局就像通常的那样：一个比较平庸的军人娶了这个姑娘。1825年5月初，哈密顿从他心上人的母亲那里得知，他心爱的人已嫁给他的情敌。他所经受的打击，从下述事实可以一瞥：哈密顿是一个虔信宗教的人，对他说来，自杀是一件该罚入地狱的重罪，而他竟打算投水自尽。后来他用另一首诗减轻了自己的悲痛，这对科学来说，是一件幸事。哈密顿一生都是一个多产的打油诗人。但是他真正的诗，如他对他的朋友和热忱的仰慕者威廉·华兹华斯（William Wordsworth）说的，是他的数学。这一点没有哪个数学家会不同意。

这里我们可以谈谈哈密顿与当时文学界的一些灿烂明星，被称为湖畔派诗人的华兹华斯、骚塞（Southey）、柯尔律治（Coleridge）、奥布里·德·维尔（Aubrey de Vere）以及教育小说家玛丽亚·埃奇沃思（Maria Edgeworth）——一个完全符合哈密顿本人虔诚心意的女作家——的终身友谊。华兹华斯与哈密顿是在1827年9月哈密顿去英国的湖区旅行时初次认识的。哈密顿在"招待华兹华斯喝茶"后,同这位诗人来来回回地走了一个晚上,双方都拼命地要把对方送回家。第二天哈密顿送给华兹华斯一首90行的生硬的诗。这首诗,诗人本人可能在一次诗性焕发时吟唱过。华兹华斯当然不喜欢这个热心的年轻数学家不自觉的剽窃,他在略加称赞之后,开始极为详细地告诉这位满怀希望的作者,"写诗的工艺(对于一位如此年轻的作者还能指望别的什么呢?)不应该是这样的。"两年以后,当哈密顿已经在敦辛克天文台担任天文学家时,华兹华斯回访了他。哈密顿的姐姐伊丽莎,在被介绍给诗人时,感到她本人"不自觉地效颦他的诗《参观欧著草》的最初几行——

> 这就是**华兹华斯**!就是这个人
> 我的想象孕育了
> 那么忠实的一个清醒的梦,
> 一个消失了的形象!"

华兹华斯的拜访导致了一件大有益处的事情:哈密顿终于认识了"他的道路必须是科学的道路,而不是诗;他必须抛弃两者兼习的一贯希望,因此,他必须下定决心,痛苦地与诗歌诀别"。一句话,哈密顿抓住了明显的真理,那就是从**文学**的意义上讲,他身上一丁点儿诗人的才气也没有。然而,他一生都在持续不停地写诗。华兹华斯认为哈密顿的才智很高。事实上,他宽厚地说(实际上)在他认识的人当中,只有两个人使他产生了某种低人一等的感觉,他们就是柯尔律治和哈密顿。

哈密顿直到1832年才遇到柯尔律治,当时这位诗人实际上已经什么都不是了,只是一个平庸的德国形而上学家的翻版。然而各人都高度评价对方的才能,因为哈密顿长期以来就是康德原著的忠实学生。确实,哲学上的思考总是强烈地吸引着哈密顿,他曾经一度声明他自己是贝克莱那失去生命力的唯心主义的忠实信徒——智力上的,而不是肠里的*。他们两人之间的另一个结合点是他们都一心想着哲学的神学方面(假如有这样一个方面的话),柯尔律治还以他对三位一体的一知半解的反复思考而博得哈密顿的赞赏。这位虔诚的数学家对这方面是十分重视的。

哈密顿在三一学院大学生涯的结束,比它的开始更加令人惊奇;事实上它在大学历史上是独一无二的。布林克利博士辞去他的天文学教授职位,就任克洛因的主教。按照英国通常的习惯,为空出的席位登了广告,几位著名的天文学家,包括后来的英国皇家天文学家乔治·比德尔·艾里(George Biddell Airy,1801—1892),都送来了他们的证书。经过讨论以后,理事会放弃了所有的申请者,一致选举当时(1827年)22岁的大学生哈密顿为教授,而哈密顿并没有申请过。现在,"他面前是金光大道",哈密顿决心不辜负他的热情的选举者们的希望。自从14岁起,他就热爱天文学,还在童年时代,他有一次指着俯瞰着一片美丽景色的敦辛克小丘上的天文台说,要是他能任意选择的话,那就是他最愿意住的地方。现在,他在22岁时可以实现他的抱负了,他需要的只是一往直前。

他开始干得很出色。虽然哈密顿不是实用天文学家,虽然他的观测助手并不称职,但是这些缺陷都不严重。敦辛克天文台就其位置而言,永远不能在现代天文学中崭露头角。哈密顿明智地把他的主要努力用在数学上。在23岁时,他发表了自己还是一个17岁的孩子时做出的那些"奇怪发现"的完成形式,即《光线系统理论》第一部分,这是一篇伟大的杰作,它对于光学,就像拉格朗日的《分析力学》之于力学。它在哈密顿自己手里被扩展到动力学,用它那也许是最终的、完善的形式来表述那门基础学科。

哈密顿在第一篇杰作中引入应用数学的一些方法,在今天的数理物

---

* 智力上的原文系 intellectually,肠里的原文系 intestinally,两者读音相近。——译者

理学中是不可或缺的,理论物理一些特殊分支的许多工作者的目标,正是把整个理论概括成哈密顿原理。14年后,这篇杰出的著作使得雅可比在1842年于曼彻斯特举行的英国协会会议上,宣称"哈密顿是你们国家的拉格朗日",这里的国家是指讲英语的民族。由于哈密顿本人费了很大的力气用非专业人员所能理解的语言描述了他的新的方法的实质,我们引用他本人于1827年4月23日提交爱尔兰皇家科学院的论文摘要:

"在光学中,一条光线被认为是一条直线或折线或曲线,光沿着它传播;**光线系统**被认为是这些线的一种集成或聚集,它由于某种共同的联结、起源或产生方面的某种相似性,一句话,由于某种光学的统一性而结合在一起。因此,从一个发光点发出的光线组成了一个光学系统。当它们在镜子上反射回来以后,它们组成了另一个光学系统。研究一个(如这些简单事例中)我们知道其光学起源和历史的系统中光线的几何关系,探究它们之间是怎样配置的,它们是怎样发散或会聚或成为平行的,它们是以什么样的截角相切或相割成何种曲面或曲线的,它们怎么能结合成部分光束的,怎么能决定每一条特定的光线,并使它与其他光线区分开来,这就要研究光线系统。为了推广这种系统的研究,以便能够不改变程序就过渡到研究其他系统,同时为了确定一般的规则和某种一般方法,通过它们把这些孤立的光学装置结合和协调在一起,就需要构造**光线系统理论**。最后,为了能用现代数学的力量做到这些,用函数代替图形,用公式代替图表,就要构造这些系统的代数理论,即**代数对光学的应用**。

"为构造这样一种应用,自然要运用——或更准确地说,必须运用笛卡儿把代数应用于几何所采用的方法。那个伟大的哲学家式的数学家,设想出用三个坐标数,以代数方法表示或表达空间中任一点的位置的可能性,并实现了这个计划。这三个坐标数分别回答了一个点在三个垂直方向上(例如北、东、西)距离某个固定点,或为此目的选出的或指定的原点有多远;因此,在一般科学进展[顺序]中,空间的三个维度得到了它们的三个代数等价物，还有适当的概念和记号。这样，通过将联系一个平面或一个曲面上任意点的三个坐标的关系作为该平面或该曲面的**方程**，这个面就成为代数定义的了；推及所有的点，于是，一条直线或一条曲线，可以用同样的方法，通过指定两个这样的关系来表示，这样的关系相应于两个曲面，直线可看作它们的交线。以这种方式，通过对相应的三个可变量方程的一般研究为中介，对曲面和曲线进行一般研究，就可能发现全部共有的性质；即便每个几何问题不是能立即解答，它们至少能够用代数表示，因此每一个代数中的改进或发现就能够在这种几何中得到应用或说明。空间和时间的科学（这里采用我在其他地方大胆提出的对代数的一种看法）相互之间密切交织在一起，并且牢不可破地联系在一起了。从此以后，改进一个学科就能改进另一个学科。给曲线画切线的问题导致了流数或微分学的发现；那些求长和求积的问题导致了其反演，即积分学；曲面和曲率的研究要求偏微分的微积分学；等周问题导致变分学的形成。反之，代数科学中的所有这些伟大的步骤都有其对几何的直接应用，这导致了点或线或面之间的新的关系的发现。因此即使这个新的方法的应用不是如此多样和重要，也仍然会有把它**作为**一种方法进行思考，从中派生出高度智慧的乐趣。

"这个坐标的代数方法对光学系统的第一个重要**应用**，是由拿破仑在埃及军队中的一名法国工程军官马吕作出的，他在物理光学史上作为反射光存在偏振的发现者而知名。马吕在1807年提交法兰西研究院一篇深刻的数学著作，属于上面提到的那种类型，题目是《光学专论》。那篇论文所运用的方法，可以这样来描述——任何光学系统的一条直的光线的方向，都被认为是取决于该光线上某个特定点的位置，并遵循表征该特定光学系统且将其与其他系统区分开来的某个定律；这个定律可以用代数方式表示，办法是给这条光线上的另外任一点确定三个坐标的表达式，即任一点的三个坐标的**函数**。马吕由此采用了表示这三个函数（或至少等价于这些函数的三个函数)的一般符号,通过非常复杂但对称的计算,得出了几个重要的一般结论;许多这样的结论,连同许多其他结论,后来我自己也得到了,那时我并不知道马吕做过的工作。我用了几乎同样的方法,开始了我自己的把代数应用到光学的尝试。但是我的研究不久就引导我用了一种很不相同的(我相信我已经证明了)、更加**适用**于光学系统研究的方法,代替了马吕的方法。由于不须用上面提到的**三个**函数,或至少它们的**两个**比,这种方法只用**一个**函数就足够了,我称这个函数为**特征函数**,或称主函数。这样,他通过设置**一条光线的两个方程**作出了他的推理,另一方面,我则建立和使用了**一个系统的一个方程**。

"我为此目的而引入并作为我在数学光学中**演绎法**基础的这个函数,对于以前的作者们来说似乎是那门科学中非常高深、广博的**归纳**结果,这个已知结果通常称为**最小作用量定律**,但有时也称为**最小时间**原理[见费马那一章],它包括以前发现的有关的一切规则,这些规则决定了光沿着它们传播路线的形式和位置,以及由寻常或非寻常反射或折射产生的那些光线方向的改变[非寻常的改变就如在一个双折射晶体,比如冰洲石中那样,一条光线进入这样一个晶体时,会分成两条,两条都发生折射]。光从任何第一个点到任何第二个点都要消耗某个确定的量——在一种物理理论中它就是**作用量**,在另一种理论中则是**时间**;如果路径的两端保持不变,那么光走实际路径,与它走任何其他路径相比,它所消耗的这个量最少;用专业的语言说,就是其变分为零。我的方法在数学上的新意,首先在于把这个量考虑成这些端点坐标的**函数**,按照我称之为**变化作用量定律**的规律,当坐标变化时,作用量也变化;其次在于**把所有关于光线的光学系统的研究化简成对这一个函数的研究**:在一个全新的观点下给出数学光学的化简,一个类似于(如我认为)笛卡儿给出代数对几何的应用方面的化简。"

无须给哈密顿的这个说明添加什么了。也许可以加上这样的评论:

任何科学，不论怎样详细地解释，都不会像任何一本小说那样容易理解，不管这本小说写得多么糟糕。整个摘要读第二遍时可能会更有收获。

在这个关于光线系统的伟大工作中，哈密顿甚至建立了比他所知道的更好的东西。在上述摘要写出后几乎整整100年，人们发现哈密顿引入到光学的方法，正是与现代量子理论以及原子结构理论相联系的波动力学所需要的方法。可以回想牛顿偏爱光的发射或微粒理论，而惠更斯及其几乎直到我们这一代的追随者们，试图利用光的波动理论来解释光的现象。两种观点在现代量子理论中结合在一起，并在纯数学意义上协调了起来。现代量子理论形成于1925—1926年。1843年，哈密顿28岁时，实现了他把光学原理扩展到整个动力学的抱负。

光线理论在它的作者哈密顿只有27岁时发表，不久就取得了任何数学杰作所能取得的最快、最惊人的成就。这个理论旨在讨论实在的物理世界的现象，就是在日常生活和科学实验室中观察到的那些现象。任何这样的数学理论除非能够预测哪些现象日后能够被实验所证实，否则它不比它所系统化的学科的一本简明词典更好，而且它肯定会很快地被更富于想象力的，但并非被一目了然的描写所替代。在那些证明了物理学科中数学理论的真正价值的著名预言中，我们可以回想起三个例子：亚当斯（John Couch Adams，1819—1892）和勒威耶（Urbain-Jean-Joseph Leverrier，1811—1877）按照牛顿万有引力理论，通过数学分析计算了天王星的摄动，在1845年又独立地，而且几乎同时作出了关于海王星的数学发现；麦克斯韦（1831—1879）根据他自己的光的电磁理论，在1864年作出了无线电波的预言；最后，爱因斯坦在1915—1916年由他的广义相对论作出了光线在引力场中偏转的预言，这个预言在有历史意义的1919年5月29日，首次通过对日食的观测得到证实；以及他预言（也是出自他的理论）：大质量天体产生的光的谱线会移动一个量，爱因斯坦说是向光谱的红端移动，也得到了证实。后两个例子——麦克斯韦的和爱因斯坦的——具有与第一个例子不同的类型;这两个例子用数学方法预言了**完全未知和意料之外的现象**,那就是说,这些预言是**定性**的。麦克斯韦和爱因斯坦两人还用了精确的**定量**预言加强了他们的定性预见;当他们的预言最终为实验证实时,就排除了认为这些定量预言仅仅是猜测的任何指责。

哈密顿对光学中称为锥形折射的预言,是这种同样的定性加定量的类型。基于他的光线系统理论,他在数学上预言,与光在双轴晶体中的折射相联系,会发现一个完全出乎意料的现象。他在琢磨他关于光线的论文《第三个补充》时,有一个发现使他自己吃了一惊,他这样描述这个发现:

"光线在普通镜子上的反射定律,欧几里得看来是知道的。光线在水、玻璃,或其他非晶体介质表面的普通折射定律,是由斯内利厄斯(Snellius)在晚得多的时候发现的;惠更斯发现、后来马吕证实了由单轴晶体,诸如冰洲石产生的非寻常折射的规律;最后,在诸如黄玉或霰石之类的双轴晶体表面处的非寻常双折射,由我们这一代的菲涅耳(Fresnel)发现了。但是甚至在这些特殊的或晶体的折射中,也只有**两条**折射光线被观察到或被怀疑存在,这里我们把柯西的一种理论除外,该理论认为可能会有**第三条**光线,虽然我们的感官也许觉察不到它。然而,哈密顿教授在用他的一般方法研究菲涅耳定律的结果时,得出了这样的结论:某些情形下,**在一个双轴晶体内,相应于或产生自单独**一条入射光线,应该有不止两条,也不止三条,也不止任意有限条折射光线,而是有**无穷**多条折射光线,或者是折射光线的一个锥;在其他一些情形,在这样一个晶体中单独一条光线会产生无穷多条光线,排列在另外某个锥中。因此,他由理论预见到光的两个新的规律,并把它们命名为**内锥折射**和**外锥折射**。"

这个预测,以及它被汉弗莱·劳埃德(Humphrey Lloyd)的实验所证实,使年轻的哈密顿从那些能够欣赏他工作的人那里博得了无限的赞扬。从前与他竞争天文学教授职位的对手艾里,这样评价哈密顿的成就:"也许迄今为止所作出的最值得注意的预言,就是最近由哈密顿教授作出的那些了。"哈密顿自己认为这个预言像任何类似的预言一样，比起他心目中的宏伟目标，只是一个"次要的、二流的结果"，他的目标是"在被视为一个纯科学分支的光学的思考和推理中引入和谐与统一"。

按照一些人的看法，这个惊人的成功是哈密顿事业的顶点；在这项关于光学和动力学的伟大工作之后，哈密顿衰落了。另外一些人，特别是被称为四元数高教会派成员的那些人，认为哈密顿最伟大的工作还未做出——这就是创造他的四元数理论，哈密顿本人认为这是他的杰作，而且是使他得以不朽的杰作。暂且把四元数放在一边，我们可以简单地说，从他27岁直到他62岁去世为止，有两个灾难给哈密顿的科学事业带来了严重的破坏，那就是婚姻和酒精。酒精是不幸的婚姻的部分结果，但不是全部结果。

哈密顿第二次不幸的恋爱以一句轻率的话结束了，这句话并没有什么意思，但是这位敏感的求婚者却对它耿耿于怀，在这以后，他于1833年春和他的第三个意中人海伦·玛丽亚·贝利（Helen Maria Bayley）结了婚。他当时28岁。新娘是一个乡村牧师的寡妇的女儿。海伦有"讨人喜欢的、像贵妇人一样的外貌，很早便以她诚实的天性和他知道她会具有宗教原则，给他[哈密顿]留下了好印象，虽然这些介绍里没有加上什么容貌姣好或聪慧机敏等话。"现在，如果一个傻瓜要如实地介绍她的话，那么任何一个傻瓜都能说明的真实情况是：不论谁和她结婚，都将因为轻率从事而受到不公的待遇。1832年夏天，贝利小姐"患了一场重病……这件事无疑把他[失恋的哈密顿]的心思吸引到她那方面，为她的康复而焦虑不安，而且，这件事发生在这样的时候[当时他刚刚同他真正心爱的姑娘决裂]，他感到不得不克制他原来的热情，为比较温柔和温暖的感情铺平道路"。总而言之，哈密顿完全被一个病弱的女性钩住了，这个女性的后半生将成为一个半残废，她或者是由于无能，或者是由于身体太差，让她丈夫懒散的仆人们随心所欲地管理家务,至少在这个家的某些部分——特别是他的书房——脏乱得像一个猪圈。哈密顿需要一个有坚强意志的、富于同情心的女人支持他,把他的家务管理得井井有条,但是他得到的却是一个病弱的人。

哈密顿在婚后10年震惊地认识到他正在走一条下坡路,于是试着从滑坡上停下来。作为一个年轻人,在宴会上大吃大喝,他相当放纵自己,特别是他那天生的口才和爱吃喝玩乐的性格,在一两杯酒下肚以后,就很自然地变本加厉了。在他结婚以后,饮食没规律,或者根本就不吃饭,加之他那不休息地连续工作12小时或14小时的习惯,使得他只能从酒瓶中补充营养。

适当地纵酒究竟是加速还是妨碍数学上的**创造能力**,这是一个有争议的问题,在进行一套**有控制的**彻底的实验来解决这个问题以前,必须让这个疑问继续存在,恰如在任何其他生物学的研究中一样。有人认为,假如诗的创造与数学的创造是相似的,那么合理的酗酒(假如有这种情况的话)显然绝对不会破坏数学上的创造能力。事实上,许多充分证实了的例子说明情况恰恰相反。当然,在诗歌方面,"酒和歌"常常是连在一起的,至少有一个例子——斯温伯恩(Swinburne)——要是没有酒,诗歌也就完全枯竭了。数学家们常常谈及,长时间集中精力解决一个难题会引起可怕的紧张,而有人发现喝杯酒就会明显地松快下来。但是可怜的哈密顿很快就超过了这个阶段而变得漫不经心,不仅在他凌乱的书房里独自一人时是这样,在宴会厅大庭广众之中也是如此,他甚至在一次科学界的宴会上也喝醉了。认识到是什么把他打垮了以后,他下决心永远不再喝酒,他的决心保持了两年。后来,在罗斯勋爵(Lord Rosse,拥有当时最大而最无用的望远镜)的庄园里举行的一次科学会议上,他的老对手艾里讥笑他除了喝水什么也不喝。哈密顿让步了,从那以后便又沉溺于饮酒——远远超过了需要。这个不利条件仍然不能使他退出竞赛,不过,没有这个不利条件,他也许会走得更远,达到更高的高度,但是,他已经够高了,还是让道德家去说教吧。

在考虑哈密顿认为什么是他的杰作以前,我们不妨简略地总结一下他所得到的主要荣誉。30岁时,他在英国科学促进协会于都柏林举办的会议上担任一个有影响的职位,与此同时,总督命令他"跪下,哈密顿教授",然后,用国剑拍他的双肩,命令他"起来,威廉·罗恩·哈密顿爵士",这是哈密顿一生中无话可说的几个场合之一。32岁时,他成为爱尔兰皇家科学院院长,38岁时,他从英国政府获得每年200英镑的文官终身津贴,当时的首相是爱尔兰的难以相处的朋友罗伯特·皮尔爵士(Sir Robert Poel)。在这以前不久,哈密顿作出了他的重大发现——四元数。

他在临终时获得的最后一项荣誉,比以往获得的任何荣誉都更使他高兴,这就是他被选为美国科学院第一位外籍院士,该科学院是在内战期间成立的,这项荣誉主要是对他在四元数上工作的重视。由于某种深奥难测的原因,这项工作比牛顿的《原理》以来的任何其他英国数学成就,更深地打动了当时美国的数学家[当时只有很少几名数学家,哈佛大学的本杰明·皮尔斯(Benjamin Pierce)是主要的一位]。四元数在美国很早享有盛名多少是一个谜。或许是《四元数讲义》的浮夸的雄辩投合了这个朝气蓬勃的年轻国家的胃口,这个国家还没有丢掉它对议院演讲的可怕的嗜好和7月4日*的才气焕发的热烈赞辞。

四元数的历史太长,不能在这里完整地介绍,甚至高斯在1817年的预测,也不是这个领域的发端;欧拉以一个孤立的结果先于高斯,这个结果用四元数解释最为简单。四元数的起源甚至可以追溯得更远,因为奥古斯塔斯·德·摩根有一次半开玩笑地提出,要为哈密顿把它们的历史从古

---

* 美国独立纪念日。——译者

印度追踪到维多利亚女王(Queen Victoria)时代。不过,我们在这里只需要看看这个发现中的主要部分,简略地考察一下是什么鼓励了哈密顿。

英国学派的代数学家,像将在布尔那一章中看到的那样,在19世纪上半叶把普通代数建立在它自身的基础上。他们预见到了在谨慎、严格地发展任何数学分支中现时所采用的步骤,**在公设上**建立了代数。在此之前,当**假定**所有的代数方程都有根时,进入数学的各种各样的数——分数、负数、无理数——都被允许在与普通正整数同样的基础上起作用。由于习惯,普通正整数是如此之陈旧,以致所有的数学家都认为它们是"自然的",在某种含糊的意义上是完全理解了的——实际上它们并非如此,甚至在今天也不是这样的,这点当我们讲到格奥尔格·康托尔的工作时就会看到了。把一个体系建立在数学符号中盲目的、形式上的小把戏上,并天真地相信它的自洽性,这可能是令人崇敬的,但也似乎有点愚蠢。这种轻信在声名狼藉的**形式永恒原理**中达到顶点,这个原理实际上是说,一组对于一类数——比如说正整数——产生一致性结果的规则,当应用到任何其他类型的数——比如说虚数——时,甚至当结果还没有明确的解释时,也会继续产生一致性。信任无意义的符号的完美常常会导致荒谬,这看来是不足为奇的。

英国学派改变了这一切,虽然他们还不能迈出最后一步,**证明**他们对于普通代数的公设永远不会导致矛盾。那一步只是到了我们这一代,才由德国工作者在建立数学基础中完成了。在这一点上必须牢记,代数只讨论**有限**过程,当**无穷**过程进入时,例如当无穷级数求和时,我们就越出代数,而进入了另一个领域。强调这一点是因为通常的初等教科书标明的"代数",包含许多**并非**现代意义上的代数的东西——例如,无穷几何级数。

哈密顿在创造四元数中所做的事情的性质,在普通代数的一组公设(取自L·E·迪克森的《代数及其算术》,芝加哥,1923年)——或者像专门术语说的**域**[英国作者有时用corpus(体),作为德文kørper或法文corps的对等词]——的背景下,表现得更为清楚。

"一个域F是由元素为$a,b,c,\cdots$的一个集合S和两个运算组成的系统,这两个运算称为加法和乘法,可以实施到S的任意两个(相等的或不同的)元素a和b上,按照这样的顺序,产生了S的唯一确定的元素$a\oplus b$和$a\odot b$,使得公设 I—V 得以满足。为简单起见,我们写$a+b$代替$a\oplus b$,ab代替$a\odot b$,分别称它们为a和b的**和与积**。此外,称S的元素为F的元素。

"I. 如果a和b是F的任意两个元素,那么$a+b$和ab是F的唯一确定的元素,并且

$$b + a = a + b, \quad ba = ab。$$

"II. 如果a,b,c是F的任意三个元素,则

$$(a + b) + c = a + (b + c),$$
$$(ab)c = a(bc),$$
$$a(b + c) = ab + ac。$$

"III. F中存在两个不同的元素,记为0和1,使得如果a是F的任意元素,那么$a + 0 = a, a1 = a$(由 I,因此$0 + a = a, 1a = a$)。

"IV. 不论F的元素a是什么,总存在F中的一个元素x,使得$a + x = 0$(由 I,因此$x + a = 0$)。

"V. 不论F的元素a(不为零)是什么,总存在F中的一个元素y,使得$ay = 1$(由 I,因此$ya = 1$)。"

整个普通代数就是由这些简单的公设推导出来的。关于一些论断的一两句话,可能有助于那些多年没有读过代数的人。在II中,论断$(a + b) + c = a + (b + c)$,称为**加法结合律**,表示如果$a$和$b$相加,再给这个和加上$c$,那么结果同$a$加上$b$与$c$的和相等。对于II中的第二个论断,就乘法来说也是类似的。II中的第三个论断称为**分配律**。在III中,公设了"零"和"单位";在IV中,公设的x给出a的负数;V中的第一个括号中注明禁止

"用零除"。公设 I 中的要求分别称为**加法交换律和乘法交换律**。

这样一组公设可以认为是经验的浓缩。许多世纪以来人们运用数学并根据算术定律得到有用的结果——凭经验得到,这种做法启发了包含在这些精确的公设中的大多数定律,但是一旦懂得了经验的启发,由经验提供的(这里是普通算术的)**解释**就故意被隐瞒或忘记了。由公设定义的**系统**是由普通逻辑加上数学的机智,在它自己的价值上**抽象地**发展起来的。

特别要注意 IV,它**公设**负数的**存在**。我们并不企图从正数的性态推**断出**负数的存在。当负数在经验中作为借方而不是贷方首次出现时,它们**作为数**,被认为是与后来的"虚"数 $\sqrt{-1}$、$\sqrt{-2}$ 等等"不自然"的怪物一样可憎的东西。这些虚数源自诸如 $x^2+1=0, x^2+2=0$ 等等方程的**形式**解。如果读者回顾一下高斯对复数的作为,他就能够更充分地欣赏下面这部分陈述的简明扼要,该陈述事关哈密顿为剥去"虚数"愚蠢的、纯虚构的神秘性独创的方法。这个简单的东西是把哈密顿引导到他的四元数的步骤之一,虽然严格说来它与四元数毫无关系。对于结局有重要意义的是在巧妙地重建复数代数运算背后的**方法和观点**。

如果像通常那样,i 表示 $\sqrt{-1}$,那么一个"复数"是一个 $a+bi$ 类型的数,其中 a,b 是"实数",或者如果愿意的话,更一般地是由上述公设定义的域 F 的元素。哈密顿不是把 $a+bi$ 看作一个"数",而是把它想象为"数"的**一个有序偶**,他把这个数偶记为 (a,b)。然后他着手把**和与积**的定义强加于这些数偶上,就像从代数学家们操纵复数的经验——好像普通代数的定律事实上对它们成立似的——中升华出来的**形式**的组合规则提示的那样。处理复数的这种新方法的一个优点在于:数偶的和与积的定义被看作是一个域中的和与积的一般的抽象定义的例子。因此,如果对于一个域的公设所定义的系统的一致性得到证明,那么无需进一步的证明,就可对复数和它们据以结合的通常规则得出类似的结论。哈密顿把复数考虑为数偶$(a,b),(c,d)$等等的理论中只需要给出和与积的定义就够了。

(a,b)与(c,d)的**和**是$(a+c,b+d)$；**积**是$(ac-bd,ad+bc)$。最后，减号像在域中那样，即在Ⅳ中公设的元素x由$-a$表示。域中的0,1在这里相应于$(0,0),(1,0)$。有了这些定义，就很容易证明哈密顿的数偶满足对于一个域所陈述的全部公设，但是它们也符合对于复数运算的**形式**规则。因此，$a+bi,c+di$分别相应于(a,b)和(c,d)，这两者的形式"和"是$(a+c)+i(b+d)$，相应于数偶$(a+c,b+d)$。再有，$a+bi,c+di$的形式乘积产生$(ac-bd)+i(ad+bc)$，它相应于数偶$(ac-bd,ad+bc)$。如果这些东西对某个读者是新的，那么再看一遍是值得的，因为它是现代数学消除神秘性的方法的一个例子。只要有一丝神秘性附着于某个概念上，那么这个概念就不是数学的概念。

哈密顿用**数偶**处理复数以后，试图把他的设想扩展到**三重数**或**四重数**上。如果没有要进一步产生什么想法，这样的一项工作当然没有意义。哈密顿的目的是要发明一种代数，它对三维空间中的旋转就像复数或他的数偶对于二维空间中的旋转所起的作用一样，这两个空间都像是初等几何学中的欧几里得空间。现在，可以认为一个复数$a+bi$表示一个**向量**，那就是说，一个**既有长度又有方向**的线段，这在图中是很明显的，有

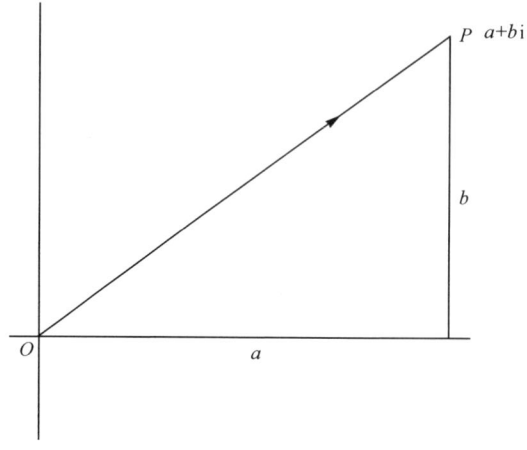

向线段(用箭头表示)代表向量 OP。

但是在试图把三维空间中向量的行为符号化,以保持用于物理学、特别是用于旋转系统中的那些向量性质时,哈密顿被一个没有料到的困难阻挡了好些年。很长时间内他甚至没有猜想到这个困难的真正性质。我们可以顺便看看他追寻的一条线索,一条使他没有得到任何东西的线索——而他坚持它使自己得到什么——之所以更值得注意。由于它现在几乎被普遍视为是一个谬论,或者充其量是一个形而上学的推测,在历史或数学经验中没有基础可言。

哈密顿反对他的英国同代人提倡的对代数进行纯抽象的、公设化的系统阐述,他试图把代数建立在一些"更实在"的基础之上,为了这个毫无意义的事业,他利用了康德的一种被非欧几何的创造所驳倒的错误见解,即将空间看作"一种感觉直觉的纯粹形式"。确实,似乎并不知道非欧几何的哈密顿,追随康德相信"时间和空间是知识的两大源泉,各种各样先验的综合认识都能够由它们得出。在这方面,就我们对空间及其各种各样的关系的认识来说,纯粹数学提供了一个极好的例子。由于它们都是纯形式的感觉直觉,它们反映了综合命题的先验可能"。当然,今天任何不是完全无知的数学家都知道,康德的这个数学概念是错误的,但是在19世纪40年代,当哈密顿在接近四元数的途中时,康德的数学哲学对那些没有听说过罗巴切夫斯基的人——几乎是所有的人——仍然有意义。哈密顿用一个看上去像是糟糕的数学双关语的东西,把康德的学说应用于代数,得出了奇怪的结论:由于几何是空间的科学,由于时间和空间是"直觉的纯感觉形式",因此数学的其余部分必须属于时间,而且他把自己的大部分时间浪费在推敲一种稀奇古怪的学说,即**代数是纯时间的科学**上。

这个古怪的想法吸引了很多哲学家。就在不久以前,在数学的胆囊中寻找哲学家的结石的愚蠢的形而上学家们,还发掘并认真地剖析了它。正因为"代数作为纯时间的科学"根本不具有数学意义,它将继续被踊跃地讨论,直到时间本身结束为止。一位大数学家关于代数的"纯时间"方面的看法,可能是有趣的,"我本人无法理解代数与时间的联系,"凯莱承认,"就算这个不断进步的概念出现了,并具有重要意义,我也看不出它在任何方面会是科学的基本概念。"

哈密顿在试图为三维空间构造一个向量和旋转的代数时所碰到的困难,根源在于他下意识地相信,普通代数最重要的定律必定继续存在于他寻找的代数中。三维空间中的向量是怎样被乘在一起的呢?

为了领悟这个问题的困难,必须牢记(见高斯那一章)**普通复数** $a+bi$ ($i=\sqrt{-1}$)已经用**一个平面上的旋转**给出了一个简单的解释,还有**复数遵守普通代数的所有规则**,特别是**乘法交换率**:如果 A,B 是任意复数,那么 $A \times B = B \times A$,不管 A,B 是按**代数**解释的,还是按**平面上的旋转**解释的。那么,预测**同一种交换律**对于表示**三维空间中旋转的复数的推广**也成立,似乎是合乎常情的。

哈密顿的伟大发现——或发明——是一种代数,是三维空间中的旋转的"自然"代数的一种,交换律在其中不成立。在这个**四元数**(他这样称他的发明)的哈密顿代数中,出现了一种乘法,其中 $A \times B$ **不**等于 $B \times A$,而是等于**负**的 $B \times A$,即 $A \times B = -B \times A$。

能够舍弃乘法交换律而构造出相容的、实际有用的代数系统,这是一项也许可以同非欧几何思想的形成相媲美的第一流的发现。有一天(1843年10月16日),当哈密顿和他的妻子出去散步,走到一座桥上时,他(经过15年徒劳的思索之后)突然有了一种醍醐灌顶的感觉,以至于在桥面上刻下了新代数的基本公式。他的伟大发现直到今天仍然指引着代数学家们通往其他代数的道路。实际上数学家们步哈密顿的后尘,通过对域否定一个或更多的公设并发展其结果,而随意创造出各种代数。这些"代数"中有的极其有用;包含这许多代数的一般理论中也包括了哈密顿的伟大发明——他的发明仅仅是其中的一个细目,尽管是一个很重要的细目。

按照哈密顿的四元数,涌现出了过去的两代物理学家们所喜爱的各种**向量分析**。今天,所有这一切,包括四元数**只要是与物理应用有关的**,都被1915年与广义相对论一起开始流行的、无比简单且普遍的**张量分析**撇在一边了。关于这点后面还要谈到。

最后,再说明一点:哈密顿最深刻的悲剧既不是酒精,也不是他的婚姻,而是他顽固地相信,四元数是解决物质宇宙的数学的关键。历史已经证明,当哈密顿坚持"……我仍然必须断言,我认为这一发现对于19世纪中叶的重要性,正如流数[微积分学]的发现对于17世纪末叶的重要性"时,他可悲地欺骗了他自己。从来没有一个伟大的数学家这样毫无希望地错误过。

哈密顿一生的最后22年几乎完全致力于对四元数的详细推敲,包括它们对动力学、天文学和光的波动理论的应用,以及他的大量通信。哈密顿去世后发表的《四元数基础》的过分详尽的风格,清楚地表明了其深受它的作者的生活方式的影响。他于1865年9月2日61岁时死于痛风,这以后人们发现哈密顿身后留下了大量混乱得难以形容的文稿,以及大约60大本充满了数学的手稿。现在他的著作的令人满意的版本即将出版。他的文稿的状况,证明了他一生的最后三分之一时间是在怎样艰难的家庭环境中度过的:在他那堆积如山的文稿中,埋藏着无数的盘子,里面盛着变干了的、没有吃过的猪排;从杂乱无章的东西中,挖掘出了足够供应一大家人吃的饭菜。哈密顿在最后一段时间里生活得像一个遁世者,对他在工作时塞给他的饭菜毫不理睬,沉溺在他的梦想中:他那卓越天才的最后一次巨大努力,将使他自己和他所热爱的爱尔兰得以不朽,也将作为自牛顿的《原理》问世以来对科学的最伟大数学贡献而永远屹立。

他把他不朽的光荣赖以建立的早期工作,视为他的巨作旁边的几乎不重要的东西。直到最后,他始终是谦卑而虔诚的,完全不热衷于对科学声誉的追求。"我长期以来欣赏托勒玫对他伟大的天文学导师依巴谷的描绘,*ἀνήρ φιλόπονος καὶ φιλαληθής*;一个热爱劳动和热爱真理的人。但愿我的墓志铭也如此。"

第 20 章

天才与愚蠢

伽罗瓦

愚蠢的一个空前的世界记录。伽罗瓦的童年。教师们超过了他们自己。伽罗瓦16岁时重犯了阿贝尔的错误。政治与教育。考试成为天才的裁判者。被一个教士追逼得要死。再一次入学考试失败。又是柯西的粗心。被迫反抗。19岁的数学大师。"用尸体去唤起民众。"巴黎最肮脏的阴沟。爱国者突然挑起决斗。伽罗瓦的最后一夜。方程的谜解开了。像狗那样被埋葬。

> 诸神自身向愚蠢进行的斗争也没有胜利。
>
> ——席勒(Schiller)

阿贝尔死于贫穷,伽罗瓦则死于愚蠢。全部科学史上,极度愚蠢战胜不可抑制的天才的例子,再没有比埃瓦里斯特·伽罗瓦(Évariste Galois)过于短促的一生所提供的例子更全面了。关于他的不幸的记录,很可能作为一切自负的教书匠、无耻的政客,以及骄傲自满的院士们的一个不祥的纪念碑而竖立。伽罗瓦不是"无用的天使",但是面对大群愚蠢的人联合反对他,就连他那非凡的力量也被粉碎了,他在同一个接着一个的不可战胜的蠢材的斗争中,耗尽了自己的生命。

伽罗瓦

伽罗瓦一生中最初的11年是幸福的。他的双亲住在拉赖因堡这个小镇上，就在巴黎城外，1811年10月25日，埃瓦里斯特就诞生在那里。埃瓦里斯特的父亲尼古拉-加布里埃尔·伽罗瓦（Nicolas-Gabriel Galois）是18世纪的遗老，他有教养、聪明、富于哲学思想，对王权深恶痛绝，对自由无限热爱。在拿破仑逃离厄尔巴岛之后的"百日王朝"期间，老伽罗瓦被选为该镇的镇长，滑铁卢战役以后，他保持着他的职位，在国王统治下忠诚服务，支持村民们反对教士，在社交集会上用他自己创作的老式诗歌让人们高兴。这些无害的活动，后来却证明是这个和蔼可亲的人毁灭的原因。从父亲身上，埃瓦里斯特获得了作诗的技能以及对暴政和卑怯的极端厌恶。

伽罗瓦直到12岁时，除了母亲阿代拉伊德·玛丽·德芒（Adélaïde-Marie Demante）以外，没有别的教师。伽罗瓦性格中的一些特点是从他母亲继承来的，她出身于一个显要的律师世家。她的父亲好像有几分鞑靼血统。他给了女儿彻底的古典教育和宗教教育，她又把这些教育赋予她的大儿子，不过不是把她所接受的东西原封不动地教给他，而是独出心裁地把它们融合成一种强有力的坚韧精神。她没有拒绝基督教，也没有毫无疑问地全盘接受，她只是把基督的教义与塞涅卡（Seneca）和西塞罗的学说加以对照，把一切归结到其基本美德。她的朋友们记得她是一个性格坚强的女子，有主见，慷慨，有明显的创造能力，好奇，喜欢探索，有时流于自相矛盾。她死于1872年，终年84岁。直到最后，她始终思维清晰有力。她像她丈夫一样,憎恨暴政。

在伽罗瓦的父系或母系方面,都没有关于数学才能的记载。他自己的数学才能,或许是在青春期开始时像爆炸似的迸发出来的。在孩提时代,他感情充沛,比较严肃,不过他也很喜欢参加为了向他父亲表示敬意而经常举行的欢乐的庆祝活动,甚至创作诗歌和对白来使客人们高兴。所有这一切,在卑鄙的迫害和愚蠢的误解的刺痛下,全改变了,迫害和误解不是来自他的父母,而是来自他的教师们。

1823年,伽罗瓦12岁时进了巴黎的路易大帝皇家学院,这是他上的第一所学校。那地方阴森可怕、戒备森严,由一个与其说是教师不如说是政治上的监狱看守的圣职候补者统治着,这地方看上去像一座监狱,实际上也正是一座监狱。1823年的法国,对大革命记忆犹新,那是一个策划阴谋和反阴谋的时代,充满暴乱和革命谣言的时代。所有这一切在学校里都引起共鸣,学生们怀疑这位圣职候补者在打算让耶稣会会士卷土重来,他们罢课,拒绝在教堂里唱圣歌。圣职候补者甚至没有通知学生家长就把那些他认为最有罪的人开除了,他们流落街头。伽罗瓦不在他们当中,但是如果他在,对他倒要好些。

直到这之前,暴政对这个12岁的孩子来说,还仅仅是口头上的,现在他在行动上看见它了。这个经历使他性格的一个方面终生都不正常,他被震惊得怒不可遏。在学习上,由于他的母亲在古典文学方面极好的教导,伽罗瓦成绩优异并得了奖。但是他也获得了一种比任何奖励都更持久的东西,那就是一种顽强的信念,不论它是正确的还是错误的,他认为不管是畏惧还是最严厉的惩罚,都不能在这些经历了第一次无私献身的年轻心灵中,扑灭正义感和公正待人。这是他的同学们用他们的勇气教给他的。伽罗瓦从来没有忘记他们的榜样。他太年轻了,不能不被激怒。

随后的一年,标志着这个少年生活中的另一次危机。他对文学和古典文学俯首帖耳的兴趣消失了,变得厌烦了;他的数学天才已经在生气勃勃地活跃起来。他的教师们建议让他留级，埃瓦里斯特的父亲反对，于是这孩子继续做着修辞学、拉丁文和希腊文的没完没了的练习。据报告，他的成绩低劣，他的行为"放荡"，教师们如愿以偿了，伽罗瓦降级了，他被迫吞下他的天才所拒绝的残汤剩饭。他感到厌烦，对他的功课敷衍塞责，既不努力也不感兴趣地混日子。数学课比起消化古典文学这种严肃的事情来，多多少少是一种附带的东西，所以各个年级和不同年龄的学生都在其他课程之余学习初等数学。

正是在这非常厌烦的一年，伽罗瓦开始学习了正规学校的数学课。他发现了勒让德的光辉的几何学。据说就连学生当中比较出色的数学人才，要掌握勒让德几何学，一般也需要两年的时间，但伽罗瓦从头到尾读完了几何学，就像其他孩子读一本关于海盗的故事那样容易。这本书唤起了他的热情；它不是一本雇佣文人写的教科书，而是一个富于创造性的数学家所创作的艺术品，只要读一遍，就足以把初等几何学的整个结构一清二楚地展示给这个着迷的孩子。他已经掌握了它。

他对代数的反应是很有启发性的。代数使他厌恶，当我们考虑到伽罗瓦有着怎样的头脑时，他对代数的厌恶是有非常充分的理由的。这里没有像勒让德那样的大师去鼓舞他，代数方面的课本只不过是学校的教科书而已。伽罗瓦轻蔑地把它扔在一边，他说，它缺乏创造者的机敏，那是只有富于创造力的数学家能够给予的。既然已经通过其著作结识了一位大数学家，伽罗瓦就自己着手来解决问题。他不顾教师吹毛求疵地过分着重细节，直接从当时最伟大的数学大师拉格朗日那里学他的代数。后来他阅读了阿贝尔的著作。这个十四五岁的孩子，吸取了为成熟的专业数学家们写作的代数分析的巨著——关于方程数值解、解析函数论，以及函数的微积分方面的论文。他在课堂上的数学成绩平平：传统的课程对于一个数学天才来说是微不足道的，也是掌握真正的数学所不需要的。

伽罗瓦能够几乎完全凭心算进行最困难的数学研究，这种特殊的天赋无需教师或主考人的帮助。他们坚持的那些细节，在他看来是太显而易见或太琐碎了，使他愤怒得难以忍受，他常常发脾气，然而他在总考中仍然获奖。教师们和同学们都很惊讶，当他们失败时，伽罗瓦却用突击夺取了他自己的王国。

　　由于初次认识到自己的巨大力量，伽罗瓦的性格发生了深刻的变化。他知道了他与代数分析大师们的密切关系，感到无比自豪，渴望着冲到前面去，同他们进行较量。他的家人——甚至他的非同寻常的母亲——发现他很奇怪。在学校里，他似乎在他的教师和同学们心里引起一种害怕和愤怒相混合的奇怪感情。他的教师们都是好人，而且有耐心，但是他们是愚蠢的，而对于伽罗瓦，愚蠢是不能原谅的罪恶。在这一年的年初，他们报告说他"很温和，充满着天真和良好的品质，**但是——**"接着他们就说"他身上有点奇怪的东西"。无疑是有的，这孩子有着不寻常的头脑。过了不久，他们承认他不是"调皮捣蛋"，只不过是"有独创性和古怪"，"好争辩"，他们抱怨他喜欢取笑他的同伴。这一切无疑是应该受到严厉谴责的，但是他们应该用他们的眼睛看看，这孩子发现了数学，他已经被他的精灵驱使着了。在这觉醒的一年的年底，我们得知"他的古怪使他同所有的同伴疏远了"。他的教师们注意到"他的性格中有点神秘的东西"。更糟糕的是，他们指责他"**假装**胸怀大志和有独到见解"，但是确实有人承认伽罗瓦数学很好。他的修辞学教师们满足于一句古典的讽刺话："他的聪明现在只是一种我们不能相信的神话。"他们抱怨他在规定的工作中——当他打算在上面花费一点心思时——只是敷衍了事和古里古怪，故意用无休止的"胡闹"来使教师们厌烦。这最后一点不是指干坏事，因为伽罗瓦并没有恶意，那仅仅是用一个强烈的措词，来描述一个第一流的数学天才，决不能把他的聪明才智浪费在学究们赘述的、无用的修辞学上。

　　有一个人出于他永远可靠的、数学上的洞察力，宣称伽罗瓦在文学研究方面和他在数学上同样能干。伽罗瓦看来是被这个人的好意打动了，他答应给修辞学一个机会。但是他的数学魔鬼这时已被完全唤醒了，大嚷大叫地要出来了，可怜的伽罗瓦失去了天恩。在短短的时间内，这位持不同意见的教师就站在大多数人一边，投了和他们一致的票。他悲哀地承认，伽罗瓦无可救药了，"骄傲自满，拥有不可容忍的、装模作样的独创性。"但是这位卖弄学问的教师提出了一个极好的、令人恼怒的建议，以挽回他的面子，如果这个建议被采纳了，伽罗瓦可能会活到80岁。"对数学的疯狂主宰了这孩子，我想他的父母最好是让他只学数学。他在这里浪费他的时间，他所做的一切都是折磨他的教师们，并给自己招来责备。"

16岁时，伽罗瓦犯了一个奇怪的错误，他不知道阿贝尔在事业开始时就自认为做出了不可能做到的事，即解决了一般五次方程的问题，伽罗瓦重复了这个错误。有一段时期——不过时间很短——他相信自己已经做到了不可能做到的事。这仅仅是阿贝尔和伽罗瓦两人的经历中几个特别相似之处中的一个。

当伽罗瓦在16岁已经很好地开始了他那重大发现的事业时，他的数学教师韦尼耶(Vernier)仍在不断地对他唠唠叨叨，就像一只母鸡孵出了一只小鹰，而不知道怎样把这个不守规矩的家伙的双脚固定在谷仓院子里那一大堆脏土上一样。韦尼耶恳求伽罗瓦按部就班地工作，但伽罗瓦忽视了这个忠告，没有准备就去参加竞争激烈的巴黎综合工科学校的入学考试。这所伟大的学校是法国数学家之母，创办于法国大革命期间（有人说是蒙日创办的），目的是给土木工程师和军事工程师们提供世界上能够得到的最好的科学教育和数学教育。这所学校对雄心勃勃的伽罗瓦有双重吸引力，在综合工科学校，他的数学才能可以得到赏识和最大的鼓励，还有他对人身自由和言论自由的渴望也会得到满足，因为正是强有力的、大胆的、综合工科学校的学员们——其中有些是未来的军队领袖——始终是那些企图破坏光荣的革命工作，恢复腐朽的教士阶级和国王们的神圣权力的反动阴谋家的眼中钉。大胆的综合工科学校的学员们,至少在伽罗瓦孩子气的双眼中,跟路易大帝学院那些像吹胡子瞪眼的庸人似的叽叽喳喳的修辞学教师们,不是同一类的人,他们是一帮献身的青年爱国者。以后的事件不久就会证明,他的评价至少部分是正确的。

伽罗瓦考试失败了。不只是他一个人认为他的失败是一种愚蠢的、不公正行为的结果,他曾经无情地嘲笑过的同伴们都大吃一惊。他们相信伽罗瓦具有最高级的数学天才,他们怀疑他的主考人是些不称职的人。将近四分之一个世纪以后,泰尔康(Terquem)提醒他的读者们,这场争论并未结束。泰尔康是专门维护报考综合工科学校和师范学院的考生利益的数学杂志《新数学年鉴》的编辑,他在评论伽罗瓦的失败和另一个案例中主考人的令人难以理解的裁决时说:"一个高等智力的报考者,败在一个智力低下的主考人手中了。*Hic ego barbarus sum quia non intelligor illis* [因为**他们**不了解**我**,**我**是一个野蛮人]……考试是神秘莫测的事情,我在它面前屈服了。正如神学的许多神秘事情一样,理智必须谦卑地承认它们,而无须设法去了解它们。"至于伽罗瓦,这次失败几乎是最后一击,它迫使他依靠自己,这使他的生活更加痛苦。

1828年伽罗瓦17岁,这是他重大的一年,第一次遇到了一个能够了解他的才能的人:路易大帝学院高等数学教师路易–保罗–埃米尔·里夏尔(Louis-Paul-Émile Richard, 1795—1849)。里夏尔不是一个普普通通的教师,而是一个有才能的人。他在空余时间去巴黎大学听有关几何学的高级讲座,及时了解当时的数学家们的进展,并把它传授给他的学生们。他胆小、谦虚、不谋私利,把全部才能都贡献给他的学生们。这个不肯为了促进自己的利益而花一点力气的人,在他的学生的前途遇到危急情况时,不惜作出任何牺牲。他完全忘记了自己,热心地通过更能干的人们的工作,来促进数学的发展。尽管他在科学界的朋友们极力劝他写作,而且对于他鼓舞人心的教导,19世纪杰出的法国数学家中不止一个对他表示感激:如通过纯数学分析与亚当斯共同发现海王星的勒威耶;著名几何学家、第一个系统地阐述伽罗瓦的方程论的、一部高等代数经典著作的作者塞尔(Serret);第一流的代数学家和算术家埃尔米特;最后,是伽罗瓦。

里夏尔一下子就认识到落在他手里的是什么——"法国的阿贝尔"。他自豪地对全班学生解释伽罗瓦交去的、对一些难题的独到解答,给了这个年轻的作者公正的称赞,里夏尔公开宣扬这个非凡的学生应该不经考试直接进入综合工科学校。他给了伽罗瓦头等奖学金,并在他的学期报告中写道,"这个学生有着超出他所有的同学的明显优势;他只在数学最先进的部分上工作。"所有这一切都是实实在在的。伽罗瓦17岁时就在方程理论方面作着划时代的重要发现,这些发现的重要性经过一个多世纪以后还没有穷尽。1829年3月1日,伽罗瓦发表了他的第一篇论文,是关于连分式的。这篇论文没有包含他已做出的伟大的东西,但是它足以向他的同学们宣告,他不仅仅是一个学者,而且是一个富于创造力的数学家。

当时法国主要的数学家是柯西。在发明创造的丰富方面,很少有人能与柯西相比;正如我们所知,他的文集之多,在数量上仅次于历史上最多产的数学家欧拉和凯莱*的作品。不论什么时候,当科学院想要对提交给它考虑的一篇数学论文提出权威性意见的时候,它总是找到柯西。一般说来,他是一个迅速而公正的评阅人,但是他也有失误的时候。不幸的是他失误的情况都是最重要的。在数学史上,两次主要的灾难都是由于柯西的疏忽造成的:那就是对伽罗瓦的忽略和对阿贝尔的不公平的对待。对阿贝尔,柯西只有部分责任,但是对伽罗瓦的不可原谅的疏忽,责任全在柯西。

伽罗瓦把他积累至17岁时的重大发现写成了一篇论文,准备呈交科学院。柯西答应送交这篇论文,但是他忘记了,最后他甚至竟然不称职地

---

* 仅就截至1936年实际出版的数量而言,当欧拉的著作最后全部出版时,无疑会超过凯莱。

把作者的摘要遗失了。这就是伽罗瓦对柯西慷慨的允诺所听到的最后消息。这只不过是一连串类似的灾难中的第一件，这些灾难促使这个遭到挫折的孩子对科学院及其院士们愠怒的蔑视，变成对他注定要在其中生活的整个愚蠢的社会的强烈仇恨。

尽管这个备受折磨的孩子表现出非凡的才华，现在他在学校里却连想做他自己愿意做的事也不可能。学校当局不让他安静地在他丰富的发现领域里去获得成果，而是用一些琐事把他烦扰得发狂，用他们无休止的说教和惩罚激起他的公开反抗。他们在他身上找不出任何东西，只有骄傲自满和一种想要成为数学家的坚强决心。他已经是一个数学家了，但是他们不知道。

在他18岁的时候，又有两个灾难给伽罗瓦的性格带来了最后的影响。他第二次参加综合工科学校的入学考试，一些连给他削铅笔也不配的人坐在那里评判他，结果是可想而知的。伽罗瓦失败了。这是他最后的机会；综合工科学校的大门永远对他关闭了。

那次考试已经成为一个传奇。伽罗瓦几乎完全凭脑子工作的习惯，使他在黑板面前处于非常不利的地位。粉笔和板刷妨碍了他——直到他对其中的一样找到合适的用途才好一些。在考试的口试部分，一个主考人冒昧地与伽罗瓦辩论一道数学难题，这个人明明错了，但又很固执。伽罗瓦眼见他作为一个数学家和综合工科学校的民主自由的职业斗士的全部希望和整个生活正在落空，他完全失去了忍耐力，他知道他已经失败了。在一阵愤怒和失望中，他把板刷扔到那个折磨他的人的脸上，狠狠地击中了。

最后的打击是伽罗瓦父亲的惨死。老伽罗瓦作为拉赖因堡的镇长，尤其是因为他总是支持村民们反对神父，成了当时教士们搞阴谋诡计的靶子。在1827年的选举风暴以后，一个诡计多端的年轻神父组织了一场反对镇长的卑鄙的运动。这个狡猾的神父利用镇长擅长写诗这一众所周知的特点,编写了一组针对镇长的一个家庭成员的既下流又愚蠢的诗,签上镇长的名字,在市民中免费散发。极其正派的镇长因为这场迫害而难受得发狂。一天,趁妻子不在的时候,他偷偷地去了巴黎,在离儿子就读的学校不远的一间房间里自杀了。在出殡时爆发了严重的骚乱,愤怒的市民们投掷石块;一个神父的额头被击中了。伽罗瓦看见父亲的棺材在一场不合时宜的骚乱中被放进了坟墓。从此以后,他怀疑到处都存在着他所憎恨的不公正,他在任何事情上都看不见善良。

伽罗瓦第二次报考综合工科学校失败后,回到学校准备从事教书生涯。这时学校来了一位新校长,一个趋炎附势、给保皇派和教士们充当密探的胆小鬼,在不久就要从根本上动摇法兰西根基的政治大变动中,这个人左右逢源、迎合潮流的行为,对伽罗瓦的最后几年有一种悲剧性的影响。

伽罗瓦仍然受到他的教师们的迫害和恶意的误解,他在这种情况下为期终考试作准备。他的主考人的评语是很有趣的。数学和物理学的评语,他得到的是"很好"。最后的口试引起了这样的评语:"这个学生有时不能清楚地表达他的思想,但是他有才智,表现出卓越的研究精神。他告诉了我一些应用分析中的新结果。"文学的评语是:"这是对我的问题回答得很糟糕的唯一的学生;他简直什么也不知道。我听说这个学生对学数学有一种非凡的才华,这使我非常惊讶;因为在他考试以后,我认为他没有什么才华。他成功地隐瞒了这一点,正像他向我隐瞒了一样。如果说这个学生真是像我以前认为的那样,我确实很怀疑他是否还能成为一个好的教师。"对这个评语,伽罗瓦回忆起自己的一些好老师,他可能回答:"绝没有的事。"

1830年2月,伽罗瓦19岁时,明确地被承认具有大学的水准。他确知他有超常的能力,这点再次反映在他对辛辛苦苦工作的教师们的令人畏惧的轻蔑上,他继续按照自己的主意独自工作。这一年他写出了三篇论文,在其中开辟了新的领域。这些论文包括他关于代数方程论的某些伟大工作。它远远超过了当时已经做过的任何东西。伽罗瓦满怀希望地把它(还有进一步的结果)包括在一篇提交科学院的、参加数学大奖赛的论文中。这项大奖仍然是数学研究中的最高荣誉,只有当时第一流的数学家们能够去竞争。专家们认为伽罗瓦的论文是完全有资格获奖的,它是最富于独创性的工作。正像伽罗瓦完全公正地说的:"我作出的这些研究成果,将使许多著名学者对他们的研究踌躇不前。"

手稿安全地到了秘书手中,秘书把它带回家去审阅,但是还没有来得及看就去世了。人们在他死后搜寻他的文件时,这篇手稿连一点踪迹也没有找到,这就是伽罗瓦最后一次听说它。很难责备他把他的不幸归咎于比纯属偶然更难断定的东西。在柯西的疏忽之后,又发生了同样的事情,看来太像是天意而不仅仅是意外。他说:"天才是一个恶毒的社会组织为了有利于谄媚的平庸之辈,而被判永远不给予公正的。"他更加憎恨了,全力投入政治活动,站在当时被禁止的激进派、共和派一边。

1830年革命的最初枪声使伽罗瓦非常高兴。他试图把他的同学们拉进这场运动中去,但是他们畏缩不前,那位善于迎合潮流的校长要他们以名誉担保不离开学校。伽罗瓦拒绝作出保证,校长恳求他当天留在学校。校长的话说得很不得体,而且毫无道理。伽罗瓦被激怒了,企图在夜间逃走,但是围墙太高,出不去。那以后在整个"光荣的三天"中,综合工科学校英勇、年轻的学员们走上街头,做出名垂青史的大事,这时那位校长却小心谨慎地把他管辖下的学生锁在学校里。校长准备观望形势然后行动。起义成功了,狡猾的校长慷慨地把他的学生交给临时政府随意处置。这对伽罗瓦的政治信念产生了最后的打击。他在假期中以他对群众权利的狂热支持,使他的家人和少年时代的朋友们感到震惊。

1830年的最后几个月,局势像通常在一次彻底的政治骚乱之后出现的情形一样动荡不安。糟粕沉到了底下,卑贱的人升到了顶上,悬在两者之间的温和分子则犹豫不决、无所适从。于是伽罗瓦回到了学院,他把校长的趋炎附势、左右逢源和学生们软弱无力的效忠,与综合工科学校中正好与他们对立的人们加以对比。他再也不能忍受无所作为的耻辱,便给《校报》写了一封言词激烈的信,在信中对学生和校长都作了他认为他们应得的评价。学生们本来能够保全他,但是由于他们缺乏骨气,伽罗瓦被开除了。愤慨之余,伽罗瓦给《校报》写了第二封信,向学生们讲话。他写道:"我不是为我自己向你们请求什么,而是为了你们的荣誉,并根据你们的良心,照直说了我的看法。"这封信没有得到回复,原因很明显,伽罗瓦向他们呼吁的那些人,既没有荣誉感,也没有良心。

现在可以随心所欲了,伽罗瓦宣布私人开班讲授高等代数,每周一次,他这时19岁,是一个富于创造力的、真正第一流的数学家。他兜售课程,却没有买主。他开的课程将包括"一种新的虚数理论[现在以在代数和数论中极其重要的'伽罗瓦虚数'理论著称];用根式求解方程的理论,以及用纯代数处理的数论和椭圆函数"——都是他自己的工作。

由于找不到学生,伽罗瓦暂时放弃了数学,参加了国民警卫队的炮兵部队,四个炮兵营中有两个营几乎完全是自称为"人民之友"的自由派组成的。不过他并没有完全放弃数学。他为了赢得承认做了最后绝望的努力,在泊松的鼓励下,他向科学院呈交了一篇有关方程的一般求解——现在称为"伽罗瓦理论"——的论文。凡是研究万有引力、电学和磁学的数学理论,都会记起泊松的名字。泊松是审稿人,他提交了一份敷衍塞责的报告,说这篇论文是"不可理解的",但是他没有说明他花了多少时间得出这个惊人的结论。这是终于使人不能忍受的最后一击。伽罗瓦把他的全部力量投入了革命的政治活动。他写道:"如果需要一具尸体来唤起人民,我愿献出我的。"

1831年5月9日,标志着事变的前兆。大约200名年轻的共和党人举行了一次宴会,抗议王室关于解散伽罗瓦参加过的炮兵的命令。他们为1789年和1793年的革命祝酒干杯,为罗伯斯庇尔(Robespierre)祝酒干杯,并为1830年的革命祝酒干杯。这次聚会的整个气氛是革命的和挑衅的。伽罗瓦站起来,一手拿着酒杯,一手拿着打开的小刀,提议:"为[国王]路易·菲利普(Louis Philippe)干杯。"他的同伴们误解了祝酒的意义,把他嘘了下来。然后他们看见了打开的小刀,他们把这解释为对国王的性命的威胁,狂喊着表示赞同。伽罗瓦的一个朋友看见大仲马(the great Alexander Dumas)和其他知名人士从敞开的窗户外面走过,他恳求伽罗瓦坐下,但是喧闹在继续下去。伽罗瓦一时间成了英雄,炮兵们涌上街头,通宵跳舞,庆祝他们充沛的精力。第二天伽罗瓦在他母亲的住所被捕,并被投进了圣·佩拉热监狱。

一个聪明的律师在伽罗瓦的忠实朋友的帮助下,制订了一篇巧妙的辩护文,大意是说伽罗瓦确实是说过:"为路易·菲利普,**如果他变成卖国贼。**"打开的小刀很容易解释,伽罗瓦用它切了鸡,事实也是这样。祝酒中的那半句能够搭救他的话,他的朋友们发誓说他们是听见的,只不过被口哨声淹没了,只有那些离他很近的人听清了他说的是什么。伽罗瓦不承认他说了这半句能够搭救他的话。

在审判期间,伽罗瓦的态度表现出对法庭和他的控诉人的高傲的轻蔑。他不顾后果,发表了反对一切政治上的非正义力量的激烈演说。法官自己是一个有子女的人,他警告被告,这样做于他的案子不利,并严厉地制止了他。起诉在一个论点上是模棱两可的,即当发生事件的那家饭店被作为私人宴会的场所时,是不是一个"公共场所"。伽罗瓦的自由就系于这一微妙的法律论点。但是法庭和陪审团都为被告是如此年轻所打动,经过仅仅10分钟的审议后,陪审团裁决被告无罪。伽罗瓦从证据台上拿起他的小刀,收好随手放进口袋,一声不响地离开了审判室。

他的自由没有保持多久,不到一个月的时间,1831年7月14日他再次被捕,这次是作为防范措施。当时共和党人准备举行一次庆祝活动,而伽罗瓦由于在当局眼中被视为一个"危险的激进派",**无端地**被拘禁了。全法国的官方报纸都大肆渲染警察的这种了不起的突然袭击。现在他们抓住了"危险的**共和党人**埃瓦里斯特·伽罗瓦",他在那里无论如何也不可能发动一场革命了,但是他们很难找出一条合法的罪名,足以使他受审。不错,他在被捕时是全副武装的,但是他没有拒捕。伽罗瓦不是一个傻子。假如他们控告他阴谋反对政府呢?太重了,不会通过;没有哪个陪审团会给定罪。唉!经过两个月不停地冥思苦想,他们终于捏造出一条罪名。伽罗瓦在被捕时穿的是炮兵制服,但是炮兵已经解散。因此伽罗瓦犯了非法穿制服罪。这次他们定了他的罪。和他一起被捕的一个朋友被判刑3个月;伽罗瓦被判6个月徒刑。他将被监禁在圣·佩拉热,直到1832年4月29日。他的妹妹说,展望摆在他面前的暗无天日的日子,他看上去快要50岁了。怎么不会呢?"天塌下来也得让正义占优势。"

监狱里对政治犯的惩罚不重,他们受到适度的人道待遇。大多数人醒着的时候在专供他们使用的院子里散步,或是在小卖部喝酒——那是监狱长私人贪污受贿的地方。不久,伽罗瓦由于忧郁的面容,节制饮食的习惯,和他永远专注的神情,成为快活的酒徒们取笑的对象。他是在专心干他的数学,但他不能不听到对他的奚落和辱骂。

"怎么!你只喝水?离开共和党,回到你的数学那里去吧。"——"没有酒和女人,你永远不会成为一个男人。"伽罗瓦被他们刺激得受不住了,他抓起一瓶白兰地,不知道它是什么,也不管它是什么,就喝了下去。一个正派的同监犯照顾他,直到他清醒过来。当他意识到他做了什么时,他的这次丢脸使他受到极大的打击。

他终于逃出了当时法国作家笔下巴黎最肮脏的阴沟。1832年霍乱流行,惦记着伽罗瓦的当局在3月16日把他转到了一所医院。这位曾经威胁到路易·菲利普性命的"重要政治犯"太宝贵了，不能让他暴露在霍乱病面前。

伽罗瓦是假释出狱的，所以他反而有充分机会同外面的人见面。这样，他就偶然地经历了他的第一次、也是唯一的一次恋爱。在这件事上，也像在其他事情上一样，他是不幸的。一个不足取的姑娘（"低级客栈里卖弄风骚的女人"）找上了他。伽罗瓦对待这件事很狂暴，他讨厌爱情，讨厌他自己，也讨厌这个姑娘。他写信给他忠实的朋友奥古斯特·舍瓦利耶（Auguste Chevalier），"你的信充满了使徒的同情，给我带来了一点平静。但是怎样消除我所体验过的那样热烈的感情的痕迹呢？……在重读你的来信时，我注意到一句话，你责备我为一个玷污了我的心、我的头脑和我的双手的腐朽世界的堕落而陶醉……陶醉！我对一切的幻想都已破灭，甚至对爱情和名声的幻想也已破灭。一个我所憎恶的世界怎能玷污我呢？"这是1832年5月25日写的。4天以后他自由了，打算到乡间去休息和思考。

5月29日那天发生的事情，人们不确切知道。下面从两封信中摘录的话，指出了通常作为事实真相被接受的情况：伽罗瓦刚刚获释就与政敌发生了争吵，这些"爱国者"只是一心想要打架，不幸的伽罗瓦命中注定在一场为"荣誉"的决斗中和他们较量。在一封日期为1832年5月29日的《致全体共和党人书》中，伽罗瓦写道：

> 我请求爱国者和我的朋友们不要因我并非为祖国而死来责备我。我是作为一个无耻的、卖弄风情的女子的受害者而死的，我的生命是在一场可悲的争吵中熄灭的。啊！为什么要为了这样渺小的事情而死，为了一件如此卑鄙的事情而死！……请原谅那些杀死我的人，他们是真诚的。[在另一封写给两个未指名的朋友的信中，他写道："两个爱国者已经向我提出挑战——拒绝，对

我来说是不可能的。我请求你们原谅我没有征求你们的意见，但是我的对手们相信我为了自己的名誉而不会预先通知任何爱国者。你们的任务很简单：证明我是不得已而决斗的，那就是说已经用尽了一切调解办法之后才决斗的……既然命运没有给我足够的时间，让我活到我的国家知道我的名字，请保留对我的记忆吧。我至死是你们的朋友"]。

E·伽罗瓦

这些就是他写的最后的话。在写这些信之前，整个晚上，他把飞逝的时间用来焦躁地一气写出他的科学上的最后遗言，在死亡之前（他预见到死亡能够追上他）尽快地写，把他丰富的思想中那些伟大的东西尽量写一些出来。他不时中断，在纸边空白处写上"我没有时间，我没有时间"，然后又接着涂写下一个极其潦草的提纲。他在天亮之前那最后几个小时拼命写出的东西，将使世世代代的数学家们忙上几百年。他一劳永逸地给一个折磨了数学家们达几个世纪之久的谜，找出了真正的解答。这个谜就是在什么条件下方程是可解的。但这只不过是许多事情中的一件。在这项伟大的工作中，伽罗瓦极其成功地用了群论（见柯西一章）。伽罗瓦的确是今天在全部数学中具有根本重要性的这一抽象理论的一位伟大先驱者。

除了这封心烦意乱的信以外，伽罗瓦把他曾经打算送交科学院的一些手稿托付给他的科学执行人。14年以后，1846年，刘维尔为《纯粹数学和应用数学杂志》编辑了部分手稿。刘维尔本人是一个杰出的、富于创造力的数学家，也是这家重要杂志的编辑，他的序言中写道："埃瓦里斯特·伽罗瓦的这部重要著作的目的，是阐明方程能用根式求解的条件。作者为一个一般理论奠定了基础，把这个理论详尽地应用于素数次方程。伽罗瓦在他16岁、还是路易大帝皇家学院的学生时……已在着手研究这个困难的问题。"刘维尔接着叙述科学院的审稿人拒绝了伽罗瓦的论文,因为它们模糊费解。他接着说:"产生这个缺点的原因是过分追求简练,这个缺点是在对待抽象而神秘的纯代数问题时,我们应该首先竭力避免的。当你试图引导读者远远离开老路,步入更广阔的领域时,确实更加需要清楚明了。正如笛卡儿说的,'在论述超常的问题时,应该超常地清楚。'伽罗瓦常常过于忽略这个告诫了。我们能够理解,杰出的数学家们之所以凭他们贤明的告诫,努力把才华横溢但缺乏经验的初学者拉回到正路上来,这样做是应该的。他们指责的作者就在他们前面,热情、活跃;他本该从他们的忠告中获得教益。"

"但是现在一切都变了。伽罗瓦不在了!让我们抛开无用的批评;让我们把缺点留在那里而看看成绩。"刘维尔继续说明他怎样研究了手稿,拣出了一个应该特别注意的完美的珍宝。

"当我弥补上一些小小的缺陷后,看出了伽罗瓦所证明的方法,特别是一个美妙的定理,是完全正确的。这一瞬间,我的热心得到了充分的报偿,我感受到极大的喜悦。这个美妙的定理是:**为使一个不可约的素数次方程可用根式求解,充分而必要的条件是它所有的根都是其中任意两个根的有理函数。**"*

伽罗瓦把他的遗嘱委托给他忠实的朋友舍瓦利耶,全世界都应该感谢它被保留了下来。"我亲爱的朋友,"他开始写道,"我在分析方面作出了一些新的发现。"然后他在时间允许的情况下着手写出大纲。它们是划时代的。他结束说:"请雅可比或高斯公开提出他们的意见,不是对这些定理的正确性,而是对它们的重要性。我希望以后会有人发现,辨读这一堆

---

* 如果读者浏览一下第17章引自阿贝尔的摘要,这个定理的重要意义就清楚了。

写得很潦草的东西,对他们是有益的。满怀激情地拥抱你。E·伽罗瓦。"

轻易信任别人的伽罗瓦!雅可比是慷慨的;高斯会说什么呢?关于阿贝尔他是怎么说的?关于柯西,或者关于罗巴切夫斯基,他略去了什么没有说?尽管有了那一切痛苦的经历,伽罗瓦仍然是一个怀抱希望的孩子。

1832年5月30日清晨很早的时候,伽罗瓦在"决斗场"与他的对手相遇。决斗是在25步的距离用手枪对射。伽罗瓦倒下了,肠子被射穿,没有医生在场,他被丢在他倒下的地方。9点钟的时候,一个路过那里的农民把他送到科尚医院。伽罗瓦知道他快死了。在不可避免的腹膜炎开始以前,在他的神志仍然完全清醒的时候,伽罗瓦拒绝了一个神父的祈祷,也许他记起了他的父亲。他的弟弟,他的家人中唯一得到通知的一个,流着泪赶到了。伽罗瓦努力以一种坚韧精神去安慰他的弟弟:"不要哭,"他说,"我需要我的全部勇气在20岁时死去。"

1832年5月31日上午,伽罗瓦在他生命的第21个年头去世了。他被埋葬在南公墓的普通壕沟里,所以今天伽罗瓦的坟墓已无踪迹可寻。他不朽的纪念碑是他的著作,共60页。

第 21 章

不变量的孪生兄弟

凯莱和西尔维斯特

凯莱的贡献。早年生活。剑桥。娱乐。当律师。14年的律师生涯。凯莱遇到他的合作者。西尔维斯特不平静的一生。被宗教摧残。凯莱与西尔维斯特的对比。西尔维斯特赴弗吉尼亚任职。又走错了路。不变量理论。应聘到约翰斯·霍普金斯大学。扑不灭的活力。"罗萨琳德"。凯莱对几何的统一。n 维空间。矩阵。牛津承认西尔维斯特。最后得到了尊敬。

不变量理论是在凯莱强有力的手中涌现出来的,但是它最后形成一件完美的艺术品,博得后世数学家们的赞美,主要是由于西尔维斯特的才智以其闪光的灵感照亮了它。

——P·A·麦克马洪(P. A. MacMahon)

"很难对现代数学的广阔范围给出一个明确的概念。'范围'这个词不确切:我的意思是指充满了美妙细节的范围——不是一个像一马平川的原野那样单调乏味的范围,而是像一个从远处一眼看见的美丽乡村,人们能够在其中漫步,详细研究一切山坡、峡谷、小溪、岩石、树木和花草。但是,正如对其他一切事物一样,对一个数学理论也如是——美,只能意会而不能言传。"

这些话引自凯莱1883年担任英国科学促进协会主席的就职演说,它

凯莱

们也可以很好地用于他自己的巨著。就丰富的创造力而言，欧拉、柯西和凯莱自成一类，在他们后面远远跟着的是庞加莱（他去世时要比这几个人去世时都年轻）。这只是就这些人的工作数量来说；工作的质量是另一回事，那要部分由这些巨人提出的思想在数学研究中出现的频繁程度，部分由单纯的个人主张，部分由民族偏见来判断。

凯莱关于现代数学的范围广阔的言论，提醒我们把注意力限制在他自己那些显然引进了新颖而影响深远的思想工作的一些特点上。奠定他最伟大的名声的工作是不变量理论，以及由这个广阔的理论中自然地产生出来的东西，他是这个理论的创始者和卓绝的发展者，并在这项工作中得到他的朋友西尔维斯特高明的大力支持。不变量的概念对于现代物理学，特别是相对论，有着极其重要的意义，但这不是它应该受到注意的主要原因。众所周知，许多物理学理论是必须修正和抛弃的；不变量理论作为对纯数学思想增添的一个永恒的部分，看来是建立在更坚固的基础上的。

凯莱首创的另一个思想是"高维空间"（n维空间）几何，它对现代科学同样具有重要意义，但是作为纯数学的思想，则无可比拟地更为重要。矩阵理论也是如此，它同样是由凯莱创立的。在非欧几何方面，凯莱为克莱因的杰出发现铺平了道路，这个发现就是，欧几里得几何同罗巴切夫斯基和黎曼的非欧几里得几何，这三种几何都仅仅是某种更一般类型的几何不同的特殊情况。我们在概述凯莱和他的朋友西尔维斯特的生平之后，将简单地介绍这些贡献的性质。

如果可能的话，应该把凯莱和西尔维斯特的生平放在一起来写。这两个人完全互相衬托，一个人的一生在很大程度上填补了另一个人生活中的不足。凯莱的一生是平静的，西尔维斯特的一生则像他自己苦涩地说的那样，把他的大量精力用在"与世界搏斗"上。西尔维斯特的思想有时像推动水车的水流那样汹涌湍急；凯莱的思想总是强有力的、稳定的、平静的。凯莱极少允许自己用书面表达任何东西而不具有精确的数学陈述般的严谨——本章开始引用的比喻只是一个极少有的例外；西尔维斯特一谈到数学就会立刻变得几乎带有东方的诗意，他那遏制不住的热情往往使他仓促行事。然而，这两个人成了知交，在一些不管他们两人中哪一个做出的最好的工作上都互相鼓励，例如，在不变量理论和矩阵理论上都是如此（后面要讲到）。

两个人的性格既然是这样，他们友谊的进程并不总是融洽的就不足为奇了。西尔维斯特经常处在爆发点上，凯莱则平静地坐在安全阀上，相信他的容易激动的朋友很快就会冷静下来，那时他就能够平静地重新开始他们的讨论，好像西尔维斯特从未发过火似的；而西尔维斯特那一方则不顾他的急性子的轻率——直到他为了另一件事发怒为止。在很多方面，这奇怪的志趣相投的一对，就像一对度蜜月的夫妻，只不过这友谊的一方从来不发脾气。虽然西尔维斯特比凯莱大7岁，我们仍从凯莱开始。西尔维斯特的生活很自然地闯入凯莱生活的平静的缓流，就像一条深深的河流当中的一块粗糙的石头。

阿瑟·凯莱（Authur Cayley）于1821年8月16日出生在萨里的里士满，那时他的父母在英国暂住，他是他们的第二个儿子。在他的父亲这方面，凯莱把他的家系追溯到诺曼征服（1066）的时代，甚至更早，追溯到在诺曼底的一个男爵的家世。这是一个有才华的家族,像达尔文的家族一样,可以给学遗传学的学生们提供许多可资参考的材料。他的母亲玛丽亚·安东妮娅·道蒂(Maria Antonia Doughty),有人说她有俄国血统,他的父亲是一个从事俄国贸易的英国商人。阿瑟是在他的父母定期回英国的一次探望中出生的。

1829年阿瑟8岁时,这个商人退休了,从此在英国定居。阿瑟被送到布莱克希思的一所私立学校,后来,在他14岁时,又被送到伦敦的国王学院。他很早就显示出数学天赋。他卓越才能的最初展现同高斯一样,年轻的凯莱在长数值计算方面发展了惊人的技巧,而他做这些计算是为了娱乐。在开始正式学习数学时,他很快就超过了学校里的其他学生,不久,他像后来升入大学时那样,成为特别出众的学生。他的教师们一致认为这孩子是个天生的数学家,他应该以数学作为他的职业。凯莱的教师们和伽罗瓦的教师们形成了鲜明的对照,他们从一开始就看出了他的才能,给了他一切鼓励。一开始,退休的商人激烈反对他的儿子成为数学家,但是最后他终于被学校的校长说服了,他同意了,给了他祝福,也给了钱。他决定把儿子送到剑桥去。

凯莱17岁时在剑桥大学三一学院开始了大学生活。在同学眼中,他被看作一个对小说有一种古怪热情的"十足的数学家"。凯莱确实终生都热衷于阅读有些夸张的小说,这些小说现在被认为是古典小说,它们曾使19世纪40年代和50年代的读者着迷。他似乎最喜欢司各特,其次是简·奥斯汀(Jane Austen)。后来他读了萨克雷(Thackeray)的作品,可是不喜欢他;他从来不能把狄更斯(Dickens)的小说读下去。拜伦的叙事诗博得了凯莱的赞赏,虽然他那有几分清教徒式的、维多利亚时代的口味,使凯莱厌恶其中许多最好的东西,他也从没读过有趣的轻浮子弟唐·璜。莎士比亚的戏剧,特别是喜剧,是他终生都喜爱的。在比较严肃的(或者比较枯燥乏味的)方面,他一再阅读格罗特(Grote)的冗长的《希腊史》和麦考莱

(Macaulay)的文体优美的《英国史》。他在中学学的古希腊文,是他终生保持的阅读语言,他用法文阅读和写作,像用英文一样容易,在他读遍了维多利亚时代的古典著作(或它们使他厌倦了)以后,他的德文和意大利文知识给他提供了许多阅读材料。欣赏严肃的小说只是他的一种消遣;我们继续讲下去,就会提到其他的消遣了。

凯莱在剑桥大学读完三年级时,他在数学上已远远超出其他人,以致主考人在他的名字下面画了一条线,把这个年轻人归入"在第一名之上"的最出众的一类。1842年凯莱21岁时,取得了剑桥大学数学荣誉学位考试第一名,同年他又在更困难的争取史密斯奖学金的考试中取得了第一名。

按照一个极好的计划,凯莱这时有希望得到特别研究生奖学金,这笔奖金能够使他在几年内做他想做的事。他被选为为期3年的三一学院特别研究生和助理导师。要是他愿意担任圣职,他的任期可能还会延长,但是凯莱虽然是英国基督教圣公会的教徒,他也不能忍受为了紧紧抓住他的工作,或为了得到一个更好的工作,而去当个牧师的想法——很多人是这样做的,既不扰乱他们的信仰,也不扰乱他们的良心。

他的职责很轻松,几乎到了没有责任的程度。他带几个学生,但是人数不多,不至于影响他自己或影响他的工作。他尽量利用他的自由,继续在上大学时就已开始的数学研究。像阿贝尔、伽罗瓦和其他许多在数学上取得很大成就的人一样,凯莱也到大师们的著作中去寻找他的灵感。他的第一项工作就是从他对拉格朗日和拉普拉斯的研究中产生出来的,它发表于1841年,那时他是一个20岁的大学生。

在取得学位之后,凯莱除了他想做的事以外,没有其他事情要做,他在第一年发表了8篇文章,第二年发表了4篇,第三年发表了13篇。当这些早期论文中的最后一篇发表时,这个年轻人还不到25岁,这些早期发表的文章,规划了他在此后50年内要从事的大部分工作。他已经开始了n

维几何(这是他首先开始的)、不变量理论、平面曲线的枚举几何学的研究，以及他对椭圆函数理论的特殊贡献。

在这个成果极其丰富的时期，他不仅只是刻苦工作。他在1843年22岁时，以及其后25岁离开剑桥大学以前，也曾偶尔逃到欧洲大陆去享受愉快的假期，他徒步旅行、爬山、画水彩画。虽然他看上去单薄虚弱，实际上却有健康坚强的体质，他常常整夜在丘陵起伏的乡间跋涉，早餐时又像朝露一样清新地出现，然后准备花上几个小时研究他的数学。在第一次旅行期间，他访问了瑞士，进行了大量的登山运动。就这样，他开始了另一个终生的爱好。他对"现代数学的范围"的描述，绝不仅仅是一个从未爬过山，或从不曾在一片美丽的乡间漫步的教授的学究式练习，而是一个亲身熟悉大自然的人所作的精确的比喻。

在第一次出国度假的最后4个月期间，他熟悉了意大利北部。在那里，他开始了另外两项爱好，它们将要在他以后的生活中给他以慰藉，这就是对建筑的欣赏和对优秀的绘画的喜爱。他自己喜欢水彩画，在这方面表现出非凡的才能。由于他对优秀的文学作品、旅行、绘画、建筑的爱好，以及对大自然之美的深刻领悟，他就有了众多其他东西，使他不至于退化成一般文学作品中的"纯数学家"——这些作品大多数是由这样一些人写的：他们可能确实知道一些卖弄学问的大学数学教授，但是他们在生活中从来没有见过一个活生生的、真实的数学家。

1846年凯莱25岁时离开了剑桥。除非他有可能把自己的良心和圣职的拘束调和起来，否则他不可能得到一个数学家的位置。而作为一个数学家，凯莱无疑感到化圆为方也比这更容易。不管怎样，他离开剑桥了。法律以及印度事务部的文官职位，不时吸引着英国许多最有希望的有才智的人才，现在法律吸引了凯莱。看到19世纪英国有多少第一流的大律师和大法官是剑桥大学数学荣誉学位考试的名列前茅者，多少有点令人吃惊，但是不能因此就像一些人声称的，认为数学训练是进入法律界的良好准备。看来比较肯定的是,让一个像凯莱这样有着明显数学天赋的年轻人,去起草遗嘱、转让证书和契约,也许是社会的愚蠢行为。

按照那些希望进入比较高级的(就是说,在初级律师行业以上的)英国律师界的人们的惯例,凯莱进了林肯法律协会,以便为取得律师资格作准备。在一位名叫克里斯蒂(Christie)的先生手下当了3年学生以后,凯莱在1849年取得律师资格。他当时28岁。当上律师以后,凯莱作了一个聪明的决定,不受法律的驱使。他下决心不腐化堕落,他拒绝的事务比他接受的事务还要多。整整14年他坚持这样做,过着富裕的生活,同时有意避开使自己沉溺于赚钱的机会,以及一些著名大律师那种多少有点靠吹牛获得的名声,这样,他可以积攒下足够的钱(但不会更多),使他能够继续进行他的工作。

在使人变得迟钝的、枯燥的法律事务的日常工作中,他的耐心堪称模范,几乎像圣徒一般,他在他那一行业(财产转让业务)方面的声誉也稳步上升。甚至有记载说由于他所经办的一件模范法律工作,他的名字已载入一部法典。但是,以下的记录是非常令人满意的,即凯莱并不是一个软弱无力的圣人,而是一个正常的凡人,必要时他也会发脾气。一次,他和他的朋友西尔维斯特正在自己的办公室里讨论不变量理论中的一个论点,仆人进来了,交给凯莱一大叠需要他仔细察看的法律文件。看了一眼手上的东西,他不禁摇晃了一下,回到现实中来。为了替养尊处优的委托人已经过多的收入省下几个英镑,一天天地把时间花在解决一些琐碎的争端上,这种前途对于这个真正有头脑的人说来,实在是太过分了。他厌恶地大叫了一声,轻蔑地诅咒手中的"该死的垃圾",把这些材料扔在地板上,就接着谈他的数学。显然,这是凯莱有生以来唯一的一次发脾气。在14年的律师生涯以后,凯莱一有机会就放弃了它。但是即使在他从事律师的苦役期间,他还发表了两三百篇数学论文,其中有许多现在成了经典文献。

西尔维斯特

由于詹姆斯·约瑟夫·西尔维斯特（James Joseph Sylvester）是在法律阶段进入凯莱的生活的，我们将在这里介绍他。

詹姆斯·约瑟夫——这是他出生时用的名字——是几个兄弟姊妹中最小的一个，1814年9月3日出生在伦敦一个犹太人的家庭。关于他的童年时代，人们知道得很少，因为西尔维斯特对他的早年生活保持沉默。他的长兄移居美国，在那里用了西尔维斯特这个姓氏，家庭的其他成员也效法他的榜样。但是为什么一个正统的犹太人会给自己戴上一个为基督教教皇所喜爱，而为犹太人所敌视的姓氏，这始终是一个谜，也许是那位长兄有点幽默感。无论如何，亚伯拉罕·约瑟夫（Abraham Joseph）的儿子、普通的詹姆斯·约瑟夫，从此而且永远变成了詹姆斯·约瑟夫·西尔维斯特。

像凯莱一样，西尔维斯特的数学天赋很早就表现了出来。他在6—14岁期间上私立学校。他第14年的最后5个月是在伦敦大学度过的，在那里的德·摩根指导下学习。在一篇写于1840年、题目有些神秘的论文《论共存的导数》中，西尔维斯特说："为了这个词[再现]我得感谢德·摩根教授，我为曾经是他的学生而自豪。"

1829年，西尔维斯特15岁时进了利物浦的皇家学院，在那里待了不到两年。他在第一年结束时获得数学奖，此时他在数学方面已经远远走在他的同学们前面，因而为他单独开班。在皇家学院时他还获得另一项奖。这特别有意思，因为它使西尔维斯特与美国第一次建立了联系，他将在那里度过他一生中最幸福——也是最不幸——的时光。他在美国的哥哥,职业是保险精算师,向美国彩票承包人的理事们建议,由他们将排列方面的一个难题交给年轻的西尔维斯特。这位崭露头角的数学家的解答是完美的,实际上是理事们最满意的。他们给了西尔维斯特一笔500美元的奖金。

在利物浦度过的岁月远远谈不上幸福。西尔维斯特一向勇敢、坦率,他毫不掩饰他的犹太信仰,纵然落入学院里那些幽默地自称为基督教徒的年轻强壮的野蛮人手中,遭受严重迫害,他仍然骄傲地宣布他信奉犹太教。但是一只孤独的孔雀处在一群愚蠢的、爱唠叨的樫鸟中,忍耐毕竟是有限的,西尔维斯特最后逃到了都柏林,口袋里只有几个先令。幸而一位远亲在街上认出了他,把他带回家,纠正了他的错误,给了路费让他回到利物浦。

这里,我们记下一个奇怪的巧合:都柏林,或者至少它的一个市民,在这个来自利物浦的宗教避难者第一次来访时,给了他体面的、人道的待遇。大约11年后,当他第二次来访时,都柏林三一学院授予他学士和硕士学位,而他自己的母校剑桥大学却拒绝授予他学位,因为他是一个犹太人,不能在被称为"39条"的毫无意义的声明书这个奇怪的混合物上签名,那是英国教会对于有理性的人所允许的,作为最低限度的宗教信仰而规定的。这里可以补充一下,1871年英国高等教育终于摆脱教会魔掌的束缚时,西尔维斯特立即被授予了名誉学士和硕士学位。还应该指出,在这件事情上,如同在其他困难上一样,西尔维斯特不是一个温顺的、长期受苦的殉难者,他在肉体上和精神上都充满了力量和勇气,他知道怎样在战斗中制服恶棍,为自己赢得正义——他常常这样做。事实上他是一个天生的战士,有着狮子般奔放不羁的勇气。

1831年,刚过17岁时,西尔维斯特进了剑桥大学圣约翰学院。由于身患重病,他中断了大学学业,直到1837年才参加数学荣誉学位考试,并名列第二。击败他的那个人,作为数学家,从此不再听人说起。西尔维斯特因为不是基督教徒,没有资格参加史密斯大奖赛。

在知识兴趣的广度方面,西尔维斯特和凯莱相似。在体格上,这两个人毫无共同之处。凯莱,如我们所知,虽然瘦长而结实,很有耐力,但外貌虚弱,态度腼腆而谦让。西尔维斯特矮胖粗壮,硕大的头颅稳稳地安放在宽阔的肩上,给人以力气极大、充满活力的印象,他也确实是这样的。他的一个学生说,他可以摆好姿势,供人为查尔斯·金斯利(Charles Kingsley)的小说《觉醒者赫里沃德》*中的同名人物画肖像。至于数学以外的兴趣,西尔维斯特所受的限制比凯莱少得多,也远比他自由。他的希腊文和拉丁文古典文学原著知识渊博而精确,直到他最后一次生病时,他始终保持着对它们的爱好。他的许多论文都因为从这些古典文学中摘录了引文而更加生动。这些引文总是非常恰当而且真正阐明了眼前的问题。

关于他从其他文学作品中引用的隐喻,也可以这样说,文学学者如果浏览一下4卷本的文集《数学论文》,从注明出处的引文和没有清楚说明出处而抛出的奇怪暗示中,设想西尔维斯特广阔的阅读范围,可能是很有趣的。除了英国和古希腊、古罗马的古典文学以外,他对法国、德国、意大利的原著也很熟悉。他对语言和文学形式的兴趣是敏锐深刻的。不变量理论的生动术语,绝大部分归功于他。在谈到他从希腊文和拉丁文制造厂中锻造出的、范围广泛的数学新词汇时,西尔维斯特称自己为"数学上的亚当"。

假如他不是一个非常伟大的数学家,在文学方面他很可能比一个仅仅是过得去的诗人还要稍好一些。诗和作诗的"规律",一生都强烈地吸引着他。他为自己留下了许多诗(其中有些发表过),有一札是以十四行诗的形式写的。他的诗歌主题有时会引人发笑,但是他常常表示他懂得

---

* 金斯利(1819—1875),英国小说家。其同名小说中的赫里沃德是11世纪英国反抗征服者威廉的民族英雄。——译者

什么是诗。西尔维斯特在艺术方面的另一个兴趣是音乐,他是一个很有造诣的业余爱好者。据说他一度跟古诺(Gounod)学声乐。他还常常在工人的集会上为他们唱歌。他对他的"高音C",比对他的不变量更为自豪。

在凯莱和西尔维斯特之间许多明显的差别中,有一点可以在这里提一提:凯莱博览其他数学家的著作;西尔维斯特却发现要想掌握别人所做的工作,会让人厌烦得受不了。他在晚年时有一次请一个年轻人来教他一点关于椭圆函数的东西,因为他想把它们应用到数论上(特别是用在分类理论上,这种理论讨论把一个给定数类——如全由奇数组成的数类,或一些为奇数、一些为偶数的数类——中的数相加,以得到一个已知数能有多少种方式)。大约上了3次课,西尔维斯特就放弃了学习的打算,而在给这个年轻人讲解他自己在代数方面的最新发现了。但是凯莱好像什么都知道,就连他自己很少涉猎的一些学科也知道,全欧洲的作者和编辑都向他征求他作为审稿人的意见。凯莱从来不会忘记他见过的东西;西尔维斯特却连记住他自己的发明都很困难,有一次甚至争论他自己的某一个定理是否可能成立。甚至每一个在进行工作的数学家都知道的比较微小的东西,对于西尔维斯特也是永远使他惊奇和高兴的源泉。结果,几乎任何数学领域都给了西尔维斯特一个足资发现的迷人世界,而凯莱平静地扫视一下这一切,看见他想要的,拿起来,又继续进行新的工作。

1838年,西尔维斯特24岁时,第一次得到固定工作,那就是在伦敦大学学院担任自然哲学(一般科学,特别是物理学)教授,在那里,他的老师德·摩根是他的同事。西尔维斯特虽然在剑桥大学学过化学,而且终生保持对它的兴趣,他却发现去教科学与他的志趣完全不符,大约两年以后就放弃了教书。与此同时,他在25岁这个不寻常的年轻的年龄上,被选为皇家学会的会员。西尔维斯特的数学成就是那样突出,它们不可能不得到承认,但这并没有帮助他得到一个适当的位置。

西尔维斯特在他生涯的这个时刻,遇到了他一生中最奇特的一次不幸。这要看我们怎样看待它了，这场灾难是愚蠢而荒唐可笑的，或者说是悲惨的。1841年——布尔发表他关于不变量的发现这一年——西尔维斯特自信乐观，满怀他一贯的热心，跨越大西洋去就任弗吉尼亚大学的数学教授。

西尔维斯特在这所大学大约只忍受了3个月。大学当局拒绝惩罚一个侮辱了他的年轻人，促使这位教授辞职。在这次不幸的经历之后，有一年多时间，西尔维斯特白费力气地想找到一个合适的位置，他向哈佛大学和哥伦比亚大学提出申请，但都没有成功。失败以后，他回到了英国。

西尔维斯特在美国的经历，使他在此后10年中饱尝教书的艰辛。回到伦敦以后，他成了一家人寿保险公司的精力旺盛的保险精算师。这种工作对一个富于创造力的数学家，实在是一桩有害无益的苦差事，而西尔维斯特几乎不再是一个数学家了。然而，他收了几个学生私人授课，因而仍然保持精神抖擞，学生中有一个今天在世界各国都享有盛名，受到尊敬。这时是19世纪50年代初期，那是妇女适合于"土豆、梅干、三棱镜"的时代，人们认为青年女子除了涂脂抹粉和虔诚孝敬以外，不需要看重别的了。所以发现西尔维斯特的最出色的学生是一个年轻女子时，人们相当惊讶。这个年轻女子就是弗洛伦斯·南丁格尔（Florence Nightingale），对顽固的军队官僚作风提出愤怒的抗议，把体面的新法卫生带进陆军医院的第一人。西尔维斯特这时30好几了，南丁格尔小姐比她的老师小6岁。就在南丁格尔小姐去参加克里米亚战争的同一年（1854年），西尔维斯特摆脱了他临时凑合的谋生之路。

但是在这以前他又走错了一步，弄得他没有地方可去。1846年32岁时，他进了坦普尔法学协会（在那里，他腼腆地说他自己是"一只在鹰群中筑巢栖身的鸽子"），准备从事法律职业，1850年取得了律师资格。这样，他和凯莱终于走到一起来了。

当时凯莱29岁，西尔维斯特36岁，两个人都没有从事真正是天性召唤他们去做的工作。35年以后西尔维斯特在牛津大学演讲时,衷心地赞扬凯莱,"凯莱,虽然比我年轻,但却是我精神上的前辈——他第一个打开了我的双眼,清除了我眼里的杂质,从而使它们能看见并接受我们普通数学信念中更高深的奥秘。"1852年,在他们开始交往以后不久,西尔维斯特提到"凯莱先生,他通常讲出来的都是珍珠和宝石"。凯莱先生那方面也常常提到西尔维斯特先生,但他总是好像无动于衷。西尔维斯特最早以书面形式迸发出他的感激之情,是在1851年发表的一篇论文中,他在文章中说:"上面阐明的定理[这是他的线性等价二次形式的子行列式之间的关系]部分是在同凯莱先生的一次谈话过程中提出的(我感激他使我恢复了享受数学生活的乐趣)……"

或许西尔维斯特言过其实了,但他的话是有些道理的。如果说他不是恰好复活了,他至少得到了一对新的肺:从他遇到凯莱那一时刻开始,他就呼吸着数学,并且生活在数学中,直到生命结束。这两个朋友常常围绕着林肯法律协会的院子散步,一面讨论他们两人都在创造的不变量理论;后来,当西尔维斯特搬走时,他们在距离彼此的住处大约一半的地方碰头,继续他们的数学讨论。当时两人都是独身。

代数不变量的理论开始于一个极为简单的观察,不变性概念的各种各样的扩展,都是由代数不变量理论自然产生的。正如我们将在布尔那一章注意到的,这个想法最早的例子出现在拉格朗日的著作中,以后又从拉格朗日进入高斯的算术工作。但是这两个人谁也没有注意到,在他们面前的这个简单然而值得注意的代数现象,是一个广阔理论的萌芽。当布尔继续并大大扩展了拉格朗日的工作时,他似乎也没有充分认识到他所发现的是什么。除了有一点小小的不满以外,西尔维斯特在优先权这件事上,对布尔总是公正和慷慨的,凯莱,当然总是公平的。

任何曾经看见过解二次方程的人,都能懂得上面所提到的简单观察,它不过就是解二次方程而已。方程 $ax^2 + 2bx + c = 0$ 有两个相等的根的充分必要条件是 $b^2 - ac$ 等于零。让我们把变量 x 用变量 $y = (px + q)/(rx + s)$ 替换,这样,x 就要用这个变换式的解替换,即 $x = (q - sy)/(ry - p)$。这个变换把已知方程变成了另一个关于 y 的方程;设新方程是 $Ay^2 + 2By + C = 0$。通过代数运算,我们发现新方程的系数 A, B, C 能用原方程的系数 a, b, c 表示如下:

$$A = as^2 - 2bsr + cr^2,$$
$$B = -aqs + b(qr + sp) - cpr,$$
$$C = aq^2 - 2bpq + cp^2。$$

由此很容易得出(如果必要的话,硬性化简,虽然有一个更简单的方法可以推出结果而无须实际计算 A, B, C),

$$B^2 - AC = (ps - qr)^2(b^2 - ac)。$$

这里,$b^2 - ac$ 称为关于 x 的二次方程的判别式,因此关于 y 的二次方程的判别式是 $B^2 - AC$。这样我们就证明了,**变换方程的判别式等于原始方程的判别式乘以因子 $(ps - qr)^2$,这个因子只依赖于把 x 用 y 表示的变换式 $y = (px + q) / (rx + s)$ 中的系数 p, q, r, s**。

布尔首先(1841年)发现,在这个特殊的不起眼的结果中有些值得注意的地方。每一个代数方程都有一个判别式,那就是说,有某个表达式(诸如对二次方程的 $b^2 - ac$),当方程有两个或更多的根相等时,而且仅仅在这种条件下,这个表达式等于零。布尔首先问,对于一个方程来说,当 x 用相应的 y 代替(如在二次方程中的做法)时,其判别式是否除了一个只依赖于变换系数的因子外,保持不变?他发现是这样的。接着他问,除了判别式以外,是否还有其他由系数组成的表达式,具有在**变换**下**不变**的同样性质?他发现一般四次方程有两个具有这样性质的表达式。然后另外一个人,才气焕发的年轻的德国数学家艾森斯坦(1823—1852),继续扩展布尔得出的一个结果,在1844年发现了一些既**包含**原始方程的**系数**又包含

x的表达式,它们会呈现出同种类型的不变性:原来的系数和原来的x变成了变换后的系数和y(像对二次方程那样)时,由原始量组成的这些表达式,与由变换后的量组成的表达式,只相差一个因子,且这个因子仅依赖于变换的系数。

布尔和艾森斯坦两人都没有找出这种**不变量**的**一般**方法。凯莱就是在这一点上,在1845年以他开拓性的论文《论线性变换理论》进入了这一领域。那时他24岁。他向自己提出的问题是,找出能够给他以**所有**上面所描述的那种不变量表达式的统一方法。为了避免冗长的解释,问题是用方程来说明的;实际上它是用其他方法解决的,但这点在这里并不重要。

由于不变量这个问题在现代科学思想中极为重要,我们举出另外3个例子来说明它的意义,这3个例子都不涉及符号和代数。想象画在一张纸上的、由相交的直线与曲线组成的图形。不把纸撕破,随意把它弄皱,试着想想什么是图形在弄皱前和弄皱后保持不变的最明显的性质。对在一张橡皮上画的图形做同样的事,以能想出的任何复杂的方式拉伸橡皮,但不要把它撕破。在这种情形下,显然面积和角度的大小、线的长度都**不会**保持"不变"。通过适当拉伸橡皮,直线可以被扭曲成你希望的几乎任何形状的曲线,同时原来的那些曲线——或至少一部分——可以被变成直线。然而关于整个图形仍然有**某种东西**没有改变;正是它的简单和明显使它被忽视了。这就是在图形的任意一条线上,标志着其他线段与已知线段相交之处的点的顺序。这样,如果沿着从A到C的给定直线移动一支铅笔,在扭曲前我们必须通过这条线上的点B,那么我们在扭曲后从A到C的途中仍然必须经过点B。**顺序**(如所描述的)在一些特殊的**变换**下是一个**不变量**,比如说,在把一张纸揉成一个纸团或者拉伸一张橡皮的变换下是不变的。

这个例子看起来也许没有什么意思,但是任何读过广义相对论中"世界线"相交的非数学描述的人,和想起这样两条线的一个交点标志着一个物理"**点事件**"的人,都会看出我们所讨论的,与我们物理世界的一幅图景是同样的东西。强大到足以处理这些复杂的"变换",并且实际上足以产生不变量的数学方法,是许多工作者的创造,其中包括黎曼、克里斯托弗尔(Christoffel)、里奇、莱维齐维塔、李(Lie)和爱因斯坦——这些名字全都是通俗解释相对论的读者们所熟知的;这整个广阔的纲领是由代数不变量理论的早期工作者们开始的,而凯莱和西尔维斯特是该理论的真正奠基人。

第二个例子是想象在一根绳子上套一个结,把绳子两端系在一起。拉动这个结,让它沿着绳子移动,我们把它任意扭成各种各样的"形状"。在这种情形下,这些扭曲就是我们的变换,那么在所有这些扭曲下,什么保持"不变",什么"保留"了下来呢?显然,结的形状和大小都不是不变的,但是结本身的"式样"是不变的;这点无须详细说明,只要我们不把绳子的端点解开,不管我们把绳子怎样扭,结都是**同一种**式样。还有,在较老的物理学中,能量是"守恒的";宇宙中的总能量被认为是一个不变量,在从一种形式,例如电能,到其他形式,诸如热和光的一切变换下,总能量是不变的。

我们对不变量的第三个例子,需要更多一些提到物理科学。一个观察者根据三个互相垂直的轴和一个标准钟,来确定某个事件在空间和时间中的"位置"。另一个观察者相对于第一个观察者是运动的,他希望描述的物理事件与第一个观察者描述的是同一个物理事件。他也有他的时空参照系;他相对于第一个观察者的运动,能够表示成他自己的坐标(或第一个观察者的坐标)的一个变换。按照所考虑的特殊的变换类型,这两个观察者提供的描述在数学形式上可能不同,也可能相同。如果他们的描述确实不同,那么很显然,这一差异不是他们两人观察的物理事件所固有的,而是他们的参照系和变换所固有的。这样就提出了一个问题,即怎样只构造这样的数学表示,它们是不依赖任何**特殊**参照系的自然现象的数学表示,因此能够被所有的观察者表示成同一种形式。这等同于寻找一个变换的不变量,这个变换表示了最一般的一个参照系的时空与另一个参照系时空的转换关系。这样,寻找基本自然规律的数学表示的问题,就变成了一个在不变量理论中容易解决的问题了。当我们讲到黎曼时,对这个问题还要再多说一些。

1863年剑桥大学设立了一个新创立的萨德勒数学教授席位,并向凯莱提供了这一职位,凯莱很快就接受了。同一年,他42岁,与苏珊·莫林(Susan Moline)结婚。虽然他作为数学教授挣的钱比他从事法律工作要少,但他对此并不后悔。过了几年,大学事务重新安排,凯莱的薪金提高了,他的职责也由每学期讲一门课增加到两门,他的生活现在几乎完全奉献给数学研究和大学行政。在大学行政管理方面,他充分的事务训练,平和的脾气,不受个人情感影响的判断,以及法律知识都被证明是非常宝贵的。他从来没有很多话要说,但是他所说的通常都被当做最后的决定接受下来,因为他从来都是深思熟虑之后才说出他的看法。他的婚姻和家庭生活是幸福的,他有两个孩子:一个儿子和一个女儿。随着他年事日高,他的头脑仍然像以往一样强健有力;他的性格,如果说有什么改变的话,那就是变得更加温和了。要是有人在他面前说出武断的看法,他一定心平气和地提出抗议。对于从事数学的年轻人和初学者,他总是慷慨地给予帮助、鼓励和正确的忠告。

在他任教授期间,妇女受高等教育是一个争论得很热烈的问题。凯莱把他全部平静的、有说服力的影响放在文明一边,而且主要是由于他的努力,妇女最后被允许作为学生(当然是在她们自己的修道院里)进入中世纪的剑桥大学这个如修道院般隐蔽的地方。

当凯莱在剑桥大学安静地从事数学研究时,他的朋友西尔维斯特仍然在跟世界搏斗。西尔维斯特终身未婚。1854年他40岁时,申请在伍利奇的皇家军事科学院的数学教授位置。他没有得到这个职位,也没有得到他申请的伦敦格雷沙姆学院的另一个职位。他的试用演讲对主管委员会来说是好得过分了。不过获胜的伍利奇的候选人第二年去世了，西尔维斯特接到了任命。在他得到的不太慷慨的薪金中，还包括使用公共牧场的权利，由于西尔维斯特既不养马、养牛，也不养羊，他自己又不吃草，所以很难看出他从这个极珍贵的恩惠中得到了什么特别的好处。

西尔维斯特在伍利奇任职达16年之久，直到他1870年56岁时因为"超龄"被迫退休为止。他仍然是精力旺盛的，但是拿针对他的死板的官僚作风毫无办法。他的许多伟大的工作仍然有待以后完成，但是他的上司们认为理所当然的，他这样年纪的人一定是完了。

他被迫退休的另一个方面，是激起了他的全部斗争本能。说清楚了就是，当局试图欺骗西尔维斯特，剥夺理应归他所有的部分生活津贴。西尔维斯特没有低头屈服。使这些行骗未遂的骗子们懊恼的是，他们明白了他们吓唬的不是一个温顺的老教授，而是一个能进行有力还击的人。他们付了全部津贴，退缩了。

在西尔维斯特的物质生活方面发生所有这些不愉快的事情的同时，在科学方面他是没有什么可抱怨的。他常常得到各种各样的荣誉，其中有科学界人士最珍视的一项荣誉，即法兰西科学院的外籍通信院士。由于施泰纳的去世，在几何部有了一个空缺，西尔维斯特于1863年当选为该部的通信院士。

西尔维斯特从伍利奇退休后，住在伦敦，写诗，阅读古典文学作品，下棋，一般说来过得很快活，但是没有做多少数学研究。1870年他出版了一本小册子《诗律》，他很重视它。然后，在1876年他62岁时，突然再次回到数学生活中。这个"老"人是根本压制不住的。

1875年，约翰斯·霍普金斯大学在吉尔曼（Gilman）校长的卓越领导下，在巴尔的摩建校。有人劝吉尔曼在开始时聘请一位杰出的古典文学学者和一位最好的数学家，作为他的教员核心。他们告诉他，其他的一切都会跟上去的,事实也确实是这样。西尔维斯特终于得到了一个实际上他可以干他想干的事,并且能够充分发挥他的才干的工作。1876年他再次越过大西洋,在约翰斯·霍普金斯大学担任了教授。他的薪金为每年5000美元,在当时算是丰厚的。在接受这个聘请时,西尔维斯特提出了一个奇怪的条件:他的薪金"要用黄金支付"。也许他是想到了伍利奇,他们给他的是相当于2750美元(加上牧场)的钱;他希望肯定,这一次他真正能得到应该得到的,不管有没有退休金。

从1876年到1883年,西尔维斯特在约翰斯·霍普金斯大学度过的这几年,也许是他直到那时所过的最幸福、最平静的几年。虽然他不必再去"跟世界搏斗",但他也没有躺在荣誉上睡觉。他好像年轻了40岁,又成了一个精力旺盛的年轻人,燃烧着热情,焕发出新的思想。他深深感激约翰斯·霍普金斯大学给他提供了机会,使他在63岁时开始了他的第二次数学生涯,他在1877年校庆典礼上的讲话中,毫不迟疑地公开表示了他的感激之情。

在这篇讲话中,他概述了他在数学和研究方面希望做的事(他确实做了)。

有一些东西称为代数的形式。凯莱教授称它们为Quantics(代数形式)。[例如:$ax^2 + 2bxy + cy^2$, $ax^3 + 3bx^2y + 3cxy^2 + dy^3$;第一式中的数字系数1,2,1,第二式中的数字系数1,3,3,1,都是二项式系数,与帕斯卡三角形(第5章)中的第三和第四行一样;按次序下一个是$x^4 + 4x^3y + 6x^2y^2 + 4xy^3 + y^4$。]正确地说,它们不是几何形式,虽然在某种程度上,它们可以体现在几何形式中;它们是为了使之存在的实现方案,或形成的运算方案,实际上是代数量。

每一个这样的代数形式都与无穷多种其他形式相联系,这些形式可以被看成是由第一种形式产生的,或在它的周围浮动着——宛如一种大气——但是正如从原始形式中导出的这些存在物那样。这些发散物是无限的,人们发现它们有可能由合成或者说由混合一些有限数目的基本形式而得到。这些基本形式可以像在它们所属的代数形式的代数谱中那样,叫做标准射线。正如现在[1877年,甚至今天]物理学家们的一项主要工作,是确定每一种化学物质光谱中固定的谱线。一大批数学家的目的和目标,是找出这些代数形式的基本导出形式,它们称为**共变式**[已经描述过的那种"不变"表示式,**既**包含变量,**也**包含形式或代数形式的系数]以及这些代数形式的**不变量**。

对于数学读者,很明显,西尔维斯特在这里对于基本体系给出了一个绝妙的类比,给某种给定的形式以相反相成的表现;对非数学读者,可以建议他们重读这一段,以便领会西尔维斯特所谈到的代数的精神,因为这种类比实在是很准确的,并且是"通俗"数学的一个很好的例子,就像人们在年度进展中所能找到的那样好。

西尔维斯特接着在一个脚注中指出,"我目前有一个班,有8到10个学生,听我关于现代高等数学的演讲。他们当中有一位年轻工程师,他从早上8点到晚上6点忙他办公室的任务,当中有一个半小时用来吃饭和听讲,他对我所说的[某一个定理],给我提供了我所见过的最好的证明,也是表达得最好的证明……"西尔维斯特已经年逾60,他以一个预言家的热情,鼓舞别人去看他所发现的,或者将要发现的乐土。事实上这就是最好的讲授,也是足以证明教学先进的唯一水准。

关于这个收养了他的国家,他还有一些赞美的话要说(在脚注中):"……我相信,全世界没有一个国家像美国这样,有特色的才能备受重视,而仅仅拥有财富(尽管我们听见过许多关于金钱万能的事)简直无足轻重……"

他也谈到他那休眠状态的数学本能怎样重新被唤醒,焕发出丰富的创造力。"要不是这个大学[约翰斯·霍普金斯]的一个学生坚持要跟我学习现代代数的迫切愿望,我永远也不会从事这样的研究……他非常尊敬我,而又极其固执地坚持他的目标。他要学新代数(天知道他是从哪儿听到的,因为在这个大陆上,几乎没有人知道它),要么学它,要么什么也不学。我不得不让步,结果怎样呢?为了阐明我们的教科书上一处含糊不清的解释,我绞尽了脑汁,我以重新活跃起来的热情,一头扎进了一个我已经放弃了多年的课题,找到了过去长时间吸引了我的注意力的精神食粮,它也许要在今后几个月中有利地占据我全部的思考能力。"

西尔维斯特的几乎所有公开演讲或篇幅较长的论文,除了技术细节以外,都包含许多可以引证的有关数学的东西。从他的著作集中,可以为初学者,甚至可以为有经验的数学家们,选编一本使人耳目一新的选集。也许没有任何其他数学家像西尔维斯特这样,通过他的写作,如此透彻地展示了他的个性。他喜欢与人交往,并用自己对数学的富于感染力的热情去影响他们。因此他说(他的情况确实如此):"只要一个人仍然是一个喜欢群居的、爱好交际的人,他就不能不把他正在学的东西传达给别人,不能不通过别人去宣传在他脑子里沸腾着的思想和印象,这是一种天性,尽管这样做会妨碍或削弱他的品格,使得补充他未来智慧的最可靠的源泉枯竭。"

我们可以把西尔维斯特的描述与凯莱关于现代数学的范围的描述并列,作为它的姊妹篇。"假如我不得不要长久地独自拥有现代数学所占据的如此广阔的领域,我会感到难过的。数学不是一本局限于封面和铜钉之间装订成册的书,只需要耐心就可以得到它的内容;它不是一座矿,它的宝藏可以花费长时间去占为己有,但它只存在于有限的矿脉之中;它不是一片土壤,其肥力能够因连续的丰收而耗尽;它不是一片大陆或海洋,可以规划它的面积,确定它的轮廓:它像空间一样无限,而对于它的抱负来说,它发现空间也太狭窄;它可能发生的情况是无限的,像那在天文学家的注视下永远有天体挤进去、永远在增加的宇宙一样无限;它像意识、生命一样,不可能被限制在指定的范围内,或简化成一些永远正确有效的定义;它仿佛蛰伏在每一个原子中,蛰伏在每一片树叶、每一个花蕾和细胞中,永远准备着突然间迸发出新型的植物和动物实体。"

1878年,西尔维斯特创办《美国数学杂志》,并经约翰斯·霍普金斯大学委任担任主编。该杂志正确的方向——研究——给了美国数学以巨大的推动。今天它在数学方面仍然欣欣向荣,但是出版经费十分困难。

两年以后,在西尔维斯特的生涯中发生了一件古典文学方面的意外事件。我们借用富兰克林(Fabian Franklin)博士的话来讲述这件事。富兰克林继西尔维斯特之后,担任了几年约翰斯·霍普金斯的数学教授,后来是巴尔的摩《美国人》的编辑。这件事是他亲眼所见、亲耳所闻的。

他[西尔维斯特]除了用拉丁文写了不少诗,还非常出色地翻译了贺拉斯和一些德国诗人的作品。他在韵律方面的力作是他在巴尔的摩时完成的,目的在于说明作诗的理论,这在他称为《诗律》的小书中举例作了说明。在皮博迪学院朗读《罗莎琳德》这首诗,是他一次心不在焉的有趣表演。这首诗有400多行,全部用罗莎琳德这个名字押韵(i发长音和短音都可以)。大厅里坐满了听众,他们期待着从倾听这首诗的奇特的经历中得到乐趣。但是西尔维斯特教授早就发现需要写大量解释性的脚注,他宣布为了不中断朗读,他先把注释统统读一遍。几乎每一条注释都临时增加了一些评论,朗读者对每一条注释又是那么兴致勃勃,他一点儿也没有注意到时间的飞逝,或是听众的兴趣。当他念完最后一条注释时,抬头看了看钟,这才大吃一惊,发现他在开始朗读这首诗以前,已经让听众们听了一个半小时的注释，而他们是来听他朗读诗的。听众对他脸上惊讶的表情，报以一阵好心的哄笑。这时，他请求全体听众，如果有事的话可以自由退场，然后就朗读《罗莎琳德》这首诗。

富兰克林博士对他老师的评价，极好地总结了这个人："西尔维斯特性情急躁，缺乏耐心，但是他为人慷慨、厚道，心地善良。他对别人的工作总是极为重视，对他的学生表现出的任何才干或能力，都给予最热情的赞扬。他会为了一点微不足道的对他的冒犯而光火，但是他从不怀恨在心，总是一有机会就很高兴地忘掉争吵的原因。"

在拾起凯莱的生活与西尔维斯特的生活再次交叉的线索以前，我们先让《罗莎琳德》的作者谈谈他是怎样作出他最美好的一项发现，即人们称为"标准型"的这项发现的。[这仅仅是指把一个已知的"代数形式"化简为一个"标准"形式。例如，$ax^2 + 2bxy + cy^2$ 可以表示为两个平方的和，如 $X^2 + Y^2$；$ax^5 + 5bx^4y + 10cx^3y^2 + 10dx^2y^3 + 5exy^4 + fy^5$ 可以表示为三个五次幂的和，如 $X^5 + Y^5 + Z^5$。]

"我在林肯法律协会的一间偏僻的办公室里，靠一瓶葡萄酒来维持日渐衰退的精力，一口气发现并发展了奇数阶标准二元形式的全部理论，就已经做出的而言，也发展了偶数阶标准二元形式的理论*。这项工作是完成了，干得不错，但是也像通常那样耗尽了折磨人的思考——脑子在燃烧，双脚不管是有知觉还是没有知觉，就像陷在冰桶里似的。**那天晚上我们没有再睡觉**。"专家们一致认为症状是不可能错的，但是要判断西尔维斯特从瓶子里喝的是什么，它必定是醇酒。

当凯莱接受了1881—1882年度在约翰斯·霍普金斯讲半年课的邀请

---

* 许多年以后，韦克福德（E. K. Wakeford, 1894—1916）发展了这个理论的这一部分，他在第一次世界大战中丧命。"现在感谢上帝，他在这个时候与我们同在。"[鲁伯特·布鲁克（Rubert Brooke）语]

时，他和西尔维斯特又在专业上走到一起了。他选择了那时他正在研究的阿贝尔函数作为他的题目。67岁的西尔维斯特忠实地出席了他这位著名的朋友的每一次讲座。西尔维斯特前面还有多产的好几年，凯莱就没有这样多了。

我们现在简单地谈谈凯莱除了关于代数不变量理论的工作以外，对数学的三项杰出的贡献。我们已经提到过他创立的矩阵理论、n维空间几何，以及他的关于几何的一种思想，这种思想给了非欧几何学以新的说明（在克莱因手里）。我们从最后一项开始，因为它是最困难的。

德扎尔格、帕斯卡、彭赛利，以及其他一些人创造了**射影**几何（见第5章、第13章），其目的是要发现那些在射影下不变的图形的性质。测量——角的大小、线的长度——及依赖于测量的定理，例如毕达哥拉斯的直角三角形最长边的平方等于其余两边的平方和的命题，不是射影的，而是**度量**的，它们不能用**通常**的射影几何处理。凯莱在几何学中的一个最伟大的功绩，就是越过了这样一个障碍。在他跨过它之前，它把图形的射影性质与度量性质分开了。从他的更高的观点看，度量几何也成为射影几何了，射影方法的巨大力量和它的灵活性，由于引入了"虚"元素（例如坐标包含$\sqrt{-1}$的点），被证明可以应用于度量性质。任何学过解析几何的人都会回想起，两个圆相交于四个点，其中两个点总是"虚的"。（有一些明显的例外情形，例如同心圆，但是这种例外对于我们的目的而言极为罕见。）度量几何中的基本概念是两点之间的距离和两条线之间的角度。凯莱用另一个也包含"虚"元素的概念代替距离，提供了把欧几里得几何和通常的非欧几何统一成一个更广泛的理论的方法。不用一点代数，不可能明确地说明这可能是怎样做到的。对于我们的目的来说，注意到凯莱把射影几何和度量几何统一在一起，以及与上述其他几何之同种统一的主要进展就足够了。

当凯莱首先作出 n 维几何时,它比我们今天看起来要神秘得多,因为我们已经熟悉了相对论中的四维(时空)的特殊情形。人们有时候仍然说,四维几何是人类无法理解的。但是很久以前就由普吕克尔(Plücker)推翻了这种迷信;把四维图形放在一张平面的纸上是很容易的,就**几何**而论,**整个**四维"空间"也是很容易想象出来的。首先考虑一个相当特殊的三维空间:在一个**平面**上可能画出的**所有的圆**。这"全部"是一个三维"空间",理由很简单,要确定这些圆中的任意一个,需要**恰好三个数**,或三个**坐标**:**两个**参照一对任意给定的轴以固定圆心的位置,一个给出半径的长度。

如果读者现在来摹想一个四维空间,他可以想象用**直线**代替**点**,作为构成我们的普通"固体"空间的**元素**。代替我们熟悉的、看上去像无限细小的鸟枪子弹凝聚在一起的固体空间,现在它就像一根根无限薄、无限长、直直的干草组成的有秩序的干草堆。如果我们使自己相信(我们可以做到),要在我们的干草堆中确定一根特别的干草,**恰好四个数**是必要而且充分的,那么我们就很容易看出**直线**的空间确实是四维的。一个"空间"的"维数"可以是我们选择来构成它的任何东西,倘若我们适当挑选构成空间的元素(点、圆、线等等)的话。当然,如果取**点**作为构成我们的空间的元素,那么除了精神病院里的疯子,没有人能够成功地看到多于三维的空间。

现代物理学正在迅速地教会一些人放弃他们关于除了数学"空间"——例如欧几里得的空间——以外,还有一个神秘的"绝对空间"的看法。那些数学空间是几何学家们为了与他们的物理经验联系起来而**构造**的。今天的几何学主要是分析的问题,但是,"点"、"线"、"距离"等等,这些过去的术语,有助于向我们提醒有关我们的坐标集合的有趣的东西。但是不能由此推断,这些特定的东西是在分析学中能做出的最有用的东西。实际情况可能是,总有一天所有这些东西与更重要的东西相比,都是相对微不足道的了，我们对过时的传统墨守成规，继续考虑这些东西，只是因为我们缺乏想象力。

要是谈到分析中产生的状况有什么神秘的优点，就像要我们回到过去，同阿基米德一起在灰烬中画图一样，那优点还没有揭示出来呢。图形毕竟可能只适合于很小的孩子；拉格朗日在写作他的分析力学时，完全不需要这种幼稚的帮助。我们想要把我们的分析"几何化"的倾向，可能只是我们还未长大的证据。众所周知，牛顿本人首先从分析得出了他的不可思议的结果，然后才给它们披上阿波罗尼乌斯式的证明的外衣。他这样做部分是因为他知道，大多数人——天赋不如他本人的数学家们——只有当一个定理有精致的图形和呆板的欧几里得证明伴随着时，才相信它是正确的。部分是因为他本人仍然徘徊在对笛卡儿以前的几何的朦胧偏爱中。

我们挑选出来在这里论述的、凯莱的最后一个伟大发明，是矩阵及其代数的大致轮廓。这个题目开始于他在1858年的一篇论文，直接产生于对代数不变量理论的那些（线性）变换的结合方式的简单观察。回顾一下我们对于判别式及其不变量说过的话，我们来注意 $y \rightarrow \dfrac{px+q}{rx+s}$（箭头在这里读作"由……代替"）这个变换。假设我们有两个这样的变换，

$$y \rightarrow \frac{px+q}{rx+s}, x \rightarrow \frac{Pz+Q}{Rz+S},$$

把其中的第二个变换应用到第一个变换中的 x 上。我们得到

$$y \rightarrow \frac{(pP+qR)z+(pQ+qS)}{(rP+sR)z+(rQ+sS)}。$$

我们只注意三个变换中的系数，把它们写成方阵，即

$$\left\| \begin{matrix} p & q \\ r & s \end{matrix} \right\|, \left\| \begin{matrix} P & Q \\ R & S \end{matrix} \right\|, \left\| \begin{matrix} pP+qR & pQ+qS \\ rP+sR & rQ+sS \end{matrix} \right\|,$$

就可看出，连续实施前两个变换的结果，可以用下面的"乘法"规律写出来，

$$\left\| \begin{matrix} p & q \\ r & s \end{matrix} \right\| \times \left\| \begin{matrix} P & Q \\ R & S \end{matrix} \right\| = \left\| \begin{matrix} pP+qR & pQ+qS \\ rP+sR & rQ+sS \end{matrix} \right\|,$$

其中右边阵列的**行**，是以一种明显的方式，由左边第一个阵列的**行**应用于第二个阵列的列得到的。这样的（任意数目的行和列的）阵列就称作**矩阵**。它们的代数是由几个简单的公设得到的，我们只须列举下面几个。

矩阵 $\begin{Vmatrix} a & b \\ c & d \end{Vmatrix}$ 和 $\begin{Vmatrix} A & B \\ C & D \end{Vmatrix}$，当 $a = A, b = B, c = C, d = D$ 时，而且只有在这种情况下，（按定义）是**相等**的。刚才写出来的两个矩阵**的和**是矩阵 $\begin{Vmatrix} a + A & b + B \\ c + C & d + D \end{Vmatrix}$。$\begin{Vmatrix} a & b \\ c & d \end{Vmatrix}$ 用 m（任何**数**）相乘的结果是矩阵 $\begin{Vmatrix} ma & mb \\ mc & md \end{Vmatrix}$。矩阵相"乘"，×（或"复合"）的规则如上面对于 $\begin{Vmatrix} p & q \\ r & s \end{Vmatrix}$、$\begin{Vmatrix} P & Q \\ R & S \end{Vmatrix}$ 的例子所示。

这些规则的一个独特的特点是乘法的**不可交换性**，**特殊**类型的矩阵除外。例如，我们由规则得到

$$\begin{Vmatrix} P & Q \\ R & S \end{Vmatrix} \times \begin{Vmatrix} p & q \\ r & s \end{Vmatrix} = \begin{Vmatrix} Pp + Qr & Pq + Qs \\ Rp + Sr & Rq + Ss \end{Vmatrix},$$

右边的矩阵不等于如下相乘所产生的矩阵：

$$\begin{Vmatrix} p & q \\ r & s \end{Vmatrix} \times \begin{Vmatrix} P & Q \\ R & S \end{Vmatrix}$$

给出所有这些细节，特别是最后一个，是为了说明在数学史上常常出现的一个现象：对于科学应用是必要的数学工具，往往在以数学为其基础的这门科学被想象出来之前几十年就建立了。矩阵"乘法"的规则很奇怪，按照这个规则我们做乘法的次序不同就得到不同的结果（与普通代数不一样，那里 $x \times y$ 总是等于 $y \times x$），似乎与任何有关科学的或实际应用的东西都不着边际。然而在凯莱创立了它 67 年之后，海森伯在 1925 年发现，矩阵代数恰恰是他在其量子力学的革命性工作中所需要的工具。

凯莱继续不停地从事创造性的活动，直到他去世的那个星期，他以坚毅的勇气忍受了长期患病的痛苦，于 1895 年 1 月 26 日去世。我们引用福

赛思（Forsyth）所写的传记的结束语："但是他不仅仅是一个数学家。他怀着唯一的目标，华兹华斯会为他的'快乐的战士'选择唯一的目标，直到生命的最后一刻，始终坚持他一生为之奋斗的崇高理想。他的一生对于那些认识他的人[福赛思是凯莱的学生，成为他在剑桥大学的继任者]有着重大的影响：他们钦佩他的品格，犹如他们敬重他的天才。在他去世时，他们感到，一个伟人从这个世界上消失了。"

凯莱所做的工作，许多已经成为数学的主流。他那浩瀚的《数学论文集》（由966篇论文构成的4开本13大卷，每卷约600页）中，很可能还有更多的著作，将给未来几代富于探索精神的数学家们提供有益的食粮。凯莱最感兴趣的领域目前已不再流行，对西尔维斯特同样也可以这样说；但是数学有一个习惯，回到它原来的问题上，把它们归纳为范围更广的综合问题。

1883年，杰出的爱尔兰数论专家、牛津大学的萨维利几何教授亨利·约翰·斯蒂芬·史密斯（Henry John Stephen Smith）在他57岁，正当他从事科学研究的壮年时期去世了。牛津大学邀请年迈的西尔维斯特担任这一空出的教授席位。他这时已经70岁了。西尔维斯特接受了邀请，这使他在美国的无数朋友深感遗憾。但是他想家了，思念他的对他并不慷慨的祖国；也许这也给了他某种满足，使他感到"建筑师们抛弃不用的石头，同样成了重要的基石"。

这位令人惊奇的老人来到牛津大学，担负起他的职务，以一种崭新的数学理论（"Reciprocants"——微分不变量）浇灌他的高年级学生。任何赞扬或公正的赏识，似乎总会促使西尔维斯特超过他自己原有的水平。虽然在他最新的工作中，法国数学家乔治·阿尔方（Georges Halphen）部分地走在了他前面，他却以他特殊的天才使之不朽，以他不可磨灭的个性使之更有生气。

1885年12月12日，西尔维斯特71岁时在牛津大学发表的就职演说，充满了他年轻时火一般的热情,或者还要多些,因为他现在感到安心,知道他终于被那个曾经向他斗争的、势利的世界承认了。从演说中摘录的两段,多少可以看出整篇的风格:

> 我将要阐述的理论,或者说我将要宣布其诞生的理论,坚持它[与伟大的不变量理论]的关系不是妹妹,而是弟弟,虽然它出现较晚,按照男性比女性更有价值,或者,无论如何,根据撒利法*的规定,有权在它姐姐的地位之上,并在它们的联合王国中行使最高支配权。

在评论某一特定的代数式中有一项无法解释的缺席时,他改用了抒情体:

> 在我们面前的例子中,一个家庭成员出乎意料地缺席——它可能曾被找寻过——仍然在我脑海中留下了印象,甚至影响了我的情绪。我开始想到它好像代数星座中失去了昴星团,最后,在郁闷地沉思这个问题时,我的感情在一次诗的抒发中,在一个愚蠢的游戏中,得到发泄,或得到宽慰。明知它看上去奇特或放肆,我将冒昧地予以复述。在我开始对这个一般理论作最后评论之前,它至少可以作为一个插曲,松弛一下你们紧张的注意力。

致一个代数公式诸项的大家庭中失去的一员

> 你孤独的被抛弃的一员!被命运所遗弃,
> 离开你向往的同伴们——你飘向何方?
> 被夺去了一切,你在何处徘徊,
> 像一个迷途的星星或被埋葬的陨石?

---

* 撒利族的法典,尤指其中禁止妇女继承土地的规定。撒利法为法国和西班牙禁止女性继承王位的法律。——译者

你使我想起那傲慢的一个,

它厌恶成为伟大,除非是最伟大,

从无垠的天空一头摔下,

凄凉地独自生活在孤独中:

或者它,新的大力士,忍受着艰苦的放逐,

时而为希望所鼓舞,时而为恐惧所折磨,

直到登上王位的阿斯特里亚将含糊的警告

通过大西洋的怒涛,随风飘送到他耳中,

吩咐他"敬畏缪斯的圣殿

用烈火撒下伊西斯(Isis)*国土上的尘埃"。

在恢复了精神,在缪斯女神的泉水**中洗净了我们的手指以后,让我们花短短一点时间,回到理智的清淡的宴席上,用我的讲话中,前面的问题中自然地出现的一般的想法,作为最后一道小吃,来款待我们自己。

如果缪斯女神的泉水是这个老朋友在这次惊人的理性宴会上洗手指的钵,那么那忠实的葡萄酒瓶一定在他手边,这是可以放心地打赌的。

西尔维斯特关于数学与诗歌的亲密关系的意识,常常在他的写作中表现出来。因此,在一篇论牛顿发现代数方程虚根的规则的论文中,他在一条脚注中问道:"难道不可以把音乐描绘成感觉的数学,而把数学描绘成理性的音乐吗?这样,音乐家**感觉到**数学;数学家**想到**音乐——音乐是梦想,数学是工作中的生活——当人类的智慧升华到尽善尽美的境地,将在某个未来的莫扎特—狄利克雷或贝多芬—高斯的歌颂下而光彩夺目时,每一个都因对方而功德圆满。这个联合已经在一位亥姆霍兹(Helm-

---

* 伊西斯,埃及神话中司生育与繁殖的女神。——译者

** 缪斯女神的泉水(Pierian Spring),指诗的源泉。——译者

holtz)*的天才和工作中清楚地预示出来了!"

西尔维斯特热爱生活,甚至当他被迫与它斗争时,也仍然是爱它的,如果说曾经有人从生活中得到了它最好的东西,那就是西尔维斯特。他感到自豪的是,伟大的数学家们,除了可以归于可避免的,或意外的死亡这类情形以外,都是长寿的,而且至死保持着敏捷的思维。1869年他在英国科学促进协会的就职演说中,列举了过去一些最伟大的数学家的光辉的名字,用他们去世时的年龄来证实他的论点:"……世界上没有哪门学科比数学把头脑的全部功能带进了更和谐的行动……或者像它那样,仿佛通过一步步的指引,把他们提升到越来越高的、自觉的聪明人的境界……数学家活得长,活得年轻;心灵的翅膀不会早早掉下,毛孔也不会被粗俗生活中尘土飞扬的大路上吹来的尘埃阻塞。"

西尔维斯特是他自己的哲学的活生生的榜样,但是就连他,最后也开始向时间屈服。1893年——他这时79岁——他的视力开始减退,他变得悲哀沮丧了,因为他再不能以他往昔的热情演讲了。次年他请求解除他担任教授的更加繁重的任务,退休后孤独而沮丧地住在伦敦或坦布里奇韦尔斯。他所有的哥哥和姐姐都早已去世,他比他大部分亲密的朋友都活得长久。

但是即使这时候他也没有完结。他的脑子仍然强健有力,尽管他本人觉得他的创造力的锋刃已永远迟钝。1896年末,在他82岁的时候,他在一个过去总是吸引着他的领域中,找到了新的热情,他的热情在复合分类理论和哥德巴赫(Goldbach)的每一个偶数都是两个素数之和这一猜想上,再次燃烧了起来。

他没有多少时间了。1897年3月初,他在伦敦的房间里从事数学工作时,突然瘫痪,因而丧失了说话能力。他死于1897年3月15日,终年83岁。他的一生可以用他自己的话作一总结:"我确实热爱我的学科。"

---

* 亥姆霍兹(1821—1894),法国生理学家和物理学家。——译者

第 22 章

大师和学生

魏尔斯特拉斯和柯瓦列夫斯卡娅

现代分析学之父。魏尔斯特拉斯与他的同代人的关系。才华出众的惩罚。被迫学法律，自己设法逃出。啤酒与剑。新的起点。受古德曼的恩惠。泥淖中的15年。奇迹般的解脱。魏尔斯特拉斯终生的问题。太多的成功。索尼娅袭击大师。他宠爱的学生。他们的友谊。一个女人的忘恩负义。索尼娅悔悟，获巴黎大奖。魏尔斯特拉斯获得种种荣誉。幂级数。分析的算术化。怀疑。

近代得到最伟大发展的理论，无疑是函数论。

——维托·沃尔泰拉（Vito Volterra）

年轻的数学博士们在焦急地寻找能够发挥他们的才智和所受训练的职位时，常常会问，一个人是否可能长时间从事初等教学工作而仍然保持数学上的活力。这是可能的，布尔的一生是部分回答；分析学大师、"现代分析学之父"魏尔斯特拉斯的一生是确定的回答。

在详细论述魏尔斯特拉斯之前，我们按年代顺序把他同他的那些德国同代人列在一起，这些人当中的每一个都像他一样，在19世纪后半叶和20世纪的最初30年内，对于数学的至少一个广阔的领域提出了新的见解。1855年可以作为一个适宜的参考点，这一年标志着高斯去世，以及与前一世纪杰出的数学家的最后联系的中断。1855年，魏尔斯特拉斯(1815—1897)40岁；克罗内克(1823—1891)32岁；黎曼(1826—1866)29岁；戴德金(1831—1916)24岁；而康托尔(1845—1918)还是一个10岁的小孩子。因此德国数学不缺乏新人来继续高斯的伟大传统。这时魏尔斯特拉斯刚刚得到公认；克罗内克刚开了个好头；黎曼已经做出了一些最伟大的工作；戴德金正在进入将得到他最伟大的名声的领域(数论)。当然，康托尔还默默无闻。

魏尔斯特拉斯

我们把这些名字同日期并列在一起，因为所提到的人当中，有4个人虽然像他们大多数最好的工作那样各不相同而且完全没有关系，却在全部数学的一个中心问题，即无理数的问题上走到了一起：魏尔斯特拉斯和戴德金在欧多克斯公元前4世纪停下来的地方，重新开始了对无理数和实际上对连续的讨论；克罗内克是芝诺的现代附和者，他怀疑并批评魏尔斯特拉斯对欧多克斯的修正，使魏尔斯特拉斯的晚年很不幸；而康托尔则闯出了一条他自己的新路，力图领悟隐含在连续这个概念——按照一些人的看法——中的实无穷本身。从魏尔斯特拉斯和戴德金的工作中，开创了分析学的现代纪元，即分析学(微积分学、单复变函数理论和实变函数理论)的严格的逻辑精确性，这与一些较早的作者的不大严格的直观方法不同——这种直观方法作为对发现的启发式的指导是非常宝贵的，但是从毕达哥拉斯理想的数学证明的立场看，却全无价值。正如已经指出的，高斯、阿贝尔和柯西开始了严格化的第一个阶段；由魏尔斯特拉斯和戴德金开始的运动是在更高的水平上，它可以适应在上一世纪后半叶分析学的更严格的要求，早先的那种谨慎对它是不够的。

魏尔斯特拉斯的一项发现，特别使直观派的分析学家们感到震惊，使他们恰当地注意到应该慎重：他作出了一个在任何一点上都没有切线的连续曲线。高斯一度称数学为"眼睛的科学"；要让鼓吹感觉上直观的人"看见"魏尔斯特拉斯的曲线，需要比一双好眼睛更多的东西。

由于对每一个作用都有一个大小相等、方向相反的反作用，因而这整个翻新的严格性会激起对它自身的反对就是很自然的了。克罗内克猛烈地，甚至刻毒且相当令人恼怒地攻击过它。他否认它有什么意义。虽然他成功地伤害了可敬的、厚道的魏尔斯特拉斯，但是他几乎没有给他的守旧的同代人留下什么印象，并且实际上没有给数学分析留下丝毫影响。克罗内克走在他的时代前面一个世纪。直到20世纪的第二个10年，人们才认真考虑他对于目前所接受的连续和无理数的信念的责难。确实，今天并不是所有的数学家都把克罗内克的攻击，仅仅看作他对更著名的魏尔斯特拉斯的受压抑的妒忌的发泄（他的一些同代人认为是这样的），人们承认，在他的使人不安的反对中可能有些道理——也许有，但不多。不管是否有道理，克罗内克的攻击部分导致了现代数学推理中严格化的**第三个**阶段，即我们自己正试图享有的阶段。魏尔斯特拉斯并不是受克罗内克折磨的唯一的同代数学家；康托尔也在他视为有影响的同事的恶意迫害下深受痛苦。所有这些人在适当的地方都将为自己辩护；这里我们只是试图指出，他们的生活和工作至少在这个华丽的格局的一个角落，是密切地交织在一起的。

为了完成这幅图景，我们必须指出以魏尔斯特拉斯、克罗内克和黎曼为一方，以克罗内克和戴德金为另一方，这两方之间的另外一些联系。我们记得阿贝尔死于1829年，伽罗瓦死于1832年，雅可比死于1851年。在我们所论及的时代,数学分析中的一个突出问题,是完成阿贝尔和雅可比关于多周期函数——椭圆函数、阿贝尔函数(见第17章、18章)——的工作。魏尔斯特拉斯和黎曼从完全不同的观点完成了应该做的事情——魏尔斯特拉斯确实认为他自己在某种程度上是阿贝尔的后继者;克罗内克在椭圆函数方面开辟了新的前景,但是他没有在阿贝尔函数领域与另外两个人竞争。克罗内克主要是算术学家和代数学家;他的一部最优秀的著作,是对伽罗瓦在方程理论中的工作的详尽阐述和发展。这样,伽罗瓦在他去世后不久就有了一个相称的后继者。

戴德金除了对连续和无理数领域的涉猎以外,他的最富于独创性的工作是在高等算术方面,他彻底改革和刷新了这一领域。在这方面,克罗内克是他的能干和有远见的竞争者,但是他们的整个方法又是全然不同的,表现了两个人的特点:戴德金通过躲进无限中(在他的"理想"理论中,这将在适当的地方指出)克服了他在代数理论中碰到的困难;克罗内克则力图在有限中解决他的问题。

卡尔·威廉·特奥多尔·魏尔斯特拉斯(Karl Wilhelm Theodor Weierstrass)是威廉·魏尔斯特拉斯(Wilhelm Weierstrass, 1790—1869)和他的妻子特奥多拉·福斯特(Theodora Forst)的长子,他于1815年10月31日出生在德意志,明斯特区的奥斯滕费尔德。那时他父亲是个由法国支付薪金的海关官员。人们可以回想起来,1815年是滑铁卢战役的那一年;法国仍然统治着欧洲。俾斯麦(Bismarck)也出生在那一年,注意到下面这一点是很有意思的:这位相当著名的政治家毕生的事业在世界大战中,如果不是更早的话,被打得粉碎;而他的不那么出名的同代人,对科学和文明的总体进步的贡献,在今天倒比在他活着的时候更受到尊重。

魏尔斯特拉斯一家毕生都是虔诚的罗马天主教徒;父亲是从新教改信天主教的,也许是在他结婚的时候。卡尔有一个弟弟彼得(Peter,死于

1904年)和两个妹妹,克拉拉(Klara, 1823—1896)和伊丽泽(Elise, 1826—1898),妹妹们终生照料他的生活。母亲在1826年生下伊丽泽以后不久就去世了,父亲第二年再次结婚。关于卡尔的母亲,我们知道得很少,只知道她似乎对丈夫有一种克制着的反感,并且相当讨厌她的婚姻。继母是个典型的德国家庭妇女;她对她丈夫前妻的子女的智力发展的影响也许是零。在另一方面,父亲是一个重实际的理想主义者,一个有文化的人,一度当过教师。他生命的最后10年是在柏林他著名的儿子家里平静地度过的,两个女儿也住在那里。他的子女没有一个结过婚,虽然可怜的彼得一度表示过结婚的倾向,但是很快就被他的父亲和妹妹压了下去。

在孩子们天生的亲切友爱中,唯一可能的不协调是父亲绝不妥协的正直、支配一切的权威以及普鲁士式的顽固。他差一点用他喋喋不休的教训毁了彼得的一生,又很危险地几乎对卡尔也这样做。他企图迫使卡尔从事对他不相宜的职业,而并没有弄清楚他那才气焕发的年轻儿子的能力在哪方面。老魏尔斯特拉斯蛮横无理地训诫他的小儿子,干涉他的事情,直到这"孩子"差不多40岁时才停止。幸而卡尔是由更富于反抗精神的材料构成的。正像我们将会看到的,他对他父亲的反抗——尽管他自己也许完全不清楚他是在反抗这个暴君——采取了一种并不少见的形式,就是把他父亲为他选择的生活弄得一团糟。这也许是他能够设想出来的最简单的防卫方式,它最好的地方就是他和他的父亲都从来没有梦想到在发生什么事情,虽然卡尔在60岁时写的一封信表明,他终于认识到了他早期的困难的原因。最后卡尔走上了能够自主行事的道路,但这是一条漫长、迂回的道路,经历了重重磨炼和错误。只有像他这样不修边幅、粗鲁质朴、身心都很强健的人,才能胜利地走到底。

卡尔出生后不久,全家迁居到威斯特伐利亚的韦斯特科滕,在那里父亲当了盐场的海关官员。韦斯特科滕就像魏尔斯特拉斯度过了他一生中最好岁月的其他狭小、阴暗、肮脏的地方一样,今天它在德国为人所知,只是因为魏尔斯特拉斯曾经被判罚在那里——只不过他没有生锈；他发表的第一项工作被确定为1841年（他那时26岁）写于韦斯特科滕。村子里没有学校，因此卡尔被送到邻近的城镇明斯特，14岁时，他从那里进了在帕德博恩的天主教办的高级中学。与处于类似情况的笛卡儿一样，魏尔斯特拉斯非常喜欢他的学校，同他的有经验、有教养的教师们交了朋友。他用大大少于标准的时间学完了规定的课程，所有的功课都取得同样优异的成绩。他在1834年19岁时离开了学校。奖学金源源不断地落到他头上；有一年他获得七项奖；他通常是德文第一名，拉丁文、希腊文和数学这三门中两门的第一名。一种极具讽刺性的反常现象是他一次也没有获得书法奖，而他却注定了要给那些刚刚从母亲的围裙带下解放出来的小孩子教书法。

数学家们往往喜欢音乐，像魏尔斯特拉斯这样豁达的一个人竟不能忍受任何形式的音乐，这也是很有趣的。音乐对他毫无意义，而他也从来不掩饰这一点。当他成为一个有成就的人时，关心他的妹妹们试着让他去上音乐课，以便使他在社交场合能比较顺应习俗，但是他敷衍塞责地上了一两次课后，就放弃了这个讨厌的计划。她们设法把他拉到音乐厅或歌剧院去，但音乐会使他厌倦，正歌剧更使他昏然入睡。

同他的父亲一样，卡尔不仅是个理想主义者，而且一度也是极实际的。除了在纯粹不实际的学科中获得大多数奖金之外，他在15岁时得到了一个有报酬的工作，给一个卖火腿和奶油的、生意兴隆的女商人当会计。

所有这些成功，对卡尔的未来产生了灾难性的影响。老魏尔斯特拉斯和许多家长一样，从他儿子的成功中得出了错误的结论。他的"推理"是这样的：由于这孩子已经赢得了一大堆奖，因此他一定有一个好脑子——这点倒是可以承认的；由于他有成效地给受人尊敬的奶油火腿女商人誊写账本而给自己挣来了零用钱，因此他将成为一个高明的簿记员。那么全部簿记的顶点是什么呢？显然是在普鲁士行政机构中得到一个行政职位——当然是在比较高层的部门。但是要为这个高贵的位置作准备,为了有效地挤上去,避免被拉下来,法律知识是合乎需要的。

这一切推理的总的结论,就是魏尔斯特拉斯家的一家之主,在他有天赋的儿子19岁时,就冒冒失失地把他推进了波恩大学,去掌握商业的诈骗术和法律的诡辩。

卡尔很有见识,这两件事他哪一件也不会去干。他把他强大的体力,闪电般的灵巧和敏捷的头脑,几乎完全用在击剑,以及由于夜间沉溺于纯正的德国啤酒而带来的丰富的社交活动上。这对于焦虑不安的博士生是一个多么令人震惊的榜样啊,他们害怕去中小学教书,唯恐他们本来暗淡的智力会永远暗淡下去!但是要做到魏尔斯特拉斯所做的,而且做了还不被发觉,一个人必须至少有他十分之一的体质和不少于其千分之一的脑子。

波恩发现魏尔斯特拉斯是不可击败的。他目光敏锐,手伸得长,像魔鬼般准确,击剑时快得像闪电,这一切使他成为一个令人钦佩,但无法被击中的对手。事实上他从来没有被击中过:他面颊上没有留下过伤疤,在他所有的较量中,他从没有流过一滴血。其后对他的无数次胜利的庆祝中,他是否曾经被灌醉过,不得而知。他的谨慎的传记作者们在这重要的一点上多少有点保留,但是任何人只要仔细考虑过魏尔斯特拉斯的一篇数学杰作,就知道一个像他这样强健的头脑,竟然会由于半加仑的啤酒打盹,是令人难以置信的。他在大学里虚度的四个年头,也许终究还是过得得当的。

魏尔斯特拉斯在波恩的经历,对他做了三件最重要的事:它们治愈了他对父亲的"纠结",而没有在任何方面损害他对被蒙在鼓里的父母的爱;它们使他成为这样一个人:能够完全享有天资不如自己的人——他的学生——的那些可悲的希望和抱负,因而直接对他成功地成为也许是有史以来最伟大的数学教师作出了贡献;最后,他童年时代富于幽默感的亲切和蔼,成了他终生保持的一种习惯。因此,当卡尔在波恩"白白"度过了四年之后,没有得到学位,回到他悲叹的家人怀抱中时,他的"学生时代"并非像他失望的父亲和焦急不安的妹妹——更不用说吓慌了的彼得——认为的那样是一种损失。

发生了可怕的争吵。他们训斥他——像他这样"身心不振",也许是法律不够、数学太少、啤酒太多的结果;他们坐在他周围,怒视着他,最糟糕的是他们开始讨论他,就像他已经死了:应该拿这具尸体怎么办呢? 提到法律,魏尔斯特拉斯在波恩仅仅与它短短交手,但已经够了:他以作为一个法学博士报考者的尖锐"反驳",使院长和他的朋友们大为吃惊。至于数学,在波恩,那是不值得考虑的。唯一有才能的人,尤利乌斯·普拉克(Julius Plücker),本来可以对魏尔斯特拉斯有些好处,但是他忙于多方面的职责,没有时间去照顾个别的学生,所以魏尔斯特拉斯什么也没有从他那里学到。

但是,像阿贝尔和其他许多第一流的数学家一样,魏尔斯特拉斯在他击剑和饮酒之间的间歇时间去拜访了大师们:他曾经醉心于拉普拉斯的《天体力学》,从而为他终生感兴趣的力学和联立微分方程组奠定了基础。他当然不能使这些东西进到他那有文化的、身为小官吏的父亲头脑中,他那顺从的弟弟和沮丧的妹妹们听不懂他在谈些什么。事实本身就足够了:卡尔老兄,这个怯生生的小家庭的天才,在他身上曾经寄予体面的资产阶级那样的崇高希望,在父亲方面四年的严格节俭之后,回到家了,没有得到学位。

最后——过了几个星期——这个家庭的一个明白事理的朋友(他在卡尔童年时代就对他怀着同情,并且对数学怀着一个聪明的业余爱好者所特有的兴趣)提出了一个解决办法,让卡尔准备参加在附近的明斯特学院举行的国家教师考试。年轻的魏尔斯特拉斯不会从这次考试中得到博士学位,但是当教师的工作使他晚间有充裕的空闲时间,如果他有数学方面的素质的话,他就可以在数学上保持活力。魏尔斯特拉斯向当局直率地承认了他的"罪过",请求给他一个重新开始的机会。他的请求得到了允许，魏尔斯特拉斯1839年5月22日在明斯特被录取，准备开始中等学校教师的生涯。这对他后来在数学上的卓越成就是一级最重要的阶梯，虽然在当时看来像是一场彻底的失败。

对魏尔斯特拉斯影响最大的，是克里斯托夫·古德曼（Christof Gudermann, 1798—1852）来到明斯特担任数学教授，古德曼当时（1839年）正热衷于椭圆函数。我们记得雅可比在1829年发表了他《椭圆函数理论的新基础》。虽然现在已没有什么人熟悉古德曼精心写出的研究论文（他在克列尔的怂恿下，在他的《杂志》上发表的一系列文章），但不能仅仅因为他过时了，就像有时流行的做法那样，就轻蔑地把他撇在一边。古德曼在他那个时代，有一种创新的思想。椭圆函数理论可以有许多不同的方法去发展——多得令人不安。在一个时期，某种特别的方法似乎是最好的；在另一个时期，一种稍有不同的方法又被人们大肆宣传，而且普遍认为是更时兴的。

古德曼的想法是一切都以函数的**幂级数**展开为基础。（暂时可以这样说，当我们描述魏尔斯特拉斯的工作的一个主要动机时，它的意义就清楚了。）这确实是一个很好的新主意。古德曼以德意志式的彻底精神苦苦干了许多年，也许并没有认识到在他的灵感后面到底是什么，他本人也从来没有把它进行到底。这里值得注意的重要事情是，魏尔斯特拉斯使幂级数理论——古德曼的灵感——成为他在分析学方面的全部工作的核心。他听过古德曼的演讲，这个主意就来自古德曼。魏尔斯特拉斯晚年仔细思考了他在分析学中发展的那些方法的范围，禁不住惊呼，"除了幂级数，什么也没有！"

古德曼讲授椭圆函数（他用的是另一个名称，但那无关紧要）课程的第一讲时，只有13个人听。因为深爱他的题目，演讲人似乎很快地飘离地面，实际上是独自在纯思想的太空中翱翔。第二讲只来了一个听众，古德曼很高兴，这个唯一的学生就是魏尔斯特拉斯。从此以后，没有哪个鲁莽的第三者胆敢来亵渎这位演讲者与他唯一的弟子之间的神交。古德曼和魏尔斯特拉斯都是天主教徒,他们在一起相处得非常融洽。

魏尔斯特拉斯非常感激古德曼给予他的慷慨的关心,他在成名之后,抓住一切机会——越公开越好——表示他对于古德曼为他所做的一切的感谢。他所受的恩惠并不是无足轻重的,并不是每一个教授都能够给人以这样的启示——以函数的幂级数表示作为一个起始点,这个启示鼓舞了魏尔斯特拉斯。除了关于椭圆函数的演讲以外,古德曼还给魏尔斯特拉斯个别讲授"解析球面"——不管那可能是什么。

1841年,魏尔斯特拉斯26岁时,参加了教师证书考试。考试分笔试和口试两部分。笔试部分是允许他在6个月内就主考人合意的三个题目写出三篇论文。第三个问题产生了一篇关于中等学校教学中使用苏格拉底问答法的优秀论文。魏尔斯特拉斯遵循这个方法获得辉煌的成功,他成为世界上培养高材生的第一流的数学教师。

一个教师——至少在高等数学方面——是由他的学生来判断的。如果他的学生对他"非常清晰的讲课"很热心,做了大量的笔记,但是在取得高等学位以后,他们本人从不做任何创造性的数学工作,那么,这位教师作为一个大学讲师是完全失败了;他的适当的位置——如果说什么地方合适的话——是在中学里,或者是在一所小小的学院里,那里的目标是培养驯服的绅士,而不是独立的思想家。魏尔斯特拉斯的演讲是完美的典范,但是如果它们仅仅是完美的讲解,那么在教学法上是毫无价值的。魏尔斯特拉斯给形式的完美增加了一种摸不着的东西,叫做灵感。他并不夸大数学的庄严崇高,他从不夸夸其谈,但是他却不知道为什么能在他多得不相称的一大部分学生中造就了富于创造力的数学家。

魏尔斯特拉斯参加的那次考试,接受他在见习一年以后从事中学教师工作,那是记录在案的这类考试中最不寻常的之一。他所呈交的论文中,显然有一篇是教师考试中收到的最深奥的作品。应报考者的请求,古德曼给魏尔斯特拉斯出了一道真正的数学题:找出椭圆函数的幂级数展开。还不止这些,但是提到的这部分也许是最有意思的。

古德曼关于这项工作的报告,如果受到注意的话,很可能改变魏尔斯特拉斯的人生道路,尽管它本可以有用处,却没有产生实际的印象。古德曼在给官方的报告的附言中说,"这个问题,一般说来,对一个年轻的分析学者而言是过于困难了,它是应报考者本人的请求,并经委员会同意才提出的。"在他笔试的论文被接受,口试取得成功的评语以后,魏尔斯特拉斯得到一张关于他对数学的独创性贡献的特别证书。古德曼在陈述了这位报考者所做的工作,并指出了他着手解决的问题的独创性和所得出的某些结论的新颖性之后,宣称这项工作显示了优秀的数学才能,"如果这个才能不被浪费掉,必然会对科学的发展作出贡献。为了作者的缘故,也为了科学的缘故,希望不要让他当中学教师,如条件许可,望其能在高等学府发挥作用……该报考者以此凭着与生俱来的权利,进入了著名发现者的行列。"

这些评语,部分由古德曼在下面划线予以强调,在官方报告中却完全被勾销了。魏尔斯特拉斯得到了他的证书,这就是一切。他26岁时开始了在中学教书的职业,这将吞没他一生中将近15年的时间,包括从30岁到40岁,这通常被认为是一个科学家一生中最富于创造力的10年。

他的工作过于繁重。只有具有钢铁般的决心和强健的体格的人,才能完成魏尔斯特拉斯所做的工作。晚上是他自己的,他过着双重生活,他并不是变成了一个迟钝的做苦工的人,远远不是。他也没有装出一副乡村学者的样子,陷入非凡人所能理解的神秘的沉思。他在晚年喜欢怀着平静的满意心情,详细讲述他怎样愚弄了所有的人;放荡的政府官员们和年轻的军官们,发现这个和气的中学教师是一个完完全全的好人,一个快活的酒肉朋友。

但是除了这些偶尔在一起夜间出游的酒友以外,魏尔斯特拉斯还有他的无忧无虑的同伴们所不知道的另一个朋友——阿贝尔,他常常同阿贝尔一起熬夜。他自己说阿贝尔的著作永远在他手边。当他成为世界上第一流的分析学家和欧洲最伟大的数学教师时,他对众多学生的第一个、也是最后一个忠告,就是"读阿贝尔!"对于这个伟大的挪威人,他怀着无限的钦佩,任何妒忌的阴影都不能使它暗淡。"阿贝尔,这个幸运的家伙!"他会惊呼,"他做出了永恒、不朽的东西!他的思想将永远给我们的科学以使它丰饶的影响。"

对魏尔斯特拉斯也同样可以这样说,他用以丰富数学的创造性的思想,绝大部分是他在凄凉的乡村里担任一名默默无闻的中学教师时构思出来的,那里得不到先进的书籍,当时他经济拮据,写一封信的邮资就要占掉这位教师每周微薄的工资的一大部分。由于付不起邮费,魏尔斯特拉斯不能进行科学通信。或许这对他倒是一件好事:他的独创性可以不受当时流行的思想的妨碍而自由发展。这样得来的独立的观点,成为他后期工作的特点。他在演讲中,总想从头开始按照他自己的特点去发展一切,几乎从不提到别人的工作。这有时使他的听众感到迷惑,不知道什么是这位大师的,什么是另一个人的。

谈谈魏尔斯特拉斯科学生涯中的一两个阶段,对学数学的读者会是有趣的。在明斯特的高级中学担任一年见习教师以后,魏尔斯特拉斯写了一篇关于分析函数的论文。他在这篇论文中,除了其他东西以外,独立地得出了柯西的积分理论——所谓的分析学基本定理。1842年他听说了柯西的工作,但是没有提优先权的要求(事实上,高斯早在1811年就领先了他们两人,但是他一贯是把他的工作放在一边,等它成熟,而没有急着发表)。1842年,魏尔斯特拉斯27岁时,把他所发展的方法应用到微分方程组——例如,像在牛顿三体问题中发生的情形一样;论述是成熟的、有力的。他做这些工作,没有想到发表,仅仅是为他毕生的事业(论阿贝尔函数)打基础。

1842年，魏尔斯特拉斯是西普鲁士的德意志克罗内的高级中学的数学和物理助理教师，不久升任为受尊敬的普通教师。除了提到的学科以外，这位欧洲第一流的分析学家还给他管辖下的孩子们教授德语、地理和书法，1845年又增加了体操。

1848年，33岁时，魏尔斯特拉斯被转到布劳恩斯贝格的高级中学任普通教师。这算是晋升，但升得不多。这所学校的校长是一个杰出的人，他尽一切力量使事情合乎魏尔斯特拉斯的心意，尽管他对于这位同事的卓越才智只有一点模糊的概念。这所学校以有一所小小的图书馆，拥有关于数学和科学方面的经过仔细挑选的书籍而自豪。

正是在这一年，魏尔斯特拉斯有几个星期离开了他那引人入胜的数学，沉溺在一场小小的有趣的恶作剧中。当时政治上出了点乱子；自由的病毒已经侵袭了患病的德意志人民，至少有一些勇敢分子已踏上了争取民主的征途。掌权的保皇派对一切不是充分赞扬他们政权的言论和出版物，采取了严格的检查，但报纸上开始出现即兴的自由颂歌。当局自然不能容忍对法律和秩序的这种破坏，当布劳恩斯贝格突然间迸发出一大批民主诗人，在当时还未受到检查的地方报纸上高唱自由的颂歌时，惊慌失措的政府急急忙忙地任命了一位地方官员担任检查员，然后就高枕无忧，认为会万事大吉了。

不幸的是，新任命的检查员对一切形式的文学，特别是诗歌，抱着强烈的反感，他简直就无法阅读这些东西。他把自己的监督局限于用蓝色铅笔删改单调乏味的政治性文章，而把所有的文学作品都交给中学教师魏尔斯特拉斯去审查。魏尔斯特拉斯很高兴，他知道这位官方检查员对任何诗歌都决不会看上一眼，他一定要让最富煽动性的诗歌，就在检查员的面前完全正当地印出来。事情就这样有趣地进行下去，群众都十分高兴，直到一位高级官员介入进来，才结束了这场闹剧。因为官方检查员应对这次冒犯行为负责，魏尔斯特拉斯未受惩罚。

德意志克罗内这个无名的小村,有幸成为魏尔斯特拉斯在1842—1843年首次出版著作的地方。德国的中学不定期地出版"教学计划",其中也包括教职员的文章。魏尔斯特拉斯投了一篇《论分析阶乘》的文章。不需要解释这是些什么;这里值得注意的一点是,阶乘是曾经使得老分析学家们一筹莫展的课题,在魏尔斯特拉斯开始着手解决与阶乘有联系的一些问题之前,人们一直没有抓住这个问题的要点。

我们记得克列尔写了大量关于阶乘的文章,我们也知道当阿贝尔有点鲁莽地告诉他说,他的工作中包含着严重的失误时,他是多么感兴趣。克列尔现在再次登场了,而且是抱着他对阿贝尔所展示的同样良好的精神。

魏尔斯特拉斯的著作,直到1856年,他写成14年之后才发表,克列尔把它刊登在他的《杂志》上。魏尔斯特拉斯这时已经成名。克列尔承认,魏尔斯特拉斯有力的论述清楚地揭露了他自己的工作中的错误。他接着说了下面的话:"我在自己的工作中,从来没有带进个人的观点,我也没有沽名钓誉,只是尽我所能地促进真理的发展;不论是谁更接近于真理——不论是我还是其他的人,对我都一样,只要能更接近真理就行了。"关于克列尔,绝没有什么神经过敏。关于魏尔斯特拉斯,也没有什么神经过敏。

德意志克罗内这个小小的村落,不管它在政治上和商业上是否重要,它在数学史上像一个王国的首都那样突出,因为正是在这里,魏尔斯特拉斯在连一个勉强可用的图书馆也没有,也没有任何科学联系的情况下,为他一生中最重要的工作——"完成阿贝尔的和源自阿贝尔定理的雅可比的毕生事业,以及雅可比对多变量的多周期函数的发现"——奠定了基础。

他注意到阿贝尔在他年轻力壮的时候就去世了,没有机会去查明他的惊人发现的重大意义,而雅可比没有能清楚地看出,应该在阿贝尔定理中找出他自己的工作的真正意义。"这些成果的巩固和发展——真正展示其功能，找出它们特性的任务——是数学的主要问题之一。"因此魏尔斯特拉斯宣称，一旦他深刻地了解了这个问题，并发展出必要的工具，他就将全力以赴从事这个问题。后来他谈到他进展得多么缓慢："创造出方法和其他困难的问题占据了我的时间，因而几年过去了，我还没有能掌握主要的问题本身，因为不利的环境妨碍了我。"

可以把魏尔斯特拉斯在分析方面的全部工作，看作对他的主要问题的重大开始。孤立的结果，特殊的发展，甚至范围广泛的理论——比如由他发展的无理数的理论——全都在某一方面源出于这个中心问题。他早就确信，为了清楚地理解他想要做的是什么，必须对数学分析的基本观念进行彻底的修正；从这个信念出发，他又产生了另一个信念，在今天看来也许比该中心问题本身更有意义：分析必须建立在普通整数 $1, 2, 3, \cdots$ 上。无理数给我们极限和连续的概念，从中产生分析，而对无理数必须通过不可违反的推理回溯到整数去；似是而非的证明必须抛弃或重做，空白必须补上，模糊的"自明之理"必须拿出来经受严格的质询，直到一切都理解了，一切都按照用整数能够理解的语言陈述清楚了为止。这在某种意义上是毕达哥拉斯的理想：把全部数学建立在整数的基础上，但是魏尔斯特拉斯给了这个计划以建设性的、明确的定义，使它能够解决问题。

这样就产生了19世纪以**分析的算术化**著称的运动，它和克罗内克的算术方法完全不同，我们将在后面一章简略提到它；事实上这两种方法是互相对抗的。

这里顺便指出，魏尔斯特拉斯对他毕生事业的计划，以及他卓越地完成的、他年轻时给自己确定的工作，这一切都很好地说明了克莱因有一次给予一个学生的忠告的价值。这个学生困惑地问他，什么是数学发现的秘密。"你必须有一个问题，"克莱因答道，"选择一个明确的目标，一直朝它奔去。你可能永远达不到你的目的，但是你在前进途中会找到一些有兴趣的东西。"

魏尔斯特拉斯从德意志克罗内迁到布劳恩斯贝格,从1848年开始,在那里的皇家天主教高级中学执教6年。该校1848—1849年的"教学计划"中有一篇魏尔斯特拉斯的文章,这篇文章必定使当地人大吃一惊:《献给阿贝尔积分的理论》。如果这篇著作会偶然落入德意志任何一个专业数学家的手里,魏尔斯特拉斯就会一举成功了。但是,正像他的传记作者瑞典人米塔列夫勒冷冰冰地说的,人们不会在中学的"教学计划"中,去找关于纯数学的划时代的论文,即使魏尔斯特拉斯也很可能把他的文章拿来点烟斗。

他的下一次努力比较顺利。1853年(魏尔斯特拉斯这时38岁)的暑假是在韦斯特科滕他父亲家里度过的。魏尔斯特拉斯利用这个假期写了一篇关于阿贝尔函数的论文。完成以后,他送给了克列尔的伟大的《杂志》。论文被采用了,刊登在第47卷上(1854年)。

这可能就是那篇魏尔斯特拉斯在布劳恩斯贝格担任中学教师的经历中,引起一次有趣事件的文章。一天清晨,校长被魏尔斯特拉斯应该上课的那间教室里发出的可怕的喧闹惊动了,他查看了一下,发现魏尔斯特拉斯不在那里。他急忙赶往魏尔斯特拉斯的住处,敲门,应声走进去。魏尔斯特拉斯正坐在微弱的灯光下沉思,房间里的窗帘还没有拉开。他工作了一个通宵,没有注意到黎明的到来。校长提醒他,已经是大白天了,并把教室里喧闹的情况告诉了他。魏尔斯特拉斯回答说,他正找到一项重要发现的线索,这项发现将在科学界引起极大的兴趣,他无论如何不能中断他的工作。

关于阿贝尔函数的这篇论文,1854年发表在克列尔的《杂志》上,引起了轰动。这是一篇出自一个无名的乡村里一位默默无闻的中学教师手笔的杰作,在柏林没有人听说过他。这件事本身就够令人惊讶了,但是使得那些能够欣赏这篇著作的重要性的人更惊奇的是,这位孤独的工作者没有不时发表初步的公告,宣告他的进展情况,而是以令人钦佩的克制,把一切都暂时保留着,直到这项工作完满了才发表,这几乎是件没有先例的事。

大约10年以后,魏尔斯特拉斯在给一位朋友写信时,对他在科学上的含蓄提出了他谦逊的看法:"……即使我在村社的容克*、律师和年轻军官圈子中的朋友们,认为我是一个热诚而令人感到亲切的人,如果没有使我成为一个遁世者的艰苦的工作,那些年[作为一名中学教师]的无限空虚和烦闷也是会使人无法忍受的……眼前没有什么值得提的,我也不习惯于谈论将来。"

公认是即时的。在柯尼斯堡大学,雅可比曾经作出他的伟大发现,现在魏尔斯特拉斯以一篇更优秀的杰作,进入了同一个领域;该校数学教授里什洛(Richelot)本人是雅可比在多周期函数理论方面的一个值得尊敬的后继者。他以专业的眼光立刻看出了魏尔斯特拉斯做出的是什么。他即刻说服柯尼斯堡大学授予魏尔斯特拉斯名誉博士学位,而且亲自前往布劳恩斯贝格送交学位证书。

在高级中学校长为魏尔斯特拉斯举行的庆祝宴会上,里什洛宣称:"我们大家都在魏尔斯特拉斯先生身上找到了我们的老师。"教育部当即提升他,并给他一年的假期去从事他的科学研究工作。当时克列尔的《杂志》的编辑博尔夏特(Borchardt),匆忙赶到布劳恩斯贝格,去祝贺这位全世界最伟大的分析学家,从而开始了他们之间的亲切友谊,这种友谊一直保持到四分之一个世纪后博尔夏特去世为止。

这一切都没有放在魏尔斯特拉斯心上。虽然那么迅速地给予他的一切慷慨的重视使他深受感动,并深深地感激,但他禁不住对他过去的生涯投以一瞥。许多年以后,想到那个重大时刻的幸福,以及在他40岁时,那个重大时刻为他启开的前景,他悲哀地说:"生活中一切都来得太迟了。"

---

* 容克,德文junker的音译。源于jungherr,意为"地主之子"或小主人,泛指普鲁士的贵族地主阶级。——译者

魏尔斯特拉斯没有回布劳恩斯贝格,一时还没有可以给他的、真正适当的位置。德国第一流的数学家们尽了他们所能做的一切,渡过了这个紧急关头,使魏尔斯特拉斯被任命为柏林皇家综合工科学校的数学教授。这项任命的日期是从1856年7月1日开始;同年秋天,他成为了柏林大学的助理教授(除了另一个职务以外),并被选入柏林科学院。

新的工作环境的激励和讲课太多带来的紧张,不久就导致了精神崩溃。魏尔斯特拉斯在他的研究工作方面也干得过于劳累。1859年夏天,他不得不放弃他的课程去休息治疗。秋季他回校,继续工作,健康明显地恢复了。但是第二年3月突然发生一阵阵的头晕,他在一次讲课中倒下了。

他在以后的岁月里,常常为这同样的疾病所困扰,在恢复工作——担任工作大大减轻了的专职教授——以后,他从不让自己去亲自把公式写在黑板上。他的习惯是坐在可以看见全班学生和黑板的地方,把需要写的东西口授给从班里选出的学生代表。这位大师的"代言人"中,有一个人产生了一种冒失的倾向,试图把叫他写的东西改得更好些。这时魏尔斯特拉斯就会走上前去,把这位业余活动者的努力擦掉,让他按照吩咐的去写。有时这位教授与固执的学生之间的战斗会进行几个回合,但是最后总是魏尔斯特拉斯胜利。他以前就见过小孩子们行为不当的现象。

随着他的工作声望传遍欧洲(后来传到美洲),魏尔斯特拉斯所教的班开始庞大得难于控制了,他有时感到惋惜,他的听众的质量远远落后于他们迅速增长的数量。然而他在自己周围聚集了一群极其能干的青年数学家,他们对他绝对忠诚,做了许多工作去宣传他的思想。由于魏尔斯特拉斯对于发表他的著作一向不积极,如果不是他的弟子们主动传播他的演讲,他对19世纪数学思想的影响就会大大地受到阻碍了。

魏尔斯特拉斯一向很容易被他的学生们理解,也真诚地关心他们,不论是数学方面的还是人性方面的问题,他都很关心。他身上丝毫没有"大人物"的矜持,他很高兴同愿意和他在一起的学生一起步行回家(这样的学生很多),就像与他最著名的同事在一起一样,也许当这位同事碰巧是克罗内克时,他就更加高兴。他最快乐不过的是和几个忠实的弟子一起,坐在桌旁喝上一杯,这时他自己又变成了一个兴高采烈的学生,而且坚持要为大家会钞。

有一件轶事(关于米塔-列夫勒的),可以使人联想到,20世纪的欧洲已经部分丧失了它在19世纪70年代曾经有过的东西。普法战争(1870—1871)使法国对德国相当怀恨,但是这并没有使数学家们的思想模糊不清,他们在对待彼此的成就上是不分国籍的。这种情况同样适用于拿破仑战争和法英两国数学家的相互尊重。1873年米塔-列夫勒从斯德哥尔摩来到巴黎,满腔热情地准备在埃尔米特门下学习分析学。"你错了,先生,"埃尔米特告诉他,"你应该在柏林听魏尔斯特拉斯的讲座。他是我们大家的老师。"

米塔-列夫勒听从了这位气量大度的法国人的正确忠告,不久之后就作出了他自己的重大发现,这项发现在今天所有关于函数论的书籍中都能找到。米塔-列夫勒说:"埃尔米特是一个法国人和一位爱国者,同时我也知道了他在何等程度上还是一个数学家。"

魏尔斯特拉斯在柏林担任数学教授的年代(1864—1897),这位世界公认为第一流的分析学家的生涯中,充满了科学和人性方面的饶有兴味的事情。这些趣事的一个方面,对于魏尔斯特拉斯的纯科学的传记来说,不是一笔带过所能满足的。这就是他和他心爱的学生索尼娅(或索菲)·柯瓦列夫斯卡娅的友谊。

柯瓦列夫斯基夫人婚前的名字是索尼娅·科尔温-克鲁科夫斯基(Sonja Corvin-Kroukowsky);她1850年1月15日生于俄国的莫斯科;在魏尔斯特拉斯去世前6年,于1891年2月10日死于瑞典的斯德哥尔摩。

索尼娅15岁开始研究数学。到18岁时,她取得极快的进展,可以进行高级的工作,并且醉心于这门学科。由于她出身于富裕的贵族家庭,她出国学习的抱负得以满足,被海德堡大学录取。

这位天资很高的姑娘,不仅成为近代第一流的女数学家,而且也作为一名妇女解放运动的领袖而闻名,特别是在打破长期以来认为她们没有能力进入高等教育领域的偏见方面,博得了声誉。

柯瓦列夫斯卡娅

除了这些以外,她还是一位颇有才气的作家。当她还是一个年轻姑娘的时候,她在从事数学与从事文学之间长时期犹豫不决。在她写出她最重要的数学著作(后来以获奖论文著名)以后,她转而以文学作为消遣,以小说的形式撰写她在俄国的童年生活的回忆(最初以瑞典文和丹麦文出版)。关于这部作品,据说"俄国和斯堪的纳维亚的文学评论家一致宣称,柯瓦列夫斯卡娅在风格和思想方面,堪与俄国文学中最优秀的作家媲美"。不幸这一很有前途的开端,因她的早逝中断了。她的其他文学作品只有一些片断保留下来。她唯一的一部小说被译成了许多种文字。

魏尔斯特拉斯虽然终身未婚,他并不是一个一看见漂亮女人就吓得逃之夭夭的单身汉。索尼娅,按照认识她的、有资格作出评价的人的意见,是极其美貌的。我们必须首先告诉读者她与魏尔斯特拉斯是怎样认识的。

魏尔斯特拉斯一向以完全富于人情味的方式度过他的暑假。1870年,普法战争使他放弃了通常的暑期旅行,他留在柏林,讲授椭圆函数。

由于战争的缘故，在他班上听课的学生由两年前的50人减少到20人。索尼娅当时是一位光彩夺目的19岁的年轻女子，从1869年秋季起，她就在海德堡大学师从莱奥·柯尼希斯贝格尔(Leo Königsberger，生于1837年)学习椭圆函数，她在那里还听基尔霍夫(Kirchhoff)和亥姆霍兹的物理学讲座，并在相当有趣的情况下认识了著名化学家本生(Bunsen)——后面再叙述。柯尼希斯贝格尔是魏尔斯特拉斯最早的一个学生，是他老师的第一流的宣传员。索尼娅被她的老师的热情打动，决定直接去找这位大师本人，以求得到灵感和启迪。

在19世纪70年代，未婚女大学生的情况是有些特殊的。为了防止流言蜚语，索尼娅在18岁时就缔结了婚约，名义上算是结了婚，她离开了在俄国的丈夫，启程去了德国。在她与魏尔斯特拉斯的交往中，她欠考虑的是没有在一开始就告诉魏尔斯特拉斯她是结了婚的。

既已决定向这位大师本人学习，索尼娅便敢作敢为地去柏林拜访魏尔斯特拉斯。她20岁，非常热情，非常诚挚而又非常坚决；魏尔斯特拉斯55岁，对于古德曼收他为学生，在他成为一个数学家的道路上给予他的鼓舞，他是十分感激的，也满怀同情地理解年轻人的抱负。索尼娅为了掩饰她的惊慌，戴了一顶松软的大帽子，"因而魏尔斯特拉斯完全看不见她那双惊人的眼睛，要是她愿意，那富于表情的眼神是谁也不能抗拒的。"

大约两三年以后，魏尔斯特拉斯在访问海德堡时，从本生——一个刻薄乖张的老光棍——那里听说索尼娅是"一个危险的女人"。魏尔斯特拉斯对他的朋友的恐惧感到非常有趣，因为本生当时还不知道，索尼娅经常得到他的私人授课已经有两年多了。

可怜的本生是根据他痛苦的个人经历对索尼娅作出评价的。他曾多年声明决不允许任何妇女，特别是俄国妇女，亵渎他实验室的男性尊严。索尼娅的一个俄国女性朋友渴望在本生的实验室里研究化学，但被赶了出来，于是她就劝说索尼娅在这个顽固的化学家身上试试她的说服力。

索尼娅把她的帽子留在家里，前往会晤本生。他确实被她迷住了，同意接受她的朋友在他实验室里当学生。等她离去以后，他才醒悟过来，明白了她对他做了些什么。他对魏尔斯特拉斯悲叹道，"就这样，**那个女人**使我自食其言了。"

索尼娅第一次拜访时的明显的热情，给魏尔斯特拉斯留下了良好的印象。于是他写信给柯尼希斯贝格尔，询问她的数学才能。他还问到"是否能为这位小姐的品格提供必要的担保"。在收到热情的答复以后，魏尔斯特拉斯就试着请求大学评议会允许索尼娅听他的数学讲座。请求被粗暴地拒绝了，他便利用业余时间亲自照顾她。每个星期日下午在他的住处给索尼娅讲课，每星期魏尔斯特拉斯去回访她一次。最初几次课以后，索尼娅就脱下了她的帽子。授课从1870年秋季开始，一直持续到1874年秋季，只是由于假期或生病才稍微中断一下。当这两位朋友由于某种原因不能见面时，他们就通信。1891年索尼娅去世后，魏尔斯特拉斯把她写给他的信全部烧毁，一起烧毁的还有他的许多其他信件和也许不止一篇数学论文。

魏尔斯特拉斯和他可爱的年轻朋友之间的通信，是极富于人情味的，即使大部分通信是关于数学方面的也仍然如此。毫无疑问，大部分通信在科学上具有很大的重要性，但不幸的是，索尼娅在对待文件方面是个毫无条理的女人，她留下的东西绝大部分是支离破碎或者杂乱无章的。

魏尔斯特拉斯本人在这方面也不是一个完人。他不作记录而把他尚未发表的手稿随便借给学生们，而他们并非每次都归还他们借去的东西。有些人甚至肆无忌惮地改写他们老师的部分著作，把它损坏了，然后把结果当做他们自己的东西发表。虽然魏尔斯特拉斯在写给索尼娅的信中，抱怨这种令人不能容忍的做法，但他懊恼的不是对他的思想的卑劣剽窃，而是他的想法在无能之辈的手上被粗制滥造，结果是给数学造成损害。索尼娅当然不会干出这种事来，但是在另一方面，她也不是完全没有过错的。魏尔斯特拉斯把他非常重视的一篇尚未发表的著作寄给了索尼娅，从此以后就再也没有看见它了。显然是她弄丢了，因为每当他提起这件事时，她就小心地避而不谈——从他的信上判断。

为了弥补这个过失，索尼娅竭力让魏尔斯特拉斯对于他没有发表的其余著作稍微谨慎一些。他习惯于在经常性的外出旅行时，随身带一个白色的大木箱，里面放着他的全部工作笔记，和他尚未完成的论文的各式各样的文稿。他的习惯是把一个理论反复修改很多遍，一直到找出发展它的最好的"自然"方式为止。结果他的著作出版得很慢，只有在他从一个前后一致的观点，彻底研究透了一个题目时，他才署上自己的名字，发表一篇著作。据说他的几篇粗略地写出的计划就放在这个神秘的箱子里。1880年，魏尔斯特拉斯在一次度假旅行中，这个箱子在行李中丢失了。从此以后再没有听见它的消息。

1874年索尼娅缺席获得格丁根大学授予的学位以后，回俄国休息。因为兴奋和工作过度，她筋疲力尽了。她的名声先期而至，她的"休息"就是一头扎进了圣彼得堡繁忙的社交季节狂热的轻浮活动之中，而魏尔斯特拉斯则回到柏林，在整个欧洲到处活动，想方设法要为他心爱的学生谋到一个与她的才能相称的位置。他白费力气的努力，使他厌恶正统学术思想的狭隘。

1875年10月，魏尔斯特拉斯从索尼娅那里得到她父亲去世的消息，她显然没有答复他的亲切吊慰，将近3年的时间，她完全从他的生活中消失了。1878年8月，他写信询问她是否曾经收到他很久以前写给她的一封信，日期他已忘记了。"你没有收到我的信吗？或者有什么东西能够阻止你，像你惯常做的那样，自由地向我，你常常称为你最好的朋友，吐露你的秘密？这是一个谜，只有你能把谜底告诉我……"

在同一封信中，魏尔斯特拉斯相当可怜地请求她，否认说她放弃了数学的谣言：一位俄国数学家切比雪夫（Tchebycheff）去拜访过魏尔斯特拉斯,但他外出了,不过这位数学家告诉了博尔夏特,索尼娅已经"去交际"了,因为事实上她确实如此。魏尔斯特拉斯在这封信的结尾写道,"把你的信寄到柏林的老地址,它一定会转给我的。"

男人对男人的忘恩负义,是一个人们很熟悉的话题,当索尼娅想这样做时,她证明了一个女人在这方面所能做到的。她整整两年没有答复她老朋友的信,尽管她知道他不愉快,而且健康状况不佳。

当回信来到时,却是一件相当令人失望的事。索尼娅的性欲胜过了她的抱负,她和她的丈夫一直生活得很幸福。这时她的不幸就是成为一伙浅薄的艺术家、记者和半瓶子醋的文人奉承和愚蠢地故作惊奇的中心,他们对她无比的天才喋喋不休,肤浅的吹捧使她兴奋、激动。如果她同那些与她相当的知识分子经常交往,她原可以仍然过着正常的生活,保持她的热诚,她将不至于如她的所作所为那样,卑鄙地对待这个塑造了她的思想的人。

1878年10月,索尼娅的女儿"福菲"(Foufie)诞生了。

福菲出世后,她不得不安静下来,这再次唤起了这位母亲对数学的潜在的兴趣,她给魏尔斯特拉斯写信,要求给予技术上的忠告。他回信说,在提出意见之前,他必须查找有关的文献。虽然她曾经怠慢了他,他仍然准备给予她慷慨的鼓励。她唯一遗憾(1880年10月的一封信中)的是,她长时间的沉默剥夺了他帮助她的机会。"但是我不喜欢过多地谈论往事——所以让我们展望未来。"

物质方面的磨难唤起索尼娅认识了真理。她是一个天生的数学家,再不能离开数学,犹如鸭子离不开水。所以1880年10月(她当时30岁)她再次写信请求魏尔斯特拉斯给她以忠告,且不等他的答复,她就打点行装,离开莫斯科前往柏林。如果她收到了他的回信,可能会使她留在她所在的地方。然而,当心烦意乱的索尼娅出其不意地到达时,他花了一整天的时间,为她仔细检查了她的种种困难。他一定对她作了坦率的谈话;因为当她3个月后回到莫斯科时,她那样狂热地投身于她的数学,以致她那些放荡的朋友和愚蠢的谄媚者,再也认不出她了。在魏尔斯特拉斯的建议下,她着手解决光在某种结晶介质中的传播问题。

1882年的通信有两个新的方面,一个是关于数学兴趣的,另一个是魏尔斯特拉斯坦率的意见,认为索尼娅和她的丈夫对彼此都不适合,特别是她的丈夫不能真正重视她才智上的成就。数学方面涉及庞加莱,他当时正处于事业上的开始阶段。魏尔斯特拉斯以他识别年轻天才的可靠本能,欢呼庞加莱是一个有前途的人,希望他戒除过分迅速地发表著作的癖好,让他的研究成熟,不要把它们分散在太宽的领域。谈到庞加莱如潮水般涌来的论文,他说:"每星期发表一篇真正有成就的文章——那是不可能的。"

索尼娅的家庭难题,不久就由于她丈夫在1883年3月突然去世而自行解决了。当时她在巴黎,她丈夫在莫斯科。这个打击压倒了她。整整4天,她把自己独自关在房间里,拒绝饮食,第五天丧失了意识,第六天恢复了,要纸和笔,在纸上写满了数学公式。到秋天,她恢复原态,在敖德萨参加了一次科学大会。

由于米塔-列夫勒的努力,柯瓦列夫斯基夫人终于得到一个可以充分发挥自己才干的职位;1884年秋,她在斯德哥尔摩大学讲课,她将在那里被任命为终身教授(1889年)。稍后不久,意大利数学家沃尔泰拉指出,她关于光在结晶介质中的折射这项工作中有一处严重错误,她遭到了一次令人相当难堪的挫折。魏尔斯特拉斯没有看出这一失误,他当时被公务淹没了,除了这些公务以外,他"只有吃、喝、睡觉的时间……总之",他说,"我是医生们所说的脑子疲乏。"他这时快70岁了,但是随着躯体疾病的增加,他的智力仍然像以往一样强健敏捷。

这位大师的70岁诞辰,成为一个向他公开表示敬意的日子,他的弟子和从前的学生从整个欧洲前来聚会。在这以后,他公开的讲演越来越少,有10年的时间待在他自己家里接待少数学生。当他们看见他疲倦了,就避开数学而谈些别的东西,或者热心地听这位爱和人作伴的老人,回忆他学生时代的恶作剧,和他与科学界的朋友们隔绝的那些可怕的岁月。他80岁诞辰时,举行了比他的70岁诞辰更加令人难忘的庆祝,他在一定程度上成了德国人民的民族英雄。

魏尔斯特拉斯在他垂暮之年所经历的一次最大的快乐,就是他心爱的学生终于博得了公认。1888年圣诞节前夕,索尼娅由于她的论文《论一个固体绕一个定点旋转》而获得法兰西科学院的博尔丹奖。

按照这种大奖赛的规定,论文是不记名提交的(作者的名字放在一个密封的信封里,信封外面印有同印在论文上的警句相同的警句,只有当参加比赛的著作获奖时,才能把信封启开),所以心怀妒忌的对手们没有借口暗示有什么不正当的影响。评委们认为这篇论文具有特殊的成就,他们把奖金从原来宣布的3000法郎提高到5000法郎。但是,金钱的价值只是这项大奖的最不足道的部分。

魏尔斯特拉斯欣喜若狂。他写道:"我不需要告诉你,你的成就使我自己和我的妹妹们(也是你在这里的朋友)多么高兴。我尤其感受到一种真正的满足;有资格的评委们现在已经作出了他们的裁决,那就是我'忠实的学生',我所'钟爱'的人,确实不是一个'轻佻的骗子'。"

我们可以在这两个朋友胜利的时刻离开他们。两年以后(1891年2月10日),索尼娅41岁时,感染了当时盛行的流行性感冒,不久后便在斯德哥尔摩去世。魏尔斯特拉斯在她死后又活了6年,于1897年2月19日,在长期患病又染上了流行性感冒之后,在他柏林的家中平静地去世,终年82岁。他最后的愿望是神父不要在他的葬礼上说什么赞扬他的话,葬礼仪式只限于通常的祈祷。

索尼娅葬在斯德哥尔摩,魏尔斯特拉斯和他的两个妹妹葬在柏林的一个天主教墓地。索尼娅也信仰天主教,属于希腊教会。

我们现在就魏尔斯特拉斯据以奠定他在分析学中的工作的两个基本概念给以提示。详细或精确的说明,在这里是不可能的,但是可以在任何一本全面论述函数论的书的前几章中找到。

一个**幂级数**是形式为

$$a_0 + a_1 z + a_2 z^2 + \cdots + a_n z^n + \cdots$$

的表达式,其中系数 $a_0, a_1, a_2 \cdots a_n, \cdots$ 是常数,z 是一个变数,所涉及的数可以是实数或复数。

级数的前 $1, 2, 3, \cdots$ 项的和,即 $a_0, a_0 + a_1 z, a_0 + a_1 z + a_2 z^2, \cdots$ 称为**部分和**。如果对于 z 的某个特殊值,这些部分和给出的一系列数收敛于某个确定的极限,我们就说该幂级数对于这一 z 值收敛于同一极限。

使幂级数收敛于某个极限的一切 z 值,构成了该级数的**收敛域**;对于在收敛域中的变量 z 的任何值,级数**收敛**;对 z 的其他值,级数**发散**。

如果级数对某个 z 值收敛,那么只要取充分大项数,就可以对该 z 值计算级数之值而达到任何所需的近似程度。

现在,在大多数对科学有用的数学问题中,人们给出的"答案"常常是一个微分方程(或微分方程组)的级数解,而这个解很少能由通常的数学函数(例如对数函数、三角函数、椭圆函数等等)的有限表达式得到。那么,在这样的问题中就必须做两件事:证明级数收敛;如果它收敛的话,计算它的数值直到所要求的精度。

如果级数不收敛,它通常是个信号,说明问题要么陈述不正确,要么解错了。纯数学中出现的大量函数都用同样的方式处理,不管它们是否可能有科学应用。某种收敛的一般理论其后已被详细阐明,它适用于所有一切的广阔范围,以致对于某个特定级数的检验,往往只须参阅已有的工作。

最后,所有这些(纯粹的和应用的两方面)已被推广到多变量的幂级数；例如，两个变量的幂级数：

$$a + b_0z + b_1w + c_0z^2 + c_1zw + c_2w^2 + \cdots$$

可以说，要是没有幂级数理论，大多数我们所知的数学物理学（包括大部分天文学和天体物理学）就不会存在了。

与极限、连续和收敛的概念一起产生的种种困难，促使魏尔斯特拉斯创造了他的无理数理论。

假定我们像在学校中所做的那样求2的平方根，计算到很多位小数，我们得到数字**序列**1, 1.4, 1.41, 1.412, $\cdots$，作为对所求平方根的逐渐逼近。根据通常的规则，按照明确的步骤继续下去，只要下足够的工夫，如果必要的话，我们能够给出构成的这个逼近序列的头一千个，或头一百万个有理数1, 1.4, $\cdots$。检验这个序列，我们发现，当进行得足够远时，我们就完全决定了这个有理数，包含着我们想要多少位就有多少（比如说1000）位的小数，而且**这个**有理数与该序列中**后续**出现的任何有理数都不同，比如相差0.000$\cdots$000$\cdots$，其中在一个数字(1, 2, $\cdots$, 或9)出现**以前**，要出现相当大量的零。

这说明了数的**收敛序列**意味着什么：构成序列的**有理数**1, 1.4$\cdots$给我们提供了我们**称为**2的平方根那个无理数的越来越逼近的近似值，我们设想这个无理数是由该**收敛的有理数序列定义**的，这个定义的意义在于：**以有限步数计算该序列的任何特殊成员**的方法已被指明（通常的学校中的方法）。

虽然不可能实际展示出整个序列，因为它不会在任何有限项处终止，然而我们把构造该序列的**任何**成员的**过程**，视为将整个序列当做我们能够讨论一个确定的对象。这样做，在数学分析中我们就有了一个**使用**2的平方根，以及类似地使用任何无理数的可操作的方法。

正如已经指出的那样，不可能在本书这样的叙述中把这个问题说得很精确，但即使很小心的陈述，也可能显示出在上述说明中极为明显的逻辑缺陷——促使克罗内克和其他人攻击魏尔斯特拉斯的无理数的"序列"定义的那些缺陷。

然而,不管是对还是错,魏尔斯特拉斯和他的学派使这个理论有了**作用**。还没有哪一个神经正常的、有资格的评判者,怀疑过他们所得到的那些最有用的结果,至少没有怀疑这些结果对于数学分析及其应用的伟大效用。这并不意味着那些障碍没有被认真对待:它只是唤起对这样一些事实的注意,在数学上,就像在其他一切事情上一样,不能把这个世界与天国混同起来,完美是一种幻想,用克列尔的话说,我们只能希望越来越逼近数学真理——不管它可能是什么,如果可能的话——恰如魏尔斯特拉斯用收敛的有理数序列定义无理数的理论一样。

说到底,数学家同我们其余的人一样都是人,为什么他们就总是如此学究式地精确和如此不近人情地完美呢?正如魏尔斯特拉斯所说,"确实,一个没有几分诗人气质的数学家,永远不会成为一个完美的数学家。"答案就是:就诗一般完美这一事实而言,一个完美的数学家将会是某种数学上的不可能性。

◈ 第 23 章

完全独立

布尔

英国数学。出生即被势利诅咒。布尔为受教育而斗争。错误的判断。上天的干预。不变量的发现。什么是代数？一个哲学家攻击一个数学家。可怕的残杀。布尔的机会。《思维规律》。符号逻辑。它的数学意义。布尔代数。在他的全盛期去世。

纯数学是布尔在一部他称之为《思维规律》的著作中发现的。

——伯特兰·罗素

"噢，我们从来不读英国数学家做的任何东西。"这句典型的大陆话，是一位杰出的欧洲数学家被问到他是否听说过一位第一流英国数学家的最新工作时的回答。他那带着直言不讳优越感的"我们"，笼统地包括了大陆的数学家。

这不是那种数学家喜欢讲述的关于他们自己的故事，但是由于它极好地说明了英国数学家的特点——岛国的独创性，这个特点又一直是英国学派标榜的主要特点，因此它是对英国有史以来最具岛国独创性的数学家之一乔治·布尔（George Boole）的生平和工作的理想的介绍。事实是，英国数学家们常常是安静地走他们自己的路，做着只是他们自己感兴趣的工作，就像他们只为了自己娱乐而玩板球一样。他们怀着一种自满的

布尔

情绪,对于其他人向全世界担保为科学上最重要的东西,一概置之不理。有的时候,英国学派由于对牛顿方法的长期盲目崇拜而无视当时的主要潮流,这使他们付出了高昂的代价,但是从长远看来,这个学派的要么接受、要么放弃的不容讨价还价的态度,毕竟给数学增添了更多的新领域,那是欧洲大陆那些只会模仿而缺乏独创性的大师永远做不到的。不变量理论就是一个恰当的例子;麦克斯韦的电磁场理论是另一个例子。

虽然英国学派作为始于其他地方的工作的有力发展者而拥有它的地位,但是它对数学发展的更大的贡献是在独创性方面。布尔的工作是这方面的一个显著的例子,当它刚一出现时,人们否认它**是数学**,只有少数几个人例外,这些人主要是布尔自己的不那么正统的同胞,他们看出了这是对于全部数学具有最高意义的某种东西的萌芽。今天始于布尔的工作的自然发展,正在迅速成为纯数学的一个主要分支,几乎遍及所有国家的众多工作者,正在把它扩展到一切数学领域。在这些领域中,人们正致力于在更坚实的基础上巩固我们的成果。犹如伯特兰·罗素若干年前所说的,纯数学是布尔在1854年出版的他的《思维规律》一书中**发现的**。这样说可能是夸大其词,但是它表明了数学逻辑及其分支在今天具有的重要程度。布尔以前的其他人,特别是莱布尼茨和德·摩根,曾经梦想过要把逻辑本身加进代数的领域;布尔将它变成了现实。

布尔不像其他一些数学的创始者,出生在经济地位最低的社会阶层,他的命运还要艰难得多。他于1815年11月2日出生在英格兰的林肯,是一个小店主的儿子。如果我们能够相信英国作家们对往昔那些兴旺的日子所描绘的情景——1815年正是滑铁卢之战的这一年——那么,在当时作为一个小商贩的儿子,是要被命运诅咒的。

布尔的父亲所属的那整个阶级所受到的轻视,超过了被奴役的、给厨子打下手的女仆和被人鄙视的二等听差。布尔所出生的"下等阶级",在"上等阶级"——包括境况比较好的酒商和放债人——眼里根本就不存在。一个处在布尔的地位的孩子,理所当然地应该恭敬而感激地熟读简编教义问答手册,而决不能越出卓然证明了人类的自负和阶层的势利的这类东西强迫他服从的严格界限。

布尔竭力想把自己教育到超出"上帝乐意召唤他"的地位,如果说他这种早期的奋斗是模仿在炼狱中涤罪,那是说得太轻了。按照上天的一项神圣法令,布尔的伟大精神已被指定给最卑下的阶级;那么就让它待在那里自作自受吧。美国人也许愿意回忆,只比布尔大6岁的亚伯拉罕·林肯(Abraham Lincoln)大约在同一时间也有他自己的奋斗。林肯没有受到嘲笑,而是得到了鼓励。

年轻的绅士们在学校里接受争相出人头地的训练,以便将来担任当时开始流行的血汗工厂和矿山的工头。这些学校不是为布尔这类人设立的。不,不是,他进的"国立学校",主要目的在于把穷人留在适合他们的卑贱地位上。

懂得一点点可怜的拉丁文,或者再稍微懂一点希腊文,是在工业革命的烟尘中那些不可理解的日子里,一个上等人的神秘标记。虽然没有几个孩子懂得拉丁文,能够不作弊地阅读拉丁文,但是拉丁文的语法知识仍然是出身高贵的一个标志。说来奇怪,靠死记硬背记住拉丁文的句法,却被认为是准备拥有并保持财产的最有用的脑力训练。

在布尔被允许进的那所学校里,当然是不教拉丁文的。布尔对于使得有产阶级拥有能在财产支配权方面统治不如他们富有的人的能力,作了一个可悲的错误判断,他认定,想要走出困境,他必须学习拉丁文和希腊文。这就是布尔的错误,拉丁文和希腊文与他穷困的原因毫无关系。在他的为生计奋斗的父亲的同情和鼓励下,他确实自学了拉丁文。尽管布尔父亲这个贫穷不堪的小商人知道自己决计逃脱不了穷困,他仍然尽可能地为他的儿子打开道路。布尔父亲不懂拉丁文,这个奋斗中的孩子就向另一个小商人——他父亲的朋友、一个小书商求助。这个好人只能在初级语法方面给这孩子开个头,此后布尔就得靠自己学下去了。任何人只要见过一个优秀的教师怎样努力让一个正常的8岁孩子读懂恺撒,就会知道没有指导的布尔面临的是什么了。到12岁时,他已经掌握了足够的拉丁文,能够把一首贺拉斯的诗翻译成英文诗了。他的父亲满怀希望地感到骄傲,但是一点也不了解这个翻译在技巧上的成就,他在地方报纸上发表了它。这引起了一场文化上的争吵,部分是对布尔的奉承,部分是对他的羞辱。

一位古典文学大师,不承认一个12岁的孩子能够作出这样的翻译。12岁的小孩子,对某些事情,往往知道得比他们健忘的长辈想象的更多些。在技巧方面,也会暴露出严重的缺点。布尔感到丢脸,下决心弥补他自学的不足。他也自学了希腊文。他现在决心要么做好,要么不做。他接下去花了两年时间,拼命学拉丁文和希腊文,仍然没有人帮助他。这一切辛劳的效果,在布尔许多散文的庄严和明显的拉丁文体方面体现得十分清楚。

布尔最早的数学教育得自他的父亲,他父亲通过自学,远远超出了他自己所受的那一点点教育。这位父亲还试图使他的儿子对另一个癖好发生兴趣,那就是制作光学仪器。但是布尔决心实现他自己的抱负,坚持认为古典文学是主宰生活的钥匙。他在受完普通教育以后,又选了商业课程。这次他的判断较好,但是并没有给他多大帮助。到16岁时,他看出自己必须立刻赡养可怜的父母了。在学校教书,提供了挣得稳定工资的最直接的机会。在布尔的时代,助教被叫做"助理教员",付给他们的是工资而不是薪金,这两者之间不仅仅是钱的差别。可能大约正是这个时候,狄更斯的《尼古拉斯·尼可尔贝》中那个不朽的斯奎尔斯(Squeers),正在多西博伊斯小学,以他对"投射"法的光辉预言,对现代教育学作出了他伟大但不被欣赏的贡献。年轻的布尔甚至可能是斯奎尔斯的一个助理教员;他在两所学校教书。

布尔在这两所小学或多或少愉快地教了4年书,至少,在学生们平安地、顺利地入睡以后,那漫长的寒夜是他自己的,他仍然走在错误的道路上。他对于自己在社会上的无价值作出的第三个判断,与他的第二个判断相似,但是比他的第一次和第二次判断都大大前进了一步。他在资本方面一无所有——实际上,这个年轻人挣得的每一个便士,都用来赡养他的父母和维持自己清贫生活的最低需要了——布尔现在瞩目的是上等人的体面职业。进军队,在当时是他无力办到的,因为他买不起委任状。当律师,在财产和教育方面都有明显的要求,而他不可能满足这些要求。教书,以他当时所教的程度来说,甚至算不上是名声好的行业,更不用说职业了。还有什么呢? 只有教会了。布尔决定当一名教士。

尽管说了许多拥护上帝和反对上帝的话,就连他最严厉的批评者也不得不承认,他有幽默感。看出了布尔一旦成为一名教士将会多么可笑,上帝便巧妙地把这个年轻人的热切抱负引向不那么荒谬愚蠢的渠道。一次意想不到的比他们曾经经受过的更加贫穷的折磨,迫使布尔的父母促使他们的儿子放弃担任教士职位的一切想法。但是他为计划中的生涯所作的4年私下(严格保密的)准备,并没有完全白费;他精通了法语、德语、意大利语,它们在他真正的道路上,注定要给予他不可缺少的帮助。

最后他找到了自己,他父亲对他的早期教育现在结果了,布尔在他20

岁时开办了自己的一所私人授课学校。为了给他的学生们以适当的准备，他不得不教他们一些数学，因为那是应该教的，于是他对数学产生了兴趣。不久，当时那些平庸的、令人讨厌的教科书，先是使他惊讶，然后是激起他的轻蔑。这些东西就是数学吗？难以置信。数学大师们是怎么说的呢？同阿贝尔和伽罗瓦一样，布尔直接到大本营去找他前进的命令。必须记住，他只受过初步的数学训练。为了对他的智力得到一点概念，我们可以想象，这个20岁的孤独的年轻学生，只靠他自己的努力，没有任何帮助，掌握了拉普拉斯的《天体力学》，而这是拉普拉斯写来让认真的学生去融会贯通的最深奥的杰作之一，因为它里面的数学推理充满了遗漏和莫名其妙的声明："显而易见"；然后我们还必须设想，他对拉格朗日的非常抽象的《分析力学》，作了彻底领悟了的研究，这部著作从头到尾连一个用来说明分析的图解也没有。然而，布尔依靠自学找到了他的道路，知道他在做什么。他甚至凭自己的努力，没有任何人指导，作出了他对数学的第一个贡献。这是一篇关于变分法的论文。

布尔从他这段孤独的研究中，取得了另一项成就，这项成就本身就值得用单独一段来讲述。他发现了不变量。凯莱和西尔维斯特要以杰出的方式来加以发展的这项伟大发现，其重要性已经充分解释过了；这里我们重复一下，要是没有不变量的数学理论（由早期代数工作中产生），相对论就是不可能的。这样，布尔在他科学生涯的一开始，就注意到了躺在他脚下的、拉格朗日本人原本可以很容易看到的东西，并把它拾了起来，发现他有了一颗头等水色的宝石。布尔之所以能看出其他人忽略的东西，无疑是由于他对于代数关系的对称和美有很强烈的感觉——当然这是在它们碰巧是既对称又美的时候；但它们并不总是这样。其他人可能会认为他拾到的东西只是不错而已。布尔却看出它属于更高的层次。

在布尔的时代，数学著作发表的机会是不多的，除非作者恰好是某个有它自己的期刊或会报的学术团体的成员。对布尔来说，幸运的是《剑桥数学杂志》在能干的编辑、苏格兰数学家格雷戈里(D.F.Gregory)的主持下,于1837年创刊了。布尔寄去了一篇著作,这篇著作的独创性和风格给格雷戈里留下了很好的印象。他的一封热诚的数学通信,开始了持续布尔一生的友谊。

在这里讨论英国学派当时对于把代数作为**代数**——即作为无须任何解释,也无须应用"数"或其他任何东西的一组公设推论的抽象呈现——来理解所作出的伟大贡献,会使我们离题太远,但是可以指出,代数的现代概念开始于英国的"改革者们":皮科克(Peacock)、赫歇尔、德·摩根、巴贝奇、格雷戈里和布尔。皮科克在1830年发表了他的《代数论文》,当时被视为多少有些异端的新奇东西,它在今天已成为任何一本写得不错的学校教科书中的常识了。皮科克彻底抛弃了我们在初等代数中看到的在诸如 $x+y=y+x, xy=yx, x(y+z)=xy+xz$ 等关系中 $x,y,z,\cdots$ 必然"代表数"这种迷信;它们并不必然代表数,这正是关于代数及其应用中力量源泉的一件最重要的事情。$x,y,z,\cdots$ 仅仅是按照一些运算结合在一起的任意符号,一个运算用 + 表示,另一个用×表示(或者简单地记作 xy,以代替 $x \times y$),与在开始时写下的假设,如上面的例子 $x+y=y+x$ 等相一致。

如果不了解代数本身只不过是一个抽象系统,那么代数可能仍然牢固地停留在18世纪的算术泥淖中,而不能在哈密顿指引下朝它的极为有用的现代变种前进。我们在这里只须注意到,代数的这个革新给布尔提供了他的第一次机会,去做出受到他的同代人重视的优秀工作。他独创性地指出,把数学**运算**的**符号**与它们据以运算的东西分开,并着手为这些运算而研究这些运算本身,它们是怎样结合的?它们也受某种符号代数的支配吗?他发现它们是这样的。他在这方面的工作是极其有意义的,但是他自己的另一项独特的贡献,即创立一种简单可行的符号体系或者说数理逻辑体系的贡献,使这项工作相形见绌。

为了适当地介绍布尔杰出的发现，我们必须稍稍偏离一下主题，回忆一下19世纪前半叶的一场著名争论，这场争论在当时曾引起了一阵讨厌的喧闹，但是现在除了病态哲学的史学家外，几乎没有人记得它了。我们刚刚提到过哈密顿。在那时有两个知名的哈密顿，一个是爱尔兰数学家威廉·罗恩·哈密顿爵士（Sir William Rowan Hamilton，1805—1865），另一个是苏格兰哲学家威廉·哈密顿爵士（Sir William Hamilton，1788—1856）。数学家们通常称这位哲学家为**另一个**哈密顿。在谋求苏格兰律师和官方大学职位候选人的不成功经历之后，这位善于辞令的哲学家最后成了爱丁堡大学的逻辑学和形而上学教授。如我们所看到的，作为数学家的哈密顿是19世纪一位杰出的富于独创性的数学家，这对于**另一个**哈密顿也许是不幸的，因为他对于数学完全没有用处，轻率的读者有时候会把这两位著名的威廉爵士混淆起来。这使得另一个哈密顿在九泉之下辗转反侧、战栗不安。

现在，如果在数学上有什么比一个低能的苏格兰形而上学家更愚钝，那也许就是这位数学上低能的德国形而上学家了。苏格兰的哈密顿关于数学说过一些可笑的荒唐话，能与其相比的只有黑格尔对于天文学说过的话，或者洛策（Lotze）关于非欧几何说过的话。任何想把自己弄糊涂的堕落的读者，都能很容易地找到他所需的一切。形而上学家哈密顿的不幸在于，他太愚钝或太懒，在学校时没有学到比对于初等数学最肤浅的一知半解更多的东西，但是"他的弱点正是自认为无所不知"，当他开始讲授和写作关于哲学的东西时，他觉得不得不确切地告诉世界，数学是多么没有价值。

哈密顿对数学的攻击，在数学所经受的众多猛烈攻击中，也许是未引起人们注意的最厉害的攻击了。将近10年前，一个热衷于教育学的人，在我们自己的国家教育协会的一次参加人数很多的会议上，宣读了从哈密顿的谩骂中摘出的长长的段落，受到了热烈的鼓掌欢迎。如果听众们不是鼓掌,而是停下来,把哈密顿的一点哲学,作为一种正当享受数学鲱鱼时必要的调料吞下去,他们可能会从演讲中得到更多的东西。为了公正地对待他,我们重复一些他的最猛烈的攻击,让读者按照自己的想法去使用它们。

"数学[哈密顿总是把数学(mathematics)作为复数使用,而不是像今天习惯的那样作为单数]使头脑僵死和干涸";"过度研究数学使头脑完全丧失哲学和生活所需要的智力";"数学根本无助于养成逻辑习惯";"在数学上,迟钝于是被提升为才能,而才能降格为无能";"数学可以扭曲头脑,但永远不会纠正头脑。"

这只是一小粒鸟枪子弹;我们没有篇幅来叙述他用的炮弹。整个攻击极其令人难忘——对于一个知道的数学远远少于一个聪明的10岁孩子的人,特别值得一提的是最后的一次攻击,因为它介绍了在整个舌战中具有数学重要性的人物德·摩根,他是有史以来最老练的辩论家之一,一个精力充沛的独立的数学家,为布尔开路的伟大的逻辑学家,一切怪人、骗子、吹牛者的冷酷而富于幽默感的敌人。最后,他是那位著名小说家(《简称爱丽丝》等的作者)的父亲。哈密顿说:"这[一个没有必要重复的、完全是胡说八道的理由]就是德·摩根先生在其他数学家当中如此经常地持正确论点的原因。还有,要是德·摩根先生身上数学家的成分再少一些,他可能就更是一个哲学家了。人们应该记住,从长远看,数学和品酒特别说明问题。"虽然标点符号含糊费解,但意思是十分清楚的。不过,沉溺于饮酒的不是德·摩根。

德·摩根从他对逻辑的开创性研究中博得了一些名声,他允许自己在心不在焉的时候落入圈套,陷入与哈密顿关于其"谓项的量化"的著名原理的争论。没有必要解释这个神秘的东西是什么(或曾经是什么);它已经像一支香烟那样熄灭了。德·摩根对演绎法作出了真正的贡献;哈密顿认为在他自己阴郁的泥淖中发现了德·摩根的宝石,这个怒气冲冲的苏格兰律师和哲学家公开指责德·摩根剽窃——做这样的事是荒谬愚蠢的,于是战斗开始了。至少在德·摩根方面,争吵是一种愉快的嬉戏。德·摩根从来不发火;哈密顿从未学会不发脾气。

如果这仅仅是有损于科学史形象的无数关于优先权的争吵中的一次,它就不值得一提了。其历史上的重要性在于,布尔那时(1848年)是德·摩根的坚定的朋友和热心的敬慕者。布尔仍然在小学教书,但是他和许多第一流的英国数学家有私交或通信联系。他现在来帮助他的朋友了——并不是机智的德·摩根需要什么人的帮助,而是因为他知道德·摩根是正确的,哈密顿错了。所以,在1848年,布尔出版了薄薄的一本《逻辑学的数学分析》,这是他第一次公开发表其工作开辟的广阔领域,他将在这个学科中赢得他想象力的大胆和慧眼独具的不朽名声。这本小册子——它几乎就是小册子——激起了德·摩根的热烈赞扬,大师就在这里,德·摩根赶紧承认了他。这本小册子只是对在6年以后出现的更伟大的东西的预告,而布尔已经肯定地开辟了这个新的、棘手的研究项目。

与此同时,布尔很不情愿地拒绝了他在数学界的朋友们要他去剑桥,在那里接受正统数学训练的忠告。他继续从事在小学教书的单调乏味的工作而毫无怨言,因为他的父母现在完全靠他供养了。最后他得到了一个其特殊能力作为一名研究人员和一名讲师能够发挥一些作用的职位。他被任命为新近成立的女王学院的数学教授,该校位于爱尔兰的那时称为科克城的地方。这是在1849年。

无须说,这个终生只知道贫穷和刻苦工作的才气焕发的人,极好地利用了对他而言摆脱了为经济焦虑和使人厌烦的枯燥工作的自由。他的职责现在看来是繁重的;布尔却发现它们与他习惯了的、在小学教书的枯燥的日常事务相比是轻松的。他做了各种各样值得注意的数学工作,但他主要努力的是继续使他的杰作趋于完善。1854年他发表了这一杰作:《对于奠定逻辑和概率的数学理论基础的思维规律的研究》。当它发表时布尔是39岁。一个年龄这样大的数学家做出如此深刻的独创性工作，多少是有些不寻常的，但是当我们记起布尔在能够达到他的目标以前不得不走的漫长而迂回的道路，这个现象就不足为奇了。(对比布尔和魏尔斯特拉斯的经历。)

下面摘录的几段将使我们对布尔的风格及其工作领域有所了解：

"下面这篇论文的目的，是研究那些据以进行推理的心算的基本规律；用微积分学语言来表达它们，并在这个基础上建立逻辑科学，构造它的方法；使这个方法本身成为应用于概率的数学原理之一般方法的基础；最后，从在这些探索过程中发现的各种真理的成分中，收集一些可能与自然和人类思维的构成有关的提示……"

"那么，把它看作逻辑的真正科学(这门科学制定了一些基本规律，又由头脑的真正证明所确定，因此允许我们用一致的方法，推断出它的附属的结论，并且为了它的实际应用，提供完全的一般性的方法)，我们会犯错误吗？……"

"确实存在某些建立在语言本身特点上的一般原则，据以决定作为科学语言要素的符号的用途。在一定程度上，这些要素是任意的。它们的解释纯粹是常规的：我们可以在我们愿意的任何意义上应用它们。但是这个许可受到两个必不可少的条件的限制——第一，一旦这个意义常规地建立起来了，我们在推理的同一过程中，决不能背离它；第二，指导过程的法则应该完全建立在所用符号的上述固定意义上。与这些原则一致，在逻辑的符号法则和代数的符号法则之间建立起来的任何一致，都只能得出过程一致的结果。解释的这两个领域仍然是分开的和独立的，每一个领域都服从于它自己的法则和条件。"

"下面几页的实际研究，在它的实用方面，把逻辑展示为借助于有确定解释的符号的帮助而实施的过程体系，并且只服从于建立在该解释基础上的法则。但是同时，它们表现出那些在形式上与代数的一般符号相同，只添加了一点，即逻辑符号还得服从于一项特别的法则［在逻辑代数中 $x^2 = x$，除了其他解释以外，它能被解释为"一个类 x 及其本身所共有的那些东西的全体的类，只能是类 x"］，就此而论，量的符号无须遵守这条规律。"（也就是说，在通常的代数中，**每一个** x 等于它的平方并不成立，而在布尔逻辑代数中这**是**成立的。）

这本书中详细贯彻了这个大纲。布尔把逻辑简化成极为容易和简单的一类代数。在这种代数中，对适当的材料进行"推理"，成了对公式进行初等运算，这些公式比在中学代数第二年课程中所运用的大多数公式要简单得多。于是，逻辑本身就受数学的支配了。

自从布尔的开创性工作以来，他的伟大发现已经在许多方面被修改、改进、推广和扩展了。今天，在理解数学的本质以及奠定其整个巨大上层建筑之基础的状态的任何严肃的尝试中，符号或数学的逻辑都是不可缺少的。如果我们只能利用布尔之前的**言语**逻辑论点的老方法，那么可以确定地说，人类的理智无法对付**符号**推理所深入到的那些错综复杂的微妙困难。布尔的全部计划的大胆创见无需路标，它本身就是一个里程碑。

自从1899年希尔伯特发表他关于几何基础的杰作以来，人们已经对几个数学分支的公设的系统阐述给以极大的注意。这个运动可以追溯到欧几里得，但是出于某种奇怪的原因——也许是因为笛卡儿、牛顿、莱布尼茨、欧拉、高斯以及其他一些人所发明的那些方法，使数学家们在不受批判地自由发展他们的学科方面有大量事情可做——欧几里得的方法除了几何之外，在一切学科中都被长期忽视了。我们已经看到，英国学派在19世纪上半叶把这个方法应用到代数上。他们的成功，似乎没有给他们的同时代人和直接后继者们的工作留下多大影响，只是由于希尔伯特的工作，公设法才作为对于任何数学训练的最明确、最严格的方法而得到承认。

今天这个抽象的趋势——在这一趋势中，某一特定主题中的运算的符号和规则完全失去了意义,而是从纯形式观点予以讨论——风行一时,但忽略了应用(实际的或数学的),而一些人说应用正是人类对于任何科学活动的最终追求。然而,抽象的方法确实提供了不十分严格的工作方法所不能提供的洞察力,特别是由此非常容易看出布尔的逻辑代数的真正简便性。

因此,我们将叙述布尔代数(逻辑代数)的公设,这样做以后,将能看出确实能够给它们一种与古典逻辑一致的解释。下面一组公设是从亨丁顿(E. V. Huntington)发表在《美国数学学会会报》(1933年,第35卷,274—304页)上的一篇文章中摘录的。任何学过一星期代数的人都能很容易地看懂全文,这篇文章可以在大多数大型公共图书馆中找到。正如亨丁顿指出的,(我们抄下来的)他的这第一组公设,不如他的另一些公设那样好。但是由于它像在形式逻辑中那样用类的包含关系来解释,这比用其他的解释更直接,所以我们更愿意在这里来用它。

这一组公设用 K, $+$, $\times$ 表示,其中 K 是一类不确定的(完全任意的,没有任何预先指定的意义或超出公设所给出的性质)元素 a, b, c, ⋯,而 $a+b$ 和 $a \times b$(也简单地写作 ab)是两个不确定的二元运算 $+$, $\times$ 的结果("二元",因为 $+$, $\times$ 的每一个都作用于 K 的**两个**元素上)。一共有10个公设,Ⅰa—Ⅵ:

Ⅰa. 如果 a 和 b 在类 K 中,那么 $a+b$ 在类 K 中。

Ⅰb. 如果 a 和 b 在类 K 中,那么 ab 在类 K 中。

Ⅱa. 有一个元素 Z,使得对于每一个元素 a 有 $a+Z=a$。

Ⅱb. 有一个元素 U,使得对于每一个元素 a 有 $aU=a$。

Ⅲa. $a+b=b+a$。

Ⅲb. $ab=ba$。

Ⅳa. $a+bc=(a+b)(a+c)$。

Ⅳb. $a(b+c)=ab+ac$。

Ⅴ. 对于每一个元素 a,有一个元素 a',使得 $a+a'=U$, $aa'=Z$。

Ⅵ. 在类K中至少有两个不同的元素。

很容易看出,下面的解释满足这些公设:$a,b,c,\cdots$是一**些类**;$a+b$是所有那些**至少**在类a,b**之一**中的东西构成的类;ab是那些既在类a中又在类b中的东西构成的类;Z是"空类"——没有元素的类;U是"全类"——包含所讨论的一**切**类中的一**切**东西的类。那么公设Ⅴ说明,对于已知的任何类a,有一个包含所有那些不在a中的东西构成的类a'。注意Ⅵ表示U,Z不是同一个类。

从这样一组简单而明显的陈述中,整个古典逻辑都能通过由公设生成的容易的代数用符号建立起来,这似乎是相当惊人的。从这些公设中发展出了可以称为"逻辑方程"的理论:逻辑中的问题被转换成这样的方程,然后这些方程用代数的方法"求解";然后再按照逻辑数据重新解释这个解,给出原始问题的解答。我们用"包含"——当K的元素是**命题**而不是**类**时,也可以解释为"蕴涵"——的符号表示来结束这段描述。

"关系$a<b$[读作a包含在b中]是由以下方程中的任意一个定义的:$a+b=b, ab=a, a'+b=U, ab'=Z$。"

为了说明这些是合理的,作为例子,考虑第二个方程$ab=a$。这个方程说,如果a包含在b中,那么既在a中又在b中的一切是a的全体。

从所述的公设中,能够**证明**以下关于包含的定理(如果有必要,可以有几千个更为复杂的定理)。选出来的例子都符合我们对于"包含"的意义的直观概念。

(1) $a<a$。

(2) 如果$a<b, b<c$,那么$a<c$。

(3) 如果$a<b, b<a$,那么$a=b$。

(4) $Z<a$(**其中Z是Ⅱa中的元素**——可以证明是满足Ⅱa的**唯一**元素)。

(5) $a<U$(其中U是Ⅱb中的元素——同样是唯一的)。

(6) $a<a+b$;并且**如果**$a<y, b<y$,**那么**$a+b<y$。

(7) $ab < a$；并且**如果** $x < a, x < b$，**那么** $x < ab$。

(8) **如果** $x < a, x < a'$，**那么** $x = Z$；并且如果 $a < y, a' < y$，那么 $y = U$。

(9) 如果 $a < b'$ 不成立，那么至少有一个与 Z 不同的元素 x，使得 $x < a$，$x < b$。

注意到在算术和分析中"<"是"小于"的符号，可能是有意思的。注意，如果 a，b，c，$\cdots$ 是实数，Z 表示零，那么(2)对"<"的这个解释是满足的，若 a 是正数，(4)也同样如此；但是(1)是不满足的，(6)的第二部分也不满足——如我们从 $5 < 10, 7 < 10$，但 $5 + 7 < 10$ 不成立所看到的。

了解了这个方法在关于符号逻辑的任何工作中的作用，就很容易欣赏它的强大力量和简便易行。但是正如已经强调过的，这种"符号推理"的重要性，在于它可用于与全部数学的基础有关的微妙问题，要不是这个精确方法一劳永逸地确定了"语词"或其他"符号"的意义，这种问题也许是常人智慧无从着手的。

几乎像所有的新奇事物一样，符号逻辑在发明之后的许多年内没有受到人们的重视。我们发现迟至1910年，著名的数学家们还轻蔑地称它为没有数学意义的、哲学上稀奇古怪的东西。怀特海和罗素在《数学原理》(1910—1913)中的工作，首先使一切专业数学家的重要团体相信，符号逻辑可能是值得他们认真注意的。这里可以提一下符号逻辑的一个坚定反对者——康托尔，他关于无穷大的工作将在最后一章中论述。数学史上许多微小的讥讽使其成为没有偏见的人的有趣读物，作为这些讽刺中的一个，符号逻辑在对康托尔著作的激烈批评中起了很大的作用，使它的作者对他本人及其理论丧失了信心。

布尔在他的杰作出版以后没有活多久。在它出版后那一年，布尔仍然在不自觉地为得到他一度认为希腊文的知识能够给予他的社会地位而奋斗。他和玛丽·埃弗雷斯特(Mary Everest)结了婚，她是女王学院一位希腊文教授的侄女。他的妻子成了他忠实的学生。玛丽·布尔在丈夫去世后，应用她从布尔那里得到的一些思想，使儿童教育合理化和变得仁慈博爱。在她的小册子《布尔的心理学》中，玛丽·布尔记述了布尔的一个有趣的思考，《思维规律》的读者们将会看出，这种思考与一些章节中显然隐而未言的个人哲学是一致的。布尔告诉他的妻子，在1832年他17岁时，当他步行穿过一片田野的时候，他"突然想到"，除了从直接观察中得到知识，人还可以从某种不确定的、不可见的——玛丽·布尔称为"无意识的"——源泉得到知识。听到庞加莱（在后面一章中）表示的关于数学"灵感"起源于"潜意识"的智慧之中的同样看法，是很有趣的。不管怎么说，如果曾经有人产生过灵感的话，布尔在写作《思维规律》时无疑是产生了灵感的。

　　布尔于1864年12月8日去世，终年50岁，这时他是受人尊敬的，并享有迅速增长的名声。他的早逝是由于他在被大雨淋透的情况下，仍然忠实地作了预定的演讲，在这以后患了急性肺炎。他完全知道自己已经做出了伟大的工作。

第 24 章

人,而不是方法
埃尔米特

老问题与新方法。埃尔米特的专横的母亲。他对考试的厌恶。自学。高等数学有时比基础数学更容易。教育的灾难。给雅可比的信。21 岁的大师。向他的主考人报复。阿贝尔函数。被柯西缠住了。埃尔米特的神秘主义。一般五次方程的解。超越数。给化圆为方者的一个提示。埃尔米特的国际主义。

与埃尔米特先生谈话:他从不唤起具体的形象;然而你很快就发觉,最抽象的本质对于他来说也像活着的生物一样。

——昂利·庞加莱

突出的未解决的问题需要新的方法去求解,而有力的新方法又引起有待解决的新问题。但是正如庞加莱所说,解决问题的是人,而不是方法。

在数学中引起新方法的那些老问题中,可以回想起运动学以及它对于力学、地球和天体所蕴含的一切,这是微积分学和目前将关于无限的推理建立在牢固基础上的那些尝试的主要推动力之一。有力的新方法所提出的新问题的一个例子,是张量微积分学在几何学中引起的大堆问题,这些问题由于张量微积分学在相对论中的成功应用,而为几何学家们所熟知。最后,作为对庞加莱的话的例证,解决了给引力作用以有条理的数学

埃尔米特

说明这一问题的,是爱因斯坦,而不是张量的方法。所有这三点,都在19世纪后半期第一流的法国数学家夏尔·埃尔米特(Charles Hermite)——如果我们把他的学生、部分属于我们这一世纪的庞加莱除外的话——的一生中得到证实。

埃尔米特于1822年12月24日出生在法国洛林的迪约兹,他几乎不能选择比出生在19世纪第三个10年更适合的时代了。创造性的才能与掌握其他人的工作精华的能力,在他身上罕见地结合在一起。19世纪中叶所需要的,把高斯的算术创造与阿贝尔和雅可比在椭圆函数中的发现、雅可比在阿贝尔函数上的显著进展,以及由英国数学家布尔、凯莱和西尔维斯特迅速发展的代数不变量的广阔理论协调在一起的,正是这种结合。

埃尔米特差一点在法国大革命中丧命——虽然砍下最后一颗头颅是在他出生以前近乎四分之一个世纪。公社使他的祖父倾家荡产,并死于狱中;他祖父的兄弟上了断头台,埃尔米特的父亲由于年轻而幸免于死。

如果埃尔米特的数学能力来自遗传,那也许是从他父亲那方面得来的。他的父亲学过工程。老埃尔米特发现工程与他的志趣不合,就放弃了它;在制盐业同样兴味索然地干了一阵以后,他最后当了一名布商,安定了下来。他无疑是出于居无定所,而选择了这个栖身的行业,因为他与他的雇主的女儿马德莱娜·拉勒芒(Madeleine Lallemand)结了婚。她是一个飞扬跋扈的女人，在家里掌权当家，从商业到她的丈夫，一切都管。她成功地使两方面都达到了可靠的中产阶级的顺遂状态。夏尔是七个孩子——五个儿子两个女儿——中的第六个。他一生下来右腿就有残疾，这使他终生成为瘸子——也许因祸得福，因为这有效地阻止他从事任何与军队有关的，即使是关系很远的职业——他不得不拄着手杖走路。他的残疾从来没有影响到他始终如一的温和性格。

埃尔米特从他父母那里接受了启蒙教育。由于生意持续兴隆，这一家在埃尔米特6岁时从迪约兹迁居到南锡。不久，生意上不断增加的需求占去了他父母的全部时间，埃尔米特被送到南锡的公立中学去做一名寄宿生。这个学校结果是不令人满意的，境况顺遂的父母决定让夏尔受最好的教育，就把他送往巴黎。在那里，他先在亨利四世公立中学学习了很短一段时期，在18岁时（1840年）转到更著名的（或声名不佳的）路易大帝学院——不幸的伽罗瓦的"母"校——为进综合工科学校作准备。

有一段时间，看上去好像埃尔米特要重复他在路易大帝学院的那个桀骜不驯的前辈的灾难。他同样不喜欢修辞学，同样对课堂上的初等教学漠不关心，但是物理课的精彩讲授迷住了他，赢得了他在受教育过程中教学双方的真诚合作。后来，那些卖弄学问的教师没有为难埃尔米特，他成了一名优秀的古典学者和写作优美清新散文的大师。

那些厌恶考试的人会热爱埃尔米特。在路易大帝学院的这两个最著名的校友伽罗瓦和埃尔米特的经历中，有一些事情，很可能会使那些把考试作为衡量人的智力高低的可靠尺码的人扪心自问，他们在得出结论时，是用他们的头脑，还是用他们的脚。只是由于上帝的恩典以及忠实而聪明的里夏尔教授富于外交手腕的坚持，埃尔米特才没有被愚蠢的主考人踢出去，在失败的垃圾堆上枯萎。里夏尔在15年前曾尽了他的全部努力，为科学拯救伽罗瓦而没有奏效。当埃尔米特还是中等学校的学生时，就踏着伽罗瓦的足迹，在圣-热纳维埃夫图书馆自己阅读，既补充又忽略他的初等课程。他在这家图书馆里找到并掌握了拉格朗日关于数字方程求解的论文。他攒钱，买了高斯的《算术研究》的法文译本，而且掌握了它，而在这以前或以后，只有极少数人掌握了它。到埃尔米特领悟了高斯做过的工作时，他就准备**继续研究**了。他后来喜欢说："正是从这两本书中，我学会了代数。"欧拉和拉普拉斯也通过他们的著作指导了他。然而埃尔米特的考试成绩，说得尽可能好听一些也只是中等。数学上无足轻重的人无可争辩地击败了他。

里夏尔没有忘记伽罗瓦的悲惨结局。他竭力劝说埃尔米特，从创造性的研究转向不那么令人激动的、进入综合工科学校的竞争性入学考试的浑浊水洼——伽罗瓦本人淹死在其中的那个污浊的水沟。尽管如此，好心的里夏尔还是忍不住告诉埃尔米特的父亲，夏尔是"一个年轻的拉格朗日"。

《新数学年报》是面向高等学校学生的杂志，创刊于1842年。第一卷包括了埃尔米特还是路易大帝学院的学生时写的两篇文章。第一篇文章是关于圆锥曲线的解析几何的一个简单练习，没有显示出什么独创性。第二篇文章在埃尔米特的选集中只占了六页半的篇幅，却完全是另外一回事了。它谦逊的题目是《对五次方程代数解的探讨》。

"大家知道，"这个20岁的谦虚的数学家在开始时说，"拉格朗日使一般五次方程的代数解依赖于确定一个**特殊**的六次方程的根，他称这个六次方程为**简化方程**[今天称为"预解方程"]……因此，如果这个简化方程可以分解成二次或三次的有理因子，我们就会得到五次方程的解。我将试着说明这样一个分解是不可能的。"埃尔米特不仅在他的尝试中获得了成功——通过一个极其简单的论据——而且在这样做时也显示出他是一个代数学家。只要稍微做一些改动，这篇短文就能够做到所要求的一切。

看来似乎很奇怪，具有埃尔米特在他的一般五次方程的文章中表明的真正数学推理才干的年轻人，竟会发现初等数学是困难的。但是为了能够领悟自1800年以来发展起来的,至今仍然使数学家们感兴趣的数学,并进行创造性的工作,没有必要去懂得——甚至听说——许多在数学的漫长历史进程中出现的经典数学内容。例如,今天任何想要领悟现代几何的人,无须掌握希腊人的圆锥曲线的几何处理(综合处理);爱好代数或算术的人,也根本无须学习任何几何。在较小的程度上,同样的情况对分析学也成立,在分析学中用到的这样的几何语言是最简单的,而如果目的是现代证明的话,它既不必需,也不合乎要求。举最后一个例子,对于制图的工程师们用处很大的画法几何,实际上对于从事研究工作的数学家一点用处也没有。一些仍然是数学上活跃的、相当困难的科目,只需要学校代数教育和能够领悟它们的清楚的头脑。这些学科包括有限群理论,无穷的数学理论,概率理论的一部分和高等算术。所以要求报考技术或科学院校的考生,甚至这些学校的毕业生知道的很多东西,对于他们投身数学生涯并非必要也就不足为奇了。这解释了埃尔米特作为一个崭露头角的数学家取得了卓越的成就,而作为一名考生却何以因侥幸才勉强逃脱了灭顶之灾。

1842年下半年,埃尔米特20岁时参加了综合工科学校的入学考试。他通过了,但是成绩仅仅名列第68名。他已经比一些考他的人当时或将要成为的数学家好得多。这次考试丢脸的结果,给这位年轻大师留下的印象,是他日后的全部成功也未能消除的。

埃尔米特在综合工科学校只读了一年。并不是他的头脑使他没有资格继续学习,而是因为他的跛脚,根据官方的裁决,跛脚使他不宜担任为该校成功的学生敞开的任何职位。也有可能埃尔米特是被赶出去的;他是一个热心的爱国者,很可能被卷入对奋发的法国气质而言是非常宝贵的这个或那个政治的或军事的争吵之中。不过,这一年并没有白费。埃尔米特没有在他厌恶的画法几何上下工夫,而是把他的时间用在阿贝尔函数上,这在当时(1842年)或许是对于欧洲的大数学家们有突出兴趣和重要性的题目。他也结识了一位第一流的数学家和《数学杂志》的编辑刘维尔(1809—1882)。

当刘维尔看到天才时,一下子就认出了他。顺便提一下,刘维尔曾经激励著名的苏格兰物理学家威廉·汤姆森,即开尔文勋爵,给数学家下了一个所有定义中最令人满意的定义,回想起这件事是很有趣的。"你们知道数学家是什么样的人吗?"开尔文有一次问班上的学生。他走到黑板面前,写下了

$$\int_{-\infty}^{+\infty} e^{-x^2} dx = \sqrt{\pi}。$$

然后他用手指着写下的式子,转身对学生们说,"一个数学家就是对他说来,**这个**式子就如同二加二等于四对你们来说那样显而易见的人。刘维尔就是一个数学家。"年轻的埃尔米特在阿贝尔函数方面的开拓性工作,在他21岁之前就很好地开始了,在困难程度上,就像开尔文的例子远远超出了"二加二等于四"一样,远远超出了开尔文的例子。刘维尔记起年迈的勒让德对年轻的、不为人知的雅可比的革命性工作所表示的衷心欢迎,他猜测雅可比会对刚刚起步的埃尔米特表示出同样的慷慨。他没有猜错。

埃尔米特写给雅可比的那些令人吃惊的信,第一封是1843年1月从巴黎发出的。"学习您[雅可比]关于从阿贝尔函数理论中产生的四重周期函数的论文,使我得出了一个定理,是关于这些函数的自变数[变量]的分离的,类似于您给出的……得出由阿贝尔探讨的方程根的最简表示式的定理。刘维尔先生介绍我写信给您,把这个工作呈交给您;先生,我能希望您愿意以它所需要的全部宽容欢迎它吗?"这样开了头,他随即扎进了数学。

我们大致回想一下所论问题的质朴的性质:三角函数是一个变量一**个**周期的函数,这样$\sin(x + 2\pi) = \sin x$,其中x是变量,2π是周期;阿贝尔和雅可比通过"逆转"椭圆积分,发现了**一个**变量**两个**周期的函数,比如

说，$f(x+p+q) = f(x)$，其中 p 和 q 是周期（见第 12 章、18 章）；雅可比发现了**两个**变量**四个**周期的函数，比如说，

$$F(x+a+b, y+c+d) = F(x,y),$$

其中 a,b,c,d 是周期。在三角学中早期碰到的一个问题是用 $\sin x$（也许还有 x 的其他三角函数）表示 $\sin\left(\dfrac{x}{2}\right)$，或 $\sin\left(\dfrac{x}{3}\right)$，或一般的 $\sin\left(\dfrac{x}{n}\right)$，其中 n 是任意整数。埃尔米特着手解决的是两个变量四个周期的函数的相应问题；在三角学的问题中，我们最后被引向一些相当简单的方程；在埃尔米特的无与伦比的更困难的问题中，结果仍然是一个（n^4 次的）方程，关于这个方程，出人意料的是它能够代数求解，也就是说，用根式求解。

埃尔米特的残疾把他关在综合工科学校之外，他现在把渴望的目光投向教书的职业，把它作为可以谋生、同时继续研究他所热爱的数学的避难所。不管有没有学位，这个职业都应该对他敞开大门，但是冷酷的规则和条例不允许有任何例外。官僚作风总是缢住不该被缢住的人，它差一点把埃尔米特绞死。

埃尔米特不能使自己从他的"有害的独创性"中脱身出来，他继续他的研究，直到可能的最后一刻，这时，在 24 岁时，他放弃了正在从事的最重要的发现，去掌握取得他的第一个学位（大学文、理学士）所需要的那些微不足道的东西。这位年轻的数学天才在能够得到适合于教书的证书以前，在第一次严格的考试以后，通常还有两次更难的考试，但是当有影响的朋友们使埃尔米特得到一个他能够挫败主考人的职位时，他幸运地逃脱了最后的也是最糟糕的考试。他勉勉强强地通过了他的考试（1847—1848）。要不是由于两个提问者——斯图谟（Sturm）和贝特朗（Bertrand），两人都是优秀的数学家，当他们看到一个同行的名字时就会一下子认出他来——的友情，埃尔米特也许根本就通不过。[埃尔米特在 1848 年同贝特朗的妹妹路易丝（Louise）结婚。]

由于命运的讽刺性作弄，埃尔米特第一次学术上的成功，竟是他在1848年被任命为差一点没有录取他的那所综合工科学校的一名入学考试委员。几个月以后，他在这同一所学校又被任命为主考人，他这时被安全地安置在没有哪个主考人能困住他的适当位置上了。但是为了达到这个"糟糕的显要职位"，他把几乎肯定是他最有创造力时期中的5年时光，牺牲在抚慰官僚制度的愚蠢上了。

埃尔米特最后满足了或摆脱了那些贪得无厌的考试委员们，安顿下来成为一个伟大的数学家。他的生活是风平浪静的。在1848年到1850年，他受聘于法兰西学院。6年以后，在刚满34岁时，他被选入学院（作为科学院的院士）。尽管他作为一个有独创性的数学家是举世闻名的，但他直到47岁才得到一个合适的职位：他直到1869年才被任命为巴黎师范学校的教授，最后，他在1870年成为巴黎大学的教授，并担任这一职位直到27年后退休为止。他在担任这个有影响的职位期间，训练了整整一代卓越的法国数学家，其中可以提到的有埃米尔·皮卡尔（Émile Picard）、加斯东·达布（Gaston Darboux）、保罗·阿佩尔（Paul Appell）、埃米尔·博雷尔（Émile Borel）、保罗·潘勒韦（Paul Painlevé），以及庞加莱。但是他的影响远远超出了法国，他的经典著作帮助教育了在世界各国的他的同代人。

埃尔米特杰出的工作的一个显著特点，与他反对利用他的权威地位，按着他自己的样子，重新造就他的学生们密切相关：这就是他一贯向他的同代数学家们表示的慷慨大度。也许现代没有哪一个数学家像埃尔米特那样，与欧洲各地的工作者进行了如此大量的科学通信。他写信的语气总是温和的、鼓励的、欣赏的。19世纪后半期的许多数学家，都把他们获得公众承认归功于埃尔米特最先作出的努力。在这方面，也像在其他方面一样，整个数学史上没有比埃尔米特更优秀的人物了。雅可比也是慷慨的——除了他早期对待艾森斯坦是一个例外——但是他有一种喜欢讽刺的倾向（经常是很逗笑的，也许对不幸的受害者除外），这是埃尔米特温和的妙语中完全没有的。当这个不知名的年轻数学家冒失地用他关于阿贝尔函数的第一篇伟大的作品去接近雅可比时,这样一个人是值得雅可比慷慨回答的。雅可比写道:"如果你的一些发现与我过去的工作恰好重合,先生,不要因此止步不前。因为你必须在我停止的地方开始,那就必然会有小范围的接触。今后如果你给我与你通信的荣誉,我将只是在学习了。"

在雅可比的鼓励下,埃尔米特不仅同他分享了在阿贝尔函数方面的发现,而且给他写了4封关于数论的惊人的长信,第一封早至1847年。这些信件中的第一封是埃尔米特年仅24岁时写的,开辟了新的领域(我们不久就将指出是在什么方面),仅仅这些信就足以确立埃尔米特为一名富有创造力的第一流数学家。他着手解决的问题之广泛,以及他为解决它们而发明的方法之大胆的独创性,确立了埃尔米特作为一位历史上天生的数学家的纪念碑。

第一封信以道歉开始:"将近两年的时间过去了,我没有回答您惠赐我的充满良好祝愿的信。今天,我请求您原谅我的长期缄默,并向您表达我看到自己在您的著作的宝库中得到一席之地所感到的全部喜悦之情。[雅可比在自己的一项工作中,发表了埃尔米特信中的一些部分,并致以他应得的感谢。]我已经离开工作很久了,对您这种仁慈的表示,我深为感动;先生,请允许我相信,您的仁慈不会离开我。"然后埃尔米特说,雅可比的另一项研究,激起了他目前的努力。

如果读者浏览一下在高斯那一章中,关于单变量**单值**函数所说的话(单值函数对变量的每一个值,只取一个值),那么雅可比证明的下面论断就是可以理解的了:有三个不同周期的**单**变量单值函数是不可能存在的。有一个周期或**两**个周期的**单**变量单值函数可以存在,这是由展示三角函数和椭圆函数证明了的。埃尔米特宣称,雅可比的这个定理给他提示了他引进高等算术的新奇方法的思想,虽然这些方法过于专业,无法在这里描述,但是可以简单地指出其中之一的精神。

高斯意义下的算术,讨论有理整数 $1,2,3,\cdots$ 的性质;无理数(如2的平方根)被排斥在外。高斯特别研究了具有两个或三个未知数的很多类型的不定方程的整数解,例如在 $ax^2 + 2bxy + cy^2 = m$ 中,a,b,c,m 是任意整数,要求讨论方程的全部整数解 x,y。这里要注意的是,问题是确定的,并且得完全在有理整数域求解,也就是说,在**离散**数的领域内求解。要让用于研究**连续**数的**分析**适合于这样一个**离散**问题似乎是不可能的,而这正是埃尔米特所做的。他从**离散**的系统表述开始,把**分析**应用于这个问题,最后在他由之开始的离散的领域得到结果。由于分析学比为代数和算术发明的任何离散方法都发展得更为充分,因此埃尔米特的进展可与为中世纪的手工业引进现代机器相提并论。

在代数和分析这两方面,供埃尔米特支配的方法,比高斯在写作《算术研究》时所能使用的方法有力得多。与埃尔米特自己的伟大发明一起,这些更现代的工具使他能够解决在1800年会使高斯困惑的问题。在一项进展中,埃尔米特赶上了高斯和艾森斯坦讨论过的那种类型的**一般**问题,他至少开始了任意多个未知数的二次型的算术研究。算术"型理论"的一般性质,可以从一个特殊问题的陈述中看出来。代替**两个**未知量 (x,y) 的二次高斯方程 $ax^2 + 2bxy + cy^2 = m$,要求讨论 s 个未知量 n 次的类似方程的整数解,其中 n,s 是**任意**整数,方程左边的每一项都是 n 次的(不像在高斯方程中是2次)。埃尔米特叙述了他在仔细思考之后,怎样看出了雅可比对于单值函数的周期性研究依赖于二次型理论中一些更深刻的问题,然后概述了他自己的计划。

"但是,一经得出了这种观点,我想要向自己提出的——足够广泛的——问题,与型的一般理论的那些大问题相比就是微不足道的了。在高斯先生[埃尔米特写这封信时高斯还健在,所以有礼貌地用'先生'两字]给我们展现的这个无限广阔的研究领域中,代数和数论似乎必然会融进同一阶的分析概念,我们目前的知识还不足以让我们形成一个有关它的精确想法。"

然后他讲了几句话,虽然不够清楚,但可以解释为意味着理解代数、高等算术和函数论的某些部分之间的微妙联系的钥匙,可以通过彻底了解**什么类型**的"数"对于所有类型代数方程的显解既是充分的又是必要的而找到。因此,对于 $x^3 - 1 = 0$,理解 $\sqrt[3]{1}$ 是既充分又必要的;对于 $x^5 + ax + b = 0$,其中 a, b 是任意已知数,为使 x 可以用 a, b **明显地**表示出来,必须发明什么样的"数" x 呢? 当然,高斯提供了一类解答:任意的根 x 是一个复数。但是这只是开始。阿贝尔证明了如果只允许作**有限**次的有理运算和开方,那么就**不存在**把 x 按 a, b 表示出来的显式。我们将在稍后再回到这个问题;埃尔米特甚至在更早的时候(1848 年,他当时 26 岁),就在心里的某个地方产生了他的一个最伟大的发现。

在对待数的态度上,埃尔米特有几分毕达哥拉斯和笛卡儿传统的神秘主义——笛卡儿的数学信条,如我们马上要讲述的,基本上是毕达哥拉斯的信条。在其他问题上,温和的埃尔米特也呈现出一种显著的神秘主义倾向。直到 43 岁为止,他一直是一个宽容的不可知论者,就像那个时代的许多法国科学界人士一样。然后,在 1856 年,他突然间危险地病倒了。在这样衰弱的情况下,他甚至连最不固执的福音派传教士也敌不过,热心的柯西总是为他这个才气焕发的年轻朋友在宗教问题上的不偏不倚感到遗憾,这时连忙抓住衰竭的埃尔米特,使他皈依了罗马天主教。从此,埃尔米特就是一个虔诚的天主教徒了,天主教的宗教仪式使他非常满意。

埃尔米特的数–神秘主义没有什么害处,而且是争论对之无用的那些私事之一。简言之,埃尔米特相信,数有一个超出人类一切控制的它们自己的存在。他认为,数学家们不时可以瞥见调节这个数的存在的天国之超人的和谐,有如伦理学和道德学的一些伟大天才有时宣称他们看到了天国的神圣完美。

也许这样说是对的:在今天,没有哪一个在试图了解数学的性质和数学推理过程中,多少注意到了过去50年(特别是最近25年)内做过的一切的受人尊敬的数学家,还会同意神秘的埃尔米特的看法。这种关于数学的来世说的现代怀疑主义,对埃尔米特的信念是得还是失,必须留给读者去品评了。现在有资格的评判人几乎一致认为,"数学的存在"是一种错误观念,但是笛卡儿却在他的永恒的三角形理论中,赞美地表示出了这种观点,因而可以在这里引用它,作为埃尔米特的神秘信仰的缩影。

"我想象一个三角形,虽然这样一个图形也许在我的思想以外的世界上的任何地方都不存在,并且从来没有存在过。然而这个图形有一种确定的性质,或形式,或决定要素,这种东西是不朽的,或永恒的,我没有发明它,它也绝对不依赖于我的头脑。显而易见,因为有下述事实,我能够说明这个三角形的各种各样的性质,例如,它的三个内角之和等于两个直角,最大的角对着最长的边,等等。不管我是否愿意,我都非常清楚、非常令人信服地看出,这些性质是在三角形中的,虽然我以前从未想过它们,甚至即使这是我第一次想象一个三角形。然而没有人能说我发明或想象出了它们。"把这些转换到诸如 $1 + 2 = 3, 2 + 2 = 4$ 这样的简单的"永恒真理",笛卡儿的万世不移的几何,就成了埃尔米特的超人的算术了。

这里可以提到埃尔米特的一项算术研究(虽然它相当专业),作为纯数学的预言方面的一个例子。我们回想起高斯为了给双二次互反性以最简单的表述,把**复整数**(形式为 $a + bi$ 的数,a, b 是有理整数,i 表示 $\sqrt{-1}$)引入高等算术中。然后狄利克雷和高斯的其他追随者们讨论了这样一些二次型,其中作为变量和系数出现的有理整数,被高斯的复整数所代替。埃尔米特探讨了这种情形的一般情况,在今天所说的**埃尔米特形式**中研究了整数的表示。这样一种形式的一个例子(以两个复变量 x_1, x_2 和它们的"共轭" $\bar{x}_1, \bar{x}_2$ 代替 n 个变量的特殊情形)是

$$a_{11}x_1\bar{x}_1 + a_{12}x_1\bar{x}_2 + a_{21}x_2\bar{x}_1 + a_{22}x_2\bar{x}_2,$$

其中代表复数的字母上面的横杠表示该数的**共轭**，即，如果 $x + iy$ 是复数，它的"共轭"是 $x - iy$；系数 $a_{11}, a_{12}, a_{21}, a_{22}$ 是这样的，使得对于 $(i,j)=(1,1)$，$(1,2), (2,1), (2,2)$，有 $a_{ij} = \bar{a}_{ji}$，因此 a_{12} 和 a_{21} 是共轭的，且 a_{11}, a_{22} 是它们各自的共轭（因此 a_{11}, a_{22} 是实数）。非常容易就能够看出，如果把所有的积都乘出来，整个形式是实的（没有 i），但是用已给出的形式讨论是最"自然的"。

当埃尔米特发明这样的形式时，他感兴趣的是发现什么样的数由这些形式表示。70多年后，人们发现埃尔米特形式的代数在数理物理学中，特别是在现代量子理论中，是不可缺少的。埃尔米特不知道，他的纯数学会在他去世很久以后在科学上成为有价值的——事实上，像阿基米德一样，他似乎从来没有十分关心过数学对科学的应用。但是埃尔米特的工作给物理学提供了有用工具的这一事实，也许是有利于一方的另一个论据，这一方相信在听凭数学家们不可思议地自行其是时，他们最有力地证明了他们的抽象存在是有道理的。

埃尔米特在代数不变量理论中的杰出发明过于专业，无法在这里讨论，我们很快就要介绍他在其他领域中的两项惊人的成就。西尔维斯特的独特评论，表明了埃尔米特的同代人对他关于不变量的工作的高度评价："凯莱、埃尔米特和我组成了一个不变量的三位一体。"在这个惊人的三位一体中，每个人占有什么样的位置，西尔维斯特没有说；但是也许这个疏忽是不重要的，因为这样一个三足鼎立的每一个成员，都能够把自己变换成自己，或变换成与他共同组成不变体的其他人。

埃尔米特在两个领域中发现了一些也许是他全部美妙工作中最令人吃惊的独创性成果，这两个领域是一般五次方程和超越数。他在第一个领域中发现的性质，清楚地表现在他的短论《论[一般]五次方程的解》（发表在1858年科学院院刊上，当时埃尔米特36岁）的引言中。

大家知道，一般五次方程能够由系数除平方根和立方根之外不用任何无理性确定的[关于未知量x的]替换化简为下面的形式

$$x^5 - x - a = 0。$$

[这就是说，如果我们能够对于x解**这个**方程，**那么**我们就能解一般五次方程。]

这个归功于英格兰数学家杰拉德(Jerrard)的卓越结果，是自阿贝尔证明了根式解不可能以来，在五次方程的代数理论中迈出的最重要的一步。阿贝尔证明的不可能性，表明了在寻找解答时，事实上，有必要引进某些新的分析元素[某种新的函数]，因此，以我们刚刚提及的那个非常简单的方程的根作为辅助量，似乎是很自然的。然而，为了证明把它严格地用作一般方程解中的一个基本元素是合理的，还得了解形式的这个简单性是否能让我们得出关于其根的性质的一些想法，掌握这些量的存在方式上特殊的和基本的东西，我们对这些量，除了知道它们不能用根式表示这一事实之外，什么也不知道。

现在很值得注意的是，杰拉德的方程以其极大的简便运用于这项研究，并且在我们将要解释的意义上，可能有一个真正的分析解。因为我们也许确实可以从与长期以来由前四次方程的解所表明的、我们特别专注的解不同的观点，考虑方程的代数解的问题。

代替用一个包括多值根式*的公式，表示被认为是系数的函

---

* 例如在简单二次方程$x^2 - a = 0$中，根是$x = +\sqrt{a}$，和$x = -\sqrt{a}$；当我们简单地说**两个**根是$\sqrt{a}$时，所涉及的根式在这里是平方根或**二次**无理根的"多值性"，以两个符号±的形式出现。提供三次方程的**三个**根的公式包含了三值无理根$\sqrt[3]{1}$，它有三个值：$1, \frac{1}{2}(-1+\sqrt{-3}), \frac{1}{2}(-1-\sqrt{-3})$。

数的、互相密切相连的根系,我们可以试图得到用多个互不相同的辅助变量的单值函数来分别表示的根,这些变量的个数有三次方程所用到的那么多。在这种情形下,所讨论的方程是

$$x^3 - 3x + 2a = 0,$$

如我们所知道的,只要用一个角(比如说A)的正弦表示系数a,就足以把方程的根分别表示为如下确定的函数

$$2\sin\frac{A}{3}, 2\sin\frac{a+2\pi}{3}, 2\sin\frac{A+4\pi}{3}。$$

[埃尔米特在这里回顾了在通常学校代数的高级课程中讨论的、熟悉的三次方程的"三角解"。"辅助变量"是A;"单值函数"在这里是正弦函数。]

现在的有关方程是

$$x^5 - x - a = 0$$

我们必须展示的是一个完全相似的事实。只是必须采用椭圆函数,而不是正弦和余弦函数……

然后,埃尔米特立即着手解**一般五次方程**,为此目的用了椭圆函数(严格说来是椭圆模函数,但是这个差别在这里并不重要)。要向非数学家表达这样一个功绩的惊人光彩,几乎是不可能的;打一个很不恰当的比方,埃尔米特发现了著名的"失去的和弦",而当时没有人对这样一个无法捉摸的东西会存在于时空中的某处有过丝毫的猜疑。不用说,他的完全出人意料的成功轰动了数学界。更了不起的是,它开创了代数和分析学的一个新的部门,其中的主要问题是发现和研究那样一些函数,按照这些函数能够以有限形式明确地解出一般n次方程。目前所得到的最好结果,是埃尔米特的学生庞加莱(在19世纪80年代)得到的,他创造出了提供所需要的解的那些函数。这些函数实际上是椭圆函数的"自然"推广。被推

广的那些函数的特征是周期性。进一步的细节会使我们过分偏离主题，但是如果篇幅许可，我们将在讲述庞加莱时再回到这一点上。

埃尔米特另一个轰动数学界的孤立结果，是确立了在数学分析中用字母 e 表示的那个数的超越性（马上就解释），这个数就是

$$1 + \frac{1}{1!} + \frac{1}{2!} + \frac{1}{3!} + \frac{1}{4!} + \cdots,$$

其中 1! 表示 1，2! = 1×2，3! = 1×2×3，4! = 1×2×3×4，等等；这个数是所谓的"自然"对数的"底"，大约为 2.718 281 828⋯。有人说不可能想象一个没有 e 和 π（圆的周长与半径之比）的宇宙。不管是否如此（事实上它是不对的），e 在现时的数学——纯数学和应用数学——中到处出现却是一个不争的事实。为什么会是这样的，至少就应用数学而论，可以从下述事实中推断：e^x 看作 x 的一个函数，是相对于 x 的变化率等于函数本身的**唯一的函数**——这就是说，e^x 是唯一等于其导数的函数*。

"超越"的概念是极其简单，也是极为重要的。一个系数是有理整数 $(0, \pm 1, \pm 2, \cdots)$ 的代数方程的任何根，称为**代数数**。这样，$\sqrt{-1}$，2.78 是代数数，因为它们分别是代数方程 $x^2 + 1 = 0$ 和 $50x - 139 = 0$ 的根，这些方程的系数（第一个方程的系数是 1，1，第二个方程的是 50，−139）是有理整数。不是代数数的"数"就称为超越数。换言之，超越数是不满足任何有理整系数代数方程的数。

现在，给定任何根据某种确定规律构造的"数"，要问它是代数的还是超越的，是一个有意义的问题。例如，考虑下面简单定义的数

$$\frac{1}{10} + \frac{1}{10^2} + \frac{1}{10^6} + \frac{1}{10^{24}} + \frac{1}{10^{120}} + \cdots,$$

其中指数 2，6，24，120，⋯是相继的"阶乘"，即 2 = 1×2，6 = 1×2×3，24 = 1×2×3×4，120 = 1×2×3×4×5，⋯，所示级数按照与已知项同样的规

---

* 严格说来，ae^x，其中 a 不依赖 x，是最一般的，但是在这里"所乘的常数"a 并不重要。

律继续到"无穷大"。下一项是 $\frac{1}{10^{720}}$，前三项的和是 $0.1 + 0.01 + 0.000\ 001$，或 $0.110\ 001$，可以证明，这个级数确实决定了某个小于 0.12 的确定的数。这个数是**任何**有理整系数代数方程的根吗？虽然在不知道怎样着手时要去证明它乃是对高超数学能力的艰难考验，但其答案是否定的。另一方面，由无穷级数

$$\frac{1}{10^5} + \frac{1}{10^8} + \frac{1}{10^{11}} + \frac{1}{10^{14}} + \cdots$$

确定的数**是**代数数；它是 $99\ 900x - 1 = 0$ 的根（正如记得如何求无穷收敛几何级数之和的读者可以证明的那样）。

第一个证明某些数是超越数的人，是刘维尔（鼓励埃尔米特给雅可比写信的同一个人），他在 1844 年发现了很广泛的一类超越数，其中所有形为

$$\frac{1}{n} + \frac{1}{n^2} + \frac{1}{n^6} + \frac{1}{n^{24}} + \frac{1}{n^{120}} + \cdots$$

的那些数，皆属最简单的超越数之列，此处 n 是大于 1 的实数（上面举的例子相当于 $n = 10$）。但是要证明一个**特定的**可疑的数，如 e 或 π，是超越数或不是超越数，也许是比发明整整一大类超越数更困难的问题：有创造力的数学家支配——在某种程度上——那些实施条件，而可疑的数则是局面的完全控制者，在这种情形下，正是数学家而非可疑的数，接受他只能模模糊糊地懂得的命令。所以当埃尔米特在 1873 年证明了 e（不久前刚刚定义了的）是超越数时，数学界不仅十分高兴，而且对证明的不可思议的精巧大为吃惊。

自埃尔米特那时以来，已经证明了许多数（和许多类的数）是超越数。可以顺便提一下，暂时仍然是在这个黑暗的海的海岸上的高水标是什么。1934 年，年轻的俄国数学家亚历克西斯·盖尔方德（Alexis Gelfond）证明了**一切**类型为 a^b 的数是超越数，其中 a 不是 0 和 1，b 是**任意的无理代**

数数。这解决了希尔伯特在1900年的巴黎国际会议上提请数学家们注意的23个突出的数学问题一览表中的第七个问题。注意,在盖尔方德定理的陈述中,"无理"是**必需的**(如果 $b = n/m$, n、m 是有理整数,那么 a^b 是 $x^m - a^n = 0$ 的根,其中 a 是任何代数数,而且能够表明,这个方程等价于一个所有系数都是有理整数的方程)。

埃尔米特在顽固的 e 上取得出人意料的胜利,使数学家们期望不久就能用同样的方法驯服 π。不过就埃尔米特本人而言,他有了一个好东西就够了。他写信给博查特说,"我不再试着去证明数 π 的超越性了。如果其他人愿意承担这件事,没有人会比我为他们的成功更高兴了,但是相信我,亲爱的朋友,这不会不使他们花一番气力的。"9年以后(1882年),慕尼黑大学的林德曼证明了 π 是超越数,他用的方法与埃尔米特用以解决 e 的方法非常相似。这样就永远解决了"化圆为方"的问题。从林德曼证明的东西中,推断出不可能只用尺规画出面积等于任何给定的圆的正方形——这个问题从欧几里得时代以前开始,一直折磨着一代又一代的数学家。

由于这个问题仍然折磨着一些狂热者,可能有必要扼要地叙述一下林德曼的证明是怎样解决这个问题的,他证明了 π 不是一个**代数**数。但是任何可以只借助尺规解决的**几何**问题,当用等价的**代数**形式说明时,都导致一个或几个能够用逐次**开平方根**解出的有理整系数代数方程。由于 π 不满足这样的方程,就不能用所提到的工具把圆"变成方的"。如果允许用其他工具,化圆为方是容易的。对于一切有点想入非非的人而言,这个问题在半个多世纪以前就完全解决了。现在也没有人去把 π 计算到很多位小数了——在这方面,所能达到的精确度已经比对人类可能有用的更高了,即便人类能够存在10亿的10亿次幂年也够用。代替试着做不可能的事情,神秘主义者可能愿意仔细考虑 e、π、-1 和 $\sqrt{-1}$ 之间的下述有用的

关系，直到它对于他们变得像佛的肚脐眼对印度一位盲眼的斯瓦米*一样明白为止，这个关系就是

$$e^{\pi\sqrt{-1}} = -1。$$

任何能直观地领会这个神秘式子的人，就无须去化圆为方了。

　　自从林德曼解决了 π 的问题以来，唯一吸引业余数学家的一个突出的未解决问题，是费马的"大定理"。这里真正有天才的数学家无疑是有机会的。为了避免这个问题被所有的人当做对他们的邀请，从而用未证实的证明去淹没各种数学杂志的编辑，我们回想一下，当林德曼夸口要解决这个著名定理时所碰到的事情。如果这还不能提醒人们，解决费马的问题需要超出一般的才能，那就没有什么东西能提醒他们了。1901年，林德曼发表了一篇17页的论文，号称包含着长期寻找的证明。使之失效的错误被人指了出来，林德曼勇敢地把随后7年中最好的时光用来弥补这个不可弥补的缺陷；1907年，他发表了63页的所谓证明，可是由于几乎在推理刚一开始时就犯下的一个错误，这个证明便毫无意义了。

　　虽然埃尔米特在数学的学术方面贡献巨大，但从现在使人们烦恼的事物的长远观点来看，他对于科学超越国界、不受宗派势力支配或愚弄这一理想的坚定执著，或许是他给予文明的更为重要的礼物。我们只能以深深的惋惜，回顾今天在科学界任何地方都找不到的、他那安详的精神美。即使当傲慢的普鲁士人在普法战争中侮辱巴黎时，埃尔米特尽管是个爱国者，仍然保持着冷静的头脑，他清楚地知道，"敌人"的数学还是数学，而不是别的东西。今天，甚至当一个科学家采取这种文明的观点时，他所谓的宽宏大量也并不是客观的、不受个人情感影响的，而是咄咄逼人的、就像一个采取守势的人所做的那样。对于埃尔米特，知识和智慧不是任何宗派、任何信念、任何民族的特权，这一点是非常明显的，以致他从不

---

　　* 斯瓦米为印度对学者、宗教家的尊称。——译者

费心去把他天生的明智稳健诉诸文字。就埃尔米特本能地知道的东西来说,我们这一代比他落后了两个世纪。他于1901年1月14日去世,始终热爱着这个世界。

第 25 章

怀 疑 者
克罗内克

关于一个美国圣人的传说。幸运的克罗内克。学校胜利了。伟大的天赋。代数数。与魏尔斯特拉斯的论战。克罗内克经商的经历。发了财回到数学。伽罗瓦理论。克罗内克的演讲。他的怀疑主义是他最具独创性的贡献。

最深奥的数学研究的全部结果，最终都一定可以表示成整数性质的简单形式。

——利奥波德·克罗内克

能够恰如其分地称为实业家的专业数学家是极其罕见的。最接近于这个理想的人是利奥波德·克罗内克（Leopold Kronecker, 1823—1891），他在30岁时已经把自己照料得很好了，以致在那以后，他能够比大多数数学家舒适得多地把自己非凡的天才贡献给数学。

人们可以在约翰·皮尔庞特·摩尔根（John Pierpont Morgan），即摩尔根银行和公司创办人的功绩中，找到——按照美国数学家们熟悉的一个传说——克罗内克经历的对应面。如果说这个传说有些什么的话，那就是摩尔根在德国上大学时，表现出非凡的数学才能，因而他的教授们试着劝他把数学作为毕生事业，他们甚至给他提供了一个在德国的大学职位，这个职位会使他迅速起飞。但是摩尔根拒绝了这项建议，而把他的天才奉献给

克罗内克

金融,其结果是众所周知的。空谈家们(学术研究方面的,而不是华尔街的)可以根据摩尔根坚持数学生涯的假说来重建世界史以自娱。

要是克罗内克没有为了数学而放弃金融,那对德国可能会发生什么事情,也提供了很大的推测余地。他的经营能力是很强的;他是一个热忱的爱国者,对欧洲的外交具有不可思议的洞察力,对列强之间相互抱有的未曾表达出来的情感,持一种精明的犬儒主义的态度——他的崇拜者们称它为现实主义。

一开始,克罗内克与许多聪明的年轻犹太人一样,是一个自由主义者,但是当他看出自己的利益所在时——他在金融上获得成功以后——他成了一个坚定不移的保守主义者,并宣称自己是那个无情的谣言制造者老俾斯麦的忠实支持者。关于埃姆斯电报的著名插曲,按照一些人的说法,是触发1870年普法战争的电火花,这得到了克罗内克的热情支持,他对于局势的掌握是如此坚定,以致在魏森堡战役**之前**,德国的军事天才们都怀疑他们对法国的大胆挑战的后果时,克罗内克便自信地预测到了整个战役的胜利,而且在每一步细节上都证明是正确的。在那时,实际上在他整个一生中,他与第一流的法国数学家们关系友好,他头脑清醒,不至于让他的政治观点蒙蔽了他对科学上的对手们的成就的正确理解。像克罗内克这样实际的人能与数学共命运,也许是很好的。

克罗内克的一生,从出世那一天起就是很舒适的。他是富有的犹太夫妇的儿子,1823年12月7日出生于普鲁士的利格尼茨。由于一种莫名的疏忽,克罗内克的官方传记作者[海因里希·韦伯(Heinrich Weber)和阿道夫·

克内泽尔(Adolf Kneser)]完全没有提到利奥波德的母亲,虽然他肯定有一个母亲,他们把注意力集中在他父亲身上,他拥有一家生意兴旺的商店。这位父亲是一个受过良好教育的人,对哲学有一种抑制不住的渴求,他把这种渴求传给了利奥波德。还有一个儿子叫胡戈(Hugo),比利奥波德小17岁,他成了波恩的一个著名生理学家和教授。利奥波德的启蒙教育是在父亲监督下,从一个私人教师那里接受的。对胡戈的教育培养,后来成了利奥波德热爱的职责。

利奥波德受教育的第二阶段是在准备进大学预科的预备学校,在这个阶段,他受到维尔纳(Werner)校长的强烈影响,维尔纳是一个有哲学和神学倾向的人,后来克罗内克进入大学预科时维尔纳教过他。除其他东西以外,克罗内克从维尔纳那里吸收了一些开明的基督教神学思想,并终生对它保持着热情。实际上,出于看上去像是他一贯的谨慎,直到临终时,看到基督教对他的6个孩子没有明显的危害,他才容许自己在68岁时由犹太教改信了福音派基督教。

克罗内克在大学预科的另一位教师也对他有很深的影响,并成了他终生的朋友,这就是库默尔(1810—1893),他后来在柏林大学担任教授,是德国历史上最有独创性的数学家之一,我们在谈论戴德金时还要进一步讲到他。这三个人,老克罗内克、维尔纳和库默尔,十分巧妙地在利奥波德卓越的天赋上下工夫,塑造他的思想,制定了他未来的生活道路,以致即便他想要离开这条道路也不可能。

我们注意到,克罗内克在受教育的早期阶段,已经显露出自己温和性格的一个突出特点,这就是他善于与人友好相处的能力,以及与已经在世界上崭露头角或将要崭露头角,而且会在商业或数学上对他有用的人结成永久友谊的本能。这种寻求正确友谊的天才,是成功事业家的一个突出的特点,是克罗内克最可贵的财富,他从来没有失去过它。他不是有意识地唯利是图,也不是一个势利的人,他只不过是一个与成功者在一起比与不成功者在一起更安心的幸运儿中的一个。

克罗内克在学校的成绩一概是优秀的,并且是多方面的。除了他已经轻松地掌握并终生保持兴趣的希腊和拉丁古典文学之外,他在希伯来语、哲学和数学方面也很出色。他的数学才能很早就在库默尔的专门指点下显露出来,并从库默尔那里接受特别的指导。但是,尽管年轻的克罗内克最伟大的才能显然是在数学方面,他并没有花多少力气把精力集中在这个领域,而是竭力想获得与他多方面的能力相称的广泛而丰富的教育。除了正式学业以外,他还选修了音乐课,而且成了一名有造诣的钢琴家和歌唱家。他在老年时宣称,音乐是所有艺术中最好的艺术,也许数学除外,他把数学比作诗。他一生都保持着许多兴趣爱好。在哪一方面他都不仅仅是一个一知半解的人:他对古典文学的热爱,在他与一个致力于翻译和传播希腊古典文学的团体"希腊文化"的密切关系中,确实取得了成效;他对艺术的热烈欣赏,使他成为绘画和雕塑的敏锐的评论家;他在柏林的美丽住所,成了音乐家们的聚会场所,在这些音乐家中就有费利克斯·门德尔松(Felix Mendelssohn)。

克罗内克在1841年春进了柏林大学,继续他的多方面的教育,但是开始专门注重数学。那时柏林大学因数学系有狄利克雷(1805—1859)、雅可比(1804—1851)和施泰纳(1796—1863)而引以自豪;艾森斯坦(1823—1852)也在那里,他和克罗内克同岁,两人成了朋友。

狄利克雷对克罗内克的数学趣味的影响(特别是在分析学对数论的应用上),在他全部成熟的著作中都清晰可见。施泰纳似乎没有对他产生什么影响;克罗内克对几何不感兴趣。雅可比使他爱上了椭圆函数,他以惊人的独创性和辉煌的成功耕耘了这一领域,主要是把它不可思议的美新颖地应用在数论上。

克罗内克的大学生涯在很大程度上是他中学时代的再现:他参加关于古典文学和科学的讲座,由于比过去更深入地研究哲学,特别是黑格尔体系,他沉溺于对哲学的爱好中。强调黑格尔的哲学,是因为一些好奇而有能力的读者,可能会想到从黑格尔深奥的辩证法中,去寻找克罗内克的数学异端的起源——这是一种完全超出本书作者能力的探索。不过,最近关于数学自身一致性的怀疑——克罗内克的"革命"对这种怀疑负有部分责任——的一些非正统的奇怪说法,与难以捉摸的黑格尔体系之间有一种奇怪的相似之处。承担这样一个任务的理想候选人,也许是在波兰的多值逻辑方面受过很好训练的马克思共产主义者,不过这只罕见的鸟儿能在什么样的香料树上找到,只有上帝知道。

克罗内克按照德国学生的通常习惯,没有在柏林度过他的全部时间,而是到处流动。他的部分课程是在波恩大学上的,他过去的老师和朋友库默尔在该校教数学。克罗内克在波恩大学期间,学校当局正处在镇压学生团体的无效斗争之中,这些学生团体的主要目的一般是鼓励酗酒、决斗和争吵。克罗内克以他习惯的机敏,秘密地站在学生们一边,因此结交了许多朋友,后来证明这些朋友是有用的。

1845年,柏林大学接受了克罗内克的博士论文,这篇论文受到库默尔在数论方面工作的启发,论述某些代数数域中的单位元素。虽然在实际表示出单位元素时,这个问题是极其困难的,但是人们能从下面对单位元素的**一般**问题(对于**任意的**代数数域,不仅只对于使库默尔和克罗内克感兴趣的那些**特殊**域)的大致描述中,理解这个问题的性质。这个概述也可以起到这样的作用:使读者更容易理解在本章和以后几章中对库默尔、克罗内克、戴德金在高等算术中的工作的一些提示。这个问题相当简单,但是需要几个初步的定义。

普通整数 $1,2,3,\cdots$ 称为(正)有理整数。如果 m 是任何有理整数,它就是一个**一次**代数方程的根,这个方程的系数是**有理整数**,即 $x - m = 0$。这一点以及有理整数的其他一些性质,提醒我们把整数的概念**推广**到定义为代

数方程的根的那些"数"。这样,如果 r 是方程

$$x^n + a_1 x^{n-1} + \cdots + a_{n-1} x + a_n = 0$$

的一个根,其中各个 a_i 都是(正的或负的)有理整数,r 不满足低于 n 次的方程,所有的系数皆为有理整数,且首项系数为1(就像在上面的方程中那样,即方程中 x 的最高次幂 x^n 的系数是1),那么 r 就称为 **n 次的代数整数**。例如,$1+\sqrt{-5}$ 是一个2次代数整数,因为它是 $x^2 - 2x + 6 = 0$ 的根,并且不是任何有指定类型系数的、低于2次的方程的根;事实上,$1+\sqrt{-5}$ 是 $x - (1+\sqrt{-5}) = 0$ 的根,这个方程的后一个系数 $-(1+\sqrt{-5})$ 不是有理整数。

如果我们在 n 次代数**整数**的上述定义中,删去首项系数是1的要求,认为它可以是任何有理整数(除零以外,零被认为是整数),那么该方程的根就称为 **n 次代数数**。这样,$\frac{1}{2}(1+\sqrt{-5})$ 就是一个2次的代数**数**,但不是一个代数**整数**;它是 $2x^2 - 2x + 3 = 0$ 的根。

现在要介绍另一个概念,即 **n 次代数数域**的概念:如果 r 是一个 n 次代数数,那么一切能从 r 经过反复加、减、乘、除(用零除是没有定义的,因此不能、也不允许这样做)构造出来的全部表达式,称作**由 r 生成的代数数域**,可以用 $F[r]$ 表示。例如,从 r 我们得到 $r+r$,或 $2r$;从它和 r,我们得到 $2r/r$ 或 2,$2r - r$ 或 r,$2r \times r$ 或 $2r^2$,等等。这个 $F[r]$ 的**次数**是 n。

可以证明,$F[r]$ 的每一个数都具有形式 $c_0 r^{n-1} + c_1 r^{n-2} + \cdots + c_{n-1}$,其中 c_i 都是有理数,并且 $F[r]$ 的每一个成员还是一个次数不大于 n(事实上次数是 n 的某个因子)的代数数。$F[r]$ 中的**一些**(但不是全体)代数数是代数**整数**。

代数数理论的中心问题,是研究在 n 次代数数域中代数整数的算术可除性规律。为了使得这个问题明确起见,必须严格确定"算术可除性"意味着什么,为此,我们必须了解**有理整数**的算术可除性。

我们说一个有理整数 m 可以用另一个有理整数 d 除,如果我们能找到一个有理整数 q,使得 $m = q \times d$;d(以及 q)就称作 m 的一个**因子**。例如6是

12的因子,因为 12 = 2×6;5 不是 12 的因子,因为不存在一个有理整数 q 使 12 = q×5。

一个(正)有理**素数**是一个大于 1 的有理整数,它仅有的正因子是 1 和该整数本身。当我们试着把这个定义推广到代数整数时,我们很快就看到,我们没有找到事物的根源,我们必须寻找能够转移到代数整数上去的有理素数的某个性质。这个性质如下:如果一个有理素数 p 整除两个有理整数的乘积 $a \times b$,那么(可以证明)p 至少整除该乘积的因子 a, b 中的一个。

考虑有理算术的单位元素 1,我们注意到 1 有一个特殊的性质,即它整除**每一个**有理整数;−1 也有同样的性质,1 和 −1 是**唯一**有这个性质的有理整数。

这些和其他一些线索指出了某种简单有效的东西,我们规定下面的定义,作为代数整数的算术可除性理论的基础。我们将假定所考虑的一切整数都在一个 n 次代数数域中。

如果 r, s, t 是代数整数,使得 $r = s \times t$,那么 s, t 都称为 r 的一个**因子**。

如果 j 是一个代数整数,它整除这个数域中的**每一个**代数整数,j 就称为(该域中的)一个**单位元素**。一个已知的域可以包含无限多个单位元素,这与有理数域中只有一对单位元素 1, −1 不同,而这就是产生困难的原因之一。

下面要介绍有理整数与次数大于 1 的代数整数之间的一个基本而恼人的区别。

一个不同于单位元素的代数整数,若其仅有的因子是单位元素和该整数本身,则称其为**不可约的**。一个具有下列性质的不可约的代数整数称为**素代数整数**:**如果**它整除两个代数整数之积,**那么**它至少整除这两个因子之一。所有素数都是不可约的,但是在**某些**代数数域中,并不是所有不可约的数都是素数,例如在 $F[\sqrt{-5}]$ 中马上就会看到的那样。在通常的 1, 2,

3,⋯的算术中,不可约数和素数是同样的。

在费马那一章中提到过(有理)算术的基本定理:一个有理整数是(有理)素数**以唯一的方式**相乘的乘积。从这个定理中产生了有理整数可除性的全部错综复杂的理论。不幸的是,这个基本定理并**不**对**一切**次数大于1的代数数域成立,结果是杂乱无章的。

举一个例子(它是经常出现在有关这个问题的教科书中的例子),在域 $F[\sqrt{-5}]$ 中,我们有

$$6 = 2 \times 3 = (1 + \sqrt{-5}) \times (1 - \sqrt{-5});$$

$2, 3, 1 + \sqrt{-5}, 1 - \sqrt{-5}$ 在这个域中都是素数(可以用一些技巧证明),因此在这个域中,6**不是唯一**地分解成素数的乘积。

可以在这里说明,克罗内克用一个美妙的方法克服了这个困难,但是这个方法太复杂,无法通俗地解释;戴德金用一个完全不同但更容易掌握的方法,同样克服了这个困难,当我们讲到他的生平时将提及这个方法。戴德金的方法在今天是用得最广泛的,但这并不意味着克罗内克的方法就不那么有力,也不意味着它为更多的数学家熟悉时,不会受到人们的欢迎。

克罗内克在他1845年的论文中,着手解决某些特殊的域中的单位元素理论,这些域是从高斯问题的代数表示产生的方程定义的,高斯问题是将一个圆周分成n等分,或者同样地,构造一个n边的正多边形。

我们现在可以结束由费马开始的一部分内容了。在试图证明费马"**大定理**"——如果n是大于2的整数,那么 $x^n + y^n = z^n$ 对(不为零的)有理整数 x, y, z 不可能成立——的努力中,算术学家们采取了貌似自然的一步,把左边的 $x^n + y^n$ 分解成n个一次的因子(正如在通常的学校代数高级课程中所做的那样)。**这**导致了对上述与高斯问题联系在一起的代数数域的详尽研究——在犯了严重的,但很可以理解的错误以后。

一开始,这个问题布满了陷阱,很多有能力的数学家和至少一个伟大的数学家——柯西——都一头栽了进去。柯西设想在所论及的代数数域中算术基本定理一定成立,认为这是理所当然的事。在与法兰西科学院作了几次令人激动但时机未到的通信以后,他承认了他的错误。柯西当时正没完没了地对大量其他问题发生兴趣,他转到一边去了,没能作出他富于创造力的天才完全有能力作出的伟大发现,而把这个领域留给了库默尔。主要困难是严重的:这里是一种"整数"——有关域中的那些整数,它们不遵循算术基本定理;怎样使它们遵循规律和秩序呢?

这个问题的解决是由于发明了适合这种情形的一类全新的"数",从而(按照这些"数")自动重建了算术基本定理,它与非欧几何的创造并列为19世纪的突出科学成就之一,并且在有史以来的重大数学成就中占有很高的地位。新"数"——所谓"理想数"——的创造是库默尔在1845年的发明。这些新"数"不是为一切代数数域构造的,而是只为从圆的分割中产生的那些域构造的。

库默尔也曾撞进柯西陷进去的那张网,他一度认为他证明了费马的"大定理"。然而审阅这个所谓证明的狄利克雷用一个例子指出,与库默尔想象的假定相反,算术基本定理在所提到的域中并**不**成立。库默尔的这次失败是在数学中曾发生过的最幸运的事情之一。犹如阿贝尔在一般五次方程问题上一开始犯的错误一样,库默尔的错误使他转向了正确的道路,从而发明了他的"理想数"。

库默尔、克罗内克和戴德金在创立代数数的现代理论中,**无限**扩大算术的领域,以及把代数方程纳入数的范围之内等对于高等算术和代数方程理论所做的事情,相当于高斯、罗巴切夫斯基、鲍耶和黎曼把几何从欧几里得过于狭窄的束缚中解放出来之所为。正如非欧几何的发明者们为几何和物理科学揭示了广阔的、从未想到过的视野一样,代数数理论的创造者们揭示了全新的观点,它照亮了整个算术,使方程理论、代数曲线和曲面的系统理论，以及数本身的真正性质，在一些极其简单的公设的坚实背景上变得极为明显。

"理想"的创造——戴德金从库默尔的"理想数"这一绝妙之物中得到的灵感——不仅革新了算术，而且也革新了从代数方程和代数方程组理论中产生的全部代数，它也被证明是对普吕克尔、凯莱和其他人的"枚举几何学"*的内在意义的可靠线索，这种几何吸引了19世纪几何学家们的很大一部分精力，他们使自己忙于研究曲线和曲面的网的相交。最后，如果克罗内克反对魏尔斯特拉斯的分析的异端邪说（后面要讲到），有朝一日会成为陈腐的正统观念，就像一切不完全癫狂的异端迟早会成为正统观念一样，那么我们熟悉的全部分析学据以奠定基础的整数$1, 2, 3, \cdots$的这些革新，可能最终会指明分析的扩展，而毕达哥拉斯的推测可能就会面对衍生的"数"的性质，这是毕达哥拉斯在他的整个狂热的哲学中从未梦想到的。

克罗内克在1845年22岁时，以著名的论文《论复单位元素》进入了代数数这个极其困难的领域。他讨论的那些特殊的单位元素，是高斯n等分圆周的问题所产生的代数数域中的单位元素。由于这项工作，他获得了博士学位。

德国大学过去有——可能现在仍然有——一个与取得博士学位有关的值得称赞的习惯：成功的博士生道义上必须为他的主考人举行一次宴会——通常是有啤酒和各种配菜的长时间喧闹的宴会，在这样的庆祝宴会上，有时部分乐趣是一场提出荒谬问题和更荒谬答案的假考试。克罗内克实际上邀请了全体教师，包括院长。他后来宣称，对于庆祝他获得学位的这次不庄重的宴会的记忆，是他一生中最幸福的。

---

* 在这个学科中的一个问题是：一条代数曲线上可能有圈，或者有该曲线与其切线交叉的地方；给定曲线的次数，这样的点有多少呢？或者，如果我们无法回答这个问题，那么必须成立什么样的联系这些点和其他一些例外点的方程呢？对于曲面，问题与此类似。

至少在一个方面,克罗内克同他在科学上的对头魏尔斯特拉斯很相像:他们都是很高贵的绅士,就连那些对他们两人并不特别在乎的人也承认这一点,但是除此之外,几乎在一切事情上他们都很有趣地互不相同。克罗内克事业的顶点是他对魏尔斯特拉斯的长期的数学论战,在这场论战中,双方既没有给予宽恕,也没有要求宽恕。一方是天生的代数学家,另一方一心追求的是分析。魏尔斯特拉斯高大、散漫;克罗内克结实、矮小,身高不超过5英尺(约1.52米),但是很匀称壮实。魏尔斯特拉斯在学生时代结束以后就放弃了他的击剑;克罗内克一直是一个熟练的体操和游泳运动员,后期还是很好的登山运动家。

目睹这奇怪而又不相称的一对之间的争吵的人说,在那个大家伙被小家伙的顽固惹烦了的时候,他就站在那里摇晃着身躯,就像一条好脾气的圣伯纳狗*想要摆脱一只缠着它的苍蝇,但这只是激起他的迫害者对他更机敏的攻击,直到魏尔斯特拉斯绝望地认输,缓缓走开,克罗内克仍然紧跟着他,令人恼火地讲个不休。要不是他们的科学观点不同,这两个人本该是好朋友,两人都是伟大的数学家,一点也没有自命伟大的"大人物"身上那种骄气十足的情结。

克罗内克幸运地有一个从事银行业务的富有的舅父。这位舅父还掌管着很大的农业企业。舅父死后,这一切都由年轻的克罗内克经手管理,那是这位崭露头角的数学家在22岁取得学位之后不久的事。克罗内克把从1845年到1853年的8年时间用在经营地产和商业上,他做得十分认真,在财务上获得了成功。为了有效地管理地产,他甚至精通了农业。

1848年25岁时,这个精力旺盛的年轻企业家非常精明地爱上了他的表妹、已故的有钱舅父的女儿范尼·普劳斯尼茨尔(Fanny Prausnitzer),并与她结了婚,安定下来建立家庭。他们有6个子女,其中4个比他们的父母活得

---

* 圣伯纳狗皮毛为黄褐及白色,头大,性聪敏,最初为圣伯纳山隘的僧侣所饲养,用以寻救在雪中迷失之旅客。——译者

长久。克罗内克的婚后生活是理想的、幸福的。他和他的妻子——一个有天赋的、可爱的妇女——以最大的热心培育他们的孩子。克罗内克的妻子在他本人最后一次患病以前几个月去世,这给了他致命的打击。

克罗内克在经商的8年期间,没有做出任何数学工作,但是他在1853年发表的一篇关于方程的代数解的重要论文,表明他没有在数学上停滞不前。克罗内克在作为一个企业家的全部活动中,一直与以前的老师库默尔保持着活跃的科学通信,他在1853年从业务中摆脱出来以后,访问了巴黎,在那里结交了埃尔米特和其他一些第一流的法国数学家。因此,当境况迫使他去经商时,他并没有中断与科学界的通信联系,而是通过以数学——不是以惠斯特、皮纳克尔*,或者跳棋作为业余消遣,来使他的头脑保持活跃。

1853年,当克罗内克发表关于方程的代数可解性(问题的性质在关于阿贝尔和伽罗瓦的两章中讨论过)的论文时,只有很少几个人懂得伽罗瓦的方程理论。克罗内克的这项工作,表现了他的许多最好的工作的特点。克罗内克已经掌握了伽罗瓦理论,事实上,他也许是当时(19世纪40年代后期)唯一深入洞察了伽罗瓦思想的数学家;刘维尔曾经满足于对这个理论有足够的见识,使他能够理性地编辑一些伽罗瓦的遗稿。

克罗内克工作的一个显著特点,是其理解的透彻、全面。在这项研究中,也像在代数和数论的其他研究中一样,克罗内克拿着他的前辈们的纯金,像个得到灵感的宝石匠那样,在那上面辛辛苦苦地工作,加进他自己的美玉,用这块贵重的原料做出了一件完美无瑕的艺术品,上面带有他个人的艺术特征的鲜明色彩。他喜爱完美的东西;他的文章中经常有几页展示一个孤立结果的全面发展,以及它的全部内在含意,但是不用明确的细节去塞满这些独一无二的论文。因而就连他的最短的文章,也向后继者们提

---

* 惠斯特是一种4人玩的牌戏,皮纳克尔也是一种纸牌戏,是桥牌的前身。——译者

示了重要的发展，他较长的著作则更是美妙事物的取之不尽的宝藏。

克罗内克在他的大部分著作中是所谓的"算术学家"。他的目的是让简明的表示公式来说明原因始末，并自动地揭示从一步到下一步的行动，这样，在达到顶点时，便可能回顾一下整个发展，看出从前提得出的结论是明显地不可避免的。细节和附带的有用东西都被无情地删去了，只有论点的主干极其有力而简单明了地突现出来。简而言之，克罗内克是一个艺术家，他用数学公式作为他的工具。

在克罗内克关于伽罗瓦理论的著作出版以后，这一学科从只为几个人私有，变成了全体代数学家的公共财富，克罗内克非常艺术地做了他的工作，以致方程理论的下一个阶段——现在流行的用公设阐述这一理论及其外延——能够上溯到他。他在代数方面的目的，就像魏尔斯特拉斯在分析方面的目的一样，是要找出到达他的问题中心的"天然"方法——这是一个直观和口味的问题，而不是科学定义的问题。

同样的艺术技巧和统一的倾向，体现在他的另一篇最为驰名的文章《关于一般五次方程的解》中，这篇文章最初发表于1858年，在他的选集中只占两页的篇幅。我们想起埃尔米特同年利用椭圆（模）函数给了第一个解答。克罗内克通过把伽罗瓦的思想用于这个问题，得出了埃尔米特的解答——或者实际上是同样的东西，从而使这个奇迹显得更"自然"。克罗内克有5年把大部分时间都花在另外一篇也是很短的文章上，他在1861年的这篇文章中又回到了这一论题，寻找一般五次方程**为什么**可以用所用的方法求解，这样就迈出了超过阿贝尔的一步，阿贝尔解决了"用根式"的可解性问题。

克罗内克的许多工作有明显的算术色彩，要么是有理算术，要么是更广泛的代数数算术。确实，如果他的数学活动有任何线索可循，那可以说是他把全部数学从代数到分析都**算术化**的愿望，这种愿望也许是下意识的。"上帝造了整数，"他说，"所有其余的数都是人造的。"克罗内克要求用有限的算术来代替分析,这一要求是他与魏尔斯特拉斯分歧的根源。普遍算术化对于现代数学的繁荣也许是一个太狭窄的理想,但是它至少有比在其他一些理想中所能找到的更加明晰这个优点。

几何学从来没有认真地吸引过克罗内克。当克罗内克做出他的大部分工作时,专业化已大大发展了,也许任何人都不可能既做出克罗内克作为代数学家所做的,和在他自己的特殊类型的分析中所做的那种深入完美的工作,而同时又在其他领域中完成具有重要意义的东西。专业化经常受到攻击,但它自有它的优点。

克罗内克的很多学术发现的一个明显特点,是用他特有的方式,把他最感兴趣的三个部分——数论、方程论和椭圆函数——编织成一个美丽的模式,在这个模式中,意料不到的对称性随着这种设计的发展被揭示了出来,许多细节出乎意料地酷似其他一些不相干的东西。他用来工作的每一个工具,都似乎是命运为其他工具发挥更有效的作用而设计的。克罗内克不满足于把这个神秘的统一仅仅作为一种神秘的东西接受下来,他寻找并在高斯的双二次型理论中找到了它的基本结构,高斯理论中的主要问题是研究两个未知量的二次不定方程的整数解。

克罗内克在代数数理论中的伟大工作不是这个模式的一部分。他在另一方面也偶然离开他的主要兴趣,按照当时的时尚,从事了数理物理学中一些问题(在像牛顿的万有引力那样的引力理论中)的纯数学方面的研究。他在这个领域中的贡献与其说是对物理有重大影响,不如说是对数学有重大影响。

克罗内克直到一生的最后10年,一直是不对任何雇主承担义务的自由人。然而当他利用作为柏林科学院院士的权利在柏林大学讲课时,他自愿承担了科学职责,而没有接受报酬。从1861年到1883年,他在大学指导正规课程,主要是在必要的引言之后讲他自己的研究结果。1883年,当时在柏林大学的库默尔退休了，克罗内克接替他过去的老师担任常任教授。在他一生的这个阶段，他作了多次旅行，他是在英国、法国和斯堪的纳维亚半岛举行的科学会议的受欢迎的经常参加者。

克罗内克在担任数学讲师的整个生涯中，与魏尔斯特拉斯和其他一些知名人士竞争，这些人的科目比他自己的更受欢迎。代数和数论从来没有像几何和分析学那样受到如此广泛的听众的注意，也许是因为几何和分析学与物理科学的联系更为明显。

克罗内克好脾气地对待他那高贵的孤立，甚至怀着某种满意的心情。他的美妙清晰的引言，哄得他的听众相信这些演讲后面的课程是容易学的。随着课程的进展，这种信念很快就化为泡影，乃至3个课时之后，除了几个忠实顽强的学生以外，其他人都悄悄地溜走了——许多人去听魏尔斯特拉斯的课。克罗内克高兴了，他开玩笑说，在教室的前几排椅子后面，可以拉上一道帘子，使讲课的人与听讲的人更加亲密无间。他保持的为数不多的几个学生忠实地追随着他，他们陪他一起步行回家，一路上继续在教室里的讨论，经常给柏林拥挤的人行道增加一幅有趣的景象：一个兴奋的小个子用他的整个身躯——特别是他的手——向堵塞了交通的一群着迷的学生讲着什么。他的住处总是向他的学生们敞开的，因为克罗内克真正喜爱人们，他的慷慨好客是他生活中最大的满足之一。他的几个学生成了优秀的数学家，但是他的"学校"是整个世界，他没有作任何努力去人为地得到大批追随者。

最后一点是克罗内克自己最惊人的独立工作的特点。在对分析的完善确信不疑的气氛中，克罗内克扮演了哲学怀疑者的不受欢迎的角色。没有多少大数学家认真地对待哲学；事实上，大多数人似乎厌恶哲学思考，对于任何影响他们工作之完善的认识论上的怀疑，他们一向不注意或不耐烦地不予理睬。

克罗内克的情形就不同了，他的工作最具独创性的部分是其哲学倾向的自然结果，在这方面的工作中他是真正的先驱者。他的父亲、维尔纳、库默尔，以及他自己对于哲学著作的广泛阅读，在以批判的观点对待全部人类知识方面影响了他。当他从这种怀疑的观点审视数学时，他没有因为它恰好是自己特别感兴趣的领域就放过它，而是给它注入尖刻的、有益的怀疑主义。虽然这种怀疑主义只有很少一点儿印了出来，但它使他的一些同代人极为烦恼，而它留传了下来。这位怀疑者没有对活着的人讲述他的观点，而是如他所说，"对那些在我之后的人"讲。今天这些后继者已经出现了，由于他们的协同努力——虽然他们常常只是在互相反驳上成功——我们正开始更清楚地看透数学的性质和意义。

魏尔斯特拉斯（第22章）将数学分析构造在把无理数定义为有理数的无限序列的概念上。克罗内克不仅同魏尔斯特拉斯争论，他还要废弃欧多克斯。对于他，就像对于毕达哥拉斯，只有上帝赋予的整数1, 2, 3, …才"存在"；所有其余的数都是人类想要作出比这位创造者更好的东西的无效尝试。另一方面，魏尔斯特拉斯相信，他终于使2的平方根像2本身一样可以理解并安全地运用；克罗内克否认2的平方根"存在"，他断言不可能前后一致地推论魏尔斯特拉斯对这个根或任何其他无理数的构造。不论是克罗内克年长的同事们，还是听他讲话的年轻的同事，都没有对他的革命性思想表示很热情的欢迎。

魏尔斯特拉斯本人似乎感到很不自在；他确实受到了伤害。他的强烈的感情多半是在一句像一首赋格曲似的冗长的德文句子*中发泄出来的，几乎不可能用英文保持这个句子的原样。"但是最糟的是，"他抱怨道，"克罗内克利用他的权威宣告，**所有**那些直到现在为止努力建立函数理论的人，在上帝面前都是罪人。当一个像克里斯托弗尔［他的工作多少被忽视了，在他去世多年以后，当我们今天在相对论数学中耕耘微分几何时，成了微分几何中的一个重要工具］那样异想天开的怪人说，在二三十年之内，目

---

* 在1885年给索尼娅·柯瓦列夫斯卡娅的信中。

前的函数理论将被埋葬,全部分析学将归属于形式理论,我们只能耸耸肩膀作为回答。但是当克罗内克发表下面这种我将**逐字逐句**重复的判断'如果给我时间和力量,我自己将向数学界表明,不仅几何,而且算术也能给分析指出道路,并且肯定是一条更精确的道路。如果我不能亲自做到它,那些在我之后的人会做到……他们会看出**所有**那些目前对**所谓的**分析可行的结论的错误'时——一个我对他在数学研究中的杰出才能和卓越成就像他所有的同事们一样真诚和高兴地钦佩的人,作出这样一个判断,不仅侮辱了他恳求他们承认这一错误,并发誓放弃构成他们的思想客体和不懈努力的东西之本质的那些人,而且也是对年轻一代的直接呼吁,要他们抛弃他们目前的领袖,作为一个**必定**会建立的新体系的门徒,纠集在他周围。这真正是可悲的,看见一个既光荣又没有瑕疵的人,竟会让自己被自身价值的正当感情驱使着说出这些话,使我心里充满了苦涩的悲伤,而他似乎没有看出这些话对其他人的有害影响。

"但是这些事说得够多了,我提到它们只是要向你说明,即使我的健康状况还能允许我继续再教几年书,我为什么不能再享受我习惯于在我的教学中享受的乐趣。但是你一定不要讲到它;我不愿意其他人,那些不像你那样了解我的人,从我的话中看到事实上与我无关的情感的表露。"

当魏尔斯特拉斯写这些话时,他已70岁了,身体状况很不好。要是他能活到今天,他可能就会看到自己的伟大体系仍然像天下闻名的常青的月桂树一样绚烂。克罗内克的怀疑,大大刺激了对全部数学基础的批判性的重新检查,但是它们没有毁掉分析。它们进行得更深入,如果任何有深远意义的东西要被一些更坚固的、但还是未知的东西代替,那么看来很可能克罗内克自己的工作有相当一部分也会被代替,因为他所预见到的批判性的攻击,揭露了在他毫不怀疑的地方的弱点。时间会愚弄我们大家。我们唯一的安慰是更伟大的人会在我们之后出现。

克罗内克的同代人称他对分析的破坏性的攻击为"革命",它将驱逐数学中的一切，只留下正整数。自笛卡儿以来几何学主要是把分析应用于实数（相应于在给定的直线上从一个固定点量起的距离的那些"数"）的序偶、三元组……因此它也在克罗内克方案的支配下，像负整数那样熟悉的概念，例如-2，也不会在克罗内克预言的数学中出现，通常的分数也不会出现。

正如魏尔斯特拉斯指出的，克罗内克特别不喜欢无理数，讲到 $x^2 - 2 = 0$ 有一个根是没有意义的。所有这些不喜欢和反对本身当然也是无意义的，除非它们能够有一个取代遭到反对的东西的确切方案做后盾。

克罗内克实际上提出了这个方案，至少是大纲，他指出整个代数和数论，包括代数数，如何能根据他的要求重新构造出来。例如为了去掉 $\sqrt{-1}$，我们暂时只须用一个字母，例如i，代替它，并考虑i和其他字母，例如$x, y, z, \cdots$的多项式。然后我们就像在初等代数中那样，对这些多项式进行运算，像对待任何其他字母那样对待i，直到最后一步，当每一个含i的多项式都用 i^2+1 去除时，把余项以外的一切都扔掉。任何记得一点初等代数的人，可以很容易使自己确信，这样导致教科书中神秘地命错了名的"虚"数的全部熟悉的性质。用同样的方式，负数和分数以及**一切**代数数（正有理整数除外）都可从数学中消除掉——如果需要的话——只留下幸运的正整数。扔掉 $\sqrt{-1}$ 的妙想可以追溯到1847年柯西的想法。这是克罗内克方案的根源。

那些不喜欢克罗内克"革命"的人称它是**盲动**，它与有秩序的革命相比，更像醉酒后的喧闹。然而近年来它在整个数学中导致了两个建设性的批评运动：对于任何被指明其"存在"的"数"或其他数学"实体"，要求提供有限步的构造方法，或证明其可能性；以及从数学中排除一切不能用有限数目的语词明确说明的定义。坚持这些要求，已经为澄清我们对数学性质的概念起了相当大的作用，但是仍然有大量事情有待人们去做。由于这项工作仍在进行之中，我们暂时不对它作进一步的考虑，直到我们讲到康托尔，那时有可能举一些例子,再来考虑它。

克罗内克与魏尔斯特拉斯的争论,不应该留下一个使人不愉快的印象,而如果我们无视克罗内克慷慨的一生,则可能会留下那样的印象。克罗内克并不想伤害这位善良的老前辈;他只是在激烈争论纯数学时信口开河;魏尔斯特拉斯在兴致好的时候,对整个攻击一笑置之,他是会这样做的,他清楚地知道,正像他做出了比欧多克斯做得更好的东西一样,他的后辈们也可能会做出比他更好的东西。要是克罗内克再高上六七英寸(约15—18厘米),或许他就不会觉得非要大吵大闹地过分强调他反对分析学了。整个舌战的大部分内容,听起来就像过分纠正一个没有道理的自卑情结那样可疑。

庞加莱总结了许多数学家对克罗内克的"革命"的反应,他说克罗内克之所以能做出这么多优秀的数学工作,是因为他常常忘记了自己的数学哲学。像许多警句一样,这一句也算不上什么机智的俏皮话。

克罗内克1891年12月29日因患支气管炎去世,终年69岁。

第 26 章

真诚的心灵

黎曼

贫穷但是幸福。黎曼的长时期的羞怯。注定要进教会。得救了。一个著名的猜想。在格丁根的生活。"一种新数学"。物理研究。拓扑学在分析上的应用。关于几何基础的划时代论文。高斯的热心。贫穷的祝福。张量分析的根。寻求健康。在一棵无花果树下。黎曼在几何学中的里程碑。空间曲率。为相对论开路。

一个像黎曼这样的几何学家几乎已经预见到了现实世界的更重要的特征。

——A·S·爱丁顿(A. S. Eddington)

据说柯尔律治只写了很少一点儿最优秀的诗,但是这很少的一点儿应该用金子来装订。对黎曼也有同样的说法,他过于短促的壮年时期全部数学成果只有8开本的1卷,也可以这样确切地说到黎曼:他对接触到的一切东西都作了一定程度的革新。黎曼是现代最具独创能力的数学家之一,不幸的是他生来体质虚弱,在收获了他多产的头脑中十分之一的金色收成之前就去世了。要是他晚生一个世纪,医学也许能够使他的寿命延长二三十年,数学也就不至于至今还在等待他的后继者了。

格奥尔格·弗里德里希·伯恩哈德·黎曼(Georg Friedrich Bernhard Riemann)是一位路德派牧师的儿子,是6个孩子(2个男孩,4个女孩)中的第二个，他于1826年9月17日出生在德国汉诺威一个名叫布列斯伦茨的小村庄。他的父亲在拿破仑战争中打过仗，在安定下来过一种不那么粗野的生活时，与一位法庭评议员的女儿夏洛特·埃贝尔（Charlotte Ebell）结了婚。1826年的汉诺威并不完全是繁荣的，一个要操心妻子和6个孩子衣食的低微的乡村牧师的境况，远不是富裕的。据一些传记作家显然公正的断定，黎曼一家大多数孩子虚弱的体质和早逝，是他们小时候营养不良的结果，而不是由于缺乏耐力。母亲也在她的孩子们长大成人以前就去世了。

黎曼

尽管贫穷，但家庭生活是幸福的，黎曼总是对他全体可爱的家人保持着最热烈的爱，当他离开家的时候就总是怀着最深切的思念。他从幼年起就是一个胆小、缺乏自信的人，害怕在公开场合讲话，也害怕引起人们对他的注意。在后来的生活中，这种顽固的胆怯是一个非常严重的缺陷，给他造成了非常苦恼的不幸，一直到他对可能要作的每一次公开讲话都努力地进行准备，克服了这种胆怯为止。黎曼童年和成年伊始可爱的腼腆，使得凡是见到他的人都很喜欢他，这与他成熟的科学思想的无情大胆，恰成鲜明的对照。他在自己创造的世界里是至高无上的，他知道他超群的力量，不害怕任何人，不管是实在的人还是想象中的人。

当黎曼还是婴儿时，他的父亲被派到奎克博恩担任牧师。年幼的黎曼在奎克博恩从他父亲那里接受了启蒙教育，他的父亲看来是一个极好的教师。从第一课起，伯恩哈德就显示出对知识的抑止不住的渴望。他最早感兴趣的是历史,特别是波兰富于浪漫色彩的悲剧历史。在5岁的时候,伯恩哈德总是缠住他的父亲,要他讲不幸的波兰,而且要求反复讲述那个英雄的国家为自由和"民族自决"——用已故的伍德罗·威尔逊(Woodrow Wilson)有趣的、耐人寻味的话说——而进行英勇(有时有一点儿愚昧)斗争的传说。

他在大约6岁时开始学算术,算术给这个敏感的孩子提供了一些不太困难的东西去细想,他天生的数学才能现在表现出来了。伯恩哈德不仅解决了推给他的所有问题,而且想出了更困难的题目去惹恼他的兄弟姐妹,数学上的创造冲动已经支配了这孩子的头脑。在10岁时,他向一个叫舒尔茨(Schulz)的专职教师学习高等算术和几何,舒尔茨是一个很好的教师,他很快就发现自己得跟着这个学生走,这孩子常常有比他更好的解题方法。

14岁时,黎曼去汉诺威同祖母住在一起,在那里他第一次进了一所中等学校,上三年级,这时他经历了第一次不可抗拒的孤独。他的羞怯使他成了同学们的笑料,他只能靠他自己了。他的功课在短暂的退步以后,一直非常出色,但是这并没有给他什么安慰,他唯一的慰藉是尽量用零花钱买一些小礼物,在父母和兄弟姐妹过生日的时候送给他们。他送给父母的一件礼物是他发明并自己动手做的一个别出心裁的万年历,这使他的不大相信的同学们大为吃惊。两年后,祖母去世,黎曼转学到吕讷堡的中学,在那里,他一直学习到19岁,作好了进格丁根大学的准备。在吕讷堡,黎曼可以步行回家,他充分利用一切机会逃回到家庭的温暖中。他接受中等教育的这几年是他一生中最幸福的阶段,当时他的健康状况还算好。在学校与奎克博恩之间的往返步行,加重了他的体力负担,尽管母亲为他可能会过于劳累而担忧,但是他为了能尽可能经常同家人团聚,仍然继续这样奔波。

还在中学时,黎曼就因为渴望尽善尽美而使健康受损,后来这推迟了他的科学论著的发表。这个缺点——如果它是缺点的话——给他的写作练习造成很大困难,一开始使人怀疑他能否"通过"考试。但就是这同样的特点,后来使他写出了两篇精美绝伦的杰作,其中的一篇就连高斯也公开承认是完美的。当希伯来语教师赛费尔(Seyffer)让年轻的黎曼到他家里寄宿,解除了他的困难时,情况就大为改观了。

他们两人一起学习希伯来语,黎曼经常举一反三,因为这个未来的数学家那时已经准备好了要满足他父亲的愿望,做一个伟大的传教士——好像黎曼以他那种难于开口的羞怯,还能在布道坛上敲着讲台,大讲地狱和罚入地狱或者赎罪和进入天堂似的。黎曼本人倾心于虔诚的境界,虽然他连见习布道也从未做过,但他确实运用过他的数学才能,以斯宾诺莎的方式,试图证明《创世记》的真实性。年轻的黎曼没有因为失败而气馁,他坚持他的信仰,终生都是一个真诚的基督教徒。正如他的传记作者(戴德金)所说,"他虔诚地避免打扰其他人的信仰;对他来说,宗教上主要的事情是每天的自我反省。"到黎曼在中学的课程结束时,甚至连他自己也清楚地认识到,大本营不需要他做一个魔鬼驱除者,但让他做一个自然的征服者却可能是有利可图的。因此就像布尔和库默尔一样,感谢上帝,又一个濒临灭亡时被引归上帝从而得救的人。

中学校长施马尔富斯(Schmalfuss)注意到黎曼的数学才能,让这孩子随意使用他的图书馆,并允许他不上数学课。这样,黎曼发现了他对数学的天生的爱好,但他并未立即了解到他的能力的大小,这足以说明他那到了荒唐程度的近乎病态的谦虚的特点。

施马尔富斯建议黎曼借一本数学书回去自学。黎曼说要是那本书不是太容易的话,那是很好的。在施马尔富斯的推荐下,黎曼借走了勒让德的《数论》。这是一本859页、大4开本的没有什么价值的书,事实上,大部分内容都是令人扫兴的很详细的推理。6天以后,黎曼送回了这本书。施马尔富斯问他:"你读了多少?"黎曼没有直接回答,而是表示他欣赏勒让德的这部名著。"那当然是一本了不起的书,我已经掌握了它。"事实上他确实掌握了它。过了一些时候,在考他时他回答得很全面,尽管他已经好几月不看这本书了。

这无疑是黎曼对素数之谜感兴趣的开始。勒让德有一个用来估计小于任意给定数的素数的近似数目的经验公式；在黎曼最深刻、最有启发性的论文中，有一篇（只有8页）就是属于这同一个一般领域的。事实上从他试图改进勒让德的结果而产生的"黎曼猜想"，在今天如果说这不是对纯数学最著名的挑战的话，也是最著名的挑战之一。

我们可以稍微提前一点，在这里说明这个猜想是什么。它出现在著名的论文《关于小于某个给定量的素数的数目》中，该文发表在柏林科学院1859年11月的月报上，其时黎曼33岁。所讨论的问题是要提供一个公式，表明小于已知数n的素数有多少个。在解决这个问题的尝试中，黎曼不得不研究无穷级数

$$1 + \frac{1}{2^s} + \frac{1}{3^s} + \frac{1}{4^s} + \frac{1}{5^s} + \cdots,$$

其中s是复数，比如说$s = u + iv (i = \sqrt{-1})$，$u$和$v$是实数，并且应选择使得级数收敛。有了这个限制条件，这个无穷级数就是s的一个确定的函数了，比如记为$\zeta(s)$（总是用希腊语第6个字母ζ表示这个函数，叫做"黎曼ζ函数"）；随着s改变，$\zeta(s)$连续地取不同的值。**对于s的哪些值$\zeta(s)$是零呢？**黎曼猜测，对于u在0和1之间的所有这样的s值都具有形式$1/2 + iv$，即**所有这些值的实部都等于$1/2$**。

这就是著名的猜想。无论谁证明它成立或证明它不成立，都将给自己带来荣誉，并将附带解决素数理论中、高等算术的其他部分以及分析学的某些领域中的许多极为困难的问题。专家的意见认为这个猜想成立。1914年，英国数学家G·H·哈代(G. H. Hardy)证明了s的**无穷多个**值满足这个猜想，但无穷未必是全体。用这样或那样的方法解决黎曼猜想，对于数学家具有比证明或否定费马大定理更大的兴趣。黎曼猜想不是那种能用初等方法解决的问题。它已经引出了非常丰富的、引起争议的文献。

黎曼在中学总是以惊人的速度靠自学领会的不仅是勒让德这个伟大数学家的著作；他还通过学习欧拉的著作，熟悉了微积分学及其分支。相当令人惊奇的是，黎曼从分析学的这样一个古老的起点（由于高斯、阿贝尔和柯西的工作，欧拉的方法到19世纪40年代中叶已经过时）开始，后来竟能成为一名敏锐的分析学家。但是他从欧拉那里可能学到了一些在创造性的数学工作中也有一席之地的东西，即对于对称的公式和处理技巧的重视。虽然黎曼主要是从可称为深刻的哲学思想——那些深入一个理论的中心思想——上汲取他的更伟大的灵感，然而他的工作并不完全缺少"纯技巧"，欧拉是这方面无与伦比的大师，而现在相当流行的是瞧不起纯技巧。对漂亮的公式和整齐的定理的追求，无疑会很快地蜕变为愚蠢的缺点，但是对简朴的普遍性的要求也会如此，这些普遍性确实会是非常一般的，以至于无法应用到任何特殊问题上去。黎曼天生的数学机敏，使他避开了这两个极端的有害风格。

1846年黎曼19岁时，成为格丁根大学一名学习哲学和神学的学生。他想尽快地得到一个有报酬的工作，以便让他的父亲高兴，同时也能够在经济上帮助家庭，这种愿望使他选择了神学。但是他丢不开斯特恩（Stern）关于方程论和定积分，高斯关于最小二乘法，以及戈尔德斯米特（Goldschmidt）关于地磁学的数学讲座。黎曼向宠爱他的父亲承认了这一切，请求允许他改换课程。父亲由衷地同意了伯恩哈德从事数学职业，他的同意使这个年轻人极为高兴——也深深地感激。

在格丁根大学读了一年以后，因为那里的教育方法明显是陈旧的，黎曼转到柏林大学，就学于雅可比、狄利克雷、施泰纳和艾森斯坦，开始进入新的、充满活力的数学。他向这些大师学到了很多东西——从雅可比那里学到了高等力学和高等代数，从狄利克雷那里学到了数论和分析，从施泰纳那里学到了现代几何，而从比他年长三岁的艾森斯坦那里，他不仅学到了椭圆函数，也学到了自信，因为他和这位年轻的大师对理论应该如何发展,有着根本的、极为激励人的不同观点。艾森斯坦坚持美妙的公式,多少有点现代化的欧拉风格;黎曼想要引进复变量,从少数简单的一般原理,以最少的计算,导出整个理论。无疑地,这至少产生了黎曼对纯数学的一项最伟大贡献的萌芽。由于黎曼开创的单复变量函数理论的工作,在他自己的历史以及现代科学史上都相当重要,所以我们将概略地谈谈有关它的一些东西。

简单说来,没有什么是明确的。单复变解析函数的定义,在谈到高斯对柯西基本定理的预测时讨论过,这个定义基本是黎曼的。当用解析而不是用几何方法把这个定义表示出来时,它导致一对偏微分方程*的出现,黎曼以它们作为他对单复变函数论的出发点。按照戴德金的说法,"黎曼在这些偏微分方程中看出了单复变[解析]函数的基本定义。也许这些对他未来的事业具有最大重要性的想法,是他在1847年[黎曼当时21岁]秋假期间第一次得出的"。

黎曼灵感之起源的另一种说法,是西尔维斯特讲的下述故事,这个故事即便可能是不真实的,那也是很有趣的。在1896年,西尔维斯特去世的前一年,他回想起他住在"纽伦堡一家河边旅馆里,我在旅馆外面和一个柏林的书商聊天,他跟我一样,要去布拉格……他告诉我,他从前在大学时是黎曼的同学,有一天黎曼收到从巴黎寄出的几期《院刊》之后,他一连几个星期闭门不出,当他回到他的朋友们当中时,他说(指柯西新发表的文章):'这是一种新数学。'"

黎曼在柏林大学度过了两年时间。在1848年的政治动荡中,他和保皇派的学生军一起,参加令人生厌的16小时轮班警卫,保护在王宫里神经过

---

* 如果 $z = x + iy$,且 $w = u + iv$ 是 z 的解析函数,那么黎曼方程是
$$\frac{\partial u}{\partial x} = \frac{\partial v}{\partial y}, \frac{\partial u}{\partial y} = -\frac{\partial v}{\partial x}。$$

这些方程早就由柯西提出来了,但是甚至柯西也不是第一个,因为达朗贝尔在18世纪就陈述过这些方程。

敏、貌似神圣的国王。1849年他回到格丁根大学完成他的数学训练,以取得博士学位。作为一个人们通常把他列为纯粹数学家的人来说,他的兴趣是非常广泛的,事实上,他用于物理科学的时间与他用于数学的时间同样多。

从这段时间看来,黎曼真正的兴趣似乎是在数理物理学,要是他能多活二三十年,他很可能会成为19世纪的牛顿或爱因斯坦。他的物理学思想在他那个时代是极其大胆的。直到爱因斯坦实现了黎曼按几何方法研究的(宏观)物理的梦想时,物理学家们才意识到黎曼预见到的——可能多少有些模糊——物理是合理的。在这方面,直到这个世纪为止,唯一理解黎曼的追随者是英国数学家威廉·金登·克利福德(William Kingdon Clifford, 1845—1879),他去世得也很早。

黎曼在格丁根大学的最后三个学期,以极大的兴趣听了哲学讲座和威廉·韦伯的实验物理学课程。黎曼去世后留下的哲学和心理学的未完稿,表明他作为一个哲学思想家,同他在数学和科学中一样富于独创性。韦伯看出了黎曼的科学天才,成了他的至交和能帮助他的顾问。黎曼对物理学中重要的东西——或可能成为重要的东西——有一种比大多数著述物理科学著作的数学家强得多的感知力,这种感知力无疑来自他在实验室中的工作和他同主要是物理学家而不是数学家的接触。就科学家们观察的宇宙而言,甚至伟大的纯粹数学家对物理科学的贡献,通常也会突出地表现出某种奇怪的不切题。黎曼作为一个物理数学家,在对于数学中很可能具有科学上应用价值的东西的直觉上,与牛顿、高斯、爱因斯坦是同一等级的。

跟从约翰·弗里德里希·赫巴特(Johann Friedrich Herbart, 1776—1841)学习哲学之后,黎曼在1850年(他24岁时)得出结论,"有可能建立一个完整的、自圆其说的数学理论,这个理论从一些单个点的基本定律,推论出在充满物质的现实空间("连续充满的空间")中所见到的过程,不分引力、电、磁或静热力学"。这也许可以解释为黎曼抛弃了物理科学中一切有利于场论的"超距作用"理论。在场论中,比如说,围绕着一个"带电粒子"的"空间"的各种物理性质,是数学研究的对象。黎曼在他一生的这个阶段,似乎相信充满空间的"以太",这是一个现在抛弃了的概念。但是正像他关于几何基础的划时代工作中出现的,他后来探索了人类在体验这个"空间"的**几何**中物理现象的描述和关联。这是现在流行的方式,它否认存在一种观察不到的以太,认为那是一种讨厌的、不必要的东西。

黎曼对他在物理学中的工作着了迷,把他的纯粹数学暂时放在一边,1850年他参加了由韦伯、乌尔里希(Ulrich)、斯特恩和利斯廷(Listing)刚刚开设的数理物理学研究班。在这个研究班中,物理实验耗费了原本应该留给准备数学博士论文的时间,黎曼直到25岁才交出数学博士论文。

我们可以顺便提到研究班的领导者之一,约翰·本尼迪克特·利斯廷(Johann Benedict Listing, 1808—1882),因为他可能影响了黎曼在1857年的一项最伟大的成就中的想法,这项成就是把拓扑方法引入单复变函数论中。

可以回想,高斯曾经预言过,拓扑学会成为数学的一个最重要的领域,黎曼通过他在函数论中的发明,部分实现了这个预言。虽然拓扑学在刚刚发展起来时,与今天吸引了一个人数众多的学派全部精力的复杂理论几乎没有相似之处,但是介绍一下显然开创了这整个广阔而复杂理论的普通难题,可能是很有趣的。在欧拉的时代,柯尼斯堡的普雷格尔河上有7座桥,就像图中所画的,带有阴影的长条表示桥。欧拉提出经过所有7座桥,但任意一座桥不能通过两次的问题。这个问题是不可能有解的。

我们可以在这里解决黎曼在函数论中所运用的拓扑方法的性质,虽然用非专门的语言来充分描述它是完全不可能的。关于单复变函数的"单值性"的意义,我们必须提及在高斯那一章中所讲的东西。在阿贝尔函数理论中不可避免地出现了**多值**函数;z的n值函数是这样一个函数,即除去对z

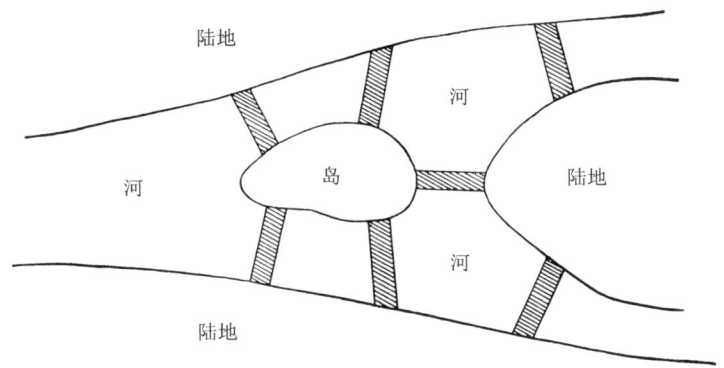

的某些值以外,它对 z 的每一个指定的值都恰好取 n 个不同的值。为了说明实变函数的**多值性**(或称多形性),我们注意到由方程 $y^2 = x$ 定义的、作为 x 的函数 y 是二值的。这样,如果 $x = 4$,我们得到 $y^2 = 4$,因此 $y = 2$ 或 -2;如果 x 是除零或"无穷"以外的任何实数,y 有两个不同的值 $\sqrt{x}$ 和 $\sqrt{-x}$。在这个也许是最简单的例子中,y 和 x 由一个代数方程即 $y^2 - x = 0$ 联系在一起。这是一个非常特殊的例子,我们可以立即推广到它的一般情形,讨论由方程

$$P_0(x)y^n + P_1(x)y^{n-1} + \cdots + P_{n-1}(x)y + P_n(x) = 0$$

定义的、作为 x 的函数的 n 值函数 y,这里 P_i 是 x 的多项式。这个方程把 y 定义为 x 的 n 值函数,如在 $y^2 - x = 0$ 的情形那样,有某些 x 的值,对于它们,y 的这 n 个值中有两个或两个以上是相等的。x 的这些值就是由该方程定义的这个 n 值函数的所谓**分枝点**。

所有这些,现在都扩展到了复变函数和由

$$P_0(z)w^n + P_1(z)w^{n-1} + \cdots + P_{n-1}(z)w + P_n(z) = 0$$

定义的函数 w(以及它的积分),其中 z 表示复变量 $s + it$,s, t 是实变量,$i = \sqrt{-1}$。w 的 n 个值称为函数 w 的**分枝**。这里我们必须提到(高斯那一章中)已谈到的关于 z 的单值函数的表示。设变量 $z(= s + it)$ 在它的平面上描出任意的轨迹,并把**单值**函数 $f(z)$ 表示成 $U + iV$ 的形式,其中 U, V 是 s, t 的函数。那么,对每一个 z 的值都有且仅有一个 U, V 值与之相应,且当 z 在 s, t 平面上

描绘出它的轨迹时，$f(z)$在U,V平面上描出相应的轨迹；$f(z)$的轨迹是由z的轨迹唯一决定的。但是如果w是z的**多值**函数，使得z的值恰好决定出w的n个不同的值（除去在分枝点上，那里w的n个值可能是相等的），那么显然，（如果n大于1）**一个**w平面就不足以表示函数w的轨迹，函数w的"行进"了。在**二值**函数w的情形，如由$w^2=z$决定的函数那样，就需要**两个**w平面，一般说来，对于一个n值函数（n有限或无限），恰好要求n个这样的w平面。

考虑**单值**（一个值）函数而不是n值函数（n大于1）的优点，甚至对非数学家也应该是明显的。黎曼所做的事是这样的：代替n个不同的w平面，他引入了一个后文大致描述的那种n叶平面，**多值**函数在这个曲面上是**单值的**，也就是说，在这个曲面上，对该曲面的每一个"位置"对应着所表示的函数的一个且仅仅一个值。

黎曼好像是把所有n个平面**结合**成了**单独**一个平面，他通过乍一看像是n值函数在n个不同平面上的n个分枝的表示通过某种反演做到了这一点；但是稍微考虑一下就能看出，实际上，他**恢复了单值性**。因为他把n个z平面彼此叠合了起来；这些平面或叶的每一个都与函数的一个特殊的分枝联系在一起，使得只要z在一个特别的叶上移动，（所讨论的z的n值函数）w就会越过相应的函数分枝，当z从一叶变到另一叶，分枝就改变了，从一个分枝变到另一个分枝，直到当变量z越过所有的叶，回到它的初始位置时，才回复最初的分枝。变量z从一个叶到另一个叶的通路，受连接分枝点的那些**截线**（可以把它想象成直线桥）影响；沿着一条已知截线提供的从一叶到另 叶的道路，想象上面一叶的一"唇"被贴在或连接到下面一叶相反的唇上，对上面一叶的另一唇也与之相似。用图解表示，在截面上，这些叶不

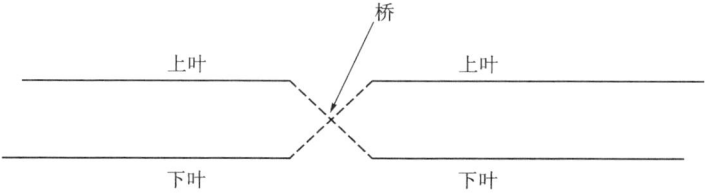

是沿着截线(对于给定的分枝点,可以用很多种方式画出它)随便连在一起的,而是这样连接的,使得当 z 越过它的 n 叶曲面,碰到桥或截线就从一叶转移到另一叶时,z 的函数的**解析**行为可以被连续地描画出来。特别是如果表示在一个平面上,完整地绕某个分枝点一圈时,由变量 z 造成的分枝交替。在**单个** z 平面上绕着某个分枝点的这种环行,相当于在该 n 叶黎曼曲面上从一叶通向另一叶以及从而造成函数分枝的交替。

变量可以用很多方式在 n 叶**黎曼曲面**上移动,从一叶转移到另一叶。每一种这样的方式都相当于函数分枝的一个特别的交替,这可以用一个接一个地写出标记几个交替分枝的字母来表示。用这种方式,我们得到了对 n 个字母的某些**置换**的符号(如在第15章那样);所有这些置换生成一个群,这个群在某些方面描绘了所考虑的函数的性质。

黎曼曲面是不容易用图形表示的,那些使用它们的人满足于叶的连接的图形表示,这与一位有机化学家写出一个复杂的碳化合物"图解"公式的方式大致相同,这种方式以图解的方式记录了一些化合物的化学行为,但它不能也并不意味着描述的是化合物中原子的实际空间排列。黎曼利用他的曲面及其拓扑性质取得了惊人的进展,特别是在阿贝尔函数方面。这方面的一个问题是,怎样做出截线以使得 n 叶曲面等同于一个平面。但是数学家们也和其他人一样,这种使复杂空间关系形象化的能力,即高度的空间"直觉"是极其难能可贵的。

1851年11月初,黎曼把他的博士论文《单复变函数一般理论的基础》呈交给高斯审查。这个25岁的年轻大师做出的这项工作,是少数几项激起高斯热情的、对现代数学有贡献中的一项,那时距高斯去世还有4年时间,高斯几乎是一个传说中的人物。黎曼在高斯看完他的论文后前去登门拜访,高斯告诉他,他本人已经计划多年,要想写一篇同样题目的专题论文。高斯给格丁根大学哲学系的正式报告是值得注意的,因为这是高斯情不自禁地发表正式看法的极少数报告之一。

"黎曼先生交来的论文提供了令人信服的证据,说明作者对该文所论述的这一问题的那些部分,作了全面深入的研究,说明作者具有创造性的、活跃的、真正的数学头脑,具有灿烂丰富的创造力。表达方式清晰简明,在一些地方甚至是优美的。大多数读者会希望安排更为明确。整篇论文是有内容有价值的著作,它不仅满足了博士论文所要求达到的标准,而且远远超过了这些标准。"

一个月以后,黎曼通过了他的最后考试,包括对他的论文的公开"答辩"。一切都进行得很成功,黎曼开始希望得到一个与他的才能相称的职位。"我相信我已经用我的论文改善了我的前途,"他写信给他的父亲说,"我也希望总有一天会学会写得更快更流畅,特别是如果我进入社交界,或者如果我得到一个讲课的机会的话;我会因此具有充分的勇气。"他也向他的父亲道歉,因为他没有更加努力地去争取格丁根天文台空缺的一个助理职位,但是由于他希望"取得资格"做一名 Privatdozent *,所以前景也许并不像想象的那样黯淡。

黎曼计划提交一篇关于三角级数(傅里叶级数)的论文作为他的就职论文,但是还要等两年半的时间,他才能够挂出无薪俸的大学教师的牌子,从选听他讲课的学生们那里以收费的形式获取报酬。1852年秋季,黎曼趁狄利克雷来格丁根度假的机会,请求对他未完成的论文提出忠告。黎曼的朋友们努力使这个年轻人在社交场合与这位来自柏林的著名数学家——仅次于高斯——见面。

狄利克雷被黎曼的谦虚和天才迷住了。"第二天上午[一次宴会之后]狄利克雷同我一起过了两个小时,"黎曼写信给他的父亲说,"他给我提出了我需要的关于就职论文的意见;否则的话我就不得不在图书馆里花许多小时做吃力的研究。他还同我一起通读了我的论文,他非常友好——考

---

* 无薪俸的大学教师,其报酬直接来自学生的学费。——译者

虑到我们之间地位的悬殊,这是我几乎不能期望的。我希望他以后还会记得我。"在狄利克雷这次访问期间,有几次与韦伯和其他人一起出去郊游,黎曼向他的父亲报告说,这些合乎人情的避开数学的活动,在科学上给与他的好处,比他整天坐着读书还要多。

从1853年(黎曼当时27岁)起,他集中精力思考数理物理学。由于他对物理科学日益增长的热情,他的就职论文拖延了很久,直到这一年的年底才完成。

在他能够被任命担任他盼望的——但是没有报酬的——讲师职务之前,他还得作一次就职演讲。为了这次严峻的考验,他提交了三个题目由教师们从中选择,他希望并盼望着他们会选中前两个题目中的一个,这是他已经准备好的。但是他轻率地提出的第三个题目,正是高斯已经仔细考虑了60年或更长时间的问题——几何基础——而这个题目他还没有准备好。高斯无疑是出于好奇,想看看黎曼的"灿烂丰富的创造力"会对这个深奥的问题做出些什么。使黎曼大吃一惊的是,高斯指定第三个题目,作为黎曼在挑剔的教师们面前证明他作为讲师的勇气的论题。"所以我又处在绝境中了,"这个冒失的年轻人向他的父亲承认,"因为我不得不做出这个题目。我恢复了我对电、磁、光和引力之间的联系的研究,我已经进行到可以丝毫没有疑虑地发表它。我越来越相信,高斯已经在这个问题上工作了许多年,并对一些朋友(韦伯就是其中的一个)谈到过它了。我秘密地向你透露这件事,唯恐你会认为我骄傲自大——我希望时间对我还不太晚,我将作为一个独立的研究者得到承认。"

黎曼在数理物理学研究班给韦伯当助手时,同时进行了两项极为困难的研究,这种过度紧张和一向贫穷这个不利条件加在一起,造成了他一时体力衰竭。"我对于把一切物理规律结合在一起的研究变得如此入迷,以至于当我得到就职演讲的题目时,我也不能从我的研究中抽身出来。然后我病倒了,部分是由于思考它的结果,部分是由于在这样讨厌的天气,在室内待得太久;我的老毛病又犯了,而且更加顽固,我无法进行我的工作。只是在几个星期以后,当天气转好了,得到了更多的社交激励时,我才开始好起来。我租了一幢在花园中的房子度夏,从这以后,我的健康状况没有再使我烦恼。我在复活节后的两星期内完成了我不能摆脱的一件工作以后,就立刻开始着手准备我的就职演讲,并在圣灵降临节前后[那就是说,在大约7周内]完成了它。接着我给自己的演讲安排时间时碰到了困难,差一点儿没有达到我的目的就回到奎克博恩。因为高斯病得很厉害,医生们担心他会马上死掉。他太衰弱,无法考核我,他要我一直等到8月,希望那时他能康复,尤其是因为我在秋季之前无论如何都开不了课。然后,他还是在圣灵降临节后的星期五决定,把演讲安排在第二天的11点30分。星期六,我幸运地通过了一切。"

这就是黎曼自己对这次历史性演讲的记述,这个演讲要革新微分几何,为我们自己这一代的物理几何化铺平道路。在同一封信中,他讲了他在复活节前后的工作是怎样做出来的。韦伯和他的一些同事"非常精确地测量了一个到那时为止从未被研究过的现象,即莱顿瓶中的残余电荷[放电之后,人们发现莱顿瓶并没有**完全**不带电]……我把我根据这个现象建立的理论给了他[韦伯的一位同事科尔劳施(Kohlrausch)],这是特地为他做的。我通过对电、光、磁……之间的联系的总体研究,发现了对这个现象的解释。这件事对我很重要,因为这是我第一次能够把我的工作应用到还是未知的现象上,我希望[它的]发表有助于我的更大的工作被顺利地接受"。

黎曼的就职演讲(1854年6月10日)得到的热情接纳,和他谦虚而忐忑的内心深处所希望的一样。他曾经苦心准备了这次演讲,因为他决定要让它甚至对那些只有很少数学知识的教师也明白易懂。黎曼的论文《论作为几何学基础的假设》不但是整个数学上一篇伟大的杰作,也是一篇供举荐的名著。高斯是很热心的,"与一切传统相反,他选择了这位候选人提交的三个题目中的第三个,希望看看这个如此年轻的人怎样处理这一难题。他大为惊异,完全出乎他的意料,在从教师会议回来以后,他向威廉·韦伯表示了他对黎曼提出的思想至高的赞赏,他的话热情洋溢,这对于高斯来说是很少有的"。关于这篇杰作,在本书中所能提及的一点将留待本章结尾再说。

黎曼在奎克博恩的家里与家人团聚,稍事休息以后,于9月间回到格丁根,在一个科学家的集会上作了一次准备仓促的演讲(熬到深夜,急急忙忙把它准备出来)。他讲的题目是非导体中电的传播。在那一年中,他继续对电的数学理论进行研究,并准备了一篇关于诺比利(Nobili)彩色环的文章,因为如他写给妹妹伊达(Ida)的信中所说:"这个问题是重要的,因为能够作出与其相关的非常精确的测量,电的运动所遵循的规律也能够由它测验。"

在同一封信中(1854年10月9日),他表达了对他第一次学术演讲获得成功的无限喜悦,以及对听讲的人出乎意料地多感到的极大的满意。8个学生来听他讲!他原来估计最多有两三个学生。这种出乎意料的受欢迎的情况鼓励了黎曼,他告诉父亲,"我能正式开课了。我最初的胆怯和不安已经渐渐平息了,我开始习惯更多地考虑听众,而不是想到自己,从他们的表情上看出,我是应该继续讲下去,还是作进一步的解释"。

当狄利克雷在1855年接替高斯的职位时,黎曼的朋友们极力要求当局任命黎曼为正式副教授,但是大学的经费已不够。不过他得到了相当于一年200美元的收入,这比半打学生自愿付的不固定的学费要高。黎曼为他的未来焦虑,不久,他失去了父亲和妹妹克拉拉(Clara),这使他不可能再躲到奎克博恩去度假了,他确实感到又可怜又不幸。他的其余三个姐妹和另一个兄弟住在一起,这个兄弟在不来梅当邮政职员,他的薪金与这位"没有经济价值的"数学家相比,算是王侯的薪金了。

第二年(1856年,黎曼这时30岁)前景光明了一点。像黎曼这样有创造力的天才,只要他还能工作,他就不会被沮丧压倒。他关于阿贝尔函数的独具特色的部分著作,关于超几何级数(见高斯那一章)以及对这个级数提出的——在数理物理学中极为重要的——微分方程的经典著作,都属于这一时期。在这两方面的著作中,黎曼在他自己的新方向上独树一帜。他的方法的一般性,**直观性**,是他自己所特有的。他的工作吸引了他的全部精力,使他不顾物质方面的忧虑,仍然很快乐,也许肺结核病人必不可少的乐观主义已经在他身上起作用了。

黎曼对阿贝尔函数理论的发展,不同于魏尔斯特拉斯对它的发展,犹如月光不同于日光。魏尔斯特拉斯的进攻是有条不紊的,在所有的细节上都是精确的,就像一支受过充分训练的军队,在洞察一切,对一切意外事故都有所准备的将军统率下的进军。至于黎曼,他察看了整个战场,看到了一切,但忽略了细节,留下这些细节不予考虑,他满足于在他的想象中抓住总体地形的关键位置。魏尔斯特拉斯的方法是算术的,黎曼的方法是几何的和直观的。说一个比另一个"更好"是没有意义的;两种方法都不能从普通观点去理解。

工作过度和缺乏合理的休息,使黎曼刚刚31岁时就神经衰弱,黎曼被迫同一位朋友在哈尔茨的山村度过了几个星期。他在那里遇见了戴德金。三个人一起远足登山。黎曼很快就康复了。黎曼解除了不得不保持学究面孔的紧张,放纵他的幽默感,用他天生的机智逗他的同伴发笑。他们也一起谈他们的本行——大多数数学家聚在一起时都这样,就像律师或者医生或者企业家那样,倘若他们不是非得胡扯以维持社交习俗的话。一天傍晚,在艰苦的徒步旅行之后,黎曼阅读布鲁斯特的牛顿传记,发现了牛顿致本特利(Bently)的信,在这封信中,牛顿本人断言了无居间介质的超距作用的不可能性。这使黎曼很高兴,并激起他作一次即兴演讲。今天,黎曼称赞的"介质"并不是发光的以太,而是他自己的"弯曲空间",或它在相对论时空中的反映。

最后,1857年黎曼31岁时,得到了助理教授的位置。他的薪金相当于一年300美元,但是由于他终生一无所有,所以他几乎没有什么向往。然而一场真正的灾难不久就降临到他头上:他的兄弟死了,照料三个姐妹的担子落在他的肩上。准确地算来,他们每人一年只有75美元。赤贫地在茅屋里待上一年也许是天堂,而几乎一无所有地生活在大学社会里简直就是地狱。在黎曼的时代,这没有什么不同。难怪他患肺结核。但是,慷慨地给予生命的上帝,不久就使黎曼最小的妹妹玛丽(Marie)得到解脱,所以每个人的生活费一下子增加到了100美元一年。如果说口粮需要注意,爱却是慷慨的,黎曼姐妹们的忠诚和鼓励,在他身上注入的自信,更多地报偿了他为她们作出的牺牲。上帝可能知道,如果有过一个艰苦奋斗的人需要鼓励,那就是可怜的黎曼,不过,这样地提供需要,似乎是一种相当奇怪的方式。

1858年,黎曼写了关于电动力学的文章。关于这篇文章他写信告诉他的姐姐伊达,"我已经把我关于电与光之间的密切联系的发现,呈送给[格丁根]皇家学会了,我听说高斯曾经就这一密切联系设想了另一个理论,和我的理论不同,并告诉了他的密友们,不过,我充分相信我的理论是正确的,过几年就会得到承认,诚如所知高斯不久收回了他的论文,没有发表它;也许他本人对它不满意"。看来黎曼在这个问题上是过于乐观了;克拉克·麦克斯韦的电磁场理论是今天占领这个领域——在宏观现象方面——的理论。光和电磁场理论的目前状况过于复杂,无法在这里介绍;注意到黎曼的理论没有流传下来就足够了。

狄利克雷于1859年5月5日去世,他一直很重视黎曼,曾经尽他所能地帮助这个艰苦奋斗的年轻人。狄利克雷的关心和黎曼迅速增长的名声,使得政府提升黎曼来接替狄利克雷,这样,黎曼在33岁时成了高斯的第二个继任者。为了减轻他的家庭困难,当局让他住在天文台,就像高斯曾经住在天文台一样。最真诚的承认——那些虽然比他年长,但在某种程度上是他的竞争者的数学家的赞扬——现在蜂拥而至。在一次去柏林访问期间,他受到博查特、库默尔、克罗内克和魏尔斯特拉斯的宴请。各种学会,包括伦敦皇家学会和法兰西科学院,授予他会员的荣誉,总之,他得到了一个科学家通常所能得到的最高荣誉。1860年访问巴黎时,他结识了法国第一流的数学家,特别是埃尔米特,他对黎曼的称赞简直没有止境。这一年,1860年,是数学物理学史上值得记忆的一年,因为在这一年,黎曼开始集中写作他的论文《关于热传导的一个问题》,他在这篇文章中发展了二次微分形式(将在讲到黎曼关于几何基础的工作时提到)的全部方法,今天二次微分形式是相对论的基础。

黎曼的物质生活随着他被任命为正教授而大大改善,他在36岁时有能力结婚了。他的妻子伊丽泽·科赫(Elise Koch)是他的姐妹的朋友。婚后仅仅一个月,黎曼在1862年患了胸膜炎,尚未完全康复又患了肺病。有影响的朋友们促使政府给了黎曼在意大利温暖的天气下恢复健康的费用,他在意大利度过了冬天。第二年春天,他在返回德国的途中,满怀愉快地访问了许多意大利城市的艺术宝库,这是他一生中短暂的夏天。

他满怀希望,离开了他热爱的意大利,可是到达格丁根时却病得更严重了。在施普吕根山口步行通过深深积雪的回程途中,他不小心得了严重的感冒。第二年8月(1863年),他又回到意大利,首先在比萨停留,他的女儿伊达(用他姐姐的名字命名)在比萨出生。这一年的冬天异常寒冷,阿尔诺河也封冻了。5月他搬进比萨城郊的小别墅。他的妹妹海伦妮(Helene)在那里去世。他自己的病情由于并发了黄疸病而更加糟糕,变得越来越严重。使他深感遗憾的是,他不得不放弃了比萨大学提供给他的教授席位。格丁根慷慨地延长了他的休假时间,使他能够在意大利数学界朋友们的环绕中,在比萨度过第二个冬天。但是进一步的并发症使他渴望回家,在里窝那和热那亚恢复健康无效以后,他于10月回到了格丁根,在那里,他度过了一个可以算得上健康的冬天。

整个这段时间,他有力气时就工作。在格丁根,他常常表示想要与戴德金谈谈他尚未完成的工作,但是一直没有感到身体强壮到能经得住一次拜访。他最后的计划中有一项是关于听觉的力学的工作,但他没能完成。他曾经希望完成这一件以及其他一些他认为很重要的事情,他为恢复力气作了最后的努力,回到了意大利。他最后的日子是在马焦雷湖畔塞拉斯卡的一栋别墅中度过的。

戴德金讲述了他的朋友是怎样去世的。"但是他的力气迅速衰退;他自己感到他的终点来临了。去世的前一天,他坐在一棵无花果树下工作,在环绕着他的灿烂的风景中,他的心灵充满了愉悦……他的生命缓缓地衰竭,没有斗争或死亡的痛苦;看起来他仿佛很有兴趣地注视着灵魂脱离躯体;他的妻子不得不给他领圣餐……他对她说,'吻我们的孩子。'她同他一起背诵主祷文;他不能说话了。在听到'免我们的罪'这几个字时,他虔诚地向上望去;她感到他的手在她手里渐渐变凉了,随着最后几声叹息,他那颗纯洁、高尚的心停止了跳动。在他父亲家里养成的温柔的心,终生与他同在,他忠实地服侍他的上帝,就像他父亲那样,只是方式不同。"

黎曼就这样在他成熟的天才的光荣中,于1866年7月20日去世了,时年39岁。在意大利的朋友们为他竖立的墓碑上,铭文的最后一句是"*Denen die Gott lieben müssen alle Dinge zum Besten dienen*",即"爱上帝者必诸事顺遂"。

作为一个数学家,黎曼的伟大在于他为纯粹数学和应用数学揭示的方法和新观点是极其普遍的,适用于无限的范围。细节从来没有使他屈服;他把一个庞大问题的整体看作一个连贯的统一体。甚至他未完成的计划的零星笔记,通常也暗示某种令人难忘的新奇的东西,因而加深了我们对黎曼过早去世的惋惜。这里只能介绍他的一件伟大的杰作,即1854年关于几何基础的论文;虽然我们这里提到克利福德只是为了介绍另一个人,这对他可能不大公平,但是我们将全部引用他1870年的大胆的论文《论物质的空间理论》，作为对黎曼几何的实体和精神的独特的预言式介绍。克利福德不是一个缺乏独创的模仿者，他是一个有他自己辉煌的创造性头脑的人，对于他，可以像牛顿说到科茨(Cotes)那样，"要是他还活着，我们就可能知道一些东西了。"熟悉相对论物理和电子波动理论的通俗解释的读者，都会在克利福德的简短预言中辨认出当前理论的一些奇妙轮廓。

"黎曼指出，因为有不同的线和曲面，所以有不同种类的三维空间；我们只能凭经验去找出我们生活在其中的空间究竟属于这些三维空间中的哪一类。特别是，平面几何的公理在一张纸的平面上试验的限度内是成立的，然而我们知道，这张纸实际上布满着许多小皱纹，在其上（总曲率不为0）这些公理不成立。他说，同样地，虽然立体几何的公理在试验的限度内对于我们空间的有限部分是成立的，然而我们没有理由认为它们对于非常小的部分也是成立的；如果因此能对解释物理现象有所帮助的话，我们可能就有理由得出它们对于空间的很小的部分不成立的结论。

"我要在这里指出一种方法，使这些思考可以应用于物理现象的研究。我认为实际上

"(1)空间的小部分事实上所**具有**的某种性质，类似于在平均来说平坦面上呈曲面的小丘；普通的几何定律在那里并不成立。

"(2)这种呈弯曲或扭曲的性质，以波的方式连续地从空间的一部分过渡到另一部分。

"(3)空间曲率的这种变化真实地发生在我们称为(不管是可量度的还是很虚缈的)**物质运动**的那些现象中。

"(4)在物理世界中，根据(也许是)连续性定律，除了这种变化以外没有其他事情发生。

"我尽量以一般方式解释关于这一假说的双重曲折的规律，但是还没有得出任何确定到可以公布的结果。"

黎曼也相信他的新几何会被证明具有科学上的重要意义。如(克利福

德翻译的)他的论文结尾所表明的：

"因此，要么构成空间基础的现实必须形成一个离散的流形，要么我们必须在作用于它的约束力中，寻找在它之外的度量关系的基础。

"对这些问题的回答，只能从构想已为经验辨明的现象(牛顿假定这种现象是基础)出发去得到，也可以从在这种构想中做它不能解释的事实所要求的相继变化去得到。"他接着说，像他自己从一般概念开始的那些研究，"对于避免这项工作变得为过于狭窄的观点所碍是有用的，对于避免事物互相依赖的知识进展为传统的偏见所碍也是有用的。

"这引导我们进入另一门科学，即物理科学的领域，这项工作的对象今天还不允许我们进入这个领域。"

黎曼1854年的工作赋予几何一种全新的观念，他想象的几何是非欧几何，但既不是在罗巴切夫斯基和约翰·鲍耶意义上的非欧几何，也不是在黎曼自己的钝角假设(如在第16章中解释的)这一苦心之作的意义上的非欧几何，而是在一种依赖于**度量**概念的更广泛意义上的非欧几何。把**度量关系**孤立地作为黎曼理论的中枢，是对它的误解；这个理论包含的东西远比某种可操作度量原理为多，而这正是它的一个主要特征。对黎曼简明扼要的论文的任何解释，都不能说明这篇论文中的全部内涵；然而，我们将试图说明他的一些基本思想，我们将选择三点：**流形**的概念，**距离**的定义，以及流形的**曲率**的概念。

一个流形是一**类**对象(至少在通常的数学中)，所谓对象是指这个类中的任意一个成员，都能通过给它按确定顺序指定的某个数来完全确定，以反映这些成员元素的"可数"性质；而给定顺序的这种设计，则反映了这种"可数"性质原来就有的特性。即使这个说法甚至可能比黎曼的定义更难理解，但它仍然是据以开始的一个有效的起点，它在普通数学中相当于：一个流形是一个有序的"n元"数组$(x_1, x_2, \cdots, x_n)$的集合，括号()表示数x_1, $x_2, \cdots, x_n$按已知的顺序书写。两个这样的n元数组$(x_1, x_2, \cdots, x_n)$和$(y_1,$

$y_2, \cdots, y_n$),当且仅当它们中的对应数分别相等,即当 $x_1 = y_1, x_2 = y_2, \cdots, x_n = y_n$ 时,这两个 n 元数组**相等**。

如果流形中的每一个这样的有序 n 元数组中恰好出现 n 个数,那么就说该流形是 n **维**的。因此我们又回到谈论笛卡儿坐标了。如果 $(x_1, x_2, \cdots, x_n)$ 中的每一个数都是正整数、零,或负整数,或者如果它是任意一个可数集(元素可以用 $1, 2, 3, \cdots$ 来数的集合)的元素,并且如果这对于该集合中的每一个 n 元数组都成立,那么就说该流形是**离散**的。如果数 $x_1, x_2, \cdots, x_n$ 可以**连续地**取值(如一个点沿着一条线运动那样),那么该流形是**连续的**。

这个工作定义——有意地——忽略了这样一个问题:有序 n 元数组的集合或者由这些 n 元数组"表示"的某个东西是否就是"流形"。这样,当我们说 (x, y) 是平面上一个点的坐标时,我们并没有问"平面上的一个点"是什么,而是着手使用这些**有序数对** (x, y),此处 x, y 独立地取遍所有实数。另一方面,有时候我们把注意力放在诸如 (x, y) 这样的符号**表示**什么上面是有利的。这样,如果 x 是一个人的按秒计算的年龄,y 是他的按厘米计算的身高,我们可能对这个人(或者所有人的这个类)感兴趣,而不是对他的**坐标**感兴趣,**而我们探究的数学只关心坐标**。按同样的想法,几何不再涉及"空间""是"什么——不管"是"是否意味着与"空间"有关的任何东西。对一个现代数学家来说,空间只是上面所描述的那类数的流形,空间的这个概念是从黎曼的"流形"中产生出来的。

黎曼在讲到度量时说,"度量由需要比较的量叠加组成。如果没有这一点,就只能在一个量是另一个量的一部分时才能比较了,那就只能决定量的多和少,而不能决定究竟是多少了。"可以顺便说一下,某种前后一致而且有用的度量理论,目前在理论物理学中,特别是**量子**力学和相对论在其中具有重要意义的一切问题中,是一个迫切需要的东西。

黎曼再次从哲学的一般原则下降到不那么神秘的数学,着手制定了一个**距离**的定义,这是从他的度量概念中提取出来的,已经证明它在物理学

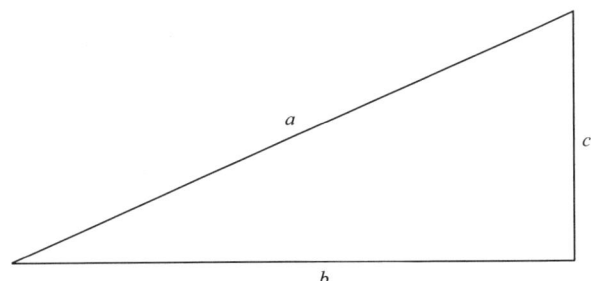

和数学两方面都是富有成效的。

毕达哥拉斯命题是 $a^2 = b^2 + c^2$ 或 $a = \sqrt{b^2 + c^2}$，其中 a 是直角三角形的长边的长度，b,c 是其他两边的长度。该命题是在**平面**上度量距离的基本公式。怎样把它推广到曲面上呢？平面上的直线相当于曲面上的测地线（见第14章）；但是在球面上，例如，对于由测地线形成的直角三角形，毕达哥拉斯命题不成立。黎曼像下面这样把毕达哥拉斯公式推广到任意流形：

设 $(x_1, x_2, \cdots, x_n)$，$(x_1 + x_1', x_2 + x_2', \cdots, x_n + x_n')$ 是流形上两个"点"的坐标，这两个点是互相"无限接近"的。对于我们现在的目的，"无限接近"的意义是，比度量流形上这两个点"分离程度"的 $x_1', x_2', \cdots, x_n'$ 的二次幂更高的幂次可以忽略不计。为简单起见，我们说明 $n=4$ 时的意义——给出在四维空间中两个邻近点的距离；这个距离是

$$g_{11}{x'_1}^2 + g_{22}{x'_2}^2 + g_{33}{x'_3}^2 + g_{44}{x'_4}^2$$
$$+ g_{12}x'_1 x'_2 + g_{13}x'_1 x'_3 + g_{14}x'_1 x'_4$$
$$+ g_{23}x'_2 x'_3 + g_{24}x'_2 x'_4$$
$$+ g_{34}x'_3 x'_4$$

的平方根，其中10个系数 $g_{11}, \cdots, g_{34}$ 是 x_1, x_2, x_3, x_4 的函数。对于所有 g 的一种特别选择，就确定了一个"空间"。这样我们可以有 $g_{11}=1, g_{22}=1, g_{33}=1, g_{44}=-1$，所有其他的 g_{ij} 是零；或者我们可以考虑一个空间，其中除 g_{44} 和 g_{34} 外，所有的 g_{ij} 是零，等等。相对论中考虑的空间具有这种一般类型，其中除了 g_{11}, g_{22}, g_{33} 和 g_{44} 以外的所有 g_{ij} 为零，这些 g 是包含 x_1, x_2, x_3, x_4 的一些确定

的简单表达式。

在 n 维空间的情形，**邻近**点之间的距离以类似的方法定义；一般表达式包含 $\frac{1}{2}n(n+1)$ 项。如果已知对于两个邻近点距离的推广的毕达哥拉斯公式，找出空间中**任意**两点之间的距离在积分学中是一个可解问题。一个其**度量**（测量体系）由上述类型的公式确定的空间称为**黎曼空间**。

曲率，如黎曼所表达的（在他之前高斯表达过，见关于高斯那一章），是从普通经验得出的另一项推广。一条直线的曲率是零；一条曲线偏离直线程度的"度量"，在曲线上的每一点处可能相同（就像对于圆那样），或者也可能不同，此时就必须应用极限的办法来表示"曲率的大小"。类似地对于曲面，其曲率可由偏离平面的程度来度量，平面的曲率为零。这可以加以推广，并像下面这样使之更为精确。为简单起见，我们首先说明二维空间的情形，即我们通常想象的曲面那样的情形。由表示（当函数 g_{11}, g_{12}, g_{13} 给定时确定了的）给定曲面上邻近点距离平方的公式

$$g_{11}x_1'^2 + g_{12}x_1'x_2' + g_{22}x_2'^2,$$

可知，**可用给定的函数** g_{11}, g_{12}, g_{22} 来计算曲面上任意点曲率的大小。用普通语言谈论一个多于二维的空间的"曲率"是毫无意义的，但是黎曼推广了高斯的曲率，以同样的**数学**方式建立了一个在 n 维空间的一般情形中包含一**切** g_{ij} 在内的表达式，它和高斯对于一个**曲面**的曲率的高斯表达式在**数学**上是**同一类型**的，这个推广的表达式就是他所说的空间**曲率的测度**。展示一个多于二维弯曲空间的形象化表示是可能的，但是这对直觉的帮助，大概就像给一个没有脚的人一对破拐杖一样无用，因为这对理解没有什么帮助，而且它们在数学上也是无用的。

为什么黎曼要做这一切，它产生了什么结果呢？我们除了提示黎曼因为精力过人驱使他去做所做的事情之外，并不打算回答第一个问题。我们可以简略地列举一些黎曼对几何思想进行革命后产生的结果。首先，它把

为了特殊目的(用于动力学,或纯粹几何,或物理科学)而创造的数目无限多的"空间"和"几何",置于专业几何学家的能力范围之内,它把大量重要的几何定理,捆成能够很容易作为整体处理的紧紧的一束。其次,它澄清了我们的空间概念,至少就数学家讨论的"空间"而言是这样,剥去了那个神秘的虚构空间的最后的神秘外壳。黎曼的成就教会了数学家们不要相信作为人类直觉的**必要**模式的**任何**几何或**任何**空间。黎曼的工作是绝对空间的最后一道催命符,也是19世纪物理学的那些"绝对"的第一道催命符。

最后,黎曼所定义的曲率,他为研究二次微分形式(那些给出一个任意维数空间中邻近点之间距离平方的公式)设计的方法,以及他对于曲率是一个(在前几章解释的专门意义上的)不变量这一事实的认识,都在相对论中找到了物理解释。相对论是否到达了最终形式并不重要;自从相对论问世以来,我们对于物理科学的见解已不同于以往。没有黎曼的工作,科学思想的这场革命是不可能的——除非后来的某个人能创造出黎曼创造的概念和数学方法。

第 27 章

算术二世
库默尔和戴德金

木头有了年头。拿破仑的乖戾有利于库默尔的成长。在抽象方面和在具体方面同样有天赋。费马大定理引起了什么。理想数理论。库默尔的发明可与罗巴切夫斯基的发明媲美。四维空间中的波曲面。博大的躯体、思想和心灵。戴德金,高斯的最后一个学生。伽罗瓦的第一个解释者。早年对科学的兴趣。转向数学。戴德金关于连续的工作。他创造了理想理论。

我们因此看出,理想素因子揭示了复数的本质,似乎使得它们明白易懂,并揭露了它们内部透明的结构。

——E·E·库默尔

我的大多数读者会大失所望地得知,由于这个平凡的观察,连续的秘密就要被揭开了。

——R·戴德金

这是一个奇怪的事实,虽然算术——数论——是产生比数学的任何其他学科更深奥的问题和更有力的方法的丰富源泉,但是它通常被认为是站在主要进展的一旁,就像一个或多或少冷血的旁观者那样,冷眼对待几何学和分析学那些比较浮华的成就,特别是对于物理科学上。在过去2000年里,很少有大数学家在这门"纯数"的科学进展上对此作过认真的努力。

很多因素决定了对于与数学同等优秀的学科的奇怪忽视。在这些原因中,我们只须注意以下几点:目前算术在固有的难度方面,处于比数学的其他各大领域更高的程度;数论对科学的直接应用是很少的,而且不容易被有创造力的数学家中的多数人看出来,虽然一些最伟大的数学家已经感觉到,自然的真正数学最终会在普通整数的性态中找到;最后,数学家们——至少是一些数学家,甚至是大数学家——通过在分析、几何和应用数学中取得引人注目的成果,力图在他们自己那一代中赢得尊敬和名望,这是非常合乎常情的,甚至高斯也屈从过,这使他在中年极为懊悔。

现代算术——高斯之后——始于库默尔。库默尔的理论始于他试图证明费马大定理,这已经提到过了(第25章)。这个人长寿的一生中有些事情可以在我们讨论到戴德金之前谈谈。库默尔是一个典型的老派德国人,有着直率、单纯、好脾气和有趣的幽默,最好不过地刻画了正在迅速消亡的那一类人的全部特性。这些木头有了年头的老古董,可以在一代人以前的任何旧金山德国啤酒花园的柜台后面找到。

虽然恩斯特·爱德华·库默尔(Ernst Eduard Kummer, 1810年1月29日—1893年5月14日)出生于拿破仑失势之前仅仅5年,法国这位光荣的皇帝在库默尔的生活中却起到了不知不觉的重要作用。库默尔是德国索劳(那时属勃兰登堡公国)的一位医生的儿子,他在3岁时

库默尔

失去了父亲；拿破仑大军中满身虱子的幸存者,通过德意志零零落落地回到法国,带着俄国人特有的礼物斑疹伤寒,与爱清洁的德国人一起大量分享了这一礼物。这位操劳过度的医生染上了这种病,死了,把恩斯特和他的哥哥留给寡妻照料。年轻的库默尔在艰难贫困中长大,但是他那艰苦奋斗的母亲,不管怎样,设法让儿子们上完了当地的中学。拿破仑时代法国人的傲慢和苛捐杂税,以及他母亲竭力保持的对他父亲的记忆,使年轻的库默尔实际上成了极端爱国者,他以真正的热忱,在后半生把他超人的科学才能用在柏林的军事学院里,给德意志军官讲授弹道学。他的许多学生在普法战争中都干得很好。

库默尔18岁时(1828年),母亲把他送进哈雷大学学神学,并在其他方面使他适于在教会供职。由于贫穷,库默尔不能住在大学里,而是背着装食物和书本的背包,每天在索劳和哈雷之间来回奔波。关于他的神学学习,库默尔作了有趣的观察,发现一个对抽象思维有才能的人,究竟是从事哲学还是从事数学,多少是一桩由偶然因素或环境决定的事情。在他自己的情形,偶然因素是海因里希·费迪南德·舍克(Heinrich Ferdinand Scherk,1798—1885)在哈雷担任数学教授。舍克是个相当老派的人,但是他对代数和数论很热心,他把这种热心传给了年轻的库默尔。在舍克的指导下,库默尔很快就抛弃了他的伦理和神学学科,去学习数学。库默尔模仿笛卡儿,说他更喜欢数学而不是哲学,因为"纯粹错误和谬误的观点不能进入数学"。要是库默尔活到今天,他可能会修改他这种说法,因为他是一个宽宏大量的人,而现在数学中的那些哲学倾向,有时令人奇怪地想到中世纪的神学。库默尔上大学三年级时,解决了数学中的一道难题,在21岁时(1831年9月10日)被授予博士学位。当时大学没有空位子,库默尔在他过去就读的中等学校开始了教师生涯。

1832年他迁往利格尼茨,在那里的中学教了10年书,正是在那里,他使克罗内克开始了他革命性的事业。幸运的是,库默尔不像处于同样境况的魏尔斯特拉斯那样手头拮据，还能付得起进行科学通信的邮资。同库默尔一起分享他的数学发现的著名数学家们（包括雅可比），努力使这位担任中学教师的年轻天才得到最早的机会，被提升到更适合于他的位置上去。1842年库默尔被任命为布雷斯劳大学的数学教授，他在那里一直教到1855年，当时高斯的去世造成了欧洲数学地图的大范围变动。

据说狄利克雷在柏林是很满意的，那时柏林是世界的数学首都。但是在高斯去世时，狄利克雷不能抗拒接替这位数学王子和他本人以前的老师担任格丁根大学教授的诱惑。甚至在今天，作"高斯的继任者"的荣誉，对于可以轻而易举地在其他职位上挣到更多的钱的数学家们，也仍然具有不可抗拒的吸引力；直到最近，格丁根还是能够选择它愿意挑选的人。库默尔受到他的同代数学家们的高度尊敬，这从人们一致推选他为狄利克雷在柏林的继任者这个事实，就可以判断出来。从29岁起，他就是皇家柏林科学院的通信院士。他当时（1855年）在大学和科学院两方面都继承了狄利克雷的位置，而且还被任命为柏林军事学院的教授。

库默尔是最罕见的科学天才之一，这些天才在最抽象的数学方面，在数学对实际事务，包括战争这个人类全部愚蠢行为中最无耻的实际事务的应用方面，以及最后，在做卓越的实验物理的能力方面，都是第一流的。他最杰出的工作是在数论上，在这个领域中，他深刻的独创性促使他作出了一些最重要的发现，而在其他领域——分析、几何、应用物理——中，他也做出了突出的工作。虽然库默尔在高等算术方面有开拓性的进展，使他有资格与非欧几何的创造者相媲美，但我们在回顾他83年的一生时，不知为什么得到这样一个印象，那就是尽管他成就辉煌，却没有完成他能够做到的一切。也许是他缺乏个人野心（下面要举出一个例子），他的悠闲和蔼，以及他豁达的幽默感，阻止他去做打破纪录的努力。

库默尔在数论方面所做工作的性质，已经在关于克罗内克的那一章中叙述过了：**他以在证明费马大定理的努力和在高斯的割圆理论中产生的代**

数数域,重建了算术基本定理,他通过一类全新的数,即他所谓的"理想数",完成了这一重建。他也继续了高斯关于双二次互反律的工作,并寻找高于四次的互反律。

正如前几章中提到过的,库默尔的"理想数"现在已大部分被戴德金的"理想"所代替,我们将在讲到理想时加以描述,所以没有必要在这里尝试几乎不可能的事,即用非专门的语言解释库默尔的"数"是些什么。但是他利用这些数取得的成绩,可以为本书这样的记述充分精确地予以说明:库默尔**证明了**:$x^p + y^p = z^p$,p 是素数,对于很广泛的整整一类素数 p,对所有非 0 的整数 x,y,z 都是不可能的。他未能对**一切**素数证明费马定理;某些"特殊的素数"逃脱了库默尔的网。然而库默尔向前推进的这一步,远远超出了他所有的前辈曾经做过的工作,以至于他几乎不由自主地成为名人。他被授予一项他没有去竞争的奖金。

法兰西科学院关于它 1857 年"大奖"赛的报告,全文如下:"关于数学科学大奖赛的报告。大奖赛设于 1853 年,结束于 1856 年。委员会发现提交参加竞赛的那些著作中,没有值得授予奖金的著作,故此建议科学院将奖金授予 M·库默尔,以奖励他关于由单位根*和整数构成之复数的卓越研究。科学院采纳了这一建议。"

库默尔关于费马大定理的最早的工作,日期为 1835 年 10 月。1844—1847 年他又写了一些文章,最后一篇的题目是《关于 $x^p + y^p = z^p$ 对于无穷**多个素数 p 的不可能性之费马定理的证明》。他不断补充改进他的理论,包

---

* 如果 $x^p + y^p = z^p$,那么 $x^p = z^p - y^p$,把 $z^p - y^p$ 分解成一阶的 p 个因子,我们得到
$$xp = (z - y)(z - ry)(z - r^2y)\cdots(z - r^{p-1}y),$$
其中 r 是"单位的 p 次根"(除 1 以外),即 $r^p - 1 = 0$,r 不等于 1。由 r 生成的 p 次域中的代数整数,是库默尔引入费马方程研究中的那些数,它们使他发明了在这个域中重建唯一因子分解的他的"理想数"——这样一个域中的一个整数,对于所有的**素数** p,并不是该域中唯一的素数乘积。

** 库默尔标题中的"无穷"仍然是不合理的(1936 年),应该用"很多"代替"无穷"。

括他对于高次互反律的应用,直到1874年为止,那时他已64岁了。

虽然这些高度抽象的研究是他最感兴趣的领域,虽然他对自己说,"为了更准确地说明我个人的科学态度,我可以适当地把它称做**理论**……我特别努力得到这样的数学知识,它们无须涉及应用就能在数学中找到它们的适当地位。"库默尔不是狭隘的专家,他多少有点像高斯,好像对纯粹数学和应用科学两方面都同样喜爱。高斯通过他的著作,确实是库默尔的真正老师,而这个机敏的学生也证明了他的奋发精神,他发展了老师关于超几何级数的工作,给高斯已经做过的工作增添了重大的发展,这些发展在今天数理物理学中最经常出现的微分方程理论中十分有用。

此外,哈密顿关于射线组(在光学中)的精彩工作,鼓舞库默尔作出了他自己的一个最美好的发现,即以他的名字命名的四次曲面的发现,当欧几里得空间是四维(而不是我们平常想象的三维)时,这种曲面在欧几里得空间的几何中起了重要作用,就像以直线代替点作为构成空间的不可约元素时发生的那样。在19世纪几何学的整整一个部分中,这个曲面(以及它到高维空间的推广)占据了中心位置;据(凯莱)发现,它可以利用四重周期函数表示(参数表示——见高斯那一章),雅可比和埃尔米特为这些函数作了最大的努力。

最近(自1934年以来),阿瑟·爱丁顿爵士(Sir Arthur Eddington)发现,库默尔的曲面与量子力学中的狄拉克波动方程有一种亲缘关系(两者有同样的有限群,库默尔的曲面是四维空间中的波面)。

库默尔因对射线组的研究而回到物理学以完成这个循环,他对大气折射理论作出了重要贡献。他在军事学院的工作表明自己在弹道学工作中是第一流的实验者,这使科学界大吃一惊。库默尔以他特有的幽默,为他在数学上这种糟糕的"堕落"辩解:"当我用实验去解决一个问题时,"他对一个年轻朋友说,"这就证明这个问题是数学上很难解决的。"

库默尔记得他自己为了受教育所作的奋斗和他母亲作出的种种牺牲，因而他不仅是他学生们的父亲，也是他们父母的兄弟。成千上万的年轻人在人生的旅途上，在柏林大学或军事学院得到过库默尔的帮助，对他感激不尽，他们终生铭记他，把他当做一位伟大的教师和朋友。一次，一个就要参加博士学位考试的贫穷的年轻数学家，因患天花，不得已回到靠近俄国边境的波森的家中去了，他走后没有来过信，但是人们知道他贫穷至极。当库默尔听说这个年轻人也许没有能力支付适当的治疗费用时，他就找到这个学生的一个朋友，给了他必需的钱，派他去波森看看是否该做的事都做了。在教学中，库默尔以他朴实的比喻和富于哲理的独白而闻名。为了充分说明在一个表式中的一个特殊的因子的重要性，他说："如果你们忽视了这个因子，你们就像一个人在吃梅子时吞下了核却吐出了果肉。"

库默尔一生的最后9年是在完全退隐中度过的。"在我的遗作中什么也找不到。"他在想到高斯去世后留给编辑的大量工作时这样说。库默尔被他的家人包围着（9个孩子比他活得长），当他退休时就永远放弃了数学，除了偶尔去他少年时代生活的地方旅行，他过着极严格的隐居生活。他在一次短时间患流感以后，于1893年5月14日去世，终年83岁。

库默尔在算术上的后继者是尤利乌斯·威廉·里夏德·戴德金（Julius Wilhelm Richard Dedekind，他成年后略去了前两个名字），戴德金是德国——或任何其他国家——曾经产生的最伟大的数学家和最有创见的人之一。同库默尔一样，戴德金也很长寿（1831年10月6日—1916年2月2日），他去世前不久在数学上仍然十分活跃。当戴德金在1916年去世时，他已经是远远超出一代人的数学大师了。正如埃德蒙·朗道（Edmund Landau，戴德金的一个朋友，也是他的一些工作的追随者）在1917年对格丁根皇家学会的纪念演讲中所说："里夏德·戴德金不只是伟大的数学家，而且是数学史上过去和现在最伟大的数学家中的一个，是一个伟大时代的最后一位英雄,高斯的最后一个学生,40年来他本人是一位经典大师,从他的著作中,不仅我们,而且我们的老师,我们的老师的老师,都汲取了灵感。"

里夏德·戴德金是法学教授尤利乌斯·莱温·乌尔里希·戴德金(Julius Levin Ulrich Dedekind)的4个孩子中最小的一个,出生于不伦瑞克,那也是高斯的诞生地。*从7岁到16岁,里夏德在家乡的中学念书。他没有显示出明白无误的数学天才的早期证据;事实上他最早喜爱的是物理和化学,他把数学看作科学的婢女——或洗碗妇,但是他没有在黑暗中徘徊多久。到17岁时,他已经在物理学的所谓推理中发觉了许多可疑之处,便转向了逻辑争议较少的数学。1848年他进了卡罗莱纳学院——给年轻的高斯提供自学数学机会的同一所学院。在这所学院中,戴德金掌握了解析几何、"高等"代数、微积分学和"高等"力学的原理。因此当他在1850年19岁进格丁根大学时,已经作好了开始认真工作的准备。他的主要指导教师是莫里茨·亚伯拉罕·斯特恩(Moritz Abraham Stern,1807—1894,他写过许多关于数论的文章)、高斯和物理学家威廉·韦伯。从这三个人手里,戴德金得到了对微积分学、高等算术原理、最小二乘法、高等测地学和实验物理的全面而基本的训练。

后来,戴德金感到很惋惜,他在格丁根学习期间接受的数学指导,虽然对他取得教师证书的较低要求是适当的,但对于准备从事数学事业却是微不足道的。一些重要的学科没有接触到,戴德金不得不在取得学位以后,花费两年的时间刻苦自学,补上椭圆函数、现代几何、高等代数和数理物理

---

* 戴德金的合适的传记还没有出现。一个传记本来要包括在他的第三卷选集(1932年)中,但是由于主编罗伯特·弗里克(Robert Fricke)去世而未能收入。这里的记述以朗道的纪念演讲为基础。注意,按照一些德国传记作者的古老的日耳曼习惯,朗道删去了所有提到戴德金母亲的地方。这无疑是与德国已故皇帝提出、阿道夫·希特勒(Adolf Hitler)竭力赞成的"三K"理论一致,即"妇女的全部职责包含在三个大写的K中——Kissing(接吻),Kooking(烹饪)和Kids(孩子)。"然而,人们至少想知道一位伟大人物的母亲的闺名。

学——那时所有这些都在柏林大学由雅可比、斯泰纳和狄利克雷作精彩的详细阐述。1852年,戴德金由于一篇关于欧拉积分的短论文,从高斯手里获得了他的博士学位(这时他21岁)。没有必要解释这是什么:这篇论文是一件有用的独立工作,但是它没有显露出戴德金后来的许多著作中每一页上都很明显的天才。高斯对这篇学位论文的意见是很有意思的:"由戴德金先生完成的这篇论文是关于积分学的研究的,它绝不是平凡的东西。作者不仅显示出他对有关领域具有丰富的知识,而且也显示出预示着他将来的成就的独立性。作为一篇获得考试许可的考查文章,我认为这篇论文是完全令人满意的。"高斯显然在这篇学位论文中看出了比后来一些批评家所发现的更多的东西;也许他和这位年轻作者的密切接触,使他能够从字里行间读到些东西。不过,这篇报告,即使按它的现状看来,也多少有点在接受一篇通得过的学位论文时,按通常习惯的敷衍礼貌,因此我们不知道高斯是否真的预见到了戴德金富于洞察力的独立性。

1854年戴德金被任命为格丁根大学不领薪金的讲师,他担任这个职位达4年之久。1855年高斯去世,狄利克雷从柏林迁往格丁根。戴德金在格丁根的后3年期间,听了狄利克雷的最重要的讲座。后来他编辑狄利克雷关于数论的著名论著,给它增加了包括他自己的代数数理论的划时代的"第十一附录"。他也成了那时初露头角的伟大的黎曼的朋友。戴德金在大学讲的课大部分是初等课程,但是在1857—1858年,他[为两个学生,泽林(Selling)和奥维尔斯(Auwers)]开了一门关于伽罗瓦方程理论的课,这也许是伽罗瓦理论第一次正式出现在大学课程中。戴德金是最早重视在代数和算术中群的概念的根本重要性的人之一。在这段早期工作中,戴德金已经展示出了他后期思想的两个主要特征,即抽象性和普遍性,他不是在有限群的置换表示(见伽罗瓦和柯西两章)的基础上讨论群的,而是利用公设来定义群(在第15章中作了充分的说明),并试图从它们的本质的这种提炼中,得到它们的性质。这里用的是现代方式:因抽象,故一般。第二个特点,即一般性,正如刚刚所显示的,是第一个特点的结果。

戴德金26岁时(1857年)被任命为苏黎世理工学院的常任教授,执教5年,1862年回到不伦瑞克工学院任教授,他在那里工作了半个世纪。戴德金的正式传记作者——倘若能发掘出一个来——的最重要的任务,是要解释(不是辩解)这个奇怪的事实:戴德金在一个相对来说是低下的位置上干了50年,而一些还不配给他系鞋带的人却占据了重要的和有影响的大学席位。说戴德金喜欢默默无闻是一种解释,但那些相信这种说法的人应该严格避开证券交易所,因为上帝造就了容易上当的人,他们的的确确会受骗。

戴德金直到85岁去世(1916年),一直保持着清楚的头脑和强健的身体。他终身未婚,而是和他的姐姐尤丽叶(Julie)住在一起,一直到她1914年去世,尤丽叶作为小说家而为人们所纪念。他的另一个姐姐玛蒂尔德(Mathilde)死于1860年;他的哥哥则是一位杰出的律师。

这些就是戴德金的物质生活中仅有的比较重要的事实。他活得那么长,以至于虽然在他去世以前,整整一代学习分析学的学生都熟悉他的一项工作(他的无理数理论),他本人却几乎成了一个传说中的人物,很多人把他归入虚幻的死者一类。在他去世前12年,托伊布纳(Teubner)的《数学家年表》把戴德金列为已于1899年9月4日去世,戴德金深感好笑,他写信给编辑说,9月4日这一天有可能是正确的,但是年代肯定错了。"根据我自己的备忘录,我健康状况极好地度过了这一天,并且同与我共进午餐的客人、来自哈雷的尊贵的朋友格奥尔格·康托尔,进行了令人振奋的、关于'系统和理论'的谈话。"

戴德金的数学活动几乎完全与最广义的数的范畴密切相关,限于篇幅,我们只能论述他的两项最伟大的成就。首先我们叙述他对无理数理论、由此对分析基础的重要贡献,即"戴德金分割"。由于这是最为重要的,我们可以简单地回忆一下这个问题的性质。如果 a,b 是普通整数,分数 a/b

就称作有理数;如果不存在整数 m, n,使得一个确定的"数"N 可以表示成 m/n,那么 N 就称作**无理数**。因此 $\sqrt{2}$,$\sqrt{3}$,$\sqrt{6}$ 是无理数。如果一个无理数用十进制记数法表示出来,那么小数点后面的数字不会呈现出规律性——没有重复的"周期",而在有理数的十进制表示,比如 $13/11=1.181\,818\cdots$ 中,"18"无限次重复。那么,如果这种表示是完全无规可循的,怎样决定(更不用说进行计算了)与无理数等同的十进小数呢?无理数是什么,我们有清楚的概念吗?欧多克斯认为他有,戴德金对于数、有理数或无理数之间相等的定义,与欧多克斯的定义(见第2章)是一致的。

如果两个有理数相等,那么毫无疑问,它们的平方根显然也相等。这样,2×3 和 6 是相等的;那么 $\sqrt{2\times 3}$ 和 $\sqrt{6}$ 也相等。但是 $\sqrt{2}\times\sqrt{3}=\sqrt{2\times 3}$ 并不是显然的;因此 $\sqrt{2}\times\sqrt{3}=\sqrt{6}$ 也不是显然的。这个假定的简单等式 $\sqrt{2}\times\sqrt{3}=\sqrt{6}$,在学校算术中被当做理所当然的,如果我们看一下这个等式隐含着什么,它的不显然性就很明显了:得出 2、3、6 的"无规律"的平方根,然后把前两个乘在一起,结果就会等于第三个平方根。由于这三个根无论计算到十进小数的多少位,都不能精确地表示出来,因此很明显,通过刚刚描述的乘法去证明,永远也办不到。整个人类在其存在的全部过程中连续不断地苦干,也永远不能以这种方式**证明** $\sqrt{2}\times\sqrt{3}=\sqrt{6}$。随着时间的流逝,能够得到对于等式的越来越近的逼近,但是最终结局会继续向远处推进。使"逼近"和"相等"的这些概念精确,或者用能排除所述困难的更严格的描述,去代替我们一开始的粗糙的无理数概念,这就是戴德金在19世纪70年代初为自己规定的任务。他的关于**连续性和无理数**的著作发表于1872年。

戴德金的**无理**数理论的中心是他的"分割"或"截断"的概念:一个分割把**全部**有理数分为**两类**,使得**第一类**中的每个数小于**第二类**中的每个数;每一个这样的不"相应"于一个有理数的分割"定义"了一个无理数。这个干巴巴的论断需要详尽阐述,特别是因为一个精确的解释隐藏了一些根植于数学无穷理论中难以捉摸的困难。当我们考虑戴德金的朋友康托尔的生平时,这些困难还要再次提及。

假定已经规定了某个规则,它把**一切**有理数分成**两类**,比如说"上"类和"下"类,使得**下**类中的每一个数都**小于**上类中的每一个数。(这样一个假定今天不会不引起所有数学哲学学派的争议,不过,暂时可以认为它是无可非议的。)在这个假定下,可能有三种互斥的情形。

(A)在**下**类中可以有一个数,**大于**该类中任何其他数。

(B)在**上**类中可以有一个数,**小于**该类中任何其他数。

(C)(A)、(B)中所说的两个数([A]中**最大**的,[B]中**最小**的)都**不存在**。

导致无理数可能性的是(C)。因此,如果(C)成立,假定的规则就在一切有理数的集合中"定义"了一个确定的断开或"分割"。上、下两类好像努力要合在一起。但是为了这两类合在一起,必须由某个"数"来填上分割点,而由于(C),这样的填充是不可能的。

这里我们求助于直觉。沿着一条已知直线,从任何定点量起的一切距离,都"对应"于"测量"这些距离的"数"。如果该分割点留下没有填上,那么我们原先想象由一个点的**连续**运动描绘的**一条直线**,现在就必须画成其上有一个不可逾越的间隙。这违反了我们的直觉概念,所以我们说,按照定义,每个分割**确实定义**了一个数。这样决定的数不是有理数,也就是说,它是无理数。为了提供一个易于处理的方案来运用于(类[C]中的)**分割定义的**无理数,我们现在认为(C)中有理数的**下类**与分割定义的无理数等价。

举一个例子就够了。2的无理平方根是由这样的分割定义的,它的上类包含**所有**其平方大于2的正有理数,下类包含**所有**其他的**有理数**。

如果有些无从捉摸的分割概念让人感觉不悦的话,那么可以提出两种纠正方法:设想一个不像戴德金的定义这样神秘,而又完全可用的无理数定义;按照克罗内克,否认无理数存在,不用无理数而重新构造数学。在数学的现存状态下,某种无理数理论是适宜的。但是,从无理数的真正性质去看,似乎在有可能建立一个适当的无理数理论之前,有必要先彻底理解数学上的无穷。在戴德金的分割定义中明显地需要无穷类,而这样的类将导致严重的逻辑困难。

数学家对这些困难是否影响到数学的前后一贯的发展有不同的看法,这依赖于他玩弄诡辩的水平。勇敢的分析学家们大胆地向前进,把一个通天塔堆在另一个的上面,坚信没有哪一个理念的暴虐之神会打乱他和他的全部工作,而苛刻的逻辑学家们则讥诮地盯着他兄弟的庄严的摩天大楼,做快速心算预测其倒塌的日期。同时,大家都很忙,大家似乎都过得很快乐。但是有一个结论是无法避免的:没有一个前后一贯的数学无穷理论,就没有无理数理论;没有无理数理论,就没有与我们现在所有的即便稍许相似的任何形式的数学分析;最后,如果没有分析,那么像现在存在的大部分数学——包括几何和大部分应用数学,也就不复存在。

因此,数学家们所面临的最重要的任务,看来是构造一个令人满意的无穷理论。康托尔尝试了这件事,所取得的成功将在后面介绍。至于戴德金的无理数理论,它的作者似乎有些疑虑,因为他踌躇了两年多才冒险地公布了它。如果读者们回头看看欧多克斯的"同比"定义(第2章),他们会看到"无穷的困难"也在那里出现,特别是在"不管什么样的等倍数"这个习惯用语中出现。然而,自从欧多克斯写出这句话以来,已经有了一些进步;我们至少正在开始懂得我们的困难的性质。

戴德金对"数"的概念作出的另一个突出贡献是在代数数方面。对于所论基本问题的性质,我们必须提到克罗内克那一章中说过的关于代数数域和代数**整数**分解成**素**因子的内容。这个问题的关键在于,在**一些**这样的域中分解成的素因子**不像**在普通算术中那样是**唯一**的;戴德金通过创立他称为**理想**的东西,恢复了这个非常希望得到的唯一性。因为一个理想不是一个数,而是一个数的无穷类,所以戴德金又是逃到了无穷中以克服他的困难了。

理想这个概念是不难领会的,虽然有一个冲击常识的曲解——**包含得较多的类整除包含得较少的类**(下面将会解释)。不过,常识总是要受到冲击的,要是我们没有什么比防震的常识更不易受损害的东西,我们就是一个天生愚蠢的物种。一个理想必须至少做两件事:它必须实际上让普通的(有理)算术任其自然;它必须迫使难对付的代数整数遵守它们无视的算术的基本定律——**唯一地**分解成素数。

包含得较多的类整除包含得较少的类,这一点涉及下面的现象(以及它的推广,不久将要讲到)。考虑2整除4这一事实——用算术方法,就是说,**没有余项**。代替这个明显的事实(如果进入代数数域,它什么也得不出),我们用所有2的整数倍数,$\cdots, -8, -6, -4, -2, 0, 2, 4, 6, 8, \cdots$的类代替2。为方便起见,我们用(2)来表示这个类。同样,用(4)表示4的所有整数倍数的类。(4)中的一些数是$\cdots, -16, -12, -8, -4, 0, 8, 12, 16, \cdots$。现在很明显,(2)是包含得更多的类;事实上(2)包含(4)中**所有**的数以及(只提两个) -6和6。(2)包含(4)这一事实用符号来表示,写成(2) | (4)。很容易就能看出,如果m, n是任意普通整数,那么**当且仅当m整除n时**,$(m) | (n)$。

这可能提醒我们,普通算术可除性的概念可以由刚刚叙述的类包含的概念来代替,但是如果这样代替不能保持算术可除性特有的性质,那么它就是无益的。可以详细说明它确实保持了这些性质,这里仅举一个例子就足够了。如果m整除n, n整除l,那么m整除l——例如,12整除24,24整除72,12事实上确实整除72。像上面那样转换到类,这就成为:如果$(m) | (n)$,$(n) | (l)$,那么$(m) | (l)$,或者用文字叙述,如果类(m)包含类(n),且如果类(n)包含类(l),那么类(m)包含类(l)——这显然是成立的。结果是,当我们加上"乘法"的定义:$(m) \times (n)$定义为类(mn),如$(2) \times (6) = (12)$时,数用它们相应的类来代替,就做到了所需要的事。注意,上述乘法是定义,并不意味着可以从(m)和(n)的意义中得出。

戴德金对于代数数的理想是上述内容的推广。按照他通常的习惯,戴德金给出了一个**抽象**的定义,那就是说,一个基于本质属性的定义,而不是基于表示或描述被定义事物的特定模式而下的定义。

考虑一个给定代数数域中的**所有**代数**整数**的集合(或类)。在这个包含一切的集中有一些子集。一个子集若有下面两个性质则被称为一个**理想**。

A. 子集中任意两个整数的**和**与**差**仍在该子集中。

B. 如果子集中的任何整数由在全包含集中的任何整数去乘,所得的整数仍在该子集中。

这样,一个理想是整数的一个无穷**类**。可以很容易看出,根据A,B,前面所定义的$(m),(n),\cdots$,都是理想。像以前一样,如果一个理想包含另一个理想,就说第一个理想整除第二个。

可以证明每一个理想都是形为

$$x_1 a_1 + x_2 a_2 + \cdots + x_n a_n$$

的所有整数的一个类,其中$a_1, a_2, \cdots, a_n$是所论的n次域中的**固定**整数,$x_1, x_2, \cdots, x_n$中的每一个可以是该域中不管什么样的任意整数。这样,通过只写出固定整数$a_1, a_2, \cdots, a_n$,就可以方便地用符号来表示一个理想,即以$(a_1, a_2, \cdots, a_n)$作为理想的符号。符号中$a_1, a_2, \cdots, a_n$的顺序是不重要的。

现在必须给理想的"乘法"下定义:两个理想$(a_1, \cdots, a_n), (b_1, \cdots, b_n)$的**乘积**是符号为$(a_1 b_1, \cdots, a_1 b_n, \cdots a_n b_n)$的理想,在这个符号中出现由第一个符号中的一个整数与第二个符号中的一个整数相乘得到的所有可能的积$a_1 b_1$,等等。例如,(a_1, a_2)和(b_1, b_2)的乘积是$(a_1 b_1, a_1 b_2, a_2 b_1, a_2 b_2)$。(对于一个$n$次域)把任何这样的乘积符号化简成最多含$n$个整数的符号总是可能的。

最后用一个短评来完成这个叙述的梗概。一个其符号**只**包含**一个**整数的理想,诸如(a_1),称为一个**主理想**。像以前一样用记号$(a_1) \mid (b_1)$表示(a_1)**包含**(b_1),我们可以毫无困难地看出,**当且仅当**整数a_1**整除**整数b_1时,$(a_1) \mid (b_1)$。那么,像以前一样,算术可除性的概念在这里——对于代数整数——完全等价于类的包含。一个**素理想**,是不能被除了组成给定域中的

所有代数整数的全包含理想外的任何理想"整除"——不能被包含在任何理想内——的理想。代数整数现在被它的相应的主理想所代替,人们证明了一个给定的理想只以一种方式成为素理想的乘积,恰如在"算术基本定理"中,一个有理整数仅以一种方式表示为素数的乘积。通过代数整数算术整除性与类包含的上述等价性,对于代数数域中的整数算术基本定理恢复了。

任何对戴德金创造的前述概要加以考虑的人都会看到,他所做的工作要求有深刻的洞察力和有天赋的头脑,它在抽象能力方面要远远超出普通良好的数学头脑。戴德金是完全符合高斯心意的数学家:"**但是在我们看来,这些[算术的]真理应该从概念而不是从记号得出来**。"戴德金总是依靠自己的头脑,而不是依靠巧妙的符号表示和对公式的熟练运用来使自己前进的。如果有过一个人把概念放入数学的话,戴德金就是一个,他喜爱创造性思想胜于喜爱枯燥无味的符号。这种智慧现在是明显的,虽然在他活着的时候可能并不是如此。数学存在得越长久,就变得越抽象——也许正因为如此,也就变得越实际。

第 28 章

最后一位通才

庞加莱

庞加莱多方面的才能和方法。童年时代的挫折。被数学抓住了。在普法战争中保持头脑清醒。从矿业工程师开始。第一项伟大的工作。自守函数。"代数和谐的关键"。n 体问题。芬兰是文明国家吗？庞加莱的天体力学新方法。宇宙论。数学发现是怎样产生的。庞加莱的说法。先兆和早逝。

一个名副其实的科学家，尤其是一个数学家，在他的工作中会感受到与一个艺术家同样的印象；他的愉快也同样巨大，并具有同样的性质。

——昂利·庞加莱

星占学家威廉·利利(William Lilly, 1602—1681)在《他的生活和时代的历史》中，对于对数发明者、默契斯登堡的约翰·纳皮尔(John Napier, 1550—1617)和计算出第一个常用对数表的、伦敦格雷沙姆学院的亨利·布里格斯(Henry Briggs, 1561—1631)的会见，作了有趣的——即便是难以置信的——记录。一个叫约翰·马尔(John Marr)的"杰出的数学家和几何学家"，"在布里格斯先生之前到达苏格兰，目的是要在这两个如此博学的人会面时在场。布里格斯先生指定了在爱丁堡会面的日期，但是未能如期前往，纳皮尔勋爵怀疑他不会去了。一天，碰巧马尔和纳皮尔勋爵正讲到布里格斯先生：'噢，约翰（默契斯登堡的约翰说），布里格斯先生不会来了。'正在这时，有人敲门；约翰·马尔急忙下楼，他很满意地证实来人正是布里格斯先生。他把布里格斯先生领上楼，带进勋爵的房间，**在开口说话之前**，两人互相赞赏地注视着，**几乎过了一刻钟**"。

西尔维斯特回想起这个传说，讲述了他自己怎样仿效布里格斯那令人目瞪口呆的表示赞赏的世界纪录，那是在1885

庞加莱

年，他访问一位有许多令人惊奇的成熟且不可思议的创见性文章的作者时的事情，这些有关分析学的一个新分支的文章，从19世纪80年代初开始，就使各种数学杂志的编辑们应接不暇了。

"当我最近在盖-吕萨街庞加莱（1854—1912）那通风的休息处拜访他时，"西尔维斯特承认，"我完全进入了布里格斯面晤纳皮尔时的感情……在那个被抑制的智慧的伟大的蓄积者面前，我的舌头一下子失去了功能，直到我用了一些时间（可能有两三分钟）仔细端详和承受了可谓他思想的外部形式的年轻面貌时，我才发现自己能够开口说话了。"

西尔维斯特在另一处记述他辛辛苦苦地爬上通往庞加莱那"通风的休息处"的三层窄楼梯以后，停下来擦着他那硕大的秃头时，看到的不过是一个孩子，当时他惊奇得不知所措，这个"如此美貌，如此年轻"的孩子，竟然是那些洪水般涌来的文章的作者，他预告了柯西的一个后继者的到来。

第二件轶事，多少可以说明那些能够欣赏庞加莱的工作范围的人，对他的工作所持的尊敬程度。当一位爱国的英国将官在[第一次]世界大战的狂热民族主义时期——那时学术界所有的爱国者都把抬高他们风雅的盟国,贬低他们粗俗的敌人当做一种义务——问伯特兰·罗素,法国现代产生的最伟大的人物是谁,罗素立刻答道:"庞加莱。""什么？**那个**家伙？"他那位穿军服的交谈者喊道,认为罗素指的是法兰西共和国的总统雷蒙·庞加莱(Raymond Poincaré)。"噢,"当罗素明白了那个人惊愕的原因时,他解释说,"我想到的是雷蒙的堂兄弟,昂利·庞加莱(Henri Poincaré)。"

庞加莱是最后一个实际上以全部数学——包括纯粹数学和应用数学两方面——作为他的研究领域的人。人们一般认为,在今天起步的任何人都不可能全面地理解数学的四个主要部分——算术、代数、几何、分析——中的两个以上,更不用说做出高质量的创造性工作了,对天文学和数理物理学全面理解就更谈不上了。甚至在19世纪80年代,在庞加莱的伟大事业开始时,人们就普遍认为高斯是最后一个数学通才,但是,也不能证明不会出现某个未来的庞加莱再次包罗整个领域。

至于数学的演化,它既膨胀也收缩,多少有点像勒梅特(Lemaître)的宇宙模型。目前是爆炸式的膨胀,任何人要想熟悉自1900年以来倾注于世的全部刚刚开始的数学,是完全不可能的。但是在一些重要部分,一种最受欢迎的收缩倾向是清楚明显的。例如,在代数中就是如此,公设法的全面采用,立刻使得这个学科更抽象、更一般、更连贯。现代着手的某些工作揭开了一些意想不到的类似情形。可以想象,下一代的代数学家将无须知道许多现在被视为有价值的东西,因为这些特殊的、困难的东西,有许多将被归入范围更广阔的、较为简单的一般性原理。当相对论把研究以太的复杂的数学束之高阁时,在经典的数理物理学中就发生了这类事情。

在膨胀中的这种收缩的另一个例子,是与向量分析的各种各样用途相比,张量分析的应用有了迅速的发展。这样的推广和浓缩一开始往往使年纪大的人很难掌握,并且常常要经过严峻的斗争才能存在下来,但是最后人们通常认识到，一般方法比为特殊问题设计的各种各样巧妙的花样在本质上更简单、更容易掌握。当数学家们断言诸如张量分析这样的东西是容易的（至少与它之前的一些算法相比较）时，他们并不是要显得优越或神秘，而是在陈述一条每个学生都能自己证实的、有价值的真理。这种范围广大的普遍性的特性，是庞加莱大量著作的一个卓著的特点。

如果抽象性和普遍性具有所指出的那种明显的优点，那么它们有时候对那些关心细节的人来说有严重缺点也是事实。一个工作中的物理学家知道在其工作中出现的特殊微分方程是可解的，因为当他和数学家都不能完成可用于特殊问题的某种数值解所要求的赫拉克勒斯（Heracles）*式的劳动时，某个纯粹数学家证明了它可解，可是这对他们有什么直接用处呢？

在庞加莱做出他的一些最有独创性的工作的领域中，举一个例子：考虑一个均匀的、不可压缩的流体，被它的粒子的引力作用聚合在一起，围绕一个轴旋转，在什么条件下运动是稳定的？这样的一个稳定的旋转流体的形状是什么？麦克劳林（Maclaurin）、雅可比和其他一些人证明了一些椭球是稳定的；庞加莱采用了比他的前辈们更直观、而且"不那么数学"的方法，他一度认为他确定了一个梨形体的稳定性的判据，但是他错了，他的方法不适于数值计算。后来的工作者，包括著名的查理·达尔文的儿子G·H·达尔文（G. H. Darwin），在得出确定的结论以前，没有被必须从道路上清除的极其可怕的代数和算术的丛林阻挡住，他们得到了一个肯定的解。**

如果数学家们的发现能以某种可使用计算机器的形式提交给一个对

---

* 赫拉克勒斯为希腊神话中主神宙斯之子，力大无穷，曾完成12项英雄业绩。——译者

** 这个著名的"梨形体"问题，在天体演化论中有相当大的重要性。1905年由李雅普诺夫（Liapounoff）明白无误地解决了，他的结论在1915年由詹姆斯·金斯爵士（Sir James Jeans）进一步证实：他们发现运动是不稳定的。极少有人有勇气去检查那些计算。1915年以后，李雅普诺夫的一位同胞莱昂·李希滕施泰因（Leon Lichtenstein）对旋转流体质量问题作了全面考虑。这个问题似乎会招致不幸：两个李都死于非命。

双星演化感兴趣的人,那么他就会感觉较为舒适。自从克罗内克的"没有构造就没有存在"的法令以来,一些纯数学家本人对于非构造性的存在定理,也不像他们在庞加莱时代那样热心了。庞加莱蔑视数学的使用者们所要求的在进行工作以前必须具备的那些细节,这是促进其工作的普遍性的最重要的原因之一。另一个原因是他非同寻常地全面掌握了单复变量函数理论的全部方法,在这方面他是无与伦比的。可以注意到,庞加莱把他多方面的才能极好地用来揭示以前未曾猜想到的、与当时的数学主流相距甚远的分支——例如(连续)群和线性代数——之间的联系。

为了全面起见,我们在讲到庞加莱的生平以前,必须回顾一下他的观点的另一个特点:很少有几个数学家具有庞加莱那样宽广的哲学观点,没有一个数学家在清晰地讲解的天赋方面超过他。也许他总是对科学和数学的哲学含义深感兴趣,但只是在1902年,当他作为一个伟大的专业数学家的地位已经无可挑剔地确立起来时,他才把普及数学从一种附带的兴趣,转到可以称为数学普及的呼吁,真诚热心地投身于和非专业的人们一起,尽情分享他的学科的意义及其对人类的重要性。在这里,他对普遍胜于对特殊的喜爱,这也帮助了他深入浅出地向知识的门外汉们,讲述数学中比技术更重要的东西。二三十年前,可以在巴黎的公园和咖啡馆里,看到工人和女店员们热心地读着庞加莱的这一部或那一部杰作的印刷简陋、封面纸张低劣的通俗本,而这些著作的较好的版本,又可以在有专业学问的人的书桌上找到——经过了反复翻动,明显是读过的。这些书被译成英文、德文、西班牙文、匈牙利文、瑞典文和日文出版。庞加莱对所有的人用他们能识别的语言,讲着数学和科学的通用语言,尽管他的风格,他自己特有的风格,在翻译中失去了很多。

由于通俗著作的文学成就,庞加莱被授予法国作家所能得到的最高荣誉,成为法兰西学院文学部院士。心怀妒忌的小说家们有几分恶意地说,庞加莱获得这个对科学界人士独特的荣誉,是因为(文)学院的一个职能是不断地汇编一部权威性的法语字典,通才庞加莱显然是在诗人和语言学家们告诉世界什么是自守函数的努力中给他们帮了忙。通过对庞加莱的著作进行研究,在此基础上确立的公正看法,认为这个数学家正该得到他所得到的荣誉。

与庞加莱对数学的哲学思想感兴趣密切相关的,是他对数学创造心理的专注。数学家们是怎样作出他们的发现的呢？后面庞加莱会在他写的有关个人发现的一个有趣的故事中,告诉我们他对这个秘密的看法。结论好像是数学发现是数学家在这方面的长期艰苦思考之后,或多或少地自己冒出来的。正如在文学中——按照丹特·加布里埃尔·罗赛蒂(Dante Gabriel Rossetti)*的话——一首诗成熟之前,"一定量的基本脑力劳动"是必要的,在数学中也是如此,没有事先的单调辛苦的工作,就没有发现,但是这绝不是整个情形。对创造力的全部"解释"如果不能提供某种窍门,使有天赋的人能据以进行创造,那就很值得怀疑。庞加莱到实用心理学中去遨游,和其他一些在同一方向遨游的人一样,没有能带回金羊毛**,但是它至少提出了这样的事情并不是完全神秘的,有一天当人类聪明到能够懂得他们自己的躯体时,金羊毛是可以找到的。

庞加莱的智力在父母两方面都很好地得到了遗传,我们只追溯到他的祖父。在1814年的拿破仑战争期间,这位祖父只有20岁,隶属于在圣康坦的陆军医院。1817年他在鲁昂定居之后,结了婚,生了两个儿子:莱昂·庞加莱,生于1828年,后来成为一名第一流的医生和医师公会的成员;安托万(Antoine),成为公路及桥梁部门的总检查官。莱昂的儿子昂利于1854年4月29日出生在洛林的南锡,成为20世纪初的一流数学家;安托万有两个儿

---

* 罗赛蒂(1828—1882),英国画家、诗人,拉斐尔前派创始人之一,祖籍意大利。——译者

** 见希腊神话中阿尔戈(Argo)英雄随同伊阿宋(Jason)乘舟去海外寻找金羊毛的故事。——译者

子,雷蒙从事法律,在世界大战期间升任法兰西共和国总统;安托万的另一个儿子成了中等教育局局长。庞加莱祖父的一个兄弟跟随拿破仑入侵俄国时失踪了,在莫斯科大败后音信杳无。

从这个杰出的家系表看,人们可能会认为昂利会显现出一些管理才能,但是他没有,只是在他的童年时代随意发明了一些供他的妹妹和小朋友们玩的政治游戏。在这些游戏中,他总是极其公正的,注意让他的每一个玩伴都在"当官"的游戏中扮演他或她的角色。这也许是"从小看大,三岁看老"的一个确证,庞加莱天生不具备懂得最简单的管理原则的能力,而他的堂兄弟雷蒙却会本能地运用这些原则。

庞加莱的传记是由他的同胞、现代主要的几何学家之一加斯东·达布(Gaston Darboux, 1842—1917)在1913年(庞加莱去世后的第二年)非常详细地写成的。有些事本书作者可能有所疏漏,但是好像达布在讲述了庞加莱的母亲"出自默兹区的一个家庭,她的[即这位母亲的]双亲住在阿兰西,她是一个很好的人,很灵敏,很聪明"以后,无意中忘记提到她娘家的姓。难道法国人可能在德国1870年和1914年对法国的文化入侵之后,从他们新近的教师那里接过"三个大写的K"——在戴德金那一章中提到过——的观点吗?不过,从达布后来讲的一件轶事中,可以知道庞加莱母亲的姓**可能**是朗努瓦(Lannois)。我们知道,这位母亲把她的全部注意力都贡献给她的两个孩子昂利和他妹妹(未提到名字)的教育了。他的妹妹后来成了埃米尔·布特鲁(Emile Boutroux)的妻子和一位数学家(死得很早)的母亲。

庞加莱童年时代智力发展极快,这部分归功于她母亲的不断照料。他很早就学会了说话,但是他在一开始说得很糟,因为他想的比说的要快。从婴儿时起,他的运动的协调性就很差。当他学会写字时,人们发现他左右手都能用,用左手写字或画画同用右手一样糟糕,庞加莱从来没有摆脱这种身体不灵活的毛病。可以回想一下跟这有关的一件趣事,当庞加莱被认为是他那个时代的一流数学家和主要的科学普及者时,他参加了比奈

(Binet)*测验,表现得如此丢脸,以至于要是不把他作为著名的数学家,而是当做孩子来判断的话,他就会被这次测验列为一个低能儿。

5岁时,昂利因患白喉,健康受到严重影响,喉咙麻痹达9个月之久。这次不幸使他很长时间虚弱而胆小,但是这也使他回到他自己的消遣,因为他不得不避开他那个年龄的孩子们比较粗野的游戏。

他的主要娱乐是阅读,这里他非凡的才能首次显示了出来。一旦读过了一本书——以难以置信的速度——便永远不忘,他总能说出讲到一件特定的事情是在第几页和第几行,他终生保持着这种强有力的记忆力。这种罕见的本领可以称为视觉记忆或空间记忆,欧拉也和庞加莱一样具有这种本领,不过程度差一些。在顷刻记忆——以不可思议的准确性回想起一系列早已过去的事件的能力——方面,他也是强大得不同寻常。然而他还是不脸红地说他的记忆力"坏"。他可怜的视力也许给他的记忆力增加了第三个奇特之处。大多数数学家看来主要是靠眼睛记住定理和公式,而庞加莱几乎完全是靠耳朵。他在学校学习高等数学时,看不清黑板,就坐在后面听,不记笔记也能很好地跟上并记住——这在他是一种很容易的技术,但对大多数数学家却是不能理解的。然而他一定具有一种"内眼"的生动记忆力,因为他的许多工作就像黎曼的许多工作一样,是伴有敏捷的空间直觉和实际形象的那种类型。他不能灵巧地运用他的手指,这当然妨碍他去做实验。这看来很可惜,因为要是他掌握了实验的艺术,他关于数理物理学的一些工作,可能会与现实更接近。要是庞加莱在实验科学方面也像他在理论上那么强有力,他可能就会同无与伦比的阿基米德、牛顿和高斯三人一起,成为无与伦比的第四个了。

没有多少大数学家是公众的想象力喜欢把他们描绘成的那种心不在焉的梦想家。庞加莱是一个例外,不过只是在一些较小的事情上,诸如在他的行李中带走了旅馆的亚麻布制品,如台布、床单之类。但是很多绝非

---

* 比奈(1857—1911),法国心理学家,对智力测验作出了重大贡献。——译者

心不在焉的人也干同样的事情,人们知道,一些最机灵的家伙把饭店的银餐具偷偷放到衣袋里溜走。

庞加莱的心不在焉的一个方面,类似于一些完全不同的事情。(达布没有讲这件事,但是应该讲到它,因为它说明了庞加莱晚年的某些粗暴无礼的行为。)一位著名的数学家从很远的芬兰来到巴黎,跟庞加莱商量一些科学问题,女仆通报后,庞加莱没有离开书房去欢迎这位来访者,而是继续不停地踱来踱去——因为这是他思考数学时的习惯——足足有三个小时。整个这段时间,那位谦虚的来访者一直安静地坐在隔壁的屋子里,与这位大师只隔着薄薄的门帘。最后,门帘掀开了,庞加莱的水牛般的大脑袋伸进了房间一下,"你大大打扰了我。"那个脑袋突然出现,随即消失了。来访者没有被接见就离开了,这恰恰是"心不在焉"的教授所要的。

庞加莱的小学成绩是优异的,虽然他一开始并没有在数学上显示出任何显著的兴趣。他最早是热爱自然史,他终生都是动物的伟大爱护者。他第一次试用步枪时,不小心射下了一只他并没有瞄准的鸟,这个不幸深深地影响了他,以至于从那以后,怎么也不能(除了强迫的军事训练)使他去碰火器。9岁时,他显示出将要成为他的一项主要成就的第一次希望,法文作文的教师宣称,年幼的庞加莱交去的一篇形式和内容都很新颖的短短的习作,是一篇"小小的杰作",并把它作为他的一件宝贝保留了起来。但是他也劝告这个学生,如果他希望给学校的主考人留个好印象,就得更平常一些——更笨些。

庞加莱不能参加同学们的比较喧闹的游戏,就发明了他自己的游戏。他还成了一个不知疲倦的跳舞迷。由于所有的功课对他说来都像呼吸一样容易,他把他的大部分时间用在玩耍和帮助母亲做家务上。甚至在他一生的这个比较早的阶段,他已显示出了"心不在焉"的一些比较可疑的特点:他常常忘记吃饭,几乎从来记不得他是否吃过早饭。也许他是不愿意像大多数孩子那样吃得过饱。

对数学的热情,在青春期或在那以前不久(当他大约15岁时)抓住了他。从一开始他就显示出一个终生的特点:他的数学是在他不停地踱来踱去时做出来的,而且只是在一切都想好了时才写下来。他工作时,谈话或其他嘈杂的声音从来不会干扰他。后来他写数学论文一挥而就,从来不回头看看他写了些什么,并且在写作时限制他自己只做极少几处删改。凯莱也用这种方法写作,也许欧拉也是这样。但是庞加莱的一些工作显出匆忙写就的痕迹,他自己说他从来没有在完成一篇文章后,不是为文章的形式,就是为文章的内容懊悔。不止一个写得很好的人有同样的感觉。庞加莱对古典文学研究的鉴赏力,教会了他形式和内容的重要性,他在中学时代古典文学就很好。

1870年庞加莱16岁时,普法战争在法国领土上爆发了。虽然庞加莱太年轻、体质太弱,不能服现役,然而他完全承受着他那一份恐惧,因为他居住的地方南锡,被侵略的浪潮淹没了,这个年轻的孩子便伴随他那乘着救护车巡回医疗的、做医生的父亲四处奔波。后来他和母亲、妹妹一起,在极端困难的情况下,到阿兰西去看他的外祖父母出了什么事。他曾在漫长的学校假期中,在外祖父宽敞的乡村花园里,度过了童年时代最幸福的时光。阿兰西靠近圣普里瓦的战场。为了到达这个城镇,他们三人不得不"在冰冻的严寒中"穿过被烧毁了的荒芜的村庄。最后他们到了目的地,只是发现家里已经被抢劫一空,"不只是有价值的东西,就连不值钱的东西"也被抢走了,并且被野兽般的行径弄得很脏。这种行径对于法国人在1870年和后来的1914年是很熟悉的。外祖父母什么也没有了;他们目睹大洗劫的那天,他们的晚饭是一位贫穷的妇女供给的,她不肯抛弃她已成废墟的农舍,并且坚持要与他们分食那一点点晚饭。

庞加莱永远忘不了这件事,他也忘不了南锡长期被敌人的占领。正是在战争期间,他学会了德语。庞加莱无法得到任何关于法国的消息,又急于想知道德国人关于法国和他们自己说了些什么,于是他自学了这种语言。他看见的和他从入侵者本身的官方报道中知道的一切,使他终生成为一名热情的爱国者。但是,正像埃尔米特一样,他从来没有把他国家的敌人的数学,和他们更实际的行动混淆起来。另一方面,他的堂兄弟雷蒙只要一说到德国人的任何东西就恨得大叫大嚷。在那平衡一个爱国者的仇恨与另一个爱国者的仇恨的簿记上,庞加莱可以与库默尔相抵,埃尔米特与高斯相抵,这样就产生了隐含在圣经契约"以眼还眼,以牙还牙"之中的完美的无。

按照法国通常的习惯,庞加莱在从事专业之前参加了取得他的第一个学位(文学士及理学士)的考试。他在1871年17岁时通过了这些考试——数学差一点没有通过!他迟到了,考试时有些慌,在收敛几何级数求和公式的极其简单的证明上失败了。但是他的名气已经走在了他前面,主考人宣称:"除庞加莱以外,其他学生本来据此应该得不及格的。"

接着他准备了林学院的入学考试,在这所学校中,他使他同伴们大吃一惊:他赢得了数学头奖而从不费事去做任何课堂笔记。他的同班同学们预先考过他,他们认为他是一个吊儿郎当的人,选出一个四年级的学生,用一道看起来特别难的数学难题来测验他。庞加莱不假思索地立刻给出解答就走开了,留下想引他上当的人问道:"他是怎么解出来的呢?"在庞加莱的一生中,其他一些人也会问同样的问题。当他的同事们交给他一道数学难题时,他好像从不思考,"答案像一枝箭似的飞了出来"。

这一年年底,他考入综合工科学校,名列第一。有几个关于他独特的考试的传说流传了下来。其中的一个讲到有一个主考人,事先得到庞加莱是一个数学天才的警告,就把考试暂停了45分钟,以便设计"一道'好'题"——一道精心想出的难题。但是庞加莱战胜了他,这位提问人"热烈地祝贺考生,告诉他,他赢得了最高分"。庞加莱与折磨他的人一起的经历似乎表明,法国的数学主考人自从毁了伽罗瓦,又差一点同样毁了埃尔米特以来,已经学到了一些东西。

在综合工科学校,庞加莱以他在数学上的卓越才气,但在所有体育锻炼(包括体操和军事训练)上的极端无能,以及他完全没有绘画能力,画出的东西什么也不像而闻名。最后一点绝不是开玩笑;他在入学考试时绘画得了**零分**,差点把他关在校门外面。这曾使他的主考人大伤脑筋:"……有了零分是不能录取的。在其他一切科目[除了绘画]上他都是绝对无可匹敌。如果他被录取,那将是第一名;但是他能被录取吗?"既然庞加莱是被录取了,好心的主考人们可能在零前面放了一个小数点,在零后面添了个1。

尽管庞加莱在体育锻炼上很无能,他在班上却很得人心。有一年年底,他们举办了庞加莱艺术作品的公开展览,用希腊文仔细地给展品标上标题,"这是一匹马",等等——并不总是准确的。但是庞加莱对绘画的无能,在他学习几何时表现出了严重的一面,他失去了第一的位置,在学校名列第二了。

庞加莱在1875年21岁时离开了综合工科学校,进了高等矿业学校,打算当一名工程师。虽然他诚心诚意地学习他的专业,但还是留下了一些空暇去研究数学,他在着手解决微分方程的一个一般问题上,显示了他的能力。3年后他向巴黎的科学院提交了一篇同一题目的论文,作为数学博士论文,但是这篇论文涉及一个更困难也更一般的问题。被请去审查这项工作的达布说,"第一眼我就清楚地看出这篇论文是不同寻常的,很有接受的价值。它所包含的结果肯定足以为几篇好论文提供材料。但是,我必须不怕说出,如果要求庞加莱对他的工作方法提出一个精确的想法,那么很多地方需要修改或解释。庞加莱是一个直观主义者。一旦达到了顶峰,他从不追溯他的步骤。他满足于闯过难关,把勘测注定更容易通向尽头的坦途*的辛苦留给别人。他很乐意地做了我认为是必要的修正和整理,但是当我要求他做这件事时,他向我解释说,他脑子里有许多其他想法;他已经

---

* 据说当亚历山大大帝想要很快地征服几何时,米内克穆斯(Menaechmus)对他说:"几何无坦途。"

在忙着一些大问题了。他会把解答给我们的。"

因此年轻的庞加莱就像高斯一样，被围攻他的头脑的大群想法压倒了，但是与高斯不同的是，他的座右铭不是"少些，但是要成熟"。一个有创造力的科学家把他的劳动果实储藏了很久，以至于它们中的一些已不新鲜了；比较性急的人则把采集到的一切不论生熟都散播出去，随着风和气候带它们落到可能成熟、可能腐烂的地方去；前一种人对科学的进展所做的工作是否比性急的人更多呢，这是一个没有解决的问题。有人认为是这样，有人认为是那样。由于作出一个决定超出了客观标准的范畴，人人都有权提出他自己的纯主观的意见。

庞加莱注定不会成为一个矿业工程师，但是他在见习期间表明了他至少有真正工程师的勇气。在一次造成16人死亡的矿井爆炸和着火之后，他立即跟着救援人员下井了。但是这个职业同他的志趣不合，他欢迎他的学位论文和另一项早期工作为他开启的成为专业数学家的机会。他的第一次学术任命是1879年12月1日在卡昂担任数学分析教授。两年以后（他27岁时），他被提升到巴黎大学，1886年他再次晋升，在巴黎大学负责力学和实验物理课程（后一项看来有点奇怪，是考虑到庞加莱做学生时在实验室中的功绩吧）。庞加莱除了去欧洲其他地方参加科学会议和1904年作为圣路易斯博览会邀请的演讲人去美国访问过一次以外，一直住在巴黎，成为法国数学的统治者。

庞加莱的创作时期开始于1878年的学位论文，终止于他在1912年逝世——当时他正处在他力量的顶峰。他给这个相对短促的34年跨度塞进了大量著作，当我们考虑到大部分工作的难度时，其数量简直是绝对难以置信的。他的记录是近500篇关于新数学的文章，其中很多是范围广泛的研究报告，还有30多部实际上包括了数理物理学、理论物理学和理论天文学当时的所有分支的著作。这还没有计入他关于科学哲学的那些名著和他的通俗文章。谁要想对这个庞大的劳动量有一个恰当的概念,就必须成为第二个庞加莱,所以我们现在只从他的最驰名的著作中选出两三种,加以简单论述,谨在此最后一次为必需的不全面而道歉。

庞加莱的第一次成功是在微分方程理论方面,他把分析学的全部方法应用于微分方程,他绝对是分析学的大师。选择这个作为早期主要的努力方向,已经表明庞加莱对于数学的应用的倾向,因为自从牛顿时代以来,微分方程吸引了众多的工作者,主要是因为它们在物理世界的探索中**具有**的重要性。"纯"数学家有时候喜欢想象他们的一切活动都服从于自己的趣味,科学上的应用没有向他们提供什么有趣的东西。然而纯数学家中的一些最纯粹的数学家,终生孜孜不倦地致力于微分方程,这些方程首先出现在将物理状况转变成数学符号之中,实际上恰恰是这些人提出了这一理论核心的微分方程。由科学提出的一个特殊的方程,可以被数学家们推广,然后转回到科学家手里(经常是没有他们能够使用的任何形式的解答),以便应用到新的物理问题上,但是总的说来,动机是科学的。傅里叶的一段名言总结了这个论点,它使一类数学家恼怒,但是庞加莱赞成这种说法,并在他的大部分工作中遵循它。

"对自然的深入研究,"傅里叶宣称,"是数学发现的最丰厚的源泉。这种研究通过提出一个供研究的明确目标,不仅有排除含糊的问题和无用的计算的优点,而且也是一个形成分析本身和发现分析中那些原理的可靠方法,了解这些原理是必要的,科学总应该保存它们。这些基本的原理,就是在自然现象中反复出现的那些原理。"对此,一些人可能会反驳:这很可能,但是在高斯意义上的算术怎么办呢? 无论如何,庞加莱是遵循了傅里叶的忠告,不管他是否相信它——甚至他在数论中的研究,也多多少少受到其他一些更接近于物理科学的数学研究的间接鼓舞。

庞加莱在微分方程上的研究,于1880年,他26岁时,导致了他的第一个最好的发现,即椭圆函数(和一些其他函数)的推广。单变量(单值)周期函数的性质,在前面几章中多次叙述过,但是为了说明庞加莱所做的工作,我们也许要重复一些基本的东西。三角函数 $\sin z$ 有周期 2π,即 $\sin(z + 2\pi) = \sin z$;那就是说,当变量 z 增加 2π 时,z 的正弦函数回到它的初值。一个椭圆函数,比如说 $E(z)$,有**两个**不同的周期,比如说 p_1 和 p_2,使得 $E(z + p_1) = E(z), E(z + p_2) = E(z)$。庞加莱发现**周期性**只是某种更普遍性质的特例:当变量由它自身的**可数**无限多个线性分式变换之一代替时,某些特定函数的值还原,所有这些变换形成一个群。几个符号就能讲清楚这个论断。

设 z 被 $(az + b)/(cz + d)$ 代替。那么对于 a, b, c, d 之值的某个**可数无限**集,存在 z 的一些单值函数,比如说其中之一为 $F(z)$,使得

$$F\left(\frac{az+b}{cz+d}\right) = F(z)。$$

进而,如果 a_1, b_1, c_1, d_1 和 a_2, b_2, c_2, d_2 是 a, b, c, d 的值集中的任意两个,又如果 z 先被 $\frac{a_1 z + b_1}{c_1 z + d_1}$ 代替,然后在这个式子中,z 被 $\frac{a_2 z + b_2}{c_2 z + d_2}$ 代替,得到比如说 $\frac{Az + B}{Cz + D}$,那么我们不仅有

$$F\left(\frac{a_1 z + b_1}{c_1 z + d_1}\right) = F(z), F\left(\frac{a_2 z + b_2}{c_2 z + d_2}\right) = F(z),$$

而且有

$$F\left(\frac{Az + B}{Cz + D}\right) = F(z)。$$

更进一步,如刚才解释的那样保持 $F(z)$ 的值不变的所有置换

$$z \to \frac{az+b}{cz+d}$$

(箭头读作"用……代替")的集合**形成一个群**:集合中两个置换相继实施的结果

$$z \to \frac{a_1 z + b_1}{c_1 z + d_1}, z \to \frac{a_2 z + b_2}{c_2 z + d_2}$$

仍在集合中;集合中有一个"恒等置换",即 $z \to z$(这里 $a = 1, b = 0, c = 0, d = 1$);最后,每一个置换有一个唯一的"逆"——就是说,对于集合中的每一个

置换,有一个独立的另一个置换,如果把它作用到第一个置换上去,就产生恒等置换。总之,用前面各章的术语,我们看出 $F(z)$ 是一个**在一个线性分式变换的无限群下不变的函数**。注意,如开始时说的那样,置换的无限是**可数**的无限:置换能用 1,2,3,… 数出来,不像直线上的点那样多。庞加莱实际构造出了这样的函数,他在 19 世纪 80 年代的一系列文章中发展了它们的最重要的性质。这样的函数称为**自守**函数。

这里只须说两点,以指出庞加莱用这个奇妙的创造取得了什么样的成就。首先,他的理论把椭圆函数理论作为一个特例包括在内。其次,正如著名的法国数学家乔治·洪堡(Georges Humbert)所说,庞加莱发现了两个值得注意的命题,这些命题"给了他代数和谐的钥匙":

在同一个群下不变的两个自守函数*,是由一个代数方程联系起来的;

反之,在任何代数曲线上的某个点的坐标,都能够用自守函数来表示,因此可用一个参数(变量)的单值函数来表示。

一条代数曲线是其方程具有类型 $P(x,y)=0$ 的曲线,其中 $P(x,y)$ 是 x,y 的多项式。举一个简单的例子,中心在原点——(0,0)——半径为 a 的圆的方程是 $x^2+y^2=a^2$。按照庞加莱的第二把"钥匙",把 x,y 表示成一个单参数的,比如说 t 的自守函数,一定是可行的。它确实是可行的;因为如果 $x=a\cos t, y=a\sin t$,那么,开平方并相加,我们就消去了 t(因为 $\cos^2 t+\sin^2 t=1$),得出 $x^2+y^2=a^2$,而三角函数 $\cos t, \sin t$ 是椭圆函数的特例,椭圆函数又是自守函数的特例。

这个广阔的自守函数理论的创立,只不过是庞加莱在 30 岁以前做出的分析学中许多令人吃惊的东西之一。他并没有把全部时间都奉献给分析学,数论、代数的一些部分,以及数理天文学占据了他的注意力。在数论

---

* 庞加莱以现代微分方程理论的创始者之一——德国数学家拉扎勒斯·富克斯(Lazarus Fuchs,1833—1902)的名字,称他的一些函数为富克斯函数,其原因无须在这里说明。他以费利克斯·克莱因的名字称其他一些函数为克莱因函数——讽刺性地承认有争议的优先权。

中，他以几何形式重新建立了双二次形式的高斯理论（见高斯那一章），这特别合乎那些像庞加莱一样喜欢直观方法的人的心意。这当然不是他在高等算术理论中作过的全部贡献，但是限于篇幅，不能进一步详述。

这个本事很大的人的工作，从没有不受人重视。在32岁（1887年）这个不寻常的年轻年龄，庞加莱被选入科学院。他的提名人说了一些言过其实的话，但是大多数数学家会同意这是对的："[庞加莱的工作]高于通常的赞扬，而且使我们不可避免地想起雅可比写的有关阿贝尔的话——他解决了在他之前无法想象的问题。确实必须承认，我们正目睹一场数学上的革命，这场革命在每个方面都可以与半个世纪以前，由于椭圆函数的出现所产生的革命相比。"

在这里离开庞加莱的纯数学工作，就像刚刚坐在宴会桌旁就站起来一样，但是我还是必须转到他的多方面才能的另一方面了。

自从牛顿和他的直接后继者的时代以来，天文学慷慨地给数学家们提供了比他们能解决的还要多的问题。直到19世纪后期为止，数学家们在着手解决天文学问题时所用的方法，实际上都是由牛顿本人、欧拉、拉格朗日和拉普拉斯发明的那些方法的直接改进。但是贯穿整个19世纪，特别是自从柯西对单复变量函数的发展，以及他本人和其他一些人关于无穷级数收敛性的研究以来，纯数学家的工作中已经积聚了大量未经检验的方法。对于庞加莱，分析对他来说像思考一样自然，这一大堆未曾用过的数学，好像是世界上用来解决天体力学和行星演化的突出问题的最自然的东西。他从这一大堆中挑拣了他喜爱的东西，改进了它们，创造了他自己的新方法，以一个世纪来理论天文学没有经受过的庞大方式向它进攻。他把这个进攻**现代化**了；对于大多数天体力学专家来说，他的战役确实是极端现代的，以至于甚至今天，在庞加莱开始他的进攻40年或更久以后，还很少有人掌握他的方法，一些不能运用他的方法的人，暗示它在实际解决问题上是没有价值的。然而庞加莱并不缺乏有力的拥护者,他们的胜利对于庞加莱时代以前的人们是不可能的。

庞加莱在数理天文学上的第一次(1889年)成功,出自他对"n体问题"的一个不成功的考虑。对于$n=2$,这个问题已由牛顿完全解决了;著名的"三体问题"($n=3$)将在后面谈到;当n超过3时,一些可以适用于$n=3$的情形的化简可以继续下去。

根据牛顿的万有引力定律,两个质量为m,M,间隔距离为D的质点,以与$(m \times M)/D^2$成正比的力相互吸引。想象空间中随意分布n个质点;假定所有质点的质量、初始运动和相互之间的距离在某一给定的瞬间都是已知的,如果它们按照牛顿定律互相吸引,那么**在任意确定的时间间隔之后,它们的位置和运动(速度)怎样呢**?对于数理天文学,在一个星团、或一个星系、或一个星系团中的恒星,可以看作是按牛顿定律互相吸引的质点。这样,"n体问题"就相当于——在它的一个应用中——问,从现在起1年或10亿年后,天空是什么样子。人们认为,我们有足够的观测数据,可以描述**今天的**总体位形。当然问题由于辐射而极其复杂——恒星的质量不会历经数百万年而不变;但是在牛顿形式下n体问题的某个完全的可计算解,也许会给出对人类的一切目的而言足够精确的结果——人类很可能在辐射能够造成可以观测到的误差之前很久就消亡了。

这实质上是为瑞典国王奥斯卡二世(King Oscar Ⅱ)在1881年提供的奖金所提出的问题。庞加莱没有解决这个问题,但在1889年,由于他对动力学微分方程的一般讨论和对三体问题的研究,由魏尔斯特拉斯、埃尔米特和米塔-列夫勒组成的评奖团授予了他这一奖金。三体问题通常被认为是n体问题最重要的情形,因为地球、月球和太阳提供了一个$n=3$的情形的例子。魏尔斯特拉斯在给米塔-列夫勒的报告中写道:"您可以告诉您的国王,这项工作确实不能看作提供了所提问题的完全解答,但是不管怎么说,它是非常重要的,**它的发表将在天体力学史上开创一个新的时代**。因此可以认为陛下在设立这一项竞赛时所考虑的目的已经达到。"法国政府不甘心落在瑞典国王后面,在庞加莱获得奖金后封他为荣誉军团骑士——这是对这位年轻数学家的天才所给的比国王的2500克朗和金质奖章便宜得多的奖励。

由于我们已经提到过三体问题,我们现在可以报告它最近的一项发展;自从欧拉那时以来,它就被认为是整个数学领域中最困难的问题之一。从数学上讲,这个问题归结为解九个微分方程(都是二阶线性的)的联立方程组。拉格朗日成功地把这个方程组约化为更简单的形式。如同在大部分物理问题中那样,无法期望**有限**形式的解;**如果确实存在一个解**,它将由无穷级数给出。如果这些级数(形式上)满足那些方程,而且对于变量的一些值**收敛**,那么解就"存在"。中心困难是证明收敛。到1905年为止,已经发现了各种各样的特解,但是尚未证明存在任何能被称为通解的东西。

在1906年和1909年,一个完全意想不到的地区——芬兰——取得了一项重要进展。对于这个国家,老于世故的欧洲人甚至今天还认为它几乎是不开化的,特别是认为它还债的怪习不够文明;在帕沃·努尔米(Paavo Nurmi)*在径赛中跑过美国之前,很少有美国人认为这个国家超出了石器时代。除了所有三体同时撞到一起的极罕见的情形,赫尔辛福斯**的卡尔·弗里肖夫·宗德曼(Karl Frithiof Sundman)利用归功于意大利人莱维·齐维塔(Levi Civita)和法国人潘勒韦(Painlevé)的分析方法,作出了他自己的巧妙变换,**证明**了存在上述意义的解。宗德曼的解答不适宜于数值计算,也没有提供多少关于实际运动的信息,但那不是这里感兴趣的事:一个不知道是否可解的问题被证明是可解的了。许多人曾经不顾一切地努力证明这

---

* 帕沃·努尔米(1897—1973)为芬兰径赛运动员。在3次奥运会上共获6枚个人金牌,3枚团体金牌,是奥运会史上第一个9枚金牌获得者。——译者

** 即赫尔辛基。——译者

个重要结论,当证明即将出现时,一些数学家像常人常有的那样,急忙指出宗德曼没有做出什么重要的事,因为除了他解决的那个问题以外,他没有解决其他的问题。这一类批评在数学上就像在文学和艺术上一样平常,这再次表明数学家同任何人一样是凡人。

庞加莱在数学天文学中最有独创性的工作,总结在他的伟大专著《天体力学新方法》(三卷,1892、1893、1899)中。接着是1905—1910年的具有更直接实用性质的另一部三卷集著作《天体力学教程》,以及再晚一些出版的他的课程讲义《流体质量平衡的图形》,和一本历史性评论著作《关于宇宙论假设》。

达布(得到其他许多人的支持)就这些著作中的第一部发表了看法,说它确实开创了天体力学的一个新时代,它可以与拉普拉斯的《天体力学》和达朗贝尔早期关于岁差的著作媲美。"沿着拉格朗日开创的分析力学的道路,"达布说,"……雅可比建立了一个看来是动力学中最完整的理论。50年来,我们依靠这位杰出的德国数学家的那些定理,从各种角度应用它们,研究它们,但是没有添加任何本质的东西。正是庞加莱第一次打破了似乎装着这个理论的这些僵硬的框子,为它设计出客观世界的前景和新的窗口。他在动力学问题的研究中引进或使用了不同的概念:首先是**变分方程**,即决定某一问题的无限接近一个已知解的解答的线性微分方程,这个概念以前就有过,而且不仅仅可以应用于力学;其次是**积分不变式**,这完全属于他,并在这些研究中起了重要作用。再加上其他一些基本概念,特别是涉及所谓'周期'解的那些概念,对于它们,被研究其运动的那些物体,在一定时间后回到它们的初始位置和初始相对速度。"

周期解的概念开创了数学的整整一个部门,即对周期轨道的研究:比如说,给定一个行星系统,或一个恒星系统,以及该系统中所有成员在某一确定时刻的初始位置和相对速度的完整数据,要求确定在什么条件下该系统会在稍后的某一时刻回到它的初始状态,从此无限地重复它的循环运动。例如，太阳系具有这种周期类型吗？或者如果不具有，那么要是它是孤立的、而且不受外界天体的摄动，它会具有吗？无须说，这个一般的问题还没有完全解决。

庞加莱的许多天文学研究工作是定性的，而不是定量的，正如一个直觉主义者应有的那样，这个特点把他引向了拓扑学研究，就像它曾引领过黎曼一样。他发表了六篇关于拓扑学的著名论文，它们革新了当时的这个学科。关于拓扑学的研究又被大量应用于天文学的数学。

我们已经提到庞加莱关于旋转流动物体问题的工作——在天体演化学中具有明显的重要性，它的一个方面假定行星一度很像这样的一些流动物体，它们可以被看作好像它们实际上不是那么荒谬可笑的样子。它们是否如此，对这种情形的数学而言并不重要，它本身就很有意思。从庞加莱自己的概述中摘出的几段话，比任何释义更清楚地说明了他在这个困难的学科中用数学说明的东西的性质。

"让我们想象一个[旋转]流动物体由于冷却而收缩，但是收缩慢得足以保持均匀，并使旋转在一切部分都一样。

"一开始，形状很近似一个球的这团物体变成一个旋转椭球，它将变得越来越扁，然后，在某个确定的时刻，它将变成一个有三个不同轴的椭球。再后来，形状不再是椭球，而成了梨形，最后这一团物体在它的'腰'部越来越凹进去，最终分成两个隔开的、不同的物体。

"上述假说肯定不能应用到太阳系。一些天文学家认为它可能对一些双星是成立的，天琴座β型双星可能会呈现出类似于我们讲到的那些形式的过渡形式。"

然后他继续提出该研究对土星光环的应用，他宣称已经证明了只要光环的密度超过土星密度的1/16，光环就是稳定的。可以说，直到1935年这些问题还不能被看作完全解决了。特别是对可怜的老土星的更严格的数学处理，似乎表明它还没有被大数学家们完全征服。这些数学家中包括克拉克·麦克斯韦,过去70年中的这些数学家一直在断断续续地不停地研究它。

我们必须再次离开这个几乎还没有尝到什么东西的宴会,进入庞加莱在数理物理学中的大部头著作,这里他的运气不是那么好。要想乘机利用他自己卓越的才能,他应该晚生30年或多活20年。不幸的是,当他正处在全盛时期时,物理学正好经过一个循环之后进入了衰老期;当物理学开始恢复青春时——在普朗克(Planck)于1900年,爱因斯坦于1905年,完成了赋予这个衰老的浪子第一对新命脉的困难棘手的手术之后——他已经如此彻底地沉浸在19世纪的理论中,以至于他在1912年去世之前几乎没有时间去领悟这些奇迹。庞加莱在他整个成年时期,似乎都是通过思考去汲取知识,而没有作有意识的努力。他像凯莱一样,不只是一个多产的创造者,而且也是一个学识渊博的学者。他的范围也许比凯莱还要宽广,因为凯莱从来没有自称他能够懂得在应用数学中正在发生的一切。但这种独特的博学,当碰到与经典科学相对立的、现实的科学问题时,也许是一个不利因素。

一切在物理学坩埚中沸腾的东西只要一出现,庞加莱就会立刻掌握它们,把它们构成几个纯数学研究的题目。当无线电报发明时,他抓住这个新东西,创立了它的数学。当其他人或者无视爱因斯坦关于(狭义)相对论的早期工作,或者把它只作为一个奇怪的东西而忽略时,庞加莱已经在忙着它的数学了,他是第一个告诉世界什么已经到来的赫赫有名的科学界人士,他催促全世界把爱因斯坦的理论看作也许是新纪元的最重要的成就,他预见到这个新纪元,但是他自己没有开创这个新纪元。对于普朗克量子理论的早期形式也是如此。当然,有各种不同的意见;但是时间过得这样久了,现在看来,数学物理学对于庞加莱,犹如谷神星对于高斯;虽然庞加莱在数学物理学方面所完成的工作足够赢来半打伟大的荣誉,但那不是他生就去从事的职业,要是他坚持从事纯数学,科学从他得到的就会更多——他的天文学工作也就是纯数学,而不是其他。但是科学得到的已经够多了,而且一个具有庞加莱这样天才的人,有权做他喜爱的事。

我们现在还有篇幅来介绍庞加莱多才多艺的最后一个方面:他对数学创造的基本原理的兴趣。在1902年和1904年,瑞士数学杂志《数学教学》对数学家们的工作习惯进行了调查,调查表发给了许多数学家,其中一百多人作了回答。对于问题的回答和对一般倾向的分析,在1912年以最后形式发表。*任何希望一窥数学家的"心理"的人,都能从这份别具一格的著作中,以及庞加莱在看到这个调查的结果之前独立得出的观点的证据中,找到许多有趣的东西。在我们引用庞加莱的话以前,可以提到普遍感兴趣的几点。

那些后来成为大数学家的人对数学的早期兴趣,已经在前面各章中多次举例说明了。对于"在什么时期……和在什么情况下数学抓住了你?"这个问题,收到了93人对这个第一个提问的回答:35人说在10岁以前,43人说在11岁到15岁;11人说在16岁到18岁;3人说在19岁到20岁;只有一个晚到的回答说在26岁。

另外,凡是有数学家朋友的人都会注意到,他们当中有一些人喜欢在早晨很早的时候工作(我知道一个很出众的数学家,他在早得不近人情的清晨5点钟开始他一天的工作),而另外一些人在天黑以前什么都不做。对于这一点的回答,表明了一个奇怪的倾向——也许是重要的,尽管有许多例外:北方民族的数学家们宁愿在夜里工作,而拉丁系民族的数学家喜欢在早晨工作。在夜里工作的数学家中,长时间的集中精力,使得他们年纪大一些的时候常常失眠,于是他们——不情愿地——改成早晨工作。费利

---

* 《数学教学》关于数学家工作方法的调查,可从该杂志及巴黎的戈蒂埃-维拉尔出版社的单行本中见到。

克斯·克莱因在年轻时夜以继日地工作,他有一次指出摆脱这种困境的一个可能的途径。他的一个美国学生抱怨由于思考数学而不能睡觉。"睡不着,嗯?"克莱因哼了一声,"水合氯醛是干什么的?"不过,不能不加区别地推荐这种药物;克莱因自己悲剧性的衰竭也许与它有关。

也许,收到的回答中最重要的是,那些关于灵感与苦干哪一个是数学发现的源泉这一问题的回答。结论是"数学发现,不论大小……都永远不会自发地产生。它们总是自觉和不自觉地以一片播种了基础知识,并通过劳动充分耕耘的土壤为先决条件"。

那些宣称天才是百分之九十九的汗水,只有百分之一的灵感的人,如托马斯·阿尔瓦·爱迪生(Thomas Alva Edison),和那些把这个数字颠倒过来的人并不抵触。哪方都是对的。一方记住了苦干,而另一方在看似突然发现的激动中把它忘得精光,但是当他们分析他们的印象时,双方都承认,没有苦干和"灵感"的闪现,就不可能作出发现。如果只是苦干就够了,那么许多酷爱艰苦工作的人,他们对于某个科学分支似乎无所不知,同时又是很好的批评家和评论家,怎么会连一个小小的发现也从来没有得到呢? 另一方面,那些相信"灵感"是科学或文学上发现和发明的唯一因素的人,只要看看雪莱(Shelley)任何一首"完全自发的"诗的早先的草稿(只要这些草稿保存下来,并被复制),或者看看巴尔扎克的使他的气得发狂的出版商无法承受的任何一部长篇小说一次次的修改稿,就能明白事实并非如此。

庞加莱在一篇1908年发表的,以后又收入他的《科学方法》中的文章里,说明了他对数学发现的看法。他说,数学发现的产生,是一个应该使心理学家们非常感兴趣的问题,因为它是人类头脑似乎从外部世界借用得最少的活动,而且通过了解数学思维的过程,我们有希望得知什么是人类头脑中最本质的东西。

庞加莱说道:"怎么竟会有一些不懂数学的人呢? 这应该使我们感到吃惊,或者,更确切地说,如果我们不是如此地对它习以为常,那么它就会使我们吃惊。"如果数学仅仅是建立在逻辑规则的基础上,如同所有正常的人都接受的那样,而且(按照庞加莱的说法),只有疯子才会否认这一点,那么,怎么会有这么多人不懂数学呢?对这个问题也许可以这样回答,还没有哪一组证实数学上的无能是正常人类模式的详尽试验公布过。"还有,"他问,"在数学中错误怎么会是可能的呢?"亚历山大·蒲柏(Alexander Pope)说:"犯错误是合乎人性的。"这是和任何其他解答一样不能令人满意的解答。消化系统的化学也许与它有点关系,但是庞加莱想要更微妙的解释——一个不能以给"无价值的躯体"喂麻醉剂和酒精来作试验的解释。

"在我看来答案是明显的。"他宣称。逻辑同发现或发明没有什么关系,记忆力起了作用,不过记忆力并不像它可能的那样重要。他一点不脸红地说,他的记忆力不好:"那么它为什么没有在一段困难的、大多数棋手[他认为他们的"记忆力"是极好的]都会失败的数学推理中抛下我呢?显然是因为它受到推理的一般进程的指导。一个数学证明不只是演绎推理的并列;它是**按一定顺序排列的**演绎推理,而顺序比组成部分本身更重要。"如果他有这个顺序的"直觉",记忆力就算不了什么,因为每一个演绎推理都将自动地占据它在序列中的位置。

然而数学创造不仅在于做出已知事物的新组合;"任何人都能做出组合,这样的组合会有无限多个,但是大多数没有意义。创造恰恰在于避免无用的组合,做出那些有用的组合,它们只是构成的一小部分。发明是识别、选择。"但是这一切不是以前就说过几千遍了吗?有哪一个艺术家不知道选择——一个不可捉摸的东西——是成功的一个秘密呢?我们恰恰处于我们在开始研究以前的地方。

为了结束庞加莱的这一部分观察报告,可以指出,他说的许多东西都是建立在一个假定上的,这个假定可能确实是成立的,但是它没有任何科学证据。直截了当地说,他假定人类的大多数都是数学上的低能人。如果在这点上同意他,那么我们甚至无须接受他的纯浪漫的理论。它们属于灵感的文学,而不属于科学。我们转到一些不那么引起争论的东西,现在来引用一段著名的文字,庞加莱在这段文字中描绘了他自己的一个最伟大的"灵感"是怎样产生的,用意在于证明他的数学创造的理论。它是否起到了这个作用,可以留待读者去判断。

他首先指出,为了领会他的叙述,不需要懂得专业术语:"心理学家们感兴趣的不是定理,而是环境。

"我花了15天时间,竭力证明不存在与我后来称为**富克斯函数**类似的函数;我那时非常无知。每天坐在我的工作台前,花上一两个小时的时间;我试了很多种组合,什么结果也没有得到。一天傍晚,与我的习惯相反,我喝了黑咖啡;我不能入睡,各种想法蜂拥而至;我觉察到它们互相冲突,直到一对想法,就这么说吧,钩在了一起,形成一个稳定的组合。到早晨我已经证实了一类富克斯函数,即从超几何级数中得出的那类函数的存在。我只需要写出结果,这用了我几个小时。

"接着我想用两个级数的比来表示这些函数;这个想法是完全有意识的,是想出来的;与椭圆函数的类比指引了我。我问自己,如果这些级数存在的话,它们的性质是什么,我毫无困难地构造出了这些级数,我称它们为富克斯级数。

"然后我离开了当时我住的地方卡昂,参加矿业学院主办的一次地质调查旅行。旅行的紧张使我忘记了我的数学劳动;到达库唐斯以后,我们乘公共汽车去某地游览,就在我踏上汽车踏板的那一瞬间,产生了一个想法,显然我以前并没有想到什么东西为它作准备,这个想法是,我用来定义富克斯函数的那些变换,与非欧几何的那些变换是一致的。我没有作证明;我不会有时间,因为一上车,我就在继续一个中断了的谈话;但是我立即感到这是完全确定无疑的。一回到卡昂,我就在我的空闲时间证明了这个结果,以使自己安心。

"然后我着手研究一些算术问题,没有什么明显的成绩,也没有怀疑过这些问题会与我以前的那些研究有任何联系。研究得不到成功,使我感到厌烦了,于是我去海边待了几天,思考另一个问题。一天,当我沿着海边的峭壁散步时,那个想法又出现了,又带有那种简明、突然、瞬间确定的特点,这就是三元二次不定型的那些变换,与非欧几何的那些变换是一致的。

"一回到卡昂,我就考虑这个结果,得出了它的结论;二次型的例子向我表明,有一些富克斯群与相应于超几何级数的那些富克斯群不同;我看出我能把它们应用于θ函数的理论,因此存在一些与从超几何级数导出的那些θ函数不同的θ函数,这是我到那时为止所知道的唯一不同的θ函数。很自然地,我给自己提出了构造所有这些函数的任务。我系统地作出了再三努力,一个接着一个地解决了所有的外围问题;然而有一个问题仍然解决不了,而攻下它就会取得全盘胜利。但是我的全部努力只是使我更明白了这个问题的困难,而这本身是有意义的。所有这些工作都是完全有意识地去做的。

"正在这时,我离开卡昂前往瓦勒里昂山,在那里服兵役,因此我有了一些很不同的急务。一天,在穿过大街时,挡住我的那道难题的解答突然出现了。我没有试图立刻深入研究它,只是到了我的服役结束以后,我才继续研究这个问题。我已经有了所有的组成部分,只需要装配它们,排列它们就行了。所以我写出了我最后的论文,一挥而就,毫无困难。"

这类事情,他说,还可以从他自己的工作和其他数学家的工作中,举出许多其他的例子,如在《数学教学》杂志中报告的。从他的经历中,他相信这种表面上的"突然启发","[是]以前长期潜意识工作的明显标志",他继续推敲他的潜意识思维理论和它在数学创造上的作用。有意识的工作,作为引发潜意识长期积聚的炸药的一种触发机制是必要的——他没有这样说,但是他所说的与此相当。可是如果我们仿效庞加莱,把正是我们要了解的那些活动,强加在"潜意识思维"或"潜在自我"之中,那么我们能从理性解释的方式中得到些什么呢？不是赋予这个神秘的作用者一种假设的辨别力，使它能够在提出来（怎样提出来，庞加莱没有说）供它检查的"数目极多的"可能组合中作出区别，而是平静地说"潜意识"除了"有用的"组合外，拒绝一切组合，因为它对对称和美有一种感受力，这听起来不免像是给人一个印象较深的名字来解决那个初始问题。也许这正是庞加莱打算做的，因为他一度把数学定义为给各种不同的事物同一名字的艺术；所以在这里他可能是通过给同一事物以不同的名字来完成其观点的对称性。看来很奇怪，一个能够满足于数学创造的这样一种"心理学"的人，在宗教问题上竟然是一个完全的怀疑主义者，庞加莱就是这样一个人。在庞加莱出色地陷入心理学之后，怀疑主义者们很可能会不再对不相信的任何东西抱什么希望了。

在20世纪头10年间，庞加莱的名声增长得很快，他开始——特别是在法国——被看作一切关于数学的事情的大智者。他对各种从政治到伦理学的问题的见解，通常是直截了当的，并被大多数人当做最终结论来接受。正像一个伟人去世后几乎必然会发生的那样，庞加莱生前令人眼花缭乱的名声，在他去世后的10年中经历了一个不公平的黯然失色的时期，但是他对于什么东西会使后代感兴趣的直觉已经在为它自己辩护了。只举许多例子中的一个，庞加莱是全部数学都能用经典逻辑的基本符号重写这一理论的有力反对者；他认为是某种超出逻辑的东西，使数学成了现在的样子。虽然他并未像现在的直觉学派走得那样远，但是他也像那个学派一样，似乎相信至少一些数学概念先于逻辑概念，并且如果两者之间有因果关系，那么正是逻辑必定出自数学，而不会反过来。这是否就是最终信条还有待考虑，但是目前看来，好像庞加莱以听凭他自由使用的一切冷嘲去攻击的理论，不管具有什么样的优点，并不是最后的理论。

在庞加莱的最后4年中，除了令人苦恼的疾病之外，他繁忙的生活是平静而幸福的。各种荣誉从全世界所有的主要学术团体那里雨点般地向他飞来。在1906年，52岁时，他获得了法国科学家可能得到的最高的荣誉称号，法兰西科学院院长。所有这一切并没有使庞加莱妄自尊大，因为他是真正谦逊单纯的，不装腔作势。他当然知道，在他的壮年时期他没有一个接近他的对手，但是他也能毫不做作地说，与要知道的东西相比，他什么都不知道。他很幸福地结了婚，有一个儿子和三个女儿，他从他们那里得到了很多乐趣，特别是在他们幼小的时候。他的妻子是艾蒂安·若弗鲁瓦·圣伊莱尔（Étienne Geoffroy Saint-Hilaire）的曾孙女，圣伊莱尔作为那个爱争吵的比较解剖学者居维叶（Cuvier）的对手而为人们所记忆。庞加莱的爱好之一是交响乐。

在1908年于罗马举行的国际数学大会上，庞加莱因病没有能宣读他那激动人心的（也许是过早的）演讲《数理物理学的未来》。他的病是前列腺增大，意大利的外科医生们给他做了手术，解除了症状，人们以为他得到了根治。回到巴黎以后，他像以前一样精力充沛地继续工作。但是在1911年，他开始有了可能不久于人世的预感，12月9日他写信给一个数学杂志的编辑，询问是否能接受——与通常的习惯相反——一篇尚未完成的论文，关于庞加莱认为最最重要的某个问题的论文："……以我的年纪，我可能不能解决它了，所得到的结果，有可能把研究者们带到新的、意想不到的道路上去，尽管它们使我多次受骗，我认为它们太有前途了，我自愿献出它们……"他已经把两年中大部分时间用来试着去克服他的困难，但都徒劳无功。

他猜测的那个定理的证明，能够使他在三体问题上取得惊人的进展；特别是将使他能够证明比以前考虑过的更一般的某些情形的无限多个周期解的存在。这个期望中的证明，在庞加莱的"未完成交响曲"发表以后不久，就由一个年轻的美国数学家乔治·戴维·伯克霍夫（George David Birkhoff, 1884—)*证明了。

1912年春天,庞加莱再次病倒,7月9日接受了第二次手术。手术是成功的,但是7月17日,他在穿衣服的时候,因栓塞猝死。他当时59岁,正处在能力的顶峰——用潘勒韦的话说,是"理性科学活着的大脑"。

---

* 伯克霍夫于1944年逝世。——译者

◆ 第 29 章

失乐园?
康托尔

老对手,新面孔。腐朽的信条。康托尔的艺术遗传与父亲的固执。逃脱了,但是太迟了。他的革命性工作使他一事无成。学术上地位低微。"安全第一"的灾难性后果。一个划时代的结论。是悖论还是真理?超越数的无穷存在。咄咄逼人地前进,胆怯地退却。进一步的惊人主张。两种类型的数学家。疯了?反革命。斗争更激烈了。诅咒敌人。普遍动怒。今天数学的状况如何?明天的数学又将如何?

如同一切其他学科,现在轮到数学在显微镜下向世界揭示它根基上可能存在的弱点了。

——F·W·韦斯塔韦(F. W. Westaway)

由格奥尔格·康托尔(1845—1918)在1874—1895年创造的 *Mengenlehre*(集合论,或类论,特别是无穷集论)所引起争论的话题,按照它的年代顺序,很可以作为本书的结尾。这个论题对于数学来说,象征着那样一些原则的总崩溃,19世纪有先见之明的预言家们认为这些原则在从物理科学到民主政府的一切事物中是极其合理的。这些预言家们预见到了一切,只是没有预见到这场大崩溃。

如果说用"崩溃"来描述世界正在尽情享受的那场转变,可能是言重了,那么,科学思想的进化正在如此迅速多变地进行着,以至于确实很难把这一进化与革命区分开来。

没有过去的错误作为动荡的根深蒂固的焦点,物理科学现在的激变也许不会发生;但是认为我们的前辈有我们自己这一代正在做的事情的全部灵感,那对他们来说是过誉了。这一点是值得考虑的,因为一些人可能很想说,数学思想上相应的"革命"(其开端现在看来是显而易见的),只是对芝诺和古希腊其他一些怀疑论者工作的回声。

康托尔

毕达哥拉斯在2的平方根上的困难,以及芝诺关于连续(或"无限可分性")的种种悖论——就我们所知——是我们现在的数学派系的起源。今天,那些关心他们学科的哲学(或基础)的数学家们,在用于数学分析中的推理的正确性上,分裂成至少两个派别,现在显然没有什么和解的希望,这种不一致可以退回许多个世纪,追溯到中世纪,再追溯到古希腊。所有各方面在数学思想的各个时代都有它们的代表,不管那个思想是隐藏在挑起争论的悖论中,像芝诺那样,还是隐藏在逻辑的微妙中,像中世纪一些最令人恼怒的逻辑学者那样。数学家们通常认为这些差别的根源是一个气质问题:试图把像魏尔斯特拉斯那样的分析学家,转变成像克罗内克那样的怀疑者的怀疑主义,必然会像试图把基督教的原教旨主义者转变成偏激的无神论者那样徒劳无益。

在这场论战中,引自几位领袖人物的几段注明日期的话,可以作为我们热衷于康托尔奇特的脑力生涯的兴奋剂（或镇静剂，视爱好而定），康托尔的"实在的无穷理论"，在我们这一代加速了历史上关于传统数学推理的正确性这一最激烈的蛙鼠之战（爱因斯坦有一次这样称呼它）。

1831年，高斯如下表达了他对"实无穷的恐惧"。"我反对把无穷量作为一个完全的东西来使用，在数学中决不允许有这样的用法。无穷只是一种说话的方式，其真正的意义是指某些比值无限地趋近的某个极限，而另一些比值则可以无限制地增大。"

这样，如果 x 表示一个实数，那么当 x 增大时 $1/x$ 减小，我们能够找到 x 的一个值，使 $1/x$ 与零之差为任意预先给定的任意小的值（除零以外），当 x 继续增大时，该差**始终**小于这个预先给定的值；"当 x 趋于无穷时" $1/x$ 的**极限**是零。无穷大的符号是 ∞；$1/\infty = 0$ 的论断有两个理由是无意义的："用无穷去除"是一个**没有定义**的运算，因此没有意义；第二个理由就是高斯所说的。类似地，$1/0 = \infty$ 也是无意义的。

康托尔既同意又不同意高斯的见解。他在1866年写到实（高斯称之为完全）无穷时，说"尽管在**潜**无穷和**实**无穷之间有本质的差别，前者意味着一个增加到超出所有有限限制（就如上述 $1/x$ 中的 x）的**可变**的有限量，而后者是一个超出所有有限量的**固定**的常量，只是它们太经常地被混淆了"。

康托尔接着说，数学中无穷的误用，在他那个时代谨慎的数学家中，理所当然地激起了对无穷的恐惧，恰像它曾激起高斯的恐惧一样。然而他坚持认为，所导致的"对合理的实无穷的不加鉴别的拒绝，不亚于对事物本性［不管那可能是什么——它似乎还没有作为整体揭示给人类］的违背，而这种本性必须该是什么就是什么"——无论其可能如何。康托尔就这样与中世纪的大神学家们为伍了，他是对这些神学家深有研究的学者和热烈的赞美者。

对古老问题的绝对肯定和完全解答，如果在吞下去之前先腌透，就能更好地咽下去了。这里是罗素在1901年关于康托尔对无穷作的普罗米修斯式的进攻所不得不说的话。

"芝诺关心过三个问题……这就是无穷小、无穷和连续的问题……从他那个时代到我们自己的时代,每一代最优秀的智者都尝试过解决这些问题,但是广义地说,什么也没有得到……魏尔斯特拉斯、戴德金和康托尔彻底解决了它们。它们的解答清楚得不再留下丝毫怀疑。这个成就可能是这个时代能够夸耀的最伟大的成就……无穷小的问题是魏尔斯特拉斯解决的,其他两个问题的解决是由戴德金开始,最后由康托尔完成的。"*

这一段文字中的热情,甚至今天还使我们感到温暖,虽然我们知道罗素在他和怀特海的《数学原理》第2版(1924年)中承认,戴德金的"分割"(见第27章)并不是十全十美的——这个"分割"是分析学的脊髓。它在今天也不是十全十美的。今天在10年中支持或反对科学或数学中的一个特别信念所做的一切,比在古代、中世纪,或后来的文艺复兴时期的一个世纪中所做的还要多。今天着手解决一个突出的科学问题或数学问题的有才智的优秀人物,比以往任何时候都更多,最终结论成了原教旨主义者的私人财富。罗素1901年的评论中的那些最终结论,没有一个残存下来。四分之一世纪以前,谁看不见预言家们向他们保证的、像正午的太阳在夜半的天空中,闪耀在头顶上方那样的伟大光辉,谁就只能被称为傻瓜。今天,对于站在预言家一方的每一个有能力的专家,都有一个同样有能力的专家站在反对他的另一方。如果说什么地方有愚蠢的言行,它也是分布得非常均匀的,以至于它不再是区分的标志。我们正在进入一个新时代,一个怀疑和适度谦卑的时代。

大约同一时期(1905年)站在怀疑一边的,我们发现了庞加莱。"我讲到过……我们需要不断地回到我们科学的第一原理,也讲到过这对于研究人类思维的好处。这种需要已经激发了两个大胆的计划,它们在数学的最新发展中占有非常显著的位置。第一个是康托尔体系……康托尔给科学引

---

* 引自莫里茨(R. E. Moritz)的《数学大事记》,1914年。我找不到原始出处。

进了考虑数学无穷的新方法……但是我们遇到了会使爱利亚学派的芝诺和麦加拉学派高兴的一些悖论,一些明显的矛盾。所以每一个人都必须寻找补救的方法。就我来说——而我并不是单独一人,我认为重要的是永远不要采用一些不能用有限的文字完全定义的东西。不管怎样治好的,我们都可以像被召来治疗一个极好的病理学病例的医生那样感到喜悦。"

几年以后,庞加莱因其自身的缘故对这样的病理学的兴趣多少有些减弱了。1908年在罗马举行的国际数学大会上,这位厌倦了的医生自己说出了这样的预测:"今后的几代人将把集合论当做一种人们已经从中康复过来的疾病。"

康托尔违反他自己的意愿不由自主地发现,"数学的肌体"害了重病,芝诺传染给它的疾病还没有得到缓解,这个发现正是康托尔最伟大的功绩。他那扰乱人心的发现是他自己聪明的一生的一种奇怪的共鸣。我们首先看一看他的物质生活的一些事实,这些事实本身也许不怎么有趣,但是这些事实后来对他的理论极有启发。

格奥尔格·费迪南德·路德维希·菲利普·康托尔(Georg Ferdinand Ludwig Philipp Cantor)的双亲都是纯粹的犹太血统,他是富商格奥尔格·沃尔德马·康托尔(Georg Waldemar Cantor)和他的妻子、艺术家玛丽亚·博姆(Maria Bohm)的第一个孩子。父亲出生在丹麦的哥本哈根,但在年轻时移居俄国的圣彼得堡,数学家格奥尔格·康托尔于1845年3月3日出生在该城。1856年父亲因患肺病移居德国的法兰克福,在那里过着舒适的退休生活,直到1863年去世。由于这种奇怪的多国籍混杂情况,几个祖国都有可能宣称康托尔是它们的儿子。康托尔本人喜爱德国,但是不能说德国很热诚地喜爱他。

格奥尔格有一个弟弟康斯坦丁(Constantin),成了一名德国军官(很少有犹太人这样做),还有一个妹妹索菲·诺比琳(Sophie Nobiling)。弟弟是一位出色的钢琴家；妹妹是一位有成就的设计师。格奥尔格被抑制的艺术天性，在数学和哲学中找到了汹涌的发泄机会，它既是古典的，又是经院式的。孩子们显著的艺术气质是从他们的母亲那里继承来的。她的祖父是一个音乐指挥，她的一个兄弟住在维也纳，教出了著名小提琴家约阿希姆（Joachim）。玛丽亚·康托尔的一个弟弟是音乐家，一个侄女是画家。要是真像单调平庸的心理学支持者所宣称的那样，正常状态与不动感情的稳定性是一码事，那么在康托尔家族中的这一切艺术才华，也许就是康托尔不稳定性格的根源了。

这一家都是基督教徒，父亲皈依了新教；母亲生来就是罗马天主教徒。康托尔和他的主要对手克罗内克一样，偏爱新教一方，有一种对中世纪神学作没完没了的、无益而琐细的分析的奇特爱好。要是他没有成为数学家，那么很可能会在哲学和神学方面留下他的印记。可以提到与此有关的一件趣事，耶稣会会士们迫不及待地抓住康托尔的无穷理论，以他们敏锐的逻辑头脑，在超出他们对神学的理解之外的数学比喻中，发现了对上帝存在和圣三一及其三位一体、一体三位、相互平等、永远并存的毋庸置疑的证明。在过去2500年中，数学炫耀着一些美丽而奇怪的一致性，这是无与伦比的。康托尔有敏锐的机智，生气时有更锋利的舌头，说他嘲弄了这样的"证明"是自命不凡的荒谬愚蠢，这是十分公正的，尽管他本人是虔诚的基督教徒和神学专家。

康托尔的学生生涯同最有才华的数学家们一样——他最伟大的才能很早（在15岁以前）就得到了承认，对数学研究有一种着迷的兴趣。他在一位私人教师那里接受了启蒙教育，接着在圣彼得堡的一所小学上学。当全家搬到德国时，康托尔先进了法兰克福的私立中学和达姆斯塔特的非古典式的学校，1860年15岁时进了威斯巴登中学。

康托尔决心成为数学家，但是他讲求实际的父亲看出了这孩子的数学才能，顽固地想要强迫他学工程，因为工程是更有前途的谋生职业。在康托尔1860年行坚信礼之际，他父亲写信给他，表达了他自己以及格奥尔格在德国、丹麦和俄国的众多婶、姨、叔、舅及堂表兄弟们对这个有才华的孩子所抱的很高的希望："他们盼望你的正是成为一位特奥多尔·舍费尔(Theodor Schaeffer)，如果上帝愿意，也许成为工程学天空的一颗闪光的星星。"什么时候父母们才会了解让天生的赛马去拉车是专横愚蠢的呢？

对上帝的虔诚呼吁，在1860年是为了迫使这个敏感而虔信宗教的15岁孩子屈服，而在今天(感谢上帝!)会像一只网球那样，从我们这一代年轻人更硬的头上反弹回去。但是它重重地击中了康托尔，事实上它把他打昏了。年轻的康托尔深爱他的父亲，又有深厚的宗教天性，他无法看出这位老人只是在考虑他自己对钱的贪婪。这样，格奥尔格·康托尔极其敏感的头脑的第一次偏离就开始了。格奥尔格没有像今天有才能的孩子那样，有几分成功的希望就反抗，相反，格奥尔格没有反抗，他屈服了，最后就连顽固的父亲也明显地看出，他是在毁灭儿子的意愿。但是格奥尔格·康托尔在不顾自己天性的敦促，而试着去取悦父亲的过程中，播下了自我怀疑的种子，这使他后来成了克罗内克恶毒攻击的手到擒来的牺牲品，并造成他怀疑他的工作的价值。要是康托尔被培养成一个独立的人，他就决不会没有信心而去顺从那些已经功成名就的人。这种顺从使他的生活万般不幸。

当危害已经铸成时，父亲让步了。格奥尔格17岁时以优异的成绩完成了中学学业，这时他得到了"亲爱的爸爸"的允许，上大学学习数学。"我亲爱的爸爸!"格奥尔格用他孩子气的感激口吻写道，"你自己也能体会到你的信使我多么高兴。这封信确定了我的未来……现在我很幸福，因为我看到如果我按照自己意愿选择，不会使你不高兴。我希望你能活到在我身上找到乐趣，亲爱的父亲；从此以后我的灵魂，我整个人，都为我的天职活着；一个人只要去做他渴望做的事情，做他内心的冲动驱使他去做的事情，他就会成功!"这个爸爸无疑是应该受到感激的，即使格奥尔格的感激照现代的意味看来，有一点儿过于卑从的基调。

1862年康托尔在苏黎世开始了他的大学生活,但是次年父亲去世,他转学到柏林大学。在柏林大学,他专攻数学、哲学和物理。他对前两个学科同样感兴趣;对物理学他却从来没有任何感情。他的数学指导教师是库默尔、魏尔斯特拉斯和他未来的敌人克罗内克。按照通常德国的习惯,康托尔在另一所大学度过了一段不长的时间,1866年在格丁根大学住了一学期。

在柏林有库默尔和克罗内克,数学就充满着算术气氛。康托尔深入钻研了高斯的《算术研究》,写出了他的博士论文,1867年获得了博士学位。他的论文讨论高斯留下的关于不定方程

$$ax^2 + by^2 + cz^2 = 0$$

的x,y,z整数解的难点,其中a,b,c是任意已知整数。这是一项很不错的工作,但是可以说没有哪一个读到它的数学家会预见到,这个22岁的稳健的作者,会成为数学史上一个最激进的发明者。在这项首次尝试中,才能无疑是显而易见的,但是天才——没有。在这篇严谨的经典论文中,没有一点伟大发明者的迹象。

对于康托尔在29岁以前发表的所有早期工作,也可以这样说。这些工作是优秀的,但是任何像康托尔那样从高斯和魏尔斯特拉斯那里充分汲取了严格证明学说思想的有才气的人,都能够做出它们。康托尔最早钟爱的是高斯的数论,他是被证明的困难、严格、清晰和完善吸引到这个理论中来的。在魏尔斯特拉斯的影响下,他不久就另辟蹊径,从这一理论进入到了严格的分析中,特别是三角级数(傅里叶级数)的理论中。

这个理论难以捉摸的困难(其中无穷级数收敛性的问题比在幂级数理论中更不容易对付),似乎激励了康托尔比他的任何一位同代人更深入地研究分析的基础,这样就导致他对无穷本身的数学和哲学问题进行全面的研究,而这是关于连续、极限和收敛等全部问题的基础。康托尔在快满30岁时发表了他的第一篇关于无穷级数的革命性论文(在克列尔的杂志

上）。这将在下面叙述。康托尔在这篇论文中建立的关于**全部**代数数集合的意想不到的和似非而是的结果，以及直接使用的方法的标新立异，标志着这位年轻作者是一个见识独到、极具创造性的数学家。是否所有的人都承认新方法的合理性，这无关紧要；但全世界都承认一个在数学上带有全新东西的人已经出现。应该立刻给他一个有影响的位置。

康托尔的物质生活与任何一个不大出名的德国数学教授一样，他从来没有实现在柏林大学获得教授职位的抱负，那也许是德国能在康托尔最伟大、最有创见的多产时期(1874—1884, 29岁到39岁)给予的最高荣誉了。他活跃的专业生涯全都是在哈雷大学度过的，那是一所独特的三流学院，他在1869年24岁时被任命为不领薪金的教师（一个全靠从学生那里收费维持生计的讲师）。1872年他成为讲师；1879年——在对他工作的批评开始变成对他恶意的人身攻击的局面之前——他被任命为正教授。他最早的教学经历是在柏林的一所女子中学。为了这个奇怪的格格不入的工作，他得听一个数学上缺乏创见的庸人关于教学法的乏味演讲，然后才有资格取得教孩子们的国家证书。这对社会是一种浪费。

不管这样做是对还是错，康托尔为没有得到自己渴求的柏林大学的职位而责怪克罗内克。当两个学术界的专家在纯科学的问题上分歧严重时，如果他们知道"谨慎就是大勇"，那么他们就会做到对彼此的仇恨一笑了之，而不必为它们小题大做；不然，他们就会像其他人在面临敌对状况时那样，诉诸任何种类的交战手段。一种办法是以一种有效的阴险手段扑向对方，这种办法往往能在真诚友谊的幌子下达到他恶意的目的，但这里没有这样的手段！当康托尔与克罗内克都摸清对方意图时，他们吵翻了天，弃矜持而不顾，就差没把对方的喉咙切断了。或许这终究还是比假装虔诚的伪善更为体面的战斗方式——如果人们一定要战斗的话。任何战争的目的都是消灭敌人，对这桩不愉快的事情，表现出感情用事或武士风度，都是无能的战士的标志。克罗内克在科学论战上是一个最有能力的斗士;康托尔却是一个最无能的战士。但是,以后就会看出,克罗内克对康托尔的强烈敌意,并不完全是个人的,至少部分是出于科学,而且是不存偏见的。

1874年,康托尔29岁时发表了他关于集合论的第一篇革命性论文,同年与瓦利·古特曼(Vally Guttmann)结婚,生了两个儿子和四个女儿。没有一个孩子继承了父亲的数学才能。

这一对年轻夫妇在因特拉肯度蜜月时,常和戴德金交往。戴德金也许是当时唯一试图认真而同情地了解康托尔的颠覆性学说的一流数学家。

在19世纪最后25年中德国数学界的霸王们的眼里,戴德金本人是一个不大受欢迎的人,有独到见解的戴德金是同情科学上名声不佳的康托尔的。局外人有时候以为,在科学上,独创性总是会受到热烈欢迎的。数学史反驳了这个乐观的幻想:在牢固建立的科学中,触犯者的道路很可能与人类任何其他保守领域中的触犯者的道路同样艰难,即使人们承认这位触犯者由于超越顽固正统观念的狭窄范围而发现了有价值的东西,情况也仍然会是这样。

如果戴德金同康托尔在向新的方向出击之前停下来考虑一下,他们两人都很可能得到他们本来指望得到的东西。戴德金整个职业生涯是在平庸的位置上度过的;现在戴德金的工作已被承认为德国有史以来对数学作出的最重要的贡献之一。那种认为戴德金**情愿**待在默默无闻的困境中,而让智力上完全不比他高明的人,在得到公众和学术界尊敬的光荣中,像马口铁一般闪闪发光的说法,在那些本人是"雅利安人"而不是德国人的旁观者看来,纯粹是一派胡言乱语。

19世纪德国学术成就的理想,是一种完全等同于"安全第一"的崇高理想,也许它正确地说明了对待激进的独创性的一种极端高斯式的谨慎——可以想象,新事物可能并不完全正确。对于云雀的习性,一部诚实编纂的百科全书提供的资料，一般说来比一首关于同一题目的诗，如雪莱的诗*，更加可靠。

在这样一种充斥着"所谓的事实"的气氛中，康托尔的无穷论——对过去2500年来的数学最令人不安，但却有独创性的贡献之一——所感受到的自由，大约同一只试图穿过一层冰冷胶黏的空气、飞上云霄的云雀的自由一样多。即便这个理论完全错了——而且就算有人认为它不能用任何类似康托尔认为他已经开始研究的东西来加以补救——也应该得到较好的对待，而不能因为它是没有以正统数学的神圣名义给它正名的新事物，就向它扔砖头。

1874年这篇开拓性的论文有着建立起所有代数数集合的一个完全意想不到的、高度似非而是的性质。虽然这些数在前几章中已多次描述过，我们仍将再次说明它们是什么，以便清楚地阐明康托尔所证明的令人惊愕的事实的性质——在说到"证明"时，我们有意忽视了目前对康托尔所用的推理的合理性的全部怀疑。

如果 r 满足一个有理整数（普通整数）系数的 n 次代数方程，而且如果 r 不满足次数小于 n 的这样的方程，那么 r 就是一个 n 次代数数。

这可以推广。因为很容易证明一个类型为

$$c_0 x^n + c_1 x^{n-1} + \cdots + c_{n-1} x + c_n = 0,$$

其中 c_i 是任意已知**代数**数（如上定义的）的方程，它的任何一个根本身就是代数数。例如，按照这个定理，方程

$$(1-3\sqrt{-1})x^2 - (2+5\sqrt{17})x + \sqrt[3]{90} = 0$$

的所有的根都是代数数，因为系数是代数数（第一个系数满足 $x^2 - 2x + 10 = 0$，第二个系数满足 $x^2 - 4x - 421 = 0$，第三个系数满足 $x^3 - 90 = 0$，这样，方程的次数分别是 2, 2, 3）。

---

* 指雪莱的名诗《致云雀》。——译者

想象(如果你能够)**所有**代数数的集合。这些数**中**,**有所有的**正有理整数 1,2,3,…,因为它们中的任意一个,比如说 n,满足代数方程 $x-n=0$,方程中的系数(1 和 $-n$)是有理整数。但是**除这些以外**,所有代数数的集合还包括**所有**有理整系数二次方程的**所有的根**,**所有**有理整系数三次方程的**所有的根**,等等,以至无穷。**所有**代数数的集合应比其有理整数 1,2,3,… 的**子集多**包含**无穷多**个元素,这在**直观上不是很明显**吗? 它可能确实是明显的,但它恰恰是错的。

康托尔证明了,全体有理整数 1,2,3,… 的集合与"无穷地包含更广泛"的**所有**代数数的集合,恰恰包含着同样多的元素。

这里不能给出这个似非而是的陈述的证明,但是可以很容易地使这个证明所据的那一类方法——"一一对应"的方法——明白易懂。这会使有哲学头脑的人懂得**基数**是什么。在说明这个简单但多少有些难以捉摸的概念之前,先看看关于康托尔理论的这一个及其他一些定义的一种观点的表述可能是有益的,这种观点强调了一些数学家与许多哲学家之间在关于"数"或"量"的全部问题上态度的差异。

"一个数学家从来不用量本身去定义量,而一个哲学家会很愿意这样做;数学家定义量的相等、它们的和及它们的积,这些定义决定了或者说构成了量的全部数学性质。他甚至以更抽象、更形式化的方式,**制定**了符号,同时**规定**了符号必须据以组合的规则;这些规则足以表示这些符号的特性,给予它们数学意义。简言之,就像棋子是由决定它们的移动和它们之间的关系的约定来决定的那样,他用任意的约定来创造数学的实体。"*并

---

* 库蒂拉(Couturat),《论数学的无穷》,巴黎,1896 年,49 页。鉴于这部著作的很多部分现在已毫无希望地过时了,我们向普通读者推荐它,是由于它的透彻明确。波兰第一流的专家瓦克罗·西尔平斯基(Waclaw Sierpinski)写了一部说明康托尔体系的原理的著作《超穷数教程》(巴黎,1928 年),任何具有小学程度和对抽象推理感兴趣的人都能理解它。波莱尔写的前言提供了必要的危险信号。上面库蒂拉著作的摘录与希尔伯特的方案具有某种历史兴味。它提前 30 年预见到希尔伯特关于他的形式主义的纲领。

不是所有的数学思想学派都同意这种看法,但是它们至少提出了对下述的基数**定义**负责的一种"哲学"。

注意,定义中的开始阶段是以库蒂拉的开场白的精神描述"同样的基数";然后"基数"就像长生鸟一般从它的"同样性"的灰烬中再生了。这完全是一个在没有明确定义的概念之间的**关系**的问题。

当两个集合中的所有事物都能一对一地对应起来时,就说这两个集合有**同样的基数**。在配成对之后,每个集合中都没有不成对的东西了。

举几个例子可以讲清这个难懂的定义。这是那些很不明显而且不结果实的、深刻地被忽视了几千年的事物中的一个。集合 $(x,y,z),(a,b,c)$ 有**同样的基数**(我们不去愚蠢地说"当然!每一个包含三**个**字母"),因为我们能够把第一个集合中的 x,y,z 与第二个集合中的 a,b,c 像下面这样配成对:x 对 a,y 对 b,z 对 c,并且这样做了以后,我们发现在哪个集合中已没有剩下不成对的东西。显然还有其他进行分对的方式。再有,在一个根据法律实行一夫一妻制的基督教社会中,如果20对已婚夫妇坐在一起进餐,那么丈夫的集合就与妻子的集合有同样的基数。

作为这个同样"明显"的另一个例子,我们想起了伽利略(Galileo)的全体正整数平方的集合和全体正整数集合的例子:

$$1^2, 2^2, 3^2, 4^2, \cdots, n^2, \cdots$$

$$1, 2, 3, 4, \cdots, n, \cdots$$

这个例子和上述例子之间的"似非而是"的差别是明显的。如果所有的妻子都离开餐室到客厅去,留下她们的丈夫饮葡萄酒聊天,那么正好有20个人坐在餐桌旁边,恰好是原来的一半;但是如果所有的平方数离开自然数,那么剩下来的恰好与原来的一样多。不管我们喜欢与否(如果我们是有理智的动物,我们就不会喜欢它),这个赤裸裸的奇迹就出现在我们面前:一**个集合的一部分可以与整个集合有同样的基数**。如果有人不喜欢"同样基数"的"成对"定义,他可以接受挑战,去下一个更恰当的定义。

直觉(男人的,女人的,或数学的)已经被大大高估了。直觉是一切迷信的根源。

注意,在这个阶段一个头等重要的困难被掩饰过去了。**一个集合或一个类是什么呢?**用哈姆莱特(Hamlet)的话说,"这是一个问题。"*我们要回到它,但是我们不回答它。不管谁能够成功地使康托尔的批评者们完全满意地回答这个天真的问题,都很可能会去解决针对康托尔巧妙的无穷论的一些更严重的障碍,同时在不动感情的基础上建立数学分析。为了明白这个困难不是微不足道的,试想**所有**正有理整数 $1,2,3,\cdots$ 的集合,问问你自己,与康托尔一起,你是否能在你心里把这个全体——它是一个"类"——当做一个确定的思考对象,就像三个字母的类 x,y,z 一样容易理解。为了领会康托尔所创造的**超穷数**,他要求我们做的正是这件事。

现在我们继续讲"基数"的定义,我们采用一个方便的专门术语:两个集合或类的元素能够一对一地配对(如在前面举出的例子中那样),就说它们是**相似的**。在集合(或类) x,y,z 中有**多少**元素呢?显然是 3 个。但是"3"是什么呢?下面的定义包含了一个答案:"一个给定类中的事物的**数目**,是相似于该给定类的所有类的那个**类**。"

从这个定义的尝试性解释中什么也得不到;必须就按它这样去理解。它是 1879 年由戈特洛布·费雷格(Gottlob Frege)提出的,1901 年又由罗素再次(独立地)提出来。它有一点优于"类的基数"的其他定义,即它既可以应用于有限类,又可以应用到无穷类。那些认为这个定义对于数学而言过于神秘的人,可以按照库蒂拉的忠告,不要去尝试**定义**"基数"来避开它。不过,那样做也会引起一些困难。

康托尔的所有代数数的类,相似于(在上面定义的专门意义下)它的所有正有理整数的子类这一惊人结果,只是无穷类的许多完全意想不到的性

---

* 见莎士比亚名剧《哈姆莱特》第三幕第一场,原话为:"生存还是毁灭,这是一个问题。"——译者

质中的第一个。暂时假定他为了得出这些性质所用的推理是正确的,或者,即便康托尔留下的形式不是无可非议的,也能够把它变得严格,那么我们必须承认它的力量。

例如考虑超越数的"存在"。在先前的一章中,我们看到埃尔米特为证明这一类数中**某个特殊的数**的超越性,付出了多么巨大的努力。甚至在今天,也没有一般方法能用来证明我们怀疑是超越数的任何数的超越性;每一个新的类型都要求发明特殊的、巧妙的方法。例如,人们怀疑当 n 趋于无穷时,由

$$1 + \frac{1}{2} + \frac{1}{3} + \cdots + \frac{1}{n} - \log n$$

的极限所决定的数(这是一个常数,虽然从它的定义看好像是一个变量)是超越的,但是我们无法证明它。所需要的是指出这个常数不是**任何**有理整数系数代数方程的根。

所有这一切提出了一个问题:"有多少超越数?"它们比整数、有理数或全体代数数更多呢,还是更少? 由于(根据康托尔的定理)整数、有理数和全体代数数的数目相等,这个问题就归结为:超越数能用 $1,2,3,\cdots$ 数遍吗? 所有超越数的类,相似于所有有理整数的类吗? 答案是否定的;超越**数比整数多得无限地多**。

这里我们开始进入集合论的引起争论的那些方面了。刚刚讲到的结论对于克罗内克那种性格的人,很像是一个挑战。在讨论林德曼关于 π 是超越数(见第24章)的证明时,克罗内克问道,"你关于 π 的美妙研究有什么用呢? 既然无理数[且因此超越数]不存在,为什么要研究这样的问题呢?"我们可以想象这种怀疑主义对于康托尔的超越数比整数 $1,2,3,\cdots$ 多得无限地多的证明的影响。按照克罗内克的看法,整数 $1,2,3,\cdots$ 是上帝最杰出的工作和**唯一确实**"存在"的数。

甚至康托尔的证明的概要,在这里也是无法讨论的,但是他所用的那

类推理的一些东西,可以从下面的简单考虑中看出来。如果一个类相似于(在上面的专门意义下)所有正有理整数的类,就说这个类是**可数的**。一个可数类中的事物能够用 $1,2,3,\cdots$ 数遍;一个不可数类中的元素不能用 $1,2,3,\cdots$ 数遍:不可数类中的事物比可数类中的事物多。不可数类存在吗?康托尔证明了它们存在。事实上,在任何线段上的所有点的类就是不可数的,不论这个线段多么小(倘若它多于单独一个点)。

由此我们多少看出超越数为什么是不可数的。在高斯那一章,我们看到任何代数方程的任何根,都能用笛卡儿几何的平面上的点表示。所有这些根组成了所有代数数的集合,康托尔证明了这个集合是可数的。但是如果在单独一个线段上的点是不可数的,那么可以推知在笛卡儿平面上的所有点同样也是不可数的。代数数点缀在平面上,就像星星点缀漆黑的夜空;而稠密的黑色就是超越数的天空。

关于康托尔的证明,最值得注意的是,它没有提供哪怕是构造一个超越数的方法。对于克罗内克,任何这样的证明都是十足的废话。"存在的证明"的许多比较适度的例子都激起他的愤怒。这些例子中有一个特别有意思,因为它预示了布劳威尔反对在有关无穷集的推理中充分应用(亚里士多德的)古典逻辑。

一个多项式 $ax^n + bx^{n-1} + \cdots + l$,其中系数 $a,b,\cdots,l$ 是有理数,如果该多项式不能被分解成两个有理系数多项式的乘积,那么就称它为**不可约**的。现在,对大多数人来说,像亚里士多德会做的那样,断言一个已知多项式要么**是可约**的,要么**是不可约**的,是一个有意义的陈述。

对于克罗内克就不是这样了,按照克罗内克的看法,在提供某种确定的、能在明确的**有限**步内完成的过程,使我们能据以解决任何已知多项式的可约性之前,在逻辑上我们没有权利在数学证明中使用不可约的概念。按照他的说法,如果那样用了,那就是在我们的结论中引入了自相矛盾的东西,而且没有所叙述的过程就使用"不可约性",充其量也不过只能给我们一种"未证实"的非最终的决定。所有这些**非构造性**的推理——按照克罗内克的看法——都是不合逻辑的。

由于康托尔在他的无穷类理论中的推理大多是非构造性的,克罗内克把它看作一类危险的数学疯狂。因为克罗内克看见数学在康托尔的领导下走向疯人院,同时也因为他狂热地致力于他所认为的数学真理,所以他用手边的一切武器,猛烈地、恶毒地攻击"实在的无穷理论"和它的过于敏感的作者,而这悲剧的结局不是集合论进了疯人院,而是康托尔进了疯人院。克罗内克的攻击摧毁了这一理论的创造者。

1884年春,康托尔在40岁时经历了他的第一次精神崩溃,在他长寿的一生的随后岁月中,这种崩溃以不同的强度反复发作,把他从社会赶进精神病诊所这个避难所。他容易激动的脾气加剧了他的困难。一阵阵深深的沮丧使他在自己眼里都感到自卑,他开始怀疑他的工作的正确性。在一次神志清醒的间歇期间,他请求哈雷大学当局把他从数学教授席位换到哲学教席上去。他关于无穷的正确理论的一些最好的工作是在两次发作的间歇期内完成的。当他从发病中康复过来时,他注意到他的头脑特别清醒。

克罗内克或许由于康托尔的悲剧受到了过分严厉的指责;他的攻击只是许多起作用的原因中的一个。没有得到承认,使这个相信他朝着合理的无穷理论迈出了第一步——和最后一步——的人产生怨恨,沮丧得使自己患了忧郁症和丧失理性。不过,克罗内克看来的确要为康托尔没有得到他所渴望的柏林大学的职位负主要责任。人们通常认为,一个科学家把他对一个同代人的工作的猛烈攻击讲给学生听,是不够光明正大的,不同见解应当在科学文章中客观地解决。克罗内克于1891年竭尽全力在柏林大学他的学生们面前批评康托尔的工作,事情变得很明显,两人无法共事。由于克罗内克已经占有一个位置,康托尔只能扫兴地待在一边。

但是,康托尔也并不是没有得到安慰,富于同情心的米塔-列夫勒不仅在他的杂志(《数学学报》)上发表了康托尔的著作,而且在康托尔与克罗内克争吵时安慰他,仅仅在一年的时间中,米塔-列夫勒就从痛苦的康托尔那里收到52封信。在那些相信康托尔理论的人当中,和蔼的埃尔米特是最热情的一个。他对新学说热诚的接受,温暖了康托尔谦虚的心:"埃尔米特在这封信中……关于集合论这个题目向我倾吐的赞扬,在我眼里是如此之高,如此地过誉了,以至于我都不愿意公布它们,以免让自己受到为它们所惑的指责。"

随着新世纪的到来,康托尔的工作渐渐开始被人们接受了,被认为是对整个数学,特别是对分析学基础的一个重大贡献。但是对于这个理论,不幸的是同时开始出现了仍然影响着它的悖论和自相矛盾。这些可能最终是康托尔的理论注定要对数学作出的最大贡献,因为它们在围绕无穷的逻辑和数学推理的基础中意想不到的存在,促进了现在在整个演绎推理中的批判运动。我们希望能从这里得出一个比康托尔以前时代的数学更丰富、更"真实"——更摆脱了不一致——的数学。

康托尔最惊人的结果是在**不可数**集论中得到的,不可数集最简单的例子是一段线段上所有点的集合。在这里只能谈谈他的最简单的结论之一。与直观所能预测的相反,两个不等长的线段包含着**同样数目**的点。记住两个集合包含着同样数目的事物,当且仅当它们中的事物能够一对一地配对时。我们不难看出康托尔这个结论的合理性。如图放置不等长的线段AB,CD。线段OPQ交CD于点P,交AB于Q;这样,P和Q就配成对了。当OPQ绕O旋转时,点P在CD上移动,同时Q在AB上移动,CD上的每一个点有且仅有AB上的一个点与之"配对"。

可以证明一个更出乎意料的结果。任何线段,不管多么小,都包含着与无限长的直线同样多的点。进一步,线段包含的点,与在整个平面或整个三维空间或整个n维空间(这里n是大于零的**任意**整数),或者最后,在可数无穷维空间中的点同样多。

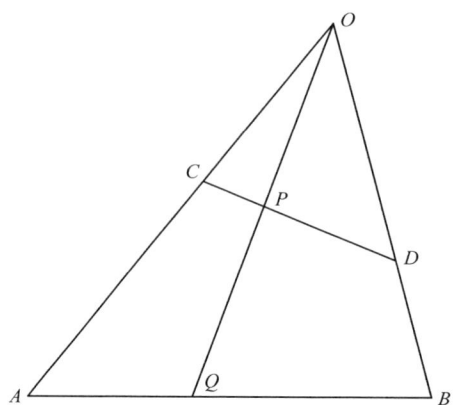

这里，我们还没有试图去定义一个**类**或一个**集合**。也许（正如罗素在1912年认为的）为了对康托尔的理论有一个清楚的认识，或者为了使该理论自身保持一致——对任何数学理论这个要求都是必要的，下这样的定义是不必要的。然而现在的争论似乎要求给出某种清楚的、自洽的定义。下面的定义常常被认为是令人满意的。

一个集合是由3个特性表示其特点的：它包含着具有某种确定性质（比如说红色，或体积，或味道）的一切事物；没有这个性质的事物都不属于这个集合；集合中的每一个元素都可以被识别出是与集合中的其他事物相同还是不同——简言之，集合中的每一个事物都有一种永远可以辨认的个性。集合本身可以作为一个整体来把握。对于应用来说，这个定义可能是太严格了，例如，考虑一下在第3个要求下，康托尔的所有超越数的集合会怎么样。

在这一点上，我们可以回顾一下整个——或者由数学大师们在他们纯专业工作中的专题论文所揭示的那部分——数学史，并注意在几乎全部数学论著中不断反复出现的两种表达方式。读者们或许会对反复使用诸如"我们能找到一个大于2的整数"，或"我们能选择一个小于n、大于$n-2$的数"这样的话感到不愉快。选择这样的用语不只是老一套的卖弄学问，使用它们是有理由的,细心的作者在肯定"我们能找到,等等"时,是准确地意味着他们所说的意思的。他们的意思是**他们能够做到他们所说的事情**。

与此有明显区别的是在数学写作中一再出现的另一个习惯用语"存在"。例如,一些人会说:"存在一个大于2的整数",或者"存在一个小于n,大于$n-2$的数"。使用这样的习惯用语,肯定表明它的使用者相信克罗内克认为是站不住脚的信念——当然,**除非**这种"存在"能够由某种**构造**证明。对于出现在康托尔理论中的集合(如上面定义的),存在是不能证明的。

这两种说话方式把数学家分成两类:说"我们能"的人认为(也许是下意识的)数学纯粹是人的发明;说"存在"的人认为数学有它自己的超出人以外的"存在","我们"只能在我们的人生旅途中偶然发现数学的"永恒真理",这很像一个人在一座城中散步,遇到许多街道,而他与这些街道的规划没有任何关系。

神学家们是说"存在"的人;谨慎的怀疑主义者大多数是说"我们"的人。超出人以外的"存在"的拥护者说"存在无穷多的偶数,或无穷多的素数";克罗内克和说"我们"的人则说"我们能把它们造出来"。

从《新约全书》中一个著名的例子,可以看出这个差别不是微不足道的。基督断言父"存在";腓力要求"将父显给我们看,我们就知足了"*。康托尔的理论几乎完全是在"存在"一边的。有没有可能是康托尔对神学的热情决定了他的忠诚呢?如果是这样的话,我们就得解释为什么克罗内克是那样偏执地说"我们"的人,他也是基督教神学的一个行家啊。正如在所有这样的问题中那样,任何一方的攻防手段都能够从随便哪个口袋中偷出来。

以"存在"方式来看待集合论的一个惊人的重要例子,是由著名的策梅罗(Zermelo)公设(1904年提出)提供的。"对于其元素是一些集合P的每一个集合M(也就是说,M是一些集合的一个集合,或是一些类的一个类),这

---

* 见《圣经·约翰福音》14:8。——译者

些集合P不空且不相交(即没有两个集合包含共同的事物),至少存在一个集合N,它恰好包含构成集合M的每一个集合P中的一个元素。"比较这个公设与前述集合(或类)的定义表明,如果集合M包含比如说无穷多条不相交的线段,说"我们"的人不会认为这个公设是不证自明的。然而这个公设看来是相当合理的,但证明它的企图都失败了,而它在一切与连续有关的问题中都相当重要。

说说这个公设是怎样被引进到数学中的,将提出康托尔理论的另一个尚未解决的问题。一个有互不相同的**可数**的元素的集合,就像一堵墙上的所有砖头,能够很容易地**排出顺序**;我们只需要用许多种会自动使人想起的不同方法中的一种,按1,2,3,…数遍它们。但是我们怎样给直线上所有的点**排序**呢?不能按1,2,3,…数遍它们。当我们考虑到在直线上的**任意**两个点之间"我们能找到"或"存在"该直线上的**另一个**点时,这项工作就显得毫无希望了。如果我们每一次数墙上相邻的两块砖,墙上就又有另一块砖出现在它们之间,我们的计算就会有点混乱了。然而直线上的点看来确实有某种顺序;我们能说出一个点是在另一个点的左边或是右边,等等。为一条直线上的点排序的努力没有成功。策梅罗提出了他的公设,以使这种努力更容易一些,但是它本身还没有被普遍接受为一个合理的假设,或者认为是能可靠地使用的公设。

康托尔理论包含的关于实无穷和(无限个)超穷数的"算术"的内容要比这里指出的多得多。但由于这个理论仍然处在有争议的阶段,我们可以放下它,仅谈谈最后一个谜。是否"存在"或者我们能否"构造"一个集合,它既不相似于(在一一对应的专门意义上)所有正有理整数的集合,又不相似于直线上所有点的集合?答案是不知道。

康托尔于1918年1月6日在哈雷的精神病院去世,时年73岁。他最后得到了荣誉和承认,甚至忘记了过去与克罗内克争吵的痛苦。康托尔在克罗内克1891年去世前的几年中,与克罗内克至少在表面上是和解了。回想起这件事，对康托尔来说无疑是一种满足。要是康托尔能够活到今天，那么在这场旨在使**所有**数学思想更严格的运动中，他是值得骄傲的，因为这场运动主要归功于他自己在一个合理的基础上建立分析（和无穷）的努力。

回顾为了使**实数**、**连续**、**极限**和**无穷**这些概念在数学上精确，并能一贯使用而进行的长期斗争，我们看到芝诺和欧多克斯在时间上与魏尔斯特拉斯、戴德金和康托尔的距离，并不像把现代德国和古代希腊分开的二十四五个世纪这样的时间距离那样遥远。无疑，与我们的前辈们相比，我们对于所涉及的那些困难的性质，有更清楚的概念，因为我们看到同样没有解决的问题以新的面貌在古人从未梦想到的新领域中出现了，但是要说我们已经解决了那些年代久远的困难，那是不诚实的，然而最后的得分记录了比我们的前辈所能合理宣称的更大的成绩。我们的研究比他们曾经认为必要的研究还要深入，而且我们正在发现，他们在推理中采用的某些"法则"——例如亚里士多德的逻辑法则，在我们尝试与经验联系起来时，被其他法则——纯粹的约定——更好地代替了。正如已经说过的，康托尔的革命性工作，给了我们现在的活动最初的动力。但是人们不久——在康托尔去世之前21年——就发现他的革命要么是太革命了，要么是不够革命。现在看来是不够革命。

意大利数学家布拉利-福尔蒂（Burali-Forti）在1897年打响了反革命的第一枪，他通过康托尔在其无穷集论中所使用的那种类型的推理，提出了一个刺眼的矛盾，这个特殊的悖论只是几个悖论中的第一个。由于理解它需要很长的解释，我们代之以罗素在1908年提出的悖论。

我们已提到过弗雷格，他把"相似于一个给定类的所有类的类"定义为这个给定类的基数。弗雷格花费多年的时间，试图把数的数学置于可靠的逻辑基础上。他毕生的著作是他的《算术的基本法则》，第一卷于1893年出版，第二卷于1903年出版。在这部著作中使用了集合的概念，还对以前论

述算术基础的作者们的明显错误和种种愚蠢,使用了大量多少带有挖苦的抨击。第二卷以下面的致辞结束:

> 一个科学家几乎不能碰到比这更难堪的事情了,即正当工作完成时,它的基础却垮掉了。当这部著作行将印完时,伯特兰·罗素先生的一封信就使我处于这样的境地。

罗素把他的"不是它们自身的元素的所有集合的集合"的巧妙悖论寄给了弗雷格。这个集合是自己的元素吗?稍微想一想就能推敲出,不论哪种答案都是错误的。然而弗雷格随意使用了"所有集合的集合"。

为了避免或消除那些像炸弹一般开始在弗雷格—戴德金—康托尔的实数、连续和无穷理论中全面爆炸的矛盾,提出了许多方法。弗雷格、康托尔和戴德金退出了这一领域,他们被打败了,沮丧至极。罗素提出他的"循环论证原理"作为一种补救办法:"涉及一个集合的所有元素的任何东西,必非该集合的元素";后来他又提出了"约化公理",由于这个公理现在实际上被抛弃了,我们没有必要叙述它。有一个时期,这些补救办法是卓有成效的(德国数学家们不这样认为,他们从未轻易接受它们)。渐渐地,随着全部数学推理的批判性检验取得了进展,这帖药便被抛弃了。在开出进一步的灵丹妙药之前,人们开始齐心协力找出使病人在无理数和实数中受苦的究竟是什么。

现在为了解我们的困难所作的努力,始于1899年格丁根的希尔伯特(1862—)*和1912年阿姆斯特丹的布劳威尔(1881—)**的工作。这两个人同他们众多的追随者有着共同的目标,即把数学推理置于合理的基础上,尽管他们的方法和哲学在几个方面是极端对立的。这两个人都各自相信自己是正确的,但看来并非完全如此。

---

* 希尔伯特于1943年逝世。——译者
** 布劳威尔于1966年逝世。——译者

希尔伯特向希腊寻找他的数学哲学的起源。他重新开始了毕达哥拉斯的计划,即给定一组严格而充分确定的公设,一个数学论证必须按照严格的演绎推理从这些公设开始。希尔伯特使数学的**公设**发展纲要比希腊人的更精确,并于1899年出版了他关于几何基础的经典著作的第一版。希尔伯特的一个要求是,为几何提出的公设应该被**证明**是自洽的(没有内在的、隐含的矛盾),而希腊人似乎没有想到过这个要求。为了对几何作出这样一个证明,他指出由这些公设发展出来的几何中的任何矛盾,都隐含着一个算术方面的矛盾。这样,问题又回到证明算术的一致性,一直保持到今天。*

因此我们再次退回,请斯芬克斯(Sphinx)**告诉我们数是什么。戴德金和弗雷格两人都逃向无穷——戴德金以他的无穷类定义无理数,弗雷格以他的相似于一个已知类的所有类的类定义基数——来解释迷惑过毕达哥拉斯的数。希尔伯特也到无穷中去寻找答案,他相信,无穷对于理解有限是必需的。他强烈相信,康托尔体系最终会从它现在在其中辗转不安的炼狱中解放出来。"在我看来,这[康托尔的理论]是数学思想的最令人赞美的果实,确实是人类智力活动的最高成就之一。"但是他承认布拉利-福尔蒂、罗素和其他一些人的悖论还没有得到解决。不过他的信念克服了一切怀疑:"没有人能把我们逐出康托尔为我们创造的乐园。"

但是在这个兴奋得意的时刻,布劳威尔出现了,他有力的右手握着看上去像是一把燃烧的剑一样的东西。驱逐开始了:扮演亚当的戴德金和在他旁边假扮成夏娃的康托尔,在这个不妥协的荷兰人的严厉注视下,已经

---

* 哥德尔(Kurt Gödel, 1906—1978)在20世纪30年代证明了算术系统是不完备的。更进一步,他证明了在任何一个包含算术理论的系统中,一定都包含一个无法在该系统中证明的命题。——译者

** 斯芬克斯,希腊神话中带翼狮身女怪。传说她常叫过路人猜谜,那些猜不出者即被杀害。——译者

忧心忡忡地看向大门。*布劳威尔说，用希尔伯特提出的保证免除矛盾的公设的方法完成了它的使命——没有产生矛盾，**但是**，"用这种方法不会得到任何有价值的东西；一个错误的理论，即使没有因矛盾而告终，也仍然是错误的，正如一种有罪的策略，即使没有受到惩戒法庭的制止，也仍然是有罪的"。

布劳威尔反对他的对手们的"有罪的策略"，这一反对根源是一种新的东西——至少在数学上是新的。他反对不加限制地应用亚里士多德的逻辑，特别是在处理**无穷**集合时，他坚持认为当这样的逻辑用于在克罗内克的意义上（必须提供一个过程的规则，使集合中的事物能由它产生出来）不能确切地**构造出来**的集合时，必然会产生矛盾。"排中"律（一个东西必定有某种性质，或者必定没有那种性质，例如断言一个数要么是素数，要么不是素数）只有当用于**有限**集合时才是合理的。亚里士多德发明他的逻辑，是作为用于有限集合的一组资用规则，把他的方法建立在人类对于有限集合的经验的基础上，没有任何理由认为当适用于**有限**的逻辑应用到**无穷**时，会继续产生一致的（无矛盾的）结果。当我们回想起无穷集的真正定义是强调一个**无穷集**的**一部分**可以包含与**整个**集合**同样多**的元素（如我们多次解释的那样）时，这似乎是很合理的；当"部分"意味着**一些而不是一切**（如在无穷集定义中那样）时，定义所强调的这种情形对有限集**永远不会**发生。

这里我们有了某些人认为的康托尔实无穷理论中麻烦的根源。至于集合的这个**定义**（如前所述）——把所有具备某种性质的事物"结合"形成一个"集合"（或"类"），并不适合于作为集合论的基础，这是由于这个定义要么**不是构造性的**（在克罗内克的意义上），要么**设想了**没有人能做出来的构造性。布劳威尔宣称，排中律在这种情形的应用充其量也不过是对那样一

---

* 亚当为《圣经》中所说的上帝创造的第一个男人，夏娃是第一个女人，由于蛇的诱惑，夏娃唆使亚当偷吃了天堂中的禁果，两人随即被逐出乐园，见《旧约全书·创世记》第二、第三章。——译者

些命题的启发式指引,这些命题**可能**成立,但不是必然成立,即使它们是严格运用亚里士多德的逻辑推断出来的。他还说在过去半个世纪中,许多错误的理论(包括康托尔的理论)都在这个脆弱的基础上建立起来了。

在数学思维基础上的这样一场革命,不可能没有挑战。反动右翼的粗暴咆哮,加速了布劳威尔朝向左翼的激进运动。"外尔(Weyl)和布劳威尔[布劳威尔是领导者,外尔是他在反叛中的伙伴]正在做的事情主要是步克罗内克的后尘",这是希尔伯特的说法,他是现状的维护者。"他们想抛弃不合他们心意的一切,并下一道封锁的禁令,试图这样来建立数学。其效果是肢解我们的科学,冒着失去我们大部分最有价值的东西的危险。外尔和布劳威尔谴责无理数、函数——甚至诸如在数论中的函数,康托尔的超越数等等一般概念,谴责正整数的无穷集有最小元素的定理,甚至谴责'排中律'——例如'要么只有有限个素数,要么就有无穷多个'这样的论断。这些是[他们]所禁止的定理和推理模式的例子。我相信,正如克罗内克废除无理数的企图不起作用那样(外尔和布劳威尔确实允许我们保留一份残缺),事实会证明,他们今天的努力同样是不起作用的。不!布劳威尔的计划不是一场革命,只是用老方法重复一种无用的奇袭,这是以更大的热情进行的,然而完全失败了。今天,这个领域[数学]通过弗雷格、戴德金和康托尔的劳动,彻底装备起来并且加强了。布劳威尔和外尔的努力注定是毫无结果的。"

另一方对此的回答只是耸耸肩,继续其在坚实的基础上重建数学(特别是分析学基础)的伟大而重要的新任务。这个坚实的基础要比从毕达哥拉斯到魏尔斯特拉斯的过去2500年中人们所奠定的基础更坚实。

到这些困难都被清除——我们希望如此——之后的一代人那时,数学会是什么样子呢?只有某一位预言家或某一位预言家的第七个儿子会把头伸进这种预言的绞索。但是如果在数学的进程中终究有任何连续性——大多数不带偏见的旁观者都认为有——的话,那么我们应该发现未来的数学将比我们或我们的前辈所知道的数学内容更广泛、更坚实、更丰富。

过去三分之一个世纪的争论,已经给数学的广大版图添加了新的领域——包括全新的逻辑。新的领域正在迅速地与旧有的领域合为一体,协调一致。如果我们可以莽撞地冒险预测,那么未来的数学会比现在正有力地重新形成的数学更清新,在各方面更年轻,更接近人类的思想和人类的需要——更能摆脱它诉诸超出人以外的"存在"的合理性。数学的精神永存。正如康托尔所说,"数学的本质在于它的自由";现在的"革命"只是对那种自由的另一种主张。

> 遭受挫折和失败,她仍工作不息,
> 心灵困乏和烦闷,她工作做得更起劲,
> 有她不屈不挠的意志支撑:
> 双手将会制作,头脑将会思索,
> 而她的一切悲伤将会变为劳作,
> 直到死亡这友好的敌人,用他的长剑刺破
> 那强有力的内心,结束这辛酸的战斗。
>
> ——詹姆斯·汤姆森(James Thomson)*

---

* 詹姆斯·汤姆森(1834—1882),英国诗人,随笔作家。引自其《可怖的黑夜城市》(1874年)。——译者

图书在版编目(CIP)数据

数学大师：从芝诺到庞加莱/(美)埃里克·坦普尔·贝尔著；徐源译．—上海：上海科技教育出版社，2018.7（2025.8重印）

（哲人石丛书：珍藏版）

ISBN 978-7-5428-6751-3

Ⅰ．①数… Ⅱ．①埃… ②徐… Ⅲ．①数学家—生平事迹—世界 Ⅳ．①K816.11

中国版本图书馆CIP数据核字(2018)第121545号

责任编辑	傅勇 王洋 裴剑 殷晓岚	出版发行	上海科技教育出版社有限公司 (201101 上海市闵行区号景路159弄A座8楼)
封面设计	肖祥德	网　　址	www.sste.com　www.ewen.co
版式设计	李梦雪	印　　刷	常熟文化印刷有限公司
		开　　本	720×1000　1/16
		印　　张	41
数学大师——从芝诺到庞加莱		版　　次	2018年7月第1版
[美]埃里克·坦普尔·贝尔 著		印　　次	2025年8月第12次印刷
徐源 译		书　　号	ISBN 978-7-5428-6751-3/N·1035
宋蜀碧 校		图　　字	09-2016-085号
		定　　价	98.00元

Men of Mathematics:
The Lives and Achievements of the Great Mathematicians
from Zeno to Poincaré
by
E. T. Bell
Original English language edition Copyright © 1937 by E. T. Bell
Copyright renewed © 1965 by Taine T. Bell
Chinese (Simplified Characters) Translation Copyright © 2018
by Shanghai Scientific & Technological Education Publishing House
Simplified Chinese Characters edition arranged with SIMON &
SCHUSTER INC.
through BIG APPLE TUTTLE-MORI AGENCY, LABUAN, MALAYSIA.
ALL RIGHTS RESERVED
上海科技教育出版社业经SIMON & SCHUSTER INC.授权
通过BIG APPLE TUTTLE-MORI AGENCY，LABUAN，MALAYSIA协助
取得本书中文简体字版版权